城市水系统工程技术

张杰　李冬　著
戴镇生　主审

中国建筑工业出版社

图书在版编目（CIP）数据

城市水系统工程技术/张杰，李冬著．—北京：中国建筑工业出版社，2009
ISBN 978-7-112-10728-5

Ⅰ．城…　Ⅱ．①张…②李…　Ⅲ．市政工程-给排水系统　Ⅳ．TU991

中国版本图书馆 CIP 数据核字（2009）第 015966 号

面对我国水环境污染与水资源短缺的危机情势，张杰院士提出了社会用水健康循环与水环境恢复的理念。意在引起全社会的关注，希望通过共同努力，切断点、面源污染，解决水污染与水短缺，实现水的社会循环与自然循环相协调。

本书在此理念的框架下，综合了张杰院士及其学术梯队多年来在城市水系统工程上的研究成果，以此来阐述水健康循环理念的形成过程、实施方略与城市水系统工程技术。

全书共分 7 章。第 1 章水环境恢复与城市水系统健康循环理论与方略；第 2 章生活饮用水中铁、锰离子的生物去除技术；第 3 章好气滤池与污水深度处理；第 4 章生物脱氮除磷机制与污水再生全流程优化；第 5 章给水排水管网优化；第 6 章制药废水处理技术；第 7 章工程设计与运行。全书层次清晰，内容浑然一体，各章中不乏原创性成果。本书可供给水排水工程、市政工程、环境工程专业设计人员、研究人员和运行管理人员参考，也可做本科生、硕士、博士研究生教学，科研参考用书。

*　*　*

责任编辑：俞辉群
责任设计：赵明霞
责任校对：兰曼利　梁珊珊

城市水系统工程技术
张杰　李冬　著
戴镇生　主审
*
中国建筑工业出版社出版、发行（北京西郊百万庄）
各地新华书店、建筑书店经销
霸州市顺浩图文科技发展有限公司制版
北京建筑工业印刷厂印刷
*
开本：787×1092 毫米　1/16　印张：28　字数：682 千字
2009 年 7 月第一版　　2009 年 7 月第一次印刷
印数：1—3000 册　　定价：**68.00** 元
ISBN 978-7-112-10728-5
（17661）

前　言

水环境是近年来诞生的新概念。所谓水环境就是水生态环境。地球上的水在其循环过程中所形成的大海、江川、湖泊以及地下径流为地球万物创造了生存和繁衍的必要条件，是充满生机的水环境。水是人类社会赖以生存和不可替代的物质资源。从人类社会的视角而言，水域水量、水质及其中的多样生态系和水域周边的自然与人文景观就是水环境。人类从水环境中取水，用后又排放给水环境。一切生物均在水的自然运动中从事水事活动。现代社会人口过度集中和增长，科技高度发展，工业极度发达，人类生产、生活所产生的一切污染物包括人工合成物质源源不断地排入江河。水资源短缺和水污染的水危机正威胁到人类社会的发展甚至人类的生存和繁衍。维护和恢复健康的水环境，实现水资源的可持续利用是人类当前面临的最迫切任务。由人类社会用水新理念产生相应的工程学系统，可称之为城市水系统工程学。与传统意义的给水排水工程学相比，有质的突破：

（1）城市水系统工程学研究人类用水的健康循环，意在使上游城市用水不影响下游水体功能，水的社会循环不破坏自然循环规律。实现人类社会用水系统与水的自然循环规律相协调。

（2）城市水系统工程学不单纯研究城市的供水与排水系统，它是将城市置于流域整体水环境之中，统筹水资源规划和其工程措施。

（3）城市水系统工程学不仅着眼于自然水资源和节能减排，更重在污水再生资源、节水节源，强调节制用水和水的循环使用。

（4）城市水系统工程学强调能源与物质的回收和利用，如污水和污泥中有机能源的回收，N、P、K在作物与土壤中的循环，从而为循环性社会提供物质基础。

本书名曰城市水系统工程技术，是张杰院士和他的学生在该领域多年研究成果的凝炼，全书共分7章。第1章水环境恢复与城市水系统健康循环理论与方略；第2章生活饮用水中铁、锰离子的生物去除技术；第3章好气滤池与污水深度处理；第4章生物脱氮除磷机制与污水再生全流程优化，着重厌氧氨氧化和反硝化除磷的最新研究成果；第5章给水排水管网优化；第6章制药废水处理技术；第7章工程设计与运行。全书层次清晰，内容浑然一体，各章中不乏原创性成果。本书可供给水排水工程、市政工程、环境工程专业决策设计人员、研究人员和运行管理人员参考，也可做本科生、硕士、博士研究生教学，科研参考用书。

本书前沿技术开发研究得到了城市水资源与水环境国家重点实验室基金资助，在此致以谢意。

2007年10月

目　录

第1章

水环境恢复与城市水系统健康循环理论与方略

地球上的水在水圈、大气圈、岩石圈、生物圈不断地进行着往复循环，遵循着固有的运动规律。究其规律而言：水是循环性的资源，是可再生资源，但是参加水自然循环的水量又是极为有限的。人们的水事活动，即工业、农业、城市的取水、用水和排放，是置于水自然循环基础上的人为水循环，也称为社会水循环，他是自然大循环的支路，因此社会水循环的水量和水质与水的自然循环运动有着密切的联系。流域间水资源的随意调动和取用，水质的肆意污染，严重损害自然循环，造成水资源的恶化和水资源短缺。往昔，50年前，100年前或者更久远，工业和城市不发达，人类用水分散、取水总量少，不足以干扰自然水循环的过程。于是人们漠视水的珍贵，误认为水与阳光、空气一样是取之不尽、用之不竭的。但时至今日，在高度工业化和后工业化的时代，用水量剧增，污水水质恶劣，人们仍然随意取用，肆意排放，就超出了水体的自净能力和水自然循环所能承担的限度，出现了污染、断流、湿地干涸等现象，使水的循环陷入了病态，产生了水危机。要解决人类社会的水危机，经济和社会的发展必须与水资源、水环境相协调，必须遵守水自然循环的客观规律。规范人类社会的水事活动，使水的社会循环不影响、不破坏水的自然循环。要充分体现水可再生使用的属性，实现社会水系统的健康循环。

面对中国和世界的水危机，人类对用水模式应该进行深刻的反思。

传统的用水模式是将给水系统和排水系统割裂开来分别研究。为了满足城市人口剧增，需水量越来越大的要求，取水量也越来越大，取水距离越来越远，乃至不远百里、千里跨流域调水。而用后的水，不经再生净化，甚至不经处理肆意排放到江河湖海，污染了下游和全流域。

所以，城市水系统应把城市的给水工程和排水工程当成一个完整的城市用水循环系统来研究，不但研究给水和排水工程本身，还要研究城市用水循环与自然水文循环规律以及他们的相互作用关系，更要探求如何使城市的用水循环适应于水文循环的规律，从而满足生态环境用水和人类社会可持续用水的需求。建立一个流域内上下游间、现代与后代间水资源共享的可持续发展用水模式。这就是所谓的社会（城市）用水的健康循环。

时至今日，水危机威胁着人类社会的生存和发展。我们不能认为人类科技力量所能获得的自然水资源都是城市的水资源。因为，这里有掠夺他流域和占用后代可用水资源的部分，也有破坏和浪费水环境和水资源的罪责。这是不公平的用水伦理，也是不可持续的用水模式。城市水资源应为本流域可取用的天然径流，包括地表和地下径流，还包括城市污水再生水、城市雨水和海水资源以及城市节制的水资源。城市水资源的概念从地域上缩小了，而从类别上却不仅限于天然径流，它开辟了城市第二水资源——城市污水再生水、雨水与海水。

从社会用水健康循环的视点来研究城市水系统，就加强了给水与排水之间的联系，使得各单元工程技术有了新的使命和活力，社会用水循环的各个环节都是为了达成社会用水与自然水文循环相统一和谐的目标。

基于上述基本思想，本章系统剖析了水污染和水环境恶化的成因，从“社会水循环可持续性”、“排水系统现代观”、“水资源利用模式”、“污水污泥处理回用”、“水资源节约与循环利用”、“水环境恢复方略与措施”等方面对社会用水健康循环理论作了初步探索，提出水资源利用、污水再生、污泥处理与处置的发展方向，给出了由社会用水健康循环的基本原理、方略与途径、措施等组成的一幅系统的关于水环境恢复与水健康循环的全景画卷，为社会用水健康循环研究提供新的视角与借鉴。

1.1 水资源与水环境

1.1.1 为我国水环境恢复而努力[1]

长期以来，人类社会采取的是大量生产，无度消费，大量废弃的生存方式，这是建立在自然界的能源、资源是无限的认识之上的。由于现代科学技术突飞猛进，经济快速发展，人口剧增并向大都市集中，使得大自然不堪重负，环境遭到破坏，人类的生存发展受到威胁，使人类意识到地球资源与环境容量原来是有限的。而建立循环型的城市是拯救资源、能源和环境的有效措施，是21世纪社会生产与消费的新秩序，是人类社会持续发展的基础。

水是基础自然资源，是生态环境的控制性因素，是人类生存不可替代的物质资源。

恶化了的水环境是可以恢复的。这是基于水的自然大循环。水在全球陆、海、空大循环中会得到净化，能循环不已往复不断地满足地球万物生命用水之需要，维护着全球的生态环境。水环境可以恢复，还基于水的可再生性。被污染了的水可以在运动中得以自净，还可以通过物理、物理化学和生物化学方法去除污染物质，从而使水得以人工净化和再生。所以，社会循环污染了的水是可以净化的，污水通过处理和深度净化可以达到河流、湖泊各种水体保持自净能力的程度，从而上游城市的排水会成为下游城市的合格水源。在一个流域内人们可以多次重复地利用同一流域的水资源。其实自古以来，人类社会就是重复多次地利用一条河上的流水。

在我国水环境日益恶化的今天，如何遏制恶化趋势，重新建立起社会用水健康循环，恢复健康的水环境，是当前水资源可持续利用、人类延续发展的根本性问题。如果不及时研究水环境恢复理论，确定适当的路线、方针和相关技术经济政策，不及时研究社会用水健康循环的工程规划思想和相应的工艺技术，地球上清净的淡水资源终有枯竭的一天。紧迫的客观现实呼吁：集中市政工程给水排水专业和环境工程从事水污染防治

[1] 本文成稿于2003年，作者：张杰。

专业的专家、学者、工程技术人员组成水环境科学与工程队伍，放眼流域甚至全球专门从事水环境恢复理论与工程的技术研究；从事社会用水健康循环系统工程的研究；从水环境角度来从事城市、农业、生态环境的供水、污水处理与再生事业，建立水的健康循环，恢复良好的水环境。

达到社会用水健康循环的社会基础是：(1) 提高社会对水与人类关系的了解，培养珍惜水的意识，形成良好的水文化。(2) 在国土资源的管理上，在城市总体规划上要注入水循环的概念。(3) 在每个流域内，都要将河流、流域及社会视为一体，统筹考虑水的循环利用规划。(4) 在每个流域内都要确保环境用水量，规范社会取水量，限制无度拦阻非洪径流，维持丰富多样的生态系，良好的水流空间和秀丽的两岸风光。(5) 每个城镇都要有完备的水循环系统，为此要努力做到：1) 节制用水；2) 普及污水深度处理与有效利用；3) 污水处理厂污泥回归农用；4) 控制城市与农田径流污染。在这些方面的每一点进步都是对地球环境和人类社会可持续发展的贡献。

1.1.2 水资源、水环境与城市污水再生回用❶

我国是一个贫水国家，淡水资源非常短缺。河川多年平均径流量约为 $2.62\times10^{8}m^{3}$，人均占有量 $2000m^{3}/a$ 左右，为世界人均占有量的1/5，居第110位。尤其是我国水资源时空分布不均匀，使北方城市供需矛盾更为突出。

因此，在我国建立一个健康的水环境是至关重要的，同时也是非常艰难的。建国半个世纪以来，尤其是近20年来，人口高度集中，中国经济以年10%的高速度持续增长，而污水处理事业却停滞不前。许多河流、湖泊遭到严重污染，从局部江段发展到流域污染。据统计，我国80%的水域和45%的地下水已被污染，90%以上的城市水域严重污染。水域污染的结果使本就短缺的水资源更加匮乏，许多中心城市取水水源品质下降，甚至废弃。当然各城市与工业供水系统还存在着许多缺欠，如管网漏失率高，工业万元产值耗水量大，居民与工业用户的跑、冒、滴、漏现象严重等。可见，水资源短缺和水域污染是城市水系统工程的主要矛盾。

对于缺水城市而言，城市污水再生回用比开发建设新水源更为重要，更符合我国贫水的客观现实，更具有深远的现实意义。以城市污水二级处理水为原水，建立工业用水净水厂，修建工业水道，直接供给工业生产、城市绿化等用水，是解决水资源短缺的有效途径。是缺水城市势在必行的重大决策。其意义在于：

(1) 缓解了水资源的短缺。工业用水占城市总用水量一半左右，建立了城市工业水道系统，生产污水再生水，城市自然水耗量就会减少30%左右，大大缓解了水资源的不足。

(2) 城市污水经二级生化处理、深度净化后回用于工业生产，自然减少了向水域的排污量，带来了可观的环境效益，并且这种环境效益与经济效益是统一的。

(3) 在许多城市，以污水为原水的工业净水厂的制水成本低于甚至远远低于以自然水为原水的自来水厂。这是因为省却了水资源费、取水与远距离输水的能耗与建设费

---

❶ 本文成稿于1998年，作者：张杰。

用。而污水处理与净化的运行费用就迎刃而解了。

我国众多的缺水城市应将污水再生回用，建立工业水道系统列到城市水资源与给水排水工程专业规划中来，并分步实施。

1.2 水环境恢复方略

1.2.1 我国水环境恢复工程方略❶

水是在大陆-河海-大气中全球循环的自然资源，是人类的共同财富，只要人们遵守它的循环规律，维持健康的水循环，它就能永久地为人类所利用。

1. 我国水环境现状

据2000年国家环境公报报导，我国江河流域普遍遭到污染，全国河川的生态功能已严重衰退，且呈发展趋势。对5.5×10^4km河段的调查表明，水质严重污染、不能用于灌溉，即劣于Ⅴ类标准的河段占23.3%；鱼虾绝迹的河段占45%；不能满足Ⅲ类水质标准、不能做集中水源的河段占85.9%。我国七大水系的污染程度由重到轻的顺序为：辽河、海河、淮河、黄河、松花江、珠江和长江。海河、辽河的干流等有一半河段水质劣于Ⅴ类，淮河191条支流中近80%河段的河水变黑发绿。国家监控的141个城市河段中，63.8%的河段为Ⅳ类甚至劣Ⅴ类水质。

近30年来，我国淡水湖泊水质污染现象呈迅速增长之势。全国大型淡水湖泊均达到中度和重度污染，其污染程度由重到弱依次为滇池、巢湖、南四湖、洪泽湖、太湖、洞庭湖、镜泊湖。滇池和巢湖全湖水质劣于Ⅴ类。

我国近海海域水质污染严重并有继续恶化之趋势。劣于Ⅲ类水质标准的比例近53.6%，20世纪60年代之前，渤海海域曾发生过3次赤潮，70年代发生9次，80年代74次，而1997年猛增，一年就发生了34次，1999年7月间渤海出现了前所未有的赤潮大爆发，赤潮面积达6300km^2，延续了9天。

我国城市供水水源有30%源于地下水，北方城市则有59%源于地下水。近20年来地下水水质普遍呈恶化趋势。1998年对我国118座大型城市浅层地下水的普查表明，有115座城市地下水受到不同程度污染，约占检测总数的97.5%，受明显污染的占40%。北方城市地下水90%遭到污染，其中28%已不适合作为饮用水源。污染物主要有硝酸盐、氨氮、有机物、铬和酚。

2. 水环境恢复原理

(1) 水的循环

1) 水的自然循环

水的循环是自然现象。海面、湖面以及地表面接收到太阳能而使水分大量蒸发到上空凝结成云，云随风漂泊遇冷降雨（雪、雾、霜），地面降水形成地表和地下径流，汇集成小溪、大河大江，奔流入海，然后再被蒸发……往复不断地进行着水文循环。在自

---

❶ 本文成稿于2002年，作者：张杰、熊必永、丛广治。

然界水文循环中，由于大气中云团流动的不均和复杂的气象、地理原因，各地域的降水量差别极大。我国平均降水量为 648mm（1956～1999 年 24 年的资料），比全球平均值低 20%。

2）水的社会循环

水的社会循环是指在水的自然循环当中，人类不断地利用其中的地下或地表径流满足生活与生产活动之需而产生的人为水循环。图 1-1 为水的自然、社会循环示意图。由图 1-1 可以看出，水的自然循环和社会循环是交织在一起的，水的社会循环依赖于自然循环，又对水的自然循环造成了相当程度的负面影响。在水的自然循环体系中，人类活动和用水循环应是有节制的，必须与自然循环相协调，使得排放到自然水体中的再生水能够满足水体自净的环境容量要求，做到“天人合一”，方能永续生存与发展。

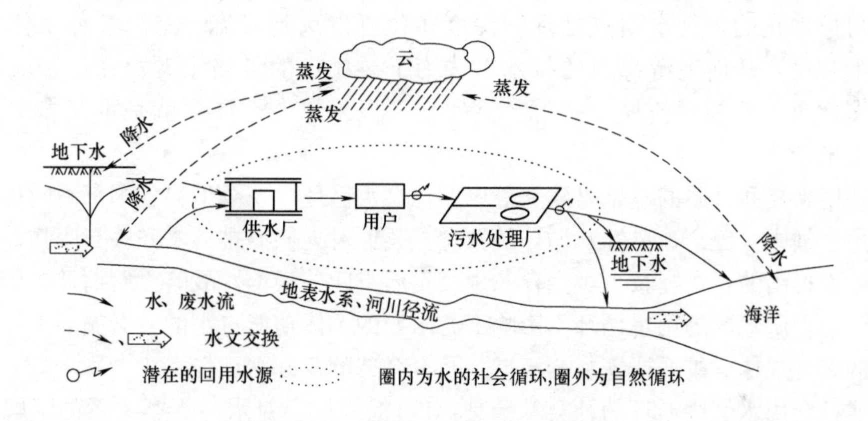

图 1-1 水的自然、社会循环示意图

（2）水环境的变化

一个流域的地面降水，一部分渗入地下，进而形成地下径流，一部分蒸发到大气中，相当部分在地表面形成径流，径流循地势、地形，由高向低流动，在本流域内汇成溪流、大河最终注入大海。一个流域内降水不会流入其他流域。在流域内上游城市用水、农业用水、工业用水均由本地区河流取水来供给，使用后绝大多数再排入其下游河段。下游城市的用水也同样在该区域的河段取水，用后再排入同一流域的更下游河段。在同一流域内取水和排水是一个往复多次的水利用循环。流域越大，城镇越多，循环次数越多。

人们生活和生产活动的一切排泄物，包括城市生活污水、生产污水、汽车尾气、采暖与工厂燃气，田野剩余化肥、农药等，几乎都通过降雨径流、人工排水系统汇入江河，所以社会水循环的水质对流域生态和水环境影响深刻。

由于溶解着和挟带着各种污染物质的城市污水、工业污水、地表径流不经处理和净化直接注入水体。其中的碳源有机污染会使水体严重缺氧，发黑发臭，破坏水生态系，甚至使水生生物灭绝。磷的污染致使闭锁性水域富营养化，藻类疯长，赤潮频频发生。使江、河、湖、泊丧失水体功能，这种对人类生存空间不负责任的社会水循环是不健康的，将导致大自然的报复。

（3）水环境恢复原理

水是基础自然资源，是生态环境的控制性因素，是人们生存、生活、生产不可替代的物质资源。地球上一切地质的、气象的、水文的、地理的自然现象都与水的循环密切相关。

恶化了的水环境是可以恢复的。这是基于水的自然大循环。水在全球陆、海、空大循环中会得到净化，能循环不已往复不断地满足地球万物，森林、草原、盆地、湖泊、土壤、生命用水之需要，维护着全球的生态环境。水环境可以恢复，还基于水的可再生性。水是良好的溶剂，也是物理、化学、生物化学反应良好的介质，被污染了的水可以在流动中得以自净，还可以通过物理的、物理化学、生物化学和生物学的方法去除污染物质，从而使水得以人工净化和再生。所以，社会循环污染了的水是可以净化的，污水通过处理和深度净化可以达到河流、湖泊各种水体保持自净能力的程度，从而上游都市的排水会成为下游城市的合格水源。在一个流域内人们可以多次重复地利用流域水资源。其实自古以来，人类社会就是重复多次地利用一条河上的流水。

水环境恢复和维系的基础是建立健康的社会水循环。现今世界各国都不同程度提出了社会用水健康（健全、良性）循环的概念。是针对人们滥排污水和丢弃废物，滥施农药与化肥而提出的，是拯救人类生存和永续发展空间的根本性战略。所谓社会用水健康循环，就是上游地区的用水循环不影响下游水域的水体功能；水的社会循环不损害水自然循环的客观规律。维系或恢复全流域，乃至全球的良好水环境。

达成社会用水健康循环的社会基础是：1）提高社会对水与人类关系的了解，培养珍惜水的意识，养成节制用水习惯。从而取得群众保护水环境和恢复水环境的理解和协力，育成良好的水文化。2）在国土资源管理上，在城市总体规划上要注入水循环的概念。3）在每个流域内，都要将河流、流域及社会视为一体，统筹考虑水的循环利用规划。4）在每个流域内都要确保环境用水量，规范社会取水量，保护水流空间，维持丰富多样的生态系，良好的水流空间和秀丽的两岸风光。5）每个城镇都要有完备的水循环系统。既要有安全、可靠的供水系统，又要有污水收集、处理、深度净化，有效利用与排除系统。污水处理程度应按下游水体功能要求而定。

3. 水环境恢复方略

水环境是一个流域性问题，甚或是全球性的。水环境的恢复、维系和保护需要多学科、多社会领域的共同努力。

（1）节制用水

节制用水不是一般意义上的水的节约。它是人类社会长期的一个基本方针。它是为了社会的永续发展、水资源的可持续利用以及水环境的恢复和维持，通过法律、行政、经济与技术手段，强制性地使社会合理有效地利用有限的水资源。它除包含节约用水的内容外，更主要在于，根据地域的水资源状况，制定、调整产业布局，促进工艺改革，提倡节水产业、清洁生产，通过技术、经济等手段，控制水的社会循环量，合理科学地分配水资源，减少对水自然循环的干扰。它与节约用水两者的区别可简单总结于表1-1。

节约用水与节制用水的区别 **表 1-1**

项目	节 约 用 水	节 制 用 水
出发点	道德、责任、经济	可持续发展
介入点	已有的产业结构和布局	尚未规划产业结构与布局，或重新规划产业结构与布局
归宿点	提高具体行业的用水水平	实现水的社会循环与自然循环协调发展

自然界提供人们可用的淡水资源是有限的，人口的快速增长和城市化建设，使得水资源越来越短缺，许多地区时有水荒发生甚或长年缺水。1997 年我国人均水资源量为 2220m^3，预测 2030 年当全国人口增加到 16 亿时，人均水资源量降至 1760m^3，水资源的形势是严峻的。况且我国降水量时空分布极为不均，东南沿海降水最多，向西北内陆越来越少，台湾省平均降水量 2535mm，而塔里木和柴达木盆地多年年均降水量不足 25mm。黄河、淮河、海河流域的水资源量占全国的 7.7%，但耕地占 39%，人口占 35%，GDP 占 32%。人均水资源量仅为 500m^3。水资源成为制约经济发展和提高人们生活质量的瓶颈。自然要求工业、农业和生活都要节制用水。

水是全社会、全人类和全球生物共有的资源。为维系良好的水环境，要求人类社会在水使用之后排放之前必须进行处理和再生净化，达到社会用水健康循环。取用 1t 水，就要产生 0.8t 污水，而处理与再生的费用是昂贵的，西方发达国家用于污水处理的费用平均达到 GDP 值的 2%～3%。对于西方各国财政都是一个重负，但仍没有完全达到社会用水健康循环的目的。就我国目前来说，更是难以承受的。为了削减污水处理经费，减轻社会经济重负，必须节制用水，减少污水产出量。

在水的自然循环系统中，人类的水利用循环，人类的活动是一种干扰，节制用水就是减少这种干扰，减轻消除这种干扰所产生的负面影响。所以水资源严重缺乏的地区当然要节制用水，水资源丰富的地区也要节制用水。

目前我国农业、工业、城市生活用水浪费现象严重。如发挥现有科技条件，节制用水的潜力是巨大的。

1）农业节水。目前我国广大农田还是采用流水漫灌技术，水的利用效率很低，平均灌溉水利用系数为 0.45，而西方发达国家灌溉水利用系数为 0.8，如果将灌溉水利用系数提高到 0.6～0.7，就将节约灌溉水 $600\times10^8\sim1000\times10^8$m^3/a，节水潜力是很大的。我国主要粮食作物平均用水效率为 1.10kg/m^3，水稻为 0.63～0.72kg/m^3，都有待于大幅度提高。近 10 年来我国建成了一批节水灌溉工程，水的灌溉利用系数达到 0.7 之上，如果进一步推广喷灌、微灌技术，减少无效蒸发和深层渗漏，发展节水农业技术，灌溉水利用系数和单位水量产出率都会有巨大的突破。

2）城市与工业节制用水。城市与工业节制用水不但节省了水资源量同时也缩减了污水产出量，获得了水资源和环境双方面的效益。1983～1997 年，工业用水重复利用率由 18%逐步提高到 63%，节水效果显著。但与发达国家 90%相比差距仍很大。而且，工业用水效率相当低，单位产品的耗水量是发达国家 2.5～10 倍，工业节水潜力仍然很大。在 30～50 年内通过实施清洁生产、节水工艺维持工业用水量不增加或少增加，而不影响工业的发展是可能的。城市生活用水浪费现象十分严重。据统计，全国平均管网漏失率为12.1%，实际漏失可能达20%～30%以上。生活用水器具跑、冒、滴、漏现象十分普遍。机关事业单位、宾馆、医院人均用水量高达378L/(d·人)，1910L/(d·人)，1390L/(d·人)。

建立节制用水型的社会是人与水环境协调的需要，也是人类永续发展的需要。事实上，世界许多国家在经过一定的经济发展阶段之后，城市需水量普遍呈现零增长和负增长的现象。

(2) 城市污水深度处理与有效利用

城市的给水排水系统对于水自然循环至关重要，是水大自然循环的一个旁路，是水的社会循环。城市排水系统是水自然循环与社会循环的联结点，污水处理厂是水循环中水量与水质的平衡点。

欲维系社会用水健康循环的功能，应认真讨论污水处理程度与普及率。中国工程院在为国家编制《中国可持续发展——水资源战略》中指出，当2010年，2030年全国污水处理普及率达50%和80%时，城市污水对水环境的污染负荷仍没有明显减弱，近岸海域，江河湖泊的污染趋势仍然得不到遏制，这是由于污水处理率虽在增加，但污水排放总量也在增长，使得污染负荷总量削减有限之故。

据文献报导，日本东京都污水处理率达95%之上，区域内河川水质已有明显改善，但东京湾富营养化仍有增长的趋势，赤潮时有发生。当东京湾流域的川崎市、横滨市和东京都的污水二级处理率都达到100%时，污水厂排放的负荷仍占入海负荷的大半，海水上层水质COD_{Mn}仍为5.46～5.75mg/L，还是达不到环境标准，这是因为普通二级处理只能去除易分解的含碳有机物，而对N、P和难分解有机物作用不大。1997年东京湾排放标准提高到COD_{Mn} 12mg/L，TN 10mg/L，TP 0.5mg/L，这就意味着东京湾的环境质量已寄希望于污水深度处理。

国内外水环境恢复与再生事业经验表明，污水深度处理与再利用是走向社会用水健康循环的桥梁，在水的循环中占据重要位置，起关键作用，污水再生和有效利用的每一点实际进步都是对地球环境、人类进步的贡献。推进污水深度处理，普及再生水利用是人类与自然兼容协调，创造健康水环境，促进循环型城市进程的重要举措。

迄今为止，环境工作者只注意到城市污水处理与排放，将排水系统功能定位在防止内涝，改善生活环境和保护公共水域水质之上。今天看来还远远不够，现今城市排水系统应是恢复和创造健康水环境，维持社会用水健康循环的基础设施，要实现这种功能就需要推进污水深度处理和再生水的有效利用。

1) 推进污水深度处理

所谓污水深度处理有别于污水三级处理。三级处理是在二级处理流程之后再增加处理设施，来取得良好的水质。深度处理不限于此，采用二级处理新工艺取得更好的水质也是深度处理。比如污水生物脱氮、除磷就是在二级处理过程中完成的，尤其是磷的去除就更方便，采用厌氧-好氧活性污泥法可以在不增加基建和运行费的条件下，通过改变运行工况就能去除营养盐磷，并且能同时获得抑制丝状菌繁殖，防止污泥膨胀的效果。无论正在建设或已运行的污水厂都可以改造成为厌氧-好氧活性污泥法除磷工艺，减少水域的磷污染负荷，对于闭锁性的湖泊和海湾具有重要价值。活性污泥法发展到今天，应该以厌氧-好氧活性污泥法替代普通活性污泥法成为标准工艺流程。当然污水深度处理也不排除三级处理，当再生水用户对SS、COD、色度、臭味有特殊要求时，应在二级处理之后增加混凝过滤、生物膜过滤、臭氧氧化、活性炭吸附以及膜分离等净化单元。

污水深度处理在经济发达国家已有推广，甚至普及。1996年日本全国有162处污水厂有再生水设备，利用再生水量为$48\times10^4m^3/d$。西欧各国远早于日本就到达了相当高的普及率，见表1-2。

世界各国污水深度处理普及率 **表1-2**

国家/时间（年） 项目	日本 1997	英国 1993	德国 1993	加拿大 1993	美国 —	芬兰 1993	瑞典 1993
二级处理普及率	55	96	90	75	71	77	95
深度处理普及率	5	12	48	28	30	67	88

就我国实际情况而言，污水深度处理与再生水利用是维系健康水循环的必由之路。对于进入渤海湾、深圳湾、滇池、东湖、南四湖、巢湖等封闭性水域的水进行深度处理是防止富营养化，恢复水体功能的急需。环境主管部门应制定地方标准，严格限制N、P和难分解物质（COD）的排放负荷。对于缺水地区，深度处理是生产再生水的主导工艺，能起到开发城市污水资源和大幅度削减污染负荷的双重作用。这些地区可以率先推进污水深度处理与再生水利用。但是多年来由于财政经济非常有限，不少环保部门领导和水质专家着重于寻求一级处理，自然处理等既"省钱"、"省能"又解决环境污染的途径，其实这些途径是难以奏效的，而普及二级处理的工程费用和维护费用是惊人的，各级财政更难以承受。若在二级处理基础上进行深度处理，将排放的处理水变成再生水，成为稳定的城市水源的重要组成部分，将远距离调水的巨额费用用于污水的再生，开发污水资源，此乃一举两得，事半功倍的智者之举。在封闭性水域地区和缺水地区舍此别无出路，就是在水资源丰富地区，也是保持健康水循环的良策。

2）再生水作为水源的应用前景

城市污水是城市稳定的淡水资源，污水再生利用减少了城市对自然水的需求量，减少了水环境的污染负荷，削减了对水自然循环的干扰，是维持社会用水健康循环不可缺少的措施。在缺水地区和干旱年份再生水的应用更是雪中送炭，解决水荒的有力可行之策。

再生水可应用于以下几个方面：

① 创造城市良好的水溪环境。补充维持城市溪流生态流量，补充公园、庭院水池、喷泉等景观用水。日本从1985～1996年用再生水复活了150余条城市小河流，给沿河市区带来了风情景观，愉悦着人们的心情，深受居民欢迎。北京、石家庄等地也利用污水处理水维持运河与护城河基流。

② 工业冷却水。大连春柳河污水厂早在1992年建设投产了污水再生设备，每天生产再生水$10000m^3/d$，主要用于热电厂冷却用水，少部分用于工业生产用水，运行10年来效果良好，效益可观。

③ 道路、绿地浇洒用水。喷洒用水的水质要求应该比工业用水更严格，因为它影

响沿路空气并可能与人体部分接触，大连经济开发区应用污水再生水喷洒街道花园，林荫绿带，节省了大量自来水。

④ 城区中水道。中水道以冲厕所等杂用水为主，一般是以大厦或居民小区为独立单元，自行循环使用。在有条件的城市可以在大片城区内建设广域中水道，供千家万户使用。并应与工业冷却用水，绿地、景观用水相结合，形成统一再生水供水系统。

⑤ 融雪用水。日本融雪用水占全部再生水使用量的 11%，在我国北方也有应用前景。

⑥ 农业用水。污水处理水用于农业灌溉不仅节省了水资源，同时也使回归自然水体的处理水又经进一步净化，污水处理水用于农田应满足农田灌溉标准，一般二级水经过适当稀释就可以达到水质要求。

(3) 城市污水厂污泥回归农田，充作农作物的有机肥料

城市污水处理厂的任务不仅是将污水处理到排放标准或净化成再生水，另一个不可忽视的任务是污泥的处理、处置和有效利用。污泥的产生量干重约为处理水量的 0.008%～0.010%，含水率 80%的污泥量为 0.04%～0.05%。$10\times10^4m^3/d$ 的污水厂每天产生湿污泥 40～50t。迄今为止，各城市污水厂对污泥的处理与处置没有引起充分注意，更多污水厂为脱水污泥的处置所困扰。

目前脱水污泥的处置多半以填埋为主，不但污染地下水，而且填埋场地越来越少。国外污泥焚烧技术比较发达，其设备庞大，能耗高，焚烧气中二噁英的发现，给焚烧技术增加了新的困难。笔者认为我国大量的污水厂污泥出路应该回归农田，充做农作物的有机肥料。这是自然规律所决定的，是 N、P、K 营养成分在土壤-作物-人畜-排泄物-土壤间的物质循环所决定的。在水冲厕所和下水道未普及之前，N、P、K 就是这样循环的。如果污泥不回归农田做肥料，就切断了这种循环，土壤越来越贫瘠，只有靠人工肥料来补充，于是化肥无节制地使用，形成农田径流对水体的污染和农作物品质的退化。从这个根本意义上讲，污水厂污泥回归农田是其正常归宿。但是，必须进行无害化处理。

1) 除害处理

污泥中含有重金属等有害成分，而且重金属可以随食物链进入人体，危害健康与生命。污泥中的重金属来自个别的工业生产工艺，如电镀等行业。这些少量工业废水在排入城市下水道之前，本应该进行局部除害处理，达到工业废水排入下水道标准才能排放。如各企业能够遵守这个规则，政府主管部门能够认真负责监督，重金属不会进入城市污水，就不可能转移到污泥之中。一个城市个别企业，少量含重金属等有害成分的工业废水除害处理的消耗是很有限的，技术是成熟的。如果管理得当，这个问题完全可以解决。

2) 污泥肥效与施用

城市污水污泥是天然的有机肥料，是缓效肥。其主要成分是传统的城市粪肥，废弃这种自然肥料是不明智的。各城市污水厂应建立污泥肥料厂或车间。将消化脱水污泥进一步进行发酵堆肥、干化、造粒，形成有机颗粒肥、有机复合肥，装袋外销。开发施用于不同作物、不同生长期的特效肥料，那么污泥肥料的市场应是广阔的。我们必须倡导

城市污水厂污泥再回到农田去，为创造绿色农业服务。

4. 为创建水环境科学与工程学科而努力

在水环境日益恶化的今日，如何遏制恶化趋势，重新建立起社会用水健康循环，恢复良好水环境，是当前水资源可持续利用，人类永续发展的根本性问题。如果不及时研究水环境恢复理论，确定适当的路线、方针和相关技术经济政策，不及时研究社会用水健康循环的工程规划思想和相应的工艺技术，地球上清净的淡水资源早晚有枯竭的一天。紧迫的客观实际呼吁建立水环境科学与工程学科，专门从事水环境恢复理论与工程技术的研究，集中市政工程给水排水专业和环境工程从事水污染防治专业的专家、学者、工程技术人员组成水环境科学与工程队伍。传统的给水排水学科，是研究城镇供水与排水工程，保证供水可靠性和安全性，保证城市污水、雨水的及时排除及处理的工程技术学科，其所涉及的和关心的是城市一个点的供水和污水排放，对城市所在流域研究甚少。环境工程中的水污染防治，主要也是研究工业点源污染的治理，也没有放眼流域水环境。没有一个放眼流域甚至全球从事水环境研究的专门队伍，没有从事社会用水健康循环系统工程研究设计的专门工程技术队伍，水环境恢复和维系事业就没有了科学依据和人才基础。我们应当呼吁水环境科学与工程学科的确立，并为之努力。从水环境角度来从事城市、工业、农业、生态环境的供水，污水处理与再生，建立社会用水健康循环，恢复健康水环境。

1.2.2 社会用水健康循环是循环型城市的基础❶

水是人类社会经济发展的基础自然资源，也是人们生存、生活不可替代的生命源泉。但是目前全球一半的河流水量大幅减少或被严重污染，世界上 80 个国家占全球 40%的人口严重缺水。水资源危机已经成为当今世界许多国家社会经济发展的制约因素。

建立循环型城市、循环型社会是人类永续生存和可持续发展的必然趋势。已被世界各国所共识。循环经济的实质是人类在生存、生活、生产过程中，把自己视为地球上生物群中的一员，通过实现资源与能源的循环使用，将对物质资源的消费、消耗过程转变为物质的生物和物理、化学循环过程。

而人类社会用水健康循环正是一切物质循环利用之首，是创建循环经济，建立循环型社会所必需的基础。

1. 可持续发展战略

20 世纪中、后期，世界范围内资源短缺与环境恶化问题日趋严重，人们对人与自然、发展的问题进行了广泛的讨论，提出了新的人与自然和谐思想——“可持续发展”。

可持续发展理论作为社会发展理论的重要方面，起源于 20 世纪 50～60 年代。由于长期以来人类社会采取的“高投入、高消耗、高污染”发展模式，导致了自然资源的过度消耗和生态平衡的破坏，加剧了地区之间的贫富差距。20 世纪 30～60 年代，发达国家发生了令人震惊的“八大公害”事件。在 20 世纪 50 年代，福格特的《生存之路》和

❶ 本文成稿于 2003 年，作者：张杰、熊必永、陈立学。

卡逊的《寂静的春天》等著作率先揭示了人类发展中的生存问题和环境问题，引起世人的广泛关注和讨论。1972年，联合国在瑞典斯德哥尔摩首次召开“人类环境会议”，通过了《人类环境宣言》，提出“人类只有一个地球”，郑重宣告“保护和改善人类环境已成为全人类的一项迫切任务”，唤起了世人环境意识的觉醒。是年，罗马俱乐部发表了著名的研究报告——《增长的极限》(The Limits of Growth)，预测“如果让世界人口、工业化、污染、粮食生产和资源消耗方面以现在的趋势继续下去，这个行星上的增长极限将在今后100年中发生”，并提出了“经济零增长”的控制方法。该报告引起了全球各界的巨大震惊。之后引发了沸沸扬扬的关于发展与环境问题的讨论。

1983年，联合国成立世界环境与发展委员会，以挪威首相布伦特兰（G. H. Brundtland）夫人为主席。委员会在1987年提交了题为《我们共同的未来》（Our Common Future）的研究报告。报告定义了“可持续发展”（Sustainable Development）——“既满足当代人需要，又不对满足后代人需要的能力构成危害的发展”，同时提出和阐述了“可持续发展”战略。1992年6月，联合国在巴西召开了环境与发展首脑会议。通过了《里约环境与发展宣言》、《21世纪议程》等一系列划时代的、指导各国可持续发展的纲领性文件，正式确立了“可持续发展”是当代人类发展的主题。2002年8月，约翰内斯堡可持续发展世界首脑会议再次深化了人类对可持续发展的认识，确认经济发展、社会进步与环境保护相互联系、相互促进，共同构成可持续发展的三大支柱。今天它作为解决环境与发展问题的惟一出路而成为各国的共识。

实质上，可持续发展思想的提出是对人类社会原来所采用的不可持续的生产和消费模式的反思和检讨，是对人与自然、人与社会关系的重新定位。它是人类在几千年的发展过程中正反两方面的经验教训总结，是全人类先进思想的结晶，是人类永续生存和发展的根本之道。

可持续发展的思想在中国已经得到广泛接受并率先付之实践，在世界各国中领先于1994年制定了国家级的行动纲领——《中国21世纪议程——中国21世纪人口、环境与发展白皮书》。书中提出了中国可持续发展的总体战略和政策措施方案，对于包括水资源与水环境在内的资源环境问题提出了原则性的指导思想。

2. 循环经济

随着可持续发展战略的实施，越来越多的人意识到实现经济可持续发展的关键在于经济发展方式的转变。同时，地球所拥有的资源与环境承载力的有限性，客观上也要求我们转换经济增长方式，用新的模式发展经济；要求我们减少对自然资源的消耗，并对被过度使用的生态环境进行补偿。

正是在这一背景之下，产生了知识经济以及循环经济等多种经济理论。循环经济的思想萌芽可以追溯到环境保护思潮兴起的时代。20世纪60年代中期，美国经济学家E·鲍尔丁发表的《宇宙飞船经济观》一文可以作为循环经济（Recycling Economy或Circular Economy）的早期代表。鲍尔丁把污染视为未得到合理利用的“资源剩余”，即只有放错地方的资源，没有绝对无用的垃圾。然而直到90年代，在实施可持续发展战略的过程中，越来越认识到，当代资源环境问题日益严重的根本原因在于工业革命以来，在以高开采、低利用、高排放为特征的传统线性经济发展模式之后，才产生较系统的循环经济理论。

循环经济的提出是经济发展理论和人与自然生产关系思索的重要突破，它克服了传统经济发展理论将经济和环境系统人为割裂的弊端。所谓循环经济，是对物质闭环流动型经济的简称，是以物质、能量梯次和闭路循环使用为特征的一种新的生产方式。循环经济涉及物质流动的全过程，它不仅包括生产过程也包括消费过程。它本质上是人类生产发展方式的变革，是一种生态经济，把清洁生产、资源综合利用、生态设计和可持续消费等融为一体，运用生态学规律来指导人类的经济活动。

循环经济以“3R”原则：减量化（Reduce）原则、再使用（Reuse）原则、再循环（Recycle）原则作为最重要的行动原则。在技术层次上，循环经济从根本上改变了传统经济发展模式“资源—产品—污染排放”单向开放型流动的线性经济。它以“低开采、高利用、低排放”循环利用模式代替“高开采、低利用、高排放”，真正实现了经济运行过程中“资源—产品—再利用资源”的反馈式流程。通过物质的不断循环利用来发展经济，使经济系统和谐地纳入自然生态系统的物质循环过程中，实现经济活动的生态化。

目前，循环经济已经成为一股潮流和趋势，在发达国家得到广泛认可和实施。1972年德国就制定了《废物处理法》。1996年德国提出《循环经济与废物管理法》，该法对废物处理的优先顺序是：避免产生——循环使用——最终处置。日本也提出建立循环经济的概念。2000年通过和修改了多项环保法规。如《推进形成循环型社会基本法》、《特定家庭用机械再商品化法》、《促进资源有效利用法》等，在2001年4月之前相继付诸实施。美国自1976年制定了《固体废弃物处置法》，现已有半数以上的州制定了不同形式的再生循环法规。而杜邦化学公司与丹麦卡伦堡生态工业区则是在企业和生态工业园区层次上的典型成功范例。

在中国，这两年来，循环经济也得到政府的高度重视，并在不同层次上开展了初步的试点研究。目前中国已按循环经济理念，建立了广西贵港生态工业园等10个生态工业园区。同时已在辽宁、福建等省和城市开展以循环经济为核心的生态省、生态市试点。并于2003年实施《中华人民共和国清洁生产促进法》，为发展循环经济提供了法律保障。

在2005～2020年的《国家中长期科技发展规划战略研究》中，生态建设、环境保护与循环经济问题被列为一个专题进行研究，以期在未来15年的科技发展中，充分为循环经济的发展提供科技支撑。

3. 水的健康循环是循环经济和循环型社会的基础

(1) 中国水资源与水环境现状

在中国，虽然水资源总量约有2.8万亿m^3，但是人均占有水资源量不足2200m^3，约为世界人均水量的1/4，列世界第121位，是一个不折不扣的贫水国。

新中国成立以来至20世纪90年代，中国用水总量迅速增长，从1949年的约1000亿m^3增长到1997年的5566亿m^3。之后，一直趋于稳定。到2002年，全国总供水量5497亿m^3。其中地表水源供水量占80.1%，地下水源供水量占19.5%，其他水源供水量（指污水处理再利用量和集雨工程供水量）仅占0.4%。2002年用水量中，农业用水 3736 亿 m³，占总用水量的 68.0%，工业用水 1142 亿 m³，占 20.8%，生活用水 619 亿 m³，占 11.2%。与 2001 年比较，全国总用水量减少 70 亿 m³，其中生活用水增加 19 亿 m³，工业用水增加 1 亿 m³，农业用水减少 90 亿 m³。中国历年用水量情况见图 1-2。

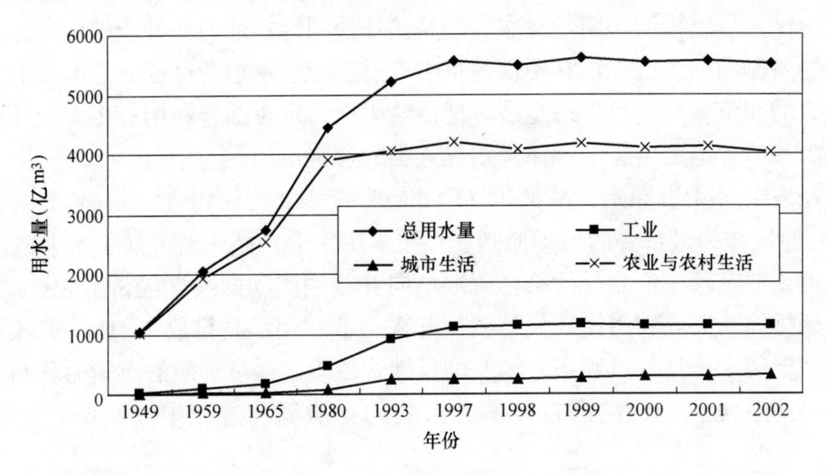

图 1-2　全国历年用水量状况

目前，中国 660 多个城市有 400 个缺水，其中大部分属于因污染导致的水质型缺水。每年水污染造成的经济损失约为全年 GNP 的 1.5%～3%。2000 年，全国城镇化水平已经从 1949 年的 10.6%提高到 36%，预计中国 2020 年的城镇化水平将达到 50%左右，城镇总人口约为 7.5 亿。今后城市发展和城镇化的加快必然将进一步加剧缺水危机。根据中国工程院数据，全国可利用水资源量，不考虑从西南调水，扣除生态环境用水后约为 8000 亿～9500 亿 m³。2050 年全国需水量可能达到 7000 亿～8000 亿 m³，届时将接近可利用水资源的极限。

更为严峻的是，我国江河污染的严重势态还没有得到有效遏制，整体环境质量还在恶化。2002 年，7 大水系 741 个重点监测断面中，仅有 29.1%的断面满足Ⅰ～Ⅲ类水质要求，30.0%的断面属Ⅳ、Ⅴ类水质，40.9%的断面为劣Ⅴ类水质。主要湖泊氮、磷污染严重，富营养化问题突出。滇池草海为重度富营养状态，太湖和巢湖为轻度富营养状态。其他大型湖泊洞庭湖、达赉湖、洪泽湖、兴凯湖、南四湖、博斯腾湖、洱海和镜泊湖 8 个淡水湖泊中，洞庭湖和镜泊湖水质达到Ⅳ类水质标准；其他湖泊水质均为Ⅴ类或劣Ⅴ类。此外，全国以地下水源为主的城市，地下水几乎全部受到不同程度的污染。全国 118 个城市中，地下水污染严重的占 64%，轻度污染的占 33%，仅有 3%的城市地下水尚属清洁。

（2）恢复社会用水的健康循环

地球上的水不断地进行着水文大循环，水在循环中还能使外来自然污染得以自净。在自然界中，水在不停地循环运动之中可以维持水量和水质的精妙平衡。所以，水是循环型的资源，是可再生的自然资源。

21 世纪是协调人口、资源与发展的世纪，人类社会只有建立起物质循环型的城市才能持续发展。而社会用水的健康循环是循环型社会的基础。而城市污水、污泥的再生利用是水健康循环的必由之路。笔者在《中国工程科学》2002 年第 8 期院士论坛中发表了《我国水环境恢复方略》一文。明确指出水环境恢复与维系的基础是建立起健康的社会水循环。并呼吁建立水环境科学与工程学科。集中市政工程给水排水专业和环境工程从事水污染防治专业的专家、学者、工程技术人员组成水环境科学与工程队伍，专门从事水环境恢复理论与工程技术的研究。为水环境恢复和维系事业提供科学依据和人才基础，使我们能够从水环境角度来从事城市、工业、农业、生态环境的供水、污水处理与再生，建立水的健康循环，恢复良好水环境。要使水资源永续地满足人类社会发展的需求，就必须减少水的社会小循环对自然大循环的干扰，或者使“干扰度”处于水的自然大循环可承载的范围之内。

也就是说，在水的社会循环中，应该有节制地开采水资源，用后还给水体的也应该是为水体自净所能允许的、经过净化了的再生水。由此可见，解决综合水危机、实现水资源可持续利用的根本途径在于实现城市水系统健康循环（社会用水健康循环）。

所谓社会用水健康循环，是指在水的社会循环中，尊重水的自然运动规律和品格，合理科学地使用水资源，同时将使用过的废水经过再生净化，使得上游地区的用水循环不影响下游水域的水体功能，水的社会循环不损害水自然循环的客观规律，从而维系或恢复城市乃至流域的良好水环境，实现水资源的可持续利用。可见，在水的社会循环中，污水处理厂是维持水社会循环得以健康发展的关键，起到净化城市污水，制造再生水的作用。

要建立水系统健康循环，就要求在水社会循环中统筹管理，减少取水量，进行水资源的再生循环利用，降低污染负荷，确保生态环境用水，恢复河湖清流。其基本实施策略如图 1-3 所示。其中，还包括污水厂污泥回归农田、恢复城市雨水循环途径、面污染控制等方略。城市范畴上的污水深度处理与利用即再生水供应系统是关键，是我国水环境恢复的切入点。可以说在污水深度处理、超深度处理和有效利用方面的每一点进步都是对人类和地球的贡献。据此，城市排水系统是促进城市用水的健康循环，恢复水环境的生命线工程。它的任务早已超出了排除雨、污水，保护城市生活环境，防止公共水域污染的范畴。这些策略大部分均已在另文专门加以阐释，在此不再赘述。

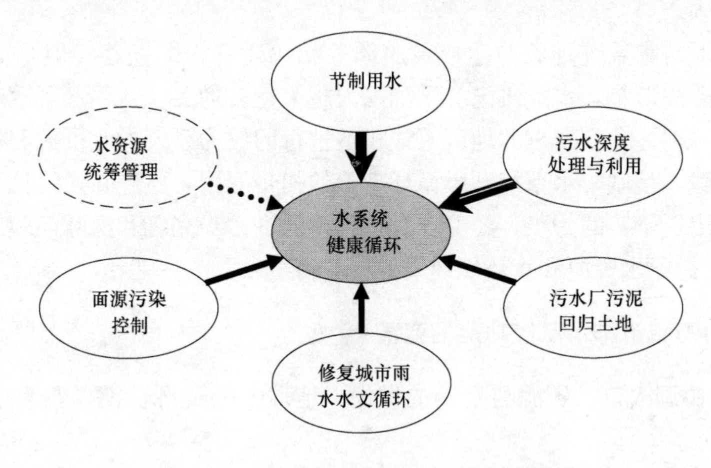

图 1-3 水系统健康循环实施策略示意图

可见，根据水健康循环的理念，水资源的利用将由过去的“取水——输水——用户——排放”的单向开放型流动，转变为“有节制地取水——输水——用户——再生水”的反馈式循环流程。通过水资源的不断循环利用，使水的社会循环和谐地纳入水的自然循环过程之中，实现社会用水的健康循环。这是根据人类社会用水历史的发展和物质循环的实际规律探索水资源可持续利用和水环境保护的切实途径。这种认识恰恰正是可持续发展和循环经济“3R”原则在水资源与水环境领域的生动演绎。

2003年进行的《国家中长期科技发展规划战略研究》中，我们进行了《城市水系统健康循环研究》的课题研究，提出了建立较为系统的城市水系统健康循环理论，建立流域城市群用水重复利用、循环利用，城市用水健康循环示范工程的发展目标。

这种思想提出之初曾受到很多人的漠视甚至反对。因为这是针对人们过度用水、滥排污水和丢弃废物而提出的，是在水资源的利用和水环境保护领域进行的一次革命。它将从思想上和技术上彻底改变过去那种只知用水不知再生，将水的循环人为割裂，只是片面地对其中的某个环节进行研究和处理的“只见树木，不见森林”的局部观和做法，必然会影响某些部门利益或行业利益。这种革命或许需要多年才能得到广泛认同和接受，但是毫无疑问，这次革命将是完全不可避免的，是人类在水资源利用和水环境保护方面的一次重要转折。今天，越来越多的人已经注意到并不同程度接受了水健康循环的理念。有些学者也开始开展了有关领域的研究。

4. 结语

水是可再生的循环性自然资源，要使水资源永续地满足人类社会发展的需求，就必须减少水的社会小循环对自然大循环的干扰度，或者使“干扰度”处于水的自然大循环可承载的范围之内。

经过多年探索，从最初的污水处理到深度处理和再生回用，我们逐渐认识到解决综合水危机、实现水资源可持续利用的根本途径在于实现城市水系统健康循环（社会用水健康循环）。实现水系统健康循环的基本策略包括节制用水、污水深度处理与有效利用、污水厂污泥回归土地、修复城市雨水水文循环、控制面源污染以及实现水资源统筹管理等。其中，城市范畴上的污水深度处理与利用即再生水供应系统是关键，是我国恢复良好水环境的切入点。

虽然我国城市水系统现状与达成健康循环相比还有很大差距。但是面对我国水资源、水环境的严峻形势，水危机已经受到国人越来越多的关注，引起了政府部门的高度重视。大连、深圳、北京、东北地区等地相继进行的较为系统的水资源利用和水环境恢复的研究和实践，是城市水系统健康循环理论的初步应用，已经在通往社会用水健康循环的道路上迈出了坚实的一步，随着今后该理论的进一步完善和实际经验的积累，中国最终将开创21世纪水资源和水环境健康发展的新纪元。

1.2.3 中国城市排水系统功能的变革[1]

21世纪是协调人口、资源与发展的世纪。地球上的资源、能源是有限的，人类社

[1] 本文成稿于2005年，作者：张杰、熊必永、李捷。

会只有建立起物质循环型的城市才能持续发展。水资源的循环是其重要方面。城市污水、污泥的再生利用是水健康循环的必由之路。传统概念的城市排水系统已不适应水健康循环的要求，他的系统功能、规划设计、污水处理程度、处理水出路都应从恢复水环境、建设水健康循环和实现人类可持续发展的高度来重新评价。

1. 城市排水系统的发展历程和今后的使命

最初的城市排水系统源于城市防洪排涝的需要，其主要功能是尽快将雨水排除市区之外。18 世纪产生了水冲厕所，到 19 世纪中叶得到了广泛的应用。水冲厕所的应用大大改善了城市居民的生活条件，也使得城市用水量和排水量迅速增加，极大地改变了城市排水系统的性质、结构和功能，此时城市排水系统的目的是改善居民卫生条件。它的主要功能是将雨水和来自人类活动的污水排除市区之外。但是大量未经处理的污水排入城市下游河道，造成了严重的水质污染。欧洲的莱茵河曾一度被称为欧洲最大的下水道。人们生活环境的改善是以牺牲河流为代价的。

20 世纪初，由于城市河流水质的普遍污染以及伤寒等水传染疾病的肆虐，开始了污水处理技术的研究和实践。长期以来尽管污水处理技术不断发展，去除对象从悬浮物、可降解有机物发展为营养盐、有毒有害人工合成物质。但到目前城市排水系统的功能仍是：(1) 及时排除雨水、污水，防止市区内涝；(2) 集中处理污水，达标排放，防止公共水域水质污染。这种传统功能是人口不甚集中，工业不太发达的时代，人们构想着水资源足够应用，水环境容量足够大的条件下形成的。认为污水是有害的废物，而不是宝贵的资源，忽略了水的再生性质和水环境的脆弱本质。所以，多年实践中，只保护了局部城区生活环境，污染了全流域，造成长期危害。实际上良好的水环境不是局部地域的，它的范围是流域的，乃至全球的。当今，由于经济的迅速增长和城市人口的高度集中，水环境劣化日趋严峻，水资源短缺矛盾日趋突出。在本世纪末人类需要找到比目前多 25%～60%的淡水资源才能满足全球人口的饮用、卫生、农业和工业生产之需。水资源短缺危机将雪上加霜。

在如此紧迫的势态下，我们不得不重新认识城市的用水循环，重新评价排水系统的作用，赋予它新的使命。让它在水的健康循环和城市可持续发展中占据应有的位置。

如果将城市拟人化，水就是城市的血液，给水管网就是动脉，排水管网就是静脉。而污水处理厂就是城市的肾脏，起到净化城市污水制造再生水的作用。城市排水系统要负起回收废水、再生净化、畅通城市水循环之责。所以面向 21 世纪的城市排水系统必须从以前的防涝减灾、治污减灾的被动地位，升华到以污水再生、创建社会用水健康循环、恢复健康水环境和维系水资源可持续利用为己任的城市生命线工程的地位上来。

事实证明：污水深度处理和再生回用事业，不但使城市得到了第二水源，而且也找到了恢复水环境的可行之路。其社会效益、环境效益与经济效益为世界各国所瞩目。它的每一点进步都是对人类社会的贡献。

2. 21 世纪城市排水系统功能变革

解决资源短缺、环境污染的现代人类社会发展中的问题，走可持续发展的道路，其基本途径是将现行的高投入、高排放、高污染的线性经济模式转化为减量化、再使用、再循环的循环型经济模式。建立起物质循环型社会。而人类社会用水的健康循环是循环型社会的重要因素，是循环经济的基础。

中国21世纪排水系统的功能应从以往的防涝减灾、防污减灾转向污水和营养物质的再循环，从而恢复健康的水环境，促进水资源的可持续利用。

2003年，中国城市污水量为460亿m^3。如果能回收其1/3，就能够解决今后10～15年的城市缺水问题。污水中大量的氮磷营养物质若能回归于农田，对于农业的可持续发展，保持土壤肥分，减轻农田径流的面污染都会收到显著的效果。循环型城市排水系统的基本图示见图1-4所示。

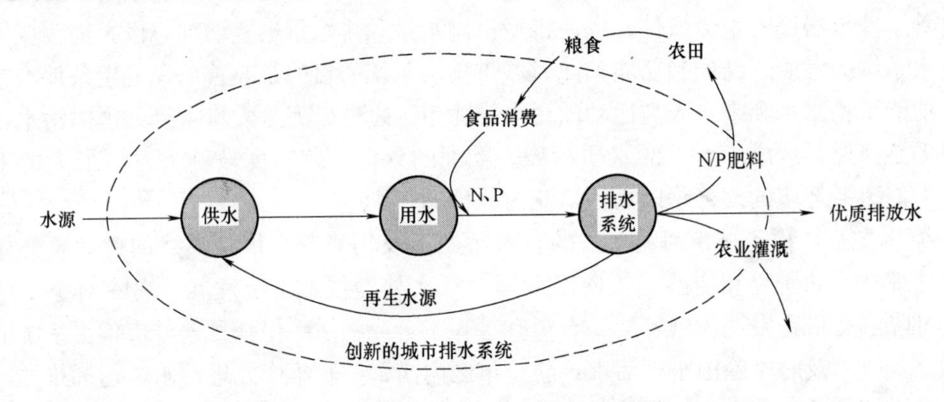

图1-4　循环型城市排水系统示意图

它的基本功能是：

（1）城市水循环利用的基地：污水再生，再生水回用于工业、农业、景观、小溪，为城市提供稳定的第二水资源，用较少的新鲜水就可以满足城市的用水之需，从而维持社会用水的健康循环，以便与自然水文大循环相和谐，是水循环利用的基地。

（2）流域中水资源重复利用的枢纽：再生水作为优质的排放水，不但避免污染下游水体，同时又是下游城市水资源的一部分，每个城市的排水系统都是实现流域内城市群间水资源重复利用的枢纽。

（3）营养物质循环的枢纽：污水厂污泥制作肥料，遵循土壤营养成分的循环规律，将N、P回归农田，是土壤肥分循环的枢纽。

（4）物质与能源回收的基地：城市物质消耗代谢产物都进入排水系统然后转入污泥当中。其中有大量的有机物质可以回收可观的能源。消化池沼气有效的利用和发电可以补充污水处理能源，在世界各地都有实践。回收各种工业废水中的贵重物资，是工业生产循环经济的重要部分。放流水势能发电和污水热泵可以回收污水的剩余能量如此等，污水处理厂应作为物质与能源的回收基地，同时也维持了自然界物质循环规律。

3. 排水系统规划原则的改变

随着社会的发展和人们环境意识的增强，我国水污染控制经历了由单一污染源治理、污染物浓度达标排放到污染综合防治、污染物排放总量控制的两个阶段。20世纪70年代末期，主要采取的是工业点源治理策略，显然不足以防止水环境的污染。80年代开始进入污染综合防治和总量控制阶段。在过去的几十年里，我国一直摆脱不了“点源治理，达标排放”、“三同时”和“谁污染，谁治理”的观念，城市污水处理厂建设和处理程度远远滞后。而众多的工业废水处理站往往又管理不善，据国家环保总局对我国5556套工业废水处理站的调查结果表明：运行较好的仅占总数的35.7%，有效投资为总投资的31.3%，所以我国水环境恶化的趋势始终没有遏制住。反思我国水污染防治理念和排水系统规划、设计中的原则问题、变革排水系统规划原则是我们的迫切任务。

在污水深度处理、超深度处理和污水再生利用已经实用化了的今天，排水系统在总体规划中的位置和规划原则都应当重新考虑。21世纪排水系统规划的原则立场应重在污水再生，回收利用于工业生产和市政用水；重在雨水调蓄、贮存和开发利用，这是规划原则的根本变革。

在规划中应调查现有和潜在的再生水需求，结合城市的功能分区、地形、地势以及现有给水排水系统现状，从方便于污水再生利用的目的出发，恰当地划分排水分区，确定污水再生水厂的个数和位置，做到适度集中，以便节省污水收集、处理、再生利用等整套系统的投资和日常能耗，降低再生水成本。在规划设计污水处理厂时，将它视为污水净化再生水厂或工业供水厂。全面规划设计污水再生净化的全流程，将一级机械处理，二级生化处理和深度处理有机地联合起来，应特别重视污水深度处理并考虑超深度处理的可能。如暂时有不可克服的困难，不能建设深度处理的情况，也必须预留充分的深度处理与超深度处理的发展用地。因为污水深度处理与再生回用势在必行。

雨水收集与排除系统，即雨水道与合流水道是排水系统的重要部分。以往的规划原则偏重于就近将雨水排放入河道体系，迅速地流入下游入海。雨水是地表径流和地下径流的最主要来源，是水资源的源泉之一，如何更合理地为人类服务是人类发展的根本性问题。必须改变尽快驱赶雨水入海的错误观念。应加强雨水的地面渗漏，补给涵养地下水，建立雨水调蓄体系，包括街坊、小区调节水池，也包括地下水库。不但可以调节洪、旱季节水资源的供需矛盾，减轻洪水灾情，还可以减少城市雨水道的建设费用。改造合流制下水道也是雨水有效利用的重要问题。

目前污水污泥的处理与处置是各城市污水厂头疼的问题，找不到更好的出路。有许多厂只顾水质达标排放，而将污泥偷偷地又排放到水体或城市下水道，造成二次污染，这是最大的错误。常规污泥处置如焚烧，它的建设投资和维护费用昂贵，多数城市不堪重负。许多西方国家，将污泥灰作为建设材料，经济上投入太多，收益不大。目前国内较多的是将污泥进行填埋处置，既占用了大片土地，也废弃了大量的污泥资源。那么污泥的出路在哪里？在于回归农田，从大地而来到大地而去。从自然界N、P物质循环的基本原理出发，城市污水污泥应当作农作物的肥料，同时也使耕地获得了有机肥分，避免土壤板结，可维系农业的持续发展。这是城市污水污泥正当的，也是自然的出路。

4. 城市污水厂规模、厂址和数目

按着传统规划设计原则，污水处理厂尽可能摆放在城市下游。但是这种系统布局，使污水再生水源远离用户，增加了相应的回用水管网费用，不利于污水资源化。因此，在确定污水厂厂址时，除了考虑城市功能分区、排水系统、受纳水体的水文特征及环境容量外，还应对再生水用户进行详尽地调查分析，这些用户包括城市中的自然水面、小河的生态与环境用水；绿地、公园浇洒用水；工业生产用水和小区中水道。根据用户的地理位置分布，水量与水质需求，综合确定污水处理厂的位置、数目以及处理程度。

根据长期实践经验，建设大型污水处理厂可以发挥规模效益，降低建设费用，所以以往尽可能集中建设大型污水厂。但这种观点并没有考虑到污水回用的因素，如果考虑到再生水的回用所需铺设的输水管道、提升泵站等费用，考虑到因为污水回用减轻城市排水管网系统的负担所带来的经济效益，那么可以肯定，在城市下游建立集中的大型污水处理厂，在经济上并不是最优的，也是和促进污水回用相悖的。因为污水厂的数目过少，势必远离再生水用户，加大再生水输送管道的距离和投资，增加回用水成本，不利于污水回用事业发展。因此，城市污水厂的数目不应拘泥于传统经验，而应该依据城市中实际污水回用的需要在适当位置建设合适规模的污水处理厂，使得整个城市形成大、中、小及上下游相结合的污水处理厂分布的格局。

5. 污水处理程度和工艺流程选择

国内许多城市只注重于污水二级生化处理，来达到水域的排放标准。但从水循环和水资源可持续利用的需求出发，在许多场合下都是远远不够的。都需要提高污水处理程度，进行深度处理和超深度处理，才能恢复城市水体功能，恢复健康的水环境。虽然推进污水深度处理有着认识上和经济上的巨大困难，为许多城市领导和环境专家所不理解"污水处理尚未普及，何谈深度处理"。但是，随着污水资源化的推进，为保护城市供水水源、海湾渔场，为恢复我国健康水循环，污水深度处理和超深度处理必然发展起来。水质专家、环境保护专家和政府主管部门必须主动地推进这一事业的发展。

首先应研究制定水环境标准体系，严格污水处理水排放标准。对于城市供水水源，封闭性湖泊、海湾，以法律形式严厉限制难降解 COD、N、P 的流入。其次制定各种用途的再生水水质标准体系。再生水水质标准应得当，在满足使用功能的原则下，尽可能达到经济合理。工业生产上，能够使用再生水的装置、工序、车间一定要应用再生水，而且水质要求不能过苛。过苛的水质要求等于拒绝使用，有意无意阻碍了污水回用事业的发展。长此以往对企业、对城市、对人类社会的可持续发展都是不利的。尽管各种用途的再生水水质要求有许多差别，但是都需要在二级处理水的基础上，再经深度处理才能达到。例如，二级处理水经过适当稀释即可满足农田灌溉用水要求；经简捷的澄清、过滤可以作为工业装置冷却用水。但是要回灌于地层补充地下水，就需要经过深度处理流程，二级处理水经澄清、过滤后，还需活性炭吸附及膜分离技术；若用于锅炉用水，则必须用离子交换技术去除阴、阳离子。污水再生全流程的选择应将污水的一级处理、二级处理和深度处理视为一个完整系统，合理地分配净化负荷，进行统一的经济技术比较。在满足排放水体或再生水水质要求的前提下，选择那些节能、省地、节省投资和运行费用的成熟工艺。将各净化单元进行多种组合，通过切实的方案比较确定污水再生全流程。

6. 结论

我国 21 世纪的城市排水系统是促进城市用水的健康循环，恢复健康水环境的生命线工程。它的任务早已超出了排除雨水、污水，保护城市生活环境，防止公共水域污染的范畴。

我国城市排水系统将成为城市用水健康循环的纽带；资源与能源回收的基地，起着人类社会水循环与自然水文循环和谐连接的桥梁作用。

城市排水系统质的变化表现在倡导污水深度处理、超深度处理的普及和再生水的有效利用。工业用水、农业用水、自然水体生态用水以及区域景观用水、绿化用水和小区中水道都是再生水的主要用户，都应该积极采用。建立各种用途再生水水质标准体系，对水质的要求不宜过苛。拒绝或不积极的态度以及过苛的水质要求都是推进污水再生回用事业的阻力，它将妨碍水资源循环型城市的建立。我们应大声疾呼：在污水再生与利用方面的每一点进步都是对人类社会可持续发展的贡献。这就是我国城市排水系统的现代观。

1.2.4 城市污水处理厂污泥的处置与农业的可持续发展❶

随着城市化进程的加快，城市人口的增加，工业和生活污水排放量日益增多，污泥的产生量也迅速增加。据资料显示，英、美两国在过去的几年中，污泥量年增长5%～10%，每年所积累的干污泥量分别达1.7×10^6t和9×10^6t以上，我国每年产生的污泥量更是高达1亿t以上。大量积累的污泥，不仅占用大量的土地面积，而且污泥中含有大量的有毒有害物质，如寄生虫卵、病原微生物、细菌、合成有机物及重金属离子等。由此产生的臭气和有机污染已经成为城市环境卫生的一大公害；而另一方面，污泥中又含有大量有用的物质如植物营养素、有机物及腐殖质等，污泥中还含有植物生长所需的其他微量元素，如B、Mo、Zn、Fe、Mn等，这些元素对植物生长有利，而且往往是土壤中所缺乏的；此外，污泥中所含的蛋白质、脂肪、维生素是有价值的动物饲料成分。所以世界各国对污泥的处理十分重视，亦进行了大量的研究。

就我国而言，目前存在着这样一个不争的事实：一方面，随着污水排放量的增加，产生大量污泥，这些大量的有机污泥由于处理不当，正在污染环境；另一方面，大部分的农田缺乏有机肥料，土壤质量日趋下降。根据《北京国土资源》记载，北京几个近郊区的农田总面积为60117hm^2，根据我国农业种植的特点和需要，1hm^2农田需要45t有机肥料，几个近郊区需有机肥270×10^4t，而农民自己能够提供的有机肥仅70×10^4t，短缺近200×10^4t。北京市农田中有机质含量普遍偏低，除近郊朝阳、海淀、丰台部分地区农田有机质含量在2%左右外，其余都在1.7%以下，属于中低肥农田。这主要是由于长期单独施用无机肥，使土壤肥分比例失调，不利于作物生长和利用；且连续施用，使土壤盐化板结。

如何解决这一日益恶化的现象，实现农业的持续发展，就成了21世纪我国维持经济进一步持续增长所迫切需要解决的问题。

1. 污泥处置方式分析

污泥的最终处置方式主要有投海、填埋、焚烧和土地利用等。

（1）投海

海上投弃会污染海洋，但这种方法曾一度被认为是既节省费用又处理了污泥的有效方法，其理论基础在于海洋的自净作用。实质上，海洋的自净作用也是有限的，随着污泥投弃量的增加，会使海水中含氧量远低于海洋生物群所需氧量，严重破坏了海生生物

---

❶ 本文成稿于2003年，作者：李捷、熊必永、张杰。

的生活区。如美国纽约，每年将 382×10^4 t 的污泥投至纽约港外指定的海区，现已发现该海区近 10 英里（mi.）（1km＝0.6214mi.）的区域内，几乎所有的海底生物群都消失了，而且海底污泥的重金属浓度比无污染地区高 150～200 倍。因此，目前投海方法受到严格的限制，将逐渐禁止使用。

（2）填埋

陆地存放和填埋需要占用大量土地，并且投弃场所易产生恶臭，同时投弃物受雨水冲刷和土地渗漏会引起对地表水和地下水的污染。另一方面，污泥中含有大量有机物，填埋在适宜的条件下会发生消化反应产生污泥气（沼气），一旦污泥气的压力释放不出去，或遇上火种随时都可能发生爆炸，造成人员伤亡和财产损失，垃圾场爆炸的事件在我国已多次发生。此外，填埋将导致遗留土地污染，这些遗留土地污染的治理需要巨额的费用。而且填埋并不能最终避免和消除污染，它仅仅是减缓了污染的时间而已。

（3）焚烧

污泥的焚烧处理是目前国外使用较多的方法之一。焚烧可以使污泥的体积减少到最少量（减少到原有污泥体积的 5%左右）。另外污泥中含有的重金属在高温下被氧化成稳定的氧化物，是制造陶粒、瓷砖等产品的优良原材料，可以进行综合利用。但是焚烧炉的投资巨大，据报道建设一座日处理 100t 的垃圾焚烧炉，即使全部采用国内设备材料，一般仍需要 3500 万～5000 万元。并且污泥灰的处置目前还没有更好的解决方法。此外，如果燃烧装置有问题或燃烧不完全，焚烧法仍然会引起二次公害，例如可能产生含有剧毒物质二噁英的废气、噪声、震动、热和辐射等。但是，如果能控制燃烧装置充分燃烧及余热利用，该法还是一个较好的方法。

（4）土地利用

将污泥作肥料施用于农田、林场，实现污泥资源化是正当的、彻底的最终处置方法。自然界中存在的氮、磷、钾的循环，一般是从生产者——消费者——分解者——生产者这样的往复循环。污泥中含有大量的有机物质和氮、磷、钾等营养物质，利用污泥作肥料，可以充分利用其中的营养物质，维持氮、磷、钾的天然平衡，达到增产、生产绿色食品的效果。这与创建生态农业、生态林业和清洁生产的思想是一致的。国内外许多城市进行了污泥土地利用的探索研究，取得了良好的效果。表 1-3 为部分国家的污泥农业利用量所占比例。

部分国家的污泥农业利用量比例　　表 1-3

国家	污泥农业利用比例(%)	国家	污泥农业利用比例(%)
比利时	57	荷兰	53
丹麦	43	西班牙	61
法国	27	葡萄牙	80
德国	25	瑞典	60
卢森堡	80	瑞士	50
意大利	34	英国	51

2. 污泥土地利用效益

污泥中含有大量有机质和氮、磷、钾及钙、硫、铁、镁、硼等植物生长必需的矿质元素，而且往往是土壤中所缺乏的。美国城市污泥中平均含有机质31%，总氮3%，总磷2.5%，总钾0.4%。国内部分城市的污水处理厂污泥中主要营养成分见表1-4。一般农田，由于连续耕作，植物根系对矿物质的不断获取，土壤有机质和矿质元素都很缺乏，而化肥的大量使用，虽然短期内就会出现增产，但从长远利益来看，不利于农业的持续发展。对于城市污水污泥，将其施入土壤后，能改善土壤结构，增加土壤氮、磷、钾含量，调节土壤pH，对土壤的透水性、蓄水保肥性、通气性及耕作性都有改善，是良好的土壤改良剂。

国内若干城市污泥的肥料成分 **表1-4**

污泥产地	总氮(%)	总磷(%)	总钾(%)	有机物(%)
上海市东区	3～6	1～3	0.1～0.3	65
天津开发区	2.2	0.13	1.78	37～38
桂林市	4.83	2.11	0.85	39.6
广州大坦沙	2.8	2.2	0.12	39.8
天津纪庄子	3.5	1.32	0.39	40
厩肥	0.4～0.8	0.2～0.3	0.5～0.9	15～20

周立祥等的试验结果表明，施用一定量城市生活污泥对土壤有机质、土壤腐殖化程度、土壤结构性等均有明显的提高和改善，合理施用符合控制标准的污泥有利于提高土壤肥力水平。

黎青慧等将城市污泥用于农业，其研究表明：污泥与化肥配合施用，玉米、白菜增产率分别达到21.74%和21.55%，污泥肥效显著。

王敦球等把经过处理的污泥辅以其他物料制成有机复合肥，对水稻进行肥效试验和重金属含量检测，结果表明，污泥复合肥有较高的增产效果，作物中重金属含量无显著差异。

解庆林等的试验表明：污泥有机肥施用后水稻增产13%～19%，肥效略优于或等同于市场上出售的复合肥；施用于甘蔗后，产量比施用市场上出售的复合肥高22%，比施用尿素、钙镁磷肥和氯化钾混合肥高29%。

李贵宝等的野外试验结果表明，施用城市污水处理厂污泥可有效地促进树木的生长发育，增加株高和地径；并对林中的灌草层植被也有促进和改善；同时可提高林地土壤肥力，如土壤有机质和有效养分（氮、磷），对有效磷的增加最为显著。

因此，由以上研究实例可以看出，污泥作为肥料还田、还林，一方面可以恢复和维持氮、磷、钾等的自然循环平衡，保持和提高土壤肥力，改善土壤结构，提高土壤抗涝、抗旱和抗污染的能力；另一方面还可以减少、避免污水污泥对水环境的二次污染，具有很高的经济、环境、社会、生态等多方面的效益。

3. 污泥土地利用的污染防治措施

尽管城市污水的污泥处置方法有多种，但对我国这样一个中低产田的农业大国而言，将其用于农田、林地无疑是最好的选择。但是另一方面，污泥土地利用也存在着二次污染的可能性，其中，重金属成为限制污泥土地利用的主要因素之一。

污泥中含有一定量的Cd、Pb、Ni、As、Hg等重金属离子，这些重金属离子的量决定于城市污水中工业废水所占比例与工业性质。一般情况下，污水经过二级处理之后，污水中重金属离子约有50%以上转移到污泥中。由于重金属离子超过一定的浓度会在土壤、植物中积累，引起土壤重金属含量增加，直接危害植物生长或成为潜在的威胁。土壤中累积过多的重金属，重金属进入食物链或地下水，还能造成新的环境问题。因此应该严格控制作为农田肥料的污泥中的重金属离子的量。

对于重金属可能带来的危害，通过一定的措施是完全可以做到安全控制的。其防治措施主要有以下几方面：(1) 源头控制，防止含有大量重金属的工业废水进入城市排水管网中，这就要求加强对各工业企业污水排放的监控，实现有害工业废水的局部除害处理，使其排放水达到排入城市排水管网的水质标准要求；(2) 一些学者用微生物方法降低城市污泥的重金属含量，如果重金属元素在污泥中的含量超过农用标准不是很严重的话，如仅超标2～3倍，那么，通过微生物方法把它们从污泥中溶解和淋滤出来，达到符合农用的标准，从而更加安全地作为有机肥料资源加以利用；(3) 选择种植对重金属不敏感的植物，重金属含量过高的污泥应禁止农田特别是蔬菜地使用，这类污泥应选择用于林地和园林绿化；(4) 要试验选择对植物生长发育最优的污泥使用量，避免造成土壤中重金属及有害物质的积累。

国内外许多学者在重金属安全性方面进行了大量研究。德国的研究表明，除了过度超量、超标（指污泥农用条例中的规定）的施用污泥会导致重金属在土壤中积累高出平均值外，在其他情况下重金属的积累量在规定范围之内。根据其计算即使是在最不利的情况下（对于Zn）也需要大约165年才能达到土壤负荷的限定值。即使是在这种情况下，土壤也并未被毒化，只是不容许再在这块土地上施用这种超标的污泥肥料而已。张学洪等对施用污泥有机复合肥的稻谷进行的测试表明，其中的重金属含量与施用其他肥料的稻谷无明显差别。

因此，只要严格控制各工业企业的排放水中的重金属含量，假以科学合理地施用，污泥土地利用是安全、生态化的处置方式。如前述，在很多发达国家将污泥作为肥料的成功应用，也证明了污泥土地利用的安全性。

4. 结语

污泥是宝贵的有机肥料，对于污泥的最终处置，应该从自然界元素的循环出发，采用自然生态式的处置方法——使污泥作为肥料还田、还林，一方面可以恢复和维持氮(N)、磷(P)、钾(K)等的自然循环平衡，保持和提高土壤肥力，改善土壤结构，提高土壤抗涝、抗旱和抗污染的能力；另一方面，可以减少、避免对水环境的二次污染，从而实现土壤的可持续利用，是农业可持续发展、水健康循环的重要支柱之一。

1.2.5 综合资源规划和需求方管理应用于水行业[1]

综合资源规划方法和需求方管理技术源于美国。其中，需求方管理的出现可以追溯到20世纪70年代的中末期，但在当时它只是节能的一个代名词，几乎与供应方毫不相干。80年代后，其思想和活动内容不断得到丰富，应用范围也不断扩大。综合资源规划起步于20世纪80年代初期，它是在早期电源规划和需求方管理基础上成长起来的，把供应方与需求方联结在一起。80年代后期特别是90年代以来，综合资源规划方法和需求方管理技术逐步扩展到许多国家，同时也扩展到有网络联结的其他公用事业部门，如燃气、热力、供水等。1992年综合资源规划方法和需求方管理技术被介绍到我国，政府有关主管部门和学术界非常关注它在电力方面的应用前景和应采取的对策，而在水行业方面的应用研究则较少。

1. 综合水资源规划和需水管理

综合资源规划方法和需求方管理技术应用到水行业领域可分别称为综合水资源规划（Integrated Water Resource Plan，缩写为IWRP）方法和需水管理（Water Demand Management，缩写为WDM）技术。

（1）综合水资源规划

IWRP将水资源作为一个整体进行规划，其基本思路是：除供应方的水资源外，还把需求方提高用水效率减少的水量消耗和改变用水方式降低的用水需求视为一种资源，通过对供水、节水方案进行技术筛选和成本效益分析，优选出既使社会、供水公司、广大用户等均受益且成本最低，又能满足同样供水服务的水资源规划方案，并通过需水管理更合理、有效地利用城市水资源，减少给水厂、污水处理厂、再生水厂和管网等的建设投资，降低其运营支出，激励用户主动节水，为用户提供最低成本的供水服务。简言之，IWRP是一种资源计划工具，通过综合考虑供、需方资源及两种资源的合理组合，经过筛选、排比、优化，制定出最小费用的水资源计划，选择最佳的水资源配置，并满足用户需求和保证供水安全性、可靠性等。

综合水资源规划方法更新了单纯注重以增加供水来满足需求增长的传统思维模式，建立了以提高需求方终端用水效率和改变用水方式所节约的水资源同样可以作为供应方最合适的替代资源这一个新概念，使得可供利用的水资源显著增加，为供需双方提供了更多的择优机会，达到了经济、高效配置水资源的目的。该方法可从根本上改变供水行业一直把用户的用水需求作为规划外因素的做法，使该部门的职能拓宽到终端用水的活动领域，强化了资源节约的实施能力，并可对资源配置及其管理方式产生变革性的影响，把水资源开发和利用效果提高到一个崭新的阶段。

（2）需水管理

它是综合水资源规划的一项主要内容，重在提高终端用水效率和改善用水方式，以提供节水资源，减少对供水的依赖。需水管理所获得的节水资源既包括节约的水量，也包括节约供给这些水量所消耗的能量。虽然节水活动在客观上一直存在着节水和节能两

[1] 本文成稿于2003年，作者：臧景红、刘俊良、张杰。

种效果，但节能并不是节水的主要目标，所以需水管理的目标主要集中在用户水量的节约上，故把“节水、节能”统称为“节水”。需水管理是实现水资源可持续利用的新概念，它区别于面向经费、设计、工程和运行的“供水管理”，是促进社会对水的高效利用和降低消耗行为的管理。需水管理不是对水的需求寻求相应供给，而是重在用水效益和供水能力、费用之间寻求适当的平衡。与供水部门传统的用水管理相比需水管理是管理方式的一种演进和变革，其目的是在现有能力下尽可能多地满足需求，减少需、用水量，延缓新的供方能力建设，减少昂贵的给水厂、污水处理厂等的建设投入和运行费用，以及停水危害和由此带来的直接或间接经济损失，实现现有供方设备的经济运行，满足社会对水的需求，力求实现用水需求的低增长、零增长甚至负增长，减少环境污染，使国家经济利益达到最大。

需水管理能实施需方战略，鼓励用户根据供水形势修订水消耗模式，并与供水公司共同努力搞好用水管理和监控，力争做到供方资源的高效、合理利用，减少生产成本。因而，需水管理是涉及供水公司、居民用户和工业、商业和服务业等用户的庞大系统工程。

需水管理是一种可以由供水公司计划、度量和使用的资源。对欲发掘需水管理潜力的城市而言，水资源条件和环保限制已不允许再建设更多的给水厂来满足用水需求。为此，供水公司必须在观念上有一个根本的转变，也即从传统、单一的商品生产者转变为满足用户需求的服务者，并且就自身利润获取来说也已不仅是多生产或多销售 $1m^3$ 水的方式。那种认为实施需水管理是试图减少水量销售，进而危及供水公司获取利润的观点应予以改正。事实证明，对于日益增长的用水需求来说，需水管理是一种重要的战略资源。这是因为，对于满足同等大小的用水需求增长来说，发掘需水管理的潜力比新建取、供、配水能力要经济得多。如果供水公司通过 IWRP 选择适当的供、需方资源配合比，并将减少需求作为其发展战略的一部分，则既能延缓投资巨大的给水、排水设施的建设步伐，又能为系统的安全、可靠运行提供保证，这对供水公司的整体效益显然是极有益的。对于广大用户也要在观念上有一个根本性的转变，需水管理是将给人类带来直接好处的功在当代、利在千秋的事业。目前，我国的基本建设资金普遍不足，实施需水管理更符合实际。

2. 实施难点与解决对策

目前，在我国水行业推行综合水资源规划方法和需水管理技术还存在各种各样的问题，所以为推动我国的经济发展和环境质量的提高，还需有关各方努力寻求解决措施。

（1）难点

1）对综合水资源规划还不太熟悉，对需水管理的贡献还缺乏认识，主要体现在以下 4 个方面：

• 节水意识薄弱。不能摆正水资源开发和节约的位置，不能正确理解倡导用水效率和节水优先的原则，重开发、轻节水的传统观念还普遍存在。

• 资源意识薄弱。没有充分认识到水资源消耗速率远远超过了其再生能力，对此种情况产生的危害和危险认识不足。

• 环境意识薄弱。尚未清醒地认识到水资源开发利用对支持地球健康的生态系统的破坏性和对我国水环境污染的严重性。

• 增益意识薄弱。认为节水就是为了弥补水资源供应缺口，把节约用水与限时定量使用混为一谈，效率与效益脱节，使广大用户对节水望而却步。因此，若节水不能与水资源开发统筹规划、同步实施，节水就难以与开发并举，更无法优先，而这种情况又是实现以综合水资源规划方法进行水资源开发的最小成本规划和把节水纳入需水管理运营轨道的最大障碍。

2）供水公司尚不具备需水管理操作的实施环境。需水管理是社会行为，需要法制和政策的支持，非水管理体制改革所能及。在当前情况下售水与节水矛盾突出，供水公司难以发挥实施需水管理的积极性，也无足够的力量承担需水管理的实施主体。

3）广大用户缺少参与需水管理计划的内在动力。节约用水不是居民用户节省开支的主要目标，效率不是他们购买用水器具的主要标准，对节水普遍缺乏足够的热情；节约用水更不是工、农、商、服务业盈利的主要目标，会计账目上也看不到节约用水的货币价值，它不是企业主管关注的营业领域。过去为弥补供水缺口，以指标限额管理方法限制用水，采用行政手段强行推动节水，在一定程度上损害了广大用户的权益，所以供水公司尚待树立良好的节水管理形象。同时，我国对节水还未制定以鼓励为主的具体政策条款，它的社会贡献还不能获得适当的回报，普遍缺少推动节水的利益动力。

4）一些高新技术产品质量较低、可靠性差、价格昂贵。对有些节水产品夸大其词和言过其实的宣传使用户怀有戒心，用户对节水能否达到预期投资效果在相当大的程度上持有疑虑。同时，由于产品的售后服务跟不上、保证度又低，也限制了用户投资于节水的积极性。

5）没有形成一个良好的市场交易环境。假冒、伪劣产品充斥市场，不法“回扣”又污染了交易市场，皆损害了节水产品的形象；交易行为不规范，用户不愿承担太大的节水投资风险；销售人员素质太低，相当多数不了解产品的性能，难以做好推广服务。

（2）对策

1）更新观念，树立以效率和效益为基础的节约用水新思维。发展观念：在谋求社会发展的同时，不要超越资源和环境的承载能力，损害当代的生存质量，剥夺后代持续发展的机会；要把节约水资源和环境保护作为可持续发展的一个重要支持手段。效益观念：要明确效益是基础、效益是目的，节水要有增益，才能以节水收益推动节水。激励观念：用户是节水的主体，节水要把用户置于首位，大力提倡采用法制手段和市场工具推动用户节约用水。服务观念：尊重用户的权益，把用户用水的求助地位颠倒过来，做到充分的服务；要明确限水不等于节水，限水不算是服务。用水服务要到位，既有利于开拓水市场又有利于提高需水管理的参与率。

2）政府有关主管部门要充分发挥主导作用，在法制、体制和政策等方面推动需水管理的应用。

3）供水公司是需水管理的实施主体，要采取有效的措施和切实的步骤，实现供水与节水运营一体化。

4）鼓励节水服务公司积极参与资源竞争，提高需水管理的参与率。

5）推动企业改革用水和节水管理体制，首先在大中型工、商、服务业开展需水管理活动。

6）完善高效节水产品的标准检验和效率标注制度，加强对效率市场的监控力度，规范市场的交易行为。

7）完善设计规范，制定节水设计条例，推动优质高效技术产品的开发和应用。

8）全面实行以鼓励为主的节水政策，发布具体的鼓励条款。

9）现阶段，可在用户中特别是大中型企业内部，推行综合水资源规划方法和需水管理技术。

我国正处于由计划经济体制向市场经济体制过渡的时期，观念的转变和改革的深化都需要时间，要使供水公司很快地承担起需水管理实施主体的全部任务毕竟还存在不少有待克服的障碍。根据我国当前的体制状况和管理机制的特点，在用水大户中推行该项技术可能比较容易取得较好的实施效果，这是因为：

• 他们的用水量较大，用水费用占产品成本的比重较高，效率和效益的意识比较强，节水管理基础也比较好，实行最低用水成本规划易于被行业和企业主管接受；

• 政企分开后，他们易于克服管理体制和运营机制等方面存在的障碍，便于在企业内部进行必要的局部改革和建立新的调节机制，能为需水管理计划的实施提供一个宽松的环境；

• 不少大型企业已经形成了具有规模且相对独立的供水管理系统和终端用水管理系统，它既向水厂购水，又有自备水井，易于走上供水与节水运营一体化的轨道；

• 他们更熟悉本企业的终端用水工艺和节水技术，还有一定的投资能力，比较容易把需水管理计划落实到终端，取得实实在在的节水效益；

• 易于实行内部会计节水核算制度，变隐性收入为显性收入，体现节水的货币价值，建立节水投资回收和回报机制，从而完成需水管理运营的财务操作程序，实现以节水收益推动节水；

• 在大中型用水户内部容易组建节水技术服务公司（作为企业内部需水管理节水工程的实施主体），有稳定的市场需求。从长远来看，企业需水管理的实践经验和数据积累将为供水公司实施需水管理提供有力的支持。

3. 前景与展望

随着环境压力的日益加重和科学技术的日新月异，综合资源规划方法和需求方管理技术已成为适合现代社会发展要求的资源配置方法和管理方式，需求方可能发掘的资源也在显著增加，这给人类提供了新的资源和财富。但任何一种创新的理论和方法都有在实践中不断完善和发展的过程，少则几十年，有的甚至要上百年，综合资源规划方法和需求方管理技术也不例外。尽管综合资源规划方法和需求方管理技术从开创到现在只有20年左右的时间，但它已成为备受关注的领域，显示出了旺盛的生命力。对于我国的水行业来说，它们还处于启蒙阶段，在引进、消化、开拓、创造、应用等方面还要付出更多的努力和深入研究与实践。相信，需水侧管理，将为水健康循环作出贡献。

1.3 水健康循环理论在城市水系统规划中的应用

1.3.1 深圳特区城市中水道系统规划研究[1]

随着经济的发展，城市化进程的加快，由于水资源短缺及水环境恶化而引发的一系列水问题日益成为社会经济发展的瓶颈。而污水再生利用，一方面可以缓解水资源短缺的紧张局面，充分、高效地利用有限的淡水资源；同时又减少了排放至自然水体的污染物总量，具有多方面的功效，已经成为世界各国解决水问题的优选策略。

在实现污水再生利用的诸多方式之中，城市中水道是实现污水回用的适宜工程系统。其水源取自城市污水二级处理出水。再生水厂可与城市污水处理厂合建，亦可设于靠近再生水大用户的位置。城市二级处理出水经深度处理后，达到再生水水质标准，供给工业、农业、生活、景观绿化、市政杂用等。城市中水道（城市再生水道）是目前应用研究的主要方向之一。

2001年笔者主持了深圳特区城市中水道系统规划，现将规划原则和要点介绍如下。

1. 规划背景

深圳市是一个水资源严重短缺的城市，多年平均人均水资源量约为广东省人均水资源量的1/7，是我国缺水最严重的7个城市之一。由于深圳特区社会经济的快速发展，需水量逐年增加，虽然依靠东江引水工程和东部引水工程可以暂时满足特区目前的用水需求，但是水的供需矛盾已经越来越突出。据深圳市供水系统布局规划预测，深圳市2010年需水量为19.324亿m^3。现有水资源量，东部引水3.478亿m^3，东深改造7.554亿m^3，境内水资源3.865亿m^3，供需缺口4.427亿m^3。供需矛盾如图1-5所示。

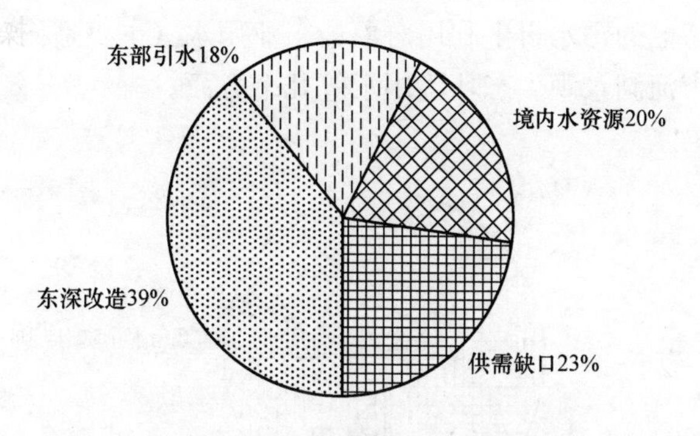

图1-5 2010年深圳市需水量构成

虽然深圳特区的污水处理能力近年来有了长足的提高，已经达到$78.7\times10^4m^3/d$，城市污水处理率为56%，在国内居于领先地位，但是仍然远远不足以满足特区水环境改善的需要。目前，全市地表水体和近海海域受到以生活污水为主的污染有加重的趋

[1] 本文成稿于2004年，作者：熊必永、张杰、李捷。

势。特区内的主要河流污染十分严重，均为V类或劣V类水体，且内河均由北向南流入海域，对近海海域水质带来极大的威胁。深圳特区水环境质量的日趋恶化，进一步加剧了水资源不足的危机，严重地阻碍了深圳特区的高速发展。

日本东京湾治理和国内渤海湾水质污染等国内外的许多事例已经证明：在目前的污染状况之下，仅仅依靠污水的二级处理是不能有效地改善现在的水环境质量的，污水只有经过深度处理或者是超深度处理后才能够有效地改善类似于特区深圳湾、大鹏湾等封闭性、半封闭性水域的水环境质量。这已经逐渐成为国内外水行业专家的共识。

规划特区城市中水道系统，其直接目的是开发城市第二水资源，缓解水资源紧张的矛盾；更深层次的意义在于减轻内河与近海海域的污染，为创建健康水循环做一个良好开端，从而逐步恢复深圳地区的内河与海域水环境，促进特区水资源的可持续利用，为特区社会经济的可持续发展提供保障。

2. 再生水用户和工程规划规模

在不同的国家和地区，污水再生利用具有不同的用水对象和用户，用水量也就相差甚多。例如在“中水道”技术的发源地日本，污水再生利用主要是以城市生活冲厕和小溪河流恢复生态环境用水为主要用水对象，很少利用在农业方面。与此恰恰相反的是，世界上污水再生利用比例最大，应用范围最广，水利用效率最高的以色列，农业回用十分广泛，目前已经建立了100多个供农业利用的污水贮存库，预计2025年农业用水的65%将来自城市污水再生水。这种注重改善水环境，而不是单纯为了解决水资源短缺危机的做法很值得我们借鉴和学习。同时，也从另外一个侧面证明了污水再生回用的必要性和迫切性。

在深圳特区的用水构成当中（图1-6），由于特区特殊的城市性质和工业结构，农业用水只占其中很少的一部分，工业用水也只占24.5%左右，主要的用水大户是城市生活用水，占75%以上，并有逐年上升的趋势。因此，根据特区目前的用水情况和特区相关规划，确定特区的污水再生利用对象为工业用水（主要是冷却用水）、绿化用水、市政杂用水以及城市河湖景观生态环境用水等几个方面。

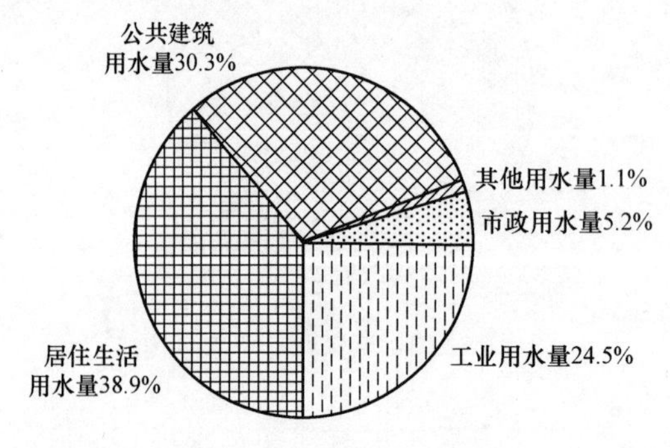

图1-6　深圳特区用水构成

以2000年为规划基准年，2005年为近期水平年，2010年为远期水平年，预测特区再生水需求量，其结果见表1-5。由表1-5可知城市中水道系统工程规模：近期2005年为$22\times10^4m^3/d$，远期2010年为$49\times10^4m^3/d$。

深圳特区再生水利用规格 **表 1-5**

项　目	再生水利用规模（万 m^3/d）	
	近期（2005 年）	远期（2010 年）
工业	2.96	9.25
市政杂用	2.0	7.27
绿化	4.08	7.73
河流景观生态	5.5	13.5
特大用户	4.1	5.7
盐田生活杂用	2.0	3.7
合计	20.54	47.05
规模	22	49

3. 再生水厂及其配水系统布置

深圳特区的地势总体上呈北高南低、东高西低之势。市区东西长 49km，南北宽平均 7km，呈狭长带状。特区目前共有南山、滨河、罗芳 3 个主要的城市污水处理厂，加上新建成一期工程的盐田污水处理厂和规划的福田污水处理厂，特区将拥有 5 个主要的城市污水处理厂，处理规模见表 1-6。原规划污水处理厂布置比较分散，服务范围、处理规模大多适中，对于城市中水道系统布置比较有利。只有南山与规划的福田污水处理厂汇水面积过大，污水处理厂到上游北部服务区最远距离达 20 多千米，不利于向上游再生水用户配水。因此，为使排水系统和中水道系统总体经济合理，经方案比较，除在原规划的 5 个污水处理厂内建设再生水厂外，另在大沙河上游再建一污水处理及再生水厂（沙河再生水厂），就近供给周边公园、沙河和名商两个高尔夫球场绿化用水、大沙河生态环境用水及高新技术产业园区工业用水，构成以 6 个污水再生水厂为水源的 6 个区域中水道系统，其总体布局见图 1-7。各区域中水道规模和主要工程量见表 1-7。

特区主要污水处理厂 **表 1-6**

厂　名	处理规模（万 m^3/d）	
	现状（2000 年）	规划规模（2010 年）
南山污水处理厂	35.2	73.6
滨河污水处理厂	30.0	30.0
罗芳污水处理厂	10.0	35.0
盐田污水处理厂	0	20.0
福田污水处理厂	0	56.0

4. 城市污水再生全流程

污水二级生化处理工艺采用厌氧-好氧活性污泥法；深度净化采用气浮-生物膜过滤工艺，本工艺路线在滨河污水处理厂进行了半生产性试验，再生水水质可达 COD≤40mg/L，BOD≤5mg/L，SS≤3mg/L，NH_3-N≤10mg/L。达到了特区中水道规划水质指标，可满足各类用户水质要求。同时如电子、高压锅炉等特殊用水，可以再生水为原水，自行净化，达到生产工艺要求。各再生水厂具体流程如下：

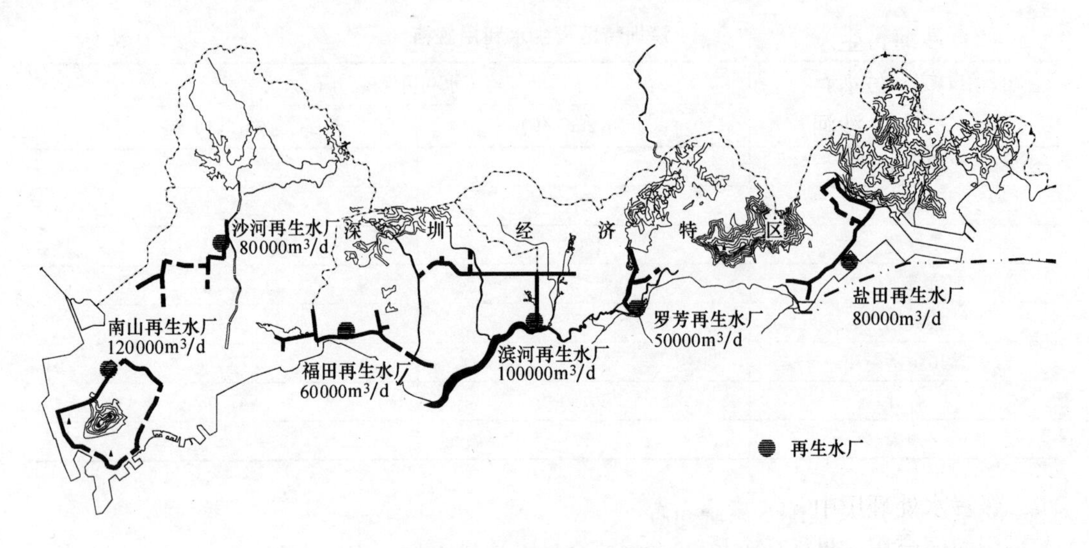

图 1-7　深圳特区城市中水道系统总体布局

各区域中水道规模和主要工程量　　表 1-7

配水区域	再生水厂供水规模(万 m³/d)		输配水管网(km)(*DN*300～1200)		厂内送水泵房配置		中途加压泵房配置	投资(亿元)
	近期	远期	近期	远期	近期	远期		
南山	6	12	9.03	22.34	$Q=6$，$H=17.4$	$Q=12$，$H=35.5$		1.09
沙河	4	8	1.95	17.03	$Q=4$，$H=10$	$Q=8$，$H=34$		0.73
福田	3	6	18.18	6.2	$Q=3$，$H=25.9$	$Q=6$，$H=31$		0.55
滨河	5	10	14.75	9.01	$Q=5$，$H=33$	$Q=10$，$H=53$		0.91
罗芳	0	5	0	9.74		$Q=5$，$H=31.5$		0.46
盐田	4	8	12.23	14.06	$Q=4$，$H=36.5$	$Q=8$，$H=37$	$Q=1.1$，$H=26$；近期 0，远期 1	0.73
总计	22	49	56.14	78.38			1座	4.47

（1）南山再生水厂。建于南山污水处理厂内，由于南山污水处理厂采用的是一级处理工艺，因此南山再生水厂的再生水处理工艺要从二级处理开始。推荐采用工艺流程见图 1-8。

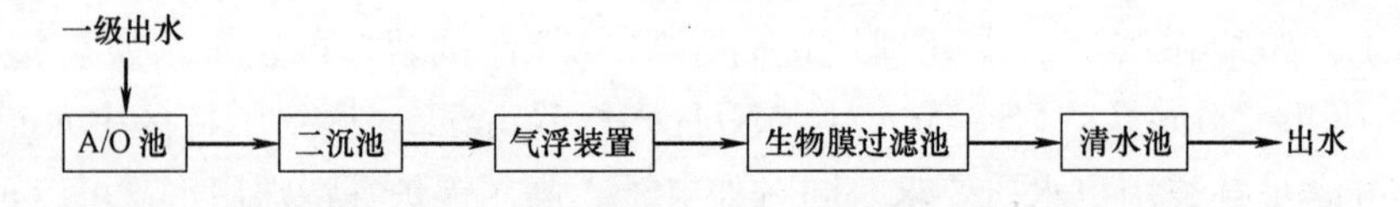

图 1-8　南山再生水厂再生水处理工艺流程

（2）沙河再生水厂。由于沙河再生水厂是新建的污水处理与再生水厂，其原水为未经处理的城市污水，因此要求处理工艺必须考虑先对污水进行一、二级处理，再进行深度处理。所以，沙河再生水厂的处理工艺为再生水全流程，包括污水的一级、二级处理和深度处理。其流程见图 1-9。

城市污水
沉沙池
初沉池
A/O池
二沉池
气浮装置
生物膜过滤池
清水池
出水

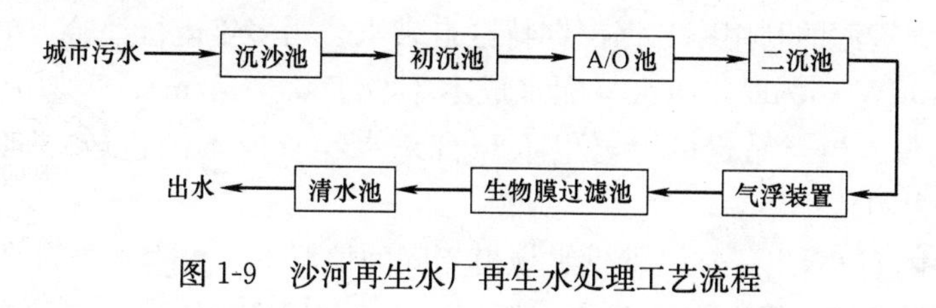

图 1-9　沙河再生水厂再生水处理工艺流程

（3）福田、滨河、罗芳和盐田再生水厂。这 4 个再生水厂均建设于已有或规划的城市二级污水处理厂中，所以以这 4 个污水处理厂的二级出水为原水的再生水深度处理工艺采用相同流程，见图 1-10。

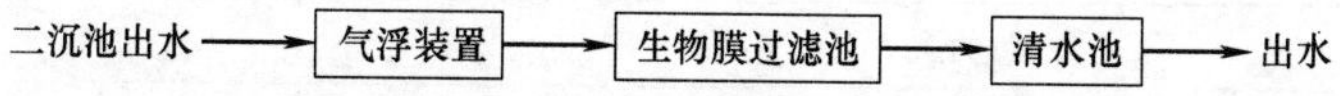

二沉池出水
气浮装置
生物膜过滤池
清水池
出水

图 1-10　福田、滨河、罗芳、盐田再生水厂再生水处理工艺流程

5. 技术经济效益分析

（1）再生水生产系统的建设费用低廉。特区现有水资源主要来自于东深和东部引水工程。深圳市东深供水改造工程从东莞桥头取水，通过多级泵站提升输送到深圳水库，输水线路长约 58km，总扬程为 69.37m；东部引水工程从惠阳的东江和西枝江取水到深圳松子坑水库，输水线路长 56km，再从松子坑水库转输至西沥水库和铁岗水库供特区和宝安区使用，又将延长将近 50km，总扬程约为 71.1m。而对于污水再生利用，水源的获得基本上是就地取水。既不需要远距离引水的巨额工程投资，也无需支付大笔的水资源费。省却了大笔输水管道建设费用和输水电费，原水成本几乎为零。另一方面，用再生水替代工业、城市和生活中低质用水，因其水质要求低，其处理工艺远比自来水厂简捷，投资与维护费用都要节省。以 $49\times10^4m^3/d$ 供水规模为例，自来水与再生水投资比较见表 1-8。由表 1-8 可以看出，在同样规模为 $49\times10^4m^3/d$ 的条件下，再生水的单位水量投资仅为 500 元/($m^3\cdot d$)，而自来水单位水量投资则高达 2836.5 元/($m^3\cdot d$)，是再生水的 5 倍多。

再生水与自来水投资比较　　**表 1-8**

项目		自来水	再生水
工程投资（万元）	水厂	64157	24500
	东深改造与东部引水工程总分摊值	74796	0
	小计	138953	24500
单位水量投资（元/($m^3\cdot d$)）	水厂	1310	500
	东深改造与东部引水工程	1526.5	0
	小计	2836.5	500

（2）再生水生产系统的运行费用经济。污水处理厂是各城市必须投资建设的。而以二级处理水为原水的污水深度处理流程与给水净水流程相比，不但不复杂，而且具有流程短，药耗少的特点。此外，再生水生产系统若设于二级污水处理厂内，则可省却一系列的附属性工程和许多管理人员，减轻了再生水厂的负担，同时可以充分利用现有人员，提高了人力资源的利用率。据深圳特区自来水公司多年运行经验，单位水量净水电耗不低于0.246kW·h/m^3，净水与配水成本不少于0.4元/m^3，再加上长距离引水电耗，其经营成本是相当昂贵的。再生水与自来水经营成本的比较见表1-9（以$49\times10^4m^3/d$规模为例）。

从表1-9中可以看出，在二者供水规模相同的情况下，再生水与自来水的运行费用差别也是相当明显的。再生水的单位电耗仅为0.162kW·h/m^3，不到自来水的30%；单位制水成本为0.397元/m^3，而自来水制水成本为0.941元/m^3。

再生水与自来水投资比较 **表1-9**

项目		自来水	再生水
水资源费（万元/a）		1788.5	0
电耗（kW·h/m^3）	水厂电耗	0.246	0.162
	东深与东部引水电耗分摊值	0.324	—
	总电耗	0.57	0.162
经营成本（元/m^3）	净水与配水成本	0.4	0.397
	东深与东部远距离输水成本	0.541	—
	经营成本	0.941	0.397

（3）变污水处理厂为再生水厂、工业水厂，视污水为城市"第二水源"，可以带动污水处理厂的良好运行和维持财政收支平衡。众所周知，正是污水处理、深度处理和超深度处理所需的昂贵费用，严重制约和阻碍着城市污水处理事业的发展，导致现有水资源不同程度地受到污染和破坏，水环境质量日趋恶化的不良局面。不仅仅是在我国，即使是在发达国家，污水处理的费用也是一个沉重的负担。如何有效、经济地提高污水处理的质量和效率，是全世界水务工作者不可回避的难题。通过污水再生利用，将污水变成了"商品"或者是"产品"，变公益性事业单位为经营单位，可以大大提高污水处理厂的处理效率和处理质量，同时通过出售"产品"——再生水所得的收入，可以补贴污水处理的部分费用，维持污水处理厂的财务收支平衡，使污水处理厂的运行进入"生产-销售-再生产"的良性循环。城市中水道已成为世界公认的建设城市用水健康循环的优化途径。

（4）污水再生利用具有巨大的环境效益，由此可带来显著的经济效益。污水再生利用提供了一个经济的新水源，减少了新鲜水的取用量，也相应地减少了排入市政污水管道的污水量，可以降低城市排水设施的投资和运行费用，减少排向城市周边水体的污水量，改善了自然水环境。按照深圳远期污水再生利用规模$49\times10^4m^3/d$计，则每年可少排入内河与周边海域的BOD约为4500t，COD约为12050t，这对于深圳湾、大鹏湾的水域环境改善将产生巨大的作用，以及由此带来的投资环境好转，旅游业繁荣，房地产业升温等一系列经济效益更是不可估量。

(5) 污水再生利用的显著社会效益，对于城市社会经济的健康、持续发展具有重大的促进作用。利用再生水浇灌草坪、绿地，复活城市小河流，可以调节城市的小气候；同时，由于小河、溪流的变清复活，可以减少蚊虫孽生的场所，降低疾病的传播可能性，促进居民的身心健康，提高居民生活质量，无疑为招商引资创造更有利条件，对促进社会经济发展的贡献，其效益之重大绝非寥寥数语可以阐明的。

6. 结语

就目前而论，城市中水道（城市再生水道）即建立含污水处理、深度净化、管道输送系统在内的，以城市污水为原水的城市第二供水系统，是城市供排水走向健康水利用循环的桥梁，是我国水环境恢复的切入点。与传统的自来水供水系统及排水系统相比，城市中水道系统有其独有的特点。笔者在深圳特区尝试了城市中水道的研究，特区中水道规划供水能力 2005 年将达 $22\times10^4m^3/d$，2010 年为 $49\times10^4m^3/d$，城市中水道的建设和有效运行将大幅度缓解水资源不足的压力，改善深圳市区内河、海湾的水质，显著改观水环境，同时也有显著的经济效益。这对于全国其他城市也有很好的参考价值。

1.3.2 深圳特区水资源的可持续利用❶

深圳经济特区位于深圳市南部，东起大鹏湾背仔角，西连珠江口之安乐村，南与香港新界山水相连，北靠梧桐山、羊台山脉，东西长 49km，南北宽平均 7km，面积 $327.50km^2$，呈狭长带状。经过 20 多年的艰苦创业，特区已经由落后的边陲小镇发展成为初具规模的现代化城市。1980～1999 年，深圳市的国内生产总值平均每年递增 31.2%，1999 年，总值达 1436.03 亿元，居全国大中城市第 6 位；人均国内生产总值 35896 元，居全国大中城市第 1 位；进出口总额 504.28 亿美元，双双连续 7 年居全国大中城市第 1 位。

然而，深圳市却面临着严重水资源危机的威胁，其水资源总量为 $19.27\times10^8m^3/a$，人均水资源量仅为 $476m^3/a$，不足全国人均占有量的 1/4，约为广东省人均占有量的 1/6，是全国严重缺水的 7 大城市之一，这已严重影响了城市经济的可持续发展。

1. 特区水环境及水循环现状

(1) 境内自然水资源开发利用现状

深圳市境内汇水面积大于 $100km^2$ 的河流只有 5 条，特区内仅有深圳河；并且，河流径流量是由大气降雨补给的，降雨量在时间和空间上分布不均。每年 4～9 月的降雨量约占全年降雨量的 85%，年际变化也很大，1975 年降雨量最大，达 2662mm，1963 年最小，只有 913mm，差值达 2.9 倍。全市多年平均地表径流总量 $18.27\times10^8m^3$，其中特区内 $3.25\times10^8m^3$。

深圳市主要岩性为花岗岩，地下水富水性不高，全市地下水资源可开采量仅为 1.0 亿 m^3/a；而特区内地下可开采资源量仅为 $0.01\times10^8m^3/a$。

综上所述，全市水资源总量为 $19.27\times10^8m^3/a$，特区内的水资源总量为 3.25×

❶ 本文成稿于 2002 年，作者：王鹏飞、李捷、张杰。

$10^8m^3/a$，而1999年末，全市人口已达$405.13×10^4$人，其中特区内$190.18×10^4$人，人均自然水资源占有量分别为$476m^3/a$和$170m^3/a$。

(2) 客水资源的开发利用现状

深圳市城市供水水源主要依赖境外水源，而其主要水源为东江。目前已建成投产的东深供水改造工程，年供水$17.43×10^8m^3$，其中向香港供$11.0×10^8m^3$。向特区供$4.93×10^8m^3$（日最大供水量$148×10^4m^3$），工程沿线供水$1.5×10^8m^3$。东部引水工程年取水量$3.5×10^8m^3$专供特区使用。特区境外引水的比例约占特区内淡水供水总量的90%。这使得特区供水面临两种风险：一是境外引水河（渠）道不在本市管辖范围，水质保护的工作难以协调；二是引水量不足的风险，遇到干旱年份，境外引水能否得到保证会有风险。

(3) 非传统水资源的开发利用现状

1) 污（废）水处理回用

深圳特区城市排水为雨、污分流制系统，雨水分区就近排入河道，污水经处理后排放。特区内现已建成4座污水处理厂，分别是滨河污水处理厂（$30×10^4m^3/d$，二级处理）、罗芳污水处理厂（$10×10^4m^3/d$，二级处理）、蛇口污水处理厂（$2×10^4m^3/d$，二级处理）及南山水质净化厂（$22×10^4m^3/d$，一级处理排海）。

目前，除滨河污水处理厂有少部分污水（约$1000m^3/d$）处理后用于污水处理厂绿化、污泥压滤机清洗用水外，其余污水均直接排入自然水体。

1997年深圳市海水利用量一览 **表1-10**

地　点	海水利用量(万 m^3/a)	用　途
大亚湾核电站	280000	直接冷却水
上洞电厂	27000	直接冷却水
妈湾电厂(特区内)	56700	直接冷却水
月亮湾电厂(特区内)	590	直接冷却水

2) 海水（苦咸水）利用

深圳市海岸线长达230km，拥有天然的海水利用条件。目前利用海水的仅是4家电厂（表1-10），1997年深圳市海水利用量为36.43亿m^3，其中，特区内为5.73亿m^3/a。

(4) 特区水环境现状

目前，特区内的主要河流污染十分严重，大部分流经城区河段水质劣于国家地面水Ⅴ类标准。其中，深圳河、布吉河、大沙河的总氮、总磷100%超标。

深圳水库是深圳市最重要的水源地，但补给水源进入水库前已受到一定程度的污染，1996年时，水库内的总氮、总磷的超标率已达100%。

2. 水资源可持续利用的途径

实现特区水资源可持续利用的途径主要有3条：节制用水，海水利用，污水回用。

(1) 节制用水

节制用水的内涵，除了节约用水量的直接含义之外，还应包含科学合理用水之意。节制用水主要在于以下三个方面：

首先，工业节水。工业用水较集中，节水潜力大且便于采取节水措施，是节制用水的重点。重要措施是调整产业结构，压缩限制高耗水工业，同时，大力提倡“清洁生产”，将污水减少、消灭在生产过程中间，变“末端处理”为“源头控制”，实现工业需水量的零增长甚至负增长。

其次，农业节水。使节水灌溉和节水农业结合起来。节水灌溉要变地表漫灌为喷滴灌，进一步提高水分利用率。节水农业包括优化轮作制度和灌溉制度、采用优质品种、优化种植结构等。

再者，生活节水。目前生活用水浪费严重，要努力控制配水管网和用水器具的漏耗，推广使用节水器具。1个关不紧的水龙头，1个月要流掉6m^3水；1个漏水马桶，1个月要漏掉20m^3水。

特区综合生活用水量占城市总用水量75%，生活用水：工业用水为3∶1，其中公共建筑用水量占城市总用水量的30.3%，而且，公共建筑用水浪费量极大，因此特区生活用水具有很大的节水潜力。

(2) 海水利用

特区拥有的海岸线长约63.9km，具备较好的海水利用条件。现在特区主要将海水用于工业冷却水，极少部分用于冲厕。

由于海水中含有35%的溶解盐和大量有机物，其杂质含量为污水二级处理出水的35倍以上，故无论基建费或单位成本，海水淡化都超过污水回用。对于海水直接利用，要进行一定的预处理，如沉砂、除藻等，在使用过程中，还要注意管道的防腐、防生物附着、结垢、堵塞等问题。并且，无论海水直接用于哪一个方面，最终都将排入城市污水处理厂或深海排放。含海水的城市污水必然会对原城市污水生化系统带来影响，甚至会使原污水生化处理系统不能正常运行。

(3) 污水回用

城市污水具有以下特点：水量大，受气候、季节的影响较小，水量、水质相对较稳定。目前，许多国家及城市都已将它视为城市的“第二水源”。

城市污水在城市水资源规划中占有非常重要的地位，并且与开发其他水资源相比，具有非常可观的经济优势。据资料显示，将城市污水深度处理到可以回用作杂用水的程度，其基建投资只相当于从30km外引水；若处理到回用作较高要求的工艺用水，其投资相当于从40～60km外引水。对于特区而言，跨流域、跨行政区域引水，目前虽尚能满足特区建设的需要，但是并不能从根本上解决特区的水资源问题。而城市污水回用除为城市提供了新水源之外，还具有上述节制用水的各项优点。

另一方面，从水环境质量的改善来看，污水二级处理技术并不能从根本上解决水污染问题，对难生物降解物质和N、P等营养物质的去除率较低，处理后的出水排入自然水体有可能导致“富营养化”等环境问题。而如果将城市二级处理水再稍加处理（三级或深度处理），然后将处理后的水作为工业、农业、生活杂用等非饮用水供应，一方面可以缓解城市对新鲜水的需求；另一方面也减少了排向城市自然水体的污染物量。

因此，将“污水达标排放”转变为“污水再生回用”，是缓解深圳特区水资源日趋紧张、维持水体健康循环的有效途径。

3. 措施及策略

根据特区的实际情况及现有的水资源状况，解决特区水资源短缺、实现特区水资源的可持续利用，关键要从以下几个方面考虑：

(1) 向公众大力宣传特区水资源短缺的现状，增强公众对水资源的危机感和紧迫感，提高公众的节水意识，同时，推广普及使用行之有效的节水技术和节水器具。

(2) 调整优化产业结构和产业布局，推行清洁生产，大力发展环保产业，严格限制高耗水工业企业的发展，将深圳建设成为节水型的城市。

(3) 将城市污水再生回用纳入城市总体规划和给水排水专业规划当中。随着城市的发展，总需水量的增加，在编制城市给水排水专业规划过程中，要将城市可再生利用的水量考虑进去，根据各用户用水水质的不同，实行优质优供、低质低供的分质供水策略，充分实现城市淡水资源的合理分配。

(4) 水资源短缺是制约城市发展的主要因素之一，因此，要从水资源可持续利用的角度，确定城市规模，平衡人口、资源环境的关系，做到“以水定发展”。

(5) 增加污水处理设施的投资，快速提高污水处理率，并普及深度处理，强化污水再生利用系统的管理体制，加强法规建设，同时，将污水再生回用率作为城市环境综合治理的定量考核指标。

(6) 制定合理的水价，运用价格杠杆鼓励企业使用回用水。

1.3.3 珠江三角洲经济区污水系统设计原则[1]

1. 概述

珠江三角洲经济区（以下简称三角洲）城市化水平已达50%，经济发展的同时，水污染情势却在加重，目前城市污水二级处理率仅为8.3%。令人关注的是珠江广州河段、深圳河、江门河、佛山汾江河等河流因溶解氧较低，已出现黑臭现象。珠江口重金属As、Cd、Pb在鱼虾体内均有一定的残留量。三角洲河流和河口表层沉积物中的有机氯农药、多氯联苯和多环芳烃的检出，广州河段和澳门河口的沉积物为高生态风险区。为改善三角洲水环境质量，一方面要从源头上减少污水量，推进工业企业清洁生产，发展节水农业，广泛使用节水器具，制定合理水价；另一方面要规划建设合理完善的污水系统，促进污水二级处理的普及，逐步提高污水深度处理与再生水回用率。

2. 城市污水深度处理

所谓污水深度处理，就是在二级处理流程之后再增加处理设施或采用水处理新工艺来取得良好的水质。我国部分城市污水处理厂运行实践表明，传统二级生物处理对COD、BOD、SS的去除率能达到70%～95%，但对TN、TP的去除率只达到33%～75%，国外学者的研究也有同样的结论。三角洲1988年污水排放量14.8亿m^3，1999年污水排放量29.6亿m^3，年平均增长7.77%。预计到2010年污水排放量将达62亿m^3。即使二级处理普及率达到70%，氮、磷去除率按60%计算，城市污水水质参照广州市污水水质，氨氮浓度为17.8～25mg/L，取20mg/L，磷浓度为1.6～

[1] 本文成稿于2004年，作者：李碧清、高洁、张杰。

7.1mg/L，取3.85mg/L，则2010年排入水体的氨氮为71920t，磷为13844t，仍超出1999年磷的排放量11388.2t。氮、磷是造成城市湖泊、海湾等封闭性水域或缓流水体富营养化的主要原因。1992年德国规定10万人口当量的污水处理厂出水水质为BOD_5 15mg/L，NH_3-N 10mg/L，TP 1mg/L，日本东京湾1997年的排放标准为COD_{Mn} 12mg/L，TN 10mg/L，TP 0.5mg/L，要达到上述指标，只有对污水进行深度处理。

3. 国外污水处理与利用的若干进展

对城市污水处理规模作如下的定义：污水处理厂的处理污水量小于$1\times10^4m^3/d$，称为分散处理；处理污水量在$(1\sim10)\times10^4m^3/d$，称为适度集中处理；处理水量大于$10\times10^4m^3/d$，称为集中处理。

（1）分散处理

污水分散处理的研究与应用在世界各地已广泛展开。Markus Boller提出，当污染源出自于较小范围时，小型污水处理厂（服务范围为5～2000人）显示其优势，分散处理使得工艺流程与处理设备多样化，从简单的处理罐到复杂的生物脱氮除磷设备，从混凝土、钢结构池到生态塘，覆盖面较广，但有水质水量波动大、操作运行难的问题，解决的办法是增加均衡调节池，培养熟练操作人员。Ralf Otterpohl等认为，建筑物的黑水（屎尿）可由真空便器独立分离出来，降低冲洗水用量，采用厌氧或堆肥方法制成液体肥料回用于农业；灰水（厨房水、澡房水、洗衣水等）用好氧法处理后回用；雨水就近渗入地下；这一水循环新模式的生活区最优范围为500～2000人。西班牙凯特罗利亚地区污水排水分区为60～2000人。处理方法有传统工艺、快滤池、芦苇床、泥炭床，出水达到欧洲排放标准。捷克的自然湿地系统1994年有41座在建或运行，用于处理生活污水或市政废水的二级处理，植物床（以芦苇床为主）面积为18～4493m^2，一般服务4～1100人，能去除BOD_5 77%～98%，COD 59%～91%，SS 77%～99%，氮、磷去除率低于60%。

（2）集中处理

城市污水集中处理在当前城市污水处理中占有主导地位，发挥了规模效应。美国旧金山污水厂，日处理污水量$64\times10^4m^3$，服务8个城区的130万人口，污水经初沉池、两段活性污泥法、三层滤料（煤、石榴石、砂）滤池、氯消毒工艺后，出水指标接近美国饮用水标准，总含盐量为800mg/L，但旧金山湾湿地潮汐水含盐浓度为10000～20000mg/L，为保护湿地上的海生动物，再生水回用于工业、农业、市政绿化、公园及加利福尼亚北部的硅谷计算机工业，1999年回用水量$6\times10^4m^3/d$，管线长90km，加压泵站3座，调节水库1座，耗资1.4亿美元；2020年回用水量将达$40\times10^4m^3/d$，回用水干管管径最大达2740mm，钢筋混凝土管，重力流输水。处理污水量$45\times10^4m^3/d$的日本东京都某污水处理厂，部分二级出水后增加快滤池，将再生水加压送入希尔顿酒店地下室水循环中心，经氯消毒后，再次加压至19幢高层建筑顶部的再生水箱，用于冲厕，最高日供水量4300m^3，平均日供水量2700m^3，缓解了东京新竹库城区用水紧张的矛盾。

过度集中的污水处理系统有以下缺点：污水在管网中停留时间长，地下水渗入多，使污水浓度变稀，增加污水处理成本；污水收集与再生水利用管网系统造价高；局部干管如发生堵塞、断裂等问题后，影响整个系统的运行；需要增加一定数量的提升泵站；

污水可能污染地下水。如污水处理厂适度集中，可结合各分区内水质水量特点及再生水用户用水水质标准，充分发挥各种不同类型工艺流程效能，且利于分期实施。如过度分散，水质水量波动范围大，运行管理难度增加，也会浪费财力。

4. 珠江三角洲地理水文特点及已建污水系统存在的问题

珠江三角洲各经济区具有以下相似特点：区域内水道纵横交错，河涌密集；地下水位高，约在城市路面下 1.0m；大部分土地由淤泥淤积形成，地基承载力差；亚热带气候适合微生物生长繁殖，有利于提高污水处理效率；需水量大，人均综合需水量大于 700L/d；经济增长快。珠江三角洲已运行的 29 个污水处理厂以集中处理为主，处理规模在 $(2\sim33)\times10^4 m^3/d$ 之间，工艺流程为活性污泥法及其派生出的其他工艺。已建污水系统主要存在以下问题：(1) 在城市规划中缺少给排水专业规划，人们对给水系统、雨水系统的规划比较重视，但忽略了污水系统的整体规划；(2) 国外资金、技术与设备相继进入珠江三角洲污水处理市场，阻碍了自有技术与设备体系的建立；(3) 已有污水处理厂过于集中，在已布满各种管线的老城区城市道路上施工再生水管线有很大困难，因此再生水利用的难度大；(4) 再生水用户回用管系统未建立。

5. 珠江三角洲污水系统设计原则

综合考查经济、人口、地理等因素，珠江三角洲既不宜建集中处理的污水系统，也不宜建分散处理的污水系统。针对珠江三角洲实际情况，提出城市污水系统以下规划原则。

(1) 优化污水处理厂数量

合理划分排水分区，综合确定再生水厂的数量与厂址。规划设计时应改变传统原则，污水排水范围的划分既要考虑污水处理规模效应，又要方便再生水回用，还应分析地形、地质、气候、经济实力等因素。设一个城市（或一个较大城区）污水系统总投资 M 是污水厂数量 n 的函数，即 $M=f(n)$，$f(n)$ 是污水厂投资 $f_1(w)$、污水管网（包括扬水泵站）投资 $f_2(p)$、再生水管网投资 $f_3(r)$ 之和，$f(n)=f_1(w)+f_2(p)+f_3(r)$。当 $f(n)$ 取极小值时所对应的 n 值即为一个城市最优污水处理厂数量。以佛山市里水经济开发区为例分析说明。里水东邻广州，南靠佛山，占地面积 $75.4km^2$，城市化水平已达 72%。2002 年经济总收入高达 87.7 亿元，人口 18 万，预计 2020 年人口为 30 万。里水至今未建城市污水处理厂，城市污水未经过净化处理直接排入河涌。雅瑶水道、水口水道、里水涌与区域内的 13 条小河涌（平均宽约 10m）形成感潮水系。预计 2020 年污水量 $22.5\times10^4 m^3/d$。表 1-11 是确定污水厂数量的 7 个方案比较表，设每一方案中每座污水处理厂处理流量、纳污面积相等，污水管径指的是城市主干道上的管径，污水管埋深超过 4.5m 时设扬水泵站。

自方案 6 至方案 1 设置倒虹管次数与扬水泵站数量逐渐增多，管网工程量增大。方案 7 不用设倒虹管，扬水泵站仅 1 座，污水管网造价低，各方案污水管网的总长度是相等的，污水处理厂数量的适当增加就意味着污水管网整体上管径会减小，再生水管网整体上管径也会减小。方案 7 每座污水处理厂处理流量 $3.21\times10^4 m^3/d$，纳污面积 $10.77km^2$，该方案污水管网、污水处理厂、再生水回用管线可分期分片建设，又能根据 7 个排水分区的水质及再生水用户的用水需求选择适当的工艺流程。方案 7 能尽快发挥投资效益，形成经济增长与水环境恢复的良性循环，因此为最佳方案。

污水处理厂数量方案比选 **表 1-11**

方案	污水厂数量(座)	每座处理流量($10^4m^3/d$)	纳污面积(km^2)	管径范围(mm)	倒虹管(次)	扬水泵站(座)
1	1	22.5	75.40	400～1600	10	9
2	2	11.25	37.70	400～1250	5	6
3	3	7.5	25.13	400～1000	3	5
4	4	5.63	18.85	400～900	2	4
5	5	4.5	15.08	400～900	2	3
6	6	3.75	12.56	400～800	1	2
7	7	3.21	10.77	400～800	0	1

(2) 工艺流程的选择

国内外大多数污水厂仍以标准活性污泥法为基础工艺，A-B 法、A/O 法、A^2/O 法、氧化沟法、SBR 法（包括 CASS、CAST、UNITANK、IAT-DAT 等）都是在活性污泥法基础上发展起来的。例如韩国 42 个城市拥有 48 座大型污水处理厂，日处理污水量达 $784\times10^4m^3$，其中 39 个城市污水处理工艺为活性污泥法。珠江三角洲各城市各排水分区水质水量不同，水体环境容量亦有较大差异，污水处理工艺流程应有差别。经济水平较高的城市，可适当增加物理化学法、膜处理法；如再生水用于灌溉农田，只需将二级处理出水适当稀释；用地不受限制地区，可用生态塘系统；在湿地及沼泽地，宜用自然净化方法；污染物浓度较高的城市污水可采用 A-B 法。每一污水处理厂最优工艺流程应通过技术经济分析、科学试验综合确定。

(3) 预留污水厂分期发展的空间，预敷再生水管线

污水系统的建设要预留分期发展与完善深度处理的空间。随着经济的迅速发展，当城市污水二级生物处理普及后，大部分二级处理会升级为深度处理。新建城市道路除布置给水、雨水、污水、电力、电信、数据通信、燃气管线外，还应敷设再生水管线。再生水管线的技术参数可参照给水管线，一般布置在人行道下。

(4) 优先选用国产设备

国家对有实力的污水处理设备厂和环境工程公司应资助扶持，形成具有科研、设计、施工总承包能力的环境工程集团，逐步建立自己的技术与设备市场。珠江三角洲污水处理投资规模大，周期长，设备的更新换代、备品备件的购买不能长期依赖国外。

(5) 污泥与再生水的出路

污泥来自大自然，应返回大自然。污泥中含有大量的适合植物生长的营养元素，可将污泥加工为复合肥料，回归农田，改良土壤成分。但要定期监测 BOD、COD、TSS、TN、TP、致病微生物、土壤含盐量等，因为这些成分浓度过量后会对人体健康及环境造成危害。水质可靠、价格合理的再生水在珠江三角洲有很大的消费市场。目前珠江三角洲市政绿化、景观、洗车、消防、冲厕、工业冷却水等大多使用自来水，农业灌溉使用天然水体新鲜水。如能有效的利用再生水，既能降低新鲜水取水量，又能减少污水排放量。

(6) 城市河涌整治

城市河涌是经济区的珍贵资源，具有水源功能、游乐运动功能，能减少城市热岛效

应与洪涝灾害。整治河涌应采取以下措施：及时清除河涌底泥，因为其中含有重金属、有机物及动植物腐烂物；尽量维持河涌的自然生态，不取直，不覆盖，不硬化，保持岭南特色。

6. 污水系统的分期建设

旧城区排水系统大多数为雨污合流制系统，旧城道路拓宽、危房改造时可将合流制系统逐步完善为分流制系统，或建污水截流系统；新城区建设时，如资金不足可先建污水管网与再生水管网（如人行道或绿化带有足够位置安排再生水管线，再生水管线可后建，但穿越机动车道时需预埋），雨水系统可建为临时明沟或明渠，具备经济实力时再完善成为雨水管网系统。就同一排水区域而言，雨水管网造价比污水管网及再生水管网造价高，雨水系统分期完善较容易。以佛山市三水迳口华侨经济区为例，该区规划面积 $7km^2$，设计污水量 $4\times10^4m^3/d$，市政干道污水管线总长度 47km，管径为 400～900mm，造价 987 万元；雨水管线总长度 49km，管径为 600～1500mm，造价 4508 万元；规划再生水量 $2\times10^4m^3/d$，再生水管线总长度 35km，管径为 200～600mm，造价 595 万元。故排水系统的建设可按照污水管网、再生水管网、雨水管网先后顺序建成。

7. 结语

珠江三角洲水污染控制是一项复杂的系统工程。合理完善的污水系统加快了污水深度处理与利用的步伐，降低了自然水资源使用量，为自然水体的自净、恢复创造了条件。综合考虑诸因素，珠江三角洲污水系统规划设计可按照下列原则：城市污水处理应适度集中，合理确定污水厂数量；选择适合各排水分区水质水量的工艺流程；污水厂应预留分期发展的空间；新建城市道路应预敷再生水回用管线；优先选用国产污水处理设备；尽量维持河涌的自然生态。珠江三角洲的发展与进步应达到社会效益、经济效益和环境效益的统一。

1.3.4 哈尔滨市污水资源化问题研究❶

1. 问题的提出

哈尔滨市位于黑龙江省中南部，松嫩平原东端，辖 8 区 11 县（市），幅员 $53067km^2$。哈尔滨市区占地面积 $1660.3km^2$，多年平均径流量为 $1\times10^8m^3$，地下水资源量 $1.903\times10^8m^3$，重复量 $0.541\times10^8m^3$，水资源总量 $2.362\times10^8m^3$。全市人均水资源占有量 $1400m^3$，为全国平均水平的 70%。近年来，随着城市建设的发展和人民生活水平的不断提高，哈尔滨和其他大城市一样，对淡水的需求量越来越大。哈尔滨市城市污水的受纳水体主要是松花江，据统计，哈尔滨市每年约有 $2.1\times10^8m^3$ 的污废水排入松花江，加之来自上游的污水，水中含有污染物质多达 276 种，其中哈尔滨市排放的有 176 种，使得松花江哈尔滨段的水质遭受严重污染，呈Ⅳ-Ⅴ类水体，城市面临水荒的危险。然而，与其他水资源匮乏的大中城市如北京、天津、大连等不同的是，哈尔滨市污水处理能力严重滞后于城市建设和经济发展的增长，设计处理率 29%（实际尚未达到），回用率近乎为 0（只个别企业自行处理回用）。因此哈尔滨市属典型的水质型缺

❶ 本文成稿于 2005 年，作者：齐晶瑶、张杰、周彦灵。

水的城市，城市供需矛盾日益尖锐，已严重制约了城市的发展。

松花江哈尔滨段由双城入境至依兰市出境全长约466km，沿途流经所辖的双城、呼兰等9个县（市），汇入的一级支流共有14条。松花江流量有明显的季节特征，整体水位低，自净能力差。水质呈有机污染特征，主要污染指标为高锰酸盐指数、生化需氧量、溶解氧、挥发酚和非离子氨。从水源地看，哈尔滨市集中水源地主要有三处，分别为一水源四方台（松花江）、二水源朱顺屯（松花江）和营草岭（地下水）。三处水源地取水量分别占全市总取水量的12.2%，79.27%和8.53%。按照中国环境监测总站《重点城市饮用水源和主要流域重点断面水质状况发布方案》要求，对三个水源地采用GHZB1—1999和GB/T 14848—93监测，均存在超标项目。所以哈尔滨水源地的水质达标率为0。

目前，哈尔滨市区日需水量约为$139\times10^4 m^3$，但日供水能力仅为$107\times10^4 m^3$，日缺水量为$32\times10^4 m^3$。特别自2001年以来松花江水位经常处在112m左右的低水位，多次降至历史最低点，从而使供水矛盾充分暴露出来。在用水高峰季节，吃夜来水的人，已近60余万人。不仅如此，2003年，哈尔滨市已启动园林绿化建设工程，根据“城在林中、道在绿中、房在园中、人在景中”的目标，2005年绿地总面积将达$7500hm^2$，2007年达到$8800hm^2$，人均公共绿地将达到$6.48m^2$，城市绿化覆盖率达到40%。毫无疑问哈尔滨的自然降水满足不了生态用水，园林绿地的大幅度增加势必造成用水量的大幅度增加。加之哈尔滨市目前共有机动车31万辆，洗车行遍布大街小巷，用水基本取自自来水，其用量虽未精确统计，但据北京的统计结果推算，哈尔滨市的情况可见一斑。

针对这一严峻事实，本着开源与节流并重的原则，哈尔滨市在节约和保护有限的淡水资源的同时，研究提高水资源承载能力的方略和技术，把污水作为第二水源开发已势在必行。

2. 污水资源化技术及效益

污水再生利用可促进经济与环境的协调发展，通过国内各地区回用水工程及运行效果分析。回用水设施建设投资包括回用管道、原水收集和处理装置等全部投资在1000～3000元/(m^3·d)，相当于服务建筑面积投资的0.8%～2%。回用水运行成本包括人工、药剂、电耗、维修、分析化验费用等一般在0.6～1元/m^3，均低于自来水价格（哈尔滨市自来水1.8元/m^3）。因此，污水再生利用，虽然增加了处理设施建设费、运行费和管道铺设费，但从经济上也是低于开发其他水源的。如哈飞的污水回用工程，运行后，每天节省约$5000m^3$的自来水费1.89万元，节省排污费约0.432万元。全年合计节省847.53万元，10个月即收回了建设成本。用水企业完全可以利用回用水代替自来水节省下来的资金投入到污水处理上，从而形成良性循环。

目前，哈尔滨市政杂用、景观和生活杂用水均采用自来水，如采用回用水代替这部分自来水，做到“优水优用、分质供水”。可相当程度地缓解城市饮用水的供给不足问题。

3. 哈尔滨市污水资源化存在的问题及建议

城市污水回用的主体有两种模式，即以城市污水再生水厂为主体，统一净化统一供水或以用户为主体，自行再生自成系统。以色列、美国以及我国北京、大连等城市的回用示范工程，都是以污水处理厂为主体，集中处理达标后送到区域内各用户，用户大部分直接使用，个别需补充处理。这样深度处理后水质好，便于输送管道的维护。但目前，哈尔滨市已运行的文昌污水厂深度处理规模较小，回用率低，而且远离市区，回用工程很难发挥作用；以用户为回用主体，是指企业对污水厂二级出水自行处理后回用。像哈药集团、哈飞集团、热电厂等企业，水质不好时自行负责。显然这种运行模式存在较大的缺点，因为企业有主业，不可能配备专门的技术队伍，出现问题不能及时解决。但目前哈尔滨市污水回用的主要形式就是这种模式。

污水资源化，不但是解决水资源不足和水环境污染这对矛盾的有效途径，也是社会发展的必然。是在技术可行，经济合理的基础上实现了经济效益、社会效益和环境效益的有机统一。鉴于哈尔滨市的污水回用还没有正式起步，建议规划中重点考虑如下几个方面：

(1) 回用水作为重要的水资源纳入哈尔滨市用水供需平衡之中，在市政、环保、园林绿化、生活用水等公共设施上采用计价计量的方法率先推广使用。

(2) 建立回用水替代自然水源和自来水的成本补偿机制与价格激励机制，使自来水、污水及回用水三者形成合理的比价。

(3) 制定合理的市场准入标准，减少限制，推进污水资源化建设的投融资主体多元化，鼓励民营资金及国外资金的参与。

(4) 制定再生水回用的相关政策法规，要依法制水，依法管水，如加强洗车行业的中水实施政策等。

(5) 充分利用现有再生水资源。如文昌污水厂的二级出水水质较好，可就近使用，用于附近工厂的工业用水，或用于附近住宅的冬季热网补水。

(6) 针对哈尔滨市老工业基地某些企业相对集中的特点，实行小型BOT制，先期实现区域性的污水资源化。

1.3.5 城市水系统健康循环研究战略规划❶

水是人类社会经济发展的基础自然资源，是生态环境的控制性因素，也是人们生存、生活不可替代的生命源泉。自古以来，人类文明的兴衰都与水息息相关。在奔流不息的江河边，涌现了一个又一个的地球文明。从埃及的尼罗河到古巴比伦的两河流域，从印度的恒河到中国的黄河，这些地球上最早的文明起源有哪一个不是与水息息相关的？即便是近代，许多著名的国际大都市也都是依水靠海而建的。与此同时，无论是苏美尔文明的衰落，抑或是玛雅文明的消亡，还是楼兰古国的湮没，无不是与人类无度发展所造成的灾难性水危机密切相关的。

但是人们对此的认识却是远远滞后的。18世纪产业革命以后，尤其是近半个世纪以来，人类社会采取的是无度消费、大量废弃的方式，致使大自然不堪重负，环境受到破坏，人类的生存发展受到威胁。

---

❶ 本文成稿于2003年，作者：张杰、熊必永。

目前世界上许多国家和地区已经不同程度地出现了水资源危机，水资源紧缺已经成为当今世界许多国家社会经济发展的制约因素。联合国环境署2002年5月22日发布的《全球环境展望》指出："目前全球一般的河流水量大幅减少或被严重污染，世界上80个国家、或占全球40%的人口严重缺水。如果这一趋势得不到遏制，今后30年内，全球55%以上的人口将面临水荒。"如何应对迫在眉睫的水资源危机，实现社会经济可持续发展的目标已经成为各国迫切需要解决的现实问题。

1. 现状与趋势分析

（1）国内外城市水系统现状与趋势

1）国外城市水系统状况与趋势

19世纪中叶，伤寒和霍乱的流行促使人们开始进行水资源管理与水污染治理。英国在1850年用漂白粉进行饮用水消毒，以防止水传染病的流行。19世纪后半叶，英国开始建立公共污水处理厂，污水被认为是有害的，应尽快处理、排除到城市下游。

20世纪中叶，比利时、美国、英国、日本等发达国家发生了世界震惊的八大公害事件。引发了沸沸扬扬地讨论人类发展与环境的热潮。各发达国家推行节水，普及城市污水二级处理，建筑中水开始出现。但是对城市排水系统仍是以防止雨洪内涝、排除污水和以污水二级处理来保护城市公共水域水质为主。

20世纪后期，虽然各国城市污水二级处理率达到较高水平，但水资源短缺与水环境恶化问题仍日趋严重。污水深度处理与利用、水资源的循环利用开始提上日程。污水是可贵的资源这种思想逐步确立，污水深度处理在经济发达国家已在推广，甚至普及。如瑞典深度处理普及率达88%，德国达48%，美国达30%。

近年来，人工合成物大幅增加，需要控制的污染物持续增多，对污水处理程度要求越来越严格，饮用水指标越来越高。同时，可持续发展逐渐深入人心，国外发达国家已由单项技术研究转向综合、系统治理策略研究，对城市排水系统的观念已从以前的防涝减灾、防污减灾逐步转向污水的再生循环利用，维系水资源的可持续利用。

以下以美国和以色列为例说明国外发展现状。

• 美国

污水处理和回用在美国的发展，可以追溯到20世纪20年代。其发展过程中制定了一系列的法律法规："公共卫生服务法"（1921）；"油污染法"（1924）；"水污染控制法"（1948）；"联邦水污染控制法"（1956）；"水质法"（1965）；"自然和风景河流法"（1968）；"国家环境质量法"（1970）；"联邦水污染控制法"（1972）；"安全饮用水法"（1974）；"清洁水法"（1977）；"水回用标准"（1978，加州）；"水回用指南"（1992，美国国家环保局）；"安全饮用水法"修正案（1996，加强了细菌、病毒、激素类污染物的控制）。

从这些法律的发展可以清晰地发现，美国在水资源与水环境问题上的科技发展历程，从开源转向水资源利用效率的提高，从污水处理上升至水的深度处理与循环利用，同时更加注重饮用水的安全问题。

目前，再生水作为一种合法的替代水源，在美国正在得到越来越广泛的利用，成为城市供水水源的重要组成部分。20世纪80年代，美国污水回用量已达$260\times10^4m^3/d$，其中62%用于农业灌溉，31.5%用于工业，5%用于地下水回灌，其余用于城市市政杂用等。

a. 洛杉矶市污水回用规划

洛杉矶是美国缺水城市之一，在解决需水和缺水之间的矛盾时采用了较为系统的污水回用中长期规划。近期规划到2010年，该市再生水用量是其总污水量的40%；中期规划到2050年，再生水用量为70%；远期规划到2090年，将达到80%。

b. 佛罗里达的双供水系统

早在20世纪70年代初，圣彼得斯堡和加利福尼亚就开始升级和扩建污水厂到三级或深度处理水平，使再生水成为城市绿地灌溉的主要水源。

从1975～1987年，圣彼得斯堡花费了超过1亿美元用于提高污水厂处理程度、扩建四个污水厂和建设超过320km的再生水管网，成为当时拥有最庞大的分质供水系统的城市。

2000年，每天有12000的居民使用再生水，庭院、绿地灌溉面积达到3600万m^2。由于采用了饮用水和非饮用水分质供应的双供水系统，使得自1976年以来，该市在需水量增长10%的情况下，自然水取水量没有增加。

• 以色列

以色列地处干旱半干旱地区，人均年水资源占有量仅为476m^3，其解决水资源短缺的主要对策是节水和城市污水深度处理与有效利用。

以色列在比较了海水淡化和城市污水再生回用的边际成本后，认为把城市污水作为非传统的水资源加以利用是当前最好的出路，因此早在20世纪60年代便把回用污水列为一项国家政策，并发布法令：在污水可利用潜力没有被充分发掘之前，不宜利用海水。

如今，以色列已有超过90%的城市污水得到回用。其中42%的再生水用于农灌，30%用于地下水回灌，其余用于工业和市政等。

2）国内城市水系统状况与趋势

我国从建国初期就开始进行有关水问题的研究，对于节水工作开展较早，取得了显著成效。对城市污水处理与利用的研究，早在1958年就被列入国家科研课题。

20世纪60～70年代，我国水污染防治重点放在工业废水污染的控制上，提出了“三同时”的方针，但处理率不过1%～2%。此阶段科研工作重点主要停留在开发单元技术上。

20世纪80～90年代初，城市供水事业有了较大进展，但是水污染日趋严重，水资源短缺不断加剧，在缺水城市如大连、青岛、太原、北京、天津等相继开展了污水回用于工业与民用的试验研究。1992年大连春柳污水厂进行技术改造后，建成了我国第一个污水深度处理回用示范工程（$1\times10^4 m^3/d$）。

20世纪90年代中叶之后，国务院开始了包括治理三河（淮河、海河、辽河）、三湖（滇池、太湖、巢湖）在内的绿色工程计划。但仍旧只注重城市污水的二级处理与排放，将排水系统功能仍定位在防止内涝、排除污水与减轻污染之上。

新世纪初，城市供水排水事业得到迅速发展，供水水质指标要求越来越高，污水再生利用逐步得到较广泛接受，我国的城市排水事业趋向于水环境的恢复与水资源的可持续利用。2001年，深圳特区编写了《深圳特区城市中水道系统规划》，规划建设以城市污水为水源的城市第二供水系统——城市中水道，总规模 $49\times10^4 m^3/d$。目前正在实施阶段，将进一步推动城市水系统的统一协调发展。此外，大连、天津、北京也对污水再生回用提出了全市范围内的初步设想。

但是，目前我国在城市水系统健康发展上还存在以下关键问题：(1) 对污水污泥资源化、循环型城市虽然有了初步的认识和了解，但还没有从单纯的认识上升到影响国家安全与经济社会可持续发展的国家战略问题的高度；(2) 对城市水系统健康循环理论尚未进行系统、深入的研究，缺少一个可行的、高瞻远瞩的、符合水环境发展规律的城市水系统总体思路与理论的指导；(3) 缺少系统的政策法规体系和相应的技术标准；(4) 缺乏经济、高效、实用的污水净化再生技术；(5) 只注重污水的处理，污水厂产生的大量污泥没有得到合理的处理与处置；(6) 城市雨水循环途径没有得到修复；(7) 没有充分利用市场杠杆作用，对于利用市场促进合理配置水资源机制尚没有系统认识。

总之，经过几十年发展的历程，我国的污水处理与再生利用事业虽具备了一定的规模，经历了从点源治理到面源污染控制、从局部回用到整体规划的政策历程。但是，污水二级处理率还很低，真正正常运行，达到国家现行排放标准的处理率更低。污水深度处理和再生回用还刚刚开始，江河湖海污染态势还没有得到遏制，还远远不能实现城市水系统的健康发展，战略有待于进一步完备。

(2) 国内外城市固体废物处理现状与趋势

城市污水厂污泥是污水处理的有机组成，生活有机垃圾与污水厂污泥一样，本质上来自于农田，应回归于农田，有着同样的处置途径，理应一并考虑。另外，水是自然界中良好的溶剂，几乎所有人类的污染物质最终都能在水中找到它们的痕迹。因此系统考虑固体废物的处理与处置问题，防止污染物由一种形式转变为另外一种形式，是城市水系统健康循环的有力保障。

1) 国外城市固体废物处理现状与趋势

城市垃圾、污水污泥的处理在国外发达国家也经历了类似污水处理一样的历程。过去，固体废物被看成一种污染物，需以尽可能便宜的方式进行处理，而不是当作资源进行回收。由此导致焚烧、填埋在日本等发达国家中一度成为垃圾处理的主要手段。

20 世纪 80 年代出现的“填埋危机”及焚烧尾气中二噁英等有害物质的发现以来，垃圾处理方式开始发生显著变化。在过去的 20 年里，芬兰政府不断改进城市垃圾的处理方式，从全部倾倒填埋，发展到分类回收利用，最近又提出一系列垃圾减量化的措施，以求最大限度地减少垃圾量及其造成的污染。

近年来，物质和能源的严重短缺促使国外发达国家进行现代化的固体废物管理，考虑将其作为资源的可能性。垃圾分类回收利用技术得到迅速发展，奥地利、卢森堡和荷兰的回收率在 50%以上，而德国更是高达 65%。目前，日本城市固体垃圾处理的主要方法还是采用焚烧和填埋。但是 1980～1996 年间，日本有机垃圾堆肥产量增加了 4.6 倍。

根据 1990～2001 年的统计数据表明，美国的城市垃圾 11 年来增加了 1.5 倍。其中垃圾的回收利用率增加了 24%，而垃圾的填埋率则下降了 23%。

目前，垃圾、污泥已经被视为一种宝贵的资源、能源，积极加以分类收集、循环利用。国外不少发达国家开始从垃圾的消极抛弃处理，转向了减量化、资源化、无害化的综合利用处置策略。

2）国内城市固体废物处理现状与趋势

中国城市环境卫生协会提供的数据显示，目前我国人均生活垃圾年产量为440kg，全国城市垃圾的年产量达1.5亿t，且每年以8%～10%的速度增长。全国历年垃圾存量已超过60亿t，堆占耕地逾5亿m^3，直接经济损失达80亿元人民币。

目前我国生活垃圾的处理仍以混合收集、混合清运、混合处置方式为主。而垃圾处置主要采取卫生填埋法，并且大多数垃圾未经有效处理被运到城郊裸露堆放。全国660多个城市中有200多个处于垃圾包围中。据统计，目前我国城市垃圾处理率仅为50%左右，真正达到处理标准和资源化利用的比例不足10%。

近年来，垃圾分类回收开始引起注意，在个别小区开始建设示范工程，但是总体来说还是一片空白，垃圾、污泥的资源化工作还任重道远。

2. 需求分析

（1）城市水环境恶化现状成因分析

对于一个流域而言，上游城市由河流取水，用后排入下游水体，又成为下游城市的水源。这本是流域中城市群之间自然的水利用循环。

但是由于城市高速发展和人们没有遵循水的自然循环规律，过度无序开采使用水资源，污水未经处理或处理不当就肆意排放，城市水域受到极大破坏，严重影响了城市及城市群之间用水的可持续性。

目前我国城市污水处理率为36%，我国水环境恶化的总体趋势还远远得不到有效遏制。我国七大水系有一半以上江段被严重污染，90%以上的城市水域受到不同程度的污染，近50%的重点城镇的集中饮用水源不符合取水标准，65%以上的人饮用水源受到污染。水污染造成的经济损失约为GNP的1.5%～3%。水环境恶化及水资源短缺问题已经成为城市可持续发展的重要制约因素。如再不及时采取系统措施从根本上解决水问题，将产生不可逆转的灾难性后果。

此外，随着居民生活水平的提高以及城市化水平的发展，2002年全国城市生活垃圾量已达1.3亿t，预计2010年将达到2亿t。同时，城市污水处理厂的加速建设也使得污水污泥量不断增加，预计2010年污水处理厂污泥量将达0.2亿t。这些垃圾、污泥的处置问题将变得日益突出。目前大部分垃圾和污泥没能得到妥善处理，随意堆放，占用了大量土地，既切断了自然的元素循环，又对周边土壤、地表和地下水造成严重污染。城市化的发展还破坏了雨水循环规律，造成了城市型洪涝灾害，减少了中小河川的生态基流，加重了城市水环境的劣化，威胁了城市供水安全。

造成这种状况的主要原因在于不健康的资源利用循环，尤其是水资源的不健康循环。这种过量开采、大量废弃的资源利用方式终将造成水资源的不可持续利用，人类的生存和发展受到威胁、人类社会不能持续发展。

（2）发展需求

城市发展和城镇化是实现全面小康社会宏伟目标的必然过程，这是一个不为人们主观意志所转移的客观规律。然而按照传统的城市用水模式，大规模的城镇化进程，也必将引起城市水循环的破坏、城市与流域水环境的劣化，最终导致水资源的不可持续利用。水资源是城市发展的生命线资源，因此在城市发展与城镇化过程中如何贯彻节制用水，发掘城市污水等非传统淡水资源，维系城市水系统（水的社会循环）的健康循环就是非常突出的瓶颈问题。舍此，城市就失去了发展的根本和保障，建设全面小康社会的宏伟目标也就无从实现，人类和城市就不可能持续生存和发展。

事实上，水的社会循环系统包括给水系统和排水系统两部分，这两部分是不可分割的统一有机体。给水系统即是自然水的提取、加工、供应和使用过程，好比是水社会循环的动脉；而用后污水的收集、处理与排放这一排水系统则是水社会循环的静脉，两者不可偏废一方。

美国供水协会曾对155座城市进行了调查，结果显示：城市给水水源中每 $30m^3$ 水中就有 $1m^3$ 是经过上游城镇污水系统排出的。这有力说明，在水的社会循环中，用后废水的收集与处理系统是能否维持水社会循环的可持续性的关键，是水健康循环的保障，是联结水社会循环与自然循环的纽带。

水是可以再生、循环利用的自然资源，如果水的社会循环是健康发展的，地球上有限的淡水资源是可以不断循环地满足人类社会发展的需要的。

解决这种综合水危机的根本途径在于实现城市水系统健康循环。

所谓城市水系统健康循环，就是社会用水健康循环。是指在水的社会循环中，尊重水的自然运动规律和品格，合理科学地使用水资源，在节约节制用水的同时将使用过的废水经过再生净化，达到天然水体自净能力的要求，排入自然水体后，不影响当地或下游地区水体的正常使用，对水的自然循环不产生负面影响，使得水的社会小循环可以与自然大循环相辅相成、协调发展，维系或恢复城市水域，乃至全流域人与自然和谐的良好水环境，使自然界有限的水资源可以不断地满足工业、农业、生活的用水要求，永续地为人类社会服务，从而为社会可持续发展提供基础条件。

欲维系水健康循环的功能，污水处理程度与普及率是应认真讨论的。诚然，提高污水二级处理普及率是控制水污染、恢复水环境必不可少的措施。但是国内外实践证明，仅依靠提高二级处理普及率是远远不够的。

据中国工程院为国家编制《中国可持续发展水资源战略》中指出，当2010年，2030年全国污水二级处理普及率达50%和80%时，城市污水对水环境的污染负荷并没有明显减弱，近岸海域、江河湖泊的污染趋势仍然得不到遏制，这是由于污水处理率虽在增加，但污水排放总量也在增长，使得污染负荷总量削减有限。因此，在提高污水二级处理普及率基础上，推进污水深度处理的普及和再生水有效利用，才是解决水资源危机、建立健康水循环的必然选择。

表面上看来，普及二级处理的工程费用和维护费用已经十分惊人了，要普及深度处理，各级财政无疑更难以承受。然而实际上，在二级处理基础上进行深度处理，是将排放的处理水变成再生水，使之成为稳定的城市水源的重要组成部分。污水深度处理与再生利用也是最大力度地节约自然水资源，同时通过出售再生水所得的收入维持污水处理厂的财务收支平衡，财政就有可能承担，此乃一举两得、事半功倍的明智之举。在闭锁性水域地区和缺水地区舍此别无出路，就是在水资源丰富地区，也是保持健康水循环的良策。

在建筑中水、小区中水、城市（区域）再生水道这几种污水再生回用方式中，城市再生水道具有经济、高效、可靠等诸多优点，已经逐渐成为发展的主导方向。

城市再生水道是从整个城市角度出发，合理规划再生水厂和配套输配水管网，建立含污水处理、深度净化、管道输送系统在内的，以城市污水为水源的城市第二供水系统。这种城市范畴上的再生水供应系统是城市供排水走向健康水循环的桥梁，是我国水环境恢复的切入点。

此外，提供安全卫生的饮水是城市水系统健康循环的内涵与根本目标之一。随着城市化、工业化的发展，大量人工合成化学物质造成了饮用水水源的污染，影响了城市居民的饮用水安全。尤其是近年来，环境激素（称“扰乱内分泌化学物质”endocrine disrupting chemicals，也称环境荷尔蒙 environmental hormones）污染呈加速发展的态势。目前，能够证明或间接证明有 67 种化学合成物质属于环境激素。

来自我国医疗部门的最新统计数字表明：目前我国每 8 对夫妻中就有 1 对不育，这比 20 年前提高了 3%。医学家对此数字进行研究时证实，我国男性的平均精子数量每毫升仅有 2000 万个左右，而 20 世纪 40 年代的数字是 6000 万个。环境激素已威胁到人类的生存，成为人类新的公害。因此，依靠技术进步，保障居民饮用水的安全是 21 世纪我国科技发展的重点问题之一。

未来 20 年是我国经济社会科技发展的重要机遇期，是贯彻党的十六大精神和“三个代表”重要思想，实现建设全面小康社会宏伟目标的关键时期。解决城市发展中的水资源与水环境问题，实现水资源的可持续利用和建设良好的城市生活环境，是建设全面小康社会的基本和前提要求。未来小康社会对水环境科技发展的迫切需求是：

1）恢复良好的城市水环境，创造良好的城市亲水空间；

2）保障充足的水源，其中有相当部分为城市污水再生水；

3）提供安全的饮用水；

4）给农业发展提供大量有机肥源；

5）减少废弃物处理的土地占用量。

3. 发展思路研究

（1）指导思想

20 世纪中、后期，环境压力进一步加大，水资源短缺与水环境恶化问题日趋严重，水问题被放到了前所未有的高度。人们对人与自然和谐发展的问题进行了广泛的讨论，提出了新的人与自然和谐思想——“可持续发展”。可持续发展思想的提出是人类在几千年的发展进程中正反两方面的经验教训总结，是全人类先进思想的结晶，是人类永续生存和发展的根本之道。建立循环型城市，特别是水资源健康循环是可持续发展的内在要求与必由之路。

城市水系统健康循环领域的指导思想应以党的“十六大”精神和建设全面小康社会的宏伟目标为依据，以可持续发展思想为指导理论，实现水资源健康循环为目的。积极迅速推进城市水系统健康循环事业的理论基础与支撑技术研究，加快建设相应示范工程，实现城市与水资源、水环境保护的稳步、持续、协调发展。

（2）发展思路

城市化发展造成的水危机与环境问题是涉及各行各业的复杂巨型动态系统问题，这就决定了不能单纯依靠发展某项具体的技术或者是理论来获得满意的解答。解决这种巨型系统需要依靠宏观思维指导与具体技术的合理结合，在政府管理部门和各产业、所有居民的共同努力下，大力推进资源循环利用与城市水系统的健康循环，确保城市与水资源协调发展，城市居民拥有良好的生活环境。

本领域的发展思路是：

1）由城市点源治理发展为流域城市群水资源重复利用、循环利用和可持续利用，恢复流域和城市水环境。

2）由开源节流上升为城市用水健康循环，普及城市污水深度处理，发展城市再生水道，实现污泥、有机垃圾肥料化，充分利用本地区水资源。

3）变末端治理为源头治理，提倡节制用水和清洁生产，发展节水工业和农业。

4）变快速排除城市雨洪为提倡降雨地下渗透、贮存调节，修复城市雨水循环途径。

（3）战略目标

1）未来15年发展总体目标

未来15年本领域科技发展的总体目标（表1-12）是：

总体目标量化（半量化）指标一览表 **表1-12**

项　目	指　　标	备　注
1　城市水系统健康循环理论与方略	与中国国情相结合，可操作性强，能作为国家和地方政府制定水事决策的依据	
2　技术体系		
2.1　城市中水道技术	提出规范与标准及其系统评价技术	
2.2　污水再生全流程优化	效率提高20%，节能25%，投资节省30%，运行费用节省40%	比常规工艺
2.3　再生水水质标准体系	提出各大宗用户水质标准和综合城市中水道水质标准，构成再生水标准体系	
3　关键技术		
3.1　生物化学与物理化学结合技术在污水深度净化上的应用	满足工业冷却、景观绿化、市政杂用等水质要求	
3.2　经济高效生物脱氮除磷技术	达到同期国际水平	
3.3　微量人工化学物质、病毒、环境荷尔蒙检测、去除技术	达到同期国际水平	世界卫生组织、欧盟
3.4　膜分离水质深度净化技术	浊度<0.5NTU，病毒99.99%失活	
4　流域示范工程	基本建成区域用水健康循环，水资源可持续利用	
4.1　节水普及率	80%	
4.2　城市污水二级处理率	95%	
4.3　城市污水深度处理率	60%	
4.4　城市污水再生利用率	40%	
4.5　城区雨水渗透率	50%	
4.6　有机垃圾及污泥回归农田率	60%	

• 建立较为系统的城市水系统健康循环理论，使我国在该领域居于领先地位；

• 确立城市水系统健康循环关键技术与策略体系，提供高效、经济、实用的城市污水再生全流程技术及成套城市再生水道技术；

• 提供节制用水的理论依据与方法；

• 提供城市雨水循环修复方法与技术，减少城市型水害；

• 提供城市饮用水安全保障技术。进行饮水深度处理和超深度处理，去除饮水中微量化学合成物质，尤其是激素类物质，为城市居民提供安全饮用水。

• 建立3～5个中、小流域的城市群用水重复利用、循环利用，城市用水健康循环的示范工程。在该流域内，节约用水普及率为80%以上，城市污水二级处理率达到95%以上，深度处理与回用率达60%以上，城市住宅区雨水渗透率达到50%以上，有机垃圾及污泥回归农田率达60%以上。基本上实现流域的水资源可持续利用和全流域水环境的恢复。

我国水环境与给水排水工程专家在城市水系统健康循环理论方面已经有了初步的探索，对污水再生处理技术和饮用水深度处理技术已经有了初步的技术、人才贮备和研究基础。早在20世纪90年代初，大连就投产运行了万吨级污水再生回用水厂。近年来，国家每年投入大量资金用于市政基础设施的建设，目前全国已经建成的污水处理厂达到427座，在建的300多座。根据国家有关规划，近年城市污水集中处理率要达到45%。所有这些都为实施污水深度处理与再生利用、实现城市水系统健康循环提供了基础。随着科技发展和人口素质的提高，完成这些战略目标是可以做到的。

2）未来5年发展目标

本领域未来5年发展目标是：

• 初步完成城市水系统健康循环理论研究；

• 开发出经济实用的城市污水再生技术；

• 编制流域城市群水健康循环发展规划；

• 大中城市普遍编制城市再生水道规划，并逐步实施；

• 在北京、深圳等较发达地区，尤其是在北京，结合2008年奥运会的要求，建成城市（区域）再生水道工程示范城市（再生水回用率超过50%）；

• 提供饮用水中有毒有害物质的筛选、监测技术与设备；

4. 战略重点和主要任务研究

（1）战略重点

从国内科技发展水平来看，我国在污水处理具体工艺技术水平上，已经逐步缩小了与国际先进国家的差距，几乎国外开发的先进单项技术在国内均有研究或应用。但是关于流域（区域）和城市的水资源可持续利用规划还刚刚起步，急需社会用水健康循环理论与方法的指导。

针对我国当前发展的战略需求与具体国情，城市水系统健康循环理论与方略及其关键技术研究是本领域在未来15年发展的战略重点。

（2）战略任务及重大科技攻关项目

1）科技专项：城市水系统健康循环理论与关键技术研究

促进城市水系统健康循环的建立，实现水资源的可持续利用，是城市发展对科技的迫切要求，是21世纪给水排水工作者的首要任务。完成这个任务需要以城市水系统健康循环理论来指导城市水事工作的开展，需要研究相应关键技术以保障城市水系统健康循环的实现。

迄今为止，各城市还是对水的健康循环认识不足，肆意取水和排放，对水循环和水环境恢复的理论缺乏系统研究，水的循环被人为割裂，只是片面地对其中的某个环节进行研究和处理，缺乏系统、整体的观念，因而在政策、投资、管理等方面出现偏差，这正是目前我国投入大量资金控制污染、治理环境，而整体环境质量仍在恶化，投资成效并不令人满意的深层次原因。

因此，对城市水系统健康循环理论及其关键技术进行深入、系统地研究，为城市发展提供科技支持，是促进城市水系统健康循环的基础与前提，是21世纪国家实现建设全面小康社会、提高人民生活质量势在必行的战略要务之一。

主要研究内容为：

• 城市水系统健康循环与水环境恢复理论与水资源有效利用技术，建立水健康循环与水环境恢复的新理念与实施方略。

• 节制用水原理与方法。

• 城市再生水道成套技术：a. 再生水利用对象及其安全性、可靠性分析研究；b. 各种用途再生水水质标准系列及城市再生水道水质标准研究；c. 经济高效污水再生全流程工艺技术；d. 城市再生水道生态效应分析；e. 城市再生水道系统工程技术经济评价。

• 饮用水安全保障技术：a. 化学物质毒理学研究；b. 饮水化学物质、环境荷尔蒙和病毒的筛选、监控技术与设备研究；c. 饮水化学物质、环境荷尔蒙和病毒去除技术研究；d. 水媒流行病研究。

• 示范工程：建立3～5个中、小流域的城市群用水重复利用、循环利用，城市用水健康循环的示范工程。

2）重大项目

• 城市垃圾分拣回收与有机垃圾、污水厂污泥土地利用技术研究

自然界氮、磷营养物的土壤→植物→动物→土壤的循环规律，决定了人们的排泄物、垃圾、污水厂污泥回归农田是其正常归宿。城市垃圾中约有80%是可以回收物质，污泥、有机垃圾作为优良的有机肥料，自然减少了化肥用量，是减少农田径流营养物负荷的重要手段。既可恢复和维持土地营养物质的自然循环平衡，保持和提高土壤肥力，改善土壤结构，提高土壤抗涝、抗旱和抗污染的能力，又可减少对水环境的二次污染，这是循环型社会理念和土地营养物质循环规律所决定的，是污泥、垃圾的正当出路，也是建立城市水系统健康循环的重要因素。

研究内容包括：垃圾分拣理论、技术与设备；垃圾资源回收技术；垃圾污泥有害物质去除技术；有机垃圾、污泥生物固体肥料生产技术；生物固体肥料质量标准；安全施肥制度；垃圾无害化处置技术。

• 城市雨水水文循环途径修复技术研究

雨水循环是城市水环境的有机组成部分，通过雨水渗透和贮存修复雨水水文循环途径，从而抑制暴雨径流、削减洪峰流量、减少城市型洪水灾害，同时还对涵养地下水、增加泉水和中小河流枯水量以及改善河流水质、维系河川与两岸生态系的繁茂都具有显著作用，是城市水系统健康循环不可缺少的途径。

研究内容主要是：雨水收集与处理技术、雨水渗透技术、雨水贮存技术、雨水利用自动控制系统。

5. 政策措施研究

建立水健康循环是一个涉及经济、环境、发展等多方面的复杂问题，其实现途径也是多方面统筹兼顾的结果，是需要许多部门的共同努力，甚至是整个社会经过一代人甚至几代人的不懈努力才能实现。对于水环境恢复理论和方略及其支撑技术体系的研究也是相当复杂和艰巨的。因此必须建立城市水系统健康循环的保障体系。

（1）政策建议

1）建立系统的城市水系统健康循环法律法规

政府有关管理部门应通过必要的立法和行政权力贯彻城市水系统健康循环策略的实施。目前还缺乏对于污水再生回用的一系列相关管理、利用的法律法规，应尽快建立可操作性强的污水回用法律法规，对水资源利用方式按照本地水资源→污水再生水→雨水利用→海水、苦咸水→外流域引水的利用顺序进行法律法规的硬性规定。通过法律途径促进循环型城市的建设和高效水管理机制的形成，是城市水系统健康循环策略得以顺利实施的前提和基础，也是我国污水再生回用事业得以健康发展的最有力保障。

这些法律包括：a. 自然风景河流法；b. 生物肥料法；c. 节制用水法；d. 污水深度处理与再生利用法；e. 城市雨水利用法；f. 城市固体废弃物资源回收法等。

2）实行绿色 GDP 核算制度

一直以来，人们都是利用 GDP 的增长作为社会经济发展的综合指标。但是传统经济学观点的 GDP 增长，只是反映了产出的数量，而没有考虑生态环境的投入和生产活动带来的环境问题。这种计算方法没能真正反映经济总量的净增加值，更有甚者，会加剧城市对资源、环境的掠夺性破坏。例如根据世界银行发表的中国环境报告测算，每年环境污染给中国造成的损失达 540 亿美元，占全国 GDP 的 8%，几乎抵消了我国的年经济增长量。

因此，迫切需要发展一种包括生产造成的环境污染和生态环境成本在内的计算 GDP 的方法，促进和提高全社会对污染防治和生态环境恢复的认识。

3）将污水再生回用率、节制用水率作为地方政府政绩的重要考评条件

将城市污水深度处理率及回用率作为现代化都市的考核指标之一，同时，把建设城市污水处理和回用设施的质量水平，作为考核领导工作政绩的一项重要内容。从行政角度使领导者重视水资源开发利用和资源的循环利用。

4）合理利用市场对资源配置的基础作用

通过采用环保税收的形式，增加财政来源；利用经济杠杆的作用建立合理的水价体系，使合理分配不同水质的水资源与人们的直接经济利益有机地结合起来，积极引导用户使用再生水；对再生水回用和节制用水实施积极的财政政策。

5）优化城市水系统管理体制

城市水系统的健康循环要求城市对供水系统和排水系统实行整体和部分相结合的统筹管理，共同推进水污染防治、水环境恢复、水质保持与改善工作。因此，优化城市水系统的管理体制是建立城市水系统健康循环的必要条件，是政府部门加强宏观调控和引导的有效方式。

（2）措施与保障

1）政府和有关决策部门加强城市水系统健康循环的认识和教育

城市水系统健康循环是关系到我国城市化进程快慢、社会经济持续发展和人民生活质量提高的物质基础条件，是创建节水型城市、水健康循环型城市的重要措施，是恢复城市河流和水域良好水环境的必由之路，应视为城市化发展的生命线工程。政府和有关部门应加强这方面的认识和教育，并视其为城市可持续发展的必要组成部分，这是实施城市水系统健康循环的基础措施。

此外，通过教学（课本）、电视、网络等多种媒体形式开展有针对性的宣传教育，让人们了解国内水环境恶化的现状和危害，增强公众对再生水的了解，解除公众对再生水的心理障碍，取得社会对城市水系统健康循环的共识和支持。这样有助于纠正人们认识的误区、提高全社会对建立水健康循环的意识，对于提高用水效率、建立城市水系统健康循环具有极其重要的作用。

2）加大科研投入，保持投入稳定持续增长

关于水环境恢复与水资源可持续利用，国家有关管理部门和科研机构、公众都必须有这样一个共识：水环境恢复事业是一项复杂的系统工程，是水资源可持续利用的必由之路，虽然它必将产生可观的经济效益、社会效益和环境效益，但是它产生的效益不会是在短期就可以非常明显地看到的，要全面展现出来需要较长的一段时间。因此，对于水环境恢复工程的投入和研究，政府应该是主体，并在相当长的一个时期内保持投入的连续性和稳定性，同时利用示范工程建设、宣传、政策和市场手段，充分发展利用社会资本，争取公众的理解与支持，使得水环境恢复事业真正成为每个公民日常生活的一部分，成为有源之水的常青事业。

3）加强科技人才队伍建设，创立水环境科学与工程学科

培养一批具有宏观把握能力、对水环境恢复和城市水系统健康循环有较深理解和研究的人员和工程规划设计人才。

4）建立国家级研究基地

由于城市水系统健康循环和水环境恢复是一个涉及环境、生态、经济、资源、管理等学科的复杂系统问题。因此，研究水环境恢复系统理论与方略需要一批凝聚力强、素质高、涵盖多学科交叉领域的科研队伍，需要系列大型配套科研仪器设备以及匹配相应额度研究经费，这都要求建立一个国家级的研究基地来促进和推动该领域的研究发展。

5）建立健全的组织协调机制

城市再生水道与自来水供水系统、城市污水排除与处理系统一样是城市水循环的重要部分，是城市的第二供水系统。要明确政府主管部门，建立明确的经营公司。实现水资源的统一管理，这样才有利于再生水事业的发展。

政府的宏观调控功能应得到加强和完善，城市成立以市委市政府主要领导为首，多方面专家组成的城市水系统健康循环工作指导小组，直接对全市的水系统进行协调和指挥。

6）科学编制城市水系统健康循环规划

城市水系统健康循环规划是政府引导和调控城市水系统发展的重要政策工具。应将污水再生回用纳入城市总体规划和给水排水专业规划当中。考虑城市污水深度处理与再生利用，根据各用户用水水质的不同，实行优质优供、低质低供的分质供水策略，充分实现城市淡水资源的合理分配。

7）大力提倡节制用水

在城市发展规划中应该贯彻节制用水、与水协调发展的观点，强调水资源的合理分配和有效利用。这种节制用水的思想是节约用水的扩展，不仅是产业、各用户要节省用水，更是在政府宏观调控水资源合理利用时，通过保障合理生态环境用水，按照以供定需的思想，科学规划产业布局和推行清洁生产，大力倡导利用城市再生水道建设，提高水资源利用效率，降低新鲜水用量，促使产业和城市与水资源、水环境协调发展。

8）建立严格、公正、科学的水质报告制度

供水部门应定期发布水质公告，不仅应反映饮用水的水质情况，还应通报水源水的状况，饮用水中污染物的可能来源，饮用水中所有污染物的浓度（或浓度范围）及与之对比的国家供水水质标准，以及与人体健康相关的教育资讯。既可以体现消费者的知情权，又可以对供水部门形成有力、公开监督和促进作用。

9）拓展投资渠道，吸引外资和民间资本

在污水处理与再生水利用的投资体制中，政府应该充分发挥市场对资源的配置作用，运用“BOT”等多种方式，努力拓展投资渠道，吸引外资和民间资本进入水处理领域。不但有助于减轻政府的财政负担，而且使得政府可以从原来的实施者变成监督者、调控者，从而利用市场提高资金使用效率和水处理单位的服务水平。

1.3.6 流域和城市水资源健康循环战略规划实例❶

1. 北京市水环境恢复与水资源可持续利用战略研究

2001～2004 年，承担北京市教委重点项目“水环境恢复工程理论研究”，以北京市为背景进行了水环境恢复与水资源可持续利用的战略研究。

（1）概况

北京位于华北大平原北端，区域地势由西北向东南倾斜，北部为燕山山脉军都山，西部为太行山脉西山，两条山脉于昌平关沟附近交汇，形成一个向东南展开的圆形山湾，它所围绕的平原即北京小平原。北京属温带半干旱半湿润季风气候，四季分明，多年平均降水量为 595mm，时空分布极不均匀。多年水面平均蒸发量为 1120mm，其中陆面蒸发量为 450～590mm。

市区内有通惠河，凉水河、清河和坝河担负着市区排水任务，大都由东向西排入北

---

❶ 本文成稿于 2007 年，作者：张杰，李冬。

运河。市区内尚有湖泊26座，总面积600hm^2，多为皇家园林和公园观赏水面，在汛期担负着洪水调蓄任务。市区之外，东部有蓟运河系的泃河、潮白河、北运河（温榆河），西部有永定河和大清水系的拒马河、大石河。

全市分18个区县，总面积16800km^2，四环内中心区面积324km^2。2002年全市人口1423万人。其中市区人口近1000万人，人口密度3万人/km^2，是世界上人口密度最大的城市之一。2002年国内工业总产值（GDP）3212.7亿元。

（2）水资源与水环境现状

北京年均降水总量99.96亿m^3，形成地面径流21.98亿m^3，地下径流27.09亿m^3，扣除重复计算量9.08亿m^3，北京地区水资源总量为39.99亿m^3/a，外境来水为16.50亿m^3，水资源总量为56.49亿m^3。据《北京市水源规划》和《21世纪初期（2001～2005年）首都水资源可持续利用规划》数据，2010年北京市可供水量平水年（50%保证率）为40.88亿m^3，偏枯水年37.34亿m^3（75%保证率），枯水年33.99亿m^3（95%保证率），其中地下水量均为26.33亿m^3。经各种方法对北京市工业、农业和生活需水量进行预测，到2010年总需水量为44.51亿m^3，其中工业10.64亿m^3，农业15.55亿m^3，生活14.27亿m^3。枯水年将缺水10.52亿m^3，平水年缺水3.63亿m^3，见表1-13。

2010年北京市水资源供需平衡表 **表1-13**

序号	项目	水量(10^8m^3)		
1	水文年	50%	75%	95%
2	供水量	40.88	37.54	33.99
3	需水量	44.51	44.51	44.51
4	平衡结果	−3.63	−6.97	−10.52

近年来北京市水污染严重，作为北京市西部工业生活用水的主要水源之一官厅水库受到严重污染，入库水质超过国家地面水Ⅴ类标准；市区内清河、坝河、通惠河、凉水河4条主要排水河道及其支流的多项水质指标均超过国家地面水Ⅴ类标准。

到2003年底，全市污水处理能力达188.6×10^{4}t/d，其中城区处理能力为158×10^{4}t/d，城区污水量为217.67×10^{4}t/d，污水处理率为56%。污水产生量与排放负荷预测见表1-14所示。

2010年污水产生量预测 **表1-14**

年份	污水产生量与处理状态			排放污染负荷(10^4t/a)		
	污水产生量(m^3)	处理量(m^3)	处理率	TN	TP	CODcr
2000	89169.5	35094.8	39.4%	4.6	0.48	22.44
2010	101300	91170	90%	4.25	0.35	12.66
实际要求				2.48		<7.8

由上表可见，2010年污水处理率达到90%时，进入环境中的COD污染物负荷将降至目前负荷的56%，城市水环境将有所改善，但是TN、TP排放量与2000年相比减少

甚微。再加北京市水环境脆弱，水体富营养化趋势还会加剧，水环境质量并没有好转，与绿色奥运的要求有相当距离。

长期以来人们对于“地球水环境，水资源是有限的”这个事实没有一个清醒的认识，从而导致了用水无度发展，污水治理严重滞后，超过了北京地区水资源的承载力和水环境容量，对水环境造成了严重污染，致使有的水源逐渐丧失了其使用价值，加剧了水资源短缺。官厅水库就是典型的一例。要改善北京地区水环境实现水资源可持续利用，必须尊重地球上水自然循环的规律，建立北京及其上游地区健康的水循环。水健康循环是全流域全社会复杂的系统工程，将北京市的水环境改善仅仅寄托在污水二级处理普及率之上是远远不够的。必须进行北京市水环境恢复与水资源可持续利用的系统研究，制定一个整体性的可操作性的战略规划并按其执行。

(3) 北京市水环境恢复与水资源可持续利用方略

1) 节制用水

农业节水：近20年来北京农业节水的重点放在调整农业产业结构上，大面积高耗水农业作物退出了种植结构，农业总用水量逐年下降，1980年农业用水高达$31.9\times10^8m^3$，1990为$20.29\times10^8m^3$，2000年降为$16.49\times10^8m^3$，预计到2010年将进一步降为$10.89\times10^8m^3$。但是据调查农业用水的下降是由于压缩种植面积和调整农业结构达成的，灌溉水的利用效率并没有提高（1996年为0.42，2000年约为0.5），亩均用水量并没明显减少，与先进国家的利用系数0.8～0.9相比相差甚远。如果通过发展节水灌溉技术，将灌溉水利用系数提高到0.7，则2010年农业用水可由$10.89\times10^8m^3$减少到$7.78\times10^8m^3$，可再节水$3.11\times10^8m^3$。

工业节水：北京市从1981年起大力发展节水工作，工业万元产值耗水由原来的$357m^3$，下降到$30m^3$之下，水的重复利用率由48.57%提高到87.73%。近10年来工业产值大幅度增长，工业用水量却逐年下降，出现了显著“负增长”。这是由于通过产业调整结构，将高耗水、高污染的造纸、纺织、印染等产业相继退出北京和逐渐提高工业用水重复率、间冷水循环利用率而取得的良好效果。但是，目前黑色冶炼及压延加工业、化学原料及化学制品制造业、石油加工这三大耗水大户的行业总产值仍占工业总产值的19%，1999年在全市工业用新水补给量7.58亿m^3中该三行业占37%。今后北京市工业节水重点仍是进一步加强产业结构的调整，同时倡导清洁生产、节水工艺、提高工业用水效率水平。如果到2010年全市工业用水重复利用率达到90%，间冷水循环率达96%，万元产值耗水量降到$17m^3$，单位产品耗水定额接近国际先进水平，就可以节水$1.12\times10^8m^3/a$，其中规划市区为$0.52\times10^8m^3/a$。

生活节水：居民用水的1/3为冲厕用水，冲厕水箱和节水龙头等节水器具的普及是生活节水的关键。2000年城市节水器具的普及率为50%，如果到2010年节水器具的普及率居民生活能达到90%，公共建筑能接近100%，就可以节水$4000\times10^4m^3/a$。北京市规划区绿化覆盖面积占40.2%，公共绿地达$5942hm^2$，人均$9.4m^2$，如果2010年节水灌溉面积由2002年的50%提高到80%以上，就可节水$500\times10^4m^3/a$。2002年全国自来水漏失率平均达21.5%，每年损失100亿m^3自来水。北京城区供水管网“跑、冒、滴、漏”现象很严重，年漏失量超过1亿m^3，漏失率达17%，与国际各大都市的损失率小于10%相比节水潜力还很大。到2010年如果漏失率降低1～2个百分点，就可节水$800\times10^4m^3/a$～$1600\times10^4m^3/a$。

通过以上措施，到2010全市总计可节水4.89亿m^3，其中规划区可节水1.52亿m^3。

2）污水深度处理与再生水循环利用

2000年北京市区产生污水量8.9亿m^3，污水处理率为39.4%，到2010年预计产污水量10.13亿m^3，处理率将达90%，届时COD排放负荷量将由年21×10^4t减至9×10^4t。为此10年间北京市要增加30亿元建设资金和每年2亿元的运行费用，但是如前所述，水环境质量仍不能根本改观。如果进一步将污水深度净化生产再生水，不但可以获得可观的再生水资源、而且还可以显著地改善水环境质量。经过调研和详细预测，到2010年北京市农业、工业、绿化、河湖、市政等方面再生水需求总量为8.72亿m^3/a。通过城市再生水道系统的建设和投产，以再生水替代农业、工业冷却、绿化、市政杂用的自来水，污水回用率可达47.7%。不仅可以弥补北京市水资源的不足，同时也减少了内河、湖泊的污染，为天津的水资源利用和水环境恢复提供了有利条件。这种城市范围上的大规模再生水供应系统是北京市建立水健康循环的切入点，是发展循环经济的基础。

3）修复城区雨水水文循环

北京规划区面积610km^2，多年平均降水量595mm，年平均降雨总量3.6亿m^3。城区不透水地面占1/2，暴雨时即形成径流通过内河出境而入海，由于暴雨径流占径流总量的大部分，这部分径流损失约为1.0亿～1.5亿m^3/a。如果减少不透水铺砌，建设雨水渗透和贮存设施，收集屋面、广场、庭院、道路上的降雨，使之渗入地下补给地下水或贮存净化有效利用，就可以修复市区的雨水水文循环，起到削减洪峰，充分利用暴雨径流的作用。对地下水涵养和中、小河流的枯季流量的恢复有显著作用。

4）污泥土地利用

2000年北京市区污水处理能力为$130\times10^4m^3/d$，处理率为39.4%，污泥产量650t（含水率80%）。到2010年污水处理能力将增至$300\times10^4m^3/d$，处理率达90%，污泥产量将至1500t。目前每天产生的污泥被送到大兴等几个郊区污泥销纳场，堆积如山，占据大量土地污染地下水，恶化周边居民生活环境。这些污泥是来自于农作物的天然有机物肥料，回归农田是其正当归宿。

北京郊区农田总面积为$6\times10^4hm^2$。目前弃城乡有机肥料而不理，大量使用化肥，而且用量在年年增加（近年来全市用量达20×10^4t。平均每公顷300kg，是世界施用化肥量最高的地区），大量施用化肥致使土壤肥分失调，并有盐化板结趋势。利用污水厂污泥和城市有机垃圾堆肥，制作生物肥料施于农田，可解决土壤劣化，提高农田抗旱、抗涝、抗污染的能力和N、P流失的问题，解决长久以来的农田径流污染水体的农业难题。尤其对水源上游如密云县，停止使用化肥对减少水库N、P污染有不可替代的作用。同时污水厂销售生物肥料会有明显收入（据淄博市的实际资料，每吨可获利200元），可弥补污水、污泥的处理费用。

（4）方略实施的预期效果

上述方略实施可获得巨大的社会与环境效益：

1）可以增加水资源量14.11亿m^3，占北京市多年平均水资源总量的25%，占可利用水量的40%～60%，仅此就可以实现北京市2010年水的供需平衡。

2）可以大幅度降低排放污染负荷量，其中COD_{Cr}削减量$5.24\times10^4t/a$，TN $1.8\times10^4t/a$，TP $0.2\times10^4t/a$。使2010年污染排放负荷COD_{Cr}将降至$7.42\times10^4t/a$，改善率达41%；TN将降至$2.45\times10^4t/a$，改善率达42%；TP将降至$0.15\times10^4t/a$，改善率达57%，能满足奥运对水环境的要求。

(5）北京市水环境恢复方略实施的实际效果

2003年张杰院士在《诤友》杂志第243期上发表了“对北京市水资源再利用的几点建议”，得到市有关领导的重视并做了批示。

2005年2月以汤鸿霄院士为组长，以北京市水务局副局长程静为副组长的专家评审委员会对《水环境恢复工程理论研究》进行了评审。指出“本课题研究成果对北京市水资源与水环境问题的统筹解决具有重要的参考价值”。

北京市水务局在国内率先奉行“循环水务”，几年来取得了显著成绩：

1）全面实行以政府为主导的节制用水政策

将农业用水由2000年的16.49亿立方米，压缩到2006年的10.8亿立方米；几年来，全市工业产值大幅增长，工业用水却显现“负增长”；全市公共场所节水器具全面普及，居民节水器具普及率也达到80%。

北京市的节水工作贯彻了市政府业务主管部门为主导的全面的节制和节约用水策略。

2）污水处理与再生水利用

2006年市区污水处理能力由2004年的$190\times10^4m^3/d$跃升到$250\times10^4m^3/d$，处理率由57.7%跃升到90%，COD_{Cr}削减率由30%提高到80%。已建成6座再生水厂，再生水利用量达3.6亿m^3，市区污水回用率达50%。

3）河湖水环境的恢复

2004年起逐年截流河床两岸污水，以再生水补充河床基流，使多年黑臭的清河、凉水河、马草河的水质变清。

4）流域（区域）综合治理

由于连年枯水，2004年密云水库蓄水量下降至6.5亿m^3，水质下降，富营养化趋势显现。为此采取了全部撤销库区网箱养鱼、退耕还林、退耕还草等措施，这些措施的实施使得2006年密云水库水质保持了地面水Ⅱ类标准。

2. 大连市海水与污水资源战略研究

2003年受大连市发改委委托，编制完成了《大连市海水与污水资源战略研究》。

大连市位于辽东半岛最南端，流经市区的各条河流如马栏河等都是流程短小、雨源型季节性河流，污染严重，均属Ⅴ类和劣Ⅴ类水体，是我国最缺水的城市之一。城区用水主要靠碧流河和英那河上游大型水库长距离引水供应，在95%保证率的水文年可引水量最大限度为4.46亿m^3/a，境内小型水库可供1.03亿m^3/a，可供水资源总量为5.49亿m^3/a。据预测，大连市规划区内2010年需水量为6.10亿m^3/a，2020年为

7.5亿m^3/a，分别缺水0.61亿m^3和2.02亿m^3，缺水阻碍着这个北方名港现代化国际都市的建设进程。有些专家提出了跨流域调水和海水淡化，解决水危机的战略。

大连市政府委托我课题组进行水资源战略研究，并以此作为水资源决策依据。我们总结了大连市几十年给排水工程设计和科学研究的经验，依据水的循环规律，得出大连市水资源可持续利用、水环境的改善出路在于城市用水的健康循环的结论。将城市污水视为稳定的淡水资源，普及污水二级处理和深度处理，创建城市再生水道——即以城市污水为水源的城市第二供水系统，同时开辟雨水与海水利用。

（1）污水资源战略

在充分调查与分析再生水用户的基础上，统筹考虑大连城区再生水厂的数量与分布、供水规模和供水区域，将大连市再生水道系统划分成9个子系统，参见表1-15和图1-11。

大连中心城市再生水利用系统表　　表1-15

编号	名　称	规模（$\times10^4m^3/d$）		主要用户
		2010年	2020年	
1	旅顺西南部子系统	8.3	13.6	工业、河湖环境、地下水回灌
2	凌水-龙王塘-小孤山子系统	0.0	1.4	河湖环境、绿化与市政杂用
3	中心区-甘井子子系统	6.5	9.5	地下水回灌、河湖环境、绿化
4	营城子-牧城驿-夏家河子系统	3.1	5.8	工业、地下水回灌、河湖环境
5	金州子系统	5.2	10.6	地下水回灌、河湖环境
6	开发区-度假区子系统	2.8	4.8	河湖环境、工业、绿化
7	得胜-登沙-杏树屯子系统	4.3	9.3	河湖环境、农业、工业
8	大魏家-七顶山子系统	2.4	4.9	地下水回灌、河湖环境、农业
9	石河-三十里堡子系统	1.6	3.7	河湖环境、农业、工业
	合计	34.2	63.6	

图1-11　大连市再生水道系统规划图

大连市城市再生水道至2020年总规模为$70\times10^4 m^3/d$，年供再生水2.6亿立方米，污水深度处理与再生水输配管网的总投资17.5亿元，制水总成本1.1元/m^3。城区再生水道的建设，不仅可以补充枯水年约2.6亿立方米的淡水之缺，而且相对二级处理水排放而言可减少排河、排海污染负荷TN 6400t，TP 1300t，COD_{Cr} 25550t。相对原污水而言，可削减年污染负荷TN 12800t，TP 2600t，COD_{Cr} 77000t。城区再生水道的建设，将切实地改善内河与近岸海域水水质，是大连市水资源可持续利用和陆海水环境恢复的必由之路。

（2）海水资源战略

大连市域海岸线长1906km，海水直接利用于工业冷却水在大连已有长久的历史和成熟经验。规划至2010和2020年，沿海岸企业增加海水直流冷却替代淡水资源的数量分别为$4\times10^4 m^3/d$和$8\times10^4 m^3/d$，海水也是大连市重要的非传统水资源。

海水淡化技术在21世纪内将有更为广泛的应用。近年来膜组件的性能已经有了长足发展，制水成本在逐年降低，但由于装置规模受限、成本尚高，暂不宜大量采用。但可以在沿海岸的火力发电厂的锅炉用水、远离大陆的海岛——长海县和淡水极度缺乏的旅顺口区的生活饮用水中应用，其总量到2020年有望达到$15.5\times10^4 m^3/d$。

（3）大连市水资源总战略

大连市长久水资源的可持续利用，仍需依靠提高污水深度处理再生利用率，依靠大连本地区本流域的水资源（含天然淡水资源，城市污水与海水资源）。不宜匆匆跨流域调水，“引洋入连”工程将导致鸭绿江流域和河口地区的生态问题，在没有充分利用本地水资源之前，不宜启动。

在本地区的非传统水资源——污水、雨水、海水之中，应优先发展城市污水的再生、再利用和再循环，这可以在增加大量水资源的同时解决环境污染问题。次之补充雨水渗透，贮存和利用，尤其是在长海县，雨水贮存与利用可列为重点。据估算各种水源的制水成本分别为：城市污水再生水1.11元/m^3，海水淡化6元/m^3，大洋河调水5元/m^3。

3. 第二松花江流域水环境恢复战略规划

2004年，承担了中国工程院重大咨询项目“东北地区有关水土资源配置、生态与环境保护和可持续发展的若干问题战略研究”的子专题“第二松花江流域水污染防治对策研究”，并在此研究中完成了第二松花江流域水环境恢复战略规划。

（1）水系概况

松花江是我国七大水系之一，第二松花江是正源，全长825.4km，流域面积$7.28\times10^4 km^2$，年均径流量175亿立方米，流域人口1351.97万人（2000年），主要城市有长春、吉林、梅河口、松原等，见图1-12。

20世纪50年代之初，第二松花江干流水质清澈，两岸满山碧秀。“一五”期间和其后，沿江兴建了一大批工业企业，数百个污染源每年向江中排放数万吨污染物，致使江水遭到严重污染。到20世纪60年代末期，吉林江段COD浓度达39.60mg/L，汞0.055mg/L，酚0.18mg/L，氰0.30mg/L，从而引起吉林省、市政府的重视，改革了以汞做触媒的染料工艺，切断了汞的源头污染。同时建设了吉化污水处理厂，江水水质得到一定改善。但90年代后，有机污染与N、P污染以及人工合成难降解物质污染又

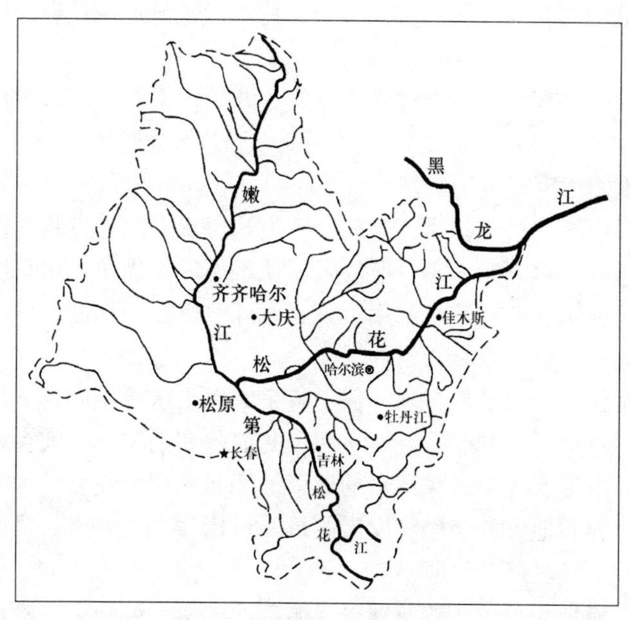

图 1-12　松花江水系图

日趋严重起来。

目前，第二松花江源头地区头道松花江、二道松花江仍为Ⅱ类水体，但已有污染迹象。干流吉林市区之上基本为Ⅲ类水体，市区之后九站至白旗江段为Ⅳ、Ⅴ类水体，松原市之后又渐有恢复，到与嫩江汇合之处三江口基本是Ⅲ类水体。支流辉发河自 1998～2003 年由Ⅲ类变成Ⅳ类又沦为Ⅴ类，对松花江水质产生严重影响。同时期伊通河水质一直是Ⅴ类，主要受长春市的污染，基本上成为长春市区的排水沟，是第二松花江污染最严重的河段，受其影响饮马河靠山南楼断面一直为Ⅴ类水体。总之多年来，第二松花江的水质污染不但没有得到遏制，反而有向源头发展的趋势。主要污染物是有机物、N 和挥发酚。2003 年入河工业废水量为 $22348.5\times10^4 m^3$，COD 70758t。流域内最大的工业废水污染源是吉林市，占全流域的 60%，污水排放量是长春市的 25 倍，COD 排放量是长春市的 9 倍，NH_4-N 排放量是长春市的 15 倍。工业点源治理重点对象是吉林市，其次是长春市和松原市。废水排放量最高的三个行业是化工、造纸和纺织业，合计占工业废水排放量的 81%；COD 排放量最高的三个行业是造纸、食品和化工，合计占总排放量的 85%。

近年来生活污水排放量和排放 COD 呈上升趋势，2003 年入河生活污水量 $25411.2\times10^4 m^3$，入河 COD 113322.5t，已超过工业废水排放量。其中长春污水排放量 $14743.2\times10^4 m^3$，吉林市 $11075\times10^4 m^3$，两市之和占全流域总排放量的 82%。

第二松花江流域年施用化肥量 $80\times10^4 t$（折纯），平均折纯化肥施用量 274kg/hm²，实物量 450kg/hm²，远远高于发达国家化肥施用量上限。施用于农田上的化肥，仅有少部分被作物吸收，60%以上都随农田径流进入水体，是水体富营养化的重要原因。农药进入水体对水生动植物造成潜在危害，并通过食物链危害人类生存和人体健康。

2003 年第二松花江流域共有规模化养殖场 329 个，养殖数量 624146 头（折成猪），排放污染负荷COD 10548.4t，氨氮2106.5t。其中伊通河流域长春地区居多，对伊通河造成严重污染。

第二松花江上游东部地区由于过垦、过伐、开矿、采石、挖砂等活动造成了严重的水土流失。全流域水土流失面积$2.7\times10^4hm^2$，占流域面积的37%。

(2) 水环境恢复战略研究

要从根本上解决第二松花江水污染问题，应从流域全局出发将水污染和水资源问题合并处理，统筹考虑，打开专业、行业局限，从水循环的视角提出系统解决方案，为此必须把水污染控制和水资源可持续利用上升到水环境恢复的高度，以建立流域水系统健康循环为途径，以水环境的恢复为目标。

当前主要战略任务是保护松花湖，保护各个饮用水水源水质，满足人民对饮水安全的基本要求；进行重点污染源和重点城镇污染的消除和消减；广大乡村农田、畜禽养殖污染的源头分离，最终实现全流域用水的健康循环和水环境恢复。并将此作为吉林省生态省建设的重要内容和地方社会经济发展的重要目标。

1) 编制流域水系统健康循环规划

以第二松花江流域为单位，按照健康水循环的理念，编制第二松花江流域水系统健康循环规划，并以此为基础进一步编制各个子流域规划及各个城镇用水的健康循环规划。落实水资源的再生、再利用和再循环等水环境恢复方针，真正做到上游地区的用水循环不影响下游水域的水体功能，水的社会循环不损害水的自然循环规律。

2) 保护松花湖等饮用水源地

松花湖是吉林省最大的河流性人工湖，是吉林市、长春市的饮用水源地，近年来松花湖水质污染的现象已经凸显，湖湾已有富营养化趋势。虽然现在还可以作为城市集中水源，但危机严重存在，一旦松花湖变成第二个滇池，不但将危及吉林省的发展，第二松花江下游和松花江干流也将受到严重影响，所以松花湖水质必须恢复到Ⅱ类水体。松花湖水体的恢复在于建立湖域的健康水循环，杜绝或大力削减松花湖汇水区域内人们生产和生活活动对湖水的污染，调整沿湖农业产品结构，调整湖域内城镇的企业布局，实施湖域内各个城镇水系统的健康循环。

① 面污染综合治理

目前湖区水土流失面积已达$8\times10^4hm^2$，湖内每年泥沙淤积达811×10^4t。湖区内每年施用化肥7.6×10^4t，农药0.14×10^4t，其农作物利用率低于35%，其余经雨水径流流入湖内，是湖水TN、TP污染的主要来源。松花江源头头道松花江流经靖宇县、抚松县，二道松花江流经安图县、抚松县、桦甸市，在这些源头区域内应节制农业与畜牧业，并实施人畜排泄物的源头分离，建立有机农业和生态山村，继续坚持封山育林、退耕还林政策，恢复良好的森林植被，确保源头水质安全。

② 入河支流污染负荷的削减

辉发河每年入湖径流占湖水容量的30%，流经梅河口市、东丰县、柳河县、磐石市、桦甸市和辉南县；蛟河横跨蛟河市，是松花湖右岸主要补给水源。各支流流域总人口400多万，每年有5000多万吨未经处理的城镇（含工业）污水入湖，携带12000多吨COD，是构成湖水污染的主要来源之一。

因此湖上辉发河、蛟河等流域上的十余座城镇都必须建设污水处理再生设施和垃圾处理设施，只有高质量的再生水才可入湖，才能实现辉发河和蛟河两岸城镇群的健康水循环。其标志是污水处理率接近100%，深度处理率达80%以上，回用率达30%以上。

③ 控制近湖区人为污染

目前近湖区宾馆、疗养院、饭店有百多家，床位6549个，年排放污水12×10^4t，固体废弃物500t。因此必须严格限制旅游业的发展；同时对现有污水和固体废弃物进行妥善处理，严格排放标准；节制养鱼水面和网箱养殖；防治渔船、游船的油污染。

④ 制定松花湖地区水环境保护的地方性法规

在《中华人民共和国水法》、《中华人民共和国水污染防治法》和现有的《吉林省松花江三湖保护区管理条例》的基础上，根据健康水循环的要求，制订地方性法规。

⑤ 建立松花湖水环境管理委员会

3）加强有毒有害污染物的检测和防治

20世纪50年代以来，第二松花江沿江兴建了大批工业企业，数百个污染源每天向江水中排放大量污染物，其中也有人工合成的难降解物质和有毒有害污染物。60年代曾发生的汞污染和2005年发生过有机苯系化合物的突发污染，给水生动植物和人群的健康造成了危害和潜在危险。但这仅仅是一时的集中体现，长期的暴露与危害则更为严重。第二松花江沿岸各工厂必须尽快实现有毒有害物质的零排放。在查清来源的基础上，通过合理改变工业布局、推行清洁生产、改革生产工艺、推行源头控制为主，末端治理为辅，以实现有毒有害物质的零排放，保障流域用水的水质安全。政府应强化监督和管理，并给予政策上的支持。

4）建立吉林市城市水系统健康循环

吉林市境内江河纵横，水系发达，第二松花江缠绕吉林市区成S形蜿蜒而过。上游松花湖、红石湖、白山湖均位于吉林市行政区划之内，是全国少有的水资源丰富的大城市，人均$3500m^3/a$。"一五"期间全国的156项重点项目，有7个半建在吉林市，之后又相继建设了化纤、毛纺、制药等工业企业，使吉林市成为以化工、电力为基础各部门齐备的现代化工业城市，为国家经济建设作出了巨大贡献，同时也使第二松花江水质及流域水环境遭到了严重的破坏。吉林市污水处理率低下，仅有吉化公司工业废水处理厂处理生产废水和化工区生活污水，老市区和江南大部分生产与生活污水则直接排江，成为第二松花江的最大污染源。20世纪80年代以来吉林市区之后的江段，鱼虾基本绝迹。削减吉林市工业废水和城市污水的污染负荷是第二松花江水环境恢复的重中之重。因此吉林市应按照水健康循环的理论，在全省率先建立起城市水系统健康循环，实现水环境的全面恢复和流域水资源的可重复利用。

① 建立完善管理体系

建立权责统一的管理机构，对吉林市水的社会循环统一管理，统筹管理城市给水系统和排水系统，贯彻节制用水、污水再生再利用再循环的原则。将实现健康社会水循环纳入相关政府官员的政绩考核，建立任期目标责任制和责任追究制，对考绩不合格者不予升迁。

② 推行节制用水

吉林市水资源丰富，工业产品用水量是发达国家的5～10倍，节制用水潜力巨大，是削减水体污染的首要手段。通过调整区域经济、产业结构和城市组团等手段合理利用水资源，提高工业水重复利用率，限制高耗水项目，淘汰高耗水工艺和高耗水设备；重点抓冶金、石化、造纸等行业的技术改造，推广新技术新工艺；通过阶梯水价等办法，鼓励节水设备、器具的研制，逐步降低生活与生产用水定额。

③ 全面推广工业企业循环经济

吉林市企业群沿用了传统经济运行方式，是资源消耗到工业产品再到污染排放的物质单向流动的线性经济，对资源粗放的一次性利用所产生的高消耗、低利用、高废弃的现象直接造成了环境的恶性破坏。必须以生态学规律为指导，通过生态经济综合规划，重新设计吉林市企业群的经济活动，使不同企业之间形成共享资源和互换副产品的产业共生组合；使上游生产过程的废弃物成为下游企业的原材料，达到产业之间资源的最优化配置；使区域的物质和能源在梯次和循环利用中得到充分利用。从而实现“资源—生产—消费—再生资源”的循环经济模式，使经济系统与自然生态系统的物质循环过程相互和谐，达到社会经济可持续发展和环境的有效保护。

目前少数企业已进行了有益的探索和实践。吉林镍工业公司，从镍废料中回收再生镍，用采矿废矿石和尾矿填充矿井，用水淬渣和锅炉渣做水泥填充料；建污水处理站，污水再生回用率达80%；回收冶炼过程产品SO_2，回收率达70%。这些举措减小了矿区废弃物的污染，也为公司提供了部分原料。吉化集团公司采取蒸汽冷凝水回收、污水深度处理再利用、改直冷水为循环冷却等循环用水方式，使新水的利用量从2001年$17951m^3/a$降到2003年的$10980m^3/a$。铁合金厂改革炉渣处理工艺，由水淬变为炉渣膨化，大大减少了废水产生量；进行电炉封闭、煤气与余热回收，回收了可观再生能源；利用铬铁渣、硅锰渣制水泥、制砖，使冶炼废弃物变成了生产原料。

然而按照循环经济的“3R”原则，即“减量化、再利用、再循环”的原则，上述这些仅仅是点滴而已，而且大部分企业还没有建立起循环经济的意识。省市政府、发展和改革委员会应组织企业家、工艺师、环保专家组成吉林市企业群循环经济专门研究和规划委员会，切实规划循环经济企业链。尽可能减少资源消耗和污染物的产生，同时宣传群众改变产品使用方式，做到物尽其用，延长产品的寿命和产品的服务效能。可以说，在这方面的每一个进步都是对地球和人类的贡献。

④ 提高污水处理率和污水处理程度

吉化污水厂自1980年投产以来，基本将江北工业区生产生活污水集中处理后排江，对第二松花江水质保护作出了重要贡献，但出厂水水质还达不到一级B标准。另外排放水中尚存在人工合成微量有毒有害污染物，为此必须提高江北地区排水系统的功能。

a. 在厂区内、车间内采用物理化学等方法去除有毒有害物质，防止其进入污水系统而排放水体，同时也提高了吉化污水处理厂进厂水的可生化性。

b. 逐步建设吉化污水处理厂的深度处理装置，最终使其成为再生水厂。除积极发掘再生水用户外，还要将高质量再生水排江以恢复吉林江段的水质。

即将投入使用的七家子污水处理厂，收集主城区、江南、丰满等区生活污水和零星工业废水，总规模$30\times10^4m^3/d$。待系统完善和投产后，吉林市区污水二级处理普及率将接近100%，但是还应续建深度处理，以保障第二松花江吉林江段的水质恢复。

⑤ 建立长春市城市群的健康水循环

长春市城市群主要包括伊通河沿岸的长春、伊通和农安，饮马河沿岸的双阳、九台和德惠，他们对伊通河和饮马河的污染相当严重。饮马河靠山南楼断面和伊通河杨家崴子大桥以下近年来水质一直是劣Ⅴ类。

长春市城市群排放于第二松花江干流的污染负荷比率非常大，但治理力度远不如吉林市。现在长春市的污水处理率只有10.86%，绝大部分污水未经处理直接进入伊通河和饮马河。

要恢复伊通河和饮马河的水环境，必须按照水环境恢复理论建立起长春市城市群的健康水循环，这是惟一的途径。应对第二松花江长春区域进行详细的点源和非点源等污染源分析，确定各城镇对第二松花江污染负荷的比率，合理确定各城镇污染负荷削减率，合理确定各城镇可用新鲜水量和最大允许污水排放量及污水必须达到的排放水质标准。分析潜在的再生水用户对水质的要求，合理确定再生水利用规模并对再生水道进行详细规划。应该做到每个城镇都有安全可靠的供水系统，完善的污水汇集、处理与再生回用系统，污水处理率应接近100%，深度处理和再生水回用率应达到30%～50%。这样才能做到长春地区的用水循环不影响干流水域的水体功能，真正实现城市群间水资源的重复利用，同时使伊通河和饮马河的水质得到恢复，保证松花江干流水质，确保下游哈尔滨等城镇的水源安全。

参考文献：

1. 联合国环境规划署. 全球环境展望3 [M]. 北京：中国环境科学出版社，2002，146～153.
2. 钱正英、张光斗主编. 中国可持续发展水资源战略研究综合报告及各专题报告 [M]. 北京：中国水利水电出版社，2001，28～31；1～3.
3. 中华人民共和国水利部，2000年中国水资源公报，2001.
4. 叶耀先. 中国城镇化的进展和未来 [J]. 建筑学报，2002，(1)：46～48.
5. 国家环境保护总局. 中国环境状况公报，(2002)，2003.
6. 诸大建. 从可持续发展到循环型经济. 世界环境，2000 (3)：6～12.
7. 金泽虎. 以循环经济模式构建中国可持续发展之路. 现代经济探讨，2003 (5)：7～9.
8. 解振华. 走循环经济之路实现可持续生产与消费. 环境保护，2003 (3)：3～4.
9. 张杰，熊必永. 城市水系统健康循环实施策略研究. 北京工业大学学报，2004，30 (2)：185～189.
10. 熊必永，张杰，李捷. 深圳特区城市中水道系统规划研究 [J]. 给水排水，2004，30 (2)：16～20.
11. 张杰. 城市排水系统的现代观. 中国工程科学，2001，3 (10).
12. 张杰. 污水深度处理与水资源可持续利用. 给水排水，2003，29 (6)：29～32.
13. 李捷. 城市污水处理厂污泥的处置与农业的可持续发展. 给水排水，2003，29 (9).
14. 从广治. 城市污水再生全流程技术研究与实践. 哈尔滨工业大学博士论文，2003.11.
15. 熊必永. 深圳特区城市中水道系统及规划研究. 给水排水，2004，30 (2).
16. Davis RD. The impact of EU and UK environmental pressure on the future of sludge treatment and disposal. Water Environment Manage，1996，10 (2)：65～69.
17. 国家环境保护局. 水污染防治与城市污水资源化技术. 北京：科学出版社，1997.

18. 柯建明等．北京市城市污水污泥的处理和处置问题研究．中国沼气，2000，18（3）：35～38.
19. 柯崇宜等．现有污水处理厂存在的若干问题探讨．环境保护，2000，（2）：21～22.
20. 田宁宁等．剩余污泥耗氧堆肥生产有机复混肥的肥分及效益分析．城市环境和城市生态，2001，14（1）：9～11.
21. 姚刚．德国的污泥利用和处置（I)．城市环境与城市生态，2000，13（1）：43～47.
22. 王慧珍等．污泥处理及有效利用．城市环境与城市生态，2001，14（4）：42～44.
23. 薛澄泽等．污泥制作堆肥及复合肥料的研究．农业环境保护，1997，16（1）：11～15.
24. 解庆林等．桂林市污水处理厂污泥农业利用．广西科学院学报，2000，16（3）：131～134.
25. 吴启堂等．城市污泥作复合肥粘结剂的研究．中国给水排水，1992，8（4）：20～22.
26. Cole Dw，Henry CL. Proceedingngs of the 1983 workshop on utilization of wastewater and sludge on land. Forest system. University Of California，1983.
27. 周立祥等．城市生活污泥农田利用对土壤肥力性状的影响．土壤通报，1994，25（3）：126～129.
28. 黎青慧等．城市污泥农业利用研究．陕西农业科学，2001（11）：24～26.
29. 王敦球等．利用污泥制复合肥在水稻上应用的初步研究．昆明工大学学报，2000，25（2）：65～67.
30. 李贵宝等．城市污泥对退化森林生态系统土壤的人工熟化研究．应用生态学报，2002，13（2）：159～162.
31. 莫测辉等．微生物方法降低城市污泥的重金属含量研究进展．应用与环境生物学报，2001，7（5）：511～515.
32. 许晓路等．污泥中金属的生物沥滤处理．中国给水排水，2001，16（3）：54～65.
33. 周立祥等．污水污泥中重金属的细菌淋滤效果研究．环境科学学报，2001，21（4）：504～506.
34. 张学洪等．污泥农用的重金属安全性试验研究．中国给水排水，2000，16（12）：18～21.
35. 杨志荣，劳德容．需求方管理（DSM）及其应用［M］．北京：中国电力出版社，1999.
36. Arun K Deb. Development of a comprehensive water conservation plan［J］. Journal NEWWA，1993，9：218～223.
37. Rivers R，Kalinauskas R. Water demand management：an evaluation of a “soft” solution for the Hamilton Harbour Remedial Action Plan［J］. Wat Sci Tech，1991，23：105～109.
38. Mckenzie R S. The importance of water demand management in South Africa［J］. Water Supply，1999，17（3/4）：113～120.
39. John Darmody. Water use surveys improve the effectiveness of demand management［J］. Water Supply，1999，17（3/4）：247～252.
40. Kay S B. Metering for demand management：the Cambridge experience［A］. CIWEM's conference on water resources：planning the peak demand［C］. London，1996.
41. 刘俊良，杨印胜．需求侧管理模式对城市节约用水的作用［J］．中国给水排水，2000，16（2）：49～50.
42. 李英，刘振胜．长江流域需水管理研究［J］．水利水电快报，2000，21（18）：1～4.
43. 闫战友．加强需水管理、促进水资源的可持续利用［J］．海河水利，1999，（2）：6～7.
44. 朱文彬，陈守煜，王本德．大连地区需水管理的多级递阶模型与应用研究［J］．大连理工大学学报，1997，37（3）：362～366.
45. 深圳市统计信息局．2001 深圳统计信息年鉴．北京：中国统计出版社，2002.
46. 中国市政工程东北设计研究院．深圳特区城市中水道系统规划，（2001～2010），2001.
47. 深圳市水务局．深圳市水资源公报，1999.
48. 深圳市规划国土局．深圳特区排水规划图集，（1999～2010）．2000.
49. 深圳市统计信息局编．2000 深圳统计信息年鉴．北京：中国统计出版社，2001.7.

50. 深圳市水务局深圳市节约用水 2010 年规划，1999，11.

51. 深圳市水务局. 深圳市城市防洪（潮）规划附件——水文分析计算报告，1994. 4.

52. 深圳市水务局. 深圳市水资源保护规划报告，1998，10.

53. 深圳市水务局. 深圳市节约用水 2010 年规划（副本Ⅲ）深圳市海水利用规划报告，1999. 4.

54. 董辅祥等. 城市与工业节约用水理论. 北京：中国建筑工业出版社，2000. 6.

55. 深圳市水务局. 深圳市节约用水 2010 年规划（副本）深圳市用水现状调查分析报告，1999. 4.

56. 张雨山等. 大生活用海水技术海岸工程，2000，19（1）：73～77.

57. 尤作亮等. 海水直接利用及其环境问题分析. 给水排水，1998，24（3）：64～67.

58. 刘士永. 污水回用的探讨. 石油化工环境保护，1995，（3）：13～17.

59. 魏泰莉，杨婉玲，赖子尼，等. 珠江口水域鱼虾类重金属残留的调查 [J]. 中国水产科学，2002，9（2）：171～176.

60. 麦碧娴，林峥，张干等. 珠江三角洲沉积物中毒害有机物的污染现状及评价 [J]. 环境科学研究，2001，14（1）：19～23.

61. 王社平，王尊学，郑琴等. 西安市邓家村污水处理厂改造工程设计 [J]. 给水排水，2001，27（5）：19～21.

62. 郝以琼，丁文川. 关于重庆城市污水污泥的处理处置问题 [J]. 重庆建筑大学学报，1999，21（6）：1～5.

63. 黎耀. 深圳滨河污水厂 AB 法运行实践及分析 [J]. 中国给水排水，2000，16（8）：15～17.

64. 付忠志，邹利安. 深圳罗芳污水厂一期工程试运行简评 [J]. 给水排水，2001，26（1）：6～10.

65. Duanyao Jin，Baozhen Wang，Lin Wang. Design and operation of a wastewater treatment plant treating low concentration of municipal wastewater [J]. Wat . Sci. Tech，1998，38（3）：167～172.

66. Kyu-Hong Ahn，Ho-Young Cha，KyungGuen Song. Retrofitting municipal sewage treatment plants using an innovative membrane bioreactor system [J]. Desalination，1999，124（1～3）：279～286.

67. Edward Cusack，Graham Gloag，Gerry Stevens. Design and optimization of Nambour sewage treatment plant，Australia [J]. Wat. Sci. Tech，1999，39（6）：119～125.

68. Naila Ouazzani，Khadija Bousselhaj，Younes Abbas. Reuse of wastewater treated by infiltration percolation [J]. Wat. Sci. Tech，1996，33（10～11）：401～408.

69. 张可方，张朝升，方茜等. SBR 法处理广东地区城市污水实验研究 [J]. 广州大学，2001，15（8）：75～79.

70. 杨浩文，钟秀英. 洪水期珠江三角洲网河区水质污染状况分析 [J]. 广东水利水电，2001，3（增刊）：52～53，58.

71. Markus Boller. Small wastewater treatment plants-A challenge to wastewater engineers [J]. Wat. Sci. Tech，1997，35（6）：1～12.

72. Ralf Otterpohl，Matthias Grottker，Jorg Lange. Sustainable water and waste management in urban areas [J]. Wat. Sci. Tech，1997，35（9）：121～133.

73. Joan Garcia，Rafael Mujeriego，Josep M Obis，Josep Bou. Wastewater treatment for small communities in Catalonia（Mediterranean region）[J]. Water policy，2001，3（4）：341～350.

74. Jan Vymazal. Constructed wetlands for wastewater treatment in the Czech republic the first 5 years experience [J]. Wat. Sci. Tech，1996，34（11）：159～164.

75. Eric Rosenblum. Selection and implementation of nonpotable water recycling in "Silicon valley"（San Jose Area）Californian [J]. Wat. Sci. Tech，1999，40（4～5）：51～57.

76. Masahiro Maeda，Kiyomi Nakada，Kazuaki Kawamoto，Masataka Ikeda. Area wide use of re-

claimed water in Tokyo，Japan [J]. Wat. Sci. Tech，1996，33 (10-11)：51～57.

77. 广东省建设厅. 广东省环境保护局. 广东省城镇污水处理技术与政策指引 [M]. 北京：中国建筑工业出版社，2003，58～61.

78. I S Kim，J Y Ryu，J J Lee. Status of construction and operation of large wastewater treatment plants in South Korea [J]. Wat. Sci. Tech，1996，33 (12)：11～18.

79. 张杰. 我国水环境恢复与水环境学科. 北京工业大学学报，2002，28 (2)：178～183.

80. J. Haafhoff，B. Vander Merwe. Twenty-five Years of Wastewater Reclamation in Windhoek，Namibia. Wat. Sci. Tech，1996，33 (10～11)：25～35.

81. E. Friedler. The Jeezrael valley Project for Wastewater Reclamation and Reuse，Israel. Wat. Sci. Tech，1999，40 (4～5)：347～354.

82. 张杰. 水资源、水环境与城市污水再生回用 [J]. 给水排水，1998，24 (8)：1.

83. 张忠祥、钱易. 城市可持续发展与水污染防治对策. 北京：中国建筑工业出版社，1998.

84. 张杰，熊必永. 水环境恢复方略与水资源可持续利用. 中国水利 A，2003. 06.

85. Key S W. New study highlights hazards on hormone disrupting chemicals. World Disease (weekly Plus)，1998，(9)：11～12.

86. 中嶋规行. 雨水浸透施設の平常時水環境への效果について. 水循環，2003，47：8～11.

87. 逢辰生. 世界各国城市垃圾管理状况（二）. 节能与环保，2002，11 (30)：47～49.

88. 董保澍. 国内外城市生活垃圾处理概况及我国垃圾处理发展趋势. 冶金环境保护，2001 (3)：8～10.

89. 张德明. 各国固体垃圾的处理和管理技术. 全球科技经济瞭望，2003 (2)：61～64.

90. 李京东，肖素荣. 环境激素—危险的环境污染物. 生物学通报，2001，35 (9)：17～18.

91. 朱红兵等. 城市生活垃圾无害化处理工艺. 环境科学与技术，2002，25 (5)：28～30.

92. 曹相生，孟雪征，张杰. 实现健康社会水循环是解决水问题的正确出路 [C]//中国环境科学学会2004年学术年会论文集. 北京：中国环境科学出版社，2004：245～248.

93. 张杰，熊必永，陈立学等. 中国におおる健全なシすテムへの步み [J]. 下水道协会志，2005，42 (508)：41～50.

94. DALHUISEN J M，GROOT L F，RODENBURG C A，et al. Economic aspects of sustainable water use：evidence from a horizontal comparison of European cities [J]. International Journal of Water，2002，2 (1)：75～94.

95. GIDEON T，PETER K，LISA C. Managing urban wastewater for maximizing water resource utilization [J]. Water Science & Technology，1999，39 (10～11)：353～356.

96. WALEED K，ZUBARI A. Towards the establishment of a total water cycle management and reuse program in the GCC countries [J]. Desalination，1998，120 (1～2)：3～14.

97. BRUCE D，STEPHANIE R P，DAWN G. Integrated Water Resource Management-through reuse and aquifer recharge [J]. Desalination，2003，152 (1～3)：333～338.

98. 聂梅生. 美国污水回用技术调研分析 [J]. 给水排水，2001，27 (19)：1～3.

99. MATONDO JONATHAN I. A comparison between conventional and integrated water resources planning and management [J]. Physics and Chemistry of the Earth，Parts A/B/C，2002，27 (11～22)：831～838.

100. PETER M. Social economic influences on the restoration and maintenance of the water environment [J]. Water Science & Technology，1998，37 (8)：1～7.

101. HITOMI M K. Control and conservation of the water environment in the creek region on the Ariake

coast of Japan [J]. Ecological Engineering, 1998, 11 (1～4): 261～276.
102. DANIEL H, ULF J, ERIK K. A framework for systems analysis of sustainable urban water management [J]. Environrnental Impact Assessment Review, 2000, 20 (3): 311～321.
103. TOVE A L, WILLI G. The concept of sustainable urban water management [J]. Water Science & Technology, 1997, 35 (9): 3～10.
104. LOUCKS D P. Sustainable water resources management [J]. Water International, 2000, 25 (1): 1～10.
105. THOMAS J S, BRUCE D. Integrated water resource management: looking at the whole picture [J]. Desalination, 2003, 156 (1～3): 21～28.
106. LEWIS J. Integrated water resources management: theory, practice, cases [J]. Physics and Chemistry of the Earth, Parts A/B/C, 2002, 27 (11～22): 719～720.
107. BOTESA, HENDERSON J, NAKALE T, et al. Ephemeral rivers and their development: testing an approach to basin management committees on the Kuiseb River, Namibia [J]. Physics and Chemistry of the Earth, Parts A/B/C, 2003, 28 (20～27): 853～858.
108. ESTHER W D, NDALAHWA F M. Public participation in integrated water resources management: the case of Tanzania [J]. Physics and Chemistry of the Earth, Parts A/B/C, 2003, 28 (20～27): 1009～1014.
109. MICHAEL S K. Managing the water quality of the Kafue River [J]. Physics and Chemistry of the Earth, Parts A/B/C, 2003, 28 (20～27): 1105～1109.
110. EMMANUEL D, PIETER V Z. Analyzing water use patterns for demand management: the case of the city of Masvingo, Zimbabwe [J]. Physics and Chemistry of the Earth, Parts A/B/C, 2003, 28 (20～27): 805～815.
111. 张杰，张富国. 提高城市污水再生水水质的研究 [J]. 中国给水排水，1997，13 (3)：19～21.
112. 熊必永. 水环境恢复原理与应用研究 [D]. 北京：北京工业大学建筑工程学院，2005：5～7.
113. 王鹏飞，李捷，张杰. 深圳特区水资源的可持续利用 [J]. 给水排水，2002，2：25～27.
114. 北京市地方志编纂委员会. 北京志・地质矿产・水利・气象卷・气象志. 北京：北京出版社，1999.
115. 北京市地方志编纂委员会. 北京志・市政卷・供水志、供热志、燃气志. 北京：北京出版社，2003.
116. 北京市统计局. 北京统计年鉴 2004. 北京：中国统计出版社，2004.
117. 大连市环保局. 2002 年大连市环境状况公报，2003.
118. 国土资源部. 中国地质环境公报（2004 年度），2005.
119. 李汝燊. 自然地理统计资料. 商务印书馆，1984.
120. 联合国环境规划署. 全球环境展望-3. 北京：中国环境科学出版社，2002.
121. 刘玉林，周艳丽. 黄河流域水污染危害调查及结果分析. 水资源保护，2001，(4)：42～44.
122. 骆建华. 荷兰、德国的环境保护法制建设. 世界环境，2002，(1)：15～18.
123. 水利电力部水文局. 中国水资源评价. 北京：水利电力出版社，1987.
124. 同济大学城市规划教研室编. 中国城市建筑史. 北京：中国建筑工业出版社，1982.
125. 王红瑞，肖杨，吴丽娜. 水环境生态价值的定量分析-以北京市为例. 北京师范大学学报（自然科学版），2002，38 (6)：836～840.
126. 叶锦昭，卢如秀. 世界水资源概论，北京：科学出版社，1993.
127. 伊・普里戈金，伊・斯唐热 著. 曾庆宏、沈小峰 译. 从混沌到有序：人与自然的新对话. 上海：

上海译文出版社，1987.
128. 张汝翼，杨旭临，黄河断流的历史回顾与简析，人民黄河，1998，20（10）：38～40.
129. 中国建设部. 2003年城市建设统计公报，2004.
130. 中国科学院地学部. 长江三角洲经济与社会可持续发展咨询组. 长江三角洲经济与社会可持续发展若干问题咨询综合报告. 地球科学进展，1999，14（1）：4～10.
131. 中华人民共和国国家统计局，中国统计年鉴2003，北京：中国统计出版社，2003.
132. 中华人民共和国水利部. 2002年中国水资源公报，2003.

第2章

生活饮用水中铁、锰离子的生物去除技术

地下水清凉可口，不易污染，而且储量丰富，是人类首选的饮用水源和良好的工业用水。所以在人类社会用水中占重要地位。至今，我国的许多城市仍以地下水为主要的水源或惟一的水源。据统计，我国地下水资源约占水资源总量的1/3。水在地层的运动中会溶入一些矿物质，在一定浓度范围内，对人体有益，但浓度过量就会损害水的口感并对人体健康产生影响，还会给工业生产带来障害。地下水中的铁、锰离子就是明显的例子，含铁含锰地下水遍布我国18个省约3.1亿人口的地区。占地下水总资源量的1/4。因此，地下水除铁除锰是水质工学一个普遍而长久的课题。国内外始建除铁水厂百余年来，除铁技术日臻完善，各地水厂都能将铁离子去除，而锰离子的去除却始终没有显著的效果。除锰成为国内外半个多世纪以来水质净化的难题。本章介绍了张杰院士科研梯队多年来研创的“生物固锰除锰机理”和“生物除铁除锰工程技术”的研究历程、科研成果和工程实践。从而使我国在该领域的研究和工程实践跻身于国际领先行列。

2.1 地下水除铁除锰工艺技术进展

2.1.1 地下水除铁除锰现代观[1]

地下水清澈透明，常年水温低而稳定，是人们优良的饮用水和理想的工业水源。但某些地区地下水常常含有铁和锰，严重影响了其使用价值，必须予以去除。早在100多年前，人们就知道地下水经曝气和砂滤就可以将铁除掉，至今该技术已有了长足的发展。而地下水中锰的存在和危害直到20世纪中叶才被水处理工作者所重视。地下水中锰以Mn^{2+}溶解态存在，在pH中性范围内，几乎不能被溶解氧所氧化，必须借助于催化剂的作用。长期以来，传统观念认为MnO_2或Mn_3O_4或γ-FeOOH是Mn^{2+}氧化的催化剂，这种单纯无机物的自催化氧化机制被广大工程界所接受，并用来指导除铁除锰水厂的设计和运行。笔者所在的中国市政工程东北设计研究院经过多年试验研究得出并证明了地下水中Mn^{2+}的氧化是微生物生化作用的结果，而并非自催化氧化的化学作用。由于对除锰机制的认识不清，有些水厂的设计与运行符合微生物的繁殖条件，除铁除锰滤层在2～3个月内很快成熟。也有许多水厂一年、两年甚或多年滤层仍不能成熟，滤后水锰一直不达标。为了指导地下水除铁除锰水厂的设计与运行，特篡文阐明地下水除铁除锰的现代观。

---

[1] 本文成稿于1996年10月，作者：张杰、戴镇生。

1. 自然界的铁与锰

铁、锰是构成地壳的主要元素，在自然界分布广泛，天然水中也多有存在。铁、锰是典型的金属氧化还原元素，在不同的环境下以溶解态或固态存在。

铁、锰的原子序分别为 26 和 25，原子量为 55.847 和 54.938，其核外电子排列为 K2L8M14N2 和 K2L8M13N2。所以它们的化学性质极其相近，在自然界常常共存并共同参与物理、化学和生物化学的变化。铁、锰是多价态元素，2 价的铁、锰溶于水，所以天然水中，尤其是地下水常常含有 2 价铁、锰离子。高价铁和锰呈固态化合物存在，能从水中析出，利用这个性质可将水中铁、锰除掉。

2. 铁、锰对人体的益害及用水标准

铁、锰是主要的生理元素，均是高等动物不可缺少的微量元素之一。它们与蛋白质结合成的金属酶是细胞酶系中的主要催化剂。人体含铁量很大，约为 4～5g，每人每天需摄取 20mg，其中血液中占 60%～70%。铁在血液中起输送氧的作用，血液中能溶入通常溶解度 60 倍的氧量，其理由就是氧与血液中的血红蛋白相结合。人体缺铁会感到疲劳、困乏、并产生口腔发炎等病症。人体中锰的含量大致为 12～20mg。人们每天食用粮食、青菜和饮茶就可满足铁、锰的需求。

铁、锰过量摄入对人体是有慢性毒害的。锰的生理毒性比铁严重。每日给兔 0.5～0.6g/kg 体重的锰就能阻止其骨骼发育。有的学者认为某些地方病与常年饮用含锰水有关。新近研究发现，过量的铁、锰还会损伤动脉内壁和心肌，形成动脉粥样斑块，造成冠状动脉狭窄而致冠心病。人体铁的浓度超过血红蛋白的结合能力时，就会形成沉淀，致使肌体发生代谢性酸中毒，引起肝脏肿大，肝功能损害和诱发糖尿病。但是生活用水对铁、锰的去除，并非是基于毒理学上的要求。因为铁、锰的异味大，而且污染生活器具，使人们厌恶。因此，人们希望生活饮用水中的铁、锰越少越好。世界各国生活饮用水标准中铁都为 0.3mg/L。锰的标准我国为 0.1mg/L，其他国家更严格，有的为 0.05mg/L，有的在 0.03mg/L 之下。水中的铁、锰对工业生产更是有百害而无一益的，因此任何情况下都希望越少越好。日本学者建议的各种工业用水的铁、锰的浓度标准见表 2-1。

工业用水的铁、锰浓度标准（mg/L） **表 2-1**

序号	工业性质	铁	锰	铁+锰	序号	工业性质	铁	锰	铁+锰
1	面包	0.2	0.2	0.2	12	制革	0.2	0.2	0.2
2	啤酒	0.1	0.1	0.1	13	染色	0.25	0.25	0.25
3	罐头	0.2	0.2	0.2	14	洗毛	1	1	1
4	清凉饮料	0.2	0.2	0.2	15	织布	0.2	0.2	0.2
5	糖果	0.2	0.2	0.2	16	纤维制品漂白	0.05	0.05	0.1
6	食品工业	0.2	0.2	0.3	17	冷却用水	0.3	0.3	0.3
7	制糖	0.1	0	0.1	18	空调用水	0.3	0.3	0.3
8	制冰	0.2	0.2	0.2	19	胶片处理用水	0.05	0.03	0.05
9	洗衣业	0.2	0.2	0.2	20	感光材料制造业	0.05	0.03	0.05
10	树脂合成	0.02	0.03	0.05	21	造纸	0	0	0
11	汽车工业用水	0.2	0.2	0.2	22	电镀工业用水	痕量	痕量	痕量

3. 天然水中铁与锰的去除

铁、锰在自然界中既能发生生物学氧化、还原，又能发生非生物学氧化、还原。Fe^{2+}、Mn^{2+}的空气化学氧化与反应环境或微环境的pH值有关。在中性条件下Fe^{2+}可被空气中的氧所氧化，而Mn^{2+}几乎不能被空气所氧化（图2-1）。

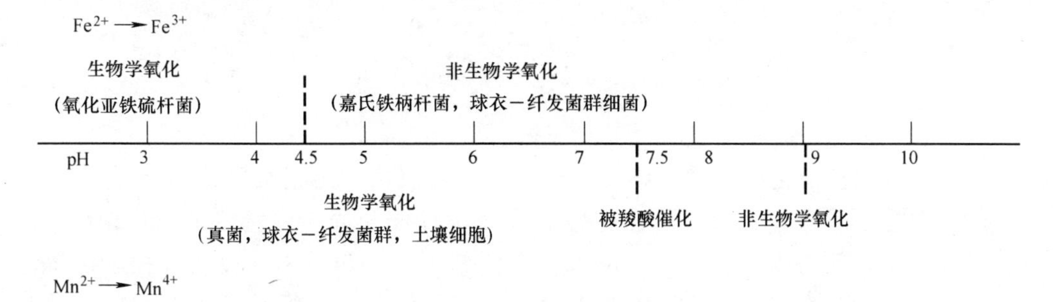

图2-1 pH值对铁、锰氧化的影响

（1）地下水除铁

1868年在荷兰建成了第一座大型除铁装置。世界各国在100多年的工程实践中开发了多种多样的除铁方法，可归纳如下：

1）空气自然氧化除铁　含铁水经曝气充氧后在反应池和沉淀池中进行氧化、絮凝、沉淀，最后以滤池截滤细微的氢氧化铁绒粒，从而去除了水中的铁。该法的缺点是，地下水在曝气充氧的同时要考虑将水中碳酸变成CO_2放出，目的是提高pH值，增加氧化速度；氧化生成的微细氧化铁颗粒难以通过沉淀、过滤去除；再者，水中溶解性硅酸将影响氢氧化铁的絮凝，形成细微颗粒难以从水中分离。当硅酸浓度大于40～50mg/L时，自然氧化除铁无效。该法随滤池过滤时间的延长，出水总铁有增加的趋势。而滤抗（水损）平缓，没有骤然升高的现象。

2）氯氧化除铁　向含铁水中投加氯气，再经混凝、沉淀和过滤，能得到含铁量很低的处理水。当原水含铁量低时，流程还可简化。氯氧化法对原水的适应性很强，几乎是万能的。氧化速度也很快。但是氯氧化生成的氢氧化铁结构是无定形的，沉渣难以脱水，若原水中碳酸含量多时，为脱除CO_2，也需曝气。

3）接触氧化除铁　含铁水简单曝气后直接进入滤池，在滤料表面的催化作用下，Fe^{2+}迅速氧化为3价的氢氧化物，并截滤于滤层中，从而将水中的铁除掉。该法有许多优点：a. 出水铁的浓度随过滤时间的增加而减少，在周期时间内不会在不知不觉之中发生出水铁超标之患。b. 不受溶解性硅酸的影响。c. 氧化效率高，可以处理含铁量很高的水。d. 泥渣脱水性较好。但不是所有的原水都可以采用接触氧化法。诸如：a. 强还原物质浓度高的地下水，铁的氧化受到妨碍。铁的氧化电位为0.2V，H_2S氧化电位为－3.6V比铁低得多。所以H_2S超过2mg/L的原水，不适宜采用接触氧化除铁。b. 空气自然氧化速度快的原水，由于Fe^{2+}易于在滤料上水层中形成细微氢氧化铁粒子，将影响出水水质。

接触氧化除铁的机制是催化氧化反应。高井雄认为，在除铁滤池中自然形成的羟基氢氧化铁（FeOOH）的羟基表面起接触催化剂作用，其反应方程式如下：

$$4(-Fe\begin{matrix}OH\\ \\OH\end{matrix})_n + 4Fe^{2+} + 8HCO_3^- + O_2 \longrightarrow 4(-FeOOH\cdot Fe\begin{matrix}OH\\ \\OH\end{matrix})_n + 8CO_2 + 2H_2O$$

反应生成物和催化剂是同一物质，称为自催化反应。羟基氧化铁不是以 FeOOH 所示的简单分子形式存在的，它是由 Fe 原子、氧原子和固体内氢原子三者相结合的巨大无机分子，氢与固体分子结合的部位是除铁反应的出发点。在实际接触除铁滤池中，地下水中含有多种物质，如硅酸、锰、钙、锌等，都同时进入含水铁氧化物组成中，妨碍了 γ-FeOOH 结晶的形成，只能产生微小的甚至检验不到的 γ-FeOOH。所以从宏观上看是非结晶的含有多种不纯物的含水氧化铁。有的专家认为：在接触氧化除铁过程中形成的铁质活性滤膜的化学成分为 $Fe(OH)_3 \cdot H_2O(Fe_2O_3 \cdot 5H_2O)$，新鲜的滤膜具有很强的催化活性，滤膜老化脱水后催化活性降低，老化最终产物生成 γ-FeOOH（$Fe_2O_3 \cdot 5H_2O$）便丧失催化活性，所以 FeOOH 不是催化剂。

铁质活性滤膜首先以离子交换方式吸附水中 Fe^{2+}，当水中有溶解氧存在时，被吸附的 Fe^{2+} 离子在活性滤膜的催化作用下迅速氧化水解，从而使催化剂再生，反应生成物又参与催化反应，因此铁质滤膜接触氧化除铁是一个自催化过程，其反应式如下：

$$Fe(OH)_3 \cdot 2H_2O + Fe^{2+} = Fe(OH)_2(OFe) \cdot 2H_2O + H^+$$

$$Fe(OH)_2(OFe) \cdot 2H_2O + 1/4O_2 + 5/2H_2O = 2Fe(OH)_3 \cdot 2H_2O + H^+$$

$$2Fe(OH)_3 \cdot 2H_2O + Fe^{2+} + 1/4O_2 + 2HCO_3^- + 5/2H_2O = 2Fe(OH)_3 \cdot 2H_2O + 2CO_2\uparrow$$

（2）地下水除锰

在中性域附近，锰的价态见表 2-2。天然水中锰以 2 价和 4 价存在。溶解态的 2 价锰是去除的主要对象；4 价锰不是离子态，而是以固体物质 MnO_2 和 $MnO_2 \cdot mH_2O$ 的悬浮粒子存在于水中。7 价锰在天然水中是不存在的。锰与铁的性质相似，多半与 Fe^{2+} 共存于水中，我国地下水含铁量一般不超过 10mg/L，最高为 20mg/L，而含锰量要少一个数量级，一般不超过 1.5～2.0mg/L，最高不超过 5mg/L。

Mn 在中性域的价态 **表 2-2**

原子价	+2	+4	+7
代表性物质	$Mn(HCO_3)_2$，$MnSO_4$	$MnO_2 \cdot mH_2O$	$KMnO_4$

地下水除锰是将 Mn^{2+} 氧化为 MnO_2 从水中分离出来，但是 Mn^{2+} 在中性域几乎不能被溶解氧所氧化。必须控制适宜条件，反应才能进行。

1）碱化除锰　向含 Mn^{2+} 水中投加石灰、NaOH、$NaHCO_3$ 等碱性物质，将 pH 值提高到 9.5 之上，溶解氧就很迅速地将 Mn^{2+} 氧化成 MnO_2 沉淀，但是除锰后水的 pH 太高，需要酸化后才能供生活之用。

2）$KMnO_4$ 氧化除锰　向含 Mn^{2+} 水中投加 $KMnO_4$ 可直接将 Mn^{2+} 氧化为 $MnO_2 \cdot mH_2O$，而 $KMnO_4$ 本身也还原为 $MnO_2 \cdot mH_2O$，生成的高价固态锰氧化物经混凝沉淀和过滤去除。1mg/L 的 Mn^{2+} 离子需要 1.92mg/L 的 $KMnO_4$，当存在 Fe^{2+} 的时候，1mg/L Fe^{2+} 还要补加 0.943mg/L $KMnO_4$。

3）氯连续再生接触过滤除锰　1959 年在日本仙台召开的第十届上下水道研讨会上，中西弘发表了《锰砂和氯连续再生接触过滤除锰法》的论文。开始了本法的研究和实践。含 Mn^{2+} 水在进入锰砂滤池前投加氯。在催化剂 $MnO_2 \cdot mH_2O$ 的作用下，氯将 Mn^{2+} 氧化为 $MnO_2 \cdot mH_2O$，并与原有的锰砂表面相结合。新生成的 $MnO_2 \cdot mH_2O$ 也具有催化能力，也是自催化反应，反应式如下：

Mn^{2+} 吸附反应：$Mn(HCO_3)_2 + MnO(OH)_2 = MnO_2 \cdot MnO + 2H_2O + 2CO_2$

氧化反应：$MnO_2 \cdot MnO + H_2O + Cl_2 = MnO_2 + 2HCl$

总反应式为：$MnO(OH)_2 + Mn(HCO_3)_2 + H_2O + Cl_2 = 2MnO(OH)_2 + 2HCl + 2CO_2$

据报道，目前亚洲已有 182 座氯连续再生接触氧化除锰水厂运行良好。实践表明该法有两个显著特点，其一是万能性，能适应几乎所有的含锰地下水；其二是去除效果好，可以达到出水锰痕量的程度，深受酿造、清凉饮料、合成染料等企业的欢迎。

4）光化学氧化除锰　在有阳光照射和游离氯的条件下，中性含锰水中能很快析出 MnO_2 沉淀，这是紫外线活化了氯的氧化能力，将 Mn^{2+} 氧化的结果。

5）接触过滤除铁除锰　尽管氯连续再生除锰能很彻底地去除地下水中的锰，但必须要投药，增加成本，运行也麻烦，人们早已发现在接触过滤除铁滤池中，不投药，锰也能被去除一些。这是怎样一种机制，Mn^{2+} 又能去除到何种程度是应该深入探讨的。

日本学者高井雄的研究报告指出，在接触氧化除铁过程中，如果满足一定条件也可以去除一些锰，除锰量大约在 0.2～0.3mg/L。其机制也是催化反应，接触催化剂也是 γ-FeOOH，但不是自催化反应。因为 Mn^{2+} 氧化的生成物是水合二氧化锰，而不是含水铁氧化物，所以滤层的除锰能力是有限的，要保持连续除锰能力，必须源源不断地供给 γ-FeOOH，以此看来不含 Fe^{2+} 的原水是不能在空气接触氧化除锰滤池中除 Mn^{2+} 的。高井雄同时指出，滤层内的除铁带与除锰带没有明显的分界，而呈渐变的趋势。

6）空气接触氧化除锰　传统理论认为：含 Mn^{2+} 地下水曝气后进入滤层中过滤，能使高价锰的氢氧化物逐渐附着在滤料表面，形成锰质滤膜，这种自然形成的活性滤膜具有接触催化作用，在 pH 中性域 Mn^{2+} 就能被滤膜吸附，然后再被溶解氧氧化，又生成新的活性滤膜物质参与反应，所以锰质活性滤膜的除锰过程也是一个自催化反应过程，经测定认为活性锰质滤膜的成分是 MnO_2，其反应式为：

$$2Mn^{2+} + (x-1)\ O_2 + 4OH^- = 2MnO_x \cdot zH_2O + 2(1-z)\ H_2O$$

范懋功先生经红外光谱测定认为接触催化物应该是 Mn_3O_4。

7）地下水除铁除锰现代观——生物氧化除锰

为什么国内外众多除锰水厂出厂水锰都不合格，而有个别水厂出水锰浓度达标，且长期运行稳定？Mn^{2+} 氧化反应生成物 MnO_2 或 Mn_3O_4 为催化剂的自催化氧化反应理论对这一普遍的工程现象无法解释清楚，笔者经多年的不懈工作，终于确认了"生物固锰除锰"机制。在 pH 中性范围内，Mn^{2+} 的氧化不是锰氧化物的自催化作用，而是以 Mn^{2+} 氧化菌为主的生物氧化作用。Mn^{2+} 首先吸附于细菌表面，然后在细菌胞外酶的催化下氧化为 Mn^{4+}，而从水中去除。

除锰滤池在投入运行之初，随着微生物的接种、培养、驯化，微生物量从 $n\times 10$ 个/g湿砂增到 $n\times 10^6$ 个/g 湿砂，微生物的对数增长期，正与除锰效率的对数增长相对应。所谓除锰滤层的成熟，就是滤层中微生物群落繁殖代谢达到平衡的过程。凡是除锰效果好的滤池，都具有微生物繁殖代谢的条件，滤层中的生物量都在 $n\times 10^4 \sim n\times 10^6$/g 湿砂之上。我们课题组应用生物固锰除锰机制调试了抚顺开发区水厂等多座生物除铁除锰滤池，均获得了良好效果，在 2～3 个月内滤后水锰降至痕量。

在百年来丰富的地下水除铁除锰研究与工程实践基础上，本文提出了生物固锰除锰新机制，展现了地下水除铁除锰的现代观。

2.1.2 地下水除铁工艺与适用条件❶

地下水在地层流动过程中，土壤、岩石中的三价铁常被还原为二价铁而溶于水中，然后与水中 CO_2 反应生成碳酸亚铁，再进一步生成碳酸氢铁。$Fe(HCO_3)_2$ 的溶解度很大，所以地下水中往往有 Fe^{2+} 存在。地下水除铁技术发展至今已有多种方法。诸如：空气自然氧化法、氯氧化法、臭氧氧化法、过氧化氢氧化法以及接触过滤氧化法等。工程上实用的有空气自然氧化法、氯氧化法和接触过滤氧化法。它们的除铁机制、适用条件都各有不同，各地水质又多种多样，所以许多除铁水厂所选用的工艺路线未必与当地水质条件相符。实际上运行不良的除铁装置是常有所闻的。本文在总结了大量工程实践经验的基础上，明确了各种除铁工艺的特点与其适用条件，同时指出，运行工况的选择是除铁水厂设计与运转的关键。

1. 空气自然氧化法

空气自然氧化法除铁的原理是含 Fe^{2+} 水在中性范围内，溶解氧将 Fe^{2+} 氧化为 Fe^{3+}，生成 $Fe(OH)_3$ 沉淀而析出。其除铁工艺过程有溶氧（曝气）、氧化和固液分离三个环节，其基本流程如图 2-2 所示。

含 Fe^{2+} 地下水→ 曝气装置 → 氧化沉淀池 → 过滤池 →除铁水

图 2-2 空气自然氧化法除铁基本流程

(1) Fe^{2+} 氧化必需的空气量

❶ 本文成稿于 1997 年，作者：张杰、戴镇生。

Fe^{2+}氧化反应式为：$4Fe(HCO_3)_2 + O_2 + 2H_2O \longrightarrow 4Fe(OH)_3 + 8CO_2 \uparrow$

据此化学式 Fe^{2+} 与 O_2 化学反应质量比为：$Fe^{2+} : O_2 = 1 : 0.14$

含 Fe^{2+} 水的溶氧浓度最小限度应为：$[O_2] = 0.14[Fe^{2+}]$

为了将 Fe^{2+} 完全氧化，溶氧浓度应达理论值的 3 倍：$[O_2] = 0.42[Fe^{2+}]$

水中注入空气的体积，应按 O_2 在空气中的比例、空气平均分子量与气体摩尔体积计算。每立方米含 Fe^{2+} 水所需注入的空气量体积（0℃）为：$V_0 = 1.62[Fe^{2+}]$（L/m³）

水温为 T℃时：$V_T = 1.62 \times (273 + T)[Fe^{2+}]/273$（L/m³ 水）

（2）Fe^{2+} 的氧化速度

综合各国学者对 Fe^{2+} 空气自然氧化的反应速度研究，可归纳如下公式：

$$-d[Fe^{2+}]/dt = [Fe^{2+}][O_2][OH^-]^2$$

从式中可知，Fe^{2+} 的去除速度与 Fe^{2+} 浓度、溶氧浓度呈线性（一次方）关系；而与 OH^- 浓度呈平方关系，换言之受 pH 影响很大。1951 年 E. Nordell 在试验基础上提出 pH 在 6.5 之下，不宜用空气自然氧化法除铁。高井雄对日本各地 54 种地下水样进行了标准除铁试验，其结果如表 2-3 所示。从表中可见，Fe^{2+} 氧化反应速度 G 为 0.01～2.00mg/(L·min)，其中 52 种地下水的完全氧化时间 t_0 为 5～45min。经数理统计得出 pH 在 5.9～7.7 之间 G 和 t_0 受 pH 影响不大，氧化速度 G 仅与 Fe^{2+} 浓度有直线关系。

$$G = 0.1[Fe^{2+}]^{0.945} \approx 0.1[Fe^{2+}]$$

高井雄的试验结论似乎与传统概念相反。这是因为 Nordell 等众多学者的试验都是利用人工配制的含铁水或某地特定水质的井水，经硫酸或盐酸调节 pH 值后而得出的试验结果。而高井雄是利用各地自然地下水做的试验。虽水样的 pH 各异，但曝气后 CO_2 散失，pH 上升，因此原水 pH 对空气氧化速度和完全氧化时间影响很小。自然地下水 pH 在 6.5 之下也适宜于空气自然氧化。

（3）溶解性硅酸与氢氧化铁粒子性状

Fe^{2+} 氧化生成 $Fe(OH)_3$ 并未完成除铁的全过程，还必须将悬浮的 $Fe(OH)_3$ 粒子从水中分离出去。Fe^{2+} 氧化生成的 $Fe(OH)_3$ 粒子的直径尺度与其聚凝沉降性状对地下水除铁效果至关重要。含 Fe^{2+} 水曝气后将生成赤褐色、黄褐色或乳白色的悬浊液。乳白色的悬浊液静止放置多日也不沉淀分层，即使投加硫酸铝等混凝剂也不能凝聚，而且悬浮粒子能穿透滤层，经分析其粒径在 30nm 以下。试验表明：$Fe(OH)_3$ 悬浊液越靠近乳白色越接近胶体粒子的范围（粒径 1～100nm），越难以凝聚；越靠近赤褐色，粒径越大，凝聚性能越好。Fe^{2+} 氧化生成的 $Fe(OH)_3$ 粒子性状，取决于原水水质。水中可溶性硅酸含量对 $Fe(OH)_3$ 粒子性状影响颇大。溶解性硅酸能与 $Fe(OH)_3$ 表面进行化学结合，形成趋于稳定的高分子，分子量在 1 万以上，Si/Fe 为 0.4～0.7。所以溶解性硅酸含量越高，生成的 $Fe(OH)_3$ 粒子直径越小，凝聚越困难。许多学者的试验与工程实践表明，可溶性硅酸在 40～50mg/L 之上就不能应用空气自然氧化法除铁。

含铁地下水空气自然氧化试验　　　　表 2-3

序号	T-Fe (mg/L)	Fe^{2+} (mg/L)	pH	G (mg/(L·min))	T_0 (min)	序号	T-Fe (mg/L)	Fe^{2+} (mg/L)	pH	G (mg/(L·min))	T_0 (min)
1	—	5.61	6.7	0.590	15	28	5.00	4.80	6.8	0.450	18
2	—	1.60	6.8	0.390	6	29	7.60	7.60	6.65	0.690	18
3	—	1.29	6.8	0.323	6	30	4.00	4.00	7.15	1.350	5
4	0.36	0.36	7.7	0.048	8	31	5.50	3.70	7.1	0.400	13
5	0.70	0.28	7.7	0.044	8	32	10.41	8.85	6.3	0.421	30
6	0.66	0.60	7.7	0.052	13	33	1.11	1.06	6.8	0.194	10
7	3.20	2.99	6.6	0.360	15	34	7.70	7.15	6.8	0.640	20
8	1.75	1.64	7.1	0.031	60	35	15.00	15.00	6.6	0.833	30
9	2.62	2.53	6.7	0.017	150	36	16.80	16.40	6.6	0.782	30
10	6.03	5.35	6.4	1.250	8	37	0.68	0.56	7.1	0.064	10
11	3.68	2.26	6.1	0.084	45	38	0.60	0.45	7.2	0.045	10
12	0.67	0.33	6.7	0.067	6	39	0.68	0.31	7.3	0.070	6
13	4.12	3.89	6.5	0.384	16	40	—	11.80	7.1	1.850	10
14	6.20	5.30	6.8	0.272	25	41	—	0.42	5.9	0.024	28
15	10.70	9.38	6.7	0.880	16	42	—	4.04	6.5	0.533	22
16	6.15	6.10	6.9	0.640	13	43	—	4.65	6.5	0.300	22
17	2.10	2.10	6.6	0.280	9	44	1.30	0.55	7.0	0.063	13
18	0.75	0.52	6.4	0.050	10	45	4.0	3.93	6.4	0.360	20
19	10.00	9.50	6.75	1.050	15	46	203	1.72	6.95	0.280	9
20	6.00	4.45	6.3	0.278	25	47	—	11.00	6.95	1.250	22
21	1.39	1.37	6.6	0.135	20	48	—	1.43	6.4	0.078	30
22	12.50	12.50	6.8	1.840	11	49	2.35	2.20	6.8	0.110	30
23	15.00	11.60	6.9	1.270	17	50	2.00	1.20	7.1	0.100	15
24	1.34	1.34	7.2	0.130	15	51	1.72	1.50	7.3	0.140	13
25	—	4.00	6.8	0.230	25	52	0.50	0.48	7.2	0.052	15
26	3.47	3.27	6.8	0.250	17	53	9.40	4.70	7.0	0.470	15
27	2.74	2.74	7.05	0.290	13	54	0.66	0.54	7.2	0.110	8

2. 氯氧化法

(1) 氯氧化法除铁原理

氯是极易溶于水的黄绿色气体，溶于水后生成 HClO、ClO^- 和 Cl^-，其化学反应式如下：

$$Cl_2 + H_2O = HClO + H^+ + Cl^-$$

$$HClO = ClO^- + H^+$$

HClO、OCl^-和Cl^-在pH＝0～14范围内都具有强烈的氧化能力，所以氯的水溶液是强氧化剂。氯与Fe^{2+}的反应式如下：

$$2Fe(HCO_3)_2+Cl_2+2H_2O=2Fe(OH)_3\downarrow+4CO_2+2HCl$$

$Fe^{2+}\rightarrow Fe^{3+}$的氧化还原电位在pH中性域内为0.2V，而$ClO^-$和HClO在广泛的pH范围内对$Fe^{2+}$的氧化还原电位为1V，氧化能力极强。HClO、$ClO^-$对$Fe^{2+}$的氧化反应几乎是不受pH影响的瞬间反应。按反应式$Cl_2$与$Fe^{2+}$的质量比为0.64∶1，为了使$Fe^{2+}$瞬间完全氧化，氯的投量应提高，具体量应由烧杯试验决定。经验表明：当氯与Fe^{2+}的质量比为1∶1时，Fe^{2+}可瞬间完全氧化，而且滤后水余氯含量为0.6～1.0mg/L。

(2) 氯氧化法除铁的基本流程

氯是自来水厂常用的消毒剂，价格便宜，货源充足。氯氧化除铁几乎适用于所有的地下水水质，同时还能去除色度和锰。在世界各地均有较广泛的应用。基本流程如图2-3所示。

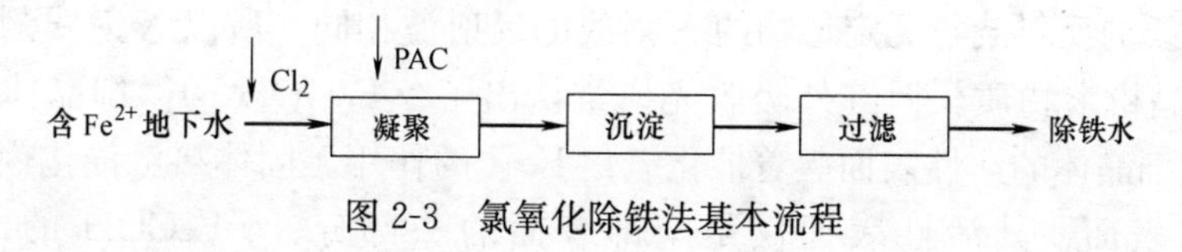

图2-3 氯氧化除铁法基本流程

1) 氯氧化反应

氯对Fe^{2+}的氧化是瞬间完成的，所以可在原水管上投氯，在管道中进行瞬间反应。

2) 凝聚与沉淀

凝聚沉淀是为了滤前尽可能去除$Fe(OH)_3$悬浮粒子，减轻滤池负担，保证出水水质。当原水Fe^{2+}含量少时，可省去沉淀池，含铁量更少时还可省去凝聚池，投氯后直接过滤。

3) 过滤

过滤是确保出厂水水质，去除几乎全部残存的氢氧化铁悬浮物不可少的净化单元。过滤设备可采用普通快滤池及其他形式的过滤装置。

(3) 氯氧化法的特点

1) 对原水水质适应性强。Cl_2与Fe^{2+}的瞬间氧化反应，不受可溶性硅酸、有机色度物质的影响，不形成趋于稳定的胶体粒子。

2) 滤后水含铁量随过滤时间而增加，周期时间取决于滤后水质。

3) 不需要曝气溶氧，投氯前更严禁曝气。所以本法不能充分散失水中溶解性气体。当原水中含游离碳酸过多，CO_2的细微气泡将干扰沉降及过滤过程，致使除铁效率下降。当原水中CO_2含量大于40mg/L时，就应考虑在投氯后增设脱CO_2装置。

3. 接触氧化法

接触氧化法又称接触过滤氧化法是以溶解氧为氧化剂，以固体催化剂为滤料，加速Fe^{2+}氧化速度的除铁方法。该法在接触滤层中进行Fe^{2+}氧化的同时，滤层本身就捕捉了Fe^{2+}的氧化生成物。滤料表面披覆的氧化生成物就是更新了的接触催化剂。称之为自催化氧化反应。

（1）接触催化剂与接触催化氧化机制

接触过滤除铁滤层中，滤料表面披覆着褐色含水铁氧化物，它与胶状的氢氧化铁不同，与空气自然氧化法生成的氢氧化铁也不同，是一种粉末状的固体。是铁、锰氧化后与滤砂表面相结合的产物。经 X 射线与 γ 射线测定，其主要成分为非结晶的羟基氧化铁（FeOOH）。以 FeOOH 表示的羟基氧化铁不是简单的分子结构形式，而是由 Fe 原子、O 原子和固体内氢原子结合所组成的巨大分子。固体内氢原子结合的末端部位正是接触氧化的出发点。以纯水配制含 Fe^{2+} 水进行接触过滤试验，滤层滤料表面形成的披覆物的红外吸收光谱与 γ-FeOOH 结晶体的红外吸收光谱完全相同。实验证明，γ-FeOOH晶体具有很强的接触氧化除铁能力。自然含 Fe^{2+} 水曝气后流经滤层，在最初的 γ-FeOOH 生成后，本应在其上成长 γ-FeOOH 结晶。但自然水中存在着硅酸、钙、锰、锌等各种杂质，它们都同时进入了结晶成长之中。使 γ-FeOOH 晶体无法长大。最终呈现出 γ-FeOOH 的微细晶体与杂质不规则地混为一体的自然产物。100nm 之下的微晶体其 X 射线的反射波与无定形物的 X 射线的反射波相同，所以 X 射线测定结果为不规则的非结晶粉末物质。但红外吸收光谱辨认出了 γ-FeOOH 的微细晶体。正是这种γ-FeOOH微细晶体的活性表面起着催化氧化 Fe^{2+} 的作用。固体接触催化剂的催化作用发生在固体表面，其活性表面仅是全部表面的一部分。γ-FeOOH 的活性表面为 M-FeOHOH。表达式中的一个 OH 为固体与氢结合的末端，是催化反应的起点。M 代表催化物质的固体内部。当含 Fe^{2+} 水流经 FeOOH 固体表面时，固体表面的氢结合末端的 OH 与 Fe^{2+} 进行交换吸附，Fe^{2+} 被 FeOOH 表面所捕捉，并有等摩尔数的 H^+ 从固体表面游离出来。然后在溶解氧、碱度 HCO^- 的共同作用下，进行氧化。其分步反应如下：

固体表面交换吸附：

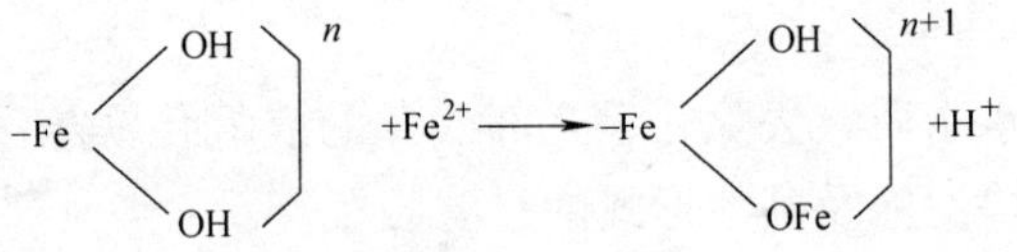

$$\left[-Fe\begin{matrix}\diagup OH\\ \diagdown OH\end{matrix}\right]^{n}+Fe^{2+}\longrightarrow\left[-Fe\begin{matrix}\diagup OH\\ \diagdown OFe\end{matrix}\right]^{n+1}+H^{+}$$

式中 n 为固体表面电荷数。加水分解与氧化反应：

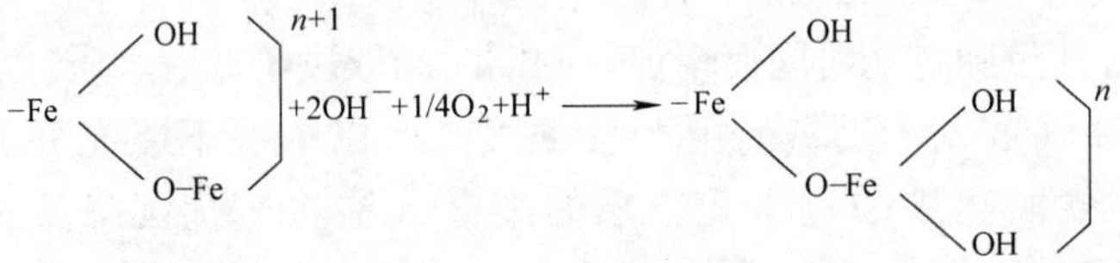

$$\left[-Fe\begin{matrix}\diagup OH\\ \diagdown O{-}Fe\end{matrix}\right]^{n+1}+2OH^{-}+1/4O_2+H^{+}\longrightarrow\left[-Fe\begin{matrix}\diagup OH\\ \diagdown O{-}Fe\begin{matrix}\diagup OH\\ \diagdown OH\end{matrix}\end{matrix}\right]^{n}$$

反应所需 OH^- 由水中碱度 HCO^- 供给：

$$HCO^{-}+H_2O\longrightarrow OH^{-}+H_2CO_3$$
$$H_2CO_3\longrightarrow H_2O+CO_2\uparrow$$

总反应式为：

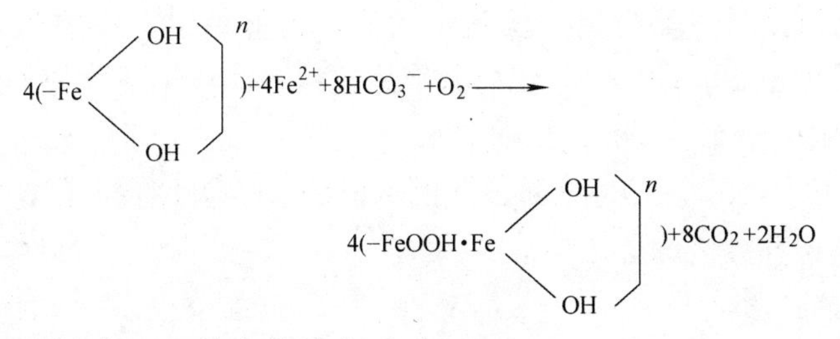

从上式可知 Fe^{2+} 与 O_2 反应的摩尔比为 4∶1。

（2）接触氧化法除铁的基本流程

以羟基氧化铁的活性表面为接触催化剂的自催化氧化除铁的基本流程见图 2-4。Fe^{2+} 氧化的氧化剂为溶解氧，曝气只是为了充氧，不考虑 CO_2 散失和提高 pH 值，因为 pH 对接触氧化的影响很小。所以曝气装置可以很简单。充氧后应立即进入滤层，避免滤前生成 Fe^{3+} 胶体粒子穿透滤层。设计时应按原水完全氧化曲线来确定滤前停留时间，并力求最短。就大部分地下水而言，曝气后数分钟之内进入滤层是允许的。在滤层中地下水中 Fe^{2+} 在 FeOOH 活性表面的催化下，迅速被 O_2 所氧化，生成新鲜 FeOOH 并与原来的 FeOOH 结合成一体，参与新的催化氧化反应，原水中的铁就继续不断地被去除。本法流程简捷，以滤池为主体，附带着简易的曝气装置。

含 Fe^{2+} 地下水 → 充氧 → FeOOH 滤层 → 除铁水

图 2-4　接触氧化法除铁基本流程

（3）接触氧化法的特点

本法 Fe^{2+} 氧化生成物与滤池表面有一定的化学结合，为自催化氧化反应。这与空气自然氧化法、氯氧化法在生成 $Fe(OH)_3$ 沉淀之后再进行固液分离的除铁机制是完全不同的。从而有其固有的工艺特点：

1）随着过滤时间的延长，滤后水总铁浓度呈减少的趋势。可以充分利用过滤水头，不用担心出水铁超标之患。

2）在过滤周期中，滤抗增加较快，特别是周期末有急剧上升现象。滤池工作周期取决于滤层水头损失。

3）不设氧化反应池、凝聚池、沉淀池和大规模曝气装置，流程很短。可节省大量建设费用。

4）不投药、充氧曝气设备简单，操作方便，维修费用省。

5）不受溶解性硅酸的影响。

6）因为 Fe^{2+} 氧化生成的 FeOOH 与滤砂表面相结合，理论上反应生成物不随反冲洗水排走。但由于滤砂表面相互碰撞摩擦的结果，也被冲洗水带出一部分，还有相当部分包覆在砂表面，表现为滤砂直径的增长。

7）排出水的铁氧化物沉淀、脱水性能良好。

4. 各种除铁方法的适用条件

各种除铁法的基本流程及其变化如图 2-5 所示。各流程适用条件分述如下：

（1）空气自然氧化法

不投药、氧化沉淀与过滤分离，滤池负荷低，运行稳定。在接触氧化法普及的今天，如原水含铁量大于20mg/L时，仍有其应用价值。此法不适于如下两种情况：

1）溶解性硅酸大于40～50mg/L的原水。

2）高色度地下水。由于色度物质与氧化生成的$Fe(OH)_3$粒子结合成趋于稳定的胶体粒子，不易凝聚并穿透滤层。

（2）氯氧化法

该法投药、不曝气，流程较长。相对于空气自然氧化和接触氧化而言，适应能力强，几乎适用于所有的地下水。但其缺点是生成的$Fe(OH)_3$形态是无定形的，泥渣难以浓缩、脱水。

（3）接触氧化法

不投药、简单曝气、流程短，出水水质良好稳定。与以上两种方法相比具有许多卓越的性能。但是确实有些原水水质不适于接触氧化法。

1）含还原物质多的原水

地下水中常见的还原物质为H_2S，其浓度在一定范围内，接触滤层中Fe^{2+}与H_2S同时氧化，滤层氧化Fe^{2+}的能力仅受到一定限制。当H_2S浓度大于一定范围时，滤层除铁能力明显降低。各地水质都有自己的浓度范围，原水中含Fe^{2+}量越高，H_2S浓度也越应限制。

2）氧化速度快的原水

如果含Fe^{2+}地下水曝气后在滤层上的水力停留时间大于Fe^{2+}完全氧化时间，就变成了空气自然氧化法。滤前形成的$Fe(OH)_3$粒子难免会有部分穿透滤层，降低除铁效果。因此完全氧化时间t_0小于数分钟的水不适于接触氧化法。

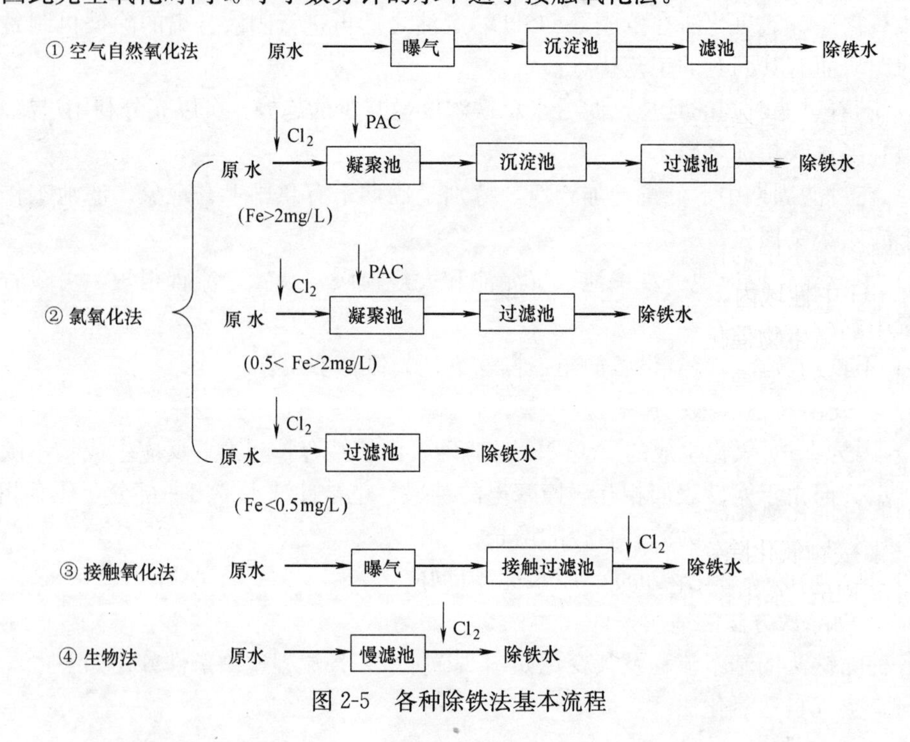

图2-5 各种除铁法基本流程

3）高色度水

接触氧化法能去除水中的铁，但不能去除色度，这就限制了滤后水的应用。

（4）生物法

慢滤池除铁已有相当长的历史。其除铁机制是表层生物膜的作用。但慢滤池占地大，建设造价高，卫生条件差，已很少应用。

2.1.3 强氧化剂除锰原理与应用❶

1. 前言

自然界锰的存在形态如表 2-4 所示。7 价锰在天然水中是不存在的，4 价锰多以固体颗粒悬浮于水中，在除浊过程中可将其清除，惟 2 价锰溶于水，是地下水除锰的主要对象。Mn^{2+} 在地下水中常常与 Fe^{2+} 共存，其浓度比铁低，一般为 0.01～1.0mg/L，最多不过 2～3mg/L。但个别高含锰的地下水也是有的。

中性水中铁、锰的形态　　表 2-4

原子价	+2	+3	+4	+7
锰的代表性物质	$Mn(HCO_3)_2$ $MnSO_4$	—	MnO_2 $MnO_2 \cdot mH_2O$	$KMnO_4$
铁的代表性物质	$Fe(HCO_3)_2$	$Fe_2O_3 \cdot nH_2O$ FeOOH	—	—

Mn^{2+} 在 pH 中性条件下，几乎不能被溶解氧所氧化，一般的除铁工艺过程不能将锰去除。所以文献和专著都一致认为自然水中的锰比铁难以去除。其实这种除锰比除铁难的观念是不确切的。从我们的研究成果来看，锰比铁更容易完全去除（含量趋近于零）。这是因为水中的 Fe^{2+} 很容易被溶解氧所氧化，形成 Fe^{3+} 的胶体粒子，这种微细颗粒难以凝聚，总会有一少部分穿透滤层。即使是接触氧化除铁滤池其出水总铁也难以达到痕量程度。而锰不能为溶解氧所氧化，也难于被氯等强氧化剂所直接氧化。所以进入滤层的含锰水中锰的形态几乎全部为 Mn^{2+}。应用生物除锰技术或氯接触过滤除锰方法都能将地下水中的锰减少至痕量。从这种事实出发应该说锰更易于完全去除。

在 pH 中性域内，不投加强氧化剂的除铁除锰水厂，滤池中 Mn^{2+} 的去除是在以除锰菌为主的微生物催化氧化作用下完成的。但是并不是说生物固锰除锰技术是自然水除锰的惟一途径。锰是较活泼的氧化还原物质，$KMnO_4$ 直接氧化法、光化学氧化法、氯接触氧化法以及碱性条件下（pH>9.5）的空气氧化法都是化学除锰的途径。本文重点介绍在工程上较经济实用的氯接触氧化法。该法是以氯为氧化剂，水合二氧化锰为接触催化剂的自催化氧化法。与接触氧化除铁法有相似之处。

2. 氯接触氧化除锰原理

向含 Mn^{2+} 水中投加必要的氯之后，当地下水流过表面包覆着 $MnO(OH)_2$ 的砂滤层时，在接触催化剂 $MnO(OH)_2$ 的催化作用下，Mn^{2+} 被强氧化剂迅速氧化为 Mn^{4+}，

❶ 本文成稿于 1996 年，作者：张杰、戴镇生。

并和滤砂表面原有的$MnO(OH)_2$形成某种化学结合，新生的$MnO(OH)_2$仍具有催化作用，继续催化氯对Mn^{2+}的氧化反应。从而水中Mn^{2+}连续不断地被吸附和氧化。滤砂表面的吸附反应与再生反应交替循环进行，完成了从水中除锰的任务。称为氯接触氧化除锰，也称氯接触过滤除锰。

吸附反应：

$$Mn(HCO_3)_2+MnO(OH)_2 = MnO_2MnO+2H_2O+2CO_2$$

再生反应：

$$MnO_2MnO+3H_2O+Cl_2 = 2MnO(OH)_2+2HCl$$

总反应式：

$$MnO(OH)_2+Mn(HCO_3)_2+H_2O+Cl_2 = 2MnO(OH)_2+2HCl+2CO_2$$

如表 2-5 和图 2-6 所示，氯接触氧化除锰与空气接触氧化除铁的化学过程很相似，只是氧化剂与催化剂不同而已。

接触氧化除锰按反应式投氯量的理论值应为$Cl_2/Mn^{2+}=1.3$，理论值与实验值（表 2-6）很接近，在实际运行中可采用理论值。

除铁除锰自触媒催化氧化反应比较 **表 2-5**

目标	氧化剂	自触媒	去除反应
除铁	O_2	FeOOH	$Fe^{2+}\longrightarrow FeOOH$
除锰	Cl_2	$MnO_2\cdot mH_2O$	$Mn^{2+}\longrightarrow MnO_2\cdot mH_2O$

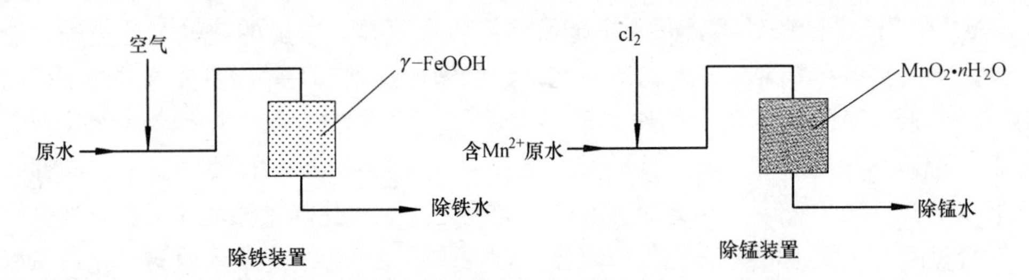

图 2-6 接触过滤除铁和接触过滤除锰工艺的对比

锰砂滤池除锰投氯量的实测值 **表 2-6**

实验序号	Mn^{2+}去除量(g)	Cl_2消耗量(g)	Cl_2/Mn^{2+}	实验序号	Mn^{2+}去除量(g)	Cl_2消耗量(g)	Cl_2/Mn^{2+}
1	0.57	0.8	1.4	5	0.5	0.7	1.4
2	0.6	0.6	1.0	6	0.6	0.8	1.33
3	0.55	0.7	1.27	7	0.4	0.7	1.75
4	0.55	0.7	1.27	平均	0.53	0.71	1.34

3. 接触催化剂的形态

氯接触氧化除锰法是以水合二氧化锰为催化剂、氯为氧化剂的自催化氧化除锰方法。经学者测定接触催化物是非结晶的含水锰氧化物，其分子式为$MnO_x\cdot mH_2O$，$x=1.75\sim2.00$。说明该化合物并不完全是Mn^{4+}氧化物，其中也混有少量Mn^{2+}和Mn^{3+}氧化物。简而记之$MnO(OH)_2$，称水合二氧化锰。$MnO(OH)_2$是Mn^{2+}催化氧化的生成物，并包覆在滤料表面。滤料是自催化氧化反应生成物的载体。

在实际工程中可采用天然锰砂做滤料。天然锰砂对 Mn^{2+} 有很大的吸附能力。若吸附容量未饱和之前，滤砂表面已包覆了相当量的 $MnO(OH)_2$，使除锰滤池在投产之初出水锰就达标，在不断生成的 $MnO(OH)_2$ 的催化作用下，出水锰浓度逐渐降低，最终达到痕量。

中西弘研制了人造锰砂。方法是用 $MnCl_2$ 和 $KMnO_4$ 水溶液依次浸泡山砂并均匀搅拌，再经水洗和轻度干燥，制成表面包覆着 $MnO(OH)_2$ 的人造锰砂。将人造锰砂装入滤柱，在原水 Mn^{2+} 含量为 6mg/L，滤速为 3.3m/d 的工况下，大约运行 12h 之后，出水锰达到痕量。

4. 设计运行中应注意的问题

(1) 含 NH_4^+-N 原水的除锰

某些地区地下水往往含有较高浓度的 NH_4^+-N。其来源并非都是受地表污染而造成的。尤其是深层地下水中 NH_4^+-N 多半是由无机盐而生成的。地层深处与空气隔绝，形成厌氧环境，时而有含 N 化合物还原生成 NH_4^+-N，其反应式如下：

$$8H_2S+N_2O_5 = 2NH_3+8S+5H_2O$$

$$6H_2S+N_2O_3 = 2NH_3+6S+3H_2O$$

式中 H_2S 也并非动植物腐化而生，是因硫铁矿在地下水中碳酸的作用下产生。

$$FeS+2CO_2+2H_2O = Fe(HCO_3)_2+H_2S$$

向含 NH_4^+-N 原水中投氯，首先生成氯氨。氯氨氧化能力差，大大削弱了对 Mn^{2+} 的氧化作用。只有当投氯量超过折点氯量，游离氯才能有效地氧化 Mn^{2+}。因此必须超折点投氯，其投加量为折点氯量与 Mn^{2+} 氧化消耗氯量之和。当出水余氯浓度较高时，还应进行脱氯处理。

(2) 保持稳定投氯量

除锰滤层的耗氯量是通过进水口与出水口余氯量的检测来判明的。当进口投氯量为原水含锰量 1.3 倍时，可以维持正常的除锰效果（高 NH_4^+-N 原水还需增加折点氯量）。如果长期投氯量不足或长期不投氯，滤层就会丧失除锰能力，这在投产初期尤为明显。滤层一旦丧失除锰能力，短时期内难以恢复。需要停止运行、放空，以 $KMnO_4$ 溶液浸泡滤层，使滤砂表面在短时间内再次包覆 $MnO(OH)_2$。具体操作是用 2%～3%$KMnO_4$水溶液浸泡滤层一夜，次日清晨放出浸泡液、水洗，然后投入运行。

在正常的连续投氯工况下，滤层除锰能力随着滤砂表面 $MnO(OH)_2$ 包覆量的增长而增强。

(3) 除锰前处理

铁的氧化物和氢氧化物等杂质会影响 Mn^{2+} 和滤砂表面 $MnO(OH)_2$ 的接触，降低除锰效果。在除锰之前应先进行除铁处理。其方法可应用接触过滤除铁法或氯化除铁法。

(4) 定期反冲洗

除锰滤层的反冲洗，除为了清除滤层过大的水头损失外，主要是为了清除滤层中杂质颗粒的污染，保持 Mn^{2+} 与滤砂表面 $MnO(OH)_2$ 良好的接触条件。

5. 结论

（1）氯接触氧化除锰法适应能力强，处理程度高，出水锰含量可达痕量，是一种有效的化学除锰方法。

（2）该法对于含 NH_4^+-N 原水，需超折点投氯，其投氯量为 NH_4^+-N 含量的 8 倍之上。出水氯余量过大时，要进行脱氯处理。

（3）对于含铁、锰原水，除锰前应进行除铁处理并优先选取接触过滤除铁法。

（4）该法流程、装置及运行费用都不如生物固锰除锰工艺简捷、经济。而且当地下水中含有机污染物时，氯氧化将产生氯仿等有害健康的物质。因此，在工程设计上应根据原水水质和地方条件慎重选用，切不可将两种方法混同起来。

2.1.4 生物固锰除锰技术的确立❶

迄今为止，关于地下水除锰机制，国内外水处理专家大都认为是锰的氧化物自催化氧化作用。并以此来指导工程设计与运行。“七五”期间我院在李官卜和鞍山大赵台除铁除锰试验中发现并提出了生物氧化机制，而且国外文献也曾有 Fe^{2+}/Mn^{2+} 氧化还原菌的报道，化学氧化与生物氧化两种机制一直争议多年。由于对 Mn^{2+} 的氧化机制不明确，有些水厂的运行条件适于微生物的繁殖，除锰滤层很快就成熟。但许多水厂运行一年、两年甚至多年滤层仍不能成熟，出厂水锰浓度一直不达标。本研究以生产滤池为依托，按生物氧化机制进行了除锰滤层的接种和培养，在短时间内实现了出水锰痕量，并长期稳定。在此期间还进行了多方面的系统研究，取得了突破性的成果。

1. 实验工程

（1）工程概况

以抚顺开发区水厂为实验工程。设计规模 3000m³/d。1994 年 11 月建成投产，其生产工艺流程见图 2-7。

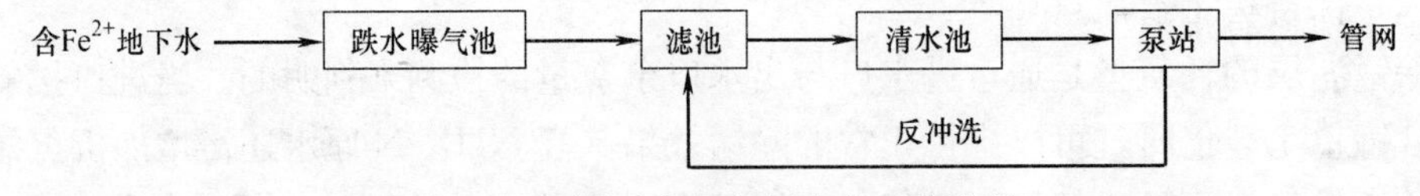

图 2-7 抚顺开发区水厂生产工艺流程

原水由 1.2km 处的地下水水源地通过输水管路引入水厂，其原水水质见表 2-7 所示，采用跌水曝气充氧，跌水高度 2m，单宽流量 20m³/(m·h)，除铁除锰滤池为普通锰砂快滤池，内装马山锰砂，滤层厚 900mm，滤池总平面面积 2.4×3.6×3(m²)，设计滤速 5m/h，过滤周期 24h。反冲洗强度 20～22L/(s·m²)，反冲洗历时 10min。反冲洗水由反冲洗泵直接由清水池内吸水。

由于开发区刚刚建成，用水量不到 1000m³/d，水厂采取间断工作制，三座生产滤池交替运行。投产之初出水铁、锰均达到了国家饮用水卫生标准。但运行一段时间后，出水中锰浓度逐渐增高，直到我们课题组 1995 年 5 月进驻时，出厂水铁含量合格，锰含量高达 1.1～1.2mg/L。1995 年 5 月出厂水水质分析平均值见表 2-8。

❶ 本文成稿于 1996 年，作者：张杰、徐爱军等。

抚顺开发区水厂水源水水质　　表 2-7

检测项目	检测结果	检测项目	检测结果
水温℃	9.00	NH_4^+-N(mg/L)	0.2
pH	6.9	NO_2^+-N(mg/L)	未检出
色度(度)	10.00	NO_3^+-N(mg/L)	未检出
浑浊度(NTU)	40.00	CO_2(mg/L)	28.34
钙(mg/L)	42.69	SiO_2(mg/L)	20.00
镁(mg/L)	7.82	耗氧量(mg/L)	0.56
铁(mg/L)	8.00	总硬度(mg/L)	77.70
锰(mg/L)	1.4	总碱度(mg/L)	6.41
HCO_3^-(mg/L)	139.61	总酸度(mg/L)	0.64
溶解氧(mg/L)	0.9		

1995 年 5 月出厂水水质　　表 2-8

	pH	水温(℃)	铁(mg/L)	锰(mg/L)	氨氮(mg/L)
原水	6.90	12	9.42	1.265	0.4865
出厂水	6.845	12	0.216	1.094	0.0815

(2) 生产滤池运行工况调整

根据实验室生物固锰机制的研究结果，结合我们在其他水厂的试验经验，果断地将曝气接触氧化除铁除锰滤池，按生物固锰机制进行了改造，改变了地下水除铁除锰系统的运行工况，进行了微生物接种与培养，加速生物活性除锰滤层的成熟。并建立 4 个滤柱，模拟生产滤池工况，指导生产滤池的调试运行。

(3) 分析项目与检测方法

分析项目有水温、pH 值、总铁、亚铁、锰、氨氮、溶解氧、细菌等。检测方法见表 2-9。

分析项目和检测方法　　表 2-9

分析项目	检测方法	分析项目	检测方法
Fe^{2+}	邻菲啰啉分光光度法	浊度	浊度仪
总铁	邻菲啰啉分光光度法	水温	温度计
Mn^{2+}	甲醛肟分光光度法	氨氮	纳氏试剂光度法
溶解氧	溶解氧测定仪	CO_2	酚酞指示剂滴定法
pH	pH 计	总碱度	酸碱指示剂滴定法
Ca^{2+}	EDTA 滴定法	HCO_3^-	酸碱指示剂滴定法
Mg^{2+}	EDTA 络合滴定法	总硬度	EDTA 滴定法
SiO_2	硅钼黄光度法		

(4) 生产测定结果

生产滤池经 3 个月的精心调试，由生物培养阶段逐渐进入到生物除锰滤层成熟阶段。细菌数量由测定初期的每毫升滤砂几十个到 $10^4 \sim 10^5$ 个，整个滤池以生物为主的除锰能力已经形成，滤后水锰的去除率达 96%以上。锰的去除率增长曲线与微生物数量增长曲线见图 2-8 和图 2-9。

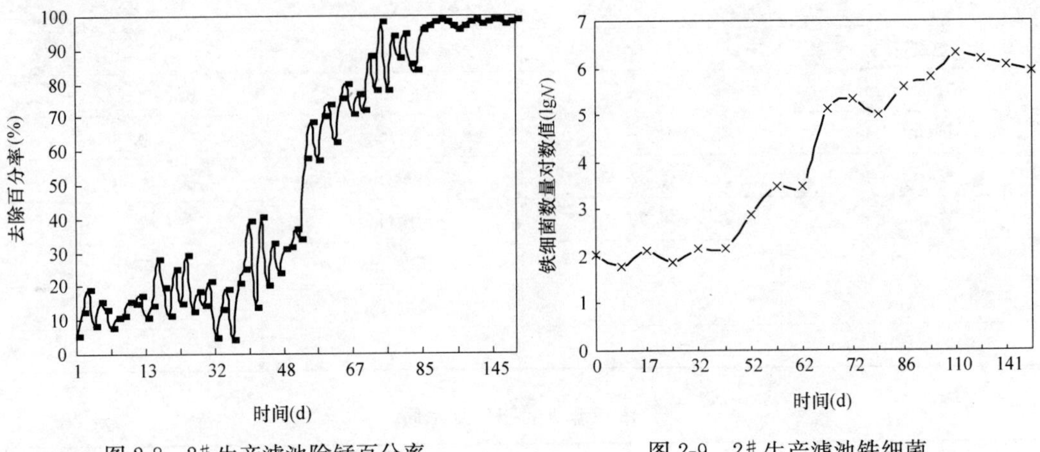

图 2-8　2# 生产滤池除锰百分率　　　图 2-9　2# 生产滤池铁细菌

进出水水质在滤层培养成熟过程中的变化见表 2-10。

抚顺生产实验滤池进出水数据　　　**表 2-10**

日期	pH		铁(mg/L)		锰(mg/L)		氨氮(mg/L)		去除率(%)		细菌数量
	原水	出水	原水	出水	原水	出水	原水	出水	锰	铁	
5 月下旬	6.85	6.88	7.45	0.28	1.24	1.17	0.526	0.135	5.6	96.2	$\times 10^3$
6 月上旬	6.92	6.89	8.59	0.07	1.32	1.2	0.478	0.146	9	99.1	
6 月下旬	6.9	6.86	9.03	0.08	1.3	1.18	0.362	0.067	9.2	99.1	
7 月上旬	6.92	6.84	9.13	0.24	1.26	1.11	0.45	0.116	11.66	97.4	$\times 10^4$
7 月下旬	6.88	6.85	9.69	0.19	1.27	1.08	0.423	0.047	15.35	98.9	
8 月上旬	6.84	6.85	8.78	0.07	1.19	0.82	0.415	0.074	31.09	99.1	
8 月下旬	6.88	6.95	8.67	0.17	1.25	0.32	0.525	0.042	73.55	98.0	$\times 10^5$
9 月上旬	6.89	6.98	8.71	0.27	1.26	0.04	0.434	0.019	96.75	96.9	$\times 10^6$
9 月下旬	6.86	6.88	10.16	0.12	1.33	0.01	—	—	98.95	98.9	
10 月上旬	6.88	6.94	8.88	0.05	1.28	0	0.55	0	99.76	99.46	
10 月下旬	6.76	6.82	9.58	0.26	1.24	0.02	0.585	0.039	98.14	97.3	
11 月上旬	—	—	—	—	1.22	0	0.358	0.009	100	—	
11 月下旬	6.91	6.92	8.19	0.09	1.22	0	0.478	0.017	100	99.0	
12 月上旬	—	—	9.7	0.07	1.33	0.03	0.471	0	97.97	99.2	
12 月下旬	6.86	6.81	9.33	0.08	1.41	0.06	—	—	96.03	99.2	
1 月上旬	6.84	6.85	9.88	0.16	1.38	0.04	—	—	97.38	98.4	
1 月下旬	6.88	6.95	9.76	0.06	1.41	0.01	0.478	0	99.22	99.3	

2. 除锰滤层成熟过程中微生物群落变化

(1) 滤层除锰能力及铁细菌数量随时间变化情况

图 2-10 表明了大赵台石英砂柱成熟过程中原水锰含量、滤后水锰含量、滤速和反冲洗水中铁细菌数量随时间的变化情况。

从图 2-10 曲线可以看出，反冲洗水中铁细菌的对数增长期是 15～30d。正好与滤层除锰活性快速增长、滤后水含锰量急剧下降到痕量的时期相对应。

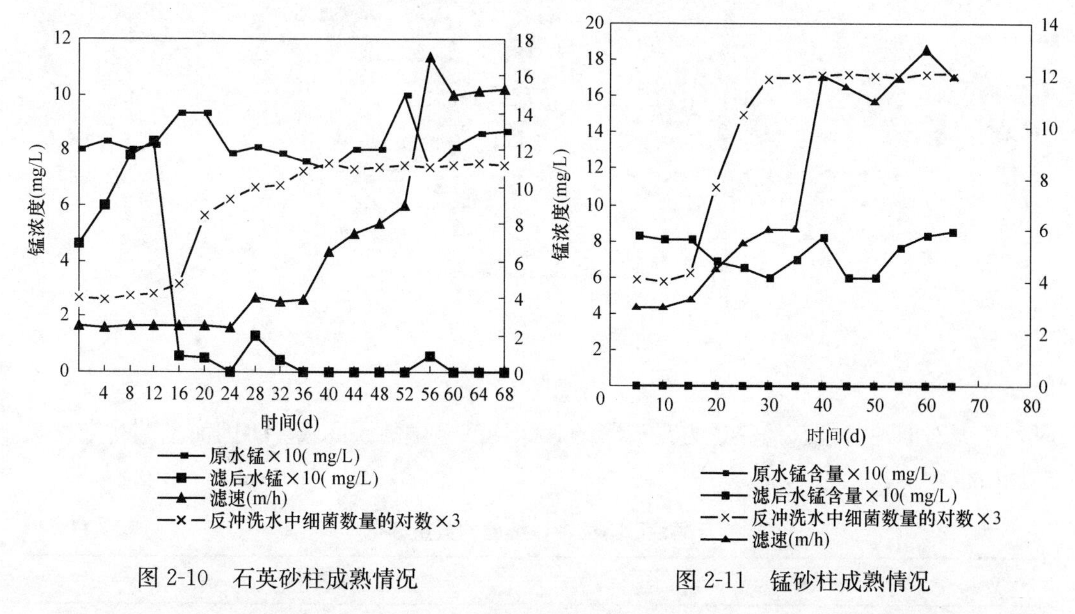

图 2-10　石英砂柱成熟情况

图 2-11　锰砂柱成熟情况

反冲洗水中的细菌，并不是固定在滤砂上，而是吸附或包埋在由滤砂所截留的铁泥（铁的氧化物、氢氧化物等形成的铁锈色黏泥）中。说明滤柱最初的活性增长不是来源于滤砂表面的细菌增长，而是铁泥中细菌的增长。此时尚不能认为滤柱已成熟，滤柱还需要一段时间使细菌固定在滤砂上。因此滤柱的成熟过程基本上可分为四部分。即适应期（0～15d），此时石英砂滤层无明显除锰效果；第一活性增长期（15～30d），在适宜微生物繁殖代谢条件下，滤层内细菌快速增长，除锰率不断提高，第二活性增长期（30～50d），微生物群体趋于平衡，出水锰达标并趋于稳定；稳定期（50d 以后），滤层完全成熟，运行稳定，并能抗一定冲击。

图 2-11 为抚顺锰砂滤池进、出水锰含量、滤速和滤砂表面细菌量的逐日变化曲线。滤砂上铁细菌的对数增长期落后于滤砂成熟的第一活性增长期，而与第二活性增长期一致。这一现象证实了上面的观点。

图 2-12 表明了大赵台锰砂柱成熟过程中原水、滤后水锰含量、滤速及反冲洗水中铁细菌数量随时间变化的情况。通常，锰砂在使用初期对 Mn^{2+} 有很强的吸附能力（是石英砂的 500 倍），因此在最初的 20～30d，滤池能有效地去除锰，但吸附饱和后，如果滤池仍未成熟，则其除锰率会急剧下降直至接近于零，如图 2-11 抚顺滤池在实验开始前的情况。从图 2-12 中可以看出，该柱的除锰率始终接近 100%。这说明，在适当的培养条件下，锰砂滤池的成熟期完全可以与吸附期衔接起来，避免吸附期后水质下降的情况出现。

（2）铁细菌在滤池（柱）中的分布

表 2-11、表 2-12 表明了抚顺锰砂滤柱和锰砂滤池中不同深度的滤砂上铁细菌数量。可以看到，随着深度加大，铁细菌数量不断减少。图 2-13、图 2-14 中的曲线也反映了这一点。这可能是由于随着深度增加，营养物质供应逐渐减小，不利于细菌的繁殖。同

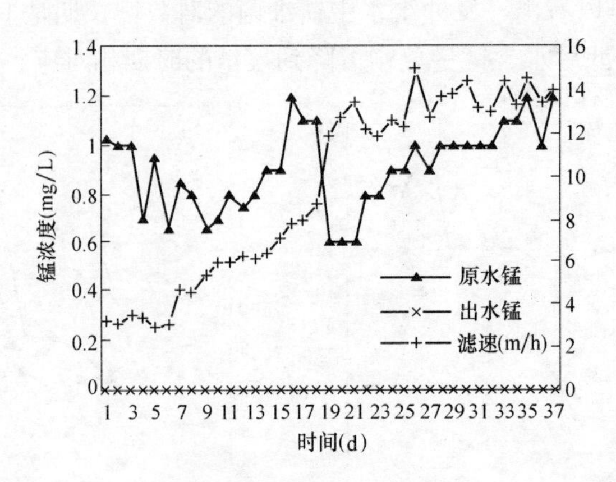

图 2-12　锰砂柱成熟情况

时，铁泥对滤池（柱）的穿透力是有限的，深层滤砂中的铁泥较少，因而细菌初期繁殖的场所也较少。

抚顺锰砂滤柱中铁细菌的数量分布　　表 2-11

砂层深度(mm)	铁细菌数量(个/mL 滤砂)
0	2.2×10^6
370	1.5×10^5
740	1.9×10^4
980	1.9×10^2

抚顺锰砂滤柱中铁细菌的数量分布　　表 2-12

砂层深度(mm)	铁细菌数量(个/mL 滤砂)
0	1.4×10^5
300	1.6×10^4
600	5.0×10^3

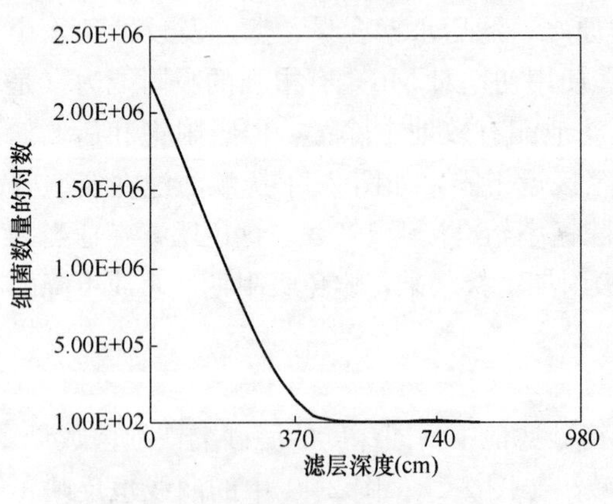

图 2-13　锰砂柱细菌数量的纵向分布

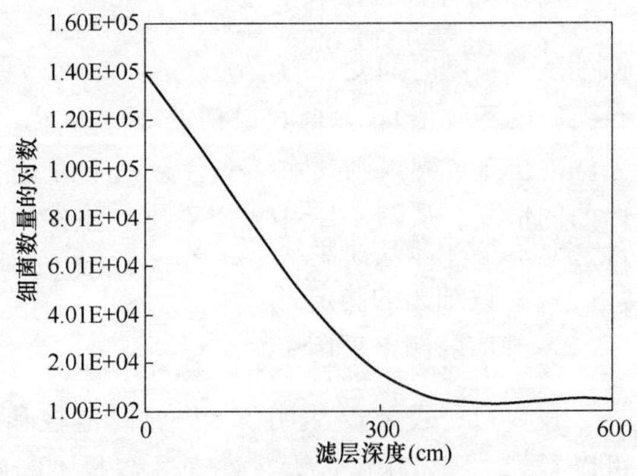

图 2-14　生产滤池细菌数量的纵向分布

(3) 其他微生物在滤池（柱）成熟过程中的变化

滤池（柱）中存在着复杂的微生物群落。除铁细菌外，滤池（柱）中的其他微生物在滤池（柱）成熟过程中也发生变化，其中有些细菌，如亚硝化菌和硝化菌，他们数量的变化对滤后水水质有较大影响，图 2-15 表明大赵台锰砂柱成熟过程中亚硝化菌、硝化菌的数量及原水、滤后水 NO_2^- 含量的变化情况。

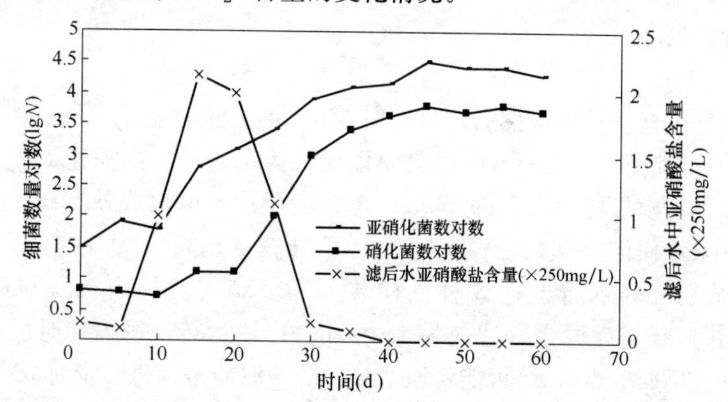

图 2-15　锰砂柱成熟过程中亚硝化菌、硝化菌的数量及滤后水中亚硝酸盐含量的变化

亚硝化菌和硝化菌是两类化能自养细菌，它们分别催化如下的化学反应并从中获得能量：

亚硝化菌：　　$2NH_3+3O_2 = 2HNO_2+2H_2O+$能量

硝化菌：　　$2HNO_2+O_2 = 2HNO_3+$能量

由于原水中含有 NH_4^+ 不含 NO_2^-，所以在滤柱培养初期，亚硝化菌首先增殖并产生 NO_2^-，随着亚硝化菌的增殖，水中 NO_2^- 浓度逐渐上升，硝化菌也开始增殖。由于硝化菌的增殖落后于亚硝化菌，导致在这期间滤后水中 NO_2^- 含量上升，影响了水质。随着硝化菌的不断增加，两种细菌的数量逐渐达到平衡，滤后水中的 NO_2^- 浓度开始下降并最终降为 0。亚硝化菌和硝化菌形成了共生关系。

3. 除锰滤层灭活试验

(1) 实验方法的确定

选用两种实验柱（模拟柱和小玻璃柱）。模拟柱材质为有机玻璃，柱高 2.95m，滤层厚 1.2m，垫层厚 0.8m，用该柱模拟生产滤池；小玻璃柱：柱高 600mm，滤层厚 300mm，垫层厚 50mm，用该柱做各种灭活实验。由分层取样可知，生产滤池及模拟试验柱对 Mn 的去除，基本集中在滤层上部 300mm 厚的区段内。该区段在滤速小于7m/h 时，对 Mn 的去除率几乎在 95%以上，且铁细菌的数量优势也主要体现在该区段内。所以在实验中采用小玻璃柱，作一系列的灭活实验。

(2) 铁细菌的测定方法

铁细菌的测定采用 MPN 法。

培养基：柠檬酸铁铵：2.0g；K_2HPO_4：0.5g；$MgSO_4 \cdot 7H_2O$：0.5g；$NaNO_3$：0.5g；$CaCl_2$：0.2g；H_2O：1000mL。

取制好的液体培养基，加入 $\phi 1.7\times 17$cm 试管中，封口膜封口，高压灭菌

(121℃)，冷却。

砂样处理：取砂样（砂水混合样）5mL，装入已灭菌的50mL量筒中，加入5mL无菌水，振荡5min，用1mL移液管取液体（锈水）1mL，用该样作系列稀释，然后接种，每一稀释度接3个平行样。27℃恒温培养14d，看阳性反应，经统计计算得出每毫升砂水样中含铁细菌数量。

（3）实验结果

1）成熟砂实验

模拟柱装马山锰砂培养成熟后，该柱对Mn^{2+}的去除能力非常强。铁细菌数量经测得为$n\times10^6$/(mL锰砂)。成熟砂试验就是以该柱为基础的。当滤速提高至13m/h，出水锰仍为痕量。从模拟柱滤层上部300mm厚的滤层中，取出成熟锰砂，分别制成3种试样：原样（未经任何处理）、高压灭菌样（高压锅灭菌）、$HgCl_2$抑制样（$HgCl_2$浸泡）。处理完成后，分别将上述3种试样装入小玻璃实验柱内（高600mm，滤层厚300mm），通进厂曝气后原水，滤速为1.2m/h。连续运转，每天定时反冲洗，冲洗水为滤后水，冲洗历时3min，尽可能将原水带进的铁泥冲净，每天定时取样分析。原样、高压灭菌样、$HgCl_2$抑制样3种滤料小玻璃柱进出水含锰浓度逐日变化及去除率见图2-16和图2-17。从图2-17中可以看出，成熟锰砂（原样砂）对锰的去除率很高且很稳定，始终保持在85%以上。经高温高压灭菌的砂样，开始出现较高的去除效果，然后就出现了大幅度下降。从70%降至20%。$HgCl_2$药抑菌砂样，开始去除率在60%，然后也出现了大幅度下降，从60%下降至10%。

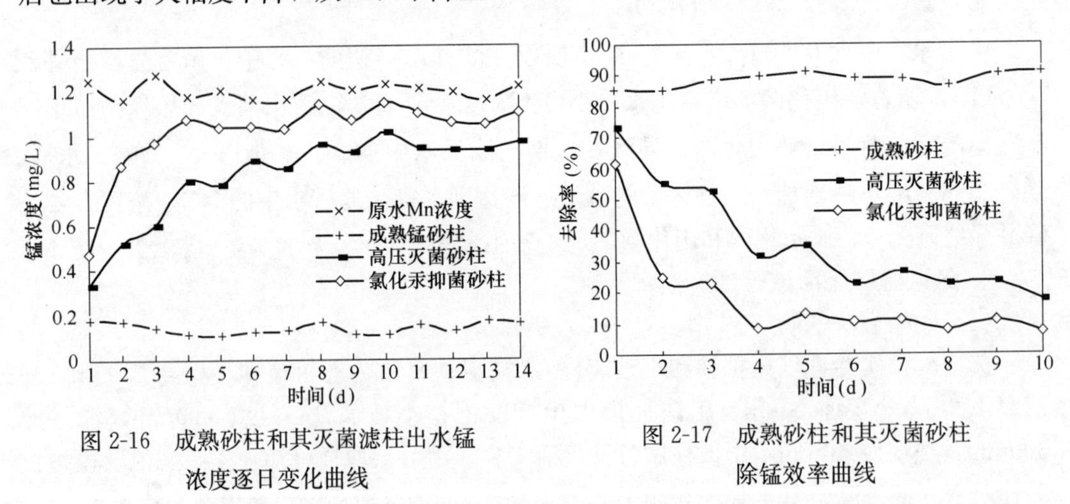

图2-16 成熟砂柱和其灭菌滤柱出水锰浓度逐日变化曲线

图2-17 成熟砂柱和其灭菌砂柱除锰效率曲线

从该实验看出，成熟锰砂细菌数量很大，对锰有很强的去除能力，当细菌被高温灭活或活性被药物抑制后，保持暂短的除锰能力；然后锰的去除效率大幅度降低。

2）未成熟砂实验

2#生产滤池经一定时期的培养，对Mn^{2+}有了一定的去除能力。但该滤层尚未成熟，从滤层上部300mm厚的滤砂中，取砂样（未成熟砂）测得铁细菌数量为$n\times10^4$/(mL锰砂)，将砂样分成3份，分别制成3种样：原样（未成熟砂）、高压灭菌样、高压灭菌浸泡样，处理后将3份滤料分别装入小玻璃柱内，滤层厚为300mm，引入曝气后原水，滤速为 1.2m/h。连续运转，每天定时反冲洗，历时 3min。每天定时取样分析。现将原 2#生产滤池滤料，高压灭菌后，高压灭菌浸泡后 3 种滤料小玻璃滤柱进、出水 Mn^{2+}浓度逐日变化和其去除率绘于图 2-18 和图 2-19。

从图 2-18 和图 2-19 中可以明显看出，未成熟砂的高温高压灭菌砂样对锰的去除能力，竟高于（未成熟砂）原样砂，而上次实验中成熟砂高温高压灭菌后也保持着暂时高的除锰能力。那么成熟砂样和未成熟砂样出现了同一现象。不言而喻，这种除锰能力并非生化作用，而是其他原因造成的。随后进行了浸泡实验，将高温高压处理后的砂样放入 Mn^{2+}浓度为 20mg/L 的溶液中浸泡 60h，然后装柱。连续通水，得出浸泡砂样曲线，浸泡后的砂样对锰的去除率大幅度降低，全部在 10％以下。如图 2-19 高压灭菌样，经 Mn^{2+}溶液浸泡后，也就是滤料表面饱和了 Mn^{2+}后，就丧失了除锰能力。这说明成熟或未成熟砂样经高温高压处理后，砂样的除锰能力是吸附表面被再生的结果。

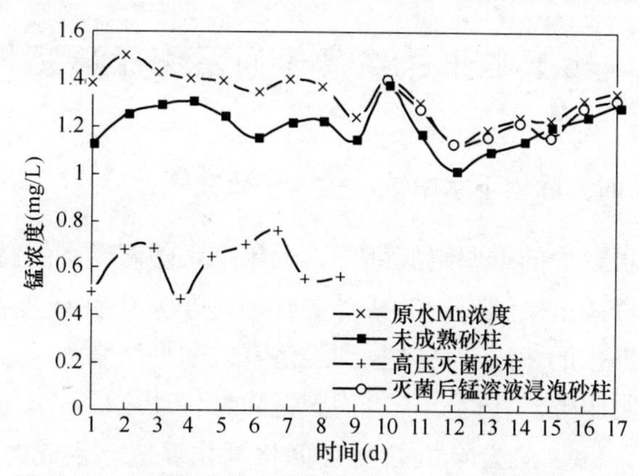

图 2-18　未成熟砂柱和其灭菌砂柱出水锰浓度变化曲线

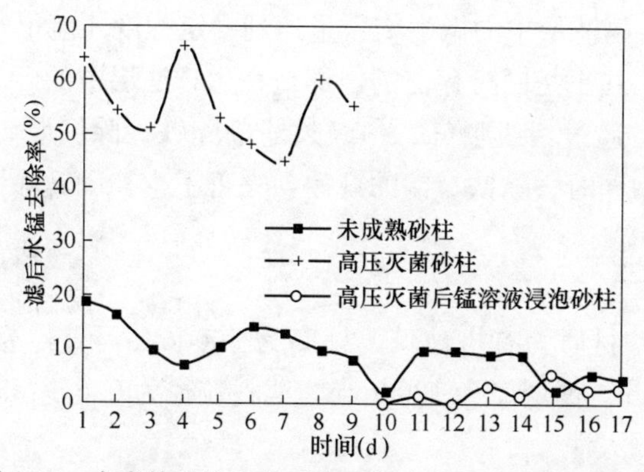

图 2-19　未成熟砂柱和其灭菌砂柱出水锰去除率变化曲线

4. 结论

综上可以得出结论，除锰滤池（柱）的成熟，是整个滤池（柱）系统中微生物群落增殖并达到平衡的过程。从微生物种类的角度看，它包括具有 Mn^{2+}氧化能力的细菌和其他许多适于在滤池（柱）环境中生长的微生物，这些微生物之间存在着诸如共生等复杂的相互关系。从微生物分布位置来看，滤池（柱）的成熟并不只是滤砂表面固定的微生物的增长，而是包括了铁泥中微生物的增长。滤后水的水质，包括锰含量和其他一些指标，是由滤池（柱）系统中不同位置的各种各样的微生物共同决定的。

Mn^{2+}的氧化是在细菌胞体表面进行的，是通过微生物胞外酶的催化来实现的。从大赵台、石佛寺和抚顺开发区水厂分离得到的细菌，在培养后期均观察到其细胞表面有深色不染色物质，这种物质就是锰的氧化物。在实验室实验中发现，这些物质可被某些还原剂从细胞表面清除掉。因此Mn^{2+}首先吸附在细胞体表面，然后被细胞表面的酶催化氧化。另外在前面的抑制菌实验中，是通过抑制细菌的酶合成系统而实现抑制菌活性的，并使之解体，致使Mn^{2+}的氧化活性被抑制。由此证明Mn^{2+}的生物氧化是由酶催化来实现的。

$$Mn^{2+}+O_2 \xrightarrow{\text{酶}} MnO_2$$

在酶的作用下完成了Mn^{2+}向Mn^{4+}的转化，实现了Mn^{2+}从水中的去除。

2.2 地下水中铁锰离子同层去除研究

2.2.1 生物滤层同时去除地下水中铁、锰离子研究❶

地下水是水资源不可缺少的重要组成部分，近年来，随着经济的高速发展，地表水污染日益严重，地下水资源更受到人们的格外关注。地下水中往往含有过高的铁和锰，严重影响了人们对于地下水的使用，必须找到经济有效的办法来去除水中的铁、锰，以便使地下水更好地为人类服务。在确立了生物固锰除锰机理之后，近年来对铁锰的氧化机制有了更深入的了解：Fe^{2+}的去除机制是自催化氧化反应，生成的含水氧化铁是铁离子氧化的催化剂；Mn^{2+}的氧化是在以生物固锰为核心的生物群系的作用下进行的，在pH中性条件下只有生物滤层中的微生物数量达到一定程度才能很好地被去除。然而地下水中的Fe^{2+}、Mn^{2+}几乎是同时存在的，那么在生物滤层中的Fe^{2+}、Mn^{2+}氧化去除是否可以同时进行呢？通过一级曝气、一级过滤的除铁、除锰装置试验和生产性试验，探求了在生物滤层中同时去除铁、锰的规律，完善了生物固锰除锰理论。

1. 小型试验

（1）试验装置

试验滤柱（图2-20）材质为有机玻璃，柱高为3000mm，直径为100mm，采用锰砂滤料，垫层厚为300mm，滤层厚为1200mm，滤料粒径为0.6～1.2mm。

（2）分析项目和检测方法

主要分析项目和检测方法见表2-13。

（3）接种培养

锰砂滤柱经过生物接种和40d以上的培养，逐渐进入了生物除铁除锰滤层的成熟阶段，系统进入稳定运行期并对铁、锰有了较高的去除率。稳定运行期中滤层的生物数量和活性都保持了相对的稳定性，并且具备了一定的缓冲能力。

---

❶ 本文成稿于2001年8月，作者：李冬、张杰。

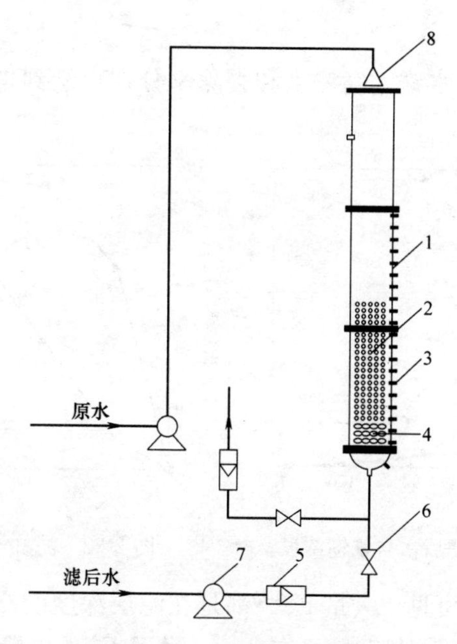

图 2-20　试验装置示意图

1—滤柱；2—锰砂滤料；3—取样口；4—垫层；5—流量计；6—阀门；7—水泵；8—喷淋头

（4）原水水质

原水采自长春市双阳区含铁、锰深井水，该区不同地点的地下水中铁、锰含量有较大的变化。水中铁的平均含量为 7mg/L，锰的平均含量为 0.8mg/L，具体数据见表2-14。

试验时为了检验单级过滤的除锰能力，在原水中人工添加了 Mn^{2+} 离子。

分析项目和检测方法　　**表 2-13**

分析项目	检测方法	分析项目	检测方法
Fe^{2+}	邻菲罗啉分光光度法	Mg^{2+}	EDTA 络合滴定法
总铁	邻菲罗啉分光光度法	SiO_2	硅钼黄光度法
Mn^{2+}	甲醛肟分光光度法	浊度	浊度仪
DO	溶解氧测定仪	水温	温度计
pH	pH 计	氨氮	纳氏试剂光度法
Ca^{2+}	EDTA 滴定法		

原水水质　　**表 2-14**

项　目	检测值	项　目	检测值
水温(℃)	9.00	DO(mg/L)	0.9
pH	6.97	NH_4-N(mg/L)	0.4
色度(度)	<0.8	NO_2-N(mg/L)	未检出
浊度(NTU)	40.00	NO_3-N(mg/L)	未检出
钙(mg/L)	40.5	阴离子合成洗涤剂(mg/L)	<0.1
镁(mg/L)	7.82	硫酸盐(mg/L)	41.6
铁(mg/L)	7.0	Cl^-(mg/L)	<0.1
锰(mg/L)	0.8	溶解性总固体(mg/L)	110
HCO_3^-(mg/L)	139.61	挥发酚(mg/L)	<0.002
总硬度(mg/L)	76.1		

（5）试验结果

将沿滤层深度的滤后水铁、锰浓度和去除率分别点绘到坐标当中，结果见图 2-21 和图 2-22。

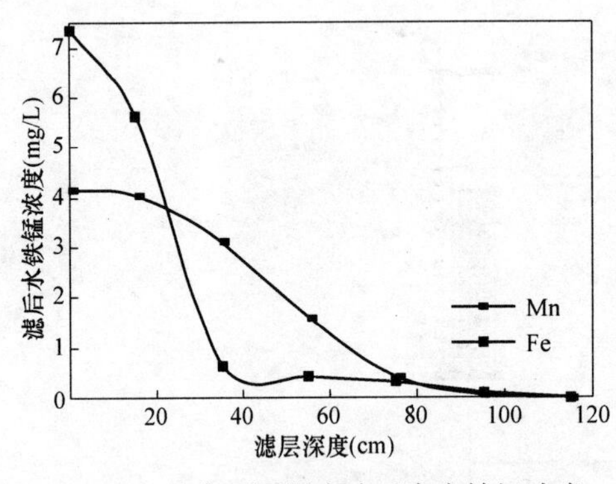

图 2-21　滤柱不同深度滤后水含铁锰浓度

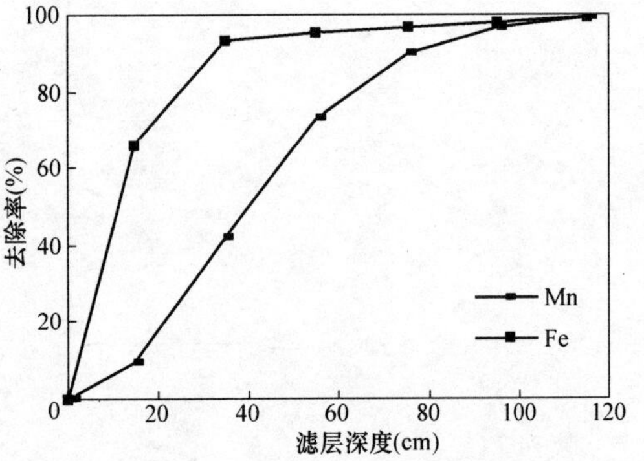

图 2-22　滤柱不同深度铁锰去除率

由图 2-21 和图 2-22 可见，大量 Fe^{2+} 都是在滤层深度的 0～40cm 之内去除的，在离表层 20cm 之内去除率就达 70%，在 40cm 附近 Fe^{2+} 去除率曲线变得较平缓。而 Mn^{2+} 大部分是在滤层深度的 20～80cm 之内去除，Mn^{2+} 的氧化滞后于 Fe^{2+} 的氧化，但绝不是 Fe^{2+} 氧化完了才进行 Mn^{2+} 的氧化，在生物滤层中 Fe^{2+}、Mn^{2+} 是分别按着各自的氧化机制同时被氧化去除的，既然 Fe^{2+}、Mn^{2+} 在生物滤层中能同时被去除，那么 Fe^{2+} 的氧化与 Mn^{2+} 的氧化、或者 Fe^{2+} 的氧化与除锰菌的代谢就会有一定的关系，或者干扰，或者互利，或者单向互利，这一点将在后期发表的论文中得到解释。

从图 2-22 可知，铁的去除率在第 2 取样口处（滤层深度为 40cm）已达到 90%以上；而锰的去除率则在第 4 取样口处（滤层深度为 80cm）达到 80%以上，到第 5 取样口处（滤层深度为 100cm）才达 90%以上，到第 6 取样口处（滤层深度为 120cm），则铁、锰去除率都达到了 95%以上，而且水质稳定。

2. 生产性试验

（1）工艺流程

某经济开发区供水厂的设计规模为 3000m^3/d，普通快滤池的容积为 2.4m×3.6m×3m，采用跌水曝气，跌水高度为 2m，单宽流量为 20m^3/(m·h)，滤料为马山锰砂，粒径为 0.5～1.9mm，滤层厚为 900mm，其工艺流程见图 2-23。

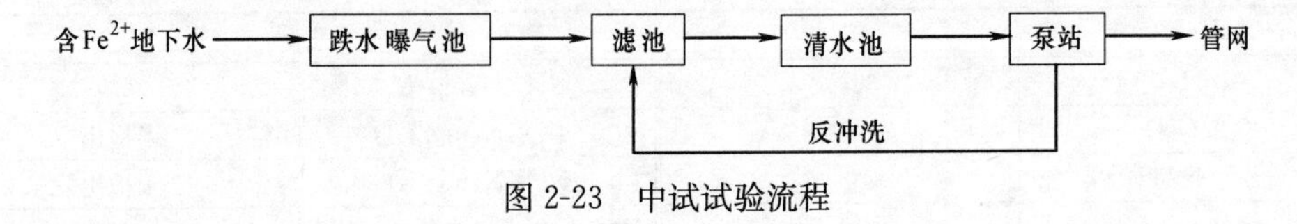

图 2-23　中试试验流程

（2）原水水质

原水水质见表 2-15。

（3）试验结果

利用生产性试验滤池进行生物接种与培养，同时通入曝气后的地下水进行过滤。经过春、夏、秋、冬4季，铁、锰都可以很好地被去除，常年出水水质稳定。对该滤池的进、出水水质进行了长达半年的检测，其结果见表2-16。

原水水质 **表2-15**

项目	检测值	项目	检测值
水温(℃)	9.00	NH_4-N(mg/L)	0.2
pH	6.9	NO_2-N(mg/L)	未检出
色度(度)	10.00	NO_3-N(mg/L)	未检出
浊度(NTU)	40.00	CO_2(mg/L)	28.34
钙(mg/L)	42.69	SiO_2(mg/L)	20.00
镁(mg/L)	7.82	耗氧量(mg/L)	0.56
铁(mg/L)	8.00	总硬度(mg/L)	77.70
锰(mg/L)	1.4	总碱度(mg/L)	6.41
HCO_3^-(mg/L)	139.61	总酸度(mg/L)	0.64
DO(mg/L)	0.9		

生产性试验滤池的进、出水水质 **表2-16**

日期	pH		铁(mg/L)		锰(mg/L)		氨氮(mg/L)		去除率(%)		滤层细菌数量(个/mL)
	原水	出水	原水	出水	原水	出水	原水	出水	锰	铁	
5月下旬	6.85	6.88	7.45	0.28	1.24	1.17	0.526	0.135	5.6	96.2	
6月上旬	6.92	6.89	8.59	0.07	1.32	1.2	0.478	0.146	9	99.1	1×10^3
6月下旬	6.9	6.86	9.03	0.08	1.3	1.18	0.362	0.067	9.2	99.1	
7月上旬	6.92	6.84	9.13	0.24	1.26	1.11	0.45	0.116	11.66	97.4	
7月下旬	6.88	6.85	9.69	0.19	1.27	1.08	0.423	0.047	15.35	98.9	1×10^4
8月上旬	6.84	6.85	8.78	0.07	1.19	0.82	0.415	0.074	31.09	99.1	
8月下旬	6.88	6.95	8.67	0.17	1.25	0.32	0.525	0.042	73.55	98.0	1×10^5
9月上旬	6.89	6.98	8.71	0.27	1.26	0.04	0.434	0.019	96.75	96.9	
9月下旬	6.86	6.88	10.16	0.12	1.33	0.01			98.95	98.9	
10月上旬	6.88	6.94	8.88	0.05	1.28	0	0.585	0	99.76	99.46	
10月下旬	6.76	6.82	9.58	0.26	1.24	0.02	0.585	0.039	98.14	97.3	
11月上旬					1.22	0	0.358	0.009	100		
11月下旬	6.91	6.92	8.19	0.09	1.22	0	0.478	0.017	100	99.0	1×10^6
12月上旬			9.7	0.07	1.33	0.03	0.471	0	97.97	99.2	
12月下旬	6.86	6.81	9.33	0.08	1.41	0.06			96.03	99.2	
1月上旬	6.84	6.85	9.88	0.16	1.38	0.04			97.38	98.4	
1月下旬	6.88	6.95	9.76	0.06	1.41	0.01	0.478	0	99.22	99.3	

注：在9月填了一次新砂。

从表2-16可以看出，铁和锰在生产滤池中都可以很好地被去除，并且滤池运行稳定。从试验结果看，原水含铁为8～9mg/L、锰为1.2～1.4mg/L，属于铁、锰含量高的地下水，在滤层完全成熟的条件下，铁、锰可以很好地在同一生物滤层中去除。随着滤层中生物量的增加，锰的去除效果随之提高，当生物量达到 10^5～10^6 个/mL 之上，锰几乎可以完全被去除，生物滤层对氨氮也有良好的去除效果。

3. 结论

(1) Fe^{2+}、Mn^{2+} 性质极其相近，在地下水中几乎同时存在，经生物滤层，它们可以同时被氧化去除。

(2) Fe^{2+} 在滤层上部 20～40cm 之内大部分被氧化去除，35cm 以下则去除率曲线变得很平缓；而 Mn^{2+} 的氧化速率开始较微弱，大部分是在滤层的 20～80cm 之内去除的，但并不是 Fe^{2+} 氧化终了才进行 Mn^{2+} 氧化的，所以先除铁后除锰的传统概念是不确切的。

(3) 对我国大部分地区含铁、锰地下水的处理，都可以采用一级曝气、一级过滤的简缩流程来替代二级曝气、二级过滤的长流程。

(4) 生物滤层对氨氮也有良好的去除效果。

2.2.2 生物滤层中 Fe^{2+} 的作用及对除锰的影响❶

铁、锰的化学性质相似，在自然界中常常共存，地下水中的 Fe^{2+}、Mn^{2+} 离子往往相伴而生，而且在含量比例上相当稳定，Fe^{2+} 的浓度大致高于 Mn^{2+} 浓度一个数量级。Fe^{2+} 在无菌接触氧化滤层中的氧化是自催化氧化，接触催化剂是 Fe^{2+} 氧化反应的生成物（含水氧化铁）。Mn^{2+} 在 pH 中性域几乎不能被溶解氧所氧化，只能在生物滤层中进行生物氧化，笔者在试验中证实了 Fe^{2+}、Mn^{2+} 离子可以在生物滤层中同时被去除，突破了一级除铁、二级除锰的传统工艺技术，本文着重研究 Fe^{2+} 在除锰菌代谢中的作用。

1. 生物滤层与无菌滤层的除铁试验

(1) 材料和步骤

有机玻璃柱 2 根，直径为 100mm，高为 2.5m。一根内装成熟锰砂滤料，厚为 1200mm，制成生物滤柱；另一根装无菌锰砂生料，制成无菌滤柱。在已经去除铁、锰的自来水中加入 $FeSO_4$ 溶液，配成一定浓度的只含铁不含锰的试验用原水，经跌水曝气后分别进入生物滤柱和无菌滤柱进行过滤。滤速为 17.8m/h。正常运行两周，每天取进、出水水样进行水质分析，分析两个滤柱中铁的去除状况。

(2) 结果与分析

从图 2-24 和图 2-25 可知，1) 无论是在生物滤柱还是在无菌滤柱中，Fe^{2+} 氧化一直很稳定，尽管进水中 Fe^{2+} 浓度波动很大，两根滤柱出水的 Fe^{2+} 含量都趋近于痕量。2) 原水经曝气后，总会生成一定的 Fe^{3+} 离子，Fe^{3+} 离子呈固态微细颗粒状悬浮于水中（该试验原水中的 Fe^{3+} 离子占据总铁的大半）。在无菌滤柱中，尽管 Fe^{2+} 能很好地被去除，但对 Fe^{3+} 的去除能力较差，总有一部分 Fe^{3+} 粒子透过滤层而使出水总铁浓度偏高，在高滤速（17.8m/h）条件下达 0.5～0.9mg/L。3) 生物滤柱的出水总铁浓度都在 0.3mg/L 之下，绝大多数情况下低于 0.2mg/L，相当部分达到 0.1mg/L 之下。这说明原水中的 Fe^{3+} 离子微粒绝大多数被生物滤层所捕捉，从而得到了总铁含量低且稳定

❶ 本文成稿于 2001 年 9 月，作者：张杰、李冬。

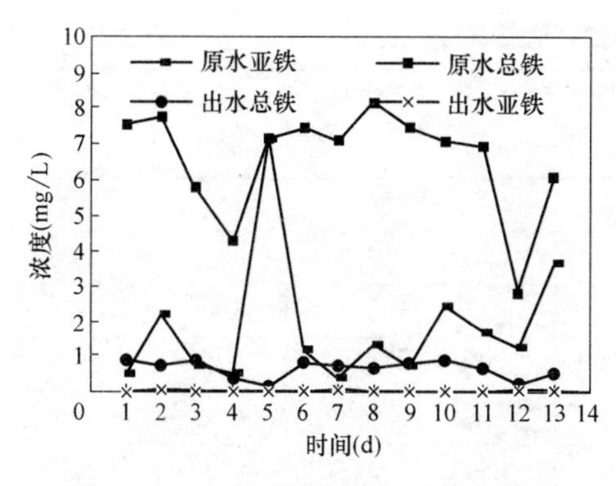

图 2-24　无菌新滤柱单铁过滤曲线图

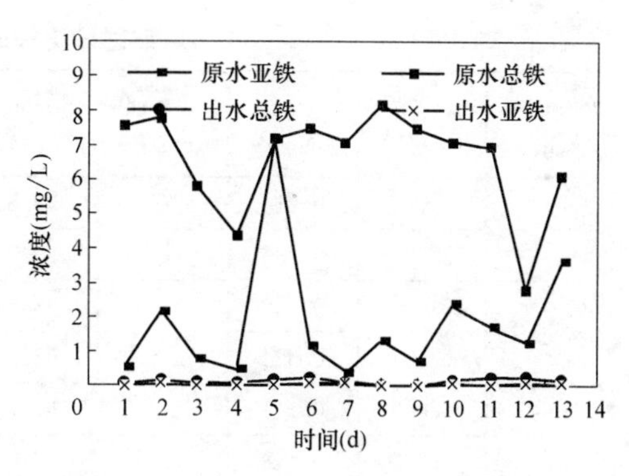

图 2-25　成熟生物滤柱单铁过滤曲线图

的净化水。

以上的试验结果可以说明，生物滤层和无菌滤层在滤层构成上有较大的区别。生物滤层培养完成后，在滤料表面及滤料的缝隙里存在着大量的细菌，而这些细菌同铁、锰氧化物形成了实际的菌泥胶状物，充满了生物滤层的空间，具有捕捉截留 Fe^{3+} 的能力。而无菌滤层不具备这样的特点，滤料表面形成的含水氧化铁的活性滤膜能很好地吸附水中 Fe^{2+} 离子，并在其表面氧化形成新的含水氧化铁。Fe^{3+} 离子则不能被滤料表面活性滤膜所捕捉，只能通过滤层的筛滤作用而截留，其中相当部分的 Fe^{3+} 微细粒子穿透滤层的曲折空隙随水流出滤层。

2. 单纯含锰水生物滤层过滤试验

（1）试验材料与步骤

试验用滤柱同前。首先将滤料层进行生物接种并培养至成熟，使滤层中微生物量达 10^6 个/mL 湿砂的水平。然后向滤柱通入只含锰不含铁的原水，连续运行 120h 后，向原水中注入二价铁盐，继续运行。在运行过程中，每隔一定时间取水样，分析铁、锰含量，观察铁、锰的氧化去除动态。

（2）试验结果

试验共进行了 627h，铁、锰的去除情况见表 2-17。单纯含锰水通入成熟的生物滤柱中，在初始时间段内对锰的去除效果甚好，进水 Mn^{2+} 浓度约 5mg/L，出水 Mn^{2+} 浓度在 0.2mg/L 之下。但其后除锰效果连续下降，直到 90h 时，出水锰浓度与进水锰浓度相同，滤层完全丧失了除锰能力。再继续通入单纯含锰水，出水锰浓度继续上升，超过进水锰浓度。在 120h 时开始向试验原水中加入二价铁盐，结果发现经几十小时后，出水锰浓度开始减少，到加入 Fe^{2+} 126h 时，出水锰浓度又开始低于进水锰浓度，滤柱除锰能力有恢复的迹象。继续运行下去，滤柱除锰能力渐渐提高，直至运行时间达 627h，锰的去除率恢复到 63.4%。

（3）分析与讨论

1）试验为考察成熟的生物滤层对 Mn^{2+} 的去除能力，有意将进水 Mn^{2+} 浓度提高到 4～5mg/L，是常见地下水最高含锰量的 2～3 倍；滤速也提高到 10.19m/h，是正常除铁除锰滤池滤速的 1.5～2 倍。在此运行工况条件下，成熟滤层表现了很强的除锰能力，对 Mn^{2+} 的去除率达 95%。

成熟锰砂滤柱的单锰过滤试验结果　　表 2-17

运行时间(h)	原水锰(mg/L)	出水锰(mg/L)	原水铁(mg/L)	锰去除率(%)	运行时间(h)	原水锰(mg/L)	出水锰(mg/L)	原水铁(mg/L)	锰去除率(%)
0	5.002	0.210	0	95.8	144	4.49	6.13	5.9	−36.5
2	5.002	0.236	0	95.2	168	4.47	5.96	0	−33.4
3	5.002	0.159	0	96.8	192	4.55	5.81	5.76	−27.6
4	5.002	0.324	0	93.5	216	4.74	6.06	5.41	−27.7
5	5.002	0.113	0	97.7	240	5.15	5.48	5.84	−6.4
6	5.002	0.148	0	97.0	264	4.66	4.54	4.41	26
7	5.002	1.01	0	79.8	288	4.72	4.37	3.25	72
8	5.002	0.896	0	82	312	4.80	4.12	2.39	14.2
9	5.002	1.124	0	77.5	336	4.73	3.62	0.79	23.5
10	5.002	0.333	0	93.3	348	4.69	4.92	0	−4.8
11	5.002	0.298	0	94.0	360	4.85	3.11	0	35.8
12	5.002	0.306	0	93.8	387	4.22	3.90	2.58	7.4
14	4.571	0.298	0	93.4	435	1.76	1.25	1.09	28.9
20	4.861	1.063	0	78.1	459	2.48	1.81	1.53	26.9
41	4.536	1.871	0	58.7	483	2.27	1.94	1.47	14.3
44	4.615	1.696	0	63.2	507	2.06	0.91	4.76	55.4
47	4.316	1.151	0	73.3	531	2.42	1.66	5.54	31.2
74	4.430	2.153	0	51.3	555	2.28	0.83	4.28	63.2
96	4.571	1.854	0	59.4	579	1.87	1.07	5.61	42.6
108	4.870	2.865	0	41.1	603	2.20	1.04	3.59	52.7
120	5.230	6.303	4.93	−20.5	627	2.21	0.81	5.18	63.4

2）单纯含锰水通入成熟生物滤层，运行几小时之后就开始漏锰，充分说明了生物滤层的除锰能力与 Fe^{2+} 的存在和氧化还原密切相关。漏锰的原因是滤层中以除锰菌为核心的生物群系的平衡遭到了破坏，丧失了除锰能力。

3）在进水中加入一定量的 Fe^{2+} 后，滤层的除锰能力就渐渐得以恢复，可以断定 Fe^{2+} 参与了生物滤层中细菌的代谢。Fe^{2+} 虽然在无菌滤层中也可以迅速地经接触氧化而被去除，但是在生物滤层中确实也参与了除锰菌的代谢，并且在维持生物滤层的生态平衡与稳定方面是不可缺少的。

3. 结论

Fe^{2+} 很容易在有溶解氧存在的条件下发生化学氧化，但试验证明，在生物除铁除锰滤层中，铁确实参与了生物氧化。同时，生物滤层对进入滤层前已经氧化的 Fe^{3+} 所形成的小颗粒胶体，有很好的截滤作用。滤层经接种、培养成熟后，对 Mn^{2+} 具有很强的氧化性能，在这一培养成熟的滤层中存在着大量的铁、锰氧化细菌和其他的一些微生物群系。单锰过滤试验表明，这一由微生物群系所组成的生态系统的稳定是需要铁的参与来维系的。

2.2.3 除铁除锰生物滤层内铁锰去除的相关关系[1]

众所周知，铁、锰的物理、化学性质极其相近，在自然界中常常共同参与物理、化学和生物学的变化。而且除铁除锰生物滤层中，铁、锰又同是营养底物，因此理论上说，铁、锰氧化细菌对这两种营养底物的利用应该是有一定原则的，铁、锰的氧化去除之间也应存在一定的关系，或者互惠互利，或者互相竞争。明确生物滤层中铁、锰氧化去除的相关关系是确定生物除铁除锰技术应用潜力和铁、锰氧化菌氧化机制的基础。

1. 材料与方法

(1) 试验装置

试验中以有机玻璃滤柱模拟实际生产中的滤池。滤柱直径 250mm，高 3000mm，以粒径 0.8～1.2mm 的石英砂为滤料，滤层厚 1100mm，以粒径 1～2mm 的卵石为垫层，垫层厚 300mm。以喷淋曝气代替生产中的跌水弱曝气。试验装置见图 2-20。

(2) 试验水质和运行参数

试验原水为人工配制的含铁含锰水。经喷淋曝气后，水中溶解氧浓度控制在 4～5mg/L，滤柱的运行参数为：滤速 5m/h，反冲洗强度 11L/(s·m^2)，反冲洗时间 3min，工作周期 48h。每 24h 改变进水中铁、锰的浓度并相应取滤柱进出水水样检测铁、锰的含量，分析进水中不同铁、锰浓度条件下，成熟生物滤柱除铁除锰能力的变化。

试验中分析项目主要有 Fe^{2+}、Mn^{2+}、Fe^{3+}、DO 等，均采用国家标准分析方法。

2. 结果与讨论

(1) 进水中铁浓度变化对铁、锰去除效果的影响

在实验室模拟生物滤柱成熟以后，保持进水中锰的含量近似于恒定（在较小范围内波动），将进水铁的浓度在较小的范围内逐渐提升（0.2～2.5mg/L），分析出水铁、锰浓度的变化。试验共进行 432h，结果见图 2-26。由于在试验过程中，出水铁一直为痕量，所以，图中没有标注（图 2-27、图 2-28 同）。

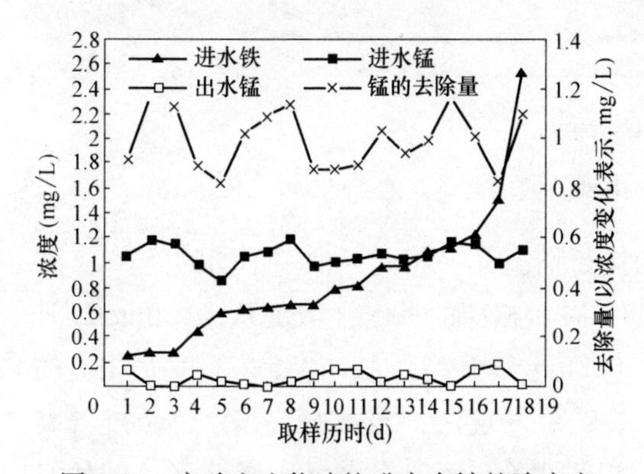

图 2-26 实验室生物滤柱进水中铁的浓度变化对除锰的影响（进水锰 0.97～1.19mg/L）

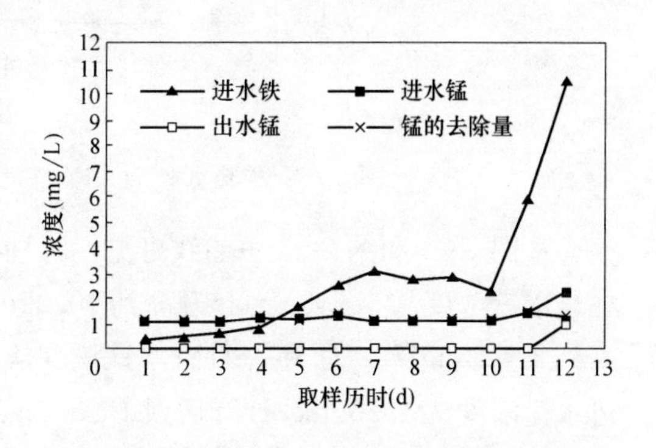

图 2-27 实验室 4# 生物滤柱进水中铁的浓度变化对除锰的影响（进水锰 1.2～1.7mg/L）

[1] 本文成稿于 2006 年，作者：李冬、张杰。

由图 2-26 中曲线可见，当进水锰的含量保持在 0.8～1.19mg/L 之间，进水铁的含量从 0.25mg/L 逐渐提高到 2.54mg/L 时，尽管出水锰浓度也相应出现波动，但波动的幅度很小。可以认为进水铁、锰在该浓度范围内，铁浓度的提高对生物滤层中锰的去除几乎没有影响。

将进水铁的浓度在较大的范围内逐渐提升（0.5～10.5mg/L），分析滤柱出水中铁、锰浓度的变化。试验共进行 288h，结果见图 2-27。

图 2-27 是生物滤柱除锰量随进水铁浓度变化的波动曲线。由图 2-27 中曲线可见，维持进水锰浓度为 1mg/L 左右，当进水铁浓度从 0.35mg/L 逐渐增加到 3.075mg/L 时，出水锰浓度一直为痕量；当进水铁浓度继续升高到 6mg/L，同时进水锰浓度从 1.07mg/L 升高到 1.46mg/L 时，滤柱出水锰浓度仍保持为痕量。当进水铁浓度升高到 10.54mg/L 时，出水锰浓度骤然升高为 1.354mg/L，锰的去除量也从 1.45mg/L 减少到 1.17mg/L。单从这一现象并不能断定锰的去除量的降低是由进水铁含量升高所致。因为这期间由于进水锰计量泵的故障而导致进水锰浓度从 1.46mg/L 升到 2.528mg/L。进水锰浓度的升高也可能是导致除锰量下降的一个原因。为了彻底探明其原因，又进行了如下试验。

选择另外两个成熟状况相同的生物滤柱（2#，3#），保持两个生物滤柱在相同的参数下运行，即进水铁、锰含量，滤速（5m/h），反冲洗参数等均相同。逐渐提高进水中铁的含量，同时检测滤柱出水中铁、锰浓度的变化，计算锰去除量，结果见图 2-28 和图 2-29。由于出水铁浓度一直为痕量，所以图中未标注。

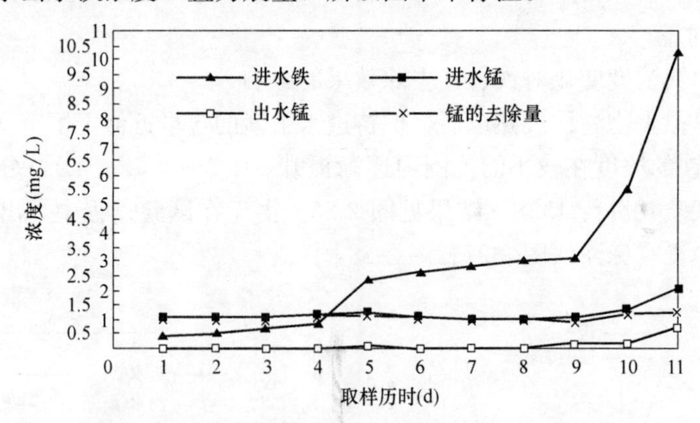

图 2-28 实验室 2# 生物滤柱进水中铁的浓度变化对除锰的影响

从图 2-28 和图 2-29 中曲线可见，滤柱的运行情况几乎相同，惟一不同的是，2# 滤柱进水铁浓度从 5.503mg/L 升高到 10.32mg/L 时，相应的进水锰浓度从 1.19mg/L 升高到 2.023mg/L。而 3# 滤柱进水铁浓度从 5.642mg/L 升高到 10.295mg/L 时，相应的进水锰浓度从 1.265mg/L 降低到 1.135mg/L。结果发现，2# 滤柱最终出水锰浓度升高到 0.7567mg/L，而 3# 滤柱并没有因进水锰浓度的降低而使出水锰浓度下降，其最终出水锰浓度仍然升高到 0.6543mg/L。因此可以肯定，出水锰浓度升高并不是由进水锰浓度的微量变化引起的，而是由进水铁浓度的急剧升高所引起的。成熟生物滤柱的试验曲线（图 2-28）已表明，当滤柱进水锰浓度为 1mg/L 左右时，进水铁浓度在小于

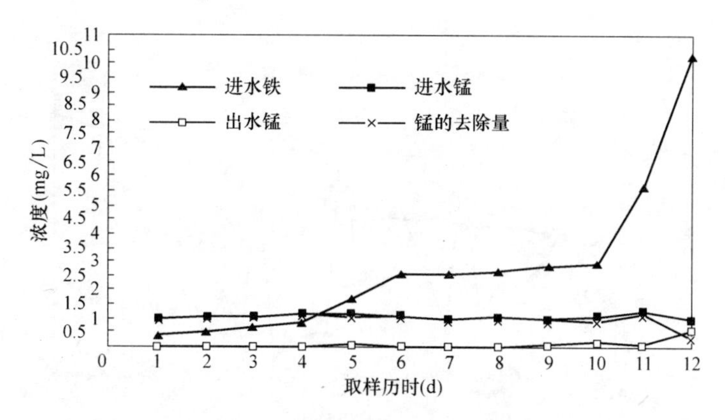

图 2-29 实验室 3# 生物滤柱进水中铁的浓度变化对除锰的影响

6mg/L之前，进水铁浓度的变化对除锰量几乎没有影响。但是当进水铁浓度超过6mg/L之后，就会对滤层的除锰量产生一定的影响。黑龙江省兰西县生物除铁除锰水厂滤池除铁极限试验已经表明，生物滤层的进水铁浓度负荷极限为 14mg/L，由此可以推断，当进水铁浓度大于 6mg/L 而小于 14mg/L 时，经过一定时间的培养后，仍可达到除锰的理想效果。但进水铁浓度超过一定的范围就会对生物滤层除锰能力产生影响。

(2) 进水中锰浓度变化对铁、锰去除效果的影响

以上试验都是从进水铁浓度变化来考虑生物滤层铁、锰去除的相关关系。那么进水锰浓度变化对生物滤层除铁除锰能力是否有影响将在下面的试验中得到答案。

1) 进水中锰浓度变化对除锰效果的影响

实验室模拟生物滤柱成熟以后，保持进水中铁浓度在较低的范围内（0.2～2.2mg/L），根据前面的试验结论，当进水铁浓度<6mg/L，对除锰效果无影响，因而可以排除进水铁浓度变化对除锰能力的影响。每 24h 改变进水中锰浓度并取进出水水样，分析其铁、锰浓度变化。试验共进行 32d，结果见图 2-30。

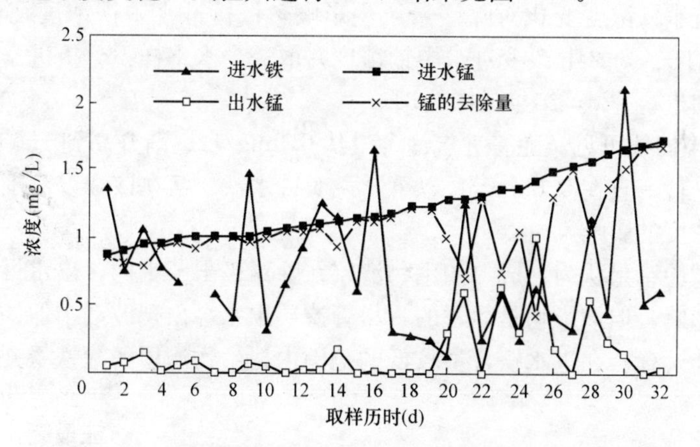

图 2-30 生物滤柱进水中锰的浓度变化对除锰的影响

从图 2-30 可见，当进水铁浓度在较小的范围内波动时，在进水锰浓度由 0.85mg/L 逐渐升高至 1.3mg/L 的过程中，出水锰含量虽然偶尔出现波动，但几乎都接近痕量。但当进水锰含量升高到 1.3mg/L 之后，尽管进水铁浓度略有降低，出水锰含量却普遍

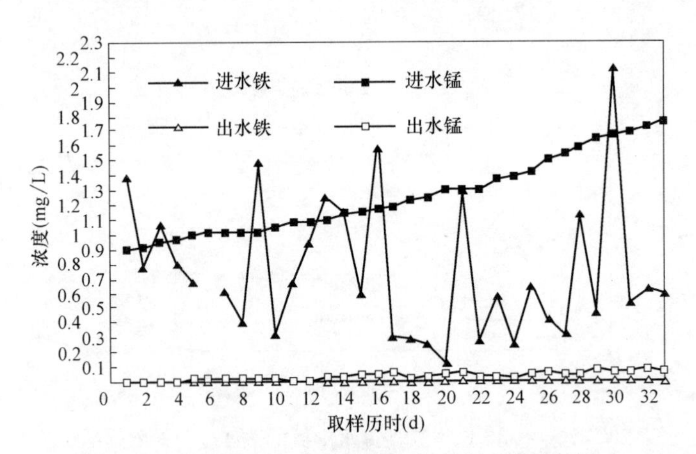

图 2-31　生物滤柱进水中锰的浓度变化对除铁的影响

升高，大部分在 0.2～0.6mg/L 之间，且波动幅度较大，生物滤层锰的去除量也随之大幅度降低，尽管不是直线下降，而是呈现出跌宕起伏的变化过程，但总的趋势仍是下降的。当进水锰的浓度缓缓升高到 1.676mg/L，同时将进水铁浓度突然从 0.465mg/L 升高到 2.2mg/L 之后，滤层除锰量并没有降低，反而略有升高。此后继续升高进水锰浓度至 1.692mg/L，出水锰又降低到痕量。由此可知，尽管随着进水锰浓度的升高，出水锰浓度会产生波动，但这只是生物滤层抵抗冲击负荷的一种表现。说明由于进水锰浓度的变化而引起滤层除锰能力的波动是暂时的，一旦生物滤层适应这一环境变化后，就又表现出稳定而高效的除锰能力。因此可以说，出水锰浓度波动的短暂过程也是滤层除锰能力增强的过程。在该试验的末期，出水锰浓度又逐渐降低为痕量这一现象就说明了这一点。同时试验再一次验证了铁在该浓度范围内对除锰没有影响，而影响滤层除锰量波动的主要因素是进水锰浓度。

2）进水中锰的浓度变化对除铁效果的影响

为了避免进水铁浓度变化对除锰量产生影响，保持进水中铁浓度在较低的范围内（0.13～2.2mg/L）。每 24h 改变进水中锰浓度并取进出水水样，分析进水中铁、锰含量的变化。试验共进行 32d，结果见图 2-31。

由图 2-31 中曲线可见，随着进水锰含量从 0.9mg/L 逐渐升高到 1.692mg/L，出水铁一直为痕量，锰一直在 0.05mg/L 以下，说明进水铁、锰在该浓度范围内，除铁量完全不受进水锰浓度的影响。

综合上述试验结果认为，成熟的生物滤层在除锰极限范围内，出水锰浓度的波动受进水锰浓度的影响，但该影响是短暂的，尽管滤层出水会出现波动，但一段时间后，滤层最终出水仍能达标。在进水铁含量较低的范围内，生物滤层的除铁量几乎不受进水锰浓度的影响。

3. 结论

通过改变成熟生物滤柱进水铁、锰浓度，检测相应的出水铁、锰浓度，得出生物滤层铁与锰的去除在一定条件下是存在相关关系的。即，除铁除锰生物滤层，进水铁、锰在一定的浓度范围之内（铁浓度<6mg/L 锰浓度<2mg/L），进水中、铁锰浓度变化不影响滤层的除铁除锰能力；当进水中锰浓度小于 2mg/L，铁浓度>6mg/L 时，进水铁浓度的变化将会引起出水锰浓度的波动，但经一定时期的培养，其除锰能力又得到恢复，出水水质仍然达标。若进水铁浓度超过14mg/L，将影响滤层的除锰性能，而且在其他运行参数相同的条件下，同一生物滤层对含铁量相对较低的地下水除锰能力要高于含铁量高的地下水除锰能力。

2.2.4 除铁除锰生物滤层内铁的氧化去除机制探讨❶

传统除铁除锰技术对于原水中Fe^{2+}的去除卓有成效。但对于原水中的锰和进入滤层前就氧化生成的Fe^{3+}微小胶体颗粒的去除效果极差，因而影响了滤池的出水水质。相比之下，生物除铁除锰工艺取得了巨大的突破，不但对锰的去除很彻底，而且生物滤层对Fe^{3+}微小胶体颗粒也有很好的吸附与网捕作用。这充分说明，生物滤层对进入滤层的不同形态的铁的去除更彻底。这是由于在生物滤层中Fe^{2+}不但参与了铁、锰氧化细菌的代谢，还是维持滤层生态稳定不可缺少的因素。由于铁易于被溶解氧所氧化，因此，生物滤层中铁的氧化除了细菌的作用外，化学氧化的作用也是存在的。因此，生物除铁除锰滤层在一定的运行工况下，铁的化学氧化去除与生物氧化去除的关系如何是值得深入探讨的。这将有助于铁、锰氧化细菌生理研究和生物除铁除锰工程应用技术的进步。

1. 材料与方法

（1）试验装置

试验装置采用有机玻璃滤柱模拟实际生产中的滤池。滤柱直径$DN=250$mm，高$H=3000$mm，以粒径$d=0.8\sim1.2$mm的石英砂为滤料，滤层厚1100mm。以粒径$d=1\sim2$mm的卵石为垫层，垫层厚300mm。以喷淋曝气代替跌水弱曝气。试验装置如图2-20所示。

（2）试验水质和运行参数

空气接触氧化除铁试验原水为人工配制的含铁水。采用空气接触氧化除铁工艺，含铁水经喷淋曝气后，溶解氧浓度控制在4～5mg/L，滤速8m/h，每24h改变进水铁浓度并相应取滤柱进出水水样检测其铁浓度，分析不同进水铁浓度条件下，铁的去除量变化。

生物滤柱的试验原水为天然的含铁含锰地下水，原水含铁量平均为0.03～0.3mg/L，含锰量平均为2～3mg/L，是典型的微铁高锰地下水。培养阶段滤速为1～2m/h，反冲洗强度11～12L/(s·m^2)，反冲洗历时4min，工作周期96h。经喷淋曝气后水中的溶解氧约为4～5mg/L，成熟后以滤速5m/h运行，工作周期为24h。

试验中分析项目主要有Fe^{2+}、Mn^{2+}、DO、Fe^{3+}等均采用国家标准分析方法。

2. 结果与讨论

（1）弱曝气条件下（DO=4～5mg/L）空气接触氧化除铁极限探求

利用无菌石英砂滤柱进行空气接触氧化除铁极限试验，试验共进行了73d，结果如图2-32所示。由图中曲线可知，随着进水铁浓度的升高，起初无菌滤柱空气接触氧化

---

❶ 本文成稿于2005年，作者：李冬、张杰。

除铁能力并无变化，在进水铁浓度达到 22.78mg/L 以前，出水铁均为痕量，铁的去除率几乎全部为 100%。但当进水铁浓度升高到 22.78mg/L 时，出水铁浓度从痕量急剧升高到 2.98mg/L，若以进、出水中铁的浓度变化表示滤层的除铁能力，则此时对应的铁的去除量为 19.8mg/L，铁的去除率由 100%下降到 87.4%。此后继续增加进水铁浓度，出水铁浓度亦不断上升，尽管并非直线式的升高，而是呈现出起伏波动的过程，但其总的趋势仍是上升的。当进水铁的浓度达到 48mg/L 时，出水铁浓度为 25.17mg/L，此时对应的铁的去除量为 22.83mg/L，铁的去除率降低到 46.89%。若继续提高进水铁的浓度，出水铁含量仍继续上升，去除率也会降低到更低的水平。但可以发现，随着进水铁浓度的升高，尽管去除率不断下降，但铁的去除量却相对稳定，始终维持在 22～23mg/L 之间。若以进水铁浓度为横坐标，以出水铁浓度为纵坐标绘制相关曲线可以得到图 2-33。

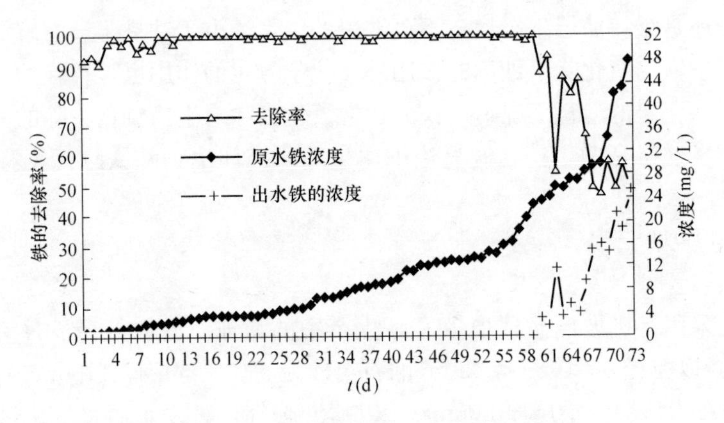

图 2-32　空气接触氧化除铁的极限浓度

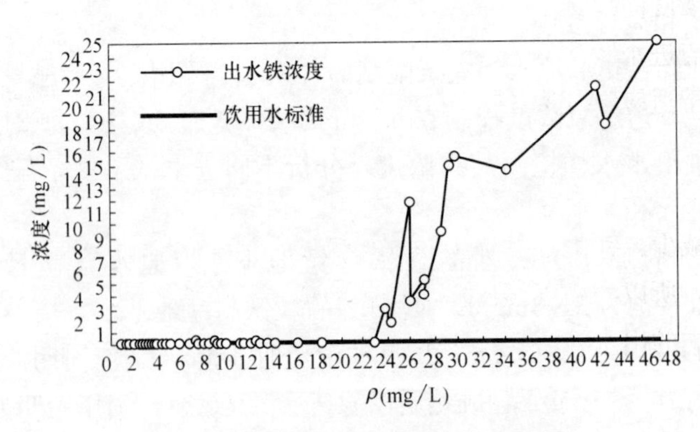

图 2-33　空气接触氧化除铁的极限浓度

图中黑色实线是国家饮用水标准中规定的铁的允许含量（0.3mg/L）。该实线与图中曲线的交点之横坐标就是弱曝气接触氧化除铁工艺进水中铁浓度的极限值。可以清楚地看出，进水铁浓度在 22～23mg/L 以下，采用空气接触氧化除铁工艺，在弱曝气条件下出水铁也能达到饮用水水质标准的要求。因此可以确定，在原水经弱曝气，溶解氧含量达 4～5mg/L 的条件下，空气接触氧化除铁工艺进水铁的浓度负荷极限约为 22～23mg/L。

(2) 极端营养条件下生物滤柱对铁的营养需求

1) 培养期内铁、锰氧化细菌对铁的营养需求

既然空气接触氧化除铁工艺对铁的去除很有效，而且已有研究表明生物除铁除锰工艺不论在除铁与除锰方面均明显优于传统的除铁除锰工艺，所以生物滤层的除铁效果是不必担心的，因而在以下的实验中仅以除锰能力为衡量标准来讨论滤层的性能而不涉及对铁的去除效果。培养阶段进水锰含量平均为 2mg/L，进水中铁的浓度均在 0.1mg/L 以下，前 26d 进水铁的平均含量为 0.095mg/L，此后又降低为 0.037mg/L。连续取样分析出水锰浓度，通过滤层除锰活性的变化来讨论铁的最低营养极限。试验结果见图 2-34。

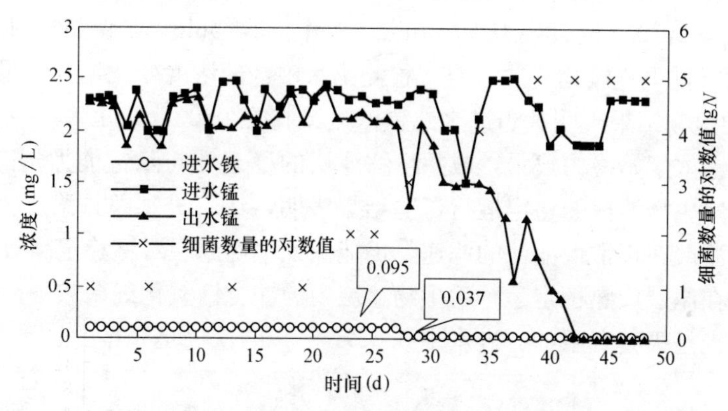

图 2-34 培养期生物滤柱对铁的营养需求

从图中曲线可见，整个实验过程中生物滤层进水铁的浓度始终很低，开始的 26d 内平均总铁浓度为 0.095mg/L，已经远远低于国家饮用水标准规定的铁浓度(0.3mg/L)。但从图中出水锰浓度曲线可以看出，在最初的 20d 内，生物滤层对锰的去除效果并不明显，出水锰浓度与进水锰浓度相当。根据微生物的生长曲线可以判断，此时滤层内微生物的生长应是处于适应期与第一活性增长期。但 20d 以后，出水锰浓度开始逐渐降低，滤层出现除锰能力。从第 28d 开始，尽管滤层进水总铁浓度降低至 0.037mg/L，但滤层出水的检测结果表明，滤层的成熟并未受到任何不利的影响。由图中曲线可见，滤层出水锰浓度不断减少，锰的去除量仍在增加，可以判断此时滤层内微生物的生长已处于第二活性增长期，所以滤层内细菌增长繁殖迅速，细菌数量的迅速增殖导致除锰率相应提高。反映在图中的出水锰浓度曲线呈现下降趋势，最终出水锰浓度达到饮用水标准而且很快趋于痕量，在此后的连续运转中滤柱的出水水质也相当稳定。由此可见，即使进水总铁浓度为 0.037mg/L，生物滤层仍能顺利地通过培养而臻于成熟。虽然已经证明铁是生物滤层不可缺少的营养元素，但该实验充分说明，生物滤层中的铁、锰氧化细菌对进水中 Fe^{2+} 的营养需求并不高。在滤柱培养阶段后期，当进水总铁浓度由 0.095mg/L 锐减到 0.037mg/L，事实上，由于 Fe^{2+} 遇到空气极易被氧化成 Fe^{3+}，进水中 Fe^{2+} 的浓度比 0.037mg/L 还要小，但从滤柱成熟过程曲线可以看出，此时滤层的成熟过程并未受到进水铁浓度剧减而产生的不利影响，除锰效果依然显著地提高，最后顺利地实现了出水锰浓度为痕量的目标。由此可见，生物滤层对进水铁的营养需求范围很宽。滤

层中微量的 Fe^{2+} 就能维持铁、锰氧化菌的正常生理代谢。不难发现，生物除铁除锰滤层培养至成熟的阶段同时也是滤层内铁、锰氧化细菌数量递增的阶段，这一阶段滤层内铁、锰氧化细菌的数量变化很大，而当滤层成熟后，铁、锰氧化细菌的数量将达到最大，而且将维持恒定。实际上，滤层内铁、锰氧化细菌的数量无时无刻不在变化，只是其变化的结果呈现出一种动态的平衡。

上述试验说明，生物滤柱在培养期对铁的营养需求很低，进水中微量的铁（0.037mg/L）就能满足细菌对铁的营养需求。

2）成熟生物滤柱内铁、锰氧化细菌对铁的营养需求

上述培养成熟的生物滤柱在稳定运行一段时间后，逐渐将滤速提高到 5m/h，反冲洗强度 12L/(s・m^2)，反冲洗历时 5min，工作周期 96h。在保持进水 Fe^{2+} 浓度为 0.037mg/L 的条件下连续运行一个月，检测出水中锰的浓度变化，其结果见图 2-35。

图 2-35 的检测结果表明，当进水总铁浓度维持在 0.037mg/L，在一个月的连续运行中滤柱出水锰浓度始终为痕量，成熟生物滤层的稳定性与除锰能力丝毫未受到影响，微铁条件下成熟生物滤柱的稳定运行试验结果表明，尽管进水总铁浓度为 0.037mg/L，生物除铁除锰滤层在正常快滤池的滤速下仍能保证生物滤层对锰稳定高效的去除。同时也说明，即使在滤层成熟稳定运行后生物滤层内的铁、锰氧化细菌数量达到最大时，对铁的营养需求也是极其有限的，进水中 0.037mg/L 的铁仍是充足的。

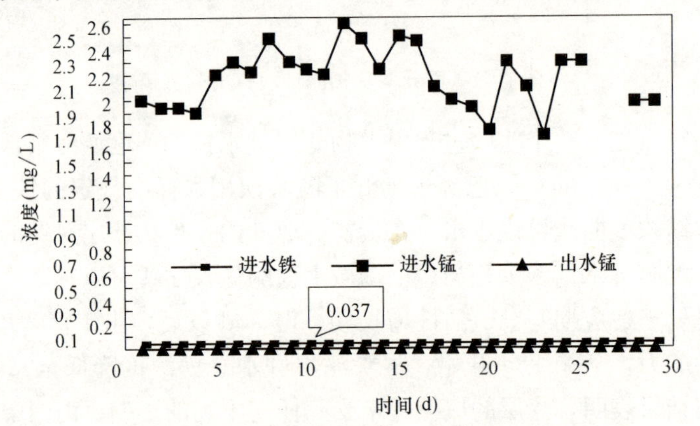

图 2-35　稳定运行期生物滤柱对铁的营养需

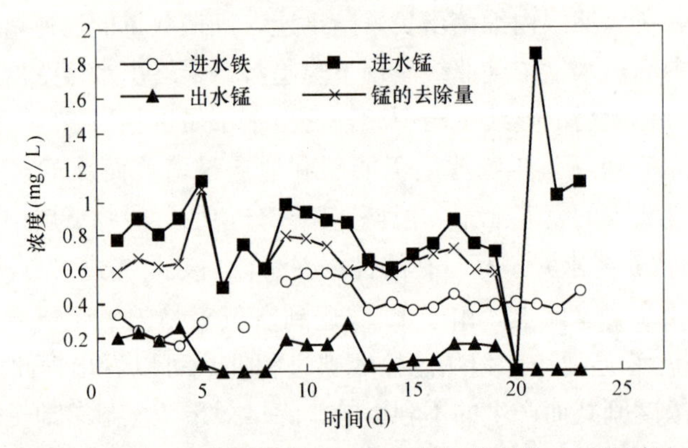

图 2-36　实验室生物滤柱内铁、锰氧化细菌对铁、锰的利用

既然在弱曝气条件下，空气接触氧化除铁工艺能负荷的进水铁浓度极限为22～23mg/L，而且生物除铁除锰滤层内的铁、锰氧化细菌对进水铁的营养需求极低。那么由此可以推知，生物除铁除锰滤层中，可能只有极少部分铁参与了生物氧化，而大部分铁仍是通过化学氧化而去除的。

(3) 生物滤层内铁、锰氧化细菌对铁、锰营养的利用

在生物滤柱已经成熟，但尚未稳定运行之时，保持滤柱进水铁浓度约为0.5mg/L，进水锰浓度约为1mg/L，并以滤速5m/h，反冲洗强度11L/(s·m^2)，反冲洗时间3min，滤层工作周期48h的参数运行。运行过程中，偶然由于锰的计量泵出现故障，而导致进水中锰的含量为零，在这种状态下滤柱连续运行12h后计量泵才恢复正常工作。运行5h后经检测滤柱进水锰浓度为1.84mg/L，出水锰浓度出人意料地降低为痕量。随后多次在运行稳定的过程中有意识地将进水锰浓度控制在0运行十几小时，再恢复进水锰浓度，经过几个小时的运行后，通过对滤后水样的检测，得到了相同的试验现象。计量泵故障前后滤柱的进出水水质见图2-36。

从图中曲线可以看出，计量泵在故障以前，滤柱的进水锰浓度维持在0.9mg/L左右，而滤柱的出水锰浓度维持在0.2mg/L以下，其除锰量在0.7mg/L左右波动，但波动范围很小，此时滤速5m/h。由于计量泵故障导致进水锰含量为零，在这种条件下连续运行12h后，恢复计量泵的正常工作并将进水锰浓度提高到1.84mg/L，运行5h后发现此时滤柱出水锰的含量为零。滤柱的除锰量突然由0.7mg/L升高到1.84mg/L。分析产生这种现象的原因可能是由于外界环境条件的急剧改变会引起细菌自身代谢功能的巨大变化所导致的。这在其他领域已得到充分的证实。该现象表明，生物滤层内铁、锰氧化菌对铁、锰营养的摄入是不平衡的。铁、锰氧化菌对滤层中铁的摄入量很少，而对锰的摄入量较大。由于细菌对锰的营养需求量较高，在进水锰浓度为零，铁为0.5mg/L的条件下，尽管铁的营养是充分的，但滤层内总的营养供应不足，因而细菌一直处于锰营养缺乏的“锰饥饿”状态。故在锰浓度恢复后，细菌大量摄入锰，结果导致滤柱出水锰浓度为痕量。这就再一次说明铁、锰氧化菌对锰的摄入量远远大于对铁的摄入量。因此又可以推断，除铁除锰生物滤层内铁、锰氧化菌对除锰的决定性作用，而相比之下对除铁的作用则多有逊色。

3. 结论

本文通过弱曝气条件下空气接触氧化除铁极限试验与生物滤层需铁试验进一步说明，铁虽然参与了铁、锰氧化菌的代谢，但生物滤层中铁、锰氧化菌对进水铁的需求量极低，除铁除锰生物滤层内大部分铁仍是通过化学氧化而去除的。

2.2.5 生物滤层中锰去除反应动力学研究[1]

生物除铁除锰技术提出至今只有十几年的历史，目前在机理和实践上都有重大突破，但在锰去除反应动力学方面的研究未见报道。对上述问题进行研究是很有必要的，因它关系到锰氧化速率、去除率及除铁除锰滤层厚度的确定等问题，进而影响到生物除

[1] 本文成稿于2005年，作者：高洁、李碧清、张杰。

铁除锰工艺的选择和工程的设计计算等。有研究者认为地下水中生物除锰为零级反应。借助莫诺方程式对生物滤层中锰去除反应动力学问题进行了研究，发现滤层中锰的生物氧化规律呈动态变化，因而对于锰去除反应动力学规律的研究不能仅从一种现象就下结论，而应对滤层中的动态变化过程进行连续的测定和分析，才能得出全面的符合客观实际的锰去除反应动力学规律。

1. 莫诺基本方程式及其推论

1942 年 J. Monod 提出了单一底物的纯菌种的微生物生长速率模型，即莫诺方程式。莫诺方程式描述的是微生物比增殖速度（有机底物的比降解速度）与有机底物浓度之间的函数关系。当底物浓度不同时存在两种极限情况。

（1）在高底物浓度的条件下，有机底物以最大的比降解速度进行降解，与有机底物的浓度无关，为零级反应，如式（2-1）所示；有机底物的降解速度则与污泥浓度（生物量）有关，成一级反应关系，如式（2-2）所示。

$$v=v_{max} \tag{2-1}$$

$$-ds/dt=v_{max}X=K_1X \tag{2-2}$$

（2）在低底物浓度的条件下，微生物比增殖速度随有机底物浓度的增加而增大，为一级反应。而有机底物降解速率则如式（2-3）所示。

$$-ds/dt=v_{max}XS/K_S=K_2XS \tag{2-3}$$

式中 ds/dt——有机底物降解速度；

X——活性污泥总量（生物量）；

t——反应时间；

K_S——饱和常数；

S——有机底物浓度（m/V）；

$$K_2=v_{max}/K_S$$

2. 滤层内锰去除反应动力学分析

（1）理论分析

莫诺方程式是以碳源为限制基质提出的动力学模型，而水中的锰为无机金属离子，那么滤层内锰的生物氧化去除规律是否符合莫诺方程式？或者说以莫诺方程式为基础进行锰去除反应动力学研究是否合适？首先从理论上分析一下其可行性。虽然绝大部分具有锰氧化能力的细菌氧化锰的生理意义还不是很清楚，但有一点是普遍认可的，即水中锰离子是在细菌胞外酶（也有研究认为还包括胞内酶）的作用下被氧化去除的。这就是说，滤层内锰的氧化属酶促反应范畴，因此其氧化规律应该符合酶促反应动力学规律。当然，由于锰为金属离子，其氧化机制不同于有机物，因此在动力学模型表达式上或模型参数上，与有机物为底物的酶促反应应该有所不同。其次，莫诺方程式中高、中、低不同的反应底物浓度对应不同的反应级数，而实际需要处理的污水或给水，其污染物浓度是有一定范围的，一般不会同时对应这三种情况。因此，实际中通过一些假设使模型简化，使研究变得简单可行，然后再经试验或实践予以验证。如城市污水 COD 值一般在 400mg/L 以下，BOD_5 值则在 300mg/L，对此，Eckenfelder 认为城市污水属低底物浓度的污水，对城市污水活性污泥处理系统，用式（2-3）描述有机底物的降解速度是适宜的。

对于生物除铁除锰处理系统而言，需处理的原水铁锰浓度也有一定范围。我国地下水的含铁量多数在10mg/L以下，少数超过20mg/L；地下水的含锰量多数在1.5mg/L以下，少数超过3mg/L，最高不会超过5mg/L。若以我国饮用水标准中锰的最大容许浓度0.1mg/L为准（有的国家为0.05mg/L），则处理系统中锰浓度的可能范围应为0.1～5.0mg/L，远远小于城市污水的有机底物COD（400mg/L）值和BOD_5(300mg/L)值。研究和实践已证明，城市污水按低底物浓度的生化反应模型处理是适宜的，那么既然锰浓度远远小于城市污水中的有机底物浓度，表面看来锰去除反应模型也应该按低底物浓度处理，实则不然。

文献认为，铁、锰细菌的除锰作用是由水中Fe^{2+}激活的一种协同作用，所以地下水中Mn^{2+}的含量相对于铁、锰细菌量总是过剩的，从而导致生物除锰为零级反应。铁、锰细菌的除锰作用是由水中Fe^{2+}激活的一种协同作用，但由此就得出地下水中Mn^{2+}的含量相对于铁、锰细菌量总是过剩的、生物除锰为零级反应的结论是不确切的。首先，即便Mn^{2+}的生物氧化作用是由水中Fe^{2+}激活的一种协同作用，但由于锰的浓度范围为0.1～5.0mg/L，涉及数值非常小的范围，因此，在底限值0.1mg/L以上，仍存在使这种激活的生物氧化现象受限的锰离子浓度，故可以肯定在这一浓度范围内，Mn^{2+}的生物氧化模型应为低底物浓度的一级反应模型而不是零级反应模型；其次，即使进水锰浓度较高，属于高底物浓度的零级反应模型，但反应之初为高底物浓度的零级反应比反应之初为低底物浓度的一级反应要复杂得多。从理论上讲，在足够的反应时间内，随着反应时间的延长和反应底物的减少，高底物浓度的零级反应必然要进入低底物浓度的一级反应阶段。在实际水处理中是否要经历这一过程，则与两种反应模型的界限值的大小及出水浓度的要求有关。如若低底物浓度的一级反应的界限值相对较小，或者水处理要求程度不高，则系统出水中底物残留浓度仍有可能属于高底物浓度，系统中反应模型将始终为零级反应。但由于生活饮用水中锰离子的最大容许浓度为0.1mg/L，而实际运行良好的生物除铁除锰滤池（柱）出水，铁、锰浓度又都为痕量，因此，在反应之初为高底物浓度的零级反应的生物除铁除锰系统中，存在低底物浓度的一级反应阶段。

（2）模型假设

综合上述分析可以提出如下假设：在生物除铁除锰处理系统中，锰去除反应动力学模型既存在高底物浓度的零级反应模型，又存在低底物浓度的一级反应模型；反应之初为高底物浓度的零级反应模型，也要经历低底物浓度的一级反应模型阶段。因此，其生化反应模型也应分为三种情况：

1）高底物浓度的零级反应模型，可用式（2-1）、式（2-2）描述。此时，锰的生化反应为零级反应，Mn^{2+}以最大的比反应速度被氧化，其氧化速率与浓度无关，而与滤层中的生物量有关，成一级反应关系。对式（2-2）进行积分可得：

$$S = S_0 - v_{max} X t \tag{2-4}$$

式中　S_0——初始反应底物浓度；

t——反应时间。

2）低底物浓度的一级反应模型，底物降解可用式（2-3）描述。此时，锰的生化反应为一级反应，Mn^{2+}的比氧化速率遵循一级反应模型。对式（2-3）积分得：

$$\ln(S/S_0)=K_2Xt，即 S=S_0e_2^{-K_2X_t}$$

3）中等底物浓度的反应模型，仍可用莫诺基本方程式描述，即$-ds/dt=v_{max}XS/(K_S+S)$。

污染物质的生物降解都是由活性酶执行的，以上模型假设是假定反应底物与酶形成的复合物能够迅速达到平衡浓度。实际上生物降解过程同时包括各种相关的传质步骤和反应步骤。因此，生物降解反应速率系数包含更大的不确定性。将底物与酶的反应步骤视为速率控制性步骤而得到的上述反应模型正确与否，还需要通过试验予以验证。

3. 试验验证

（1）试验水质、材料和方法

反应动力学研究一般在实验室中进行，因为实验室里运行条件控制和样品分析测定要相对容易，但总结以往的研究发现，人工配水条件下滤层中生长的生物量及去除效果都不如自然地下水，这可能是由于自然地下水条件下有利于生化反应，人工配水无法完全模拟出来。实际研究表明，有许多化学处理方法在上述情况下也存在同样现象。因此为能更真实的反映客观实际及更好的指导生产实践，本文以中试模拟滤柱为反应动力学的研究对象进行现场试验。实验现场设在沈阳经济技术开发区供水厂。该供水厂原水为深井地下水，净水的主要目标是除铁除锰，净化工艺完全采用的是生物除铁除锰技术。原有提供给设计单位的主要水质指标是Fe为3.20mg/L，Mn为2.00mg/L。但在调试运行前供水公司的化验结果是Fe最高在0.3mg/L，Mn最高在4.0mg/L。实际在调试和试验期间，原水铁的含量更低，有时低至0.03mg/L左右，而锰含量最低也在1.6mg/L以上。可见原水是典型的高锰低铁水，符合滤层内锰去除反应动力学研究的要求。试验主要检测指标采用标准分析方法。铁采用邻菲啰啉分光光度法，锰采用甲醛肟分光光度法。测定仪器为UV-754型紫外分光光度计。

中试模拟滤柱为3根有机玻璃柱，规格为$DN250\times3000$mm。编号分别为1#、2#、3#。1#滤柱采用普通石英砂为滤料，粒径0.8～1.2mm；2#滤柱采用马山锰砂为滤料，粒径0.8～1.2mm；3#滤柱采用普通石英砂为滤料，粒径1.0～1.2mm。各滤柱滤层厚均为1100mm。试验工艺流程见图2-37。

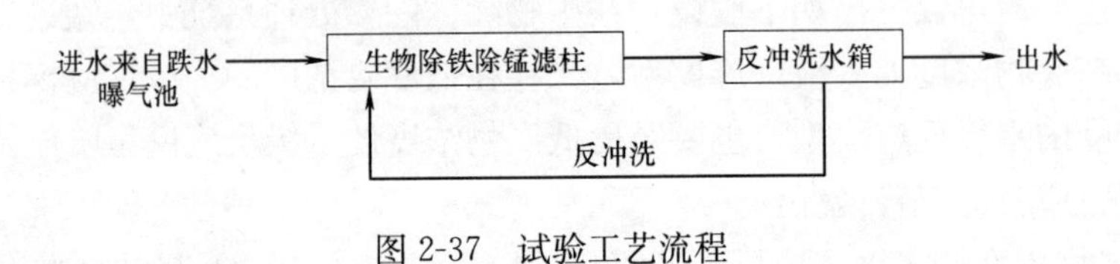

图2-37　试验工艺流程

动力学研究中底物降解速度或比降解速度都与反应时间有关，为研究反应底物随时间的变化情况，采取分层取样，具体做法是：沿滤层从上到下分层取水样及砂样分别测定铁、锰浓度及细菌数，并通过滤速与孔隙率换算出不同滤层相对应的接触时间。

（2）试验结果及讨论

以2#锰砂滤柱（滤层孔隙率为50%）为例，对上述模型假设进行分析和验证。试验过程中对出水合格的2#滤柱进行了长期的测定，研究发现：生物滤层内锰去除反应动力学模型与滤层的成熟程度和工作条件密切相关。当其他条件不变的情况下，运行时间较短时，生物滤层内锰去除反应动力学模型表现为典型的高底物浓度反应模型，如图2-38所示。

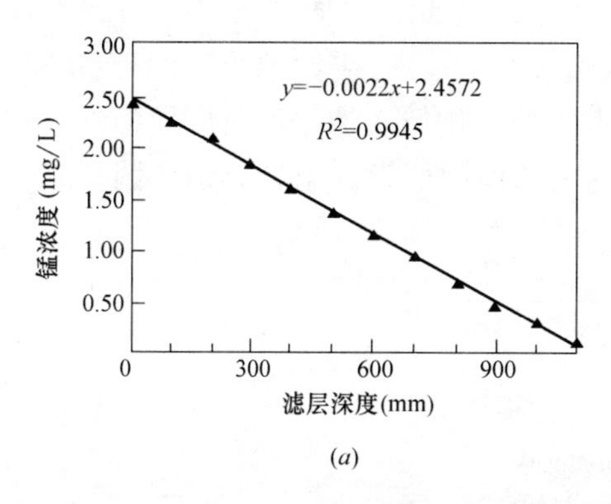

(a)

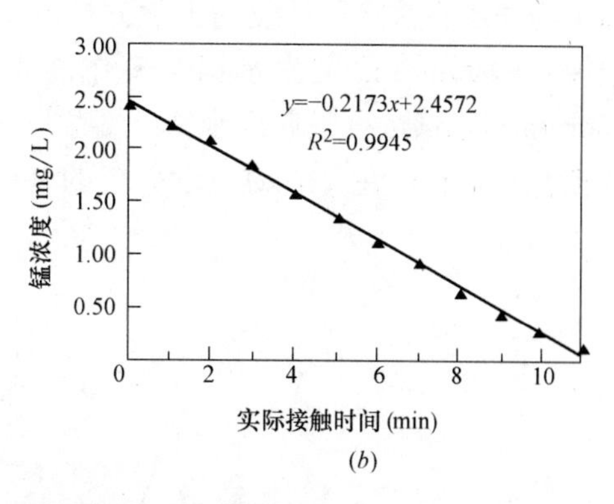

(b)

图 2-38 不同深度滤层出水锰浓度及回归方程

(a) 锰浓度随滤层深度的变化及回归方程 (b) 锰浓度随接触时间的变化及回归方程

图 2-38 为滤柱出水合格后，滤速在 2m/h 的基础上增大到 3m/h，运行 19h 后的不同滤层出水锰浓度及回归方程。从图 2-38 可以看出，滤层从上到下，各层出水锰浓度随滤层深度及接触时间的变化均呈明显的直线关系，其线性回归方程分别为 $y=-0.0022x+2.4572$ 和 $y=-0.2173x+2.4572$，相关系数 R^2 为 0.9945。说明此时整个滤层内锰去除反应动力学模型属于高底物浓度反应类型。随着运行时间的增加，滤层内锰去除反应动力学模型发生了演变。表 2-18 为滤速增大到 5m/h 并运行 43d 后的试验结果。以表 2-18 中各层出水铁、锰数据作图，结果见图 2-39。对图中出水锰分别作高底物浓度反应模型的线性拟合与低底物浓度反应模型的指数曲线拟合，方程及相关系数见图 2-39 中所示。

2# 锰砂滤柱动力学分析试验数据 **表 2-18**

滤层取样位置(从上层计)(mm)	空床接触时间(mm)	实际接触时间(mm)	出水锰浓度(mg/L)	出水铁浓度(mg/L)	细菌数(个/mL 湿砂)
0	0	0	2.327	0.060	
50	0.6	0.3	1.924	0	4.5×10^6
150	1.8	0.9	1.428	0	
250	3.0	1.5	0.883	0	
350	4.2	2.1	0.444	0	2.5×10^5
450	5.4	2.7	0.191	0	
550	6.6	3.3	0.055	0	4.5×10^3
650	7.8	3.9	0.016	0	
750	9.0	4.5	0.005	0	
850	10.2	5.1	0	0	4.5×10^3

从图 2-39 可以看出无论是线性拟合还是指数曲线拟合都不能很好地反映实际情况，尽管指数曲线相关系数较高（R^2＝0.9512），但只是在曲线下部，即出水锰浓度较低的情况下才拟合得比较好，相反滤层上部出水锰情况更接近于直线，这种情形基本上与前面生物滤层除铁除锰反应动力学分析的结果相吻合。为此，对图 2-39 中前 5 点，即滤层深 0～350mm 之间出水锰浓度作高底物浓度反应模型的线性拟合，滤层深 350～750mm 出水锰浓度最后出水铁、锰浓度为零点除外）作低底物浓度反应模型的指数曲线拟合，来验证在反应动力学分析的基础上提出的模型假设。结果分别如图 2-40、图 2-41 所示。

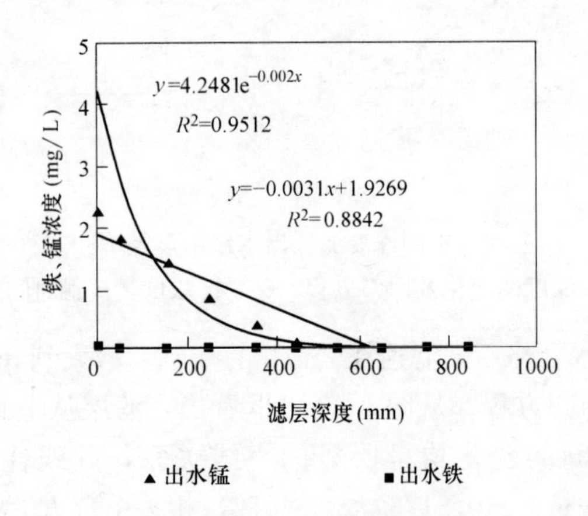

图 2-39　不同深度滤层出水铁锰浓度及回归方程

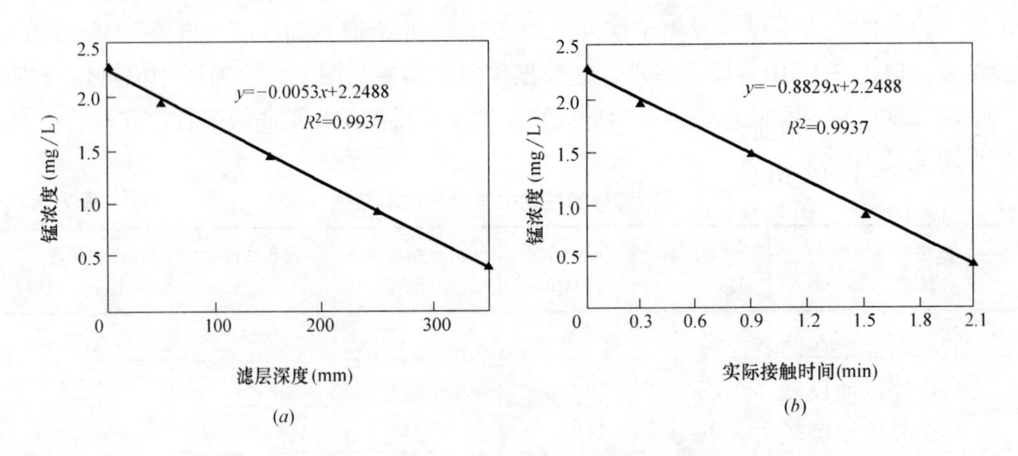

图 2-40　滤层上部锰浓度变化及回归方程

（*a*）锰浓度随滤层深度的变化及回归方程；（*b*）锰浓度随接触时间的变化及回归方程

从图 2-40（*a*）中可以看出，在滤层上部 0～350mm 处，锰浓度相对较高，此时锰的比生物氧化速率与锰浓度无关，为零级反应模型。将滤层深度变化换算成相应的接触时间的变化，结果见图 2-40（*b*）所示。图 2-40（*b*）中线性回归方程为 $y=-0.8829x+2.2488$，相关系数 R^2 为 0.9937，这表明对应 $v_{\max}X$ 的值 Mn^{2+} 的生物氧化为 0.8829，即 Mn^{2+} 以最大的反应速度 $v_{\max}$ 被氧化，与滤层中的生物量 X 有关，成一级反应关系，而与初始锰浓度无关。从图 2-40 中还可以看出，Mn^{2+} 的生物氧化速度非常快，在试验

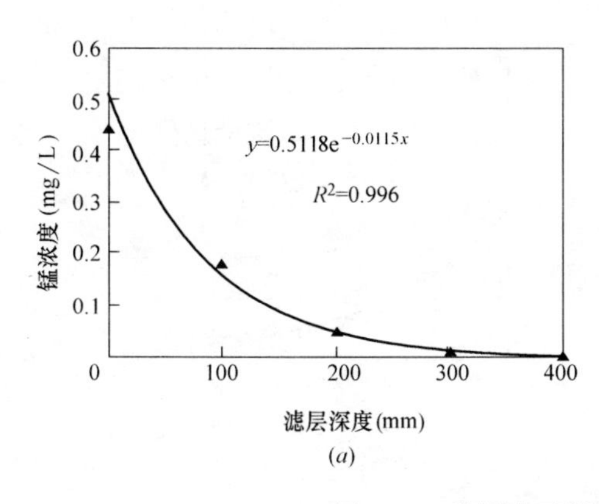

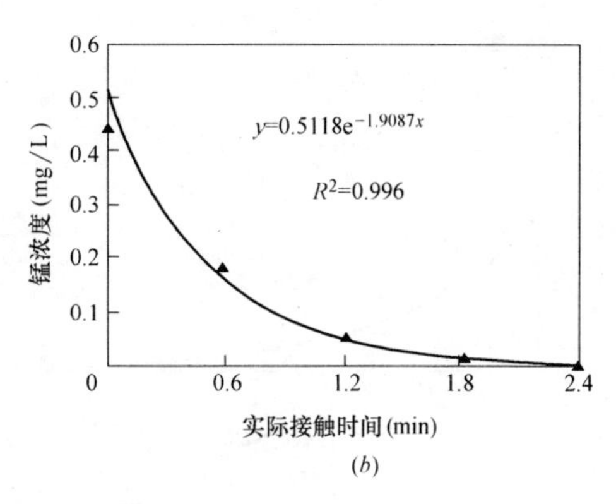

图 2-41　滤层中下部锰浓度变化及回归方程

(*a*) 锰浓度随滤层深度的变化及回归方程；(*b*) 锰浓度随接触时间的变化及回归方程

运行状态下的高底物浓度反应阶段，在滤层 350mm 处，锰去除率已达 80.92%，去除量（以滤层出水中 Mn^{2+} 浓度的减少量表示）达 1.883mg/L，此时表面上看接触时间为 2.1min，已经相当小了，实际上水沿滤层流动，与生物膜的接触只是个瞬间过程，因此实际的反应时间要更小。所以滤层每一截面初始锰浓度都应该是实际进入该截面的锰浓度，接触时间都应该从零开始计，如此才能比较真实地反映实际情况，计算出真实的反应速率。为此，低底物浓度反应阶段，将滤层深度与接触时间都从零开始计，此时图 2-41（*a*）中的横坐标不再表示实际的滤层深度，而只表示该反应阶段的滤层厚度，因此图中横坐标用滤层厚度来表示，以示区别。

从图 2-41 可以看出，从实际滤层 350mm 处开始，Mn^{2+} 浓度为 0.444mg/L 时，就已经成为微生物生长的限制因子，Mn^{2+} 的氧化不再遵循零级反应模型，此时按低底物浓度反应模型作指数曲线拟合（图 2-41（*a*）），得回归方程 $y=0.5118e^{-0.0115x}$。将滤层厚度变化换算成相应的接触时间的变化（图 2-41（*b*）），得回归方程 $y=0.5118e^{-1.9087x}$。由指数曲线回归方程可以看出，低底物浓度反应阶段，Mn^{2+} 的氧化速率既与初始浓度有关，又与滤层内生物量有关。高、低底物浓度反应模型是莫诺方程式的两种极限情况，既然滤层内既存在高底物浓度反应阶段，又存在低底物浓度反应阶段，则可以推论在两者之间应存在中底物浓度反应阶段。观察图 2-41 可以看出，虽然指数曲线较好地反映了实际出水情况，相关系数也很高，R^2 为 0.996，但可以发现图中前两点离散程度较大，若除去第一点，以后面 4 点（实际滤层深度 450mm 处开始计）重新作指数曲线拟合，结果见图 2-42 所示。

从图 2-42 可以看出所测点与曲线几乎完全重合，相关系数 R^2 为 0.9997。这表明，图 2-42 中的前两点即实际滤层 350～450mm 之间的锰浓度不作为低底物浓度处理则更加合理。当然由图 2-41 可以看出，这一区间的锰浓度若作高底物浓度处理也会影响前 5 点的线性关系，因此认为，这一区间的锰去除反应模型应按中底物浓度反应模型处理，这在理论上和实际上才是合理的。由此可见，沿滤层深度由高底物浓度反应区到低底物浓度反应区，的确存在一个中底物浓度的过渡反应区。上述试验结果表明，对于运行时间长、成熟程度大的生物滤层，其锰去除反应动力学模型沿滤层深度的变化而变化，是

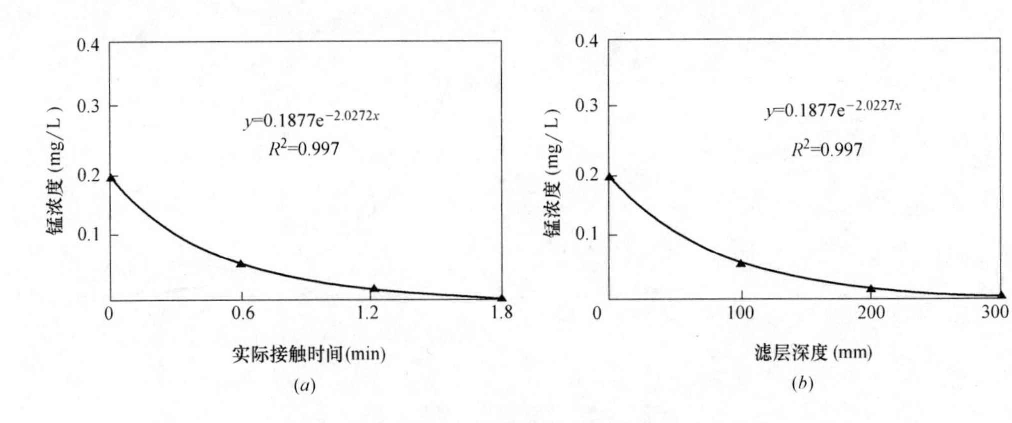

图 2-42　滤层下部锰浓度变化及回归方程

(a) 锰浓度随接触时间的变化及回归方程；(b) 锰浓度随滤层深度的变化及回归方程

一个动态过程。在滤层上部靠近进水端，尽管微生物量相对较大（表 2-18 中第 6 列），但 Mn^{2+} 浓度也相对较大，此时锰去除反应动力学模型为高底物浓度反应模型；随着滤层深度加大，尽管滤层内微生物量逐渐减少，但 Mn^{2+} 浓度也在减少，二者减少到一定程度，锰去除反应动力学模型变为低底物浓度反应模型。从图 2-40 和图 2-42 表明，在本试验条件下，各反应阶段回归方程的相关系数都在 0.99 以上，很好地证明了上述观点。

试验过程中对 1# 和 3# 模拟滤柱同样进行了测定和分析，其锰去除反应动力学规律与 2# 模拟滤柱是一致的。生物滤层运行时间的长短对锰去除反应动力学模型类型的影响实际反映了滤层内微生物数量与分布及微生物活性等变化，这三者与锰去除反应动力学模型类型及参数之间的定量关系则需进一步进行试验研究。

4. 结论

（1）除铁除锰生物滤层在不同运行阶段和不同滤层深度分别存在高、中、低底物浓度的反应模型，对于高、低底物浓度反应模型可用莫诺方程式的推论形式表示。

（2）在运行时间较短的情况下滤层内锰去除反应动力学模型表现为高底物浓度反应模型，随着运行时间的增加，滤层内锰去除反应动力学模型由高底物浓度反应模型演变为：沿滤层深度的增加依次存在典型的高、中、低底物浓度反应类型。

（3）试验条件下，对于成熟而运行时间较长的生物滤层，其高底物浓度与低底物浓度回归分析方程分别为 $y=-0.8829x+2.2488$ 与 $y=-0.1877e^{-2.0227x}$，相关系数 R^2 分别为 0.9937 与 0.9997。

2.3　生物除铁除锰工程应用技术研究

2.3.1　生物除铁除锰滤池的曝气溶氧研究❶

对于传统的除铁除锰工艺，曝气的主要目的是向水中充氧，并充分散除水中的

❶ 本文成稿于 2001 年，作者：姜安玺、韩玉花、张杰。

CO_2 以提高 pH 值。因此，对于接触氧化除铁除锰（特别是除锰），一般都要求较大的曝气强度。生物除铁除锰机制指出，在 pH 值中性范围内，Mn^{2+} 的氧化不是其氧化物的自催化作用，而是以 Fe^{2+}、Mn^{2+} 氧化细菌为主的生物氧化作用。亚铁对维系生物滤层中微生物群系所组成的生态群落起着非常重要的作用，并实现了铁、锰在同一生物滤层中的深度去除。从单纯的物理化学氧化到生物化学作用机制的转变，必然会引起实际运行中许多因素的变化。现就曝气充氧量对生物滤层除铁除锰效能的影响进行了研究。

1. 理论需氧量计算

从理论上讲，Fe^{2+}、Mn^{2+} 在生物滤层中的氧化过程是很复杂的，它们的生物氧化反应在细胞膜表面进行，并且在整个氧化反应过程中有复杂的电子传递过程。但不论电子和能量是怎样传递的，下列关系总是成立的：

$$4Fe^{2+}+O_2 = 4Fe^{3+}+2O_2^-$$

$$4Fe^{2+}:O_2 = (4\times55.8):32$$

$$[O_2] = 0.143[Fe^{2+}]$$

$$2Mn^{2+}+O_2 = 2Mn^{4+}+2O_2^-$$

$$2Mn^{2+}:O_2 = (2\times54.9):32$$

$$[O_2] = 0.29[Mn^{2+}]$$

理论上所需溶解氧量可用下式表示：

$$[O_2] = 0.143[Fe^{2+}]+0.29[Mn^{2+}]$$

在化学氧化理论指导下，实际工程中为了散除游离 CO_2，提高原水的 pH 值，同时也由于化学反应速率的需要，应有一定的过剩溶解氧，所以在理论需氧量的基础上乘以一个过剩系数 a。工程实际需氧量为：

$$[O_2] = a(0.143[Fe^{2+}]+0.29[Mn^{2+}])$$

对于 a 的取值，以如下计算为例。18℃时水中饱和溶解氧量为 9.17mg/L，理论上去除铁的浓度上限应为 9.17/0.143=65mg/L。试验表明，在自然氧化除铁的条件下是不可能达到该值的。根据有关资料，18℃时去除铁的浓度上限只为 30mg/L，反推过剩系数为 $a=9.17/(0.143\times30)=2.18$。在生物除铁除锰滤层中，$Fe^{2+}$、$Mn^{2+}$ 的氧化都是在 pH 值中性条件下进行的，不要求散除 CO_2，实际上生物氧化速率几乎不受溶解氧过剩系数的影响。过剩系数 a 可取更低值，实际工程中取 1.5 足够。假设地下水中含铁浓度为 15mg/L，含锰 2mg/L，那么进行生物除铁、除锰的需氧量为：$[O_2]=1.5\times(0.143[Fe^{2+}]+0.29[Mn^{2+}])=4.1$mg/L。我国地下水的铁、锰浓度大多数都在 $[Fe^{2+}]=15$mg/L，$[Mn^{2+}]=2$mg/L 之下。实际工程中各地除铁除锰水厂如果采用生物机制，那么所需溶解氧量是很有限的。

2. 需氧量试验

（1）材料和方法

1）试验滤料为培养成熟的锰砂，原水为含铁、锰的地下水，试验滤柱为有机玻璃柱，直径为 100mm，滤层厚为 1.2m，承托层厚为 0.5m。采用莲蓬头喷淋曝气，曝气量可调；滤速为 12.7m/h，用 DO 测定仪连续在线测定进出水的 DO 含量，同时取样分析进、出水的铁、锰浓度。试验测定（或取样）时间间隔为 1h。

2）试验滤料为运转一定时间但未成熟的锰砂，原水为含铁、锰的地下水，试验用生产滤池面积为 2.4m×3.6m，滤层厚为 1.2m。采用跌水曝气充氧，单宽流量为 $20m^3/(m \cdot h)$。用 DO 测定仪测定进出水 DO 含量，同时取样分析进出水铁、锰浓度。

（2）结果与分析

1）不同曝气强度下的微铁含锰水过滤

改变原水的曝气强度，考察不同 DO 水平下成熟锰砂滤柱在深 760mm 处出水的 DO 变化和锰去除情况。原水中锰含量为 3.832～3.938mg/L。试验结果见图 2-43。由图 2-43 可以看出，原水 DO 含量从 3.0mg/L 逐渐提高到 6.0mg/L，原水经过 760mm 生物滤层后，DO 消耗量变化不大，基本维持在 0.5mg/L 左右，锰去除率也比较稳定（63%～72%）。由此可见，水中 DO 含量在 3.0～6.0mg/L 范围内变化，对锰的生物去除并无明显的促进作用。

2）DO 在适当范围内的微铁含锰水过滤

根据上述试验结果，在一定范围内调整原水 DO 含量，测定成熟锰砂滤柱在深 760mm 和 1200mm 处锰的去除情况。原水锰含量为 4.887mg/L，试验结果见图 2-44。

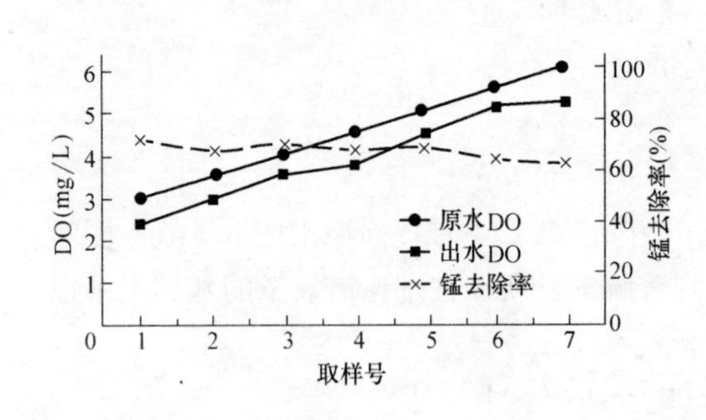

图 2-43　不同爆气强度对生物滤层除锰的影响

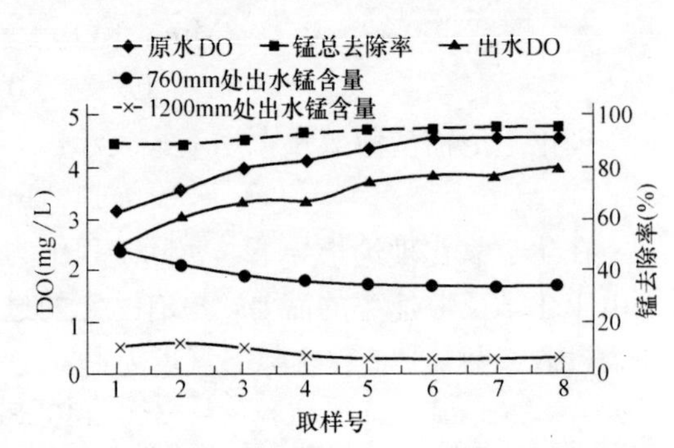

图 2-44　适宜浓度 DO 对生物滤层除锰的影响

从图 2-44 可以看出，原水 DO 在 3.1～4.5mg/L 水平下，经过 1.2m 厚的生物滤层，锰的去除率＞90%且出水稳定。这进一步说明了原水 DO 在适当范围内，是生物滤层除锰过程的非限定性因素。实际上用于生物滤层除锰的 DO 量是非常小的，但还要考虑到滤层中的除铁需氧量，不能使水中 DO 含量太低。

3）DO(4.5mg/L) 对生物除铁除锰的影响

图 2-45 表示的是在原水含铁量较高情况下，采用跌水曝气溶氧的生产滤池在培养成熟过程中 DO 消耗量变化的情况。原水含铁为 7.45～10.16mg/L，含锰为 1.19～1.38mg/L。

原水 DO 在 4.5mg/L 的条件下，地下水总铁平均为 8mg/L，锰平均为 1.4mg/L，实现了培养全过程的顺利进行。由图 2-45 可以看出，铁的去除在生物滤层成熟过程中比较稳定，因此对氧的需求变化不大。以出水锰稳定在 0.05mg/L 以下作为滤层成熟的标准，可以看出滤层成熟前后 DO 消耗量有所增加，这与锰去除率的提高是一致的。成熟后滤层 DO 消耗量维持在 1.6～2.0mg/L 之间，趋于稳定。与前面两个试验相比较，因为原水含铁量较高，滤层消耗 DO 量有所增加，但经简单的曝气，原水 DO 含量达

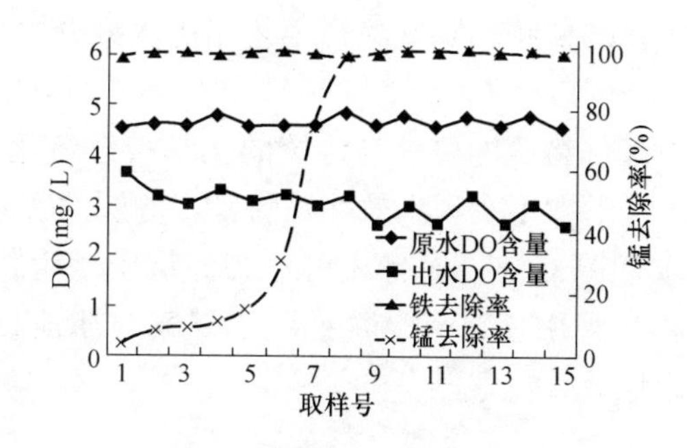

图 2-45 生物滤层除铁除锰与 DO 变化

4.5mg/L 左右时，铁、锰氧化细菌的实际需氧量还是过剩的。

4）分析与讨论

生物滤柱的除铁除锰，运行的每一个因素都与其存在的微生物相关。成熟的生物除铁除锰滤层实际是一个复杂的生态系统，铁、锰氧化细菌的种类繁多，去除铁、锰的机理也各不相同。但有一点是肯定的，即在满足滤层中微生物生理需要的前提下，较小的氧过剩系数即可达到生物滤层的稳定运行；而且有很大一部分铁、锰氧化细菌属微好氧菌，过度的曝气不仅造成能量浪费，还会抑制某些细菌的活性，产生负面影响。在生物除铁除锰滤层中，铁、锰的氧化都是在 pH 值中性条件下进行，不要求散除 CO_2，同时 CO_2 还是微生物繁殖代谢的重要碳源。从除铁方面考虑，太高的曝气强度将使原水中大量的 Fe^{2+} 在进入滤层前氧化成 Fe^{3+}，形成絮凝体。这种 Fe^{3+} 絮凝体易于堵塞和穿透滤层，而且其沉积在滤料表面，会妨碍滤料表面微生物对铁、锰的吸附氧化，造成出水水质降低。综上所述，DO 在一定范围内的变化对生物除铁除锰效率的提高无显著影响。从经济和微生物角度考虑，生物滤池的除铁除锰相对传统工艺，可大大降低曝气强度，原水 DO 水平维持在 3～5mg/L 即可满足运行要求，而不必通过强曝气来散除 CO_2。

3. 滤池的曝气形式选择

工程实践中常用的几类地下水曝气充氧方法和设备对地下水有不同的曝气效果，有些曝气方式效果很好但耗能较大，是适应传统的地下水除铁除锰工艺（强曝气、大量散除 CO_2）所产生的曝气技术。按曝气方式的能耗大小划分，依次为：射流泵曝气＞压缩空气曝气＞叶轮表面曝气＞喷淋式曝气＞跌水曝气。鉴于生物除铁除锰对 DO 的要求不高，因此采用简单的曝气形式即可满足生物除铁除锰滤池的要求。喷淋式曝气和跌水曝气形式简单、节省能耗。在喷淋曝气或跌水曝气中，曝气高度在 0.5～1.0m 范围内，原水的 DO 就能达到 4～5mg/L，可以满足生物除铁除锰滤层要求。跌水曝气尤其适用于大中型水厂，喷淋曝气则较多地应用于中小型水厂，不失为生物滤池曝气设备的首选。由于这两种曝气方式设备简单，还可直接设在除铁除锰滤池之上。从处理效果来讲，因缩短了原水充氧后进入滤层的时间，大大减少了 Fe^{2+} 氧化为 Fe^{3+} 絮凝体的机会，原水中的铁更多地以 Fe^{2+} 形式进入滤层，为生物滤池的稳定运行提供更大保障；从工程角度来讲，滤池和曝气装置的有效结合，更加充分地利用了建筑物空间，节省了独立曝气装置或设备所需的建筑面积，同时在系统运转上更为灵活，实现了滤池单元同曝气系统的同步运行，滤池的配水会更加均匀。总之，简单曝气装置同生物滤池的有效组合，使生物除铁除锰工艺与传统的除铁除锰工艺相比优势更加明显。

4. 结论

生物除铁除锰滤层对曝气溶氧的要求与传统的化学接触氧化除锰工艺有很大区别。生物滤层在较低的DO水平下即可实现高效除铁除锰，滤层的实际需氧量非常有限。生物滤层的除铁除锰不要求散除CO_2，而且还可作为滤层中微生物繁殖代谢的碳源，将这一理论应用于实际工程，采用莲蓬头曝气或跌水曝气与滤池相结合，可简化处理流程，提高系统运行的稳定性。

2.3.2 生物除铁除锰滤池稳定运行阶段反冲洗研究❶

生物除铁除锰技术作为一种经济、高效的除铁除锰方法越来越受到人们的青睐。目前在滤池需氧量、滤层中铁、锰依存关系、同一滤层除铁除锰工艺设计等方面已取得一些突破性成果。但在滤池反冲洗方面的研究目前还未见报道。生物除铁除锰技术的关键是生物滤层的培养、成熟及稳定运行。滤池的反冲洗是影响生物滤层的培养、成熟及稳定运行的主要原因之一。生物滤层的培养、成熟是其稳定运行的前提，而培养、成熟后如何保证稳定运行是保证其经济高效工作的关键。生物除铁除锰滤池在不同时期有不同的反冲洗规律。作者着重研究了稳定运行期的反冲洗特点，在滤池工作周期、反冲洗强度、反冲洗历时等方面取得了一些重要的技术参数，可作为工程设计的依据。

1. 生物滤池稳定运行期反冲洗试验

(1) 试验方法和步骤

利用已培养成熟的生产性试验滤池进行生物滤池稳定运行期的反冲洗试验。生产性试验滤池为沈阳经济技术开发区地下水除铁除锰水厂的1#滤池。该水厂是我国第一座大型的生物除铁除锰水厂。其工艺流程为一级曝气、一级过滤的简缩流程，滤料为普通石英砂，粒径0.5～1.2mm，厚度1000mm，净水的主要目标是除铁除锰。

生物除铁除锰滤池，除具有普通滤池的吸附和截留作用外，滤料表面的生物滤膜是滤层除铁除锰活性的主要来源。在培养阶段为利于细菌的生长繁殖，反冲洗的原则是弱，但在稳定运行期，若不加大反冲力度，滤池长期处于弱冲洗状态，容易造成滤层板结，并影响正常过滤。该生产性试验滤池培养阶段反冲洗参数为，滤池工作周期96h、反冲洗强度14L/(s·m^2)、反冲洗历时4min。培养阶段后期由于没有适时地加大反冲洗力度，滤层出现板结，影响了滤池出水水质。图2-46是未运行前的石英砂滤池照片，图2-47是培养成熟但有板结现象出现的石英砂滤池照片。从图2-47中可明显看出由于滤层板结，使过滤与反冲洗不均匀而造成的滤池砂面凹凸不平的现象。

为探求正常运行时的反冲洗规律，对培养成熟的试验滤池调整其反冲洗参数，进行了生物滤池稳定运行期反冲洗试验。试验中每日取滤池进出水检测铁、锰含量。铁的测定方法采用邻菲啰啉分光光度法，锰测定方法采用甲醛肟分光光度法，测定仪器为UV-754型紫外分光光度计。

(2) 试验结果及分析

---

❶ 本文成稿于2003年，作者：高洁、丁时宝、张杰。

图 2-46　未运行前的石英砂滤池

图 2-47　有板结现象的石英砂滤池

反冲洗参数的调整和试验结果见表 2-19。滤池运行中出水铁浓度始终为痕量，故表中未列出。从试验结果来看，在滤池工作周期缩短为 72h、反冲洗强度增大为 15L/(s・m^2)、反冲洗历时增加到 5min 的情况下，生物滤池运行效果仍然很好，出水锰几乎检测不到，个别最大值为 0.05mg/L，优于国家生活饮用水标准（我国生活饮用水标准：铁 0.3mg/L；锰 0.1mg/L，有的国家更严格，锰为 0.05mg/L 或 0.03mg/L 以下）。在此基础上从 2 月 7 日开始再次缩短滤池工作周期为 48h，结果运行一个月以后取样检测（因春节期间放假，但滤池未停止运行），出水锰含量超过国家饮用水标准，锰浓度最高为 0.41mg/L。镜检发现滤料表面生物量已明显减少，说明此时的反冲洗参数是不适宜的。接下来从 3 月 23 日开始将滤池工作周期恢复为 72h，同时为防止滤层板结，每 24h 水力松动滤层一次，具体做法是在不排水的情况下将滤池进行反冲洗，强度为 12L/(s・m^2)，历时为 1min。结果出水锰浓度逐日减少，一周以后出水合格，20d 以后出水锰浓度已痕量，直到现场试验结束，滤池出水都一直稳定在痕量。

生物滤池稳定运行期反冲洗试验表　　**表 2-19**

运行时间（月、日）	工作周期 (h)	反冲洗强度 (L(s・m^2))	反冲洗历时 (min)	进水 Fe (mg/L)	进水 Mn^{2+} (mg/L)	出水 Mn^{2+} (mg/L)
12.22～2.6	72	15	5	0.034	1.873～2.812	≤0.05
2.7～3.22	48	15	5	0.034	2.339	0～0.41
3.23～7.31	72	15	5	0.034～0.099	1.428～2.751	未检出

注：3.23～7.31 期间为防止滤层板结，每 24h 滤层松动一次。

以上结果说明生物滤池稳定运行期的反冲洗要强于培养期，但也不宜过大，因铁、锰氧化细菌为化能自养菌，生长繁殖速度缓慢，过度反冲洗将流失大量细菌，破坏生物滤层中生态系统的稳定性，使生物群系崩溃，最终导致出水水质恶化。而适度的反冲洗虽然也减少了滤层生物量，但仍可保证滤层中生态系统的稳定性，并使生物活性增加，因而从总体上并不影响滤层处理能力。使滤层处于最优条件下的反冲洗，不仅可以节水节能，还能提高滤池出水水质，增大滤层含污能力，增加产水量等，带来更大的经济效益。由此可见，适宜的反冲洗是保证滤层经济有效工作的必要条件。

反冲洗参数选择的原则需要考虑两方面因素：一是将滤料间隙中铁泥等悬浮状物质

冲出滤层，恢复滤层的初始水头及产水能力；二是保证滤层中的微生物量不会损失太多，以继续维持生态系统的平衡，不至影响下一工作周期的正常运行。试验表明在源水水质 Fe 为 0.034～0.099mg/L，Mn^{2+} 为 1.428～2.812mg/L 的条件下，为保证普通石英砂滤池的稳定运行，适宜的反冲洗参数应为滤池工作周期 72h、反冲洗强度 15L/(s·m^2)、反冲洗历时 5min。

2. 生物滤池正常运行时反冲洗对水质影响试验

(1) 试验方法

由于滤料表面和铁泥中具有铁、锰氧化能力的细菌是生物滤池除铁除锰活性的主要来源，虽然正常的反冲洗是保证滤层经济有效工作的必要条件，但反冲洗势必要减少滤层中的生物量，从而影响反冲洗后的初滤水水质，这种影响的程度及滤后水的恢复时间，是人们关心的问题。针对上述问题，作者对正常进行反冲洗的生产性滤池（图 2-46）和模型滤柱进行了试验研究。模型滤柱为有机玻璃柱，直径 250mm，高 3000mm，滤层厚 1200mm，滤料采用普通石英砂，粒径 0.7～1.2mm。生产性滤池与模型滤柱反冲后 120min 内滤后水水质分别见图 2-48、图 2-49 所示。由于滤后水中铁浓度始终为痕量，故图中没有标出。

(2) 试验结果分析

从图 2-48 和图 2-49 可以看出，图中反冲洗后滤后水锰浓度随时间变化的曲线可分为两种，一种是反冲洗后初滤水锰浓度陡然增大，但在 5～10min 后，滤后水锰浓度即降至反冲洗前滤池出水处理程度，如图 2-48 中曲线 1、2 所示的 0.05mg/L 以下，或如图 2-49 中曲线 1、2 所示 0.1mg/L 以下；另一种是反冲洗后初滤水锰浓度变化不大，或滤后水锰浓度根本不受反冲洗影响，始终与反冲洗前滤池出水处理程度相当，如图 2-48 中曲线 3 和图 2-49 中曲线 3～5 所示，滤后水锰浓度始终在 0.05mg/L 以下。

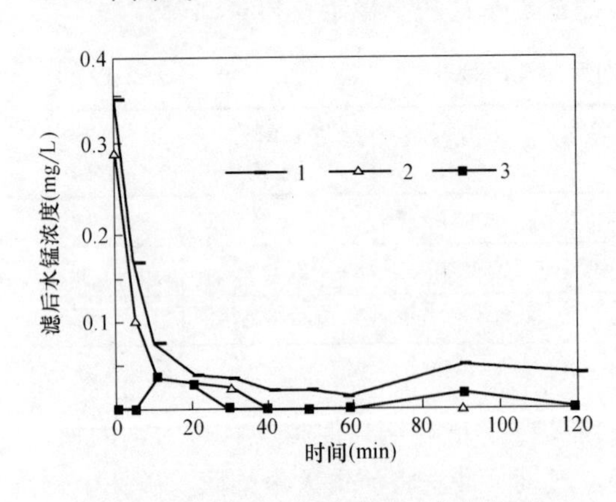

图 2-48 生产滤池反冲洗后出水水质

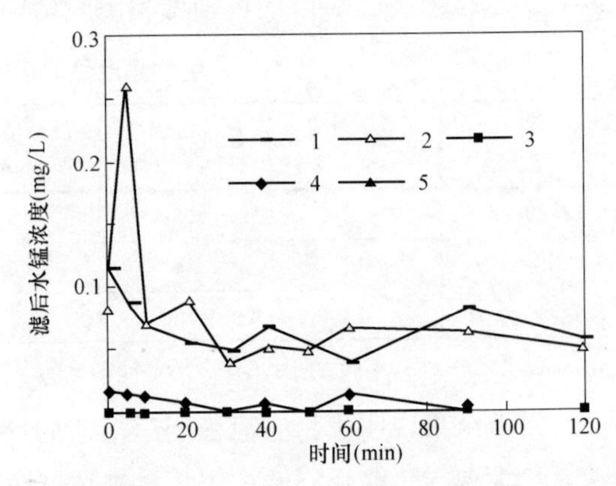

图 2-49 模拟滤柱反冲洗后出水水质

上述实验结果是与滤池成熟程度密切相关的。现场试验中发现，生物滤池的特点是随着滤池的培养成熟与连续运行，滤层中以铁、锰氧化细菌为主的多种微生物群系构成的生态系统会更加成熟与稳定。因而随着滤池的连续运行，滤池抗冲击能力更强，滤池出水效果也是越来越好。图 2-48 与图 2-49 中反冲洗后初滤水锰浓度陡然增大，这说明对于刚刚培养成熟的生物滤层，抗冲击能力还相对较小，由于反冲洗，使滤层中蓄积的铁泥、沉积在滤料表面含铁、锰的细菌代谢产物以及老化的微生物被水流带出滤层，并使滤层空隙增大，微生物量减少所致。而在短时间内滤层即恢复处理能力，说明反冲洗同时使滤料生物膜表面在很大程度上得到更新，促进了铁、锰氧化细菌的生物活性，相对充足的底物营养也促进了铁、锰氧化细菌的快速繁殖，从而保证了处理效果。由此可见，生物除铁除锰技术具有生物高效性。尤其对于成熟程度较大的生物滤层，适度的反冲洗始终不会影响滤后水的水质。

总之，在试验反冲洗条件下，滤层没有受到明显的冲击，生物量的适度减少，并不影响处理效果。反冲洗后滤层除铁除锰活性主要来自滤料表面附着的铁、锰氧化细菌，因此在成熟的滤池系统中，滤料表面附着的相当数量的细菌对于整个滤层生产能力的稳定具有举足轻重的作用，而且这部分细菌维持着滤层中铁、锰氧化细菌的基本数量和种群优势，保证了细菌的繁殖和生态系统的稳定，并使生物滤池具有一定的抗冲击负荷的能力。

3. 结论

（1）适宜的反冲洗是保证生物除铁除锰滤层经济有效工作的必要条件。在源水水质Fe为0.034～0.099mg/L，Mn^{2+}为1.428～2.812mg/L的条件下，适宜的反冲洗参数为反冲洗强度15L/(s·m^2)、反冲洗历时5min、工作周期72h；

（2）培养成熟后稳定运行的除铁除锰生物滤池具有一定的抗冲击能力，滤后水水质受反冲洗影响较小，滤池在0～10min内即能恢复处理能力，保证出水水质。生物除铁除锰技术具有生物高效性；

（3）成熟的滤池系统中，滤料表面附着的相当数量的细菌维持着滤层中铁、锰氧化细菌的基本数量和种群优势，保证了细菌的生长繁殖和生态系统的稳定；

（4）生物除铁除锰工艺的反冲洗与传统物理化学方法相比，其反冲洗时间间隔长、反冲洗强度小、历时短，不仅可以节水节能，还能增加产水量，带来更大的经济效益和社会效益。

2.3.3 生物除铁除锰滤池的快速启动研究[1]

在生物除铁除锰技术的工程应用中，由于自然条件的差异和人为因素的影响，常常会导致生物除铁除锰滤池的成熟期、滤后水水质及运行稳定性等存在较大差异。实践表明，通过对滤池进行适当的调控可减小自然条件的影响。因而可以说，生物除铁除锰工艺在实际运行中的成败在很大程度上取决于对运行条件的控制。

1. 材料与方法

（1）试验装置

以有机玻璃滤柱模拟实际生产中的滤池。滤柱直径为250mm，高为3m，以粒径为0.8～1.2mm的石英砂作滤料，滤层厚为1100mm；以粒径为1～2mm的卵石作垫层，垫层厚为300mm。用喷淋曝气代替生产中的跌水曝气。试验装置如图2-20所示。

（2）试验水质和运行参数

[1] 本文成稿于2005年，作者：李冬、张杰。

原水为人工配制的含铁、含锰水。经喷淋曝气后，水中溶解氧控制在4～5mg/L，滤柱滤速为5m/h，反冲洗强度为11L/(s·m²)，反冲洗时间为3min，工作周期为48h。生产性试验采用天然的含铁、含锰地下水，其中兰西县生物除铁除锰水厂源水铁含量为10～14mg/L，锰含量为0.65～1.1mg/L，是罕见的高铁高锰地下水；沈阳开发区生物除铁除锰水厂源水铁含量为0.048～0.397mg/L，锰含量为1.792～3.043mg/L，属于微铁、高锰地下水。试验中分析项目有Fe^{2+}、Mn^{2+}、DO、Fe^{3+}等，均采用国家标准分析方法测定。

2. 结果与讨论

(1) 源水水质对快速启动的影响

生产经验表明，源水中铁、锰含量低则滤池成熟期短，同时含铁量极低而含锰量高的源水也不利于滤池的成熟，也就是说铁、锰含量及其比例在很大程度上决定了滤池的成熟状况。

1) 源水铁含量对快速启动的影响

① 实验室模拟滤柱试验

采用两个完全相同的石英砂滤柱1#和2#进行试验，除了控制进水铁浓度不同外(进水锰约2.4mg/L)，其他运行参数均相同：滤速为2m/h，反冲洗强度为13～14L/(s·m²)，反冲洗历时为4min，工作周期为96h。控制1#滤柱前27d的进水铁浓度平均为0.095mg/L，后16d平均为0.037mg/L，至出水锰为痕量时滤柱共运行了43d；2#滤柱的进水铁浓度在前10d为0.5mg/L，后22d为0.75mg/L，仅运行了21d出水锰便达标。由此可知，处理微铁高锰源水的滤池的成熟期较处理低铁高锰的稍长，但对成熟后的出水水质无影响。经分析认为：当铁含量过低时滤层内属于极端贫营养环境，此时细菌对底物的利用遵循一级反应，即对底物的氧化速率受底物浓度的影响，由于底物浓度太低，铁、锰氧化细菌的代谢繁殖受到了限制，所以其代谢繁殖速率维持在较低的水平，因而成熟期较长。

② 实际生产滤池的运行

2003年10月末对兰西县生物除铁除锰水厂滤池进行接种，经过8个月的培养至2004年6月底滤层基本成熟，出水总铁<0.1mg/L、锰<0.1mg/L。这表明，处理高铁含量源水时滤池的成熟期不但没有缩短反而延长了。因此，含铁量太高或太低（微量）的源水都不利于生物滤层的快速成熟。通过对多座生物除铁除锰滤池的运行调试，笔者认为，源水铁、锰含量及其比例是影响滤层成熟期的重要因素。鞍山、抚顺、长春地区地下水的铁含量为5～7mg/L，锰含量为0.4～0.5mg/L，铁、锰浓度与比例都比较适度，因而铁、锰比较容易在同一滤层中去除，而且成熟期较短（一般为半个月至3个月）；而对于像兰西县、佳木斯那样地下水铁、锰含量分别高达12～15mg/L、0.8～1.2mg/L的地区，滤层中铁氧化物极多，它包埋了滤砂表面和滤层孔隙中的铁、锰氧化细菌群系，减少了其与铁、锰的接触机会，阻碍了代谢的正常进行，因而降低了除锰活性，最终导致成熟期延长。对于生物除铁除锰滤池极为重要的是维持滤砂表面和滤层孔隙中的生物量及其活性，这在培养期间尤为重要。而铁含量过高会导致频繁的反冲洗，反冲洗强度大、时间长，会造成活性生物的流失，这对滤池的培养是极其不利的，

会使培养期延长；反冲洗强度弱、时间短，则会造成铁泥、细菌代谢产物和老化生物细胞的积累，影响了生物活性的增长，严重时甚至出现滤层的板结，进而影响到滤池的正常运行。基于此，对于铁含量极高的地下水，其生物滤层的成熟期较长。

2）完全氧化时间对成熟期的影响

各地区地下水中 Fe^{2+} 的完全氧化时间相差较大，有的地下水接触空气之后，短短几分钟就可被氧化为 Fe^{3+} 胶体颗粒，而有的即使几十分钟甚至更长时间也不能被完全氧化，这是各地地下水特有的性质，主要是受溶解氧、可溶性硅酸、pH 等因素的影响。兰西地区地下水中 Fe^{2+} 的完全氧化时间很短，从跌水曝气池至滤池不到 2min 的时间里就有部分 Fe^{2+} 被氧化，地下水由澄清透明变为浑浊的黄褐色，于是在滤层的表层覆盖了一层薄薄的铁泥，这些铁泥影响了生物膜和絮凝体活性的快速增长，导致了成熟期延长。因此可以认为，完全氧化时间短的地下水不利于生物滤层的快速成熟。

（2）滤速对快速启动的影响

1）对模拟滤柱成熟期的影响

采用两个完全相同的滤柱同时进行试验，其中 $3^{\#}$ 滤柱以 1.2m/h 的滤速运行，$4^{\#}$ 滤柱以 2.3m/h 的滤速运行，其他水力条件相同。将等体积等浓度的细菌悬浊液分别接种到两个滤柱中，同时取进、出水水样并检测铁、锰含量。两滤柱的成熟过程曲线分别见图 2-50 和图 2-51。由图 2-50、图 2-51 可知，在进水水质完全相同的条件下，$3^{\#}$ 滤柱运行 20d 后出水就达标，此后出水锰一直稳定在痕量，而 $4^{\#}$ 滤柱运行 30d 后出水锰含量才达标并稳定，这表明采取低滤速有利于生物滤层的快速成熟。

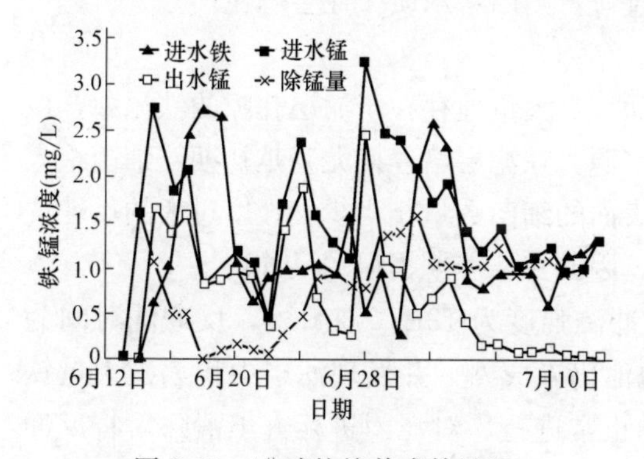

图 2-50　$4^{\#}$ 滤柱培养成熟过程

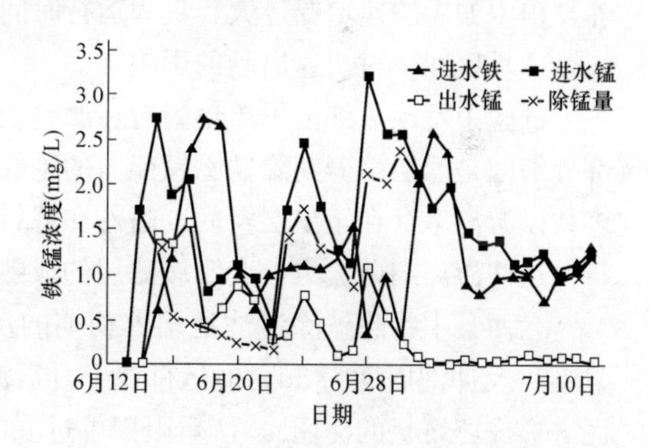

图 2-51　$3^{\#}$ 滤柱培养成熟过程

2）对生产滤池成熟期的影响

在兰西县生物除铁除锰滤池的调试运行过程中，控制 $1^{\#}$～$4^{\#}$ 滤池的滤速分别为 2.3、1.9、1.41、0.95m/h，则运行 4 个月后不同滤池的成熟情况见图 2-52。从图 2-52 可知，$1^{\#}$～$4^{\#}$ 滤池滤后水的锰含量分别为 0.6、0.5、0.4、0.4mg/L，与滤速高低顺序相一致。运行 8 个月后，$2^{\#}$、$3^{\#}$ 滤池出水锰浓度均在 0.05mg/L 以下，说明滤池已经成熟。与之相比，滤速最大的 $1^{\#}$ 滤池的出水锰含量为 0.15～0.25mg/L，说明该滤池仍未成熟，$4^{\#}$ 滤池则由于闸门故障而停运。

综上所述，生产运行结果与实验室模拟结果相一致，即培养期滤速的大小直接影响滤层的成熟状况。这主要是由于铁、锰氧化细菌对环境的要求所致。铁、锰氧化细菌与

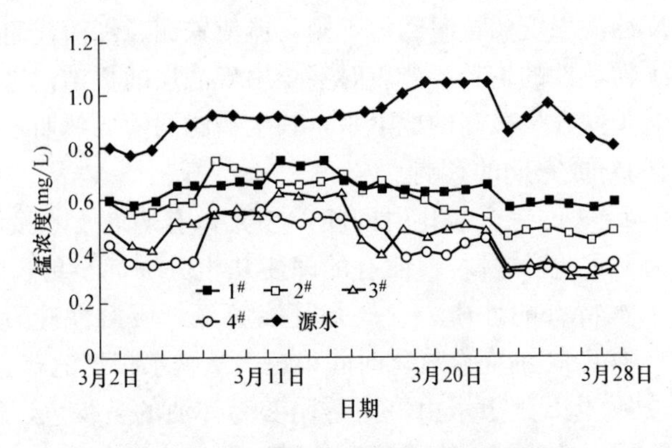

图 2-52　不同滤速下的滤池成熟状况

载体接触后，并不能立刻牢固地附着在其表面，若此时的滤速较大则相应的水流剪切力也较大，会将刚刚附着在滤料表面的细菌冲刷下来（使之成为游离细菌），于是在反冲洗过程中被冲出滤层。所以在铁、锰氧化细菌与载体表面接触后还需要一个相对稳定的环境条件，即必须保证他们能在载体表面有一定的停留时间，以使铁、锰氧化细菌在载体表面牢固附着，为以后的生长、繁殖创造条件。随着滤层中微生物数量的不断增加，滤砂表面附着与固定的微生物量也不断增加，便可以逐渐提高滤速了，一般初始滤速应控制在 3m/h 之下，每次增加的幅度应不高于 0.5～1m/h，某一滤速下至少要运行一周，在保证一定的巩固运行时间后才能继续增加滤速直至设计滤速（5～7m/h）。在培养过程中如果滤速增幅过大、巩固运行时间过短，则出水水质往往会恶化。

（3）反冲洗对快速启动的影响

试验中发现，细菌不单单附着在滤料表面，也大量地存在于滤层孔隙的铁泥中，该部分细菌是滤层培养期除铁除锰能力的主要来源。在滤层培养期尤其是初期，细菌绝大多数以游离态存在于滤层空间，附着在滤料表面的细菌数量相当少，强度过大的反冲洗将使这些游离细菌流失，会延缓滤层的成熟。因而在培养期提倡弱反冲洗。

兰西县生物除铁除锰滤池培养初期的反冲洗强度为 $12L/(s \cdot m^2)$，反冲洗时间为 4min，反冲洗周期为 3d，但运行 3 个月后滤池仍未成熟，并发现滤层中积累了大量铁泥（形成卵石状的泥团），严重阻碍了过滤的正常进行。对泥团进行人工清除后将反冲洗周期缩短为 1d，反冲洗强度提升到 $14L/(s \cdot m^2)$，反冲洗时间延长为 8min，经过 5 个月的培养最终成熟。以此看来，正是由于反冲洗参数选择不当导致了生物活性增长缓慢，使得滤池的成熟期长达 8 个月。沈阳开发区生物除铁除锰水厂在培养期的反冲洗强度为 $10L/(s \cdot m^2)$，反冲洗时间为 2min，反冲洗周期为 4d。运行一段时间后发现滤层出现了严重的板结现象，导致滤层过滤不均匀，影响了滤后水水质。为消除板结现象和保证处理效果，通过人工翻砂将结块打碎，并将反冲洗强度提升为 $12L/(s \cdot m^2)$，反冲洗时间延长至 5min，反冲洗周期缩短为 2d，经过几天的恢复后滤池处理效果变得非常稳定，出水锰为痕量。分析滤层出现板结的原因，认为是培养后期反冲洗强度不够所致。实践证明，反冲洗参数的确定要综合考虑许多因素，如进水铁锰含量、原水的特有性质、滤速等。从上面两个生产实例可知，对于不同水质的地下水，滤池的反冲洗参数是有差异的，应根据生产状况来确定，但要遵循如下原则：在培养至成熟的过程中，反冲洗强度从弱到强逐渐提高，反冲洗时间逐渐延长，而滤池的工作周期相应要缩短。这是由滤层中铁、锰氧化细菌的生长过程决定的，随着细菌由适应期进入对数生长期其活性逐渐增强，并产生分泌物使细菌牢固地附着在滤料表面。滤层培养成熟后，滤料表面附着的细菌达到一定的数量，滤层的处理能力和抗冲击负荷能力大大提高，此时应适当提高反冲洗强度，这是因为有较多的代谢产物沉积在滤料表面，需要通过加强反冲洗来有效清除这些物质，保证生物代谢的顺畅；培养初期的弱反冲洗导致一部分铁泥滞留在滤层中，不但增加了滤层的水头损失，还可能导致滤料产生板结，也需要通过加强反冲洗来使滤层冲洗得更彻底；适当增加反冲洗强度可使细菌在滤料表面附着更牢固，能适应较强的水力冲击，有利于维持滤层的稳定，进而促进滤池的快速启动。

3. 结论

生物除铁除锰滤池的快速启动受地下水水质、滤速、反冲洗参数等因素的制约。微铁和高铁含量的地下水都会延长生物滤层的成熟期。为实现生物除铁除锰滤池的快速启动可遵循如下原则：在培养期采取较低的滤速和较弱的反冲洗强度，随着滤层内细菌数量的不断增加适当提高滤速和反冲洗强度；与铁、锰含量较低的地下水相比，铁、锰含量较高的地下水在培养期应适当降低滤速、提高反冲洗强度并缩短过滤周期。

2.3.4 生物除铁除锰水厂的工艺设计与运行效果[1]

早在20世纪80年代，中国市政工程东北设计研究院就在水处理试验和实践中发现了微生物对地下水中锰的去除作用，随后在我国率先开展了生物除铁除锰技术的研究工作，在“八五”科技攻关课题中提出并确立了生物固锰除锰技术，在“九五”科技攻关课题中，确定了生物除铁除锰水厂成套技术，解决了生物除铁除锰工艺的生产性问题。沈阳经济技术开发区供水厂就是在生物除铁除锰技术指导下设计建造的我国第一座大型地下水生物除铁除锰水厂。该供水厂分两期设计施工，一期工程于1999年7月开始设计、建造，至2001年5月完工并通水，2001年12月底滤池稳定运行，滤池出水铁为痕量，锰小于0.05mg/L，出水水质优于国家生活饮用水标准（铁0.3mg/L，锰0.1mg/L）。

1. 工艺设计

（1）技术路线确定

沈阳经济技术开发区供水厂原水为深井地下水，由于原水中含有铁和锰，尤其是锰含量高，净水的主要目标是除铁除锰，所以净化工艺采用生物除铁除锰技术。

（2）工艺流程及主体构筑物设计参数和特点

水厂占地7.8hm^2，分为三个功能区：水处理区、铁泥处理区和辅助生产区。全厂设计处理能力为$12\times10^4m^3/d$，整个工程分两期实施，每期$6\times10^4m^3/d$。目前已建成一期水处理区和辅助生产区，一期水处理区包括：跌水曝气池2座，单池内径10.5m；普通快滤池2列，每列6个单池；清水池2座；吸水井1座；送水泵房1座；反冲洗系

[1] 本文成稿于2003年，作者：高洁、刘志雄、李碧清。

统；加氯系统。其工艺流程见图 2-53。

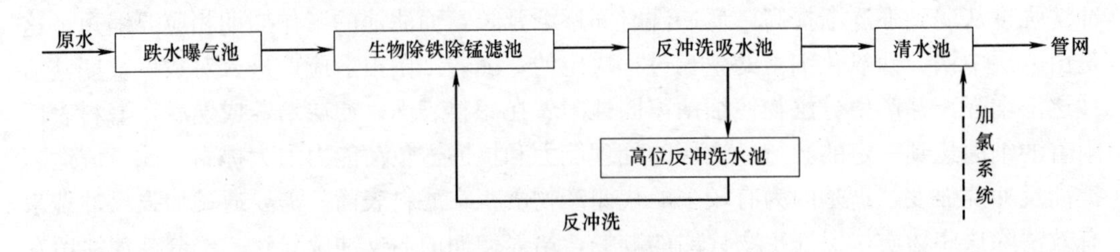

图 2-53　净水工艺流程

从图 2-53 中可以看出，跌水曝气池和生物除铁除锰滤池是整个供水厂水质净化的核心，其构筑物主要设计参数及特点如下。

1）跌水曝气池。跌水曝气池是净化系统的第一单元构筑物，曝气方式采用跌水弱曝气。之所以采用弱曝气原因有三：一是生物除铁除锰机制指出，在 pH 中性范围内，Mn^{2+} 的氧化不是锰的氧化物的自催化作用，而是以铁、锰氧化细菌为主的生物氧化作用，研究证明有很大一部分铁、锰氧化细菌属微好氧菌，过度的曝气不仅造成能量浪费，还会抑制某些细菌的活性，产生负面影响；二是在生物除铁除锰滤层中不要求散失 CO_2，因为水中 CO_2 是微生物繁殖代谢的重要碳源；三是研究证明 Fe^{2+} 对维系生物滤层中生物群系的平衡起到了至关重要的作用，强曝气将使原水中大量的 Fe^{2+} 在进入滤层前氧化成 Fe^{3+}，Fe^{3+} 絮凝体易堵塞和穿透滤层，影响出水水质，而 Fe^{2+} 的减少又严重影响生物滤层的稳定性。从以上三点可以看出生物除铁除锰技术在曝气方面与传统的除铁除锰工艺相比有很大不同，传统的除铁除锰工艺曝气的主要目的是向水中溶解足够数量的氧气，并充分散除水中的 CO_2、提高 pH，因此一般都要求较大的曝气强度，而生物除铁除锰机制要求弱曝气。研究表明曝气后水中溶解氧维持在 3～5mg/L 即可满足生物滤池运行要求。跌水曝气池具有结构简单、造价低、能耗小、曝气效果稳定的优点，特别适用于大中型水厂。曝气池跌水高度在 0.5～1m 的范围内，曝气后水中的溶解氧就能达到 4～5mg/L，可以满足生物除铁除锰滤层要求。该工艺曝气池跌水高度为 0.84m，单宽流量为 $40.92m^3/(h \cdot m)$，有效水深 0.6m。

2）生物除铁除锰滤池。滤池分为独立的两列，每列设计水量为 $32400m^3/d$，每列共有 6 个单元滤池。单池平面尺寸为 7.5m×6.2m，池深 3.7m，设计滤速 6m/h，强制滤速 6.5m/h。滤料采用普通石英砂，厚度 1m，粒径 0.5～1.2mm。承托层采用卵石垫层，分四层，总厚度 500mm。滤池采用大阻力配水系统，采用中央集水池配水。反冲洗采用单独水洗。传统接触氧化除铁除锰理论要求先除铁后除锰，即除铁与除锰要分别在两个滤池中完成，因此必须采用一级曝气过滤除铁、二级曝气过滤除锰的工艺。而生物除铁除锰技术认为地下水中铁、锰的性质相近，可以在同一生物滤层中被去除，而且研究还证明，生物滤层对氨氮也有很好的去除效果。因此生物除铁除锰工艺完全可以采用一级曝气过滤的简缩流程。

（3）反冲洗机制

生物除铁除锰滤池的反冲洗机制在生物滤池培养阶段和稳定运行阶段是不同的。培养阶段为利于微生物的生长繁殖，使生物滤层尽快成熟，反冲洗的原则是弱；而在稳定运行阶段，应适当加大反冲洗力度，以防止滤层板结。适宜的反冲洗是保证滤层经济有效运行的必要条件。该工艺正常运行时的反冲洗参数为反冲洗强度 15L/(s·m²)，反冲洗历时 5min，反冲洗周期 72h。

2. 生物除铁除锰滤池的运行效果

（1）原水水质

该供水厂原水为深井地下水，净水的主要目标是除铁除锰，原提供给设计单位的水质参数是 Fe 3.2mg/L，Mn 2mg/L。但在调试运行前供水公司的化验结果是 Fe 最高为 0.3mg/L，Mn 最高为 4mg/L。调试运行期间原水水质的平均值为 Fe 0.13mg/L，Mn 2.296mg/L。由此可以看出，沈阳经济开发区的原水含铁很低而锰含量却很高。而按正常规律含铁锰地下水中铁、锰的比例一般是 10∶1 左右，所以沈阳经济技术开发区的原水水质是相当特殊的。这种特殊的低铁高锰水不仅给除铁除锰生物滤池的微生物培养带来了很大困难，同时也是对生物除铁除锰技术适用范围的挑战。

（2）生物滤层的建立及运行效果

针对开发区原水水质的特殊性，研究小组对所有运行的 6 个生产滤池进行了考察，最后决定从 1# 滤池进行培养试验，待明析培养运行规律后再对其他生产滤池进行调试。2001 年 9 月 15 日，经采集、培养、驯化的高浓度菌种液 2400L 接种入 1# 滤池，同时按照生物机制运行该滤池。滤池接种后第 3d 开始每 24h 取进水及滤池出水，分析测定其铁、锰含量。至 9 月 25 日，1# 滤池除锰能力开始出现，锰氧化细菌增加并进入适应期。生物滤池进入适应期后真正的培养就开始了。利用 1# 滤池所得到的工程经验，对其余的 5 个滤池进行了大量的接种。接种成功后通过调整滤速、反冲洗强度、滤池工作周期等，对整个滤池的生物滤层进行原位培养。下面以 1# 滤池为例来说明生物滤池培养过程和运行效果。

1# 滤池从培养到成熟及至稳定运行过程中的进、出水铁锰浓度变化及锰去除率见图 2-54。1# 滤池 9 月 15 日接种完毕，9 月 25 日整个生物滤层进入适应期，10 月 8 日进入对数生长期，直至 11 月 5 日以后出水优于国家标准，12 月 15 日以后出水更加稳定。由于成熟后稳定运行阶段滤池出水锰比较稳定，且几乎检测不到，所以对滤池出水

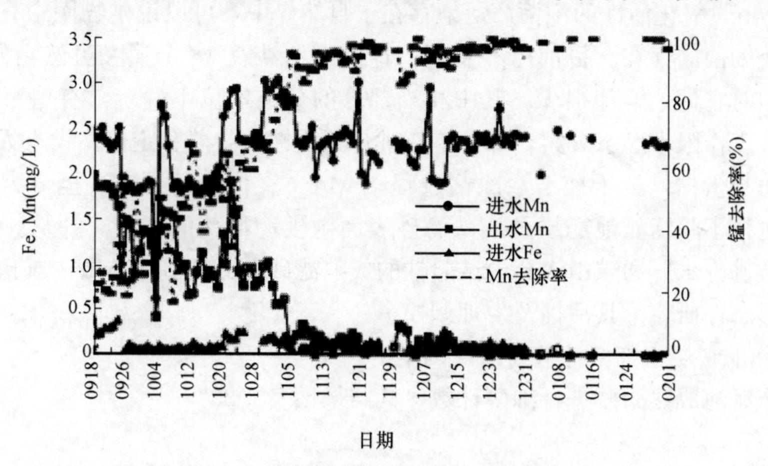

图 2-54　生物除铁除锰滤池成熟过程曲线

不定期取样。如图 2-54 中曲线后部分所示，此时除锰率高达 99%以上。又由于整个培养过程中出水铁几乎检测不到，故图 2-54 中没有标出。

从除铁除锰生物滤池的培养及稳定运行时期的出水水质我们可以看出，生物滤层一旦成熟，滤池出水始终优于国家标准。对于生物除铁除锰技术而言，地下水中锰的去除已不再是个难题。同时沈阳经济技术开发区这种特殊的低铁高锰水的成功处理，也拓宽了生物除铁除锰技术的应用范围，给生物除铁除锰技术的发展和推广应用带来了更广阔的前景。

3. 生物除铁除锰水厂运行特点

(1) 运行管理中应注意的问题

生物除铁除锰工艺的关键是除铁除锰生物滤池，因此运行管理中主要应注意的问题是保证生物滤池的稳定运行。对于生物除铁除锰滤池，可控制的运行参数主要是滤速和反冲洗。首先为保证微生物稳定适宜的生存环境，发挥滤池正常处理效率，应严禁突然加大滤速，如果需要，要考虑滤层的适应过程，每次滤速变化量不超过 1m/h。其次，沈阳开发区水厂水源水水质比较特殊，培养完成的生物滤池抗冲击能力相对较差，在反冲洗时要相当注意，应严格按要求进行反冲洗。

(2) 技术经济优势

首先也是最重要的一点是生物除铁除锰工艺铁、锰去除率高且稳定；其次由于采用一级曝气过滤的简缩流程，与二级处理工艺相比，主体构筑物工程一次性投资可节省50%左右；再次由于采用弱曝气方式及不投加任何药剂，在年运行费用上可节省资金30%左右；最后与二级处理工艺相比，生物除铁除锰工艺滤池工作周期长、反冲洗强度小、历时短，不仅可以节水节能，还能增加产水量。

2.4 地下水生物除铁除锰技术微生物学研究

2.4.1 Mn^{2+} 氧化细菌的微生物学研究❶

具有 Mn^{2+} 氧化活性的细菌广泛地存在于自然界中，可以说生物圈中有锰存在的地方就有这类细菌的存在。目前已经发现的这类细菌涉及 18 个属。虽然它们的种类多，分布广，但对它们了解却很少。其中相当部分的分类地位不确定，有些至今没有纯培养。大部分工作限于形态观察，部分工作进行到活性的寻着和定位。没有人有效地提纯出相关的酶与蛋白，至于地下水除锰过程中 Mn^{2+} 氧化菌的研究，至今为止尚无人进行。我们进行了除锰滤池滤层及成熟滤砂表面微生物群落的调查。并从抚顺开发区水厂、沈阳石佛寺水厂和鞍山大赵台试验柱的成熟滤砂上分离到了 Mn^{2+} 氧化细菌，观察了它们的形态，研究了其活性及生理调控。

1. 成熟滤料层中细菌计数与活性测定

对生产滤池成熟滤砂进行细菌计数，其结果见表 2-20。

---

❶ 本文成稿于 1997 年，作者：张杰、杨宏、李惟、鲍志戎。

熟料表面的细菌数　　表 2-20

滤料来源	总菌数(个/mL 湿砂)	具有 Mn^{2+} 氧化能力的细菌数(个/mL 湿砂)
鞍山大赵台	6.2×10^5	2.5×10^5
抚顺开发区	5.5×10^6	2.8×10^6

从表 2-20 中可以看出，在成熟滤料表面存在着不少于 $10^5\sim10^6$ 个/mL 湿砂的细菌，其中至少有相同数量级的细菌具有 Mn^{2+} 氧化能力，图 2-55、图 2-56 反映了滤砂表面上细菌的存在。进一步用 PYCM 培养基在 25℃进行混合平板培养 15d。用 TMPD 法对各菌落进行测定，判断各菌落是否具有氧化 Mn^{2+} 的能力，从中发现棕色菌落无一例外都具有 Mn^{2+} 氧化能力，而其他颜色的菌落（白色、黄色、红色等）都不具有 Mn^{2+} 氧化能力。这种棕色物质是锰的高价氧化物。

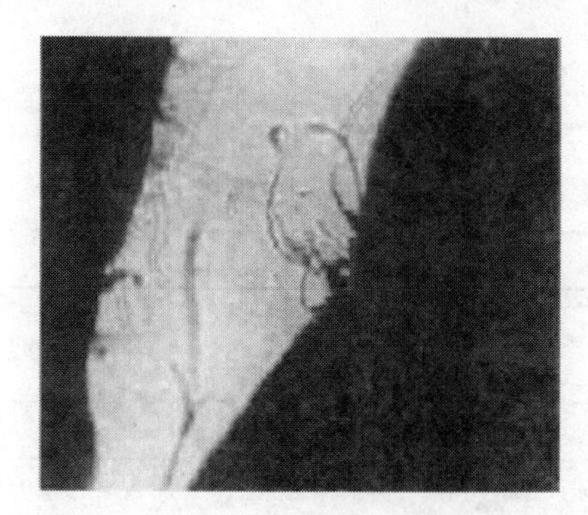

图 2-55　滤砂表面的细菌

图 2-56　滤砂表面的细菌

2. 从各水厂所用滤砂上分离到的 Mn^{2+} 氧化细菌

(1) 从大赵台水厂分离的细菌

从大赵台水厂成熟滤砂上共分得三株 Mn^{2+} 氧化细菌。其结果如下：

1) 形态

• 菌落形状

菌落Ⅰ：黑褐色，圆形，隆起的大菌落，直径为 3～5mm，边缘整齐，有膜，菌落表面不光滑，有皱褶，中央成双环。

菌落Ⅱ：黑褐色，圆形，隆起的小菌落，直径为 1～2mm，边缘整齐光滑，有硬壳膜，菌落表面不光滑，有皱褶。菌落呈双环形，不易破碎。

菌落Ⅲ：蜡泽四周乳白，中黄褐色，色浅，突起的大小不等的菌落，直径为 1～8mm，无膜，形状不规则，边缘不整齐，菌落表面光滑透明，有很强的反光能力。

• 显微结构

菌落Ⅰ：一个到多个球形细胞包埋在一个共同荚膜中，细胞无色，但荚膜的外层因金属化合物而为浅黄色。固锰后运动性降低。二分裂生殖。

菌体大小：直径 1.6～2.0μm

团块直径：2.4～3.6μm

菌落Ⅱ：卵圆形细胞，一般在荚膜中成对。二分裂生殖。

菌体大小：单个细胞直径0.5～0.8μm

团块直径：2.0～2.4μm

菌落Ⅲ：杆状细胞，单生，二分裂生殖，固锰后荚膜着色变暗，且不透明，也有少量以不规则膜包裹的大菌团存在。

菌体大小：0.3～0.4μm×1.2～1.7μm

菌团块直径：4.8～7.2μm

• 革兰氏染色

三种菌均为革兰氏阴性。

• 芽孢染色

三种菌芽孢染色阴性，说明非出芽生殖，显微结构中的双体均为二分裂体。所以生殖方式为二分裂生殖。

2）细菌活性

各种样品的活性见表2-21。

细菌活性及抑制（以除锰率表示%） **表2-21**

类别	样品1	样品2	样品3	样品4	样品5	样品6	样品7
菌种Ⅰ	95.75	0.527	0.333	98.47	2.14	3.82	44.04
菌种Ⅱ	78.60	0.702	0.167	91.92	1.98	0.765	26.68
菌种Ⅲ	83.4	0.95	0.418	97.26	2.37	3.21	37.31

注：样品1：菌体培养稀释液（（1.0×10^6个/mL）0.5mL接到JFMⅡ培养。样品2：滤液1mL加入培养基中培养。样品3：滤液100℃加热30min取1mL接入培养基培养。样品4：菌液离心取菌体无菌水洗涤后用胰酶溶液（50μg/mL，0.1M硼酸缓冲液pH8.0）（以下同）37℃作用10min，取0.5mL培养。样品5：菌体用$HgSO_4$(2.5%）处理10min。取0.5mL培养（以下同）样品6：菌体用2%NaN_3处理10min，取0.5mL培养。样品7：菌体以0.1N HCl处理10min取0.5mL培养。

由表2-21可以看出，这三种细菌具有Mn^{2+}氧化活性。该活性对$HgSO_4$、NaN_3、浓HCl等非特异性蛋白质变性剂敏感，对胰蛋白酶不敏感。该活性物质分布在细菌表面而不是分泌到外环境中。

（2）从石佛寺水厂分离的细菌

1）利用JFM Ⅱ培养基分离到的一株细菌

• 形态

在JFMⅡ平板上生长24～48h后，形成光滑的无色圆形菌落，随后，菌落中心出现棕色，表面出现皱褶，边缘不规则。在固体培养基上，细菌呈杆状；摇瓶培养后呈双球状；回接到固体培养基上后，又呈杆状。

• 细菌生长与培养基中Mn^{2+}的去除

培养基中细菌量与除锰效果的关系见图2-57所示，从图中关系曲线可见除锰效果随生物量的增加而增长。

• Fe对该细菌除锰能力的影响

Fe对细菌除锰能力的影响如表2-22所示，Fe的存在与细菌的除锰能力是有关的，而且是必不可少的。

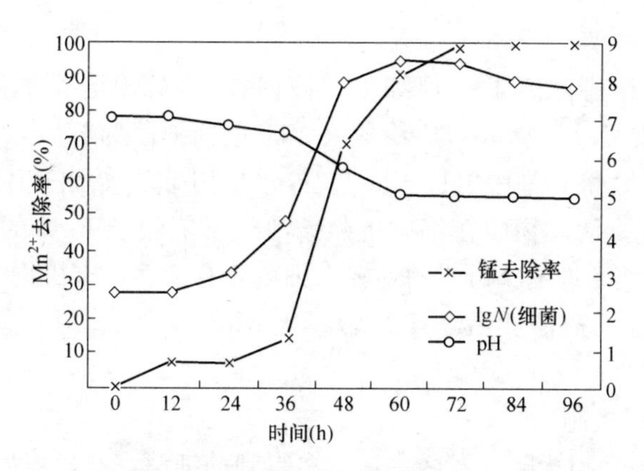

图 2-57　细菌生长与培养基中 Mn^{2+} 去除率

铁对细菌除锰能力的影响　　**表 2-22**

培养基中的含铁量（以柠檬酸铁铵计）(mg/L)	0	10	20	30	35	40	50	70	100
培养基中锰去除率(%)	0	>99	>99	>99	>99	>99	>99	>99	>99

2）利用 JFM Ⅱ培养基分离到 7 株细菌

细菌形态及活性见表 2-23、表 2-24。

菌落和细菌形态　　**表 2-23**

编号	菌 落 形 态	细 菌 形 态
1	棕色，直径 3～4mm，中心褶皱，外缘有一层圆环	G^-，球菌，多个球菌连成一串
2	直径 4～5mm，边缘整齐，中心有透明区，周围棕色	G^-，球菌，可见大量不染色的菌状物
3	棕色，直径 5～6mm，起初为同心环，后从第二层圆环向外出现辐射状凸起	G^-，球菌，有"十"状不染色结构，并有大量细菌吸附在其上
4	棕色，直径 1mm，凸起，表面光滑，边缘棕色较浅	G^-，球菌，视野内有长鞘
5	棕色，直径 8～9mm，表面褶皱，较平，边缘不整齐	G^-，球菌，视野内有长鞘，鞘内有不染色的菌状物
6	棕色，直径 3～4mm，边缘整齐，表面光滑，中心略凹陷	G^-，小球菌，绝大部分以 2 个，4 个，8 个聚集在一起，或连成串，可见不染色菌状物，并有较大的不染色、不规则的亮黄色的团块
7	棕色，直径 1～1.5mm，表面光滑，凸起，较干，易与培养基分离	G^-，球菌，有"十"状不染色结构，并有大量细菌吸附在其上

注：G^-：革兰氏阴性菌。

细菌活力测定数据（OD_{610}）及活性定位　　**表 2-24**

编号	GYCM 发酵液	GYCM 发酵液无菌上清液	GYCM 发酵液收获的菌悬液	无 Mn-GYCM 发酵液无菌上清液	无 Mn-GYCM 发酵液收获的菌悬液	结论
1	0.462	0.014	0.205	−0.007	0.068	诱导酶，活性因子在细胞上
2	0.505	−0.015	0.212	0.012	0.074	诱导酶，活性因子在细胞上
3	1.140	−0.031	0.242	−0.036	0.006	诱导酶，活性因子在细胞上
4	0.773	0.182	−0.042	0.262	−0.034	组成酶活性因子在细胞外
5	0.321	0.018	0.065	0.014	0.104	不能确定
6	0.476	0.091	0.062	0.045	0.032	诱导酶，活性因子在细胞上
7	0.317	−0.018	0.011	0.002	0.013	诱导酶，活性因子在细胞上

（3）抚顺水厂

利用PYCM培养基分离了一种细菌。该菌在PYCM培养基可生长的细菌中占30%。菌落圆形，直径3～5mm，边缘整齐、棕色。细菌为杆状，革兰氏阴性，大小0.4～2μm。在PYCM培养基中生长15d左右，细菌中部开始出现不染色的物质。该细菌可催化Mn^{2+}氧化。活性物质在细胞上。该活性不依赖于Fe^{2+}的存在。该活性是被Mn^{2+}诱导的。即，培养时有Mn^{2+}的存在，细菌才有活性，有机物抑制该活性的表达。只有在培养基中的有机物消耗后，才开始氧化Mn^{2+}。因此Mn^{2+}的氧化可能与供能有关。

3. 生物氧化除锰机制

从大赵台、石佛寺和抚顺开发区水厂分离得到的细菌，在培养后期均观察到其细胞表面有深色不染色物质，这种物质就是锰的氧化物。在实验室试验中发现，这些物质可被某些还原剂从细胞表面清除掉。因此Mn^{2+}是首先吸附在细菌体表面，然后被细胞表面的酶催化氧化。另外在前面的抑制菌活性试验中，是通过抑制细菌的酶活性而实现抑制菌活性的，并使之解体，致使Mn^{2+}的氧化活性被抑制。由此证明Mn^{2+}的氧化是在细菌胞体表面进行的，是通过微生物细胞表面酶的催化来实现的。

$$Mn^{2+}+O_2 \equiv MnO_2$$

从而完成了Mn^{2+}向Mn^{4+}的转化，实现了锰从水中的去除。

2.4.2 鞘铁菌（Siderocapsa）除锰和固定化❶

我国有近3亿人生活在地下水含锰量高的地区，高锰水对人体和工业生产带来严重危害。因此，天然水的除锰是一项重要的研究课题。目前工程上常用的“曝气接触氧化法”除铁效果好，除锰效果差，有待改进。自20世纪80年代以来，国外先后报道了微生物除锰的初步工作，但迄今仍未应用于实践。通过对鞍山大赵台石英砂滤料滤池的研究得知，除锰能力来源于滤料表面的一种黑褐色“活性滤膜”。我们已从这一滤膜中分离出除锰能力很强的两种鞘铁菌。本文的目的是进一步研究鞘铁菌的除锰效率和活性滤膜的形成，并试图通过菌体的固定化促进滤膜的成熟和提高除锰效率。

1. 材料和方法

（1）材料

水样、石英砂滤料、两种鞘铁菌均取自鞍山大赵台地下水滤池。石英砂滤料根据有无活性滤膜，即能否除锰而分为“生料”和“熟料”。

（2）方法

鞘铁菌的分离、培养和除锰率的计算均按文献的方法进行。

在鞘铁菌的除锰和固定化实验中，模拟了地下水石英砂滤池，采用直径为1.6～1.8cm，高40～75cm装满滤料的玻璃柱。这些滤柱分为生料柱、加鞘铁菌的生料柱、熟料柱、灭菌熟料柱和三种固定化滤柱等。

鞘铁菌的固定化以滤料石英砂为载体，采用吸附、包埋和化学交联等方法。

---

❶ 本文成稿于1996年，作者：朴真三、鲍志戎、李惟、张杰。

1）吸附法

将冲洗后的石英砂滤料与鞘铁菌培养基以1∶1的体积比混合并接菌种，在28℃摇床培养3～7d，使鞘铁菌直接生长和繁殖并吸附在载体表面，测其除锰能力。

2）包埋法

用菌体及其代谢物——含高价铁、锰的絮状沉淀物包埋石英砂，测其除锰能力。

3）化学交联法

将鞘铁菌置于5L发酵罐中，培养48h，取其上清液离心（5500r/min）20min，收集菌体。将菌体悬浮于0.5g/100mL的NaCl溶液中，制成菌液。将菌液分装为3份，加入不同量的戊二醛，使质量分数分别达2×10^{-3}、4×10^{-5}、4×10^{-6}。分别灌入装有石英砂的滤柱，并保持4h。用新鲜培养液滤过，并每隔24h测定一次除锰能力。

2. 实验结果

（1）鞘铁菌的除锰率

鞘铁菌的除锰实验结果见表2-25。从表2-25可以看出，在鞘铁菌作用下46h就能达到97%的除锰率，而不含菌的对照组经46h仍不能除锰。图2-58表示鞘铁菌的培养时间与菌数和除锰率的相互关系。在细菌培养38h以后除锰率迅速上升，到58h除锰率可达99%以上，这正是鞘铁菌的对数生长期。不难看出，在一定的培养时间内鞘铁菌的数量和除锰率呈正相关。

鞘铁菌的除锰数据 **表2-25**

取样时间(h)	培养基溶解Mn^{2+}						除锰率(%)
	未接菌			接菌			
	1#	2#	$\overline{OD}$	1#	2#	$\overline{OD}$	
0	1.207	1.207	1.207	1.226	1.200	1.213	0
10	1.215	1.210	1.213	1.011	1.250	1.130	6.8
23	1.215	1.178	1.197	1.184	1.046	1.165	2.7
29	1.199	1.039	1.120	1.003	1.048	1.026	8.4
38	1.211	1.211	1.211	0.964	0.932	0.948	21.74
46	1.205	1.210	1.208	0.037	0.035	0.036	97.0
58	1.293	1.150	1.222	0.009	0.006	0.008	99.3
60	1.200	1.170	1.185	<0.001	<0.001	<0.001	>99
72	1.154	1.238	1.196	<0.001	<0.001	<0.001	>99

（2）活性滤膜的除锰作用

活性滤膜是石英砂滤料表面的一层黑褐色膜，关于它的形态和化学成分我们曾做过报道。在本实验中我们用带活性滤膜的熟料柱持续过滤15d以上。表2-26和图2-59反映了不同滤速下活性滤膜的除锰率。在一定的范围内除锰率与过滤水接触活性滤膜的时间呈正相关，即接触时间越长，除锰率就越高。

为了检验活性滤膜除锰中非生物因素的作用，对灭菌（66.75N，30min）前后的熟料分别测定其除锰率，结果见表2-27。从表2-27可以看出活性滤膜的除锰率与本身的高温灭菌没有直接的关系。

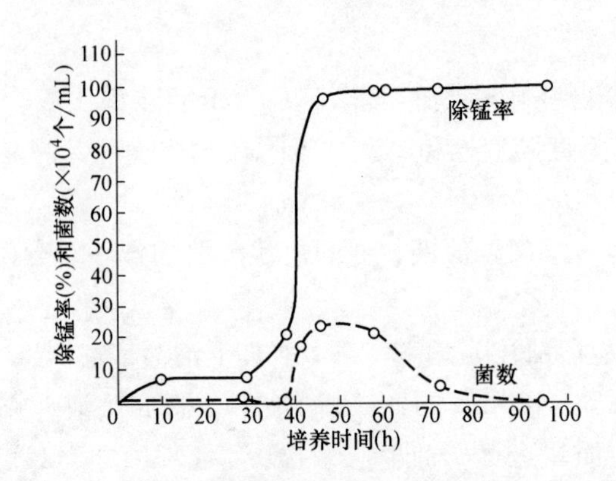

图 2-58　鞘铁菌的培养时间与菌数和除锰率关系

活性滤膜的除锰率　　　　表 2-26

滤水 Mn^{2+} 含量 ($\overline{OD}$)	滤速 (mL/min)	滤水在滤柱停留时间(s)	滤出水 Mn^{2+} 含量			Mn^{2+} 去除量 ($\Delta\overline{OD}$)	除锰率 (%)
			1#	2#	$\overline{OD}$		
0.110	78.5	0.76	0.104	0.101	0.103	0.007	6.4
	40.0	1.5	0.100	0.094	0.097	0.013	11.8
	37.5	1.6	0.102	0.102	0.102	0.008	7.3
	21.0	2.9	0.076	0.076	0.076	0.034	30.9
	7.8	7.7	0.068	0.068	0.068	0.042	38.2
	3.1	19.4	0.035	0.037	0.036	0.074	67.3
	0.44	136.4	0.022	0.022	0.022	0.088	80.0

灭菌后熟料的除锰能力　　　　表 2-27

熟料处理	滤前水含锰量(OD)	滤速(mL/min)	滤出水含锰量(OD)	除锰率(%)
不灭菌	0.110	7.8	0.068	38.2
灭菌	0.110	7.6	0.068	38.2

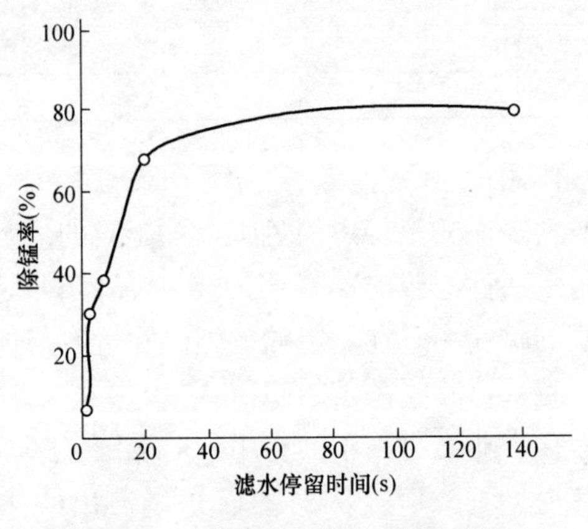

图 2-59　水的停留时间与除锰率关系

不具有活性滤膜的石英砂生料柱一般不能除锰，但有时表现短暂的、微量的吸附Mn^{2+}，只有加入鞘铁菌或形成活性滤膜以后才能长期除锰。

(3) 鞘铁菌的固定化效果

在本实验使用的吸附、包埋和交联三种固定化方法中，吸附法效果较差，无论是单一的或混合的菌都不能在短期内加以吸附固定，跟踪30d以后未能得到明显的固定化效率和滤料表面的膜物质。包埋法能快速地用菌体包住石英砂，使滤料具有除锰能力，但这种包埋很不稳定，容易被过滤水冲洗掉而丧失其除锰能力。

在交联法中，以石英砂为载体，用低浓度戊二醛交联高浓度鞘铁菌，使相互联成网状的菌体包住石英砂表面。这种滤柱运行48h以后滤料表面出现黑褐色沉淀物并具有除锰能力；这种类似活性滤膜的沉淀物在戊二醛浓度为2.0×10^{-3}时最为明显，这时部分鞘铁菌活动缓慢，逐渐向砂粒表面堆积，处于致死或半致死状态，然而在4×10^{-5}和4×10^{-6}浓度下菌体及其活性均无明显变化。值得注意的是带有活性滤膜的熟料对生料表面形成膜物质及其除锰有着明显的促进作用。当我们选用熟料和生料按1∶10的质量比混合的滤柱时，76h就可以实现除锰。第8d除锰率可达40%，还可以见到砂粒表面新的活性滤膜（图2-60和表2-28）。

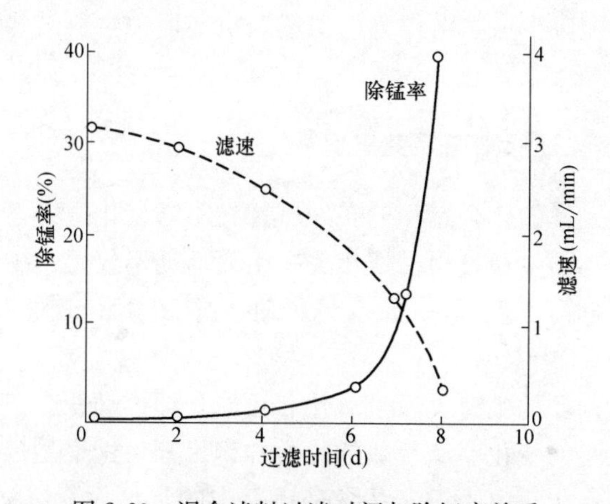

图2-60 混合滤料过滤时间与除锰率关系

混合滤料的除锰率 **表2-28**

时间(d)	滤水含锰量(OD)	滤速(mL/min)	滤出水含锰量(OD)	除锰率(%)
0	0.091	3.2	0.091	0
2	0.091	3.0	0.091	0
4	0.091	2.5	0.089	2.2
6	0.091	2.1	0.085	6.6
7	0.091	1.3	0.076	16.5
8	0.091	0.3	0.055	39.6

3. 讨论

(1) 鞘铁菌与活性滤膜的形成

活性滤膜是能够长期而稳定除锰的滤料表面膜，这种膜的形成离不开鞘铁菌。首先，本实验的两种除锰能力很强的鞘铁菌是在活性滤膜中分离出来的，且滤料最高的除锰率恰好发生在这两种菌的对数生长期；在显微镜下可以看到大量的菌体堆积在滤料表面。其次，对活性滤膜的物理和化学分析表明，它是由高价铁、锰等多种元素所组成的化合物，而鞘铁菌的除锰代谢可以把低价铁、锰氧化为高价铁和锰，因此，不能排除膜物质中的高价铁、锰是鞘铁菌代谢产物的可能性。

如果鞘铁菌及其代谢产物形成除锰的活性滤膜，那么，菌体的固定化将大大加快这种滤膜的形成和提高除锰率，实验结果确实如此。用戊二醛交联法固定细菌时，仅用48h就有除锰能力，并可看到滤料表面的黑褐色沉淀物，然而不加鞘铁菌的对照组却看不到这种沉淀物。因此，我们认为活性滤膜的形成离不开鞘铁菌。

(2) 鞘铁菌的固定化

在大型水厂的地下水滤池中，活性滤膜的形成和成熟经历120～180d，因此缩短滤膜的成熟周期对降低生产成本和提高除锰效率具有重要意义。通过菌体固定化的初步实验看到选用适当的加富培养基和固定化的方法来缩短滤膜成熟周期是可能的。在本实验的几种固定化方法中，交联固定化能够大大缩短滤膜形成时间，使滤料在短期内具有除锰能力。

另外，在生料中配以少量熟料作为“引子”也能促进生料向熟料的转化和提高除锰效率。

2.4.3 铁、锰氧化还原细菌研究概况[1]

组成地壳的各种元素的化合态和分布地域都在不断变化之中，通常，把这种变化称为元素循环。元素循环与生命过程密切相关。生命活动不仅促进了碳、氢、氧、氮等常量元素的循环，也促进了许多金属元素的循环。本文介绍细菌如何推动两种金属元素——铁、锰的循环。

细菌促进铁、锰循环的主要手段是氧化和还原，即推动铁在二价和三价之间，锰在二价和三价或四价之间的变化。从一般的化学知识可知，这也是推动铁、锰在可溶和不可溶两种状态之间的变化。由于铁、锰既是地壳中的常见元素，又是生命的必需元素，细菌和铁、锰的相互作用就成为地球化学、微生物学和生物化学的重要研究领域。细菌促进铁、锰循环有两种方式，一种是直接方式，即产生酶或其他专一性因子来催化相关反应；另一种是间接方式，即分泌有反应活性的小分子代谢物与铁、锰反应，或通过改变环境的pH等来促进相关反应。本文在笼统地谈及细菌对铁、锰循环的推动作用时，将使用“介导”这个词，而谈及直接方式时，将使用“催化”这个词。

人们对能够介导铁、锰氧化还原的细菌兴趣日增，主要有两方面原因。其一，这类细菌对环境保护，特别是对污水处理和城市饮水净化起着重要作用；其二，这类细菌对于形成含有微量元素的铁、锰沉积物，对于从水中采集、回收贵重的或有毒的金属，也有着重要意义。

本文介绍铁、锰在自然界中的氧化、还原，相关的微生物分类、生理和酶学、蛋白

---

[1] 本文成稿于1996年，作者：鲍志戎、于湘晖、李惟、张杰。

质研究，以及有关的应用概况。

1. 铁、锰的氧化和还原

铁、锰在自然界中既能发生生物学（细菌介导的）氧化、还原，又能发生非生物学（化学的）氧化、还原。如前所述，生物学氧化还原又可分为直接和间接两种方式。

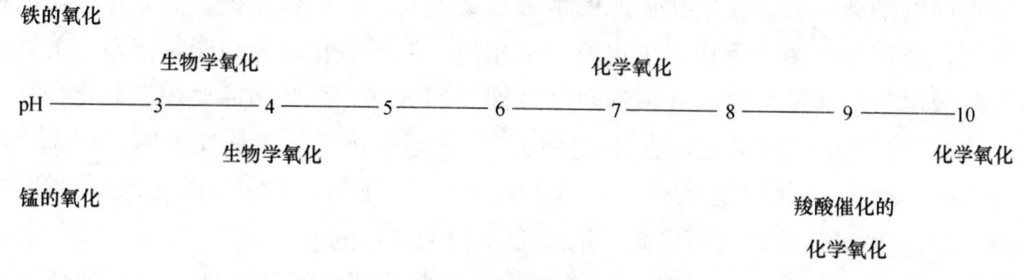

图 2-61　铁、锰氧化与 pH 的关系

Fe^{2+}、Mn^{2+}的化学氧化主要是由空气中的氧造成的。该反应与环境或微环境的 pH 有关（图 2-61）。需要指出，在能够发生化学氧化的环境中，如果酶等生物学因素足够稳定，则也可以发生生物学氧化，但实际上不够显著。

Fe(Ⅱ)，Mn(Ⅱ，Ⅳ) 能被诸如硫化物（S^{2-}）、部分有机酸、硫元素（S）、酚等化合物还原。其生物学还原只有在厌氧条件下才能发生。

2. 铁、锰氧化还原菌的分类学和生理学

能够介导铁、锰氧化和还原的细菌几乎分布在生物圈的各个角落。尽管其分布十分广泛，但许多菌的分离纯化却很困难。有些菌，比如：*Crenothrix*、*Clonothrix*、*Leptothrix ochracea* 和 *Gallionella*，往往同时存在而且营养要求极为相似，以致无法选择培养；有些菌需要共生菌，而有些菌如 *Siderocapsaceae*，富集较为容易，但进一步分离很困难，因为它在人工培养条件下不断变形以致显微镜下难以识别跟踪。因此，有些菌至今也未得到纯培养，对这些菌的研究也就几乎停滞不前。另外一些菌的分离纯化较容易，例如，*Sphaerotilus natans* 和大多数 *Leptothrix* spp.，可直接把天然来源材料加到平板上即可分离。对这些菌的研究也就比较深入。

这里需要指出，"具有铁、锰氧化和还原活性的细菌"并不是分类学上的概念。它实际上包括了许多科、属的细菌。由于许多菌得不到纯培养，其分类地位也还不能确定。关于铁、锰氧化还原对细菌的生理意义，目前主要有这样几种观点。

(1) 有些化能自养菌利用 Fe^{2+} 氧化获得能量来同化 CO_2 所需的还原力，如 T. *ferro-oxidans*；

(2) 有些异养菌利用 Mn^{2+} 氧化获得部分能量，如 *Vibrio* sp. 和 *Oceanospirillum* sp.；

(3) 非 SOD、非过氧化物酶的铁、锰用于清除 O_2^-，H_2O_2，如 M. *personatum* 和 L. *plantru*；

(4) 氧化 Mn^{2+} 以获得备用的电子受体，如 *Bacillus* sp. 和 S. *putrefaciens*；

(5) Fe(Ⅱ)、Mn(Ⅱ，Ⅳ) 作为电子受体以支持无氧呼吸，如 T. *ferrooxidans* 和 S. *putrefaciens*。

3. 酶学研究

现已证实，许多细菌中存在能催化铁、锰氧化或还原的酶（或酶系）。目前进行的主要研究包括：抑制剂实验，细胞悬液或细胞破碎液的动力学实验，光谱学实验，电泳和活性染色等。

对不同的细菌，铁、锰氧化还原的生理意义不同，它们催化铁、锰氧化还原的机制也不相同，所涉及的酶或蛋白因子也就不尽相同。如果氧化还原与能量代谢有关，往往会涉及呼吸电子传递链。这时，活性对呼吸抑制剂敏感。有些菌需要在二氧化锰存在的情况下才能进行 Mn^{2+} 的氧化，也许是因为二氧化锰提供了一个活性表面。在 *Lactobacillus plantarum* 中，用以清除 O_2^- 和 H_2O_2 的 Mn^{2+} 是与一种多磷酸化的蛋白结合的，该蛋白可以稳定 Mn(Ⅱ) 从而提高了清除 O_2^- 和 H_2O_2 的能力。

Thiobacillus ferrooxidan 是一种嗜酸性化能自养菌，能催化铁的氧化和还原。它能在低 pH 下催化 Fe^{2+} 氧化以获得能量，还可以利用 Fe^{3+} 作为电子受体。在试图分离 Fe^{2+}、Fe^{3+} 氧化还原酶的过程中，先后分离到许多氧还蛋白，包括一种非血红素铁蛋白，一种含铁、含 RNA 的细胞色素 C 还原酶和一种 Fe^{2+} 氧化酶。要确定该酶尚需进一步的实验。

Bacillus sp. 的 SG-1 菌株芽孢的外鞘中有一个分子量为 250ku 的复合蛋白能催化 Mn^{2+} 的氧化。它对 $HgCl_2$、$NaNO_3$ 和温度敏感，但进行 SDS-PAGE 后仍保持活性。胰酶处理后活性甚至略有上升。芽孢复苏时，若 O_2 不足，则会还原已沉积的 MnO_2 或 Mn_3O_4 以作为电子受体。该活性对 $HgCl_2$ 和温度敏感。光谱研究表明，其细胞色素 B 和 C 可被 MnO_2 直接氧化。

S. *putrefaciens* 可以利用包括 Fe(Ⅱ)、Mn(Ⅳ) 在内的多种电子受体，它有两个不同的 Fe(Ⅱ) 还原系统：低活性的组成系统和高活性的诱导系统。组成系统与呼吸性 H^+ 转移有关；诱导系统则与利用 Fe(Ⅱ) 作为电子受体有关。电子从外膜上的 Fe(Ⅱ) 还原酶，通过外膜上的细胞色素，传递给细胞膜上的细胞色素。已经知道，Mn(Ⅳ) 还原系统与之不同，但细节尚未报道。

L. *discophora* 能氧化 Fe^{2+}、Mn^{2+}、SS-1 菌株将活性物质分泌到胞外。有人通过 SDS-PAGE 从 SS-1 培养物中分离出了 2 种蛋白：分子量为 110ku 的 Mn^{2+} 氧化酶，分子量为 55ku 的 Mn^{2+} 氧化酶和分子量为 150ku 的 Fe^{2+} 氧化酶。两种 Mn^{2+} 氧化酶的关系尚不清楚。这些蛋白对 $HgCl_2$、$NaNO_3$、温度敏感，对 SDS 和胰酶不敏感。有人尝试将 110ku 的 Mn^{2+} 氧化酶和 150ku 的 Fe^{2+} 氧化酶的基因克隆到大肠杆菌（E. coli）中，但未获得活性表达。该作者认为，Mn^{2+} 氧化酶的基因可能位于一个操纵子当中。

4. 展望

目前，对介导铁、锰氧化和还原反应的细菌，以及这些细菌介导相关反应的方式仍然所知甚少。许多介导铁、锰氧化还原的细菌仍未得到纯培养。这是阻碍该领域研究的主要困难之一。因此需要发展新的分离纯化方法。关于铁、锰氧化还原反应对细菌生长代谢的意义，基本上分为两大类——与能量代谢有关和与解毒有关，仍需进一步研究。

迄今为止，除了证实酶或蛋白质参与铁、锰氧化还原外，生物化学研究进展不大，仍局限在抑制剂试验和细胞悬液、细胞破碎液的动力学测量上。对纯酶的研究，特别是分子水平的研究尚未展开。这主要是由于两个原因：其一，微生物体内的相关机制过于复杂，涉及的因子过多；其二，按照目前的提纯方法，酶的得率太低，不足以用于进一步的研究。所以，现在把注意力集中在酶和蛋白因子的纯化上，希望能有所突破。另外，基因工程技术也开始得到应用。

铁、锰氧化细菌已用于高铁、高锰水的净化。这种生物滤料比较便宜，效果也好。小型的生物滤柱对于改善广大农村地区的饮水质量有重要意义。

2.4.4 自来水厂除锰滤砂的催化活性分析❶

国内外普遍采用接触过滤法（快过滤法）去除地下水中的 Mn^{2+}。对于该法除锰机理的认识，存在两种观点即化学除锰和生物除锰已争论多年。对机理的认识不同，直接影响工艺参数的控制，因而影响除锰效果、生产周期和生产的稳定性。为了尽快形成较为完善的工艺设计规范以取得良好的社会效益和经济效益，有必要对滤砂催化氧化的机理进行深入的研究和认识。本文对鞍山大赵台自来水厂和抚顺经济开发区自来水厂的除锰滤砂进行了研究，对微生物及可能的化学因素在除锰过程中的作用进行了初步的研究和探讨。

1. 材料和方法

（1）材料

滤砂：未使用过的锰砂（简称生料）；鞍山大赵台水厂与抚顺开发区水厂除锰滤池中经驯化的成熟锰砂（简称熟料）；抚顺水厂中试试验柱中驯化成熟的石英砂。

试剂：N，N，N，N-四甲基对苯二胺（简称TMPD），Aldrich出品，AR；其他均为国产分析纯或生物纯试剂。

（2）细菌计数与分离

PYCM培养基：蛋白胨 0.8g，酵母浸膏 0.2g，$MnSO_4 \cdot H_2O$ 0.2g，K_2HPO_4 0.1g，$MgSO_4 \cdot 7H_2O$ 0.2g，$NaNO_3$ 0.2g，$CaCl_2$ 0.1g，$(NH_4)_2CO_3$ 0.1g，加水1000mL，调pH6.8～7.2。

固体培养基则加琼脂1.5%。湿热灭菌后使用。取适量熟料，加无菌水充分振荡。将振荡后得到的悬浊液梯度稀释，用PYCM培养基在25℃进行混合平板培养15d。

（3）细菌活性的判定

刮取少量菌落，分别用过硫酸法和TMPD法测定其中的锰。过硫酸法结果呈红色且TMPD法结果呈蓝色的菌落是具有 Mn^{2+} 氧化能力的，其他情况均表明菌落无活性。从上述检验有活性的菌落中随机选取5个，用TMPD培养基在25℃，100r/min进行摇瓶培养7-10d。100×g离心去除培养液中的沉淀，上清液3000×g离心10min，将沉淀用10mmol/L，pH=7.0的Tris-HCl缓冲液悬浮，再离心，重复2次。离心机，缓冲液均预冷至4℃。菌体再次用同上缓冲液悬浮，调节菌浓度至 $OD_{600}=1.0$。取上述菌悬液10ml，加 $MnSO_4$ 至20mg/L，静置12h，用TMPD法测定其中的高价锰。TMPD法具体操作见文献。改进之处在于，测定吸光度之前将菌体离心除去。

（4）微生物群落与熟料表面结构稳定性关系

---

❶ 本文成稿于1997年，作者：鲍志戎、孙书菊、李惟、张杰。

1）细菌增殖的影响　取适量熟料，填装成内径2.5cm，高60cm的滤柱，用1/10浓度的PYCM培养基淋洗。用原子吸收法检测流入和流出液中的Mn^{2+}浓度。

2）灭菌的影响　取适量熟料和成熟石英砂灭菌后填装成内径2.5cm，高60cm的滤柱，用含锰约1.4mg/L的地下水淋洗，测定进水和出水的Mn^{2+}浓度。

(5) 滤砂活性分析

1）滤砂的处理　取适量成熟锰砂，湿热灭菌。另取适量成熟锰砂用1% $HgCl_2$溶液浸泡72h。经上述处理的滤砂，从其上分离细菌以检验微生物被抑制的程度。

2）将经不同处理的滤砂分别填装成内径2.5cm，高60cm的滤柱。过滤用水为含Mn^{2+}约1.40mg/L的地下水。用原子吸收法分别测定各滤柱进水和出水的Mn^{2+}浓度，计算Mn^{2+}去除率。

2. 结果和讨论

(1) 细菌计数与活性测定

从表2-20中可以看出，成熟滤料表面存在的细菌数量不少于10^5～10^6/mL，其中至少有相同数量级的细菌具有Mn^{2+}氧化能力。由于有些细菌在滤砂表面吸附得较牢固，而且有些细菌未必适于在PYCM培养基上生长，滤砂表面上细菌（包括有Mn^{2+}氧能力的细菌）的数量应该比表2-20中所示的数量大。

判断细菌是否有氧化能力时发现，棕色菌落无一例外都具有Mn^{2+}氧化能力，而其他颜色的菌落（白色、黄色、红色等）都不具有Mn^{2+}氧化能力。这种棕色物质是锰的高价氧化物。摇瓶培养得到的细菌活性测定结果见表2-29。

表2-29所示的结果，进一步证实了形成棕色菌落的细菌具有催化Mn^{2+}氧化的能力。细菌的进一步纯化和活性定位正在研究中。

棕色菌落菌悬液活性　　**表2-29**

菌株编号	1#	2#	3#	4#	5#
被氧化的Mn^{2+}(nmol/d)	140	120	80	65	70

(2) 微生物群落与熟料表面结构稳定性关系

1）细菌增殖的影响

结果见图2-62。图2-62曲线大致分为两部分。其一，72h以前，除锰率稳定在20%左右，滤柱对培养基中的Mn^{2+}有一定的去除能力；其二，72h以后，除锰能力急剧下降，96h后不但不能除锰，反而发生了“漏锰”现象（出水锰含量高于进水锰含量）。这说明锰砂表面沉积的锰又脱落下来了。由于培养基灭菌后的溶氧度远低于曝气后的地下水，该淋洗条件可能更适于厌氧或兼性厌氧菌的生长，从而破坏了滤砂表面的微生态。滤料表面上某些能够在厌氧或兼性厌氧条件下还原Mn(Ⅲ，Ⅳ)的细菌大量繁殖后，就会导致已经沉积在滤砂表面的Mn(Ⅲ，Ⅳ)被还原成可溶的Mn^{2+}，从而又脱落下来。

2）灭菌的影响

结果见图2-63。从图2-63发现，灭菌石英砂发生了严重的“漏锰”现象（曲线2），出水锰含量最初高达2.98mg/L，是进水锰含量的2倍。随着时间的推移，出水锰含量逐渐降低，最后稳定在与进水相当的程度。在光学显微镜下可以观察到，随着石英砂的成熟，其表面逐渐形成了一层黑色的膜。灭菌后，这层黑膜大量脱落，重新暴露出石英砂表面。已经验证黑膜中存在一种含锰化合物，它是石英砂催化 Mn^{2+} 氧化的产物。同时，黑膜也是其催化 Mn^{2+} 氧化的活性表面。当细菌被杀灭后，其活性表面也随之崩解。脱落下来的黑膜使得其出水锰浓度高于进水锰浓度。由于石英砂对 Mn^{2+} 的吸附能力非常弱，所以灭菌石英砂在失去了其活性表面后，对地下水中的 Mn^{2+} 几乎没有去除能力，因而该滤柱的出水锰含量最终与进水相当。从图 2-63 中的曲线 3 可以发现，锰砂熟料灭菌后并未发生“漏锰”现象，这说明其表面物质并未脱落。这可能是由于沉积的锰氧化物在形成过程中，已与锰砂（化学成分是锰的氧化物）原有的化学结构形成了化学键，因而结构较稳定。但是也发现，此时锰砂除锰能力已降低。这表明其表面活性结构也受到了一定的破坏。综上笔者认为，滤砂表面的微生物群落与其催化形成的含锰沉积物共同组成了滤砂的活性表面。微生物群落的存在与稳定对于活性表面的存在与稳定是至关重要的。微生物群落受到某种破坏，能够导致表面结构的破坏，甚至完全崩解。

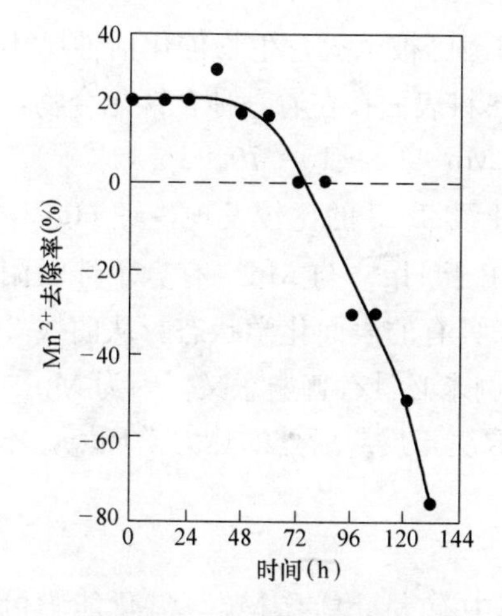

图 2-62　锰砂滤柱对 1/10PYCM 培养基中 Mn^{2+} 的去除

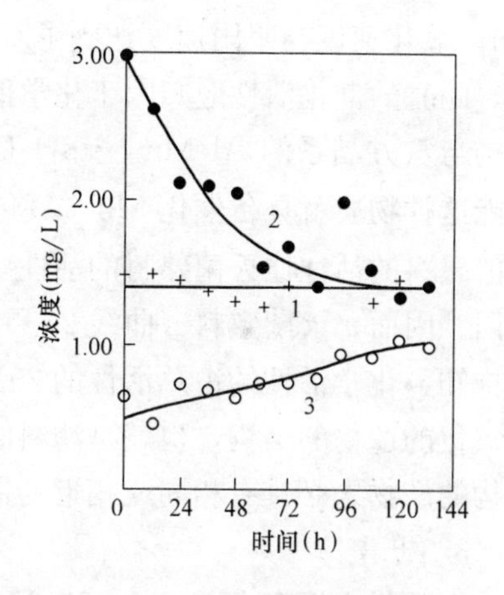

图 2-63　灭菌石英砂（熟砂）和灭菌锰砂（熟砂）对地下水 Mn^{2+} 的去除

1—滤柱进水锰含量；2—灭菌石英砂滤柱出水锰含量；3—灭菌锰砂滤柱出水锰含量

（3）滤砂活性分析

从灭菌和经 $HgCl_2$ 处理的熟料上未能分离到细菌。说明其表面的细菌已被杀灭，生物催化活性已不存在。处理后的滤砂活性见图 2-64。

从图 2-64 可以看到，当熟料上的细菌被杀灭后，滤料对 Mn^{2+} 的去除能力有所下降（从 90％降到 60％～70％）。熟料除锰能力是比较稳定的（曲线 1）；而处理后的滤料的除锰能力是可饱和的，说明此时滤料是通过吸附作用来除锰的。未处理前，吸附的 Mn^{2+} 被迅速氧化而形成新的可吸附表面，因而活性是稳定的；处理后，生物催化活性被抑制，吸附的 Mn^{2+} 不能迅速氧化，所以可吸附表面逐渐被饱和。从图 2-64 中还可以看到，处理后的滤料活性在下降到一定程度后保持稳定。这表明，此时滤料表面的

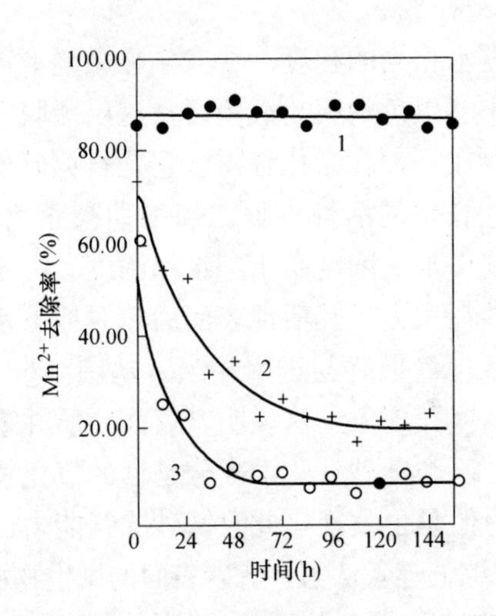

图 2-64　锰砂熟料在灭菌和 $HgCl_2$ 处理后对 Mn^{2+} 的去除能力

1——锰砂熟料的除锰率；2——湿热灭菌的锰砂熟料除锰率；3——经 1% $HgCl_2$ 溶液处理的锰砂熟料除锰率

Mn^{2+} 氧化速度与吸附速度达到了新的平衡。由于细菌已被杀灭，生物催化活性已不存在，此时的催化活性应归因于化学催化。笔者发现熟料表面存在着一种含锰化合物，其结构与六方晶系的 $Al_5Mn_{18}\cdot 8H_2O$ 相似，含 Ca：Mn：Fe≈10：70：15（原子）。很可能这种物质就具备催化 Mn^{2+} 氧化的能力。通过曲线 2、3 的比较发现，经 $HgCl_2$ 处理的熟料的活性比灭菌熟料的活性要低。这可能是由于 Hg^{2+} 与 Mn^{2+} 有竞争性吸附的原因。因而，灭菌熟料（曲线 2）更接近于熟料原来具有的表面化学状态。从曲线 2 可以推知，化学活性约占总活性的 20%。不过这个比例未必具有普遍意义，因为 Mn^{2+} 催化氧化的产物的结构，也就是滤料的表面化学结构取决于反应所处的热力学环境，不同结构的产物未必具有相同或相近的催化氧化能力。

3. 结语

在熟料表面存在着一个复杂的微生物群落，其中有大量具有 Mn^{2+} 氧化能力的细菌。这个复杂的微生物群落的存在与稳定对于滤料活性表面的存在与稳定是至关重要的。来自于 Mn^{2+} 氧化细菌的活性，是滤料除锰活性的主要部分。化学催化活性不仅只占了一小部分，而且它本身也是生物催化氧化的产物。因此，微生物（Mn^{2+} 氧化细菌及其他组成微生物群落所必需的微生物）在除锰过程中扮演了重要的角色。在进行工艺设计时应当充分考虑这一点，为微生物群落的生长和稳定提供条件。

2.5　地下水生物除铁除锰技术的工程实践

2.5.1　维系沈阳市经济技术开发区水厂生物滤池长期除锰能力的研究[1]

1. 前言

[1] 本文成稿于 2006 年，作者：张杰、曾辉平、李冬、杨晓峰。

沈阳市经济技术开发区位于沈阳市区西南部张士村地区。是沈阳市城市建设和经济发展的重要组成部分，也是沈阳对外开放的窗口。自1989年建设以来，吸引了国内外大批大中型企业，包括精细化工、电子、仪表等高新产业和食品、服装等轻工业。2003年沈阳市政府决定铁西工业区与其合并管理，更增强了该区实力和经济腾飞的活力，成为振兴东北老工业基地的重要组成部分。

建区初始采用地下水水源，经消毒后直接供应工业与生活用水。由于水中含有过量的铁、锰离子，除给居民生活带来诸多不便外，还使许多企业的生产受到影响，产品质量下降，甚至报废。于是工业用户纷纷提出抗议和索赔，后来投资者望而却步。影响招商引资工作和经济发展。为此开发区城建局委托中国市政工程东北设计研究院开展地下水除铁除锰水厂的设计，以保证供水水质。然而当时国内外地下水除铁除锰水厂，不采用强氧化剂者，Mn^{2+}都难以去除，达不到饮用水标准，仅能除铁而已。此时恰值张杰院士主持的生物固锰除锰技术经过小试、中试和半生产性试验，臻于成熟。经过商榷应用该技术在开发区建成国内外第一座生物除铁除锰水厂。这是开发区城建局领导的大胆尝试和果断决策，是对生物固锰除锰技术的考验。生物除铁除锰水厂于2001年4月全部建成，5月开始水力试验，7月开始除锰菌的接种和生物滤层的培养，至2001年12月，第一批培养的滤池1#～6#水质达到饮水标准，出厂水Mn^{2+}<0.05mg/L，TFe为痕量。满足了驻区各企业的用水要求，保证了居民饮水卫生和身心健康。国内外首座现代生物除铁除锰水厂在沈阳经济技术开发区宣告诞生。

至2005年9月该水厂除铁除锰效果一直良好，出厂水质优于国家标准。但2005年10月1#～6#滤池出现滤层漏锰现象。原水锰浓度在1.6mg/L水平上波动，各滤池出水达0.6～0.8mg/L。继而，2006年2月后培养成熟的9#～12#滤池也开始漏锰。驻区企业提出质疑。生物固锰除锰技术面临着新的问题和挑战。在开发区城建局、自来水公司的要求和支持下，生物固锰除锰技术项目组重新进入现场，实地考察和生产实验研究，以图尽快解决生产运行中的问题，并制定出长远的生产滤池运行规则。2006年3月进驻现场至5月初两个月的时间内，出厂水合格并稳定，达到了预期目的。

2. 生物除铁除锰滤池除锰能力下降原因的调查

(1) 原水水质变化的影响

中国市政工程东北设计研究院1999年3月出版的初步设计说明书中，记载了设计之初原水水质条件：开发区地下水类型属重碳酸钙镁型，矿化度<0.5g/L，pH=6.5～6.8，总硬度为84～161mg/L。但铁、锰离子浓度超过饮水标准。1998年化验结果见表2-30。

1998年各水源井铁、锰离子浓度 表2-30

项目/井号	标准	1#	2#	3#	4#	5#	6#	7#	8#	9#	10#
铁(TFe)(mg/L)	0.30	0.18	0.05	0.05	0.33	3.5	0.24	—	—	0.05	0.78
锰(Mn^{2+})(mg/L)	0.10	1.08	0.05	0.18	0.05	0.05	0.00	—	—	2.0	0.46
产水量(m^3/d)		3840	3840	3840	3840	3840	3840	3840	3840	3840	3840

设计按 TFe<4.0mg/L，Mn^{2+} 1.0～2.0mg/L 而进行。在多年运行中进厂原水 TFe<0.3mg/L，Mn^{2+}多数在1.0～1.5mg/L波动。2005年10月以后，由于有新井投入使用，进厂原水不稳定，有时高达2.0mg/L以上。那么原水 Mn^{2+} 浓度的增高是否是滤池漏锰的原因？经分析可能不是，至少不是主要原因。因为2001年生物滤层培养初期，在滤池进水锰浓度逐渐增加并超过2.0mg/L很长时间的情况下，滤后水锰浓度却稳步下降，直至0.05mg/L以下，并长期稳定。所以原水水质的变化不是滤池漏锰的主要原因。原水水质的突然变化虽会影响滤池的除锰能力，但是暂时的，生物滤池很快就能适应。只要进厂水锰浓度不超过2.0mg/L，该厂出水水质不会受到影响。但在增加水井或井群调度中，应避免高锰井（Mn^{2+}>2.0mg/L）的使用。

（2）维护管理

生物滤池在成熟之后，抗冲击能力较强，反冲洗强度、滤速、反冲周期在50％的范围内变化，不会影响滤层的除锰能力。但是如果有人为破坏性损伤，生物滤层的活性会遭到破坏，一旦破坏要恢复需要较长时间。比如：

1）长期反冲洗强度过低会造成滤层板结；长期反冲洗强度过大、过频会造成滤层生物量的减少和跑砂。

2）闸门、集水系统检修，停池时间过长，会损害滤层生物活性。该厂因检修等原因，把生物滤砂挖出几日或十几日后才回填的现象是有的。这样滤料上的生物群落遭到破坏，生物体死亡。重新投产后几个月才能恢复。影响出厂水水质。

3）有意无意杀灭生物滤层活性的行为等。

（3）生物滤层级配结构的自我演变

在生物滤层中，Fe^{2+}、Mn^{2+}生物氧化后生成的 Fe^{3+} 和 Mn^{4+} 氧化物包裹在滤料表面，其上粘附着含锰菌在内的生物群系，使生物滤层中包含有足够数量的微生物群落，保持着旺盛的除锰能力。但由于滤砂表面 Fe^{2+}、Mn^{2+} 氧化物不断增长，越来越厚，滤砂的球体直径就越来越大，滤层也随之膨胀和升高了。滤层升高到一定程度，在反冲洗操作下，表面滤砂就随反冲洗排水而流失。为不使滤砂随反冲洗排水跑掉堵塞排水渠，就需要在运行1～2年后，将增高的滤层刮除。该厂在2003年11月至2005年12月，1#～6#滤池的滤层先后刮除了约15cm，加上平时跑砂，从2001年12月运行开始到2005年12月估计从1#～6#滤池中刮除和跑掉的成熟砂厚20cm。滤层厚度虽然有增无减，但滤池中滤料颗粒总数减少了20％（原始滤层厚100cm）。滤层中孔隙度增大。滤层内总颗粒表面积减少，使原水中的 Mn^{2+} 离子与滤料表面（或者说是微生物群系）的接触几率减少，接触时间缩短。毕竟会有一定比例原水携带着 Mn^{2+} 离子从滤层曲折的空隙中穿过而没有被微生物氧化。这种现象渐渐加重，到一定程度，出水中 Mn^{2+} 离子就会增高，出现了漏锰现象。

为证明这一假设并找到解决办法，在现场进行了生产实验和模拟滤柱试验。

3. 维系生物滤池长期除锰能力的试验研究

（1）实验设备与方法

1）生产实验

生产实验在该厂的12座生产滤池上逐步全面开展。该厂设计规模 $6\times10^4m^3/d$，实

际生产水量 $4\times10^4m^3/d$。其除铁、除锰的工艺流程如图 2-65 所示。

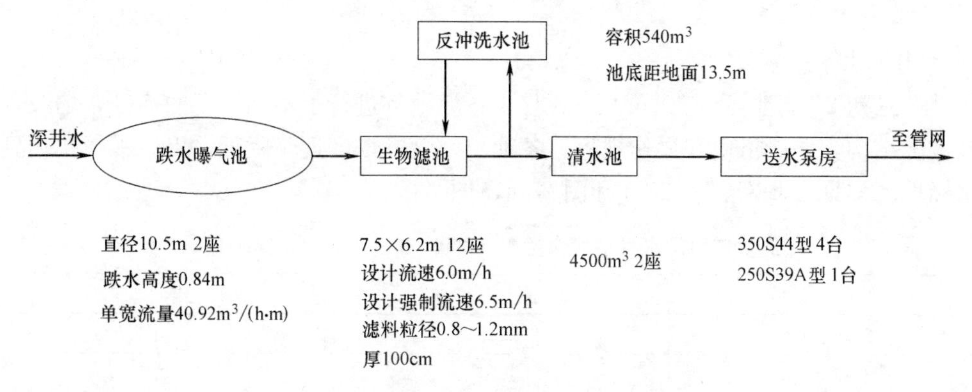

图 2-65 沈阳经济技术开发区水厂工艺流程

生产实验中保持日常生产中的工作状态和运行参数，但严格执行操作规程，认真操作。其运行参数是：反冲洗周期 3d，反冲洗强度 $14L/(m^2\cdot s)$；滤速随每日深井群调度而变，其生产水量在 $40000m^3/d$ 和 $50000m^3/d$ 之间变化，即滤池滤速变化于 4.0m/h 和 5.0m/h 之间。

改变滤池的滤层级配结构：2006 年 3 月 3 日取出 2# 滤池成熟砂层厚 30cm，回填新砂 20cm，试探其除锰能力的变化。到 3 月 27 日近一个月时间，滤后水只从 0.45mg/L 降至 0.32mg/L。说明恢复很慢。据此，其余每座滤池据其不同滤层顶标高，取出 2～5cm 成熟砂不等，回填相应新石英砂。连续长期测定其进、出水水质。每个滤池换砂操作，一气呵成，争取在尽短时间内完成。除 2# 滤池外，其余均在 2～4h 之内完成。

2）滤柱试验

有机玻璃柱 5 根，长 2500mm。各柱内径与填装滤料情况见表 2-31。

各试验柱滤层状况（mm） **表 2-31**

滤柱编号	内径	成熟砂厚度	新石英砂厚	滤层总厚度
1	100	800	200	100
2	250	1400	100	1500
3	250	700	300	1000
4	250	500	500	1000
5	100	1500	—	1500

从生产曝气池中取水送至各滤柱。各柱设溢流口以保持恒定水位。各柱均设转子流量计和滤速调节阀，滤速控制在 6m/h 左右。每日取进水和各柱出水进行 Fe^{2+}、Mn^{2+} 离子测定。来考察其滤层除锰活性的变化。

3）分析方法

Fe^{2+}　邻菲啰啉分光光度法

总铁　邻菲啰啉分光光度法

Mn^{2+}　甲醛肟分光光度法

（2）实验结果与分析

1）生产实验

a. 出厂水水质恢复

继3月初$2^{\#}$滤池换砂30cm后，3月末各滤池都进行了不同厚度的换砂，均改善了滤层级配结构，并严格遵守操作规程，各池出水含锰浓度逐步降低。出厂水较快达到了饮水标准。详见表2-32、表2-33和图2-66、图2-67。

原水与出厂水月平均含锰量（2005.10～2006.4）（mg/L）　　表2-32

月　份	原　水	出　水
2005.10	1.25	0.2
2005.11	1.67	0.25
2005.12	1.48	0.28
2006.1	1.53	0.32
2006.2	1.49	0.36
2006.3	2.05	0.26
2006.4	1.61	0.02

2006年3月1日～4月30日进、出厂水锰浓度逐日化验报告（mg/L）　　表2-33

日　期	进厂水Mn^{2+}浓度	出厂水Mn^{2+}浓度	日期	进厂水Mn^{2+}浓度	出厂水Mn^{2+}浓度
2006.03.01	1.73	0.50	04.02	1.41	0.01
03.03	1.64	0.29	04.03	1.37	0.02
03.07	1.62	0.24	04.04	1.45	0.01
03.08	1.61	0.24	04.05	1.65	0.02
03.09	1.67	0.30	04.06	1.29	0.04
03.10	1.65	0.45	04.07	1.28	0.02
03.11	1.04	0.20	04.09	1.65	0.05
03.12	0.93	0.19	04.10	1.72	0.03
03.13	1.90	0.41	04.11	1.71	0.04
03.14	1.85	0.12	04.12	1.67	0.01
03.15	1.74	0.24	04.13	1.63	0.02
03.16	2.09	0.68	04.14	1.57	0.04
03.17	3.31	0.41	04.15	1.65	0.03
03.18	2.88	0.28	04.16	1.64	0.01
03.19	2.16	0.18	04.17	1.67	0.00
03.20	2.42	0.16	04.18	1.71	0.05
03.21	3.00	0.24	04.19	1.72	0.01
03.22	3.03	0.27	04.20	1.72	0.02
03.23	2.85	0.21	04.21	1.78	0.02
03.24	2.55	0.32	04.22	1.78	0.05
03.25	3.36	0.52	04.23	1.79	0.05
03.26	2.62	0.39	04.24	1.67	0.01
03.27	2.56	0.15	04.25	1.73	0.03
03.28	1.48	0.05	04.26	1.61	0.01
03.29	1.48	0.05	04.27	1.81	0.01
03.30	1.45	0.03	04.28	1.82	0.03
03.31	1.25	0.09	04.29	1.62	0.02
04.01	1.47	0.05	04.30	1.61	0.00

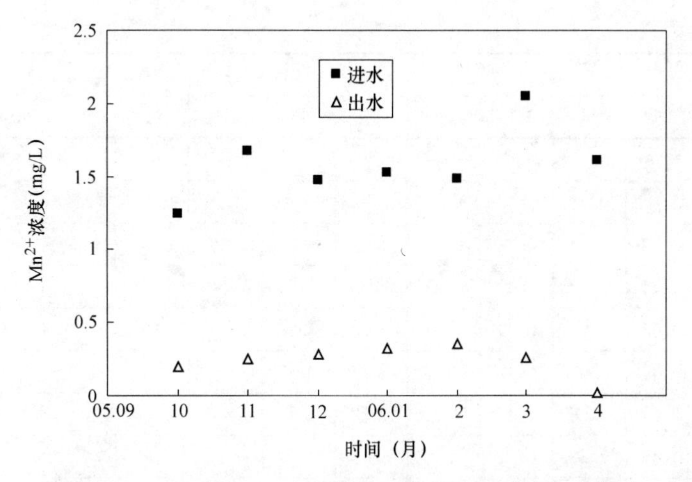

图 2-66　2005 年 10 月～2006 年 4 月月平均进、出水水质

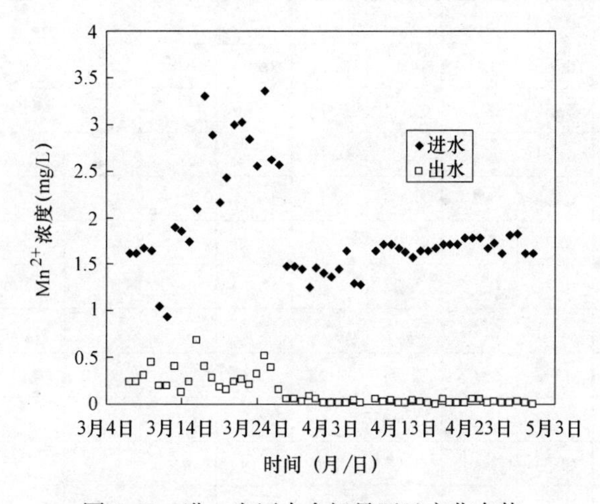

图 2-67　进、出厂水含锰量逐日变化态势

b. 各滤池滤后水逐日改善效果

从 3 月 1 日始各滤池的出水含锰浓度逐日变化如表 2-34 和图 2-68 所示。

1# ～12# 滤池出水 Mn^{2+} 浓度逐日化验结果（3 月 1 日～4 月 30 日）(mg/L) 表 2-34

日期	进水	出水											
		1#	2#	3#	4#	5#	6#	7#	8#	9#	10#	11#	12#
03.01	1.73	0.47	0.45										
03.03	1.64			0.26	0.53								
03.07	1.62		0.48			0.29	0.53						
03.08	1.61		0.52					0.60	0.71				
03.09	1.67		0.49							0.60	0.71		
03.10	1.65		0.45										
03.11	1.04		0.36										
03.12	0.93		0.36					0.28					

续表

日期	进水	出水											
		1#	2#	3#	4#	5#	6#	7#	8#	9#	10#	11#	12#
03.13	1.90		0.57	0.44									
03.14	1.85		0.48					0.29					
03.15	1.74	0.32	0.44	0.01	0.01	0.23	0.55	0.25	0.66	0.66	0.77	0.82	0.92
03.16	2.09	0.41	0.58	0.17	0.21	0.35	0.63						
03.17	3.31	0.68	0.91	0.11	0.31	0.62	0.80						
03.18	2.88	0.34	0.67	0.12	0.16	0.28	0.85						
03.19	2.16	1.69	0.66	0.17	0.21	0.22	0.44						
03.20	2.42	0.41	0.53	0.22	0.10	0.14	0.63						
03.21	3.00	0.32	0.72	0.15	0.12	0.13	0.60						
03.22	3.03	0.27	0.74	0.37	0.13	0.08	0.08						
03.23	2.85	0.25	0.85	0.34	0.15	0.16	0.64						
03.24	2.55	0.26	0.62	0.25	0.11	0.13	0.49						
03.25	3.36	0.22	0.71	0.19	0.08	0.13	0.55						
03.26	2.62	0.24	0.28	0.14	0.09	0.15	0.54						
03.27	2.56	0.25	0.33	0.13	0.03	0.06	0.52						
03.28	1.48	0.15	0.32	0.07	0.03	0.03	0.40						
03.29	1.48	0.20	0.11	0.07	0.01	0.12	0.40						
03.30	1.45	0.15	0.07	0.05	0.05	0.05	0.35	0.15	0.14	0.00	0.22	0.24	0.38
03.31	1.25	0.02	0.14	0.03	0.03		0.40	1.25					
04.01	1.47	0.02	0.14	0.02	0.01	0.04							
04.02	1.41	0.02	0.18	0.01	0.00	0.01	0.24	0.07	0.04	0.11	0.17	0.14	0.07
04.03	1.37	0.15	0.24	0.01	0.02	0.02	0.38	0.24	0.01	0.01	0.09	0.06	0.08
04.04	1.45	0.03	0.27	0.03	0.03	0.04	0.36	0.21	0.02	0.03	0.03	0.03	0.03
04.05	1.65	0.03	0.11	0.01	0.00	0.01	0.23	0.02	0.00	0.00	0.04	0.02	0.13
04.06	1.29	0.03	0.10	0.01	0.01	0.03	0.26	0.01	0.01	0.01	0.01	0.01	0.01
04.07	1.28	0.00	0.11	0.03	0.01	0.01	0.29	0.01	0.01	0.01	0.04	0.01	0.01
04.09	1.65	0.06	0.31	0.02	0.03	0.06	0.30	0.05	0.05	0.05	0.04	0.03	0.05
04.10	1.72		0.25										
04.11	1.71	0.06	0.29	0.06	0.02	0.02	0.35	0.00	0.02	0.01	0.03	0.01	0.03
04.12	1.67	0.03	0.24	0.01	0.00	0.00	0.28	0.00	0.00	0.00	0.00	0.00	0.01
04.13	1.63	0.02	0.12	0.01	0.00	0.02	0.28	0.02	0.00	0.00	0.00	0.00	0.01
04.14	1.57	0.04	0.03	0.04	0.00	0.01	0.27	0.00	0.00	0.00	0.02	0.00	0.00
04.15	1.65	0.05	0.14	0.01	0.00	0.00	0.20	0.01	0.01	0.01	0.00	0.03	0.02
04.16	1.64	0.03	0.21	0.03	0.00	0.02	0.22	0.01	0.01	0.01	0.01	0.01	0.01
04.17	1.67	0.01	0.08	0.00	0.00	0.00	0.18	0.00	0.00	0.00	0.00	0.00	0.00

续表

日期	进水	出水											
		1#	2#	3#	4#	5#	6#	7#	8#	9#	10#	11#	12#
04.18	1.71	0.01	0.09	0.00	0.00		0.16	0.01	0.01	0.00	0.00	0.00	0.00
04.19	1.72	0.03	0.08	0.00	0.00	0.00	0.18	0.00	0.00	0.00	0.00	0.00	0.00
04.20	1.72	0.02	0.21	0.03	0.00	0.01	0.07	0.02	0.01	0.00	0.00	0.00	0.01
04.21	1.78	0.01	0.17	0.00	0.00	0.01	0.19	0.00	0.00	0.00	0.00	0.00	0.00
04.22	1.78												
04.23	1.79	0.03	0.17	0.04	0.00		0.11	0.01	0.01	0.01	0.01	0.01	0.01
04.24	1.67		0.07				0.15						
04.25	1.73		0.14				0.20						
04.26	1.61	0.02	0.04	0.03	0.00	0.00	0.13	0.01	0.00	0.00	0.00	0.01	0.00
04.27	1.81	0.03	0.07	0.01	0.00	0.02	0.17	0.00	0.00	0.00	0.02	0.00	0.00
04.28	1.82	0.00	0.08	0.00	0.00	0.00	0.07	0.01	0.00	0.01	0.00	0.01	0.03
04.29	1.62	0.03	0.15	0.00	0.00	0.01	0.10	0.02	0.01	0.00	0.00	0.02	0.01
04.30	1.61	0.01	0.01	0.10	0.00			0.00	0.01			0.00	0.00

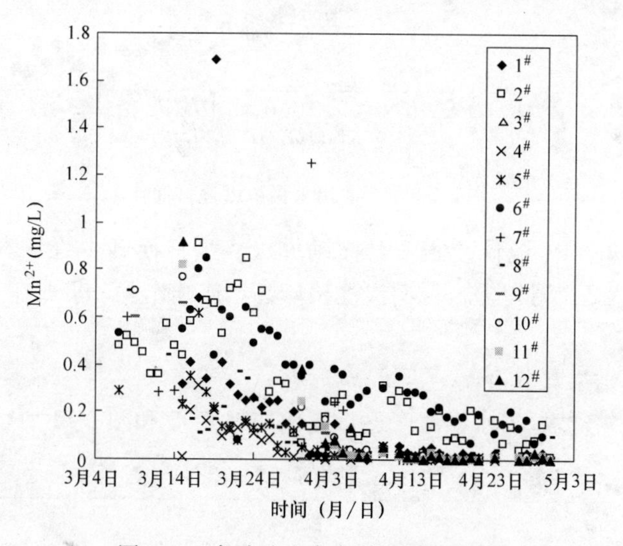

图 2-68 各滤池出水含锰量逐日变化

从表 2-34 和图 2-68 可见，自 3 月初以来由于规范操作和改善滤层级配结构，各滤池出水锰浓度逐渐好转。至 3 月末各生产滤池全面改善滤层级配后各池出水含锰量明显降低。只有 2# 和 6# 池波动时间长，出水锰浓度在缓慢下降。至 4 月底全部滤池出水均达到了国家饮水标准。

c. 换砂厚度对恢复期的影响

2# 滤池换砂 30cm，5# 换砂 5cm，其换砂后滤池出水锰浓度变化状况如图 2-69 所示。

从图中可以看出换砂 30cm，恢复期需要 60d 以上，换砂 5cm 滤层除锰能力恢复期

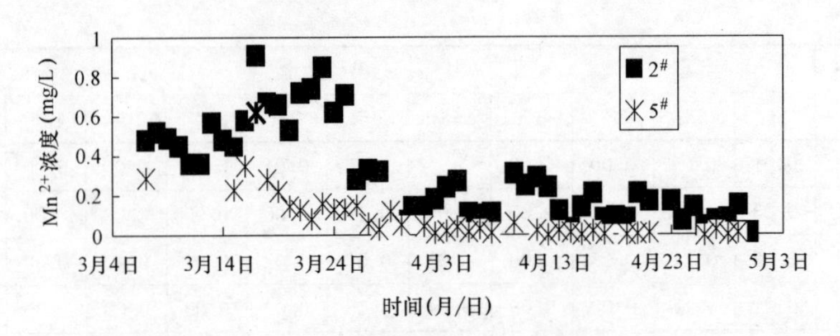

图 2-69　2#、5# 滤池出水锰浓度逐日变化

只需 1～2d。每次换砂应小于 10cm，大于 5cm。

d. 停池、挖砂、检修对滤层除锰能力的影响

6# 池由于板结，进行翻砂松动，停池 5d 左右。这一操作正好在恢复滤池除锰能力试验前几日。其逐日出水锰浓度变化情况见图 2-70。

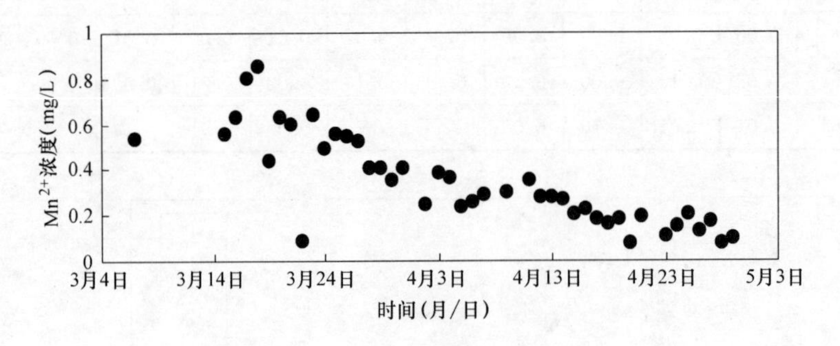

图 2-70　6# 池出水锰浓度逐日变化

从图 2-70 可知，6# 池恢复很慢，波动亦大。虽只换砂少许，本应几日内可以恢复，但恢复期长达 2 个月以上。说明停池检修必须连续作业，争取在几个小时最多 1 日内完成。

2）滤柱试验结果与分析

在试验期间，各滤柱出水锰浓度逐日变化如表 2-35 和图 2-71 所示。

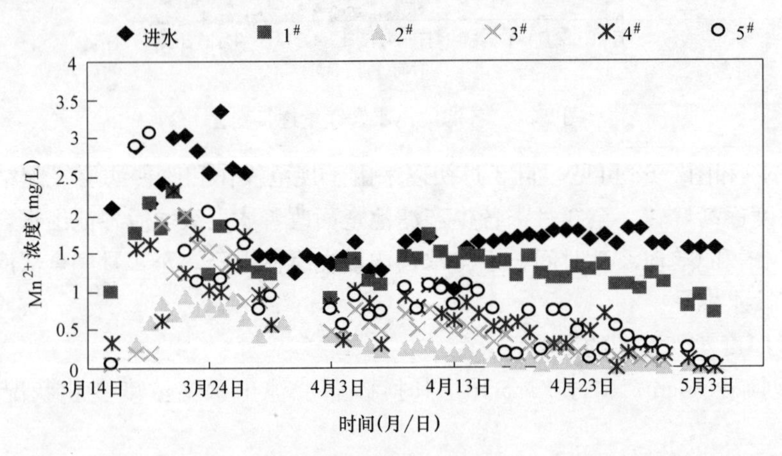

图 2-71　各滤柱出水 Mn^{2+} 浓度逐日变化

各滤柱出水锰浓度逐日化验结果（mg/L）　　表 2-35

日期	进水	出水				
		1#	2#	3#	4#	5#
06.03.16	2.09	0.99		0.05	0.33	0.07
03.17						
03.18	2.88	1.75	0.30	0.19	1.57	2.90
03.19	2.16	2.17	0.60	0.21	1.62	3.05
03.20	2.42	1.82	0.85	1.91	0.63	
03.21	3.00	2.30	0.71	1.26	2.34	
03.22	3.03	1.96	0.93	2.02	1.25	1.53
03.23	2.85		0.77	1.61	1.75	1.13
03.24	2.55	1.23	0.83	1.52	1.02	2.05
03.25	3.36	1.83	0.76	1.27	1.00	1.15
03.26	2.62		0.91	1.50	1.32	1.87
03.27	2.56	1.32	0.64	0.88	1.73	1.62
03.28	1.48	1.26	0.43	0.87	0.96	0.76
03.29	1.48	1.22	0.57	1.02	0.57	0.94
03.30	1.45		0.60			
03.31	1.25					
04.01	1.47					
04.02	1.41					
04.03	1.37	0.92	0.43	0.47	0.81	0.76
04.04	1.45	1.34	0.39	0.52	0.38	0.56
04.05	1.65	1.41	0.37	0.77	1.02	0.95
04.06	1.29	1.13	0.28	0.59	0.84	0.69
04.07	1.28	1.07	0.24	0.49	0.31	0.74
04.08						
04.09	1.65	1.45	0.26	0.71	0.94	1.04
04.10	1.72	1.42	0.27	0.52	0.80	0.77
04.11	1.71	1.72	0.27	0.78	1.08	1.08
04.12	1.07	1.50	0.19	0.55	0.71	1.01
04.13	1.03	1.36	0.16	0.48	0.61	0.81
04.14	1.57	1.48	0.19	0.53	0.85	1.08
04.15	1.65	1.45	0.13	0.45	0.71	0.98
04.16	1.64	1.35	0.08	0.34	0.54	0.77
04.17	1.67	1.40	0.12	0.42	0.57	0.21
04.18	1.71	1.18	0.07	0.18	0.59	0.17
04.19	1.72	1.45	0.11	0.27	0.45	0.75

续表

日期	进水	出　水				
		1#	2#	3#	4#	5#
04.20	1.70	1.22	0.02	0.20		0.23
04.21	1.78	1.16	0.06	0.25	0.30	0.74
04.22	1.78	1.16	0.06	0.25	0.30	0.74
04.23	1.79	1.30	0.07	0.20	0.53	0.49
04.24	1.67	1.27	0.06	0.18	0.47	0.10
04.25	1.72	1.33	0.07	0.15	0.71	0.24
04.26	1.61	1.09	0.01	0.13	0.00	0.53
04.27	1.81	1.08	0.02	0.16	0.21	0.41
04.28	1.82	1.03	0.02	0.12	0.32	0.32
04.29	1.63	1.21	0.03	0.08	0.28	0.30
04.30	1.63	1.10	0.00	0.08	0.16	0.21
05.01						
05.02	1.57	0.79	0.02	0.11	0.11	0.25
05.03	1.55	0.95	0.00	0.00	0.02	0.05
05.04	1.55	0.70	0.00	0.01	0.01	0.06

从表 2-35 和图 2-71 可见，5# 柱填装了 1500mm 厚成熟砂，而生产滤池为 1000mm，本应比生产滤池有更强的除锰能力，通水运行后，出水就应达到饮水标准或者在 0.05mg/L 之下。但事实上其出水锰的浓度比进水稍好，运行一个月后，去除率才近 40%左右，一个半月后尚未达标。其原因是壁流所致。滤柱内径 $d=100$mm，内装的虽是成熟砂，但其粒径均一而且较大，大约为 1.5mm，而石英砂为 0.6～1.2mm。滤柱砂层与柱壁之间有较大的空隙，原水短流而下，壁流比例远比生产滤池大，严重影响了出水水质。除此以外，从生产滤池取出的熟砂几日后才装入柱中运行，也是影响滤柱初期除锰能力低下的原因。随着 Fe^{2+}、Mn^{2+} 氧化物在滤柱滤滤料层和内壁的沉积与结合，壁流渐渐减少。出水水质才有所好转。同样 1# 柱内径为 $d=100$mm，而且内装 80cm 成熟砂，20cm 新砂，出水水质一直较差，直到 4 月 30 日，出水锰浓度还为 1.10mg/L。

相反，2#、3#、4# 内径 250mm，壁流影响相对较小。据成熟砂与新砂比例和滤柱总厚不同，水质恢复有快有慢。2# 柱至 4 月 20 日，3# 柱则到 4 月 29 日分别出水达标。而 4# 柱因装新砂比例为 50%之多，滤层厚 100cm，至 4 月末水质据达标尚有距离。

滤柱试验从 3 月 16 日～4 月 30 日，在 45d 内，壁流影响小的 2# 和 3# 柱均已成熟，5# 柱到 5 月初亦开始达标，和生产实验结果相比其趋势基本一致，起到相互验证的作用。

4. 对生物除铁除锰滤池运行的建议

（1）加强生物滤池运行的技术管理

a. 避免长期停产闲置

b. 生物滤池停水检修闸门、管路，挖出滤砂检查更换集水系统作业时，应连续作业，一气呵成。从停水挖出滤砂到回填滤砂通水运行，其时间应尽量缩短不宜大于 8h。即使因工作量大也不应大于 24h。对于挖出滤砂后置之不理，滤池检修工作拖拖拉拉，几天甚至十几天才恢复生产，这种严重破坏滤层除锰活性的现象应当禁止，并视为事故，追究责任者。

c. 加强水质化验与水量检测

每天都应有进、出厂水质、水量的化验与检测记录。每个滤池出水水质至少应有隔日的化验数据。水质、水量数据、日报、月报、年报除及时报告给公司及上级领导机关外，还应及时通报给净化车间，水厂的负责同志。

水质化验仪器、设备应完好，及时校正和修理，必要时应更换。

d. 车间值班人员应坚持职守，按操作规程定期反冲，观察滤层膨胀和反冲洗水流势，及时发现跑砂、滤层板结等现象，报告给水厂领导采取措施。公司与水厂的领导同志应深入车间，掌握实际情况。

（2）维系生物除铁除锰滤池长期除锰能力的技术措施

鉴于随运行时间的延长，滤料颗粒的长大和滤层的增厚，滤层每年应刮除表层部分成熟砂，回填新石英砂。其刮除厚度为 5～10cm，回填新砂厚为 3～7cm，视滤层增厚情况而定。以保持滤层顶原设计标高和改善滤层粒径级配为准则。

5. 结论

（1）生物固锰除锰技术在沈阳市经济技术开发区水厂得到了成功应用，创建了我国首座大型生物除铁除锰水厂，从而在工程实践上，使我国在该领域跃居国际领先地位。

（2）自 2002 年 1 月～2005 年 9 月近 4 年的运行时间里，各生物滤池运行正常，出水水质稳定，出厂水铁为痕量，Mn^{2+} <0.05mg/L。优于国家生活饮用水卫生标准。对开发区的经济发展和人民生活质量的提高，起到了重要作用。

（3）由于生物除铁、除锰工艺技术固有的性质，在长期运行中，滤砂表面会包裹着 Fe^{3+} 和 Mn^{4+} 的氧化物，使其粒径增大，滤层膨胀、增高，同时滤层的孔隙率提高。人工刮除增高的滤层，以免除跑砂现象。因而造成滤料颗粒总数的减少，使滤层损失了部分除锰能力；滤层中孔隙的增大，减少了 Mn^{2+} 与滤料表面生物膜的接触时间。这些都减弱了生物滤层抗冲击的能力。一旦原水水质等运行工况有突然的波动，会使滤池出水锰浓度增大，使出厂水锰浓度超标。

（4）为维系生物滤层长期旺盛的除锰能力，滤层应保持稳定的滤料颗粒总数级配。为达此目的，每年生物除铁除锰滤池应刮除表层滤砂 5～10cm，增添新砂 3～7cm。以保持滤层顶标高、滤层内颗粒总数和颗粒级配稳定。

（5）加强运行技术管理

（6）避免启用含锰量大于 2mg/L 的深井。

2.5.2 佳木斯江北生物除铁除锰水厂调试运行研究❶

1. 佳木斯市水资源与供水系统

佳木斯市坐落在小兴安岭和完达山山脉之间的三江平原西部、松花江南岸的高漫滩上。始建于1909年，百余年来由一个小渔村发展成为一座北部边陲的中心城市，现有城市人口56.5万人。松花江由佳木斯北侧从西南向东北流淌，于同江汇入我国的第三大河流——黑龙江。佳木斯江段上起汤旺河，下至梧桐河汇合处，河道长110km，水势平稳，平均水深4m，最大水深8m，河宽1.0～1.2km。据佳木斯水文站多年监测记载，江水最小流量$Q_{min}=120m^3/s$，最低水位70.03m；最大洪峰流量$Q_{max}=34000m^3/s$，最高水位80.13m，水量充沛，是该地区重要的水资源与水上交通要道。但是，近年来受上游吉林市、长春市、齐齐哈尔市、大庆市、哈尔滨市以及依兰大煤气、汤旺河铅锌矿、浩良河化肥厂等工业废水和生活污水的污染，在枯水期已沦为Ⅳ类水体，冰封期个别指标为Ⅴ类，丰水期可为Ⅲ类。作为城市的集中水源，已令人担忧。佳木斯市地下水贮量非常丰富，以松散岩类孔隙水为主的浅层地下水，广泛分布在松花江沿岸的漫滩上，其埋藏浅，含水层厚度大，水量丰富，除铁、锰超标外，其他水质指标良好。该地地下水矿化度小于1g/L，属于重碳酸钙或重碳酸镁型地下水，是理想的城市水源。目前的主要采水区位于市区、佳西和江北三区。

佳木斯市给水系统始建于1936年。在市区内和佳西曾有地下水处理厂7座，其中二、三、五水厂因受地表污水的污染已停产。现在运行的只有佳西七厂和佳东一厂以及英格吐河东岸的四、六水厂。四、六水厂也因为工业废水的污染即将停产。一、四、六厂生产规模小，总计供水量$4\times10^4m^3/d$。因此，佳木斯市的主要供水水源为七水厂，供水量为$8\times10^4\sim12\times10^4m^3/d$，有发展到$20\times10^4m^3/d$的可能。

近年新建的江北水源已基本建成，并已提前试运行，向市内供水。佳木斯各水厂的概况见表2-36。

佳木斯各水厂概况 **表2-36**

水厂名称	净水与送水能力（$\times10^4m^3/d$）	取水能力(深井数)（$\times10^4m^3/d$）	备注
一水厂	1.2	1.2(8)	
二水厂			转给拖拉机厂
三水厂	0.8～0.9	1.0(4)	停产
四水厂	1.2	1.2(4)	污染
五水厂	0.2	0.2(2)	停产
六水厂	2.0	2.0(5)	污染
七水厂	8～12	16(35)	
江北水厂	20	22(51)	试运行

❶ 本文成稿于2006年，作者：李冬、张杰、杨昊。

2. 佳木斯市除铁除锰技术变革

长期以来，佳木斯市市政水源均为含铁含锰地下水。自 1936 年，一水厂建厂以来，各个水厂采用的净化工艺随除铁除锰技术的发展而演变，是我国除铁除锰技术发展的历史缩影，各水厂的除铁除锰流程如图 2-72 所示。

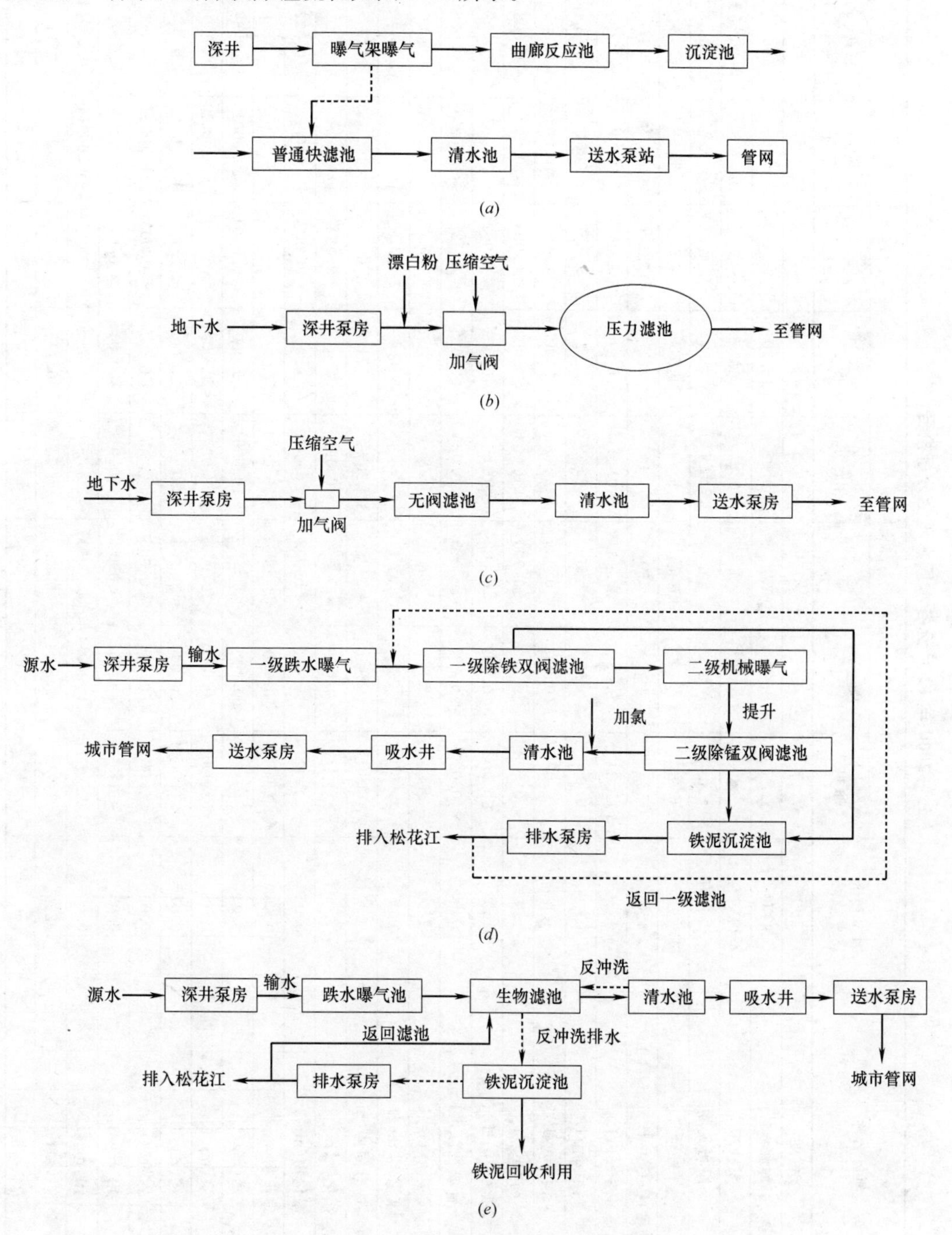

图 2-72 佳木斯各水厂除铁除锰工艺流程

(a) 一水厂曝气反应沉淀过滤流程；(b) 二、三、四、五水厂加气压力滤池流程；(c) 六水厂加气无阀滤池流程；(d) 七水厂接触氧化除铁除锰工艺流程；(e) 江北水厂生物除铁除锰工艺流程

2000 年 12 月份各水厂水质全分析报告

表 2-37

项目名称	国家标准	一水厂		四水厂		六水厂		七水厂		
		原水	出厂水	原水	出厂水	原水	出厂水	原水（黑通）	原水（坝外）	出厂水
色度	≤15 度	<5	<5	<5	<5	<5	<5	<5	<5	<5
浑浊度	NTU	11.50	0.00	2.21	0.02	15.30	0.00	10.60	6.41	1.21
嗅和味	不得含有	无	无	无	无	无	无	无	无	无
肉眼可见物	不得含有	无	无	无	无	无	无	无	无	无
pH 值	6.5～8.5	6.90	7.10	6.76	6.74	6.78	6.84	6.89	6.93	6.97
总硬度($CaCO_3$ 计)(mg/L)	450	155	195	150	110	181	158	85	71	51
铁(mg/L)	0.3	11.24	0.08	37.13	0.10	17.11	0.12	10.82	10.29	0.09
锰(mg/L)	0.1	1.00	0.95	2.50	2.30	3.24	3.03	0.64	0.62	0.42
铜(mg/L)	1.0	<0.005	<0.005	<0.005	<0.005	<0.005	<0.005	<0.005	<0.005	<0.005
锌(mg/L)	1.0	<0.003	<0.003	<0.003	<0.003	<0.003	<0.003	<0.003	<0.003	<0.003
挥发酚类(苯酚计)(mg/L)	0.002	<0.002	<0.002	<0.002	<0.002	<0.002	<0.002	<0.002	<0.002	<0.002
阴离子合成洗涤剂(mg/L)	0.3	<0.025	<0.025	<0.025	<0.025	<0.025	<0.025	<0.025	<0.025	<0.025
硫酸盐(mg/L)	250	44	51	28	38	48	30	<5	9	15
氯化物(mg/L)	250	67	73	57	44	63	67	6	8	3
溶解性总固体(mg/L)	1000	401	429	342	265	371	322	112	123	100
氟化物(mg/L)	1.0		0.07		0.09		0.05			0.02
氰化物(mg/L)	0.05	<0.002	<0.002	<0.002	<0.002	<0.002	<0.002	<0.002	<0.002	<0.002
砷化物(mg/L)	0.05	<0.0001	<0.0001	<0.0001	<0.0001	<0.0001	<0.0001	<0.0001	<0.0001	<0.0001
硒(mg/L)	0.01	<0.0001	<0.0001	<0.0001	<0.0001	<0.0001	<0.0001	<0.0001	<0.0001	<0.0001
汞(mg/L)	0.001	<0.0001	<0.0001	<0.0001	<0.0001	<0.0001	<0.0001	<0.0001	<0.0001	<0.0001
镉(mg/L)	0.01	<0.004	<0.004	<0.004	<0.004	<0.004	<0.004	<0.004	<0.004	<0.004
铬(六价)(mg/L)	0.05	<0.005	<0.005	<0.005	<0.005	<0.005	<0.005	<0.005	<0.005	<0.005
铅(mg/L)	0.05	<0.01	<0.01	<0.01	<0.01	<0.01	<0.01	<0.01	<0.01	<0.01
银(mg/L)	0.05	<0.00014	<0.00014	<0.00014	<0.00014	<0.00014	<0.00014	<0.00014	<0.00014	<0.00014
硝酸盐氮(mg/L)	20	3.93	3.86	0.22	0.24	0.14	0.20	0.09	0.15	0.08
氯仿(μg/L)	60	<10	<10	<10	<10	<10	<10	<10	<10	<10

续表

项目名称	国家标准	一水厂		四水厂		六水厂		七水厂		
		原水	出厂水	原水	出厂水	原水	出厂水	原水（黑通）	原水（坝外）	出厂水
四氯化碳(μg/L)	3	<1	<1	1	<1	<1	<1	<1	<1	<1
苯并(α)芘(μg/L)	0.01	*	*	*	*	*	*	*	*	*
滴滴涕(μg/L)	1	<0.4	<0.4	<0.4	<0.4	<0.4	<0.4	<0.4	<0.4	<0.4
六六六	5μg/L	<0.008	<0.008	<0.008	<0.008	<0.008	<0.008	<0.008	<0.008	<0.008
细菌总数(个/mL)	100	<1	<1	<1	<1	<1	<1	<1	<1	<1
总大肠菌群(个/L)	3	<3	<3	<3	<3	<3	<3	<3	<3	<3
游离余氯(mg/L)	≥0.30		0.30		0.30		0.40			0.50
总α放射性(Bq/L)	0.1	0.010	0.004	0.020	0.004	0.012	0.002	0.004	0.004	0.001
总β放射性(Bq/L)	1	0.266	0.216	0.242	0.112	0.242	0.173	0.062	0.069	0.065
氨氮(mg/L)		0.05	0.04	0.26	<0.02	0.51	0.19	<0.02	0.04	<0.02
亚硝酸盐氮(mg/L)		0.020	<0.001	0.012	<0.001	0.009	<0.001	0.005	0.006	<0.001
耗氧量(mg/L)		3.8	2.7	3.2	2.0	6.5	2.2	3.5	4.1	1.7
碘化物(mg/L)		0.002	0.003	0.002	0.002	0.001	0.002	0.001	0.002	0.003
总酸度(mg/L)		38	23	86	38	73	35	40	38	18
总碱度(mg/L)		198	178	215	138	191	154	97	91	94
温度(℃)		*	*	*	*	*	*	*	*	*

*未检出

各水厂多年铁、锰去除情况（mg/L） **表 2-38**

时间	一水厂				四水厂				六水厂				七水厂			
	原水		出厂水		原水		出厂水		原水		出厂水		原水		出厂水	
	TFe	Mn	TFe	Mn	TFe	Mn	TFe	Mn	TFe	Mn	TFe	Mn	TFe	Mn	TFe	Mn
2000年	11.24	1.00	0.08	0.95	37.13	2.10	2.50	2.30	17.11	3.24	0.12	3.02	10.82	0.64	0.09	0.42
2001年	11.79	1.18	0.18	1.49	21.60	2.64	0.11	2.69	28.99	2.62	0.12	2.73	7.06	0.62	0.19	0.16
2002年	11.48	1.27	0.08	1.14	23.58	2.92	0.08	2.21					8.75	0.64	0.27	0.26
2003年	6.30	1.01	0.01	0.69	27.00	2.64	0.24	2.40	30.20	2.32	0.15	1.99	6.11	0.59	0.29	0.20
2004年	9.40	1.15	0.06	1.11									9.79	0.55	0.19	0.33
2005年	10.30	1.11	0.15	0.85	8.43	7.56	0.11	4.48					8.19	0.56	0.20	0.20

一水厂是佳木斯市最古老的水厂，始建于1936年。现生产规模1.2×$10^4m^3/d$，其特点是将Fe^{2+}首先氧化成Fe^{3+}，然后经反应慢慢形成絮体，再经沉淀和过滤，将Fe^{2+}絮体截流在沉淀池和滤层之内。但是，仍会有一些微絮凝颗粒和Fe^{3+}胶体颗粒，穿透滤层，影响滤后水水质。该流程符合Fe^{2+}自然空气氧化规律，尽管流程长，但出水水质仍欠佳。

二、三水厂建于20世纪60年代。进一步采用了接触氧化除铁除锰技术，源水经加气阀加气后直接进入压力滤池，绝大部分Fe^{2+}在滤前没来得及氧化为Fe^{3+}，造成了Fe^{2+}直接在滤料表面FeOOH的催化作用下氧化成Fe^{3+}并与滤料表面形成某种结合。

六水厂建于20世纪70年代，采用了无阀滤池，提高了自动化水平，减少了操作过程，适于小水厂的管理。

七水厂建于20世纪80年代初，基于接触氧化除铁除锰理论，设计建成了一级除铁二级除锰的两级流程水厂。一厂至七厂源水水质全分析数据见表2-37。各水厂除铁除锰效果见表2-38。从表2-37、表2-38可见，各水厂源水均属HCO_3-Ca型地下水，但铁、锰含量差别很大，含铁量8～30mg/L，尽管如此，各水厂出厂水铁浓度基本合格。但一厂至六厂对锰的去除几乎无效，滤后水和源水锰含量相当，无论是自然氧化除铁除锰工艺，还是接触氧化除铁除锰工艺都没有满意的除锰效果，七水厂除锰效果比较显著，锰去除率可以达50％～60％，但仍不符合饮用水水质标准，出厂水含锰0.2～0.3mg/L。经详细考察发现，七水厂的除锰效果并非是采用二级接触氧化除铁除锰的缘故，而是有意无意地在运行中创造了除锰菌代谢繁殖条件，通过对滤料显微镜观察发现，滤料表面有一定的微生物，但数量较少还不足以将源水锰彻底去除，因此，滤后水中仍有过量的锰。

3. 江北生物除铁除锰水厂的设计与调试运行

(1) 方案选择

江北水厂规模20×$10^4m^3/d$，其除铁除锰工艺路线与流程的选择是决定出水水质是否达标的关键。其设计方案有两个。

a. 方案1

佳木斯市江北水源为高铁高锰地下水，当地专家认为铁和锰难以同时去除。这样的水质，在Fe^{2+}氧化成Fe^{3+}的同时，会使锰的高价离子还原为低价的锰，阻碍原水中锰的氧化。为此需先除铁，才能将锰很好地除掉。建议采用两级工艺流程：一级为自催化氧化除铁，二级为活性滤膜除锰，见图2-73。

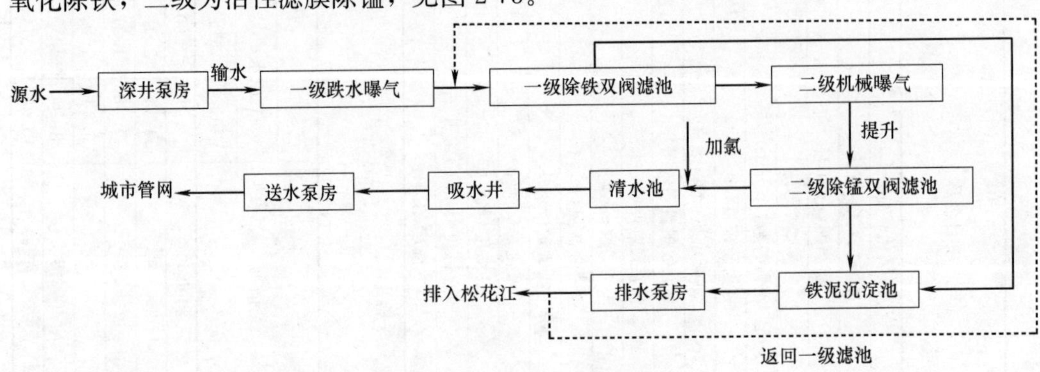

图2-73　方案1的工艺流程

b. 方案 2

生物固锰除锰理论和工程实践都证明，铁、锰可以在同一滤池中去除，铁参与了铁、锰氧化细菌的代谢过程，只含锰而不含铁的原水进入成熟的生物滤层运行一段时间后除锰能力也会渐渐丧失。用只含锰不含铁的原水培养生物滤层更难以成功，所以设计院推荐采用单级曝气+生物除铁除锰滤池，其工艺流程见图 2-74。

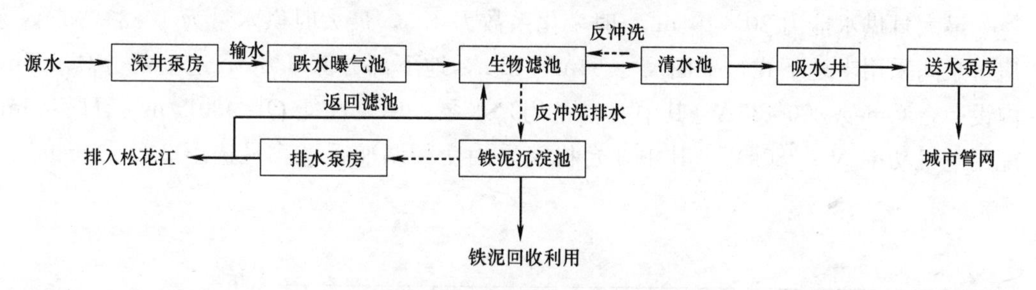

图 2-74　方案 2 的工艺流程

在笔者的坚持和多方论证下，更由于借鉴沈阳张士开发区生物除铁除锰水厂的成功运行经验，建设单位由支持方案 1 改为支持方案 2。根据设计概算，方案 1 总投资 25000 万元，水质难以保障；方案 2 总投资 20000 万元，节省 5000 万元，而且可以保证出水水质。

（2）主要净化构筑物的设计

a. 跌水曝气池

跌水曝气池采用方形，平面尺寸 25.9m×10.4m，单宽流量 $20m^3/(h\cdot m)$，集水槽宽 0.8m。

b. 生物除铁除锰滤池

水厂规模 $20\times10^4m^3/d$，自用水量 7%，设计流量为 $8333m^3/h$，滤池分建于两座净化间。每座净化间设滤池 12 个，双排布置，单池平面尺寸为 $10.6\times6m^2$，设计流速 6m/h，采用气水反冲洗，气洗强度 $15L/(s\cdot m^2)$，时间 3min，水洗强度 14L/

图 2-75　佳木斯市江北生物除铁除锰水厂

(s・m²)，冲洗时间 7min。

c. 清水池

设两座清水池，每座平面尺寸 56.4m×45m，有效水深 4m，容积 10000m³，两座总容积为 20000m³。

d. 送水泵房

最大日供水能力 20×10⁴m³，时变化系数为 1.3，最大时供水量为 10833.3m³，泵房水泵间采用半地下式，平面尺寸 54m×12m，地下部分深 3.8m，地上部分高 6.5m，内设 7 台 Omega300-435A（其中一台备用）水泵，单泵性能 Q=430L/m³，H=45m，配用电机功率 N=280kW，其中 3 台机组采用变频调速系统。另选用 2 台 Omega350-

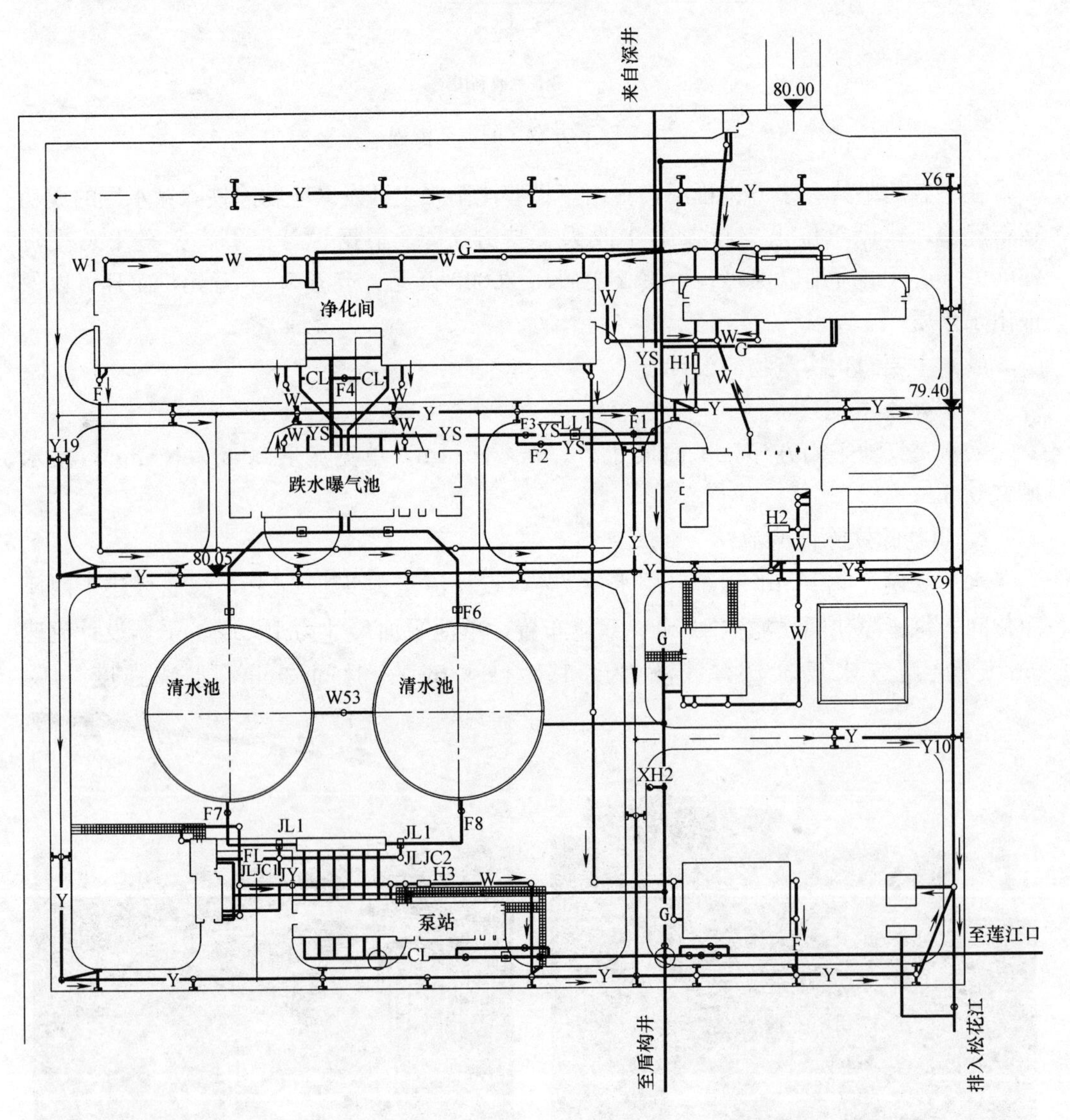

图 2-76 黑龙江省佳木斯市生物除铁除锰水厂平面图

360B 泵就地向江北莲江口镇供水，单泵性能：$Q=347L/m^3$，$H=30m$，配用电机功率 $N=185kW$。

图 2-75 为佳木斯市江北生物除铁除锰水厂照片。

其他构筑物还有加氯间、铁泥沉淀池、办公实验楼等，总平面布置和水位流程图见图 2-76、图 2-77。

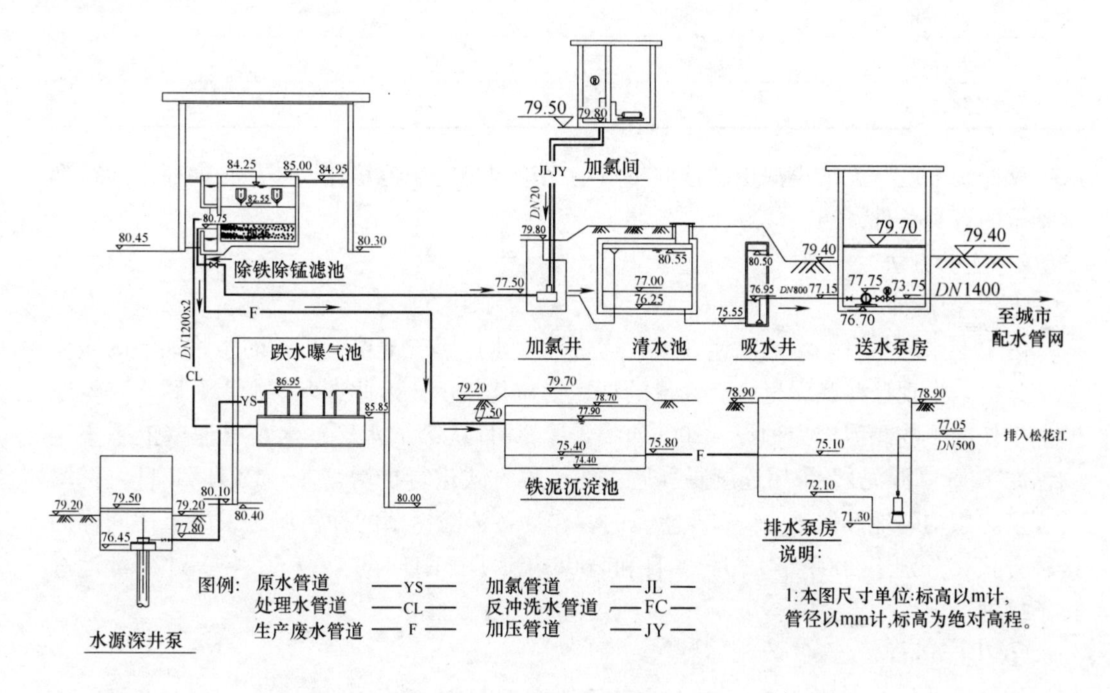

图 2-77　黑龙江省佳木斯市生物除铁除锰水厂工艺流程

(3) 净化高铁高锰地下水生物滤层培养

1) 实验设备

在先期投产的第一滤池间进行生物滤层的接种、驯化、培养实验。该滤池间设滤池 12 座，单池面积 63.6m²，滤层厚 1500mm，采用无烟煤滤料，粒径 0.8～1.8mm，垫层厚由 5～45mm 块石级配组成。设计滤速 6m/h，反冲洗周期 24h，反冲洗强度 14L/(m²·s)。

粗粒径、厚滤层无烟煤单层滤料是该厂滤层结构的独特之处，在国内外尚属鲜见。表 2-39 为几种常见滤料与无烟煤的比较。从表中可见其质轻、表面粗糙、化学稳定性强，更适宜做生物滤池滤料。其理由是：1）粗粒、孔隙率大的滤层可使锰氧化菌微生物群系和 Fe^{2+}、Mn^{2+} 离子随原水深入到滤层更深处，发挥全滤层的除锰能力和“含污”能力；2）生物除铁、除锰滤层的特点是随着运行时间的延续，水质逐渐提高，不存在水质周期。但在普通滤层中 Fe^{2+} 在表层 20cm，Mn^{2+} 在表层 20～40cm 内去除，生成的铁、锰氧化物有相当部分存留于滤料之间空隙中，一旦滤层堵塞，滤层阻力急剧上升。此时就要停水反冲。粗粒、厚层无烟煤滤料，孔隙率大，避免了表面积的过快堵塞，延缓了全层阻力的增大，也就延长了反冲洗周期；3）无烟煤质轻、比重小，可以

无烟煤与石英砂、锰砂主要特性对比　　表 2-39

滤料品种	密度（kg/m³）	堆积密度（kg/m³）	孔隙率（%）
无烟煤	1400～1900	700～1000	50～55
石英砂	2600～2650	1600	41
马山锰砂	3600	1800	50
湘潭锰砂	3400	1700	50
锦西锰砂	3200	1600	50

减少反冲洗强度。无烟煤滤层的这些特点，无论对生物滤池培养期还是长期稳定运行都是难得的有利条件。

2）实验方法

① 生物接种

由于七水厂具有一定的除锰效果，通过对该水厂曝气池壁上生长的生物黏泥的微生物学分析，发现这些黏泥里含有大量的铁、锰氧化细菌。因此选取第七水厂跌水曝气池壁上生长的生物黏泥作为种泥。2005 年 12 月 20 日从第 7 水厂跌水曝气池壁上采集生物黏泥 12kg（湿泥），采用连续曝气通水的培养方式进行扩增培养，12 月 28 日将扩增后等量泥浆均匀地倾倒于 1# ～3# 滤池内，作为各池除锰菌的种污泥。采用上述同样的接种方式，分别于 2005 年 12 月 29 日和 2006 年 1 月 21 日对 4# ～6#，7# ～12# 滤池进行了接种。

② 生产运行

滤池接种后，先按滤速 2m/h，反冲洗周期 48h，反冲洗强度 12L/(m² · s) 进行生产运行，每日取进、出水进行水质分析。分析方法与检测项目见表 2-40。当滤后水 Mn^{2+} 浓度达到饮水标准 0.1mg/L 后稳定运行数日再缓慢提高滤速，继续运行。每次滤速提高梯度约为 1m/h，直到达到设计滤速 6m/h 为止。待滤池完全成熟后，反冲强度可以提高到设计值。

分析方法与项目　　表 2-40

项　目	方　法	项　目	方　法
pH 值	PHS-10A 数字 pH 离子计	氨氮	纳氏试剂光度法
总铁	二氮杂菲法	溶解氧	碘量法
亚铁	二氮杂菲法	细菌数	MPN
锰	过硫酸铵法		

③ 生产实验结果与分析

图 2-78 是水厂 1# ～6# 滤池成熟过程中进、出水铁浓度变化曲线，图 2-79 是水厂 7# ～12# 滤池成熟过程中进、出水铁浓度变化曲线。从图 2-78、2-79 可见，尽管原水铁含量平均为 14mg/L，最小为 12.8mg/L，最大为 18mg/L，其铁含量居目前已运行的生物除铁除锰水厂之首，1# ～6# 滤池在接种后 49d（2006 年 2 月 15 日）就实现了出水

铁小于0.13mg/L，远远优于国家饮用水水质要求（0.3mg/L），而且此后运行稳定。7#～12#滤池在接种后26d（2006年2月16日）也实现了出水铁小于0.15mg/L并运行稳定。这充分显示了生物滤池有极强的除铁能力。在如此高含铁量的条件下，生物滤池仍保持反冲洗周期在48h，这是粗粒径、厚滤层无烟煤滤池的优势。粗粒径、厚滤层有效地增加了滤层的纵向渗透性和纳污能力，加之无烟煤滤料反冲洗强度小，在一定程度上减小了由于反冲洗和滤料的摩擦而导致细菌流失，这些都为滤层中除锰菌的代谢和积蓄创造了有利条件，因而大大提高了生物滤层的有效生物量，促进了滤层的成熟和深度净化能力。

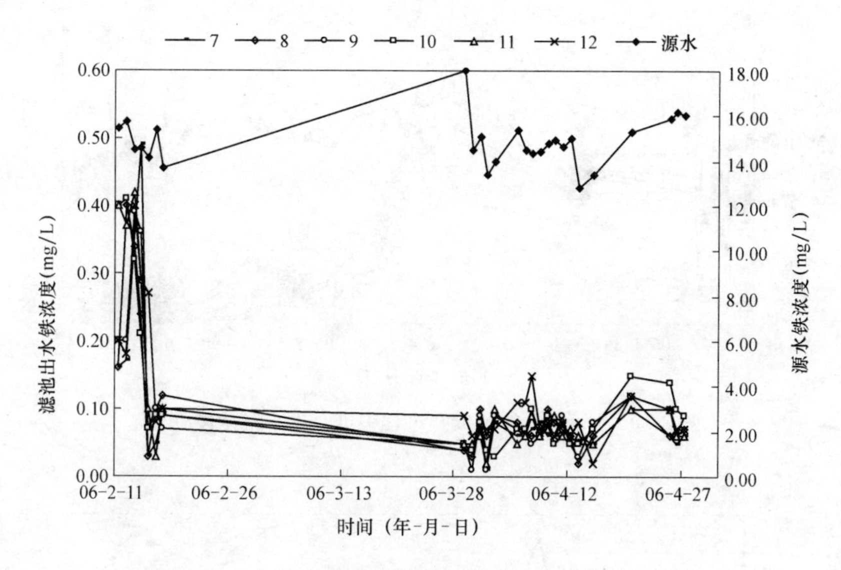

图2-78　1#～6#滤池成熟过程中进、出水铁浓度变化

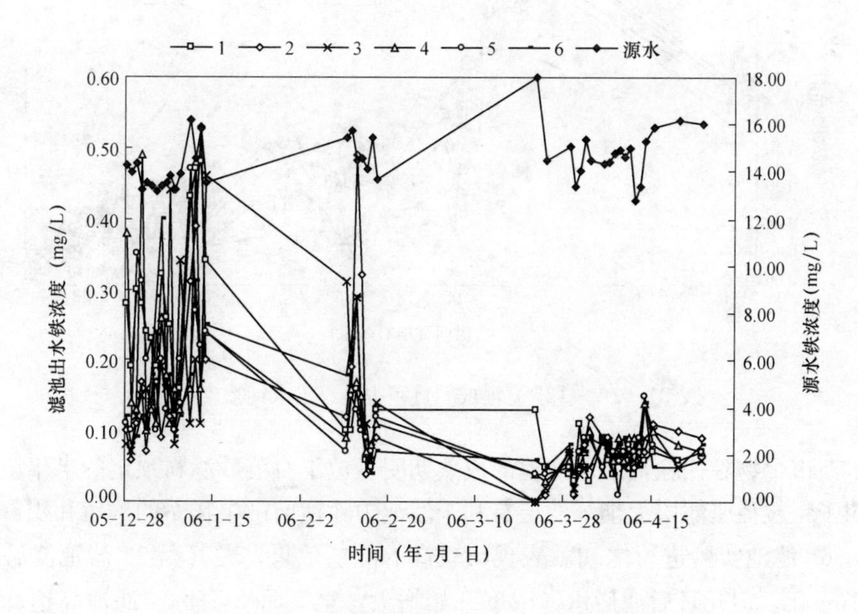

图2-79　7#～12#滤池成熟过程中进、出水铁浓度变化

生物滤池培养过程中进出水锰浓度变化见下图。图 2-80 是 1# ～6# 滤池成熟过程中进出水锰浓度变化曲线，图 2-81 是水厂 7# ～12# 滤池成熟过程中进出水锰浓度变化曲线。从图 2-80、图 2-81 可见，1# ～6# 滤池在接种后 180d（2006 年 6 月 27 日）实现了出水锰小于 0.1mg/L，并运行稳定，7# ～12# 滤池也在接种后 165d（2006 年 7 月 6 日）实现了出水锰小于 0.1mg/L，并运行稳定。图 2-82 是水厂总进出水锰浓度变化。

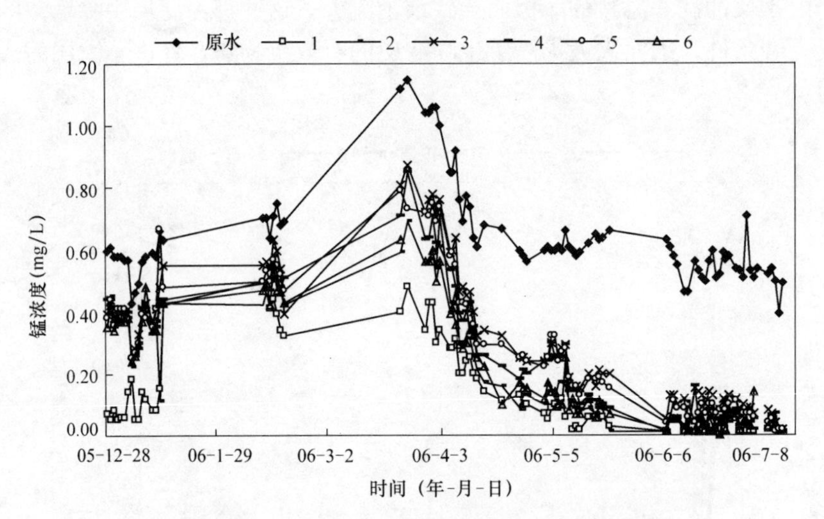

图 2-80　1# ～6# 滤池成熟过程中进、出水锰浓度变化

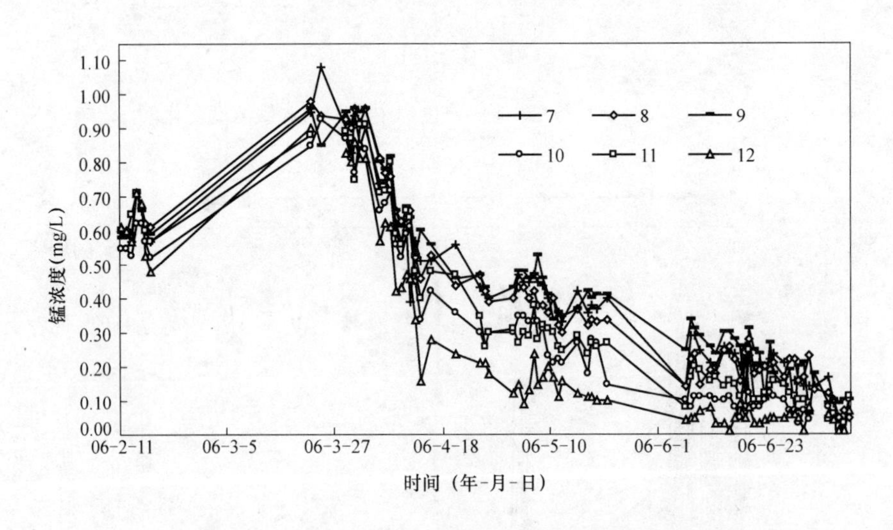

图 2-81　7# ～12# 滤池成熟过程中进、出水锰浓度变化

佳木斯市生物除铁除锰水厂滤池的成熟期明显短于石英砂滤料预定的半年至一年时间，说明了粗粒径厚滤层无烟煤滤层有利于滤池中除锰菌微生物系的繁殖和积蓄。

1# ～6# 滤池实验进行之初就表现出较高的除锰效果，尤其是 1# 滤池滤后水甚至小于 0.1mg/L。但几日后滤后水锰浓度开始增大，至 3 月 24 日 3# 滤池高达 0.87mg/L，1# 滤池也达 0.48mg/L，显然初期的除锰效果是滤料的吸附作用，而 7# ～12# 滤池

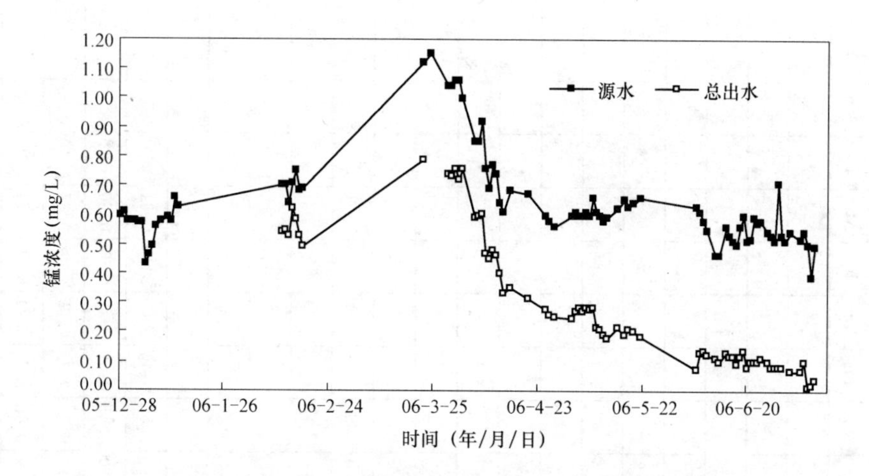

图 2-82　佳木斯市水厂调试过程中总进、出水锰浓度变化

运行初期的除锰能力微弱，有的滤池出水几乎与进水相当。由此表明两组滤池的初期吸附容量有相当大的差别。这种差别的形成是由于七水厂废旧滤料的再生料的放置时间、旧料表面披覆的剥离程度以及各池间使用再生料的比例不同等各种因素所致。

1#～12#滤池成熟期最短者1#为4个月。最长者为7#滤池近6个月。其他滤池在4～5个月之间。成熟期的差别源于滤层结构、反冲洗系统以及进水配水系统的微细差别，而造成的各滤池生物繁殖的局部环境的异同。但生物繁殖与积蓄的总趋势是一致的。培养期各座滤池进出水逐日水质变化详见表2-42。

(4) 结论

通过佳木斯市江北水厂的实践，拓宽了"生物固锰除锰机理与工程技术"在高寒地区高铁、高锰地下水净化中的应用。

粗粒径、厚滤层的无烟煤滤料在高铁高锰地下水的净化工艺中具有明显的优势，可以大大缩短滤池的成熟期，减少反冲洗水量，进一步实现经济高效运行。

生产实践证明了将原"接触氧化除铁、除锰工艺"改变为"生物固锰除锰工艺"是正确的。使佳木斯市自1936年创建自来水厂以来，第一次生产了铁、锰都满足饮水标准的自来水，对佳木斯地区自来水事业来说具有划时代里程碑的意义。

将一级曝气除铁、二级曝气除锰的两级流程改为Fe^{2+}、Mn^{2+}离子同层去除的一级流程是经济合理的。去掉了一座$20\times10^4m^3/d$的除铁车间，节省基建投资5000万元。如果在施工图设计之初，就采用此技术，还可省去中间水池、中间提升泵房、二级曝气池和过长的曝气间与滤池间的连接廊道及管道，将可以节省更多的建设投资。但是还是要感谢2003年施工招标之前，佳木斯市能毅然决定修改设计。表现了对国家投资和居民健康的高度负责精神和对我们的信任。

4. 佳木斯市供水系统格局的建议

(1) 江北水厂

松花江北岸高、低漫滩有丰富的地下水，现有水源地可开采$23\times10^4m^3/d$，有足够的补给径流。水质属重碳酸钙型，pH值适中，未受污染，仅仅是铁、锰离子超标。

培养期原水与各滤池水质分析记录（mg/L） 表 2-41

时间	原水		1		2		3		4		5		6		7		8		9		10		11		12		总出水	
	Mn	Fe	Mn	Fe	Mn	Fe	Mn	Fe	Mn	Fe	Mn	Fe	Mn	Fe	Mn	Fe	Mn	Fe	Mn	Fe	Mn	Fe	Mn	Fe	Mn	Fe	Mn	Fe
05. 12. 28	0. 60	14. 23	0. 07	0. 28	0. 42	0. 10	0. 39	0. 08	0. 44	0. 38	0. 38	0. 11	0. 35	0. 12														
05. 12. 29	0. 61	13. 95	0. 05	0. 19	0. 45	0. 06	0. 44	0. 07	0. 44	0. 14	0. 44	0. 10	0. 42	0. 08														
05. 12. 30	0. 58	14. 32	0. 08	1. 50	0. 36	0. 11	0. 38	0. 12	0. 35	0. 13	0. 36	0. 85	0. 34															
05. 12. 31	0. 58	13. 22	0. 05	0. 28	0. 39	0. 17	0. 41	0. 15	0. 41	0. 49	0. 41	0. 31	0. 37	0. 12														
06. 1. 1	0. 58	13. 55	0. 06	0. 24	0. 37	0. 07	0. 41	0. 16	0. 40	0. 10	0. 41	0. 20	0. 37	0. 10														
06. 1. 2	0. 57	13. 38	0. 06	0. 23	0. 39	0. 14	0. 40	0. 14	0. 40	0. 13	0. 41	0. 43	0. 37	0. 18														
06. 1. 3	0. 57	13. 16	0. 14	0. 19	0. 40	0. 17	0. 41	0. 24	0. 38	0. 11	0. 38	0. 10	0. 38	0. 59														
06. 1. 4	0. 43	13. 40	0. 18	0. 32	0. 22	0. 09	0. 24	0. 19	0. 25	0. 26	0. 25	0. 20	0. 24	0. 40														
06. 1. 5	0. 46	13. 52	0. 05	0. 26	0. 27	0. 13	0. 28	0. 16	0. 26	0. 18	0. 27	0. 13	0. 26	0. 16														
06. 1. 6	0. 49	13. 80	0. 05	0. 25	0. 30	0. 12	0. 33	0. 44	0. 28	0. 11	0. 30	0. 16	0. 29	0. 18														
06. 1. 7	0. 56	13. 22	0. 14	0. 12	0. 43	0. 10	0. 41	0. 08	0. 41	0. 16	0. 39	0. 10	0. 37	0. 09														
06. 1. 8	0. 58	13. 90	0. 12	0. 46	0. 40	0. 14	0. 43	0. 34	0. 38	0. 13	0. 38	0. 20	0. 48	3. 12														
06. 1. 10	0. 59	16. 20	0. 08	0. 43	0. 35	0. 31	0. 37	0. 11	0. 33	0. 16	0. 35	0. 47	0. 34	0. 18														
06. 1. 11	0. 58	14. 54	0. 08	0. 47	0. 37	0. 39	0. 41	0. 20	0. 35	0. 48	0. 41	2. 00	0. 34	0. 31														
06. 1. 12	0. 66	15. 82	0. 15	4. 78	0. 11	1. 53	0. 48	0. 11	0. 44	0. 16	0. 67	0. 22	0. 43	0. 17														
06. 1. 13	0. 63	13. 50	0. 43	0. 34	0. 42	0. 20	0. 55	7. 46	0. 44	0. 24	0. 48	0. 94	0. 43	0. 25														
06. 2. 11	0. 70	15. 42	0. 42	0. 10	0. 50	0. 12	0. 55	0. 31	0. 49	0. 09	0. 50	0. 07	0. 47	0. 18	0. 60	0. 16	0. 60	0. 16	0. 58	0. 20	0. 55	0. 40	0. 60	2. 40	0. 61	0. 20	0. 54	
06. 2. 12	0. 70	15. 72	0. 46	0. 10	0. 50	0. 19	0. 56	0. 16	0. 47	0. 16	0. 53	0. 15	0. 49	0. 23	0. 59	0. 17	0. 60	0. 40	0. 60	0. 20	0. 55	0. 61	0. 59	0. 37	0. 60	0. 18	0. 55	
06. 2. 13	0. 64	14. 49	0. 41	0. 16	0. 50	0. 49	0. 54	0. 29	0. 47	0. 17	0. 50	0. 13	0. 42	0. 29	0. 57	0. 36	0. 59	0. 34	0. 59	0. 39	0. 53	0. 32	0. 65	0. 42	0. 57	0. 40	0. 53	
06. 2. 14	0. 71	14. 56	0. 44	0. 11	0. 58	0. 32	0. 63	0. 12	0. 51	0. 15	0. 57	0. 10	0. 55	0. 11	0. 71	0. 49	0. 71	0. 24	0. 72	0. 36	0. 62	0. 21	0. 71	0. 29	0. 71	0. 29	0. 62	
06. 3. 15	0. 75	14. 14	0. 39	0. 06	0. 52	0. 04	0. 60	0. 11	0. 50	0. 07	0. 55	0. 09	0. 47	0. 06	0. 66	0. 03	0. 67	0. 03	0. 66	0. 07	0. 62	0. 07	0. 67	0. 10	0. 68	0. 97	0. 58	
06. 3. 16	0. 68	15. 40	0. 34	0. 05	0. 46	0. 08	0. 54	0. 06	0. 48	0. 08	0. 52	0. 07	0. 46	0. 04	0. 60	0. 05	0. 62	0. 10	0. 60	0. 10	0. 57	0. 09	0. 60	0. 03	0. 53	0. 08	0. 53	

续表

时间	原水		1		2		3		4		5		6		7		8		9		10		11		12		总出水	
	Mn	Fe	Mn	Fe	Mn	Fe	Mn	Fe	Mn	Fe	Mn	Fe	Mn	Fe	Mn	Fe	Mn	Fe	Mn	Fe	Mn	Fe	Mn	Fe	Mn	Fe	Mn	Fe
06.3.17	0.69	13.70	0.32	0.13	0.42	0.09	0.39	0.14	0.51	0.11	0.47	0.12	0.43	0.07	0.57	0.09	0.61	0.12	0.59	0.07	0.52	0.09	0.57	0.10	0.48	0.10	0.49	
06.3.22	1.12		0.40		0.59		0.81		0.71		0.79		0.63		0.95		0.98		0.96		0.85		0.88		0.90		0.79	
06.3.24	1.15		0.48		0.69		0.87		0.85		0.73				1.08		0.94		0.85		0.93							
06.3.29	1.04	18.00	0.34	0.13	0.55	痕量	0.72	痕量	0.63	0.04	0.72	0.04	0.56	0.06	0.90	0.04	0.93	0.04	0.95	0.05	0.87	0.05	0.89	0.05	0.83	0.09	0.74	
06.3.30	1.04	14.48	0.43	0.05	0.57	0.01	0.76	0.02	0.64	0.03	0.71	0.04	0.56	0.05	0.83	0.05	0.90	0.03	0.91	0.01	0.81	0.04	0.87	0.05	0.80	0.06	0.73	
06.3.31	1.06	15.08	0.43	0.04	0.60	0.07	0.78	0.07	0.71	0.06	0.75	0.05	0.60	0.08	0.94	0.07	0.96	0.10	0.96	0.09	0.77	0.08	0.75	0.06	0.86	0.07	0.76	
06.4.1	1.06	13.38	0.30	0.03	0.54	0.01	0.72	0.02	0.62	0.04	0.69	0.01	0.50	0.04	0.85	0.01	0.92	0.06	0.95	0.01	0.85	0.04	0.91	0.02	0.81	0.07	0.72	
06.4.2	1.00	14.00	0.34	0.11	0.71	0.07	0.76	0.04	0.61	0.05	0.74	0.07	0.56	0.05	0.90	0.08	0.96	0.09	0.96	0.09	0.84	0.03	0.91	0.10	0.81	0.07	0.76	
06.4.5	0.85	15.38	0.28	0.05	0.43	0.08	0.59	0.05	0.53	0.07	0.58	0.09	0.39	0.07	0.74	0.06	0.81	0.08	0.80	0.07	0.66	0.07	0.71	0.05	0.57	0.11	0.59	
06.4.6	0.85	14.48	0.28	0.03	0.42	0.12	0.60	0.05	0.54	0.10	0.59	0.09	0.41	0.09	0.75	0.06	0.77	0.06	0.78	0.06	0.68	0.07	0.72	0.06	0.62	0.11	0.60	
06.4.7	0.92	14.36	0.31	0.09	0.47	0.09	0.64	0.09	0.48	0.04	0.55	0.05	0.36	0.08	0.72	0.07	0.76	0.06	0.82	0.05	0.72	0.10	0.80	0.09	0.61	0.15	0.60	
06.4.8	0.76	14.38	0.20	0.06	0.30	0.09	0.46	0.07	0.39	0.09	0.43	0.09	0.29	0.08	0.62	0.08	0.66	0.06	0.66	0.06	0.56	0.06	0.59	0.06	0.42	0.07	0.47	
06.4.9	0.69	14.79	0.20	0.04	0.29	0.06	0.48	0.06	0.37	0.06	0.43	0.07	0.28	0.04	0.57	0.06	0.63	0.10	0.61	0.08	0.52	0.09	0.56	0.07	0.43	0.08	0.45	
06.4.10	0.77	14.90	0.24	0.07	0.32	0.06	0.45	0.07	0.40	0.09	0.42	0.01	0.30	0.08	0.60	0.06	0.64	0.08	0.67	0.06	0.59	0.05	0.66	0.09	0.47	0.06	0.48	
06.4.11	0.74	14.63	0.25	0.06	0.31	0.07	0.46	0.05	0.43	0.06	0.32	0.07	0.34	0.09	0.39	0.08	0.66	0.07	0.64	0.09	0.61	0.06	0.64	0.06	0.46	0.08	0.46	
06.4.12	0.64	14.97	0.20	0.06	0.26	0.05	0.40	0.07	0.35	0.09	0.36	0.08	0.32	0.06	0.57	0.05	0.52	0.06	0.53	0.05	0.45	0.05	0.48	0.07	0.34	0.06	0.40	
06.4.13	0.61	12.80	0.18	0.04	0.21	0.05	0.32	0.06	0.26	0.09	0.29	0.07	0.25	0.08	0.51	0.05	0.46	0.02	0.60	0.03	0.34	0.05	0.40	0.06	0.16	0.08	0.33	
06.4.15	0.68	13.40	0.14	0.06	0.17	0.07	0.34	0.06	0.26	0.08	0.29	0.09	0.22	0.05	0.51	0.05	0.53	0.06	0.56	0.08	0.42	0.07	0.48	0.50	0.28	0.02	0.35	
06.4.20	0.67	15.26	0.11	0.06	0.16	0.07	0.32	0.09	0.22	0.14	0.29	0.15	0.10	0.14	0.56	0.10	0.44	0.12	0.46	0.12	0.36	0.15	0.47	0.10	0.24	0.12	0.31	
06.4.25	0.60	15.87	0.13	0.07	0.09	0.11	0.25	0.10	0.18	0.10	0.25	0.08	0.17	0.05	0.43	0.06	0.47	0.06	0.47	0.10	0.30	0.14	0.35	0.10	0.21	0.10	0.28	
06.4.26	0.58	16.19	0.09	0.06	0.13	0.10	0.25	0.05	0.21	0.08	0.26	0.06	0.15	0.05	0.41	0.05	0.42	0.06	0.43	0.06	0.26	0.10	0.26	0.06	0.21	0.07	0.26	
06.4.27	0.56	16.04	0.10	0.07	0.13	0.09	0.24	0.06	0.20	0.07	0.24	0.07	0.15	0.08	0.39	0.06	0.39	0.07	0.40	0.09	0.30	0.09	0.30	0.06	0.18	0.07	0.25	

续表

时间	原水		1		2		3		4		5		6		7		8		9		10		11		12		总出水	
	Mn	Fe	Mn	Fe	Mn	Fe	Mn	Fe	Mn	Fe	Mn	Fe	Mn	Fe	Mn	Fe	Mn	Fe	Mn	Fe	Mn	Fe	Mn	Fe	Mn	Fe	Mn	Fe
06. 5. 2	0. 60		0. 07		0. 10		0. 24		0. 24		0. 22		0. 12		0. 40		0. 40		0. 43		0. 30		0. 31		0. 12		0. 25	
06. 5. 3	0. 61		0. 05		0. 14		0. 25		0. 24		0. 25		0. 17		0. 47		0. 43		0. 48		0. 35		0. 27		0. 15		0. 27	
06. 5. 4	0. 60		0. 09		0. 14		0. 30		0. 30		0. 32		0. 14		0. 45		0. 43		0. 48		0. 35		0. 30		0. 09		0. 28	
06. 5. 5	0. 60		0. 10		0. 12		0. 25		0. 25		0. 32		0. 14		0. 45		0. 40		0. 46		0. 33		0. 29		0. 13		0. 27	
06. 5. 6	0. 61		0. 09		0. 17		0. 25		0. 25		0. 24		0. 10		0. 47		0. 42		0. 47		0. 33		0. 38		0. 24		0. 28	
06. 5. 7	0. 60		0. 12		0. 17		0. 28		0. 25		0. 27		0. 10		0. 45		0. 38		0. 53		0. 33		0. 28		0. 15		0. 28	
06. 5. 8	0. 66		0. 06		0. 16		0. 29		0. 29		0. 28		0. 25		0. 44		0. 38		0. 46		0. 31		0. 32		0. 17		0. 28	
06. 5. 9	0. 61		0		0. 11		0. 19		0. 14		0. 19		0. 08		0. 40		0. 36		0. 41		0. 23		0. 31		0. 20		0. 22	
06. 5. 10	0. 60		0. 02		0. 09		0. 16		0. 14		0. 16		0. 12		0. 40		0. 40		0. 34		0. 21		0. 30		0. 17		0. 21	
06. 5. 11	0. 58		0. 03		0. 09		0. 16		0. 14		0. 16		0. 07		0. 36		0. 32		0. 36		0. 22		0. 26		0. 11		0. 19	
06. 5. 12	0. 59		0. 02		0. 08		0. 15		0. 10		0. 13		0. 07		0. 33		0. 30		0. 35		0. 21		0. 25		0. 16		0. 18	
06. 5. 15	0. 62		0. 06		0. 09		0. 20		0. 13		0. 18		0. 12		0. 42		0. 37		0. 37		0. 27		0. 29		0. 12		0. 22	
06. 5. 17	0. 65		0. 06		0. 07		0. 16		0. 11		0. 18		0. 06		0. 36		0. 32		0. 42		0. 18		0. 24		0. 11		0. 19	
06. 5. 18	0. 63		0. 05		0. 09		0. 21		0. 09		0. 19		0. 11		0. 38		0. 34		0. 40		0. 28		0. 27		0. 11		0. 21	
06. 5. 19	0. 64		0. 06		0. 08		0. 20		0. 10		0. 17		0. 10		0. 37		0. 33		0. 41		0. 27		0. 26		0. 10		0. 20	
06. 5. 21	0. 66		0. 03		0. 01		0. 20		0. 09		0. 15		0. 07		0. 40		0. 34		0. 41		0. 15		0. 27		0. 10		0. 19	
06. 6. 6	0. 63		0. 01		0. 01		0. 05		0. 01		0. 04		0. 02		0. 14		0. 14		0. 25		0. 10		0. 08		0. 04		0. 07	
06. 6. 7	0. 61		0. 05		0. 05		0. 13		0. 05		0. 06		0. 05		0. 29		0. 22		0. 34		0. 08		0. 17		0. 05		0. 13	
06. 6. 8	0. 58		0. 05		0. 06		0. 13		0. 05		0. 11		0. 05		0. 29		0. 24		0. 31		0. 11		0. 20		0. 05		0. 14	
06. 6. 9	0. 55		0. 05		0. 06		0. 10		0. 05		0. 09		0. 05		0. 25		0. 15		0. 29		0. 11		0. 19		0. 07		0. 12	
06. 6. 11	0. 46		0. 01		0. 03		0. 12		0. 03		0. 09		0. 02		0. 21		0. 19		0. 26		0. 11		0. 16		0. 08		0. 11	
06. 6. 12	0. 46		0. 10		0. 04		0. 01		0. 02		0. 06		0. 02		0. 20		0. 18		0. 24		0. 10		0. 17		0. 03		0. 10	

续表

时间	原水		1		2		3		4		5		6		7		8		9		10		11		12		总出水	
	Mn	Fe	Mn	Fe	Mn	Fe	Mn	Fe	Mn	Fe	Mn	Fe	Mn	Fe	Mn	Fe	Mn	Fe	Mn	Fe	Mn	Fe	Mn	Fe	Mn	Fe	Mn	Fe
06. 6. 14	0. 56		0. 04		0. 05		0. 15		0. 16		0. 04		0. 02		0. 26		0. 25		0. 30		0. 10		0. 14		0. 03		0. 13	
06. 6. 15	0. 53		0. 01		0. 06		0. 14		0. 04		0. 07		0. 01		0. 24		0. 26		0. 30		0. 11		0. 16		0. 01		0. 12	
06. 6. 16	0. 51		0. 01		0. 02		0. 13		0. 07		0. 10		0. 05		0. 24		0. 22		0. 28		0. 08		0. 15		0. 05		0. 12	
06. 6. 17	0. 50		0. 01		0. 02		0. 10		0. 03		0. 07		0. 03		0. 20		0. 16		0. 26		0. 05		0. 11		0. 09		0. 09	
06. 6. 18	0. 56		0. 01		0. 06		0. 14		0. 08		0. 10		0. 01		0. 26		0. 25		0. 12		0. 24		0. 08		0. 05		0. 12	
06. 6. 19	0. 60		0. 01		0. 03		0. 13		0. 05		0. 10		0. 01		0. 23		0. 28		0. 31		0. 12		0. 25		0. 08		0. 13	
06. 6. 20	0. 51		0. 01		0. 05		0. 12		0. 03		0. 07		0. 01		0. 20		0. 18		0. 25		0. 08		0. 10		0. 03		0. 08	
06. 6. 21	0. 52		0. 04		0. 08		0. 05		0. 08						0. 21		0. 19		0. 24		0. 08		0. 10		0. 03		0. 1	
06. 6. 22	0. 59		0. 08		0. 06		0. 12		0. 06		0. 09		0. 04		0. 20		0. 20		0. 10		0. 10		0. 13		0. 04		0. 1	
06. 6. 23	0. 57		0. 02		0. 05		0. 10		0. 06		0. 08		0. 02		0. 22		0. 19		0. 27		0. 12		0. 14		0. 05		0. 1	
06. 6. 24	0. 58		0. 06		0. 04		0. 13		0. 07		0. 10		0. 08		0. 24		0. 21		0. 18		0. 11		0. 16		0. 05		0. 11	
06. 6. 26	0. 54		0. 05		0. 05		0. 12		0. 08		0. 11		0. 07		0. 21		0. 17		0. 14		0. 10		0. 15		0. 05		0. 1	
06. 6. 27	0. 53		0. 01		0. 03		0. 07		0. 03		0. 06		0. 02				0. 22		0. 19		0. 07		0. 12		0. 06		0. 08	
06. 6. 28	0. 51		0. 01		0. 05		0. 01				0. 07		0. 04		0. 16		0. 22		0. 07		0. 07		0. 11		0. 06		0. 08	
06. 6. 29	0. 71		0. 01		0. 04		0. 09		0. 03		0. 07		0. 04		0. 16		0. 16		0. 20		0. 03		0. 10		0. 05		0. 08	
06. 6. 30	0. 53		0. 11		0. 04		0. 09		0. 04		0. 03		0. 07		0. 14		0. 17		0. 21		0. 07		0. 1		0. 01		0. 08	
06. 7. 1	0. 51		0. 01		0. 05		0. 07		0. 02		0. 06		0. 14		0. 14		0. 23		0. 06		0. 04		0. 09		0. 08			
06. 7. 2	0. 54														0. 14		0. 13		0. 18						0. 07			
06. 7. 5	0. 52		0. 02		0. 04		0. 08		0. 04		0. 04		0. 03		0. 17		0. 12		0. 09		0. 08		0. 04		0. 06		0. 07	
06. 7. 6	0. 54		0. 06		0. 04		0. 07		0. 05		0. 05		0. 04		0. 09		0. 10		0. 10		0. 06		0. 06		0. 04		0. 01	
06. 7. 7	0. 5		0. 02		0. 07		0. 04		0. 01		0. 01		0. 01		0. 05		0. 05		0. 09		0. 01		0. 02		0. 01		0. 01	
06. 7. 8	0. 39		0. 01		0. 01		0. 02		0. 01		0. 02		0. 01		0. 07		0. 07		0. 1		0. 01		0. 03		0. 01		0. 02	
06. 7. 9	0. 49		0. 01		0. 01		0. 02		0. 01		0. 02		0. 01		0. 06		0. 05		0. 1		0. 1		0. 11		0. 07		0. 04	

江北水厂是一座现代化，国内外第一座大型生物除铁除锰水厂，出厂水优于国家生活饮用水标准。

江北水厂位于松花江北岸，隔江与市中心相望。已成功地建成了 *DN*1400mm 过江管，将从市中心向管网腹部供水，输配水方向合理，管网运行经济。

江北水厂将是佳木斯市的主要水厂，其供水量在相当长的时期内为全市用水量的70%～90%。

(2) 一水厂在相当长的时期内是佳东地区的供水水源和调压站

佳木斯市市区沿江长达 21km，南北宽 6～7km。一水厂是佳东地区惟一可利用的供水水源，其水量虽然仅有 $1.2\times10^4m^3/d$，但对佳东居民用水，调节东部地区水压，是不可替代的。一水厂出厂水锰虽然超标，现有古老流程基本不能除锰，但可以进行工艺改造，变成生物除铁除锰水厂。

(3) 七水厂也是佳木斯市的主要水厂，与江北水厂共同承担全市供水任务

1) 多水厂、多方向供水

七水厂从西部，江北水厂从北部向市区腹部供水，一水厂供给佳东。形成三个水厂，三个方向向城市管网供水，能使管网压力均衡、稳定，各水厂送水泵站压力适中，构成合理的供水格局。一、七、江北水厂均不可偏废。

2) 佳西水源地水量丰富

佳西水源地，船厂以西至西郊农灌站以及黑通至泡子沿一带沿江低漫滩，有丰富的潜层地下水，受江水侧向补给，可采量达 $20\times10^4m^3/d$ 以上，现已布井数十眼为七水厂水源。随着佳木斯市城市发展和城市化率的不断提高，佳木斯市自来水需求量也在不断增长之中。据规划预测到 2010 年全市需水量将达 $50\times10^4m^3/d$，除工业用水 $20\times10^4m^3/d$ 引用江水外，综合生活用水为 $30\times10^4m^3/d$。因此，江北一家水厂尚不能满足全市需水量，七水厂也必将是一座重要的水源。

3) 佳西水源地水质可满足城市水源之需

佳西水源地与江水虽有密切水力联系，而且一年大部分期间江水补给地下水。就目前江水如不受突发性严重污染，仍是合格的集中供水水源。“十一五”将重点治理松花江污染问题，我们应当相信松花江不会丧失其水体功能。随着人民和政府官员水环境意识的加强，上游工业有毒有害废水、城市污水、面源污染治理力度的增大，城市用水健康循环的建立，松花江水会逐年好转，昔年水美鱼肥的松花江美景在十几年或几十年内还会再现。无论是现今还是将来，佳西水源都可以做佳木斯市的重要水源。

4) 七水厂出厂水水质可达饮用水标准

七水厂出厂水目前锰超标，原水锰为 0.6mg/L，出厂水为 0.2～0.3mg/L，有相当的去除效果，但仍不达标。现江北水厂水质已达标并稳定运行，可以对七水厂进行工艺改造，让其完全符合生物除铁除锰水厂的要求，出厂水可完全达到生活饮用水标准。对此，课题组已有改造方案，工程投资很有限，如佳木斯市有决心，七水厂可以成为我国第二座大型生物除铁除锰水厂，同江北水厂一样生产优良生活用水。

(4) 佳木斯市长期优化供水系统格局

综上，一水厂、七水厂和江北水厂从东、西、北三个方向向东西狭长的市区供水，

是佳木斯市城市自来水历史多年形成的供水格局。只要加以适度改造，也将是优化了的供水系统。其输水方向，各水厂送水泵站出口压力、管网压力都较均衡，从而可省电耗，经济运行。各厂水质也完全可以成为安全的、优良的饮用水。

2.6 地下水生物固锰除锰机理与生物除铁除锰技术变革❶

地下水清澈透明，常年水温低而稳定，又少受污染，一直是人们优良的饮用水和理想的工业水源，因此成为我国的主要水资源之一，其贮量约占水资源总量的30%。我国许多地区尤其是北方地区的地下水中常常溶有 Fe^{2+} 和 Mn^{2+}，给生活和生产带来诸多不便。所以近百年来地下水除铁除锰技术的研发一直是水质工程学的重要课题。早在100多年前，人们就凭经验知道地下水经曝气、沉淀和砂滤就可以将铁除掉，至今已有相当的发展。地下水除铁技术在机理和实践方面都臻于成熟。而地下水中锰以 Mn^{2+} 溶解态存在，在pH中性范围内几乎不能为溶解氧所氧化，由于它的危害是隐蔽的，所以一直到20世纪中叶才被水质科学界所重视。长期以来，传统观念认为 MnO_2 或 Mn_3O_4 或 γ-FeOH 是 Mn^{2+} 氧化的催化剂，这种化学催化氧化机制为广大工程界所接受，并用来指导除铁除锰水厂的设计和运行。由于对 Mn^{2+} 氧化机制认识不清，致使几乎所有的除铁除锰水厂 Fe^{2+} 去除的尚好而除锰效果不佳。笔者的课题组历经20多年的不懈探索，经多项国家课题攻关，最终明确指出，在pH中性条件下接触过滤池中 Mn^{2+} 的氧化是生物氧化，在建立了完整的生物固锰除锰机理和生物除铁除锰工程技术的基础之上，指导了第一座大型生物除铁除锰水厂的设计和运行。现综合如下。

1. 地下水中 Fe^{2+}、Mn^{2+} 离子的危害与传统去除技术的发展

（1）自然界的铁与锰

铁、锰是构成地壳的主要成分之一，在自然界分布广泛。其原子序列分别为26和25，原子量为55.847和54.938，其核外电子排列为K2L8M14N2和K2L8M13N2。所以它们的化学性质极其相近，在自然界常常共存并共同参与物理化学和生物化学的变化。铁、锰是典型的金属氧化还原多价元素，在不同的环境下可呈溶解态和固态。Fe^{2+}、Mn^{2+} 可溶于水，所以天然水中，尤其是地下水在地层流动的过程中，在适宜条件下往往溶有 Fe^{2+}、Mn^{2+}。

据调查，我国含铁含锰地下水分布甚广，比较集中在松花江流域和长江中下游地区，此外黄河流域、珠江流域等部分地区也有含铁含锰的地下水，且多分布在这些水系的干、支流的河漫滩地区。这些地下水中，含铁量一般在5～15mg/L之间，有的高达20～30mg/L，含锰量一般在0.5～2mg/L之间，少数地区超过3mg/L，某些地区含铁含锰量在一年四季有所变化，而且有逐年增加的趋势。湖泊水库等由于底层水流动性差，处于厌氧状态的底泥中的铁、锰会被还原成二价离子而溶出。当取水口位置不当，取来的水中往往会含有 Fe^{2+}、Mn^{2+}。在某些情况下，如上游有矿山存在，下游河水中也常含有铁、锰。高价铁、锰以固态化合物的形式存在并能从水中析出，所以利用这个

❶ 本文成稿于2005年，作者：李冬、张杰、陈立学。

性质可将水中的铁、锰去除。

（2）生产、生活用水中铁、锰的利害和标准

众所周知，铁、锰是人体所必需的微量元素，细胞内对许多生化反应具有催化作用的酶都含有铁，而锰对多种酶类具有激活作用，此外对骨骼的正常发育也有重要作用。资料表明，体重70kg的健康人体内含铁量约为4.5g，含锰量约为12～20mg。通常人们所需的微量铁、锰可以从粮食、蔬菜、坚果或茶中获得，所以不需要额外摄入。若自来水中含有铁、锰便会堵塞供水管道，沾染生活器具、衣物，造成饮水腥臭，使人们难以忍受。长期的研究表明，铁、锰的过量摄入还会对人体产生慢性中毒现象，并损伤动脉内壁和心脏形成动脉粥样斑块，造成冠状动脉狭窄而致冠心病。因此，世界上许多国家生活饮用水标准规定：铁、锰含量之和为0.3ppm，锰的允许浓度为0.05ppm，有的为0.03ppm之下。我国饮用水标准规定：铁为0.3ppm，锰的允许浓度为0.1ppm。此外，铁、锰对于工业生产也是百害而无一益的。因含铁、锰而使生产工艺发生困扰的情况多有发生，所以任何工业企业都希望其用水中的铁、锰含量为零。

（3）天然水中铁、锰去除技术的发展现状

铁、锰在自然界中既能发生生物化学氧化、还原，又能发生非生物化学氧化、还原。 Fe^{2+}、Mn^{2+}的空气化学氧化与反应环境或微环境的pH值有关。在中性条件下Fe^{2+}可被空气中的氧所氧化，而Mn^{2+}几乎不能被空气所氧化。见图2-83。

铁的氧化

生物化学氧化　|　化学的氧化

pH……3……4……5……6……7……8……9……10

锰的氧化　生物化学氧化　|化学的氧化

图2-83　铁、锰氧化与pH的关系

1）铁的去除技术

1868年在荷兰建成第一座大型除铁装置，1874年世界上第一座除铁水厂Charlottenbug在德国建成。1893年Atlantic Highland N.J水厂在美国建成。一个世纪以来，人们围绕着铁的去除进行了不断的探索，积累了丰富的经验，一些优秀的除铁方法仍沿用至今。

① 空气氧化法

含铁地下水经曝气充氧，利用溶解氧将Fe^{2+}氧化为氢氧化铁颗粒，因其溶解度小而沉淀析出，并在以后的沉淀、过滤等固液分离净化工序中去除，从而达到了除铁的目的。空气氧化除铁法无论从运转费用和对铁的氧化性能上都是很有价值的优秀方法，但是空气氧化除铁的固液分离装置除铁效果欠佳，出水水质常常超出饮用水水质标准。其原因是：Fe^{2+}氧化生成的氢氧化铁颗粒为细微的胶体粒子，难以絮凝，总会有部分的胶体粒子轻易地穿透滤层而影响了出水水质。此外水中溶解性硅酸会影响氢氧化铁的絮凝，当硅酸浓度大于40～50mg/L时，空气氧化法除铁无效，这是它的致命缺点。但是用氯做氧化剂来氧化铁就能解决上面的问题，所以产生了氯氧化除铁法。

② 氯氧化除铁法

向含铁水中投加氯气，再经混凝、沉淀和过滤，就能得到含铁量很低的水。当原水

含铁量低时，流程还可以简化。若原水中铁的浓度很大时，需要大量投氯，且生成的铁泥也增多，所以必须在过滤前有效地去除，以减轻滤池负荷。结果使处理水偏酸性，还需要投加碱来恢复其中性域，因此建设费用和维护费用较昂贵。

③ 接触过滤除铁法

20 世纪 60 年代在我国试验成功了天然锰砂接触过滤除铁工艺，它将曝气后的含铁地下水直接经天然锰砂滤层过滤，水中 Fe^{2+} 的氧化反应能迅速在滤层中完成，同时将铁质截留于滤层中，从而一次完成了全部除铁过程。尽管用简单的操作却取得了优良的除铁效果，既不需要投加任何药剂，又不受溶解性硅酸的影响，接触氧化能力也非常强。但是对于强还原物质浓度高的地下水，铁的氧化受到妨碍。其原因是铁的氧化还原电位为 0.2V，H_2S 的氧化还原电位为 −3.6V，比铁低得多。所以 H_2S 含量超过2mg/L的原水不适于选择接触过滤除铁。此外，由于 Fe^{2+} 易于在滤层中形成细微的氢氧化铁粒子，这种胶体颗粒极易随水流穿透滤层而影响出水水质，所以对于空气氧化速度快的原水也不适于选择接触过滤除铁。接触过滤除铁的机制是自催化氧化反应。高井雄认为，在除铁滤池中自然形成的羟基氧化铁（FeOOH）的羟基表面起接触催化剂的作用。由于反应生成物和催化剂是同一物质，所以称之为自催化反应。李圭白院士认为，在接触过滤除铁过程中形成的铁质活性滤膜的化学成分为 $Fe(OH)_3 \cdot 2H_2O$（$Fe_2O_3 \cdot 5H_2O$），新鲜的滤膜具有很强的催化活性，滤膜老化脱水后催化活性会降低。铁质活性滤膜首先以离子交换方式吸附水中的 Fe^{2+}，当水中有溶解氧存在时，被吸附的 Fe^{2+} 离子在活性滤膜的催化作用下迅速氧化水解，从而使催化剂再生，反应生成物又参与催化反应，因此铁质活性滤膜接触氧化除铁也是一个自催化过程。其反应式如下：

$$Fe(OH)_3 2H_2O + Fe^{2+} \xrightarrow{\text{吸附}} Fe(OH)_2(OFe) \cdot 2H_2O + H^+$$

$$Fe(OH)_2(OFe) \cdot 2H_2O + 1/4O_2 + 5/2H_2O \xrightarrow{\text{氧化}} 2Fe(OH)_3 \cdot 2H_2O + H^+$$

若水中有 HCO_3^- 存在，其反应综合式如下：

$$Fe(OH)_3 \cdot 2H_2O + Fe^{2+} + 1/4O_2 + 5/2H_2O + 2HCO_3 \xrightarrow{\text{吸附}} 2Fe(OH)_3 \cdot 2H_2O + 2CO_2 \uparrow$$

2）锰的去除技术

Mn 在 pH 中性域附近的价态见表 2-42。

Mn 在中性域附近的价态 表 2-42

原子价	+2	+4	+7
代表性物质	$Mn(HCO_3)_2$ $MnSO_4$	$MnO_2 \cdot mH_2O$	$KMnO_4$

Mn^{7+} 在天然水中是不存在的。地下水除锰是将溶解态的 Mn^{2+} 氧化为固体 MnO_2，从水中分离出来，但是 Mn^{2+} 在 pH 中性域几乎不能被溶解氧所氧化。所以传统的除锰技术都是向水中投加氢氧化物或强氧化剂，然后经沉淀、过滤使之除去。

① 碱化法

锰在空气中的氧化是不可能的，除非 pH 值高于中性条件。向含锰水中投加石灰等碱性物质，将 pH 值提高到一定的范围之上，Mn^{2+} 就迅速地被溶解氧氧化成 Mn^{4+} 而析出，从而达到除锰的目的。但其准确的 pH 范围目前仍未确定，Stamm 和 Morgan 认为是 8.5，Bolikunger 认为是 9.0，Robinson 和 Diron 等认为是 9.5。由于处理后水的 pH 值太高，所以需要进行酸化处理，因此增加了运行费用。

② $KMNO_4$ 法

向含 Mn^{2+} 水中投加 $KMnO_4$，可直接将 Mn^{2+} 氧化为 $MnO_2 \cdot mH_2O$，而 $KMnO_4$ 本身也被还原为高价固态锰氧化物，而后经混凝沉淀去除。但由于 $KMnO_4$ 本身反应后也生成 MnO_2 沉淀，这就会增加沉淀总量，相应的也增加了沉淀以后过滤工艺的负担。根据反应方程式的计算，1ppm Mn^{2+} 需要 1.92ppm $KMnO_4$，当存在着 Fe^{2+} 的时候，还要补加 $KMnO_4$ 的量，而且 $KMNO_4$ 的价格较高，所以运行费用高昂。

③ 氯接触氧化法

向含锰水中投加氯后，通入充填着表面披覆二氧化锰滤料的滤层，Mn^{2+} 与 $MnO_2 \cdot mH_2O$ 接触，氯迅速将 Mn^{2+} 氧化为 $MnO_2 \cdot mH_2O$，并在锰砂表面与现存的 $MnO_2 \cdot mH_2O$ 进行化学结合，新生成的 $MnO_2 \cdot mH_2O$ 仍然具有自触媒能力，对后来 Mn^{2+} 的氧化起着触媒作用，这样在自触媒反应下，水中的 Mn^{2+} 连续不断地被锰砂表面所捕获，从而使反应得以继续。该工艺具有较强的除锰性能，因此深受对锰敏感的工业生产如：酿造、清凉饮料、合成染料、印刷等行业的欢迎，也特别适于离子交换前处理的需要。从实际运行中可知，滤池运行时间越长，滤料性能越好。然而一旦氯中断投加或投量降低，再生反应受阻，滤层除锰性能就会渐渐下降，以致丧失除锰能力，尤其在锰砂使用期限尚短、运行投产开始的期间，投氯不足或中断，除锰效果很快恶化。此外，对于高 NH_4^+-N 的水，由于在折点之前的结合氯（氯氨类）的氧化能力差，致使除锰困难，所以投氯量必须在折点之上，大致为 NH_4^+-N 含量的 8 倍，这样才能很好地将锰除掉。其结果必然在处理水中残留大量的余氯，其含量远大于饮用水标准中所规定的余氯量（≤3ppm）。早在 20 世纪 50 年代末，人们就发现水中有机氯含量高会使动物中毒而死。1974 年 Rock 和 Bellar 等人从氯化后的高色度水中检测出三氯甲烷，并确认其致癌性，随后 Symons 等人对美国 80 个主要城市的各种不同水源的原水及经过不同流程处理的自来水进行全面调查，发现这些水源经过预氯化后自来水中普遍存在着较高浓度的氯仿、一溴二氯甲烷、二溴一氯甲烷和溴仿。因此氯接触氧化除锰法的广泛应用因其致命弱点而受到限制。

④ 光化学氧化法

在太阳光的照射下，即使在没有含水二氧化锰触媒，而只有游离氯存在的中性含锰水中 Mn^{2+} 也会被氧化而析出，水由无色变成橙红色。其原理是紫外线激活了氯离子而与 Mn^{2+} 进行了强烈的光化学反应。在实验中得知，紫外领域的光是光化学氧化反应的有效光，它促进了氯对 Mn^{2+} 的氧化。这种方法与氯接触氧化法相比，对铁有更好的去除能力。所以更适用于含铁量高的水，此时 Fe^{2+} 代替了混凝剂的作用。由于余氯含量与除锰效果成正比，所以也面临与上法相同的问题。

2. 生物固锰除锰机理的确立

在接触过滤除铁装置的运行中，人们发现出水 Mn^{2+} 含量也有所减少。在没有碱化也没有强氧化剂的环境下，少许 Mn^{2+} 的氧化去除引起了学者的关注。日本学者高井雄的研究报告指出，在接触氧化除铁过程中，在一定条件下也可以去除一些锰，除锰量大约在0.2～0.3mg/L，其机制也是催化反应，接触催化剂也是γ-FeOOH，但不是自催化反应，因为Mn^{2+}氧化的生成物是含水二氧化锰，而不是含水铁氧化物，所以滤层的除锰能力是有限的，要保持连续除锰能力，必须源源不断地供给γ-FeOOH，以此看来不含Fe^{2+}的原水是不能在接触过滤除锰滤池中除Mn^{2+}的，高井雄同时指出滤层内的除铁带与除锰带是没有明显的分界的，而呈渐变的趋势。

李圭白院士多年研究指出，含Mn^{2+}地下水曝气后进入滤层中过滤，能使高价锰的氢氧化物逐渐附着在滤料表面，形成锰质滤膜，这种自然形成的活性滤膜具有接触催化作用，在pH中性域Mn^{2+}就能被滤膜吸附，然后再被溶解氧氧化，又生成新的活性滤膜物质参与反应，所以锰质活性滤膜的除锰过程也是一个自催化反应过程，并测定了活性锰质滤膜的成分，认为接触催化物是MnO_2。其反应式为：

$$2Mn^{2+}+(x-1)O_2+4OH=2MnO_x ZH_2O+2(1-Z)H_2O$$

范懋功先生经红外光谱测定，认为接触催化物应该是Mn_3O_4。

有人在偶然的机会中通过镜检发现滤池中存在大量的微生物，因此又有人假设锰的去除与微生物之间存在某种关系。笔者领导的中国市政工程东北设计研究院项目组在1987微污染含铁含锰水的净化试验中，发现并提出了Mn^{2+}的生物氧化理论，此后又进行了长期的试验研究以探求真实机理之所在。

(1) 除锰滤池中生物量与Mn^{2+}的氧化去除效率的研究

1) 材料与方法

有机玻璃制模拟柱两根，滤柱高2950mm，内径为100mm，分别装入石英砂和锰砂滤料。粒径为0.8～1.2mm，滤层厚800mm。采用卵石垫层，粒径2～10mm，厚300mm。

实验原水为抚顺开发区地下水，原水水质见表2-43。

实验用原水水质 **表2-43**

序号	检测项目	检测结果	序号	检测项目	检测结果
1	水温(℃)	9.00	11	NH_4-N(mg/L)	0.2
2	pH	6.9	12	NO_2-N(mg/L)	未检出
3	色度(度)	10.00	13	NO_3-N(mg/L)	未检出
4	浑浊度(NTU)	40.00	14	CO_2(mg/L)	28.34
5	钙(mg/L)	42.69	15	SiO_2(mg/L)	20.00
6	镁(mg/L)	7.82	16	耗氧量(mg/L)	0.56
7	铁(mg/L)	8.00	17	总硬度(mg/L)	77.70
8	锰(mg/L)	1.4	18	总碱度(mg/L)	6.41
9	HCO_3^-(mg/L)	139.61	19	总酸度(mg/L)	0.64
10	溶解氧(mg/L)	0.9			

将经曝气的原水引入滤柱进行长期过滤试验。运行的最初一个月内，滤速由2.5m/h渐增至15m/h，滤柱每24h冲洗一次，反冲洗强度由8L/(s·m²)渐增至15L/

(s·m^2)，反冲历时 8min。在滤柱运转的最初几天内，每天向柱中接种由该水厂铁泥中提取并经扩增培养以锰氧化菌为主的菌群。每天测定记录滤速等运行参数，分析出水水质，分析项目和检测方法见表 2-44。

分析项目和检测方法 **表 2-44**

序号	分析项目	检测方法	序号	分析项目	检测方法
1	Fe^{2+}	邻菲罗啉分光光度法	9	浊度	浊度仪
2	总铁	邻菲罗啉分光光度法	10	水温	温度计
3	Mn^{2+}	甲醛肟分光光度法	11	氨氮	纳氏试剂光度法
4	溶解氧	溶解氧测定仪	12	CO_2	酚酞指示剂滴定法
5	pH	pH 计	13	总碱度	酸碱指示剂滴定法
6	Ca^{2+}	EDTA 滴定法	14	HCO_3^-	酸碱指示剂滴定法
7	Mg^{2+}	EDTA 络合滴定法	15	总硬度	EDTA 滴定法
8	SiO_2	硅钼黄光度法			

2）实验结果与分析

滤柱经接种培养和连续运行，其结果如图 2-84 和图 2-85 所示。

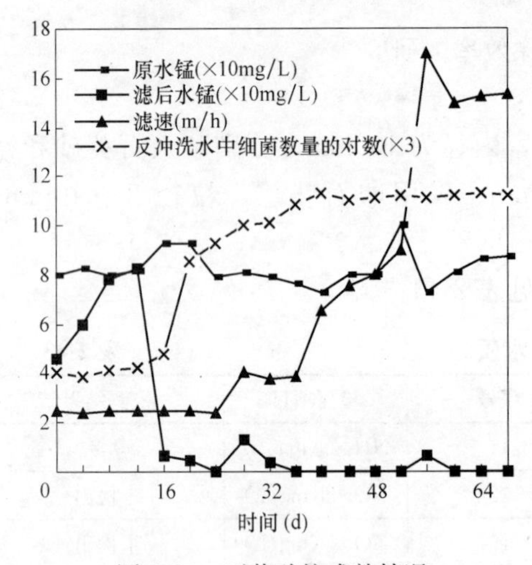

图 2-84 石英砂柱成熟情况

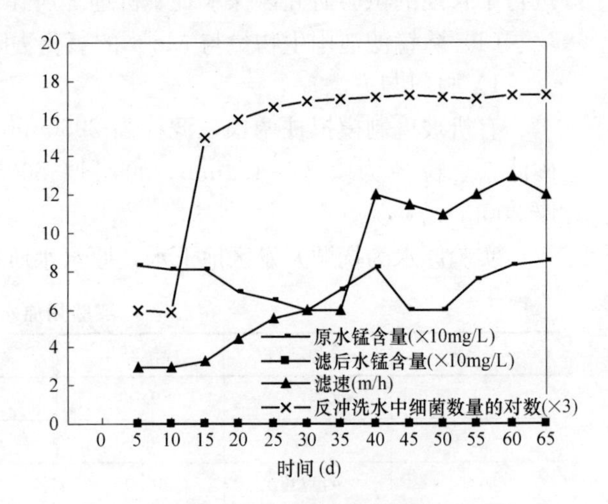

图 2-85 锰砂柱成热情况

① 微生物的增殖与除锰效果

图 2-87 表明了石英砂柱成熟过程中原水、滤后水中锰含量、滤速及反冲洗水中细菌数量随时间变化的情况。从图中曲线可以看出，反冲洗水中铁细菌的对数增长期是 15～30d。正好与滤层除锰活性快速增长、滤后水含锰量急剧下降到痕量的时期相对应。

反冲洗水中的细菌，并不是固定在滤砂上，而是吸附或包埋在由滤砂所截留的铁泥（铁的氧化物、氢氧化物等形成的铁锈色黏泥）中的。这说明滤柱最初的活性增长不是来源于滤砂表面的细菌增长，而是铁泥中细菌的增长。此时尚不能认为滤柱已成熟，滤柱还需要一段时间使细菌固定在滤砂上。因此滤柱的成熟过程基本上可以分为 4 个时期即：适应期（0～15d），此时石英砂滤层无明显除锰效果；第一活性增长期（15～

30d)，在适宜微生物代谢繁殖的条件下，滤层内细菌快速增长，除锰率不断提高；第二活性增长期（30～50d），微生物群体趋于平衡，出水锰达标并趋于稳定；稳定期(50d 以后)，滤层完全成熟而且运行稳定，并有一定的抗冲击能力。

图 2-85 表明了锰砂柱成熟过程中原水、滤后水中锰含量、滤速及反冲洗水中细菌数随时间变化的情况。通常锰砂在使用初期对锰离子有很强的吸附能力（是石英砂的500 倍)，因此在最初的 20～30d 内滤池也能有效地去除锰，但吸附饱和后，如果滤池仍未成熟，其除锰率会急剧下降，直至接近于零。但图 2-88 表明了在适当培养的条件下，锰砂滤池的成熟期完全可以和吸附期衔接起来，避免吸附期后出水水质短期下降情况的出现。

② 铁、锰氧化细菌在滤池（柱）中的分布

图 2-86 和图 2-87 表明了锰砂柱和锰砂滤池不同深度滤砂上细菌的数量。可以看出，随着深度的加大，细菌的数量不断减小。这可能是由于随着深度的增加营养物质(Fe^{2+}、Mn^{2+}、DO 等）的供应也不断减少，不利于细菌的繁殖，同时铁泥对滤柱的穿透力也是有限的，深层滤砂中铁泥较少，因而细菌初期繁殖的场所也较少。

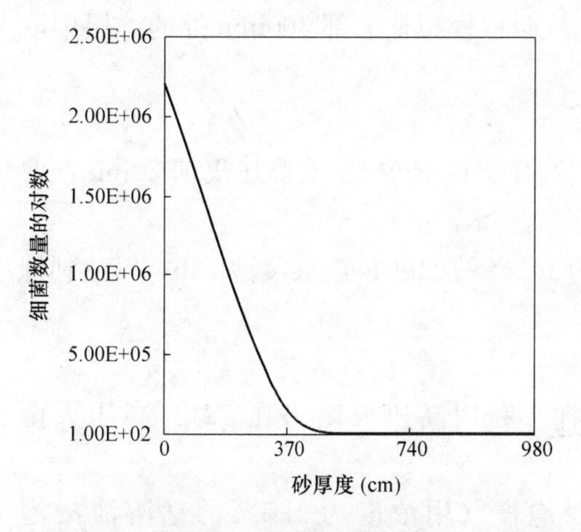

图 2-86　模拟柱（锰砂）细菌数量的纵向分布

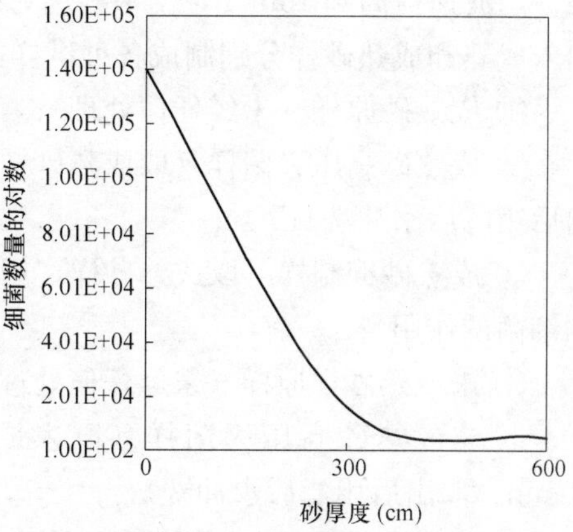

图 2-87　生产滤池细菌数量的纵向分布

③ 其他微生物在滤池（柱）成熟过程中的变化

实验表明滤柱中存在着显著而复杂的微生物群落，除了铁、锰氧化细菌外，其他微生物在滤池（柱）成熟过程中也发生着变化。其中有些细菌如：亚硝化菌和硝化菌的变化，对滤后水的水质有较大的影响。图 2-88 表明锰砂柱成熟过程中亚硝化菌和硝化菌的数量及原水、滤后水中 NO_2^- 含量变化情况。亚硝化菌和硝化菌是两类化能自养菌，它们分别能催化如下的化学反应并从中获得能量：

亚硝化菌：　$2NH_3+3O_2 = 2HNO_2+2H_2O+E$

硝化菌：　$2HNO_2+O_2 = 2HNO_3+E$

由于原水中只存在 NH_4^+，不存在 NO_2^-，所以滤柱在培养初期亚硝化菌首先增殖并产生 NO_2^-，随着亚硝化菌的增殖，水中 NO_2^- 浓度逐渐上升，硝化菌也开始繁殖，由于硝化菌的增殖落后于亚硝化菌，导致在这期间滤后水中的 NO_2^- 含量上升，影响了出水水质。随着硝化菌数量的不断增加，两种细菌数量逐渐达到平衡，滤后水中的

NO_2^- 浓度开始下降，并最终降为零，于是亚硝化菌和硝化菌形成了共生关系。

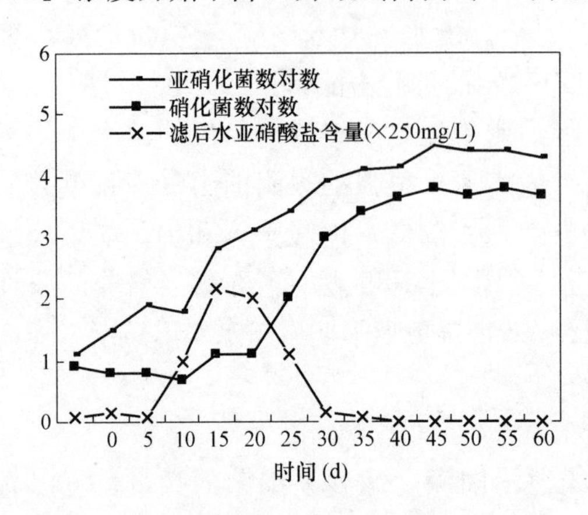

图 2-88 锰砂柱成熟过程中亚硝化菌、硝化菌的数量及滤后水中亚硝酸盐含量的变化

(2) 生物滤层滤料的灭活试验

1) 材料与方法

我们选用两种试验柱（模拟柱和小玻璃柱），模拟柱规格同前，小玻璃柱高600mm，滤层厚300mm，垫层厚50mm。用该柱做各种灭活试验。试验用原水水质见表2-43。两根模拟柱装入马山锰砂进行接种培养，在一根滤柱尚未培养成熟，但在对Mn^{2+}有了一定的去除能力之际，从滤层上部300mm处的滤砂中取砂样（未成熟砂）测得细菌数量为$n\times10^4$个/mL砂。另一根滤柱培养成熟后，当测得细菌数量为$n\times10^6$个/mL砂时，对Mn^{2+}的去除能力非常强。当滤速提高到13m/h，出水锰仍为痕量。从两根模拟柱上部300mm处的滤层中取出未成熟和成熟砂样分别制成各种试样：

① 成熟砂原样（未经任何处理）；

② 成熟砂高压灭菌样（取成熟砂样，利用高压灭菌锅在121℃高压灭菌20min，取出后用滤后水冲洗）；

③ 成熟砂抑制样（取成熟砂样，用浓度为1.5%的$HgCl_2$溶液浸泡72h，以达到抑制细菌的作用）；

④ 未成熟砂样原样（未经任何处理）；

⑤ 未成熟砂高压灭菌样（取未成熟砂样，利用高压灭菌锅在121℃高压灭菌20min，取出后用滤后水冲洗）；

⑥ 未成熟砂高压灭菌后经Mn^{2+}溶液浸泡样（用浓度为1.5%的锰溶液浸泡60h）。分别将上述6种试样装入小玻璃试验柱内，通曝气后的原水，滤速1.2m/h连续运转，每天定时用滤后水反冲洗3min，尽可能把原水带进的铁泥冲净，定时取样分析。

2) 结果与讨论

① 成熟砂灭活试验

成熟砂原样、高压灭菌样、$HgCl_2$抑制样三种滤料的小玻璃柱进出水中锰含量逐日变化及去除率曲线见图2-89、图2-90。从图2-89和图2-90中可见，成熟砂对锰的去除率很高且稳定，始终保持在85%以上，经高温高压灭菌的砂样，开始出现较高的去除效果，然后就大幅度下降，从70%降至20%。经$HgCl_2$抑菌的砂样开始去除率为60%，然后也出现大幅度下降，从60%降至10%。由此可见，成熟锰砂表面细菌数量很大，对锰有很强的去除能力，当细菌被高温高压灭活或活性被药物抑制后，虽然保持了暂短的除锰能力，而后去除效率大幅度降低。这也说明短暂的除锰能力可能是吸附表面被再生的结果。

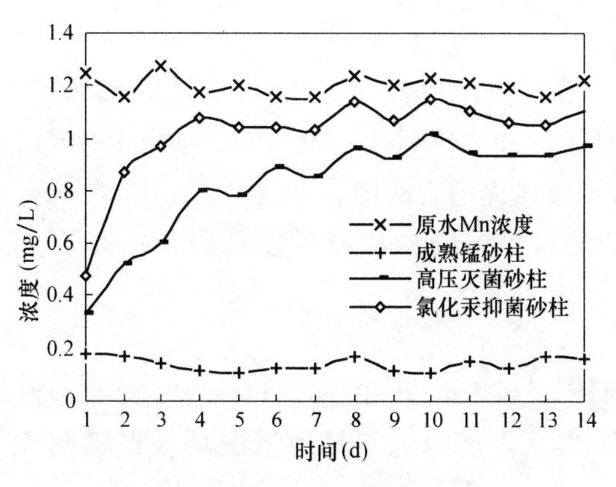

图 2-89　成熟砂柱和其灭菌滤柱出水锰浓度逐日变化曲线

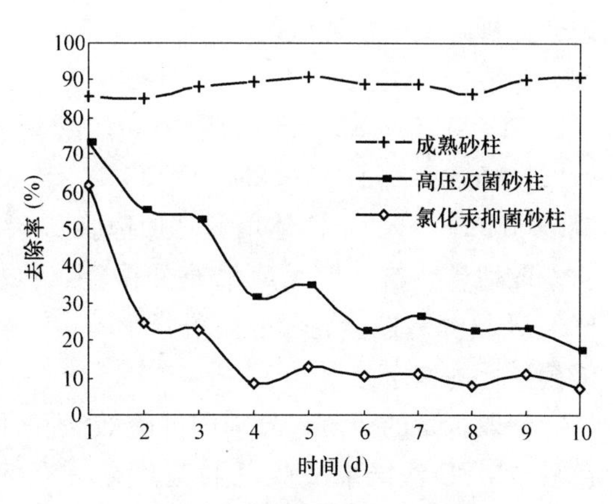

图 2-90　成熟砂柱和其灭菌砂柱除锰效率曲线

② 未成熟砂灭活试验

未成熟砂原样、高压灭菌样、高压灭菌后 Mn^{2+} 溶液浸泡样 3 种滤料的小玻璃滤柱进出水中 Mn^{2+} 浓度逐日变化和其去除率曲线见图 2-91 和图 2-92。

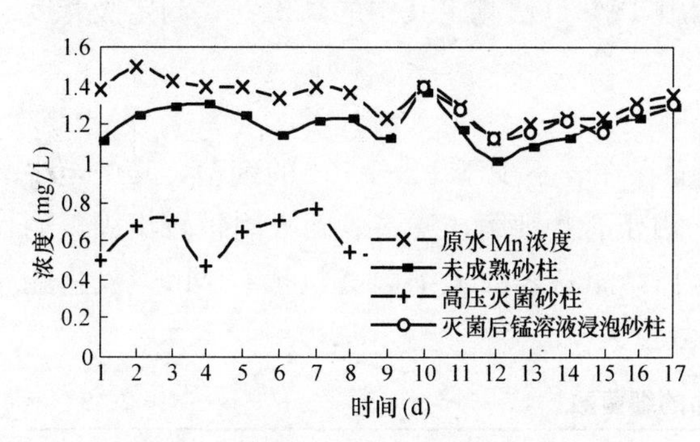

图 2-91　未成熟砂柱和其灭菌砂柱出水锰浓度变化曲线

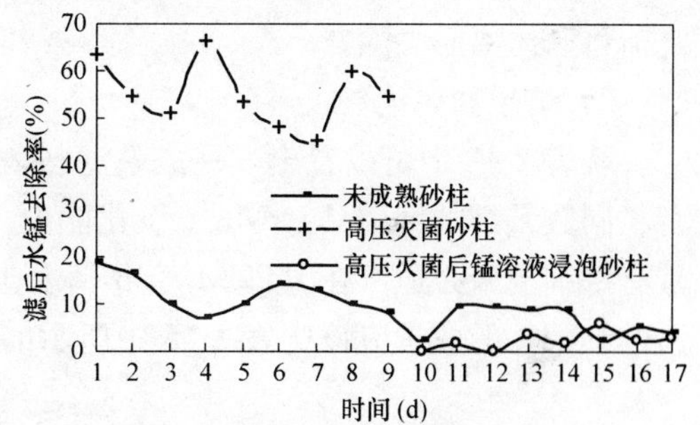

图 2-92　未成熟砂柱和其灭菌砂柱出水 Mn 去除率变化曲线

从图 2-91 和图 2-92 中可以明显看出，未成熟砂的高温高压灭菌样对锰的去除能力竟高于（未成熟砂）原砂样。成熟砂样和未成熟砂样都出现了除锰能力复活的同一现象，即高温高压灭菌后出现了暂时高的除锰能力。不言而喻，这种除锰能力并非生化作用，而是其他原因造成的。而经 20mg/L Mn^{2+} 溶液浸泡 60h 的高压灭菌砂样对锰的去除率则大幅度降低，全部在 10％以下。高压灭菌样经 Mn^{2+} 溶液浸泡后，使滤料表面饱和了 Mn^{2+}，因此就丧失了除锰能力。这就证实了成熟或未成熟砂样经高温高压处理后，砂样的除锰能力是吸附表面被再生的结果。

(3) 生物滤层滤料的活性分析

1) 材料和方法

滤料：未使用过的锰砂（简称生料），水厂除锰滤池中经驯化的成熟锰砂（简称熟料）水厂试验柱中驯化成熟的石英砂。

试剂：*N*,*N*,*N′N′*-四甲基对苯二胺（简称 TMPD），Aldrich 出品，AR；其他均为

国产分析纯或生物纯试剂。

细菌计数与分离：

PYCM 培养基：蛋白胨 0.8g，酵母浸膏 0.2g，$MnSO_4 \cdot H_2O$ 0.2g，K_2HPO_4 0.1g，$MnSO_4 \cdot 7H_2O$ 0.2g，$NaNO_3$ 0.2g，$CaCl_2$ 0.1g，$(NH_4)_2CO_3$ 0.1g，加水 1000mL，调节 pH6.8～7.2，固体培养基加琼脂 1.5%，湿热灭菌后使用。

取适量熟料，加无菌水充分振荡，将振荡后得到的悬浊液梯度稀释，在 25℃用 PYCM 培养基进行混合平板培养 15d。

细菌活性的判定：

刮取少量的菌落，分别用过硫酸法和 TMPD 法测定其中的锰。过硫酸法结果呈红色且 TMPD 法结果呈蓝色的菌落是具有 Mn^{2+} 氧化能力的，其他情况均表明菌落无活性。

从上述检验有活性的菌落中随机选取 5 个在 25℃用 TMPD 培养基进行摇瓶培养 7～10d，100r/min。100×g 离去培养液中的沉淀，上清液 3000×g 离心 10min，将沉淀用 10mmol/L，pH=7.0 的 Tris-HCl 缓冲液悬浮，再离心，重复两次。离心机，缓冲液均预冷至 4℃。菌体再次用同上缓冲液悬浮，调节菌浓度至 $OD_{600}=1.0$，取上述菌悬 10mL，加 $MnSO_4$ 至 20mg/L，静置 12h，用 TMPD 法测定其中的高价锰，测定吸光度之前将菌体离心去除。

2）结果和讨论

从表 2-45 中可以看出，在成熟滤料表面存在着不少于 10^5～10^6 的细菌，其中至少有相同数量级的细菌具有 Mn^{2+} 氧化能力。由于有些细菌在滤料表面吸附得较牢固，而且有些细菌未必适于在 PYCM 培养基上生长，滤料表面上细菌（包括有 Mn^{2+} 氧化能力的细菌）的数量应该比表 2-45 中所示的数量大。

熟料表面的细菌数*　　**表 2-45**

滤料来源	总菌数（个/mL 湿砂）	具有锰氧化能力的细菌数（个/mL 湿砂）
成熟石英砂滤柱	6.2×10^5	2.5×10^5
运行良好的锰砂滤池	5.5×10^6	2.8×10^6

* 指能在 PYCM 培养基上生长的细菌。

判断细菌是否有氧化能力时发现，棕色的菌落无一例外都具有 Mn^{2+} 氧化能力，而其他颜色的菌落（白色、黄色、红色）都不具有 Mn^{2+} 氧化能力。这种棕色物质是锰的高价氧化物。摇瓶培养得到的细菌的活性测定结果见表 2-46。

棕色菌落菌悬液活性　　**表 2-46**

菌株编号	1#	2#	3#	4#	5#
被氧化的 Mn^{2+}（nmol/day）	140	120	80	65	70

表 2-46 所示的结果，进一步证实了形成棕色菌落的细菌具有催化 Mn^{2+} 氧化的能力。细菌的进一步纯化和活性定位正在研究之中。

（4）生物滤层中 Fe^{2+}、Mn^{2+} 氧化还原动态研究

在 pH 中性的自然条件下，Fe^{2+} 的去除机制是自催化氧化反应，生成的含水氧化

铁是 Fe^{2+} 氧化的催化剂。Mn^{2+} 的氧化是在锰氧化菌胞外酶的作用下进行的，只有在生物滤层中的微生物数量达到一定程度之上，Mn^{2+} 才能很好地被去除。但是地下水中的 Fe^{2+}、Mn^{2+} 几乎是同时存在的，为探求 Fe^{2+}、Mn^{2+} 在生物滤层中的氧化动态进行了如下试验。

1）铁锰同时去除的模拟柱试验

① 材料与方法

采用与前述试验同样的模拟柱进行铁、锰同时去除试验。试验用原水水质和分析方法亦然。

锰砂滤柱经过生物接种和 40d 以上的培养，逐渐达到了生物除铁除锰滤层的成熟阶段，在系统进入稳定运行期，向原含铁含锰地下水中加入适量的 Mn^{2+}，以提高原水 Mn^{2+} 的浓度，曝气后以 12.6m/h 的滤速通入滤柱中，每天分析进水和不同滤层深度的过滤水水质，观察铁、锰的氧化动态。

② 试验结果

连续 36d 沿滤层不同深度的滤后水铁、锰浓度和去除率的平均值分别见图 2-93 和图 2-94。

从图 2-93 和图 2-94 中显然可见：大量 Fe^{2+} 都是在滤层深度的 0～40cm 之内去除的，在表层 20cm 之内去除率就达 70%，在滤层深度的 40cm 之下，Fe^{2+} 的去除率曲线变得较平缓。而 Mn^{2+} 大部分是在滤层深度的 20～80cm 之内去除的，这充分说明 Mn^{2+} 的氧化迟后于 Fe^{2+} 的氧化，但绝不是 Fe^{2+} 氧化完了才进行 Mn^{2+} 的氧化。在生物滤层中 Fe^{2+}、Mn^{2+} 是分别按着自己的机制同时被氧化去除的。既然 Fe^{2+}、Mn^{2+} 在生物滤层中能同时被氧化去除，那么 Fe^{2+} 的氧化与 Mn^{2+} 的氧化，或者 Fe^{2+} 的氧化与除锰菌的代谢就会有着一定的关系。

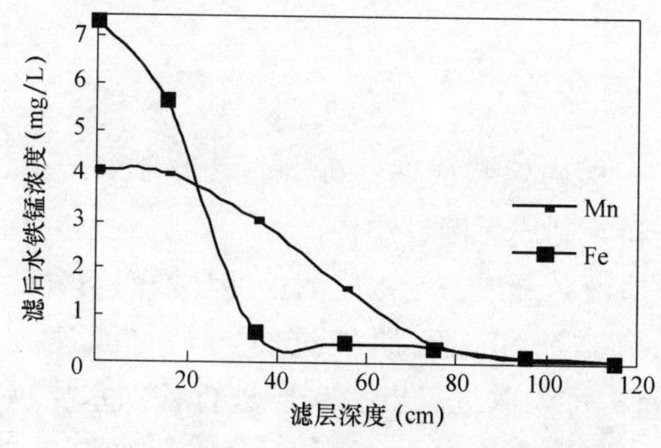

图 2-93　滤柱不同深度滤后水含铁、锰浓度

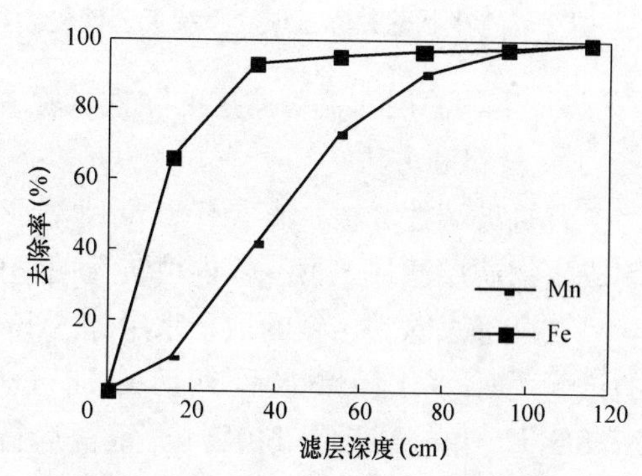

图 2-94　滤柱不同深度铁、锰去除率

2）铁锰同时去除的生产性试验

① 生产实验系统与实验方法

某经济开发区供水厂的设计规模为 $3000m^3/d$，普通快滤池的容积为 2.4m×3.6m×3m，采用跌水曝气，跌水高度为 2m，单宽流量为 $20m^3/(m \cdot h)$，滤料为马山锰砂，粒径为 0.5～1.9mm，滤层厚 900mm，其工艺流程见图 2-95，原水水质见表 2-43。

按生物滤池调试之前，该水厂已运行达半年之久，在最初的半个月内除铁除锰效果均好，但此后铁的去除仍保持良好，而除锰效果急剧恶化。于是按生物固锰除锰机理，对生产滤池进行生物接种与培养，进行生物滤层除铁除锰实验，长期监测进出水水质，水质分析方法同前。

② 结果与分析

从5月份滤池接种培养开始，对滤池进出水水质进行长达9个月的检测，其结果见图2-96。从图2-96可以看出，滤池培养初期，铁的去除效果就很好，去除率在96%以上，而锰的去除率仅在10%左右，但经1个月的精心调试，由生物培养阶段逐渐达到生物滤层的成熟阶段。细菌数量由测定初期的每毫升滤砂几十个到每毫升滤砂10^5～10^6个，锰的去除效率快速增长，整个滤池以生物为主的除锰能力已经形成。滤层成熟之后出水总铁稳定在0.1mg/L之下，出水锰稳定在0.05mg/L。铁、锰在生物滤层中都得到了很好的去除。

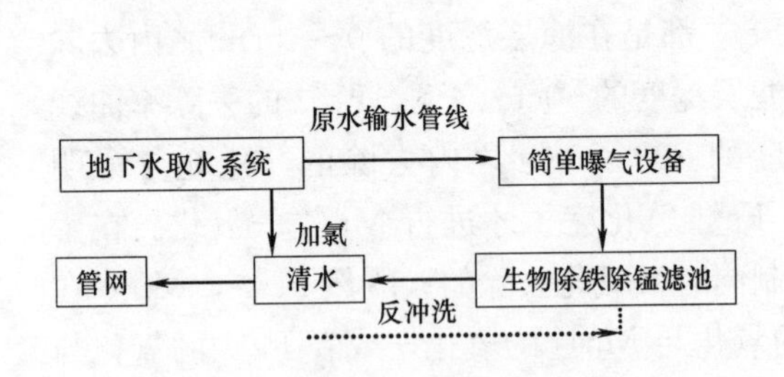

图2-95　生物除铁除锰成套系统工艺流程

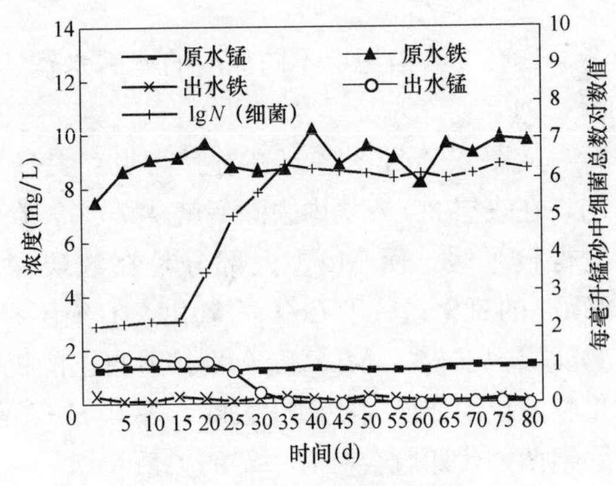

图2-96　生产滤池的成熟

3）生物滤层与无菌滤层的除铁试验

① 材料和方法

有机玻璃柱2根，直径100mm，高2m。一根内填装成熟锰砂滤料，厚1200mm，制成生物滤层滤柱，另一根内填装无菌锰砂生料，制成无菌过滤柱。

在已经去除铁、锰的地下水中加入$FeSO_4$溶液，配成一定浓度的单纯含铁而不含锰的试验用原水，经跌水曝气后分别进入生物滤柱和无菌滤柱进行过滤。滤速为17.8m/h，单柱流量为140L/h。正常运行两周，每天取进、出水水样进行各项水质项目分析，观察2个滤层中铁的去除状况。

② 结果与分析

将每天的分析结果制成图2-97、图2-98。

从图2-97和图2-98中可以看出：Fe^{2+}无论是在生物滤柱中，还是在无菌滤柱中的氧化都是很稳定的。尽管进水中Fe^{2+}含量波动很大，但滤后水中Fe^{2+}含量近于痕量。但滤前水中含有的Fe^{3+}去除状况却不尽相同，如图2-98所示生物滤柱的出水总铁浓度都在0.3mg/L以下，绝大多数情况下低于0.2mg/L，相当部分达到0.1mg/L以下，这说明原水中的Fe^{3+}绝大多数能被生物滤层所捕获，从而得到总铁含量低且稳定的滤后水。这一点明显区别于无菌滤柱。在无菌滤柱中（图 2-97），滤柱对 Fe^{2+} 有很好的去除效果，而对 Fe^{3+} 的去除能力差，总有一部分 Fe^{3+} 穿透滤层而使出水总铁浓度偏高，在高滤速（v=17.8m/h）的条件下，出水总铁浓度达 0.5～0.9mg/L。

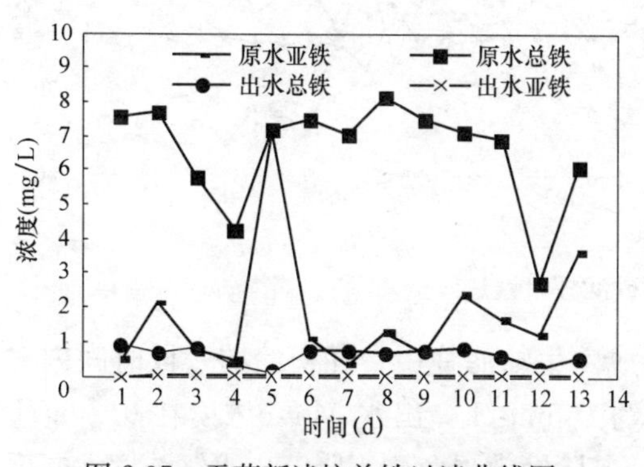

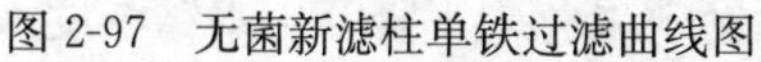
图 2-97　无菌新滤柱单铁过滤曲线图

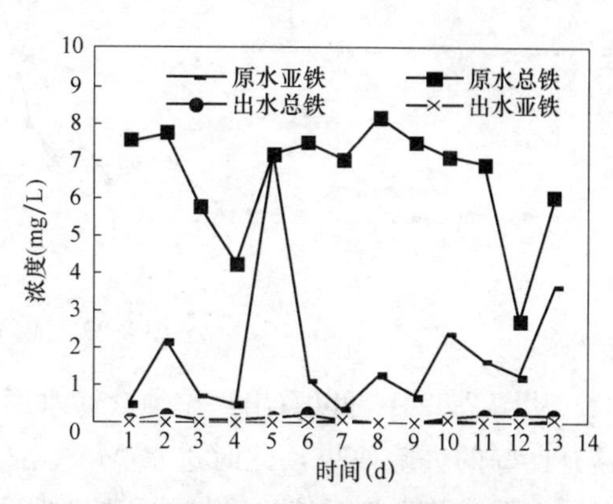

图 2-98　成熟生物滤柱单铁过滤曲线图

分析上述结果，成熟生物滤层同无菌滤层在结构和组成上存在着很大的差别。生物滤层培养完成后，在滤料表面及滤料之间的缝隙空间里存在着大量的细菌，而这些细菌同铁氧化物的胶状物质形成了实际的菌泥，类似于污水处理当中的菌胶团。在生物滤层当中，由这些物质填充了滤料之外的生物层空间，具有捕捉 Fe^{3+} 的能力，这些填充物具有很好的截污能力和透过性，并且结构形式较稳定。而无菌滤层就不具备这样的特点，滤料表面形成的含水氧化铁的活性滤膜能很好地吸附水中的 Fe^{2+}，并在其表面氧化形成新的含水氧化铁。在无菌滤层当中形成的铁氧化物胶体对水的透过性较差，若滤层剩余空间全部让这些胶体填塞，那么该滤层虽然有较好的截污能力，但是相对而言滤层的透水性可能也几乎完全丧失，同时单纯由铁氧化物胶体所形成的絮状物结构稳定性极差，极易在水流的剪切力作用下破碎为极小的胶体颗粒。在通常情况下，进滤层前就已经氧化成的 Fe^{3+} 氧化物胶体就是这样的小胶体颗粒。这种胶体颗粒极易穿透滤层的曲折空隙随水流流出而影响出水水质，所以出现上述实验现象。Fe^{2+} 是极易被水中的溶解氧所氧化的，然而生物氧化也是很容易发生的，从铁氧化细菌对铁的氧化机理上可知，铁氧化细菌是为了获取能量，那么铁在除铁除锰生物滤层中，在原水含有溶解氧的条件下是否进行了生物氧化，同时铁的存在对生物滤层的稳定是否有作用，下面的实验将得到说明。

4）单纯含锰水的生物滤层过滤实验

① 材料与方法

实验用滤柱同前。将滤层进行生物接种并培养成熟，使滤层中微生物量达 10^6 个/mL湿砂的水平。然后向滤柱通入单纯含锰而不含铁的原水，连续运行 120h 后向原水中注入 Fe^{2+} 并继续运行。在运行过程中定时取滤后水水样分析铁、锰的含量以观察铁、锰的去除动态。

② 结果与分析

试验共进行了 627h，铁、锰的去除情况见图 2-99。

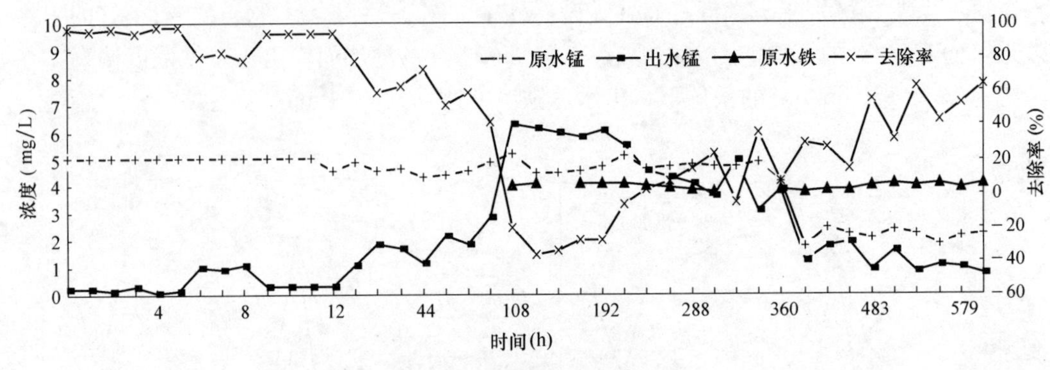

图 2-99　成熟锰砂滤柱单锰过

从图 2-99 中可以看出：单纯含锰水通入成熟生物滤柱中，在初始的一段时间内对锰有良好的去除效果，此时进水 Mn^{2+} 浓度约为 5mg/L，出水 Mn^{2+} 浓度在 0.2mg/L 以下，但成熟生物滤柱单锰过滤一段时间后，其除锰效果急剧下降，出水锰浓度大幅度上升，到 98h 时，出水锰浓度与进水锰浓度相同，到 108h 时，出水锰浓度竟然超过进水锰浓度，说明此时滤柱的除锰能力已经完全丧失。在 120h 时，开始向单纯含锰水中通入铁，结果发现漏锰现象随着原水中铁的加入又渐渐得到了改善，到 260h 时，出水锰浓度又低于进水锰浓度，说明经培养后，该滤柱的除锰能力得到了恢复。继续运行下去，在 579h 以后，锰的去除率又恢复到 63.4%，此后滤柱对锰又恢复了稳定而高效的去除效果。从这一现象可以推断，在生物除铁除锰滤层中，铁参与了生物滤层的代谢，铁虽然在无菌存在的条件下就可以完成氧化，但在生物滤层中铁的氧化与细菌的繁殖有关，并且在维持生物滤层的生态稳定上是不可缺少的。

3. 生物除铁除锰工程应用技术研究

生物固锰除锰理论挣脱了传统化学氧化思路的束缚，为生物除铁除锰工程技术的开发奠定了坚实的基础。

（1）曝气溶氧的实验研究

传统观念认为含铁含锰的地下水在过滤之前，应尽量曝气以便散除原水中的 CO_2 和尽量地多充氧。但我们的试验证明，在生物除铁除锰滤层中，过度的曝气不仅会产生很大的能量浪费，而且还有一定负面效应。

1）生物氧化除铁、除锰的需氧量

根据化学反应关系，理论上需溶解氧量可用下式表示：

$$[O_2]=0.143[Fe^{2+}]+0.29[Mn^{2+}]$$

但为了满足化学反应速率的要求，应有一定的过剩溶解氧，所以在理论需氧量基础上乘以一个过剩系数“a”。所以工程实际需氧量为：$[O_2]=a\{0.143[Fe^{2+}]+0.29[Mn^{2+}]\}$。从过去所做的实验数据得出，18℃的含铁水除铁上限只为 30ppm，饱和溶解氧量为 9.17mg/L(18℃)。反推过剩系数为 $a=9.17/(0.143\times30)=2.18$。在生物除铁除锰滤层中，$Fe^{2+}$、$Mn^{2+}$ 的氧化可在 pH 值中性偏低的条件下进行，所以不要求散失 CO_2，同时 CO_2 还是微生物繁殖代谢的碳源。生物氧化速率又几乎不受溶解氧过剩系数的影响。过剩系数 a 可取更小值，工程实际上取 1.5 足够。假设地下水含铁、锰浓度分别为 15mg/L 和 2mg/L，则氧化除铁、除锰的需氧量为：$[O]=1.5\{0.143[Fe^{2+}]+0.29[Mn^{2+}]\}=4.1$mg/L。我国含铁含锰地下水的铁、锰浓度大多数都在$[Fe^{2+}]=15$mg/L，$[Mn^{2+}]=2$mg/L 之下。实际工程上各地除铁除锰水厂如采用生物机制，那么实际所需溶解氧量是很有限的。

2）生物除铁除锰滤层需氧量的测定

采用运转一定时间但未成熟的滤料，滤池面积：2.4m×3.6m，滤层厚：1.2m，采用跌水曝气，单宽流量：20m³/(m·h)，原水跌水曝气后经配水廊道进入滤池，进水 DO 取样点是跌水井的集水渠，出水 DO 取样点是滤池放空管口，分析结果见图 2-100。

从图 2-100 可以看出，DO 在 4.5mg/L 的条件下，尽管地下水总铁平均为 8mg/L、锰平均为 1.4mg/L，仍然实现了培养全过程的顺利进行，并且经滤层过滤后的出水 DO 值在 3.0 左右下降不大。不难得出，生物除铁除锰滤层，不需要较高的 DO 值。那么在众多的充氧曝气设备中我们又怎样去选择呢?

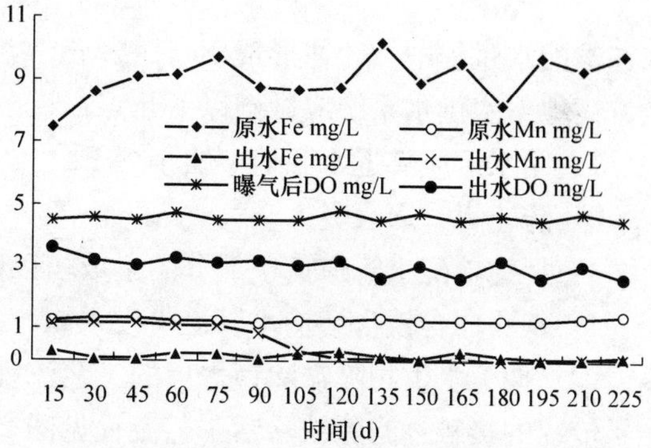

图 2-100　铁、锰去除效果与溶解氧的关系

3）曝气装置

在工程实践中，工程技术人员发明和创造了许多向地下水曝气充氧的方法和设备如：压缩空气曝气；射流泵曝气；跌水曝气；叶轮表面曝气以及各种喷淋式曝气。

各种曝气形式，按气体的传质方式可分为：气泡式、喷淋式、薄膜式和综合式。但这些都是针对于除铁、除锰的传统工艺（强曝气、大量散失水中 CO_2），以提高水的 pH 值和充氧为目的所产生的曝气技术。

从能耗上讲，能耗排序从大到小为：

射流泵曝气＞压缩空气曝气＞叶轮表面曝气＞喷淋式曝气＞跌水曝气

就生物滤层除铁除锰而言，采用简单的曝气方式完全可以满足工艺要求。

喷淋高度与曝气后水的 DO 的关系见图 2-101。跌水曝气的生产实际数据见表 2-47。

跌水曝气溶解氧实测值　　**表 2-47**

水厂编号	流量(m³/h)	跌水高度(m)	溶解氧(mg/L)		pH 值	
			跌水前	跌水后	跌水前	跌水后
1	417	0.5	—	5.4	6.2	6.2
2	417	0.87	—	5.53	6.5	6.7
3	417	0.7	0	3.6	—	—
4	417	1.3	0	4.6	—	—

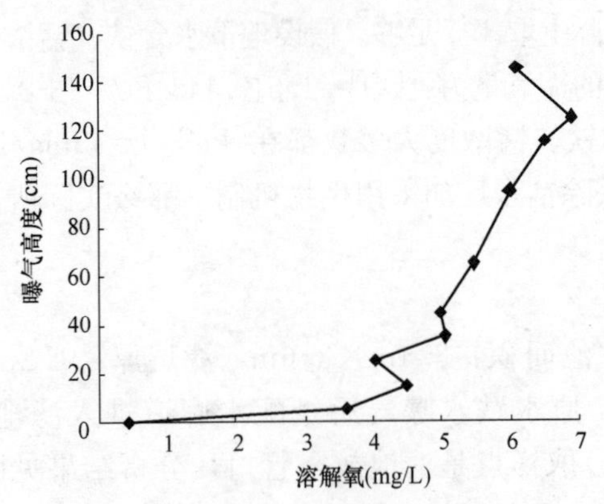

图 2-101　溶解氧与飞程关系曲线

从实测数据来看，喷淋曝气与跌水曝气在曝气高度 0.5～0.8m 条件下溶解氧值均可达到 4～5mg/L 范围，均能满足生物除铁除锰滤层的要求。

（2）含铁锰地下水供水系统的总体布局

含铁锰地下水从地下抽升上来之后，遇到空气 Fe^{2+} 就会氧化成 Fe^{3+} 而沉积下来。在一般情况下 Mn^{2+} 虽然不易氧化而以溶解态隐蔽于水中，但是若在原水中投加氯等预氧化剂又遇到阳光照射，Mn^{2+} 也会被催化氧化成 Mn^{4+} 而沉淀，于是含 Fe^{2+}、Mn^{2+} 水在输配水过程中，往往形成 Fe^{3+}、Mn^{4+} 沉淀而堵塞管道，降低输水能力。为此含铁、锰地下水供水系统应做到以下几点：

1）净水厂应靠近水源地，缩小含 Fe^{2+}、Mn^{2+} 地下水的输送距离。

2）防止提升水泵吸入空气。

3）杜绝输配水管道负压部分的生成，以防混入空气。

4）禁止向含铁含锰输水管道中投入氯、高锰酸钾等预氧化剂。

（3）地下水生物除铁除锰水厂的工艺流程

传统的接触过滤除铁除锰工艺流程见图 2-102。

图 2-102 的除铁除锰工艺技术能较好去除原水中的铁，出水总铁也能达到饮水标准，但锰基本上不能去除，有的水厂仅有 10%～20%的去除率。

基于生物固锰除锰机理开发的生物除铁除锰工艺流程见图 2-103。

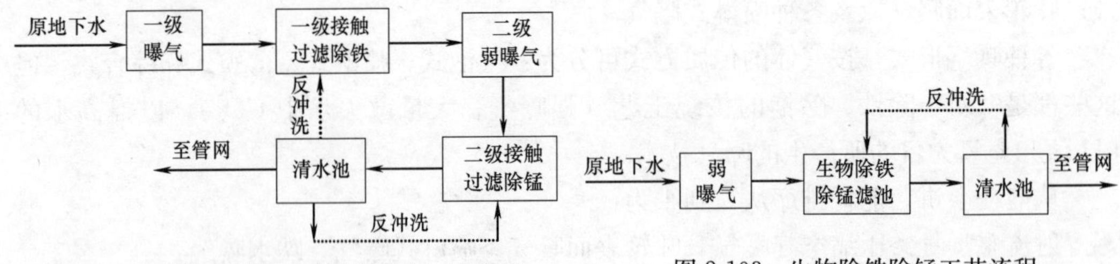

图 2-102　传统的接触过滤除铁除锰工艺流程

图 2-103　生物除铁除锰工艺流程

该标准流程的主要特征：

1）采用生物滤池。菌种的采集、接种和培养是生物除铁除锰滤池投入正常运行的关键。滤池和滤层结构适应生物的代谢和增殖。

2）简化二级过滤流程为一级过滤流程，Fe^{2+}、Mn^{2+} 可在同一滤层中去除。

3）采用跌水等弱曝气装置。该流程中曝气只是为了充氧，跌水高度和单宽流量的设定以达到 Fe^{2+}、Mn^{2+} 氧化的当量为限。就绝大多数地区的含铁含锰地下水而言，含铁量在 20mg/L 之下，含锰量不超过 2mg/L，溶解氧只需 4～5mg/L 左右。过强的曝气不但徒劳耗能，同时会使更多的铁在进入滤层之前氧化成 Fe^{3+} 的微小颗粒穿透滤层对除铁不利。

4）为了使曝气水能尽快进入滤层，减少 Fe^{3+} 的生成，曝气装置应尽量靠近滤池，缩短 Fe^{2+} 的初始氧化时间。

该流程能使原水中铁和锰去除的很彻底，出厂水中锰含量可达 0.05mg/L 之下，总铁小于 0.1mg/L。

（4）生物除铁除锰水厂的运行

1）生物滤池的接种与培养

菌种选用当地含铁含锰地下水中以锰氧化菌为主的微生物自然菌群。经纯化和扩增后接种于滤层中。然后进行动态培养，培养期采用低滤速、长过滤周期和弱反冲洗强度，以不产生滤层板结为限。

2）滤速

生物滤池正常运行滤速以 5～7m/h 为限，过高的滤速会缩短工作周期，导致反冲洗频繁和生物量的流失。

3）反冲洗与过滤周期

生物滤层的反冲洗操作，不追求洗净滤层中和滤料表面的全部铁泥，只要求降低滤层阻力，防止滤层板结，维持过滤的正常进行。所以反冲洗强度降至12～15L/(s·m^2)，弱于接触氧化除铁滤池，生物滤池的过滤周期应在 24～72h 之间，长于除铁滤池，以保持滤层中的生物量。

4. 生物除铁除锰技术的实践

沈阳市西南部张士开发区是沈阳市经济发展的重要区域。1989 年建区以来采用该区地下水为水源。原水中含铁 0.3mg/L，锰 2～3mg/L。严重阻碍了电子、精细化工、食品工业的发展。为此笔者以生物固锰除锰理论为基础，主持设计了生物除铁除锰水厂。设计规模 120000m^3/d 。一期工程 60000m^3/d 于 2001 年上半年竣工投产。2001 年 9 月 15 日，滤池正式接种，单池接种种泥量为 2400L。采取低滤速，弱反冲洗强度，通过适当的控制运行，使大量与锰氧化有关的细菌进入滤池内部，进行生物滤层的人工培养。原水水质变化幅度较大，进水锰含量最低为 0.575mg/L，最高为 3.05mg/L。进水铁含量最低为 0.01mg/L，最高为 0.5mg/L。运行初期出水中锰含量严重超标。随着滤层中生物量的增加与生物活性的增强，出水水质有了明显的改善，至 9 月 25 日，滤池除锰能力开始出现，两个月以后出水锰含量已降至 0.12mg/L，此时滤池已经成熟但运行并不稳定，出水水质仍有小幅度的波动。三个月以后出水中锰的浓度小于 0.05mg/L，完全达标且运行稳定。2002 年长期运行的滤池各月出水水质平均值见表 2-48。

2002 年生物除铁除锰滤池稳定运行数据　　表 2-48

月份	原水		1# 滤池		2# 滤池	
	T-Fe (mg/L)	Mn (mg/L)	T-Fe (mg/L)	Mn (mg/L)	T-Fe (mg/L)	Mn (mg/L)
1	0.515	1.402	0.055	0.074	痕量	0.010
2	0.082	1.532	痕量	0.046	痕量	0.010
3	0.110	1.214	痕量	0.070	痕量	0.010
4	0.064	1.631	痕量	0.081	痕量	0.007

续表

月份	原水		1#滤池		2#滤池	
	T-Fe (mg/L)	Mn (mg/L)	T-Fe (mg/L)	Mn (mg/L)	T-Fe(mg/L)	Mn(mg/L)
5	0.093	0.849	痕量	0.021	痕量	0.042
6	0.167	2.375	痕量	0.079	痕量	0.022
7	0.198	1.721	痕量	0.060	痕量	0.040
8	0.082	1.683	痕量	0.055	痕量	0.028
9	0.071	1.192	痕量	0.050	痕量	0.010
10	0.058	1.337	痕量	0.050	痕量	0.021
11	0.067	1.363	痕量	0.045	痕量	0.021
12	0.074	1.123	痕量	0.046	痕量	0.014

从表2-48中可见滤池总铁为痕量，$Mn^{2+}<0.05mg/L$远远优于国家标准。该厂出水常年良好稳定，满足了高新产业优良用水之需。完成了生物除铁除锰技术的实践，证实了生物固锰除锰理论。

5. 结论

经长期科研攻关和工程实践，确立了含铁含锰地下水的生物固锰除锰机理和生物除铁除锰工程技术。

(1) pH中性的地下水中，溶解态Mn^{2+}不能通过化学接触氧化而去除，只有在生物除铁除锰滤层中以Mn^{2+}氧化菌为主的生物群系增殖并达到$n\times10^6$个/(mL湿砂)以上的数量时，在除锰菌胞外酶的催化作用下，才能氧化成Mn^{4+}截留于滤层中或沉积粘附到滤料表面而去除。

(2) 在生物滤层的滤料表面存在着一个复杂的微生物群落，其中有大量具有Fe^{2+}、Mn^{2+}氧化能力的细菌。这个复杂的微生物群落的存在与稳定对于滤料除锰活性是至关重要的。它需要各种运行条件来维系。

(3) 水中Fe^{2+}虽然很容易被溶解氧所氧化，但在生物滤层中，在大量锰氧化菌存在的条件下，铁参与了锰氧化菌的代谢。所以Fe^{2+}、Mn^{2+}可以在同一生物滤层中共同去除。同时，生物滤层对进入滤层前已氧化成Fe^{3+}的胶体颗粒也有很好的截留作用。

(4) Fe^{2+}是维系生物滤层中微生物群系平衡与稳定的不可缺少的至关重要因素。若只含锰不含铁的原水长期进入生物滤层，就会破坏生物群系的平衡，滤层的除锰活性也就随之削弱而最终丧失。

(5) 弱曝气生物接触过滤应确立为生物除铁除锰水厂的标准流程。该流程简洁，节省了二级曝气池和二级滤池，并获得同时去除铁、锰的良好效果。

(6) 除铁除锰水厂在运行中采用适当的运行参数维持生物滤层中微生物的平衡与稳定是保证出水水质的关键因素。

参考文献：

1. 李圭白. 地下水除铁除锰的若干新发展. 给水排水，1983. 3.

2. 范懋功. 地下水接触氧化除铁除锰中催化剂的形态. 中国给水排水，1985. 3.
3. 高井雄. 用水の除铁除マンかン处理. 用水と废水，24 (2)～27 (12).
4. 中国市政工程东北设计院等. 生物固锰除锰技术研究技术报告，1986. 7.
5. 高井雄. 接触酸化による新しい除铁法. 水道协会志，1967，394～396.
6. 高井雄. 接触酸化除铁の机构に关すゐ研究. 水道协会志，1973，1465.
7. 后藤克己. 空气酸化にとゐの除铁に及ば. 酸の妨害作用につひて. 水处理技术，1980，21 (2).
8. 丰田富士雄. 盐分浓度の高い地下水に对すゐ接触万过除铁法. 工业用水，1968，116.
9. 田和夫. 着色地下水中の第1铁とその除法. 水道协会志. 1970，435.
10. 张杰，杨宏等. 生物固锰除锰技术的确立. 给水排水，1996，22 (11)：5～11.
11. 张杰，戴镇生. 地下水除铁除锰现代观. 给水排水，1996，22 (11)：13～18.
12. 高井雄. 用水の除铁除マンかン处理. (17～19) 用水と废水，26 (7)～27 (3～5).
13. 中西弘. 接触酸化によるマンかン除去の研究. 水道协会志，388.
14. 中国市政工程东北设计研究院.《生物固锰除锰技术》研究技术报告. 吉林大学，1996. 5.
15. 李圭白，刘超. 地下水除铁除锰 (第二版). 北京：中国建筑工业出版社，1989.
16. 高井雄. 用水の除铁除マンかン处理 (1～22). 用水と废水，1982，24 (2)～1985，27 (12).
17. Vandenabeele J. D. de Beer. et al，Manganese Oxidation by Microbial Consortia from Sand filters：Microb Ecol.，1992，24：91～108.
18. Seppanen HT. Experience of Biological Iron and Manganese Removal in Finland JIWEM，1992，6：333～341.
19. 范懋功. 地下水除铁除锰技术的新发展. 中国给水排水. 1991，3 (3).
20. 张杰，杨宏，徐爱军，等. Mn^{2+} 氧化细菌的微生物学研究 [J]. 给水排水，1997，23 (1)：19～23.
21. 张杰，戴镇生. 强氧化剂除锰原理应用 [J]. 给水排水，1997，23 (3)：16～20.
22. 国家环境保护局. 水和废水监测分析方法. 北京：中国环境科学出版社，1988，381～389.
23. 李冬. 生物除铁除锰理论与工程应用技术研究. 学位论文. 北京：北京工业大学，2004.
24. 李冬，杨宏，张杰. 生物滤层同时去除水中铁、锰离子研究 [J]. 中国给水排水，2001，17 (8)：1～5.
25. 张杰，杨宏，李冬. 生物滤层中 Fe^{2+} 的作用及对除锰的影响 [J]. 中国给水排水，2001，17 (9)：14～16.
26. 国家环保总局. 水和废水监测分析方法 [M]. 北京：中国环境科学出版社，1988，381～389.
27. 高洁，刘志雄，李碧清. 生物除铁除锰水厂的工艺设计与运行效果 [J]. 给水排水，2003，29 (11)：26～28.
28. 薛罡. 地下水生物法除铁除锰及优质饮用水净化理论及应用 [D]. 哈尔滨：哈尔滨工业大学，2001.
29. MURDOCH F，SM ITH P G. Interaction of a manganese-oxidizing bacterium as part of a biofilm growing on distribution pipe meterials [J]. Wat Sci & Tech，2000，(11)：295～300.
30. 张锡辉. 高等环境化学与微生物学原理及应用 [M]. 北京：化学工业出版社，2001，188～189.
31. 国家环保总局. 水和废水分析方法 (第三版) [M]. 北京：中国环境科学出版社，1989，180～182，187～188.
32. Piere Mouchet. From Conventional to Biological Removal of Iron and Manganese in France [J]. J. AWWA，1992，(4).
33. 高井雄. 用水の除铁除锰处理 (1～22) [J]. 用水と废水，1993，24 (2)：3～10.

34. TERAUCHI N，OHTANI T，YAMANAKA K，et al. Studies on biological filter for musty odor removal in drinking water treatment process [J]. Wat Sci Tech，1995，31（11）：229～235.
35. HEDBERG T，WAHLBERG T A. Upgrading of waterworks with a new biooxidation process for removal of manganese and iron [J]. Wat Sci Tech，1998，37（9）：128～126.
36. 杨宏，李冬，张杰. 生物固锰除锰机理与生物除铁除锰技术 [J]. 中国给水排水，2003，19（6）：1～5.
37. Ghiorse WC，Biology of Iron- and Manganese-Depositing Bacteria. Ann. Rev. Micribiol，1984，38：515～550.
38. Buchanan RE，Gibbons NE. Bergey's Mannual of Determinative Bacteriology（8th ed.）. Williams Wilkins，Baltimore，1974，68.
39. Corstjens PLAM. Bacterial Oxidation of Iron and Manganese a molecular-biological approach. PhD thesis. Leiden univ. Netherland，1993.
40. de Vrind-de Jong E W，Covstiens P L A M，et al. Oxidation of Manganese and Iron by Leptothrix discophora. Appl Environ Microbiol，1990，56：3458～3463.
41. Hanert H H. A Handbook on Habitats，Isolation，and Identification of Bacteria，The Prokaryote. New York：Spriger，1981，1：1049～1059.
42. Chiorse W C. Biology of Iron and Manganese Depositing Bacteria. Ann Rev Microbiol，1984，38：515～550.
43. 刘德明，徐爱军，李惟等. 鞍山市大赵台地下水除铁除锰试验研究. 中国给水排水，1990，6（4）：42～49.
44. 朴真三，李惟，刘德明等. 鞘铁菌固锰的生化分析. 吉林大学自然科学学报，1991，（3）：107～110.
45. 翁酥颖，戚蓓静，史家琛，等编著环境微生物学. 北京：科学出版社，1985，69～ 81.
46. De Vrind-de Jong E W，De Vrind J P M，Boogerd F C，et al. In：Crick R E（ed.），Origin，Evolution and Modern Aspects of Biomineralization in Plants and Animols，1990，489～496.
47. 2000 年中国水资源公报. 中国水利报，2000，9（2）.
48. 刘超. 含铁锰较高地下水处理的几个问题. 给水排水，1982，8（2）：21～25.
49. 李圭白. 地下水除铁除锰学术论文集. 全国地下水除铁除锰学术研究会，1992.
50. 国外环境标准选编. 吉林省图书馆. 中国标准出版社，1984，55～56.
51. Pierre Mouchet，From Conventional to Biological Removal of Iron and Manganese in France，AWWA，1992，84（4）：158～167.
52. Rock . Formation of haloforms during chorination of natural waters. Water Treat. Exam，1974，（23）：234～243.

第3章

好气滤池与污水深度处理

在污水深度处理流程中，工程师们往往模拟给水净化的“老三段”流程，即混凝—澄清—过滤来去除二级处理水中的细微活性污泥碎片。在除去了悬浮杂质、浊度的同时，与自然地面水净化一样，也降低了粘附在悬浮颗粒中的有机物和各种有害成分的含量，从而提高了净化水水质，达到了各种用途的再生水标准。其中的关键构筑物是以物理截滤为机制的过滤池。笔者在污水深度处理实践中发现了二级处理水经普通快滤池过滤后，不仅去除了以活性污泥碎片为主体的悬浮固体颗粒，同时 $SCOD_{Cr}$ 值也有所降低。推想在滤层中也进行了生化反应，于是为强化这种生物净化作用，在污水深度处理工程设计中试探着在滤池滤层底部布置曝气系统，以便在过滤过程中不断向滤层曝气，使滤层成为好氧过滤空间，促进好氧微生物在滤料表面、滤层空隙之中的大量繁殖，以此强化对低浓度难降解有机物的氧化去除。投产运行后，确有效果。由此，将有曝气系统的普通快滤池称之为好气滤池。

好气滤池是给水净化快滤池、污水处理生物膜技术在污水深度处理领域应用发展的产物。因其滤料表面披有生物膜，也有称之为生物膜过滤池和生物快滤池的。本章中统一称之为好气滤池。物理截滤是其功能之本，生化效应是其功能的发展。这一点上它与欧洲引进的曝气生物滤池（Biological aerated filters）虽有异曲同工之妙，但也有明显的区别。曝气生物滤池在滤层结构上更似具有曝气系统的生物滤池反应器；好气滤池是由普通快滤池发展而来。污水二级处理中不但含有相当的悬浮物质颗粒，同时也含有相当浓度的溶解性有机物质。如果给滤池的滤层提供一定的好气条件，好氧微生物自然会代谢繁殖，并积累于滤料颗粒表面和滤层之中。那么普通的过滤池在好氧条件下通过含有一定有机基质（比如 BOD=20mg/L）污水的二级处理水，就可以实现同时去除颗粒杂质和溶解性有机物质，起到了一石二鸟的作用，由此诞生了好气滤池。它的生化作用和生物膜反应器——滴滤池、高负荷生物滤池、生物转盘、曝气生物滤池的生化反应机制是一致的。都是以固定在载体表面上的生物膜来净化污水的，它是固定生物膜反应器与给水净化的结合。好气滤池不同于生物滤池，具有鲜明去除悬浮颗粒和除浊的作用，他的主要功能是滤池，但同时也能降解溶解性有机物质，也有别于普通快滤池，它是在污水深度处理技术发展中产生的。在污水处理、再生流程中被置于深度处理的位置上。是污水深度处理工艺中的新星。为明晰好气滤池的生化反应机制和适宜的设计与运行工况，组织研究生和工程技术人员先后在大连开发区第二污水厂、深圳经济特区滨河污水厂、保定污水厂和哈尔滨文昌污水处理厂进行了装置和生产性试验研究，取得了颇丰的数据和成果。本章将介绍好气滤池的产生和极具特性的研究。

3.1 好气滤池的功能研究

3.1.1 污水深度处理中快滤池的生物作用[1]

在污水深度处理技术中，快滤池是最普遍应用的一种技术，它可以去除水中的悬浮类和胶体类杂质，进一步降低污水中的SS、COD、BOD等指标。传统观点认为，快滤池去除悬浮类和胶体类粒子的机理是基于快滤池的物理化学作用，即认为在层流状态下，悬浮类和胶体类粒子在惯性、沉淀、扩散、直接截留和水动力等作用下，沉积在滤层中，然后依靠反冲洗作用流出滤池，从而实现了与污水的分离，最终使污水得到净化。

事实上，污水厂二级处理一般采用生物法，因此二级出水中含有大量的微生物，细菌总数一般有10^4～10^7/mL之多。如果不采用滤前加氯，在后续深度处理中快滤池的滤层内便会生长大量微生物，这些微生物会以污水中的有机物为碳源进行新陈代谢活动，从而使污水中的有机物含量降低，提高了COD或BOD等有机物指标的去除效果，使滤池表现出一定的生物作用。本文对用于污水深度处理的快滤池的生物作用进行了验证。

1. 试验装置与试验方法

(1) 试验装置

试验采用两个内径282mm的有机玻璃柱作为快滤池的试验柱，柱高3800mm，沿柱不同高度设7个取样孔。柱内装粒径2～4mm的页岩陶粒滤料，滤料层高2300mm。承托层采用400mm厚的卵石。两个柱子分别称作1#柱和2#柱。

(2) 分析项目及方法

试验过程中对两柱进出水的COD、溶解性COD（SCOD）和NH_3-N等与生物作用有关的指标进行测定。其中COD和SCOD采用HACH-COD测定仪。NH_3-N采用纳氏试剂比色法。另外还对2#柱内滤料表面的生物量和生物活性进行测定。生物量测定过程如下，在滤柱内取少量滤料用蒸馏水冲洗数遍，然后在105℃下烘24h，冷却后称重，再在550℃下烘2h，冷却后再称重。用两次称重之差来表示滤料上生物量的多少。生物活性的测定过程如下，量取适量冲洗过的滤料放在BOD培养瓶内，加满用纱布过滤后的二级出水，然后在摇床上中速震荡培养5h，同时做空白对照。通过培养过程中BOD培养瓶内溶解氧的变化量来反映滤料上的生物活性。

(3) 试验过程

为了验证滤池的生物作用，采用对比试验的方法。试验在华北某污水厂进行，两柱均直接采用污水厂二沉池出水作为进水。对比试验前一天，用浓度为200mg/L的$HgCl_2$溶液浸泡1#柱12h，以杀死滤柱中的微生物。试验过程中在1#柱进水中加入100mg/L $HgCl_2$作为抑制剂来抑制微生物的生长。在3.2、6.4、9.6、12.8m/h 4个不

[1] 本文成稿于2003年，作者：曹相生、孟雪征、张杰。

同流速下对两个柱子进行对比试验。采用下向流恒滤速变水位过滤，气水反冲洗，反冲洗周期48h。试验期间进水水温为25～28℃，在试验过程中测定2个滤柱进出水的COD、SCOD和NH_3-N等与生物作用相关的指标。对2#柱滤料表面生物量和生物活性进行分析，同时对滤层内污泥进行镜检和显微摄影，对滤料上的微生物做扫描电镜分析。

2. 试验结果与分析

(1) 两柱对有机物和NH_3-N的去除

试验过程中发现，随着滤速的提高，两个柱子对COD、SCOD和NH_3-N三个指标的去除率略有下降。但在不同滤速下，2#柱对这3个指标的去除率均高于1#柱。表3-1给出了2个柱子在试验期间对3个指标的平均去除情况。

1#柱在进水中加入了100mg/L的$HgCl_2$用以抑制微生物的生长，因此滤柱内不存在活性微生物，可以认为1#柱仅有物化截留作用。从表3-1中可以看出，1#柱的COD出水为40.1mg/L，去除率为9.1%，2#柱的COD出水为32.0mg/L，去除率达到了27.4%。两柱对COD去除效果的差异可以认为是2#柱内微生物作用所致。

为了进一步确定2#柱存在微生物作用，对两柱进出水的SCOD进行了化验。SCOD是指用0.45μm的滤膜过滤水样后测得的COD值，它可以反映水中溶解性有机物的含量，由于单纯物化过滤对溶解性物质基本上没有去除作用，因此SCOD的去除可以认为是生物作用所致。从表3-1可以看出，1#柱的SCOD去除率仅有2.4%，可以认为对SCOD没有去除作用。2#柱的SCOD去除率达到了11.0%。这说明，2#柱内确实存在可降解有机物的微生物，这些微生物的代谢作用使滤柱出水SCOD降低。

两柱对有机物及NH_3-N的去除情况比较 **表3-1**

指　标	进水(mg/L)	1#柱		2#柱	
		出水(mg/L)	去除率(%)	出水(mg/L)	去除率(%)
COD	44.1	40.1	9.1	32.0	27.4
SCOD	29.3	28.6	2.4	26.1	11.0
NH_3-N	4.8	4.6	4.1	4.3	10.4

表3-1的数据说明，1#柱对NH_3-N基本上没有去除作用，2#柱NH_3-N的去除率达到了10.4%。NH_3-N的去除主要依赖于硝化菌将其氧化为硝态氮或亚硝态氮，或者在其他细菌的作用下直接转变成N_2。2#柱对NH_3-N表现出一定的去除率可以说明滤柱内有此类细菌存在。

滤层内微生物的代谢活动，会引起滤层内溶解氧的变化。试验过程中对不同深度滤层的溶解氧进行了测定。测定结果见图3-1。图3-1中横坐标以滤料层上表面处为0点，2.4m处是滤柱的承托层。

图3-1表明，沿着水流方向，随着滤层深度的增加，溶解氧逐渐降低。除了在滤层上部有一段好氧区外，其余部分呈缺氧或厌氧状态。这说明在滤层上部，靠近进水端，由于滤柱进水带入的氧气，可以使这一部分滤层存在好氧微生物。但由于滤柱进水携带的氧气有限，水中的氧气很快被微生物耗尽，因此在滤层的中下部，随着溶解氧的逐渐

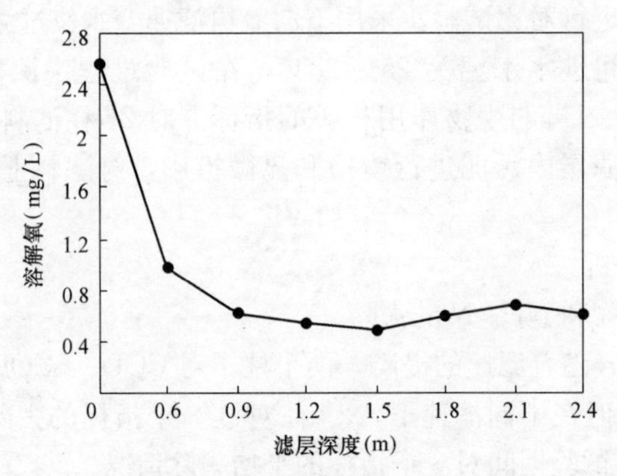

图 3-1　快滤池不同深度滤层的溶解氧

降低，兼性或厌氧微生物会逐渐取代好氧微生物，成为优势微生物。

（2）快滤池的生物学分析

在 2# 柱运行 2 个多月后，在滤层不同高度分取少量陶粒，用蒸馏水清洗数遍，洗净表面粘附的污泥，然后进行生物量和生物活性测定。测定结果见图 3-2。

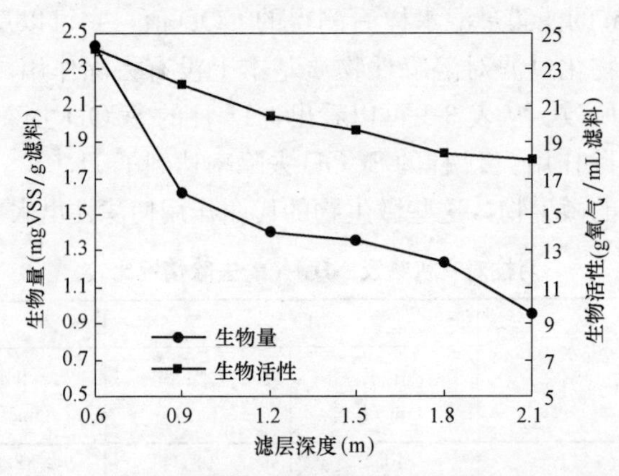

图 3-2　快滤池不同滤层深度滤料上生物量和生物活性

从图 3-2 可以看出，2# 柱内滤料上确实存在有一定量的微生物。而且沿着水流方向，滤料表面的生物量呈下降趋势。生物活性也随之下降。这是因为，沿着水流方向，由于滤柱的物化截留和一定的生物作用，水中微生物可利用的有机物数量逐渐降低，相应的生物量也会随之降低；由于生物活性试验是在好氧条件下测定的，因此，与滤柱上部进水处的好氧微生物相比，滤柱中下部的兼性和厌氧微生物在试验中会受到好氧条件的限制，因此表现出沿水流方向，滤柱内生物活性逐渐降低。

通过对滤料的扫描电镜分析，发现滤料上的细菌主要以菌胶团的形式存在，这些菌胶团也存在于滤料上的孔洞内。滤料表面并没有完全被生物膜覆盖，一部分是裸露的。图 3-3 是 2# 柱滤料上微生物的扫描电镜照片。

试验中发现，在滤池反冲洗后，滤层内仍存在有少部分褐色污泥。镜检发现，这些污泥中有一部分菌胶团存在，并且存在一些种类的原生动物，如游扑虫、钟虫等。污泥中的这部分菌胶团和原生动物也会起到一定的生物作用。图 3-4 是 2# 柱滤层内污泥中

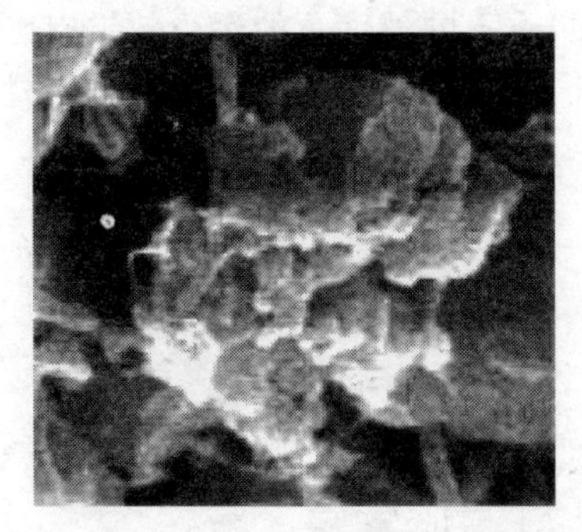

图 3-3　2# 柱滤料上生物膜的扫描电镜照片（×2830）

图 3-4　2# 柱滤层内污泥中的菌胶团显微摄影照片（×90）

菌胶团的显微摄影照片。

3. 结论

根据以上对试验数据的分析和讨论，可以得出以下结论。

（1）由于污水二级处理水中还含有一部分可生物降解的有机物以及氮、磷等营养物质，为适应这种营养条件的微生物的生长创造了条件，从而使后续深度处理中的快滤池具有一定的生物作用。

（2）快滤池内的微生物以滤料上的生物膜和滤层中活性污泥的形式存在。

（3）滤层上部靠近进水处以好氧微生物为主，滤层中下部以兼性和厌氧微生物为主。沿着水流方向生物量逐渐降低，生物作用也随之减弱。

3.1.2　好气过滤技术净化污水厂二级出水❶

将污水回用于城市景观水体是根据缺水城市对娱乐性环境的需要而发展起来的一种污水回用方式，但到目前为止只有少数发达国家进行了这方面的研究并提出了相应的标准。为此，笔者进行了用好气过滤技术对污水进行再生、出水回用于城市景观水体的研究，并同普通石英砂过滤进行了对比。

1. 试验装置与方法

原水为大连开发区水质净化二厂的二沉池出水，其水质见表 3-2。

试验原水水质　　　　**表 3-2**

项目	COD(mg/L)	BOD_5(mg/L)	浊度(NTU)	NH_3-N(mg/L)	细菌(个/mL)	大肠杆菌(个/L)
平均值	77.8	19.1	9.0	29.8	63150	13690

试验装置见图 3-5。原水由水泵提升到高位水箱后经管道自流进入各滤柱。好气滤柱的填料为坚硬、多孔、比表面积大的火山烧结石，采用上向流方式，空压机曝气，空气由柱底进入并通过穿孔管进行布气，普通石英砂滤柱采用下向流方式，两滤柱均采用气水联合反冲洗。好气滤柱的有关参数见表 3-3。好气滤柱采用自然法挂膜，大约 20d

❶ 本文成稿于 2002 年，作者：丛广治、白宇、张杰。

可挂膜成功。试验主要考察不同水力负荷和冬、夏两季不同温度下的运行效果以确定最佳运行工况和参数。

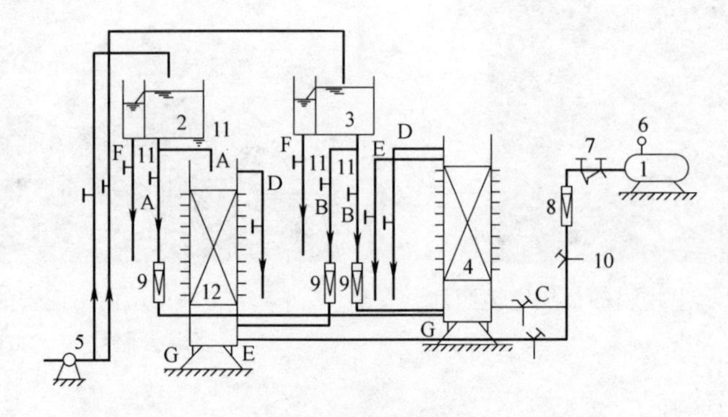

图 3-5 试验装置流程

1—空压机；2—高位水箱；3—高位水箱（反冲洗）；4—生物滤柱；5—提升泵；6—压力表；7—减压阀；8—气体流量计；9—转子流量计；10—排气阀；11—阀门；12—砂滤柱；A—进水管；B—清洗进水管；C—进气管；D—清洗出水管；E—出水管；F—溢流管；G—放空管

生物滤柱参数 **表 3-3**

滤柱高度(mm)	3000	滤速(m/h)	3～10
滤柱直径(mm)	200	气水比	3∶1
承托层厚度(mm)	200	水冲强度(L/(m^2·s))	3～8
承托层粒径(mm)	4～10	气冲强度(L/(m^2·s))	13～17
填料高度(mm)	1800	冲洗周期(d)	1
填料粒径(mm)	3～8	冲洗时间(min)	10～15

2. 结果与分析

(1) 两种滤柱去除效果的比较

好气滤柱因在滤料表面披覆一层生物膜，在这里也称为生物滤柱。

生物滤柱和石英砂滤柱对污染物的去除情况见表 3-4。

两种滤柱去除效果的比较 **表 3-4**

项目		冬季		夏季	
		生物滤池	石英砂滤池	生物滤池	石英砂滤池
COD	进水(mg/L)	100.2		68.4	
	出水(mg/L)	61.4	77.2	46.9	56.7
	去除率(%)	39	23	31	17
BOD_5	进水(mg/L)	26.8		14.8	
	出水(mg/L)	12.1	18.2	4.4	7.5
	去除率(%)	55	32	70	49

续表

项目		冬季		夏季	
		生物滤池	石英砂滤池	生物滤池	石英砂滤池
浊度	进水(mg/L)	10.8		8	
	出水(mg/L)	5.7	7.2	2.4	5.2
	去除率(%)	47	33	70	35
NH_3-N	进水(mg/L)			8.4	
	出水(mg/L)			6.3	8.2
	去除率(%)			25	2

由表3-4可知，无论是冬季还是夏季生物滤柱的净化效果均优于普通石英砂滤柱，这是因为普通石英砂滤柱主要借助滤料表面的粘附作用以及滤料空隙的机械截留作用对原水进行净化，而生物滤柱因采用火山烧结石作为滤料并进行曝气（溶解氧充足）而有利于微生物的生长，微生物能使水中胶粒的Zeta电位降低而导致部分胶粒脱稳并形成较大的颗粒，同时由微生物细胞分泌物所形成的胞外多聚物也使滤料对悬浮物质的吸附作用得到了加强，滤料表面的生物还具有较强的氧化降解能力，其可对污水中的有机物进行快速氧化。因此，生物滤柱对水中污染物的去除是吸附、过滤和生物氧化共同作用的结果。

（2）温度、进水COD浓度对处理效果的影响

由表3-4可知，生物滤柱在夏季对BOD_5、NH_3-N和浊度的去除率要比冬季时的高10%～20%，而对COD的去除情况则相反，其原因是：1）夏、冬两季滤柱的水力负荷不同。在夏季试验期间水力负荷的变化范围较大（高水力负荷时出水中的COD一直很高），而在冬季滤柱一直在低水力负荷下运行；2）进水中的COD浓度不同。试验表明，COD去除率与其进水浓度呈正相关关系，试验中冬季进水COD的平均值为100.2mg/L，而夏季进水COD的平均值仅为68.4mg/L。同时这也说明了生物膜的生长需要有足够的养料。

（3）水力负荷对好气过滤的影响

试验结果表明，滤柱对原水的净化效果与水力负荷有关（冬季表现得尤为明显）。在冬季，当水力负荷为$3m^3/(m^2 \cdot h)$时其对COD的去除率>30%，对BOD_5的去除率>50%；但当水力负荷提高到$5m^3/(m^2 \cdot h)$时其对COD的最高去除率仅为18%（平均去除率为15%），对BOD_5的最高去除率为25%（平均去除率为20%）。在夏季随着水力负荷的增加则出水COD逐渐升高、其去除率逐渐降低。但在水力负荷为3～$7m^3/(m^2 \cdot h)$时其变化对净化效果影响不大，出水均能满足GB 12941—91中的景观娱乐用水的水质要求（NH_3-N除外）。BOD_5、浊度、NH_3-N在不同水力负荷时的去除率变化趋势与COD的相似。在低水力负荷条件下水中可被微生物利用的有机物在沿水流方向上不断地被微生物分解、吸收和利用，使得大部分营养物质在滤柱的下部被去除，当其到达生物滤柱上半部分后已不能满足微生物对营养的要求，从而不能形成对有机物有较强降解能力的菌胶团。当水力负荷提高后（在单位时间进入生物滤柱的有机物增

加，水力停留时间缩短）水中更多的营养物质就能到达滤柱的上半部分，这使上半部分的微生物得到了一定程度的增殖（导致生物滤柱内的生物量增加），提高了对有机物的利用率。因此，尽管水力负荷增加、停留时间缩短，但出水仍能满足相关的水质标准要求。

当水力负荷达到 $10m^3/(m^2 \cdot h)$ 时，生物滤柱的出水已不能满足相应的水质标准要求，这是由于滤层中的微生物对有机物的去除是有一定的限度的；另一方面，水力负荷的增加也增加了生物过滤处理系统的不稳定性。因此，冬季的水力负荷采用 $3m^3/(m^2 \cdot h)$、夏季的水力负荷采用 $7m^3/(m^2 \cdot h)$ 较为适宜。

（4）生物滤柱的反冲洗

试验采用气水联合反冲洗，在强大的气流和水流所形成的剪切力作用下生物膜大量脱落，原以为反冲洗后的处理效果会很差，但试验结果表明，反冲洗 3h 后生物滤柱对浊度、BOD、COD 的去除率就恢复到正常水平，这可能是因为生物膜本身独特的结构对流体产生的剪切力具有一定的缓冲作用，能够使生物填料表面即使在反冲洗后依然保持着一薄层、结构紧密的生物膜，它具有较高的传输效率，从而使滤柱能对水中污染物保持较高的去除率。

3. 经济分析

好气过滤工艺占地面积小，采用该工艺的污水回用厂只需在原二级处理的基础上建设好气滤池即可，且投资少、运行费用低（总成本仅为 0.30～0.40 元/m^3），其处理出水基本可满足景观水体的回用要求，非常适合在我国推广使用。

4. 结论

（1）由于微生物的作用，生物滤柱的吸附、过滤作用得到了加强，同时它还有氧化作用，这使得生物滤柱的净化效果较普通石英砂滤柱大为改善。

（2）温度对生物滤柱的处理效果有一定的影响，夏季的净化效果优于冬季。

（3）在一定的水力负荷下，COD 的去除率与其进水浓度呈正向相关性。随着水力负荷的增加，生物滤柱出水的各项检测指标值逐渐升高，去除率逐渐降低。由试验知，冬季宜采用低水力负荷 $3m^3/(m^2 \cdot h)$ 运行，夏季水力负荷采用 $7m^3/(m^2 \cdot h)$ 比较适宜。

（4）反冲洗对生物滤柱处理效果的影响并不大，生物滤柱在反冲洗后很快便可恢复正常运行。

（5）好气过滤工艺的出水可回用于城市景观水体，其可选择在原有的二级污水处理厂后续建，从而大大节省了基建投资和运行费用，值得大力推广。

3.1.3 提高再生水有机碳去除效率的试验研究[1]

好气滤池集生物膜的强生物氧化降解能力和滤层物理截留效能于一体，具有高效、低耗的特点，凭借这一优势，好气滤池已逐步成为污水再生的主导工艺。然而以微生物代谢产物及少量的残留有机物为主要组分的城市二级处理水中的有机碳，以其浓度低、

[1] 本文成稿于 2003 年，作者：张杰、陈秀荣、冀滨弘、刘惠和。

难降解的特点，已成为干扰污水高效再生的一大难题。随着对再生水水质要求的日益提高，对二级处理水中有机碳的深度去除已逐步受到重视。本试验即从好气滤池的不同池型及运行条件等角度出发，探索提高低浓度有机碳去除效率的途径。

1. 试验设计

（1）原水及再生水水质

本试验原水为深圳市滨河污水处理厂二级处理出水，原水及再生水水质指标见表3-5。

试验原水与再生水相关指标　　表3-5

类别＼指标	COD(mg/L)	BOD(mg/L)	SS(mg/L)	pH
原水水质	25～50	11～20	15～25	7.18～7.48
再生水水质	20	4～8	5	6.5～8.5

（2）试验装置

试验装置为扩展流好气滤柱和均匀流好气滤柱，两滤柱均采用升流式过滤并充填多孔陶粒滤料，陶粒平均粒径4.71mm，形状系数0.63，真实密度1.51g/cm³，堆积密度0.86g/cm³，滤床孔隙率43%。试验装置见图3-6。

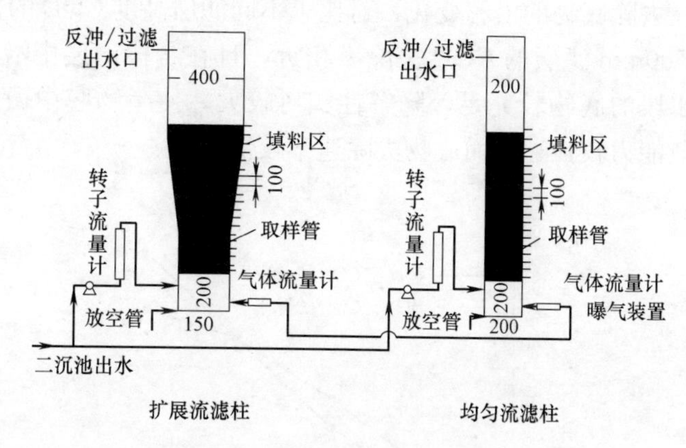

图3-6　好气滤池中试模型示意

由于扩展流的滤柱容积约为均匀流的2倍，当两者采用相同水力容积负荷时，扩展流的进水流量相当于均匀流的2倍

2. 试验结果及分析

试验以不同滤池池型为对照前提，通过变化的运行条件，主要包括滤速和DO的调节，进而考察运行条件对两滤柱除碳效能的影响差异。

（1）滤速的影响

首先控制两柱出水区DO均为2.5～3mg/L，考察滤速对两柱除碳效率的影响。从另一角度讲，滤速越小，相当于水力停留时间越长，而对于水质稳定的进水，滤柱内水力停留时间越长，有机底物去除率也就越高；同时滤速越高，相当于进水底物容积负荷越大，而根据限制性底物线性降解规律，有机底物负荷越大、结构稳定的微生物菌群对其比降解速率也越大。因此，适宜的滤速是以上两种影响因素的最佳组合。

1）不同滤速时两滤柱去除有机碳的对照试验

运行期间主要考察了各流量水平及不同滤层的水质变化规律，试验数据见表 3-6。

各流量水平下平均试验数据 **表 3-6**

滤速 (m/h)	指标 (mg/L)	扩展流滤柱			均匀流滤柱		
		进水	中间	出水	进水	中间	出水
6	COD	36.37	27.21	16.18	35.39	25.92	19.29
	BOD	9.40	7.00	3.80	9.67	8.00	5.00
9	COD	35.28	26.05	16.92	35.70	24.72	19.71
	BOD	9.00	7.00	5.00	8.95	7.10	4.93
12	COD	37.22	27.91	16.12	35.27	30.33	29.27
	BOD	8.87	6.20	3.10	8.40	7.51	7.00

从表 3-6 中数据可知，滤速变化对扩展流滤柱的影响较小，即出水 COD 始终稳定在 16mg/L 左右，BOD<5mg/L；而对均匀流影响较大，滤速 9m/h 的出水水质与扩展流 12m/h 相当，但当滤速升高到 12m/h 时，上段滤层几乎丧失了去除能力。因此选定 12m/h 和 9m/h 分别为对照试验中扩展流滤柱和均匀流滤柱的运行滤速。

为考察两滤柱去除底物的沿程变化，对比了不同滤层高度 COD 的去除效率。图3-7 中，两柱进水段 500mm 滤层的 COD 去除率相近，且在各段滤层中沿程去除速率为最大，这是由于进水段的底物较充足，降解性相对较大，使生物膜中微生物菌群活性较高，生物膜的扩散能力较强，因而底物去除速率较快。

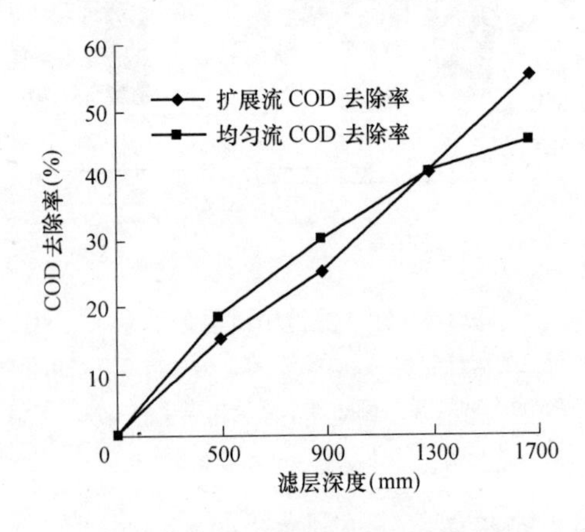

图 3-7 COD 去除率逐层变化曲线

由图 3-7 可见，均匀流曲线变化沿程渐趋平缓，这是因为随沿程底物浓度的降低，其可降解性越来越差，使后续滤层生物膜活性逐渐减弱，扩散能力降低，则底物去除速率越来越慢，在相同的水力停留时间内滤层去除效率逐步减小。虽然扩展流滤柱底物负荷也是沿程降低，但沿程接触时间的增加抵消了生物膜对底物比去除速率的降低，保证了低负荷下滤层去除效率的稳定。

由对照试验可知，扩展流滤柱沿程增加接触时间的滤床结构符合低浓度、难降解底物的去除规律是保证好气滤池高效率的关键。实现出水段滤床对低浓度 COD（一般小于 25mg/L）的继续稳定去除，因而扩展流滤柱的去除效率明显高于均匀流滤柱。

2）不同滤速对扩展流滤层有机碳去除的影响

为考察不同滤速对扩展流滤层除碳效率的影响，进行 3 个滤速水平下去除 COD 的对照试验，结果见图 3-8、图 3-9。

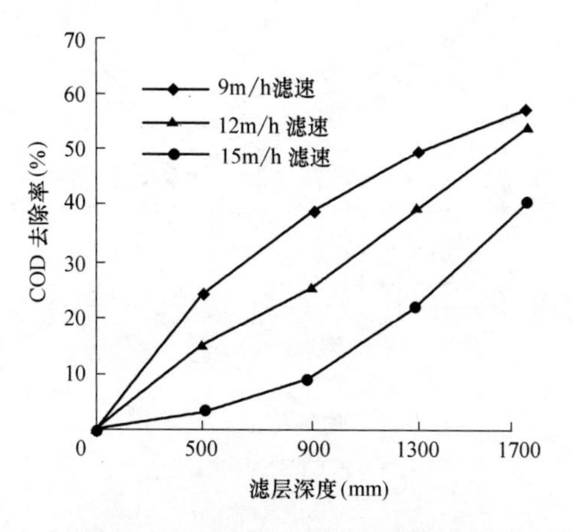

图 3-8　不同滤速 COD 逐层去除率

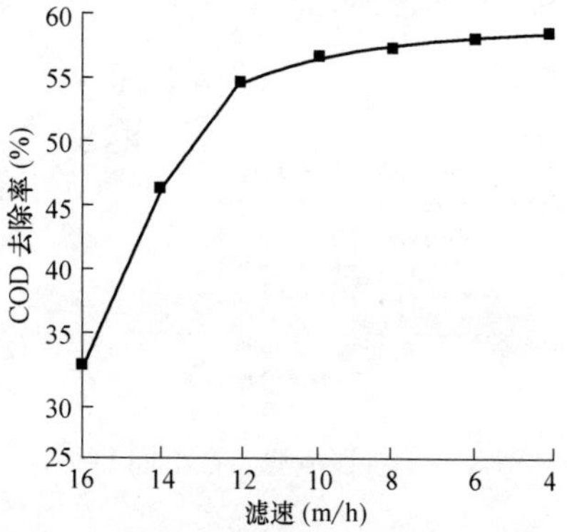

图 3-9　不同滤速下总 COD 去除率对照

由图 3-8 可知，不同滤速导致滤层中 COD 沿程去除速率截然不同。滤速小于 12m/h时，图中曲线形状为凸状，反映为滤层沿程 COD 去除速率逐步降低；而当滤速高于 12m/h 时，图中曲线形状为凹状，反映为 COD 沿程去除速率逐步升高；当滤速调到 12m/h 时，图中曲线走势近似于直线。

由图 3-9 可见，滤床对 COD 总的去除率以 12m/h 为分界点，当滤速高于 12m/h 时，随滤速均匀升高，滤床对 COD 的总去除率表现为急剧下降，随滤速继续升高，下降幅度变大；当滤速小于 12m/h 时，随滤速均匀减小，滤床 COD 总体去除率上升幅度渐趋平缓。

以上现象可通过生物膜对限制性底物去除规律加以解释：对于底物浓度和降解性相同的进水，滤速较低时，进水段的底物停留时间较长，此时其去除率明显高于高滤速的情况；但进水段的底物去除率越高就会导致后续滤层中底物负荷越低、降解性越差，即底物比去除速率越低，当后段滤层底物去除速率的降低值大于接触时间沿程增加对底物去除率的补偿值时，滤层沿程 COD 去除速率呈现逐步降低的趋势，表现为图 3-9 滤速 12～4m/h 阶段 COD 去除率曲线变化平缓，最终的 COD 去除率升高微小；当滤速升高到使降低值与补偿值相当时，COD 逐层去除率的变化接近线性，如图 3-8 中12m/h的曲线走势；但当滤速升高到 12m/h 以上时，进水段滤层即使底物负荷升高，底物比去除速率升高，但由于水力停留时间太短仍使底物去除率大大降低，因而进入后续滤层的底物浓度和降解性相对于低滤速时显著增高，加上沿程停留时间增加对滤层除污效率的贡献，使得后续滤层 COD 去除速率逐步升高。尽管如此，但由于高滤速水引起强烈的剪切力会造成进水段生物膜的提早脱落，破坏滤层的生物膜结构，减小滤层的有效工作厚度，并且脱落的生物膜作为底物还会增加后续滤层的负荷，综合作用使总体 COD 去除率仍然降低较大。

（2）两滤柱内 DO 对有机碳去除率的影响

确定扩展流好气滤池实际运行滤速为 12m/h，均匀流好气滤池实际运行滤速为 9m/h，考察不同 DO 范围对有机碳去除的影响。结果见图 3-10、图 3-11。

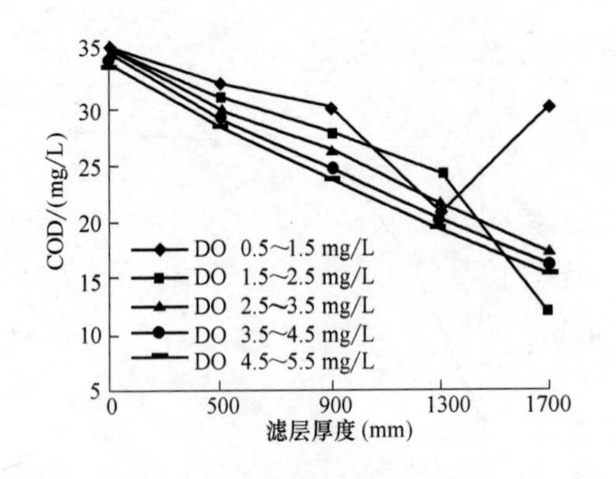

图 3-10 扩展流滤层在不同 DO 下 COD 去除率

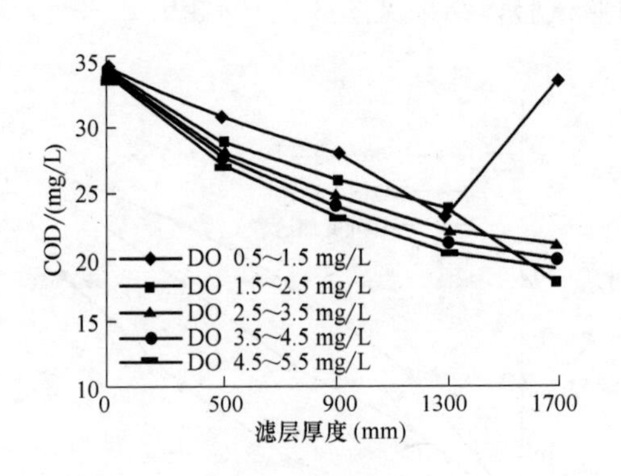

图 3-11 均匀流滤层在不同 DO 下 COD 去除率

由图 3-10 和图 3-11 的不同 DO 曲线群可知，COD 的沿滤层去除量随着 DO 值的增加而增大。但高 DO 区比低 DO 区增加的缓慢。反映为图中高 DO 值时曲线密度大；DO 在 1.5～2.5mg/L 时，两柱 1300～1700mm 滤层出现 COD 大幅度下降，扩展流滤柱的下降幅度大于均匀流滤柱；DO 在 0.5～1.5mg/L 时，两柱 900～1300mm 滤层 COD 也出现显著下降，幅度较小，在 1300～1700mm 滤层的出水 COD 骤然升高。现就 DO 变化所引起的上述现象解释如下。

由于生物膜内菌群的耗氧速率与系统内 DO 值的关系也满足莫诺方程，在系统 DO 低时，微生物菌群耗氧速率与 DO 值的升高基本满足一级线性关系，菌群活性也呈一级线性增强；当系统 DO 值较高时，微生物菌群耗氧速率的增加与 DO 的升高基本呈 1/2 级线性关系，即对应 DO 相同的增量，微生物耗氧速率上升减缓，菌群活性也缓慢增强。显示为在系统 DO 由低到高的上升过程中，各滤层出水 COD 的降低幅度越来越小。

由于微生物在代谢有机底物的同时，不断合成自身物质，进而生物膜量逐步增加。当生物膜厚度超过 0.1mm 时，有资料认为，生物膜内部即可发生反硝化。

因此，当本试验中 DO 降低到 1.5～2.5mg/L 时，出水段滤层 COD 的大幅度降低可认为是异氧反硝化所致。当系统 DO 降低到 0.5～1.5mg/L 时，由于系统的 DO 值已大大低于好氧菌群的需求，可认为好氧异养菌活性很弱，由于其消耗的 COD 量很少，因而认为 900～1300mm 滤层 COD 的减少为反硝化所耗。此时出水段的缺氧环境在促进异氧反硝化进程、增强异氧反硝化菌活性的同时，在进水有机碳源含量低、难降解的情况下，系统中也存在着高活性的反硝化菌以生物膜为碳源的内源反硝化。内源反硝化的后果是生物膜的大量解体，膜碎片融入水流，增加了系统出水的 COD。

(3) 设计参数与经济比较

结合上文，确定中试扩展流好气滤池和均匀流好气滤池运行滤速分别为12m/h和9m/h，系统DO皆为1.5～2.5mg/L。在依据中试结果的前提下，将中试模型相似放大，从经济角度对好气滤池去除二级出水有机碳过程中池型的影响进一步分析，并通过扩展流好气滤池与传统混凝沉淀过滤深度处理工艺的经济对比，指出前者的经济优势。

1) 基本设计数据

取扩展流工程运行滤速为10m/h，均匀流工程运行滤速为6m/h，为避免单池面积过大造成池内配水配气不均，取扩展流单池上端面积为50m^2，对应滤层上端内径8.74m，下端内径3.28m，滤层厚度1.7m，扩展流滤层体积51m^3；当单个均匀流滤池截面为31.81m^2，滤层高度1.7m时，均匀流滤层体积为54.1m^3，其滤池内径为6.36m。根据中试结果，结合工程经验，取两滤池$H_{配水}=1$m，$H_{清水}=1$m，$H_{超高}=0.5$m，$H_{承托}=0.3$m，则两种滤池总高度皆为$H=H_{滤料}+H_{配水}+H_{清水}+H_{超高}+H_{承托}=4.5$m。

对应处理水量为10×10^{4}m^3/d设计规模，结合以上试验滤速及规定单池滤料体积，计算扩展流滤池为14个，均匀流滤池数目22个。

2) 两种池型好气滤池经济比较

据中试运行经验在同一设计水量下，可认为两种池型所需的设备费、日常运行费等相差不大。但根据中试结果，扩展流反冲周期为10d，均匀流反冲周期为7d。因此两种工艺差价简单估算为基建费差额（含滤料购置费、滤池土建费）和反冲运行费（反冲电耗及反冲水再处理）差额之和。

根据《给水排水工程概预算与经济评价手册》得两种池型在处理水量10×10^{4}m^3/d的投资差价估算，见表3-7。

两种池型投资差价 **表3-7**

池型 \ 项目	出水COD(mg/L)	基建投资差额（万元）	反冲运行费差额（万元/a）
扩展流	15	149.4	20
均匀流	20		

3) 扩展流好气滤池与传统工艺的比较

在处理水量为10×10^{4}m^3/d时，将扩展流好气滤池与传统工艺—混凝沉淀、过滤进行技术经济比较，结果见表3-8。

两种回用工艺技术经济比较 **表3-8**

工艺流程	扩展流好氧滤池	混凝沉淀、过滤
出水COD(mg/L)	15	25
总投资(万元)	9000	8000
人工费(万元/a)	0.67	1.1
电耗费(万元/a)	1.4	0.92

续表

工艺流程	扩展流好氧滤池	混凝沉淀、过滤
药剂费(万元/a)	0.70	1.68
折旧费(万元/a)	1.23	1.1
单位水量处理成本(元/m^3)	0.4	0.48
单位COD处理成本(万元/t)	2.0	4.8

3. 结论

(1) 扩展流好气滤池沿程增加接触时间的滤床结构补偿了底物比去除速率沿程减小导致的滤层效率的降低，保证了出水段滤床对低浓度COD的继续稳定去除，因而效率高于均匀流滤池。

(2) 滤速对扩展流滤床效率的影响为：在12m/h以下时，滤速越低，COD的沿程滤层去除率曲线变化越平缓，滤床总体去除率增加越缓慢；在12m/h以上时，随滤速的升高，滤床对COD的总去除率急剧下降。滤速越高，下降曲线斜率越大。

(3) 由以上分析，在进水COD为25～50mg/L时，选定扩展流最佳运行滤速为12m/h，出水COD在16mg/L左右，滤床的总体COD去除率可达55%。

(4) 依据中试结果，将扩展流滤池与均匀流滤池在$10\times10^4m^3/d$水量规模下投资差价进行经济估算表明，前者具有一定的经济优势。

(5) 扩展流好气滤池较传统的过滤工艺在处理效果和运行成本上均具有一定优势。

3.2 好气滤池的启动与运行

3.2.1 好气滤池3种挂膜方法的实验研究[1]

好气滤池是一种用于污水深度处理的新型滤池。这种滤池通过底部曝气或污水预充氧使滤层呈好氧状态，因此可以在滤料表面形成好氧生物膜。这样滤池在实现过滤功能的同时可起到一定的生物氧化功能。与传统快滤池相比，好气滤池可以更有效地去除水中的BOD、COD、NH_3-N等有机杂质，进一步提高再生水的水质。

要想更好地发挥好气滤池的生物氧化功能，必须在滤料表面形成稳定的生物膜。采用合适的挂膜方法对好气滤池的快速启动和稳定运行有着重要的意义。对于一般的生物膜法，如生物滤池、生物转盘和生物接触氧化等，一般采用自然挂膜法、接种法、快速排泥挂膜法等，但好气滤池有别于以上提到的生物膜法，这些挂膜方法对好气滤池也不一定适用，因此本试验采用了3种挂膜方法进行了对比试验，以期望找到适合好气滤池的挂膜方法。

1. 试验装置与实验方法

(1) 实验装置

---

[1] 本文成稿于2003年，作者：张杰、曹相生、孟雪征。

采用内径 282mm 的有机玻璃柱，柱高 3800mm，内装粒径 2～4mm 的陶粒做滤料，滤料层高 2m，柱底部设曝气和气水反冲洗装置。采用上向流过滤，进水直接取自污水厂二沉池出水，试验流程见图 3-12。

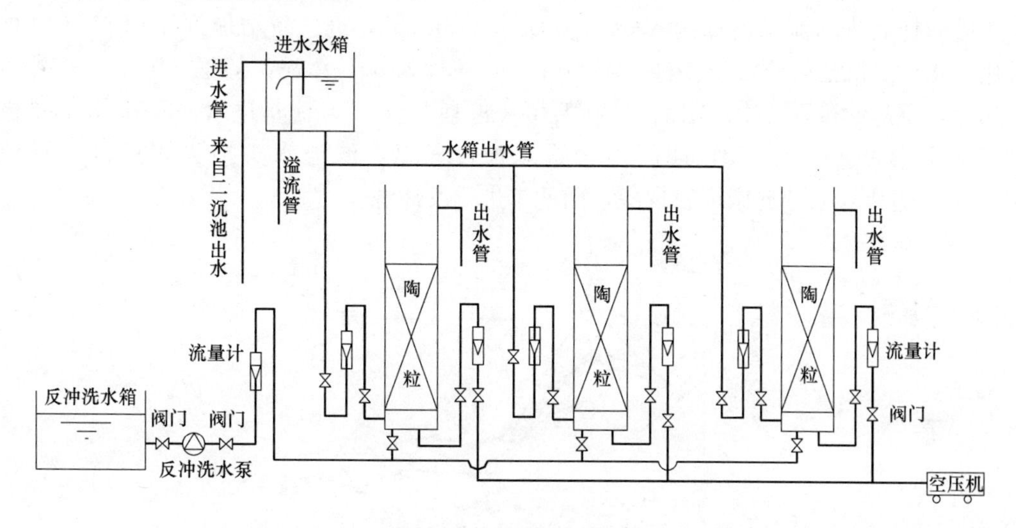

图 3-12　试验装置流程

（2）测试项目及方法

主要的测试项目及方法见表 3-9，二级出水的 SS 大多数情况都在 10mg/L 以下。考虑到二级出水的 SS 和浊度有一定的相关性，每天对各柱进出水的浊度进行了测定，对 SS 不定期测定。试验期间二级出水的 BOD_5 在 20mg/L 左右，BOD_5 只进行了不定期测定。试验过程中，每隔 4 天左右对滤料表面的生物膜量及生物膜活性进行测定，生物膜量的测定方法采用文献中的测定方法。生物膜活性的测定参考了文献中的测定方法，为了更好地反映生物膜对二级出水中有机物的降解能力，生物膜活性测定中直接采用二级出水作为培养水。

试验中主要的测试项目及方法　　**表 3-9**

项　目	测定方法	主要仪器	测试频率
水温	温度计法	普通温度计	1 次/d
pH 值	玻璃电极法	pHS-3C 型精密 pH 计	1 次/d
浊度		SZD-1 型散射光台式浊度仪	1 次/d
COD	HACH 法	HACH-COD 测定仪	1 次/d
溶解性 CD(SCOD)	滤膜 HACH 法	HACH-COD 测定仪	1 次/d
NH_3-N	纳氏试剂比色法	UV-754 型紫外可见光分光光度计	1 次/d
生物膜量	减重法	HG85-I 型性电热恒温干燥箱，SARTORIUS 电子天平	1 次/4d
生物膜活性	呼吸法	YSI 溶解氧测定仪	1 次/4d

2. 试验过程

本试验在华北某污水厂进行，该厂采用 A^2/O 工艺，试验期间由于曝气池检修，因此二级出水水质较差。挂膜阶段的水温介于 22～24℃，pH 值在 7.78～8.34。二级出水每天的 SCOD、NH_3-N、浊度、COD 等分别见图 3-13、图 3-14、图 3-17、图 3-18。

1#柱直接采用设计流量进行挂膜，进水流量 300L/h（滤速 4.8m/h），曝气量 300L/h。2#采用了逐渐增加流量的挂膜方法：试验初期进水量 100L/h（滤速 1.6 m/h），进气量 250L/h；第 6d 取样后进水流量增加到 200L/h（滤速 3.2m/h），进气量不变；第 13d 取样后进水流量增加到 300L/h（滤速 4.8m/h），进气量增加到 300L/h。3#柱采用污水厂二沉池回流污泥接种，第 1d 向 3#柱投入 50L 污泥，闷曝 24h 后，排掉所有污泥，重复此过程三次，然后以 300L/h（滤速 4.8m/h）流量进水，300L/h 流量进气。试验总共进行了 15d，期间由于进水浊度较低，滤池水头损失未达到设计值（0.5m），也未观察到滤床堵塞现象，因此未进行反冲洗。

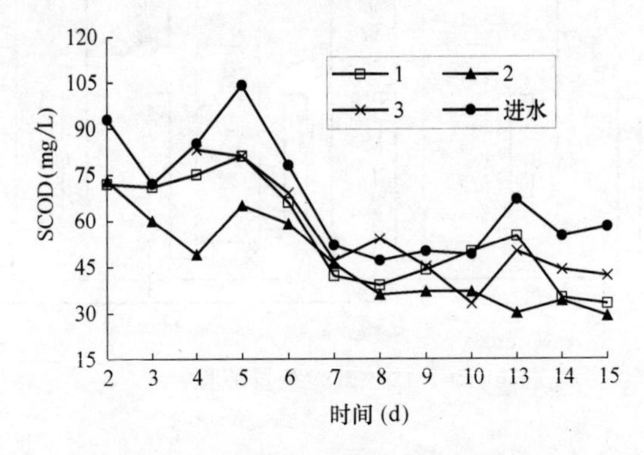

图 3-13 挂膜期间各柱进出水 SCOD 变化

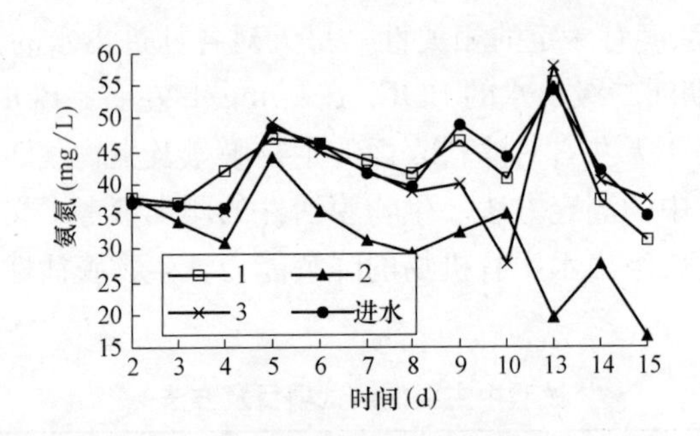

图 3-14 挂膜期间各柱进出水 NH_3-N 变化

3. 试验结果与分析

（1）各柱对 SCOD 的去除情况分析

SCOD 是指用 0.45μm 的滤膜过滤水样后测得的 COD 值，它可以反映水中溶解性有机物的含量，由于单纯物化过滤对溶解性物质基本上没有去除作用，因此 SCOD 的去除可以认为是生物作用所致，SCOD 的变化在一定程度上可以反映滤池中微生物的数量和活性。从图 3-13 中可以看出，2#柱在挂膜的第 2d 出水的 SCOD 即开始降低，到第 8d 去除率基本稳定，此后 SCOD 平均去除率约为 36%，此时可以认为挂膜成功。增加进水流量后 SCOD 去除率有所下降，但随后第 2d 就可以恢复到流量增加前的水平。如第 6d 流量从 100L/h 增加到 200L/h，SCOD 去除率从增加流量前的 24.4%下降到 11.5%，但 1d 后去除率又恢复到 23.4%。第 13d 流量从 200L/h 增加到 300L/h，SCOD 去除率从增加流量前的 55.2%下降到 38.2%，1d 后去除率又恢复到 50.0%。

在稳态条件下，滤池中的生物量和有机物容积负荷是相对应的。当进水流量增加后，相应的容积负荷随之提高，滤池中原有的生物量相对不足，表现出滤池出水 SCOD 的下降。进水流量增加一段时间后，滤池中的生物量会增加并逐渐与新的容积负荷相适应，SCOD 去除率随之逐渐回升。

1# 柱在挂膜的第 2d 也对 SCOD 表现出一定的去除率，但在随后的挂膜期间对 SCOD 的去除情况明显没有 2# 柱好，但是到第 14d，两柱对 SCOD 的去除情况基本一致。3# 柱则对 SCOD 一直表现出较低的去除率。

1# 柱和 2# 柱在挂膜的第 2d 即对 SCOD 表现出一定的去除率，这部分 SCOD 的去除可以认为是滤料初期的物理吸附作用和滤料表面和滤料孔隙中参与可逆附着的微生物的降解作用。

3 个柱挂膜期间陶粒表面的生物量情况和生物活性见图 3-15、图 3-16。

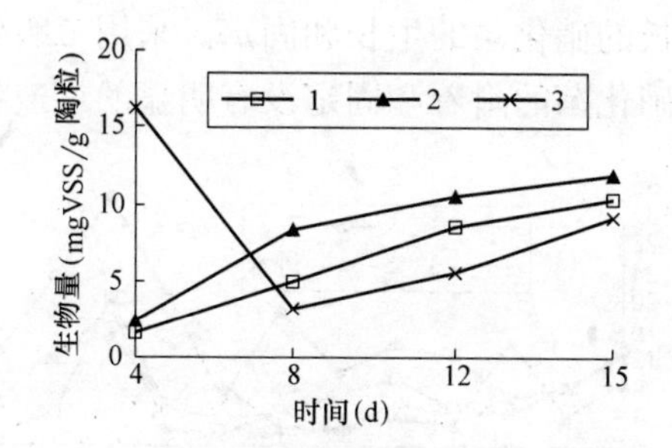

图 3-15　挂膜期间各柱陶粒表面生物量变化

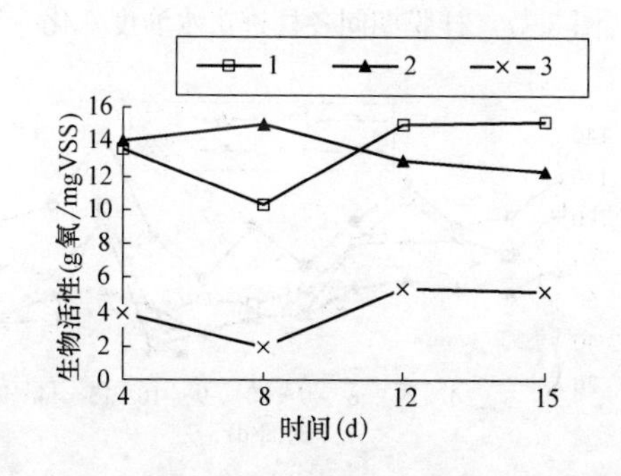

图 3-16　挂膜期间各柱陶粒表面生物活性变化

图 3-15 表明，随着挂膜时间的延长，1# 柱和 2# 柱的生物量是逐渐增加的，2# 柱的生物量比 1# 多。图 3-16 则显示出挂膜期间 1# 柱和 2# 柱内陶粒表面的生物活性大致相同。这与两柱 SCOD 的去除变化情况相吻合，即在生物活性大致相同的情况下，生物量越多，SCOD 去除率也越高。由于 2# 柱的进水流量小，因此在滤层内部造成的水力剪切力小，同时也增加了水中微生物在滤层内的停留时间，这样有利于微生物的附着，所以 2# 柱的生物量较 1# 柱多。

3# 柱的生物量变化情况（图 3-15）与 SCOD 去除情况（图 3-13）并没有呈现出正相关性。这一现象可以这样解释，SCOD 去除率不仅与生物量有关，而且也与生物活性有关，在挂膜初期，由于 3d 的接种，3# 柱内陶粒表面及内部孔隙积存了大量的活性污泥，因此表现出较高的生物量，但是这些活性污泥对二级处理出水中的有机物（表现为本试验的进水COD和SCOD）降解能力很差，因此表现出低的生物活性（图3-16），所以在挂膜初期，虽然3#柱内部的陶粒表面积存了较多的微生物，但由于活性较低，因此表现出较低的SCOD去除率。在随后的挂膜期间，由于大量接种的活性污泥占据了陶粒表面，对适合降解二级出水中有机物的微生物在滤料表面的附着造成了负影响，宏观上表现出SCOD去除率一直较低，所以说，采用二级处理的回流污泥对用于三级处理的好气滤池进行接种，没有明显的促进作用，反而不利于挂膜。

（2）各柱对NH_3-N的去除情况分析

NH_3-N的去除依赖于滤层中硝化菌的数量和活性，从图3-14中可以明显看出，2#柱对NH_3-N的去除情况明显好于1#柱和3#柱。2#柱在第6d对NH_3-N的去除率为21.7%，第15d的去除率达到52%。这说明采用小流量进水延长了水力停留时间，有利于生长缓慢，世代周期长的硝化菌的生长和固定。采用二级处理的回流污泥接种对用于三级处理的好气滤池中硝化菌的附着和固定没有明显的加速作用。

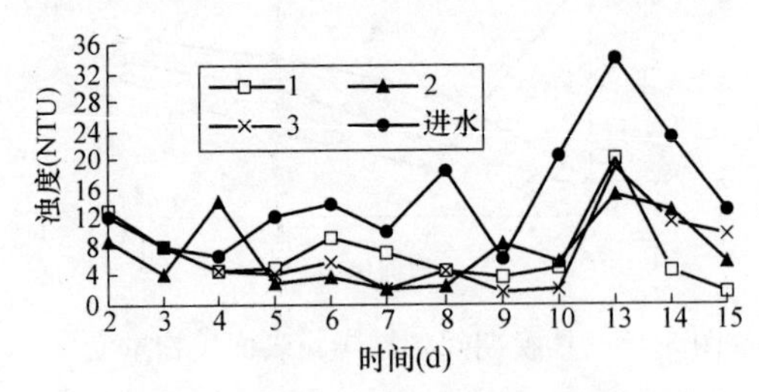

图3-17 挂膜期间各柱进出水浊度变化

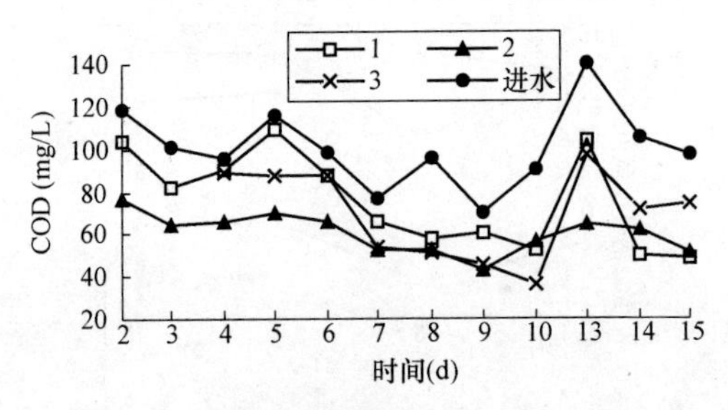

图3-18 挂膜期间各柱进出水COD变化

（3）各柱对浊度和COD的去除情况分析

从图3-17中可以看出，挂膜期间各柱对浊度的去除情况基本一致，这说明滤料中生物膜的积聚和曝气对滤池过滤功能没有产生较大的影响。试验中发现曝气的均匀性对出水浊度影响较大，当曝气不均匀时，出水携带有较多的SS使出水浊度明显增高。

二级出水中COD可以分为溶解性COD（SCOD）和悬浮性COD两大类，在好气滤池中，可以认为悬浮性COD的去除大部分依赖于滤池的过滤功能，而SCOD的去除主要依靠滤料表面的生物膜作用。由于各柱对浊度的去除基本一致，而2#柱对SCOD表现出较高的的去除率，因此2#柱也应该对COD表现出较高的去除率。这个推论在图3-18中得到了验证。

4. 结论

（1）由于污水二级处理和三级处理系统中，优势微生物的种类和生态特点不同，采用二级处理回流污泥对用于三级处理的好气滤池进行接种对滤池的启动没有明显的促进作用，反而会由于接种污泥对滤料表面孔隙的抢占而延迟了滤池的启动。

（2）启动初期采用先以小流量进水，然后逐渐增加进水流量到设计流量的方法可以加快好气滤池的启动。启动时间明显少于直接采用设计流量进水的方法。

3.2.2 正交试验确定好气滤池气水反冲洗参数的研究❶

目前最常用的气水反冲洗方式是气水顺序冲洗，即先用气冲，然后气和水联合冲洗，最后用水漂洗。对于气水顺序反冲的方式应用于好气滤池的具体参数，目前报道较少。本文对此进行了试验研究。

1. 试验方法

（1）试验设计

影响气水反冲洗的因素很多，每个因素也有较大的变化范围。为了减少试验次数，同时又能获得正确、可信的试验结果，本文采用正交试验的办法。

1）因素的确定

依据气水反冲洗试验步骤，确定如下7个因素，单独气冲强度 Q_{0g}、联合冲洗水强度 Q_{1w}、联合冲洗气强度 Q_{1g}、水漂洗强度 Q_{2w}、单独气冲时间 T_0、联合冲洗时间 T_1 和水漂洗时间 T_2。

2）各因素水平的确定

单独气冲的目的是使滤层产生松动，为后续的气水同时冲洗做准备。气水同时冲洗时，滤层内绝大部分杂质会和滤料分离开来，同时被反冲洗水带出滤池。这个阶段的气水冲洗强度应保证可以把杂质带出滤层，同时又不致使滤层产生较大的膨胀。最大冲洗强度一般控制在滤层膨胀度小于10%。最后水漂洗的目的是把前一阶段已经与滤料分离的杂质尽可能多的带出滤层，恢复滤池的纳污能力。单独水漂洗时一般控制滤层膨胀度在25%左右。参照这些控制条件，进行了多次预备试验以确定各因素的范围，最后确定每个因素选择两个水平，具体数值见表3-10。

反冲洗正交试验不同因素的水平值　　表3-10

因素 / 水平	Q_{0g} (L/(m²·s))	Q_{1w} (L/(m²·s))	Q_{1g} (L/(m²·s))	Q_{2w} (L/(m²·s))	T_0 (min)	T_1 (min)	T_2 (min)
α	6.7	4.5	6.7	6.7	3	3	3
β	11.1	6.7	11.1	8.9	6	6	5

3）评价指标的确定

好气滤池反冲洗的目的是恢复滤层纳污能力并对滤层内的生物膜进行适当的冲刷。反冲洗后和反冲洗前滤池的水头损失之比 R_H 可以反映滤层的冲洗洁净程度，因此把 R_H 作为水头损失恢复能力的评价指标。

❶ 本文成稿于2004年，作者：曹相生、孟雪征、张杰。

预备试验时发现，由于滤层内生物量的损失，与反冲洗前出水相比，反冲洗后滤池出水中与生物作用相关的指标，如COD、氨氮、BOD等有升高现象。但随着过滤时间的延长，这些指标逐渐会恢复到原有水平。因此可以用反冲洗后出水水质下降程度来评价反冲洗情况。本试验中采用反冲洗后和反冲洗前滤池出水的COD和氨氮各自的比值R_{COD}和R_{AM}作为评价参数。为了简化分析，确定WQ作为评价反冲洗的综合水质下降评价指标。WQ按照式（3-1）计算。

$$WQ=(R_{COD}+R_{AM})/2 \tag{3-1}$$

另外，反冲洗的能耗也是衡量反冲洗效率的重要指标。为此确定把反冲洗耗水量C_W和反冲洗好气量C_G作为评价参数。同样为了简化分析，确定ECI作为评价反冲洗的综合能耗评价指标。ECI按照式3-2计算。

$$ECI_i=\frac{(C_{Wi}+C_{Gi})}{MAX((C_{W1}+C_{G1}),(C_{W2}+C_{G2}),\cdots,(C_{W8}+C_{G8}))} \tag{3-2}$$

式中i为正交试验顺序号（i=1～8）。

根据选定的因素和各因素的水平数，确定选用$L_8(2^7)$正交表。具体试验方案见表3-11。

反冲洗正交试验方案 **表3-11**

实验序号	Q_{0g} (L/(m²·s))	T_0 (min)	Q_{1g} (L/(m²·s))	Q_{1w} (L/(m²·s))	T_1 (min)	Q_{2w} (L/(m²·s))	T_2 (min)
1	6.7	3	6.7	4.5	3	6.7	3
2	6.7	3	6.7	6.7	6	8.9	5
3	6.7	6	11.1	4.5	3	8.9	5
4	6.7	6	11.1	6.7	6	6.7	3
5	11.1	3	11.1	4.5	6	6.7	5
6	11.1	3	11.1	6.7	3	8.9	3
7	11.1	6	6.7	4.5	6	8.9	3
8	11.1	6	6.7	6.7	3	6.7	5

（2）试验装置

试验采用一个内径282mm的有机玻璃柱，柱高3800mm。柱内装粒径2～4mm的页岩陶粒做滤料，滤料层高2300mm。承托层采用400mm厚的卵石，卵石粒径4～32mm，从下向上逐渐减小。采用滤后水做反冲洗水。反冲洗水和反冲洗气分别由水泵和空压机打入滤柱底部经多孔板均匀分配后进入承托层和滤层。反冲洗水和反冲洗气管道上分别装有用来计量流量的LZB型转子流量计。滤柱通过软胶管和测压板相连，以测量滤柱的水头损失。

（3）试验过程

试验期间，滤柱采用下向流恒滤速变水位过滤，当滤柱水头损失达到0.8～1.0m时开始反冲洗，每次反冲洗前后，测量滤柱水头损失并化验滤柱出水的COD和氨氮值。反冲洗后各指标的测定均在恢复过滤1h时进行。试验期间，滤柱进水水温24～28℃，pH值7.12～7.91。

2. 结果与分析

试验结果见表 3-12。对每个因素的极差和各水平的效应值计算结果见表 3-13。

从表 3-13 的数据可以看出，对水头损失影响最大的是水漂洗时间 T_2 和气水联合冲洗时间 T_1。这说明要想把滤柱冲洗干净，必须保证足够的冲洗时间。试验中也发现，如果水漂洗时间 T_2 太短，会造成前一阶段已经与滤料分离开的杂质有一部分不能被带出滤柱，造成反洗后滤柱的水头损失仍然较大，过滤周期减少。

从水质下降指标 WQI 来看，影响因素最大的是单独气冲强度 Q_{0g}、联合气冲强度 Q_{1g} 和单独气冲时间 T_0。长时间较大的气冲强度会对滤料造成强烈的冲刷，使过多的生物膜剥落下来，从而使随后而来的过滤中生物量相对不足，造成滤柱出水水质的下降。表 3-12 的数据表明，与 COD 指标相比，氨氮更容易受到反冲洗的影响。这可能是滤层内硝化菌的附着能力要差一些的原因所致。

表 3-13 的数据说明，对能耗指标 ECI 影响最大的是气水联合冲洗时间 T_1 和单独气冲时间 T_0。为了降低能耗，在保证反冲洗效果的前提下，应尽可能缩短单独气冲和联合冲洗的时间。

反冲洗正交试验结果　　表 3-12

实验序号	R_H	R_{COD}	R_{AM}	WQI	C_W（L）	C_G（L）	ECI
1	0.69	1.07	1.07	1.07	126	151	0.44
2	0.30	1.09	1.10	1.10	317	226	0.87
3	0.36	1.12	1.17	1.14	217	275	0.79
4	0.38	1.14	1.20	1.17	226	400	1.00
5	0.25	1.21	1.39	1.30	227	374	0.96
6	0.58	1.14	1.23	1.19	175	249	0.68
7	0.46	1.18	1.35	1.27	201	400	0.96
8	0.34	1.16	1.29	1.22	201	325	0.84

各因素极差和各水平效应值计算结果　　表 3-13

参　数	Q_{0g}	T_0	Q_{1g}	Q_{1w}	T_1	Q_{2w}	T_2
R_H							
α 水平效应值	0.43	0.46	0.45	0.44	0.49	0.42	0.53
β 水平效应值	0.41	0.39	0.39	0.40	0.35	0.43	0.31
极差	0.03	0.07	0.06	0.04	0.15	0.01	0.22
WQI							
α 水平效应值	1.12	1.16	1.16	1.19	1.16	1.19	1.17
β 水平效应值	1.24	1.20	1.20	1.17	1.21	1.17	1.19
极差	0.12	0.04	0.04	0.02	0.05	0.02	0.02
ECI							
α 水平效应值	0.77	0.74	0.78	0.79	0.69	0.81	0.77
β 水平效应值	0.86	0.90	0.86	0.85	0.95	0.82	0.86
极差	0.09	0.16	0.08	0.06	0.26	0.01	0.09

综合分析表 3-13 的数据可以发现，水质下降指标 WQI 和水头损失恢复指标 H_S 是矛盾的。加大反冲洗强度和时间，滤层更容易冲洗干净，随后的过滤水头损失变小，过滤周期延长。但这样会造成对生物膜的过度冲刷，使滤层内生物量减少，致使随后的过

滤中滤柱对有机物指标的去除能力下降。因此好气滤池反冲洗的关键是寻求反冲洗后水质下降和水头损失恢复之间的平衡，做到两者兼顾，同时应尽量降低反冲洗的能耗。

本试验中，虽然反冲洗造成冲洗后滤柱出水水质下降，但滤柱出水仍能达到《生活杂用水水质标准征求意见稿 2002》的要求，因此在本试验条件下，反冲洗参数的选择应主要从水头损失恢复能力指标和能耗指标来考虑。综合考虑各种因素后确定的反冲洗参数如下：单独气冲强度 11.1L/(m^2 · s)、单独气冲时间 3min、联合冲洗水强度 4.5L/(m^2 · s)、联合冲洗气强度 11.1L/(m^2 · s)、联合冲洗时间 6min、水漂洗强度 8.9L/(m^2 · s)、水漂洗时间 5min。

3. 结论

与反冲洗前相比，反冲洗后好气滤池出水存在有机物和氨氮等与生物作用相关的指标升高现象。反冲洗对滤池的生物作用造成了一定的伤害，其中气冲强度影响最大。

反冲洗参数的选择应综合考虑反冲洗后出水水质下降和水头损失恢复之间的矛盾，另外还应考虑能耗问题。

在滤后水能满足相应标准的前提下，通过正交试验，得出合适的好气滤池气水顺序反冲洗参数。

3.2.3　下向流好气滤池低温堵塞问题的分析与研究[1]

随着全球水资源的紧张，好气滤池在污水深度处理回用中的优势更为突出，其深度净化效果比传统混凝过滤工艺有较大的提高。但另一方面，随着运行时间的延长，好气滤池会发生堵塞现象。在下向流运行方式中，气水相向运动，造成能量的抵消，容易发生气塞，不得不在约定周期没有到达时就进行反冲洗。低温下，大量的融雪水进入城市排水系统，好气滤池的堵塞问题会更严重，运行周期大大缩短。中试对污水进行深度处理，研究了温度对下向流好气滤池堵塞以及反冲洗周期的影响，并提出有效的缓解措施。

1. 试验装置与方法

试验在哈尔滨文昌污水处理厂进行，由于二级处理部分土建尚未完成，因此中试采用污水处理再生全流程对污水进行一级、二级以及深度净化。试验装置见图 3-19。进水水温为 5.4～27.5℃。下向流生物滤柱高 3000mm，直径 200mm，内装 2100mm 高黏土陶粒填料，填料粒径 2～4mm，密度 1820kg/m^3，孔隙率为 0.42。滤柱进水为二沉池出水，启动阶段水力停留时间为 120min，运行阶段气水比为 3：1，水头损失达到 60cm 左右时进行整体反冲洗。试验重点对不同温度下生物膜滤柱的水头损失、生物量的变化及净化效果进行了检测和对比分析。

2. 结果与讨论

(1) 好气滤层污染物去除、生物量及水头损失变化

进水温度 15℃以上，下向流好气滤柱 COD_{Cr}、NH_3-N、水头损失和生物量沿层变化情况见图 3-20。进水 60cm 段内，由于污染物相对丰富，从而使物理截滤和生物氧化

[1] 本文成稿于 2005 年，作者：马立、白宇、张杰、部玉楠。

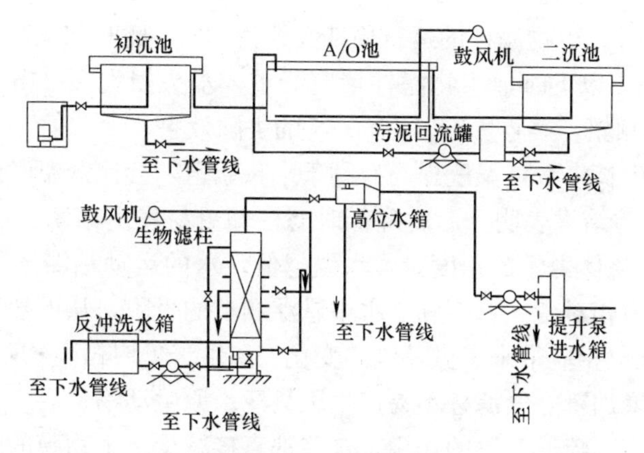

图 3-19 试验装置

作用不受底物浓度的影响，65％的 COD_{Cr} 在此段去除。同二级除碳生物滤池的滤层净化特征不同，深度处理好气滤柱中的硝化作用在滤柱上段有所加强，距滤柱进水 60cm 处，NH_3-N 的去除率已达到 30％。试验中发现，因原水为二沉池出水，难降解性有机物比例增大，SCOD 在滤柱的上段达到高去除率之后，下段基本上没有去除。滤柱的下段，有机底物的减少使自养硝化菌占有绝对的优势，能够保证出水 NH_3-N 浓度低于 5mg/L，满足生活杂用水水质要求。

下向流好气滤柱污染物的降解规律决定了生物量的沿层变化特征。如图 3-20 所示，滤柱上段积累了大量微生物，和下段相比高一个数量级。用显微镜及电镜观察发现，上段的微生物种群丰富，菌胶团结构致密。下段生物膜中虽也发现有杆菌、球菌，但聚集菌群稀少。生物量的局部积累再加上悬浮物质的截留，使得滤柱在进水段的水头损失增加较快。下向流运行中，上升的气体由于能量的抵消，不断滞留在滤柱中，最终导致水头损失急速增加，出水量极低，必须进行反冲洗。由于反硝化过程中，N_2 的产生也经常会出现滤层气塞堵塞现象，影响运行效果。

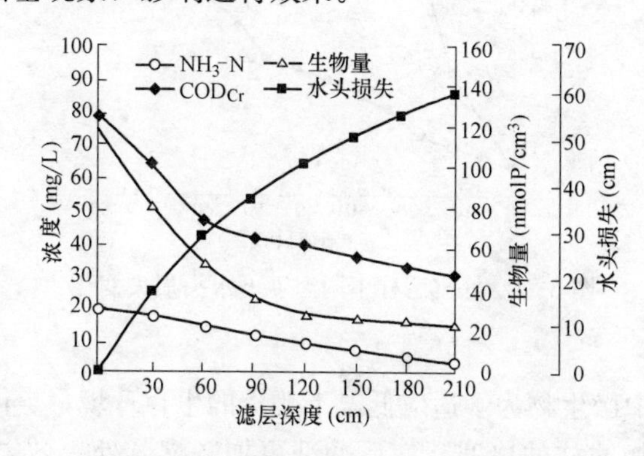

图 3-20 好气滤层污染物去除、生物量及水头损失变化

（2）温度对滤池堵塞的影响

不同温度下生物滤柱水头损失变化情况见图 3-21，试验证明，低温下污染物降解、生物量积累沿滤层变化趋势与图 3-20 相似，只是由于温度降低运行效果较差，其沿层变化率较小。但是不同温度下生物滤柱随着运行时间延长水头损失变化发生了明显改

变。水温15℃以上时，生物滤柱的运行周期大约为72h，此时水头损失由11cm升高至56cm。当温度在15℃以下时，生物滤柱堵塞严重，水头损失在24h之内由10cm增至65cm，致使反冲洗频繁，严重影响了NH_3-N的去除效果。

从微生物自身生长来看，温度提高有利于生长繁殖，会比低温时形成更多的生物积累。但图3-21的试验结果表明，温度降低时滤柱却更易发生堵塞。可以从以下几个方面进行解释：1）从流体力学的角度看，水温越低，水的运动粘滞系数越大，流动性也越差，水流前进阻力相对变大，不利于水中悬浮颗粒的吸附，从而加快了好气滤柱的堵塞；2）水温的变化也相应带来了微环境的变化。温度降低时微生物新陈代谢能力下降，水中氧的溶解度会增加，好气滤柱不易产生厌氧区。原生动物、后生动物在低温下的活性减弱也降低了它们“疏通工”的作用。这些都直接减少了生物膜的脱落，使好气滤柱运行中更易发生阻塞。温度升高水中氧的溶解度降低，根据微生物的酶促反应原理，有利于增加微生物活性，使其耗氧量变大，因此易在生物膜的内侧形成厌氧的微环境，产生气体和使周围环境酸化的挥发性有机酸，从而有利于生物膜的脱落，能够缓解生物滤柱的堵塞。厌氧环境产生的硫化物会破坏污泥絮体的形成，因此可以推测它对好气滤柱填料之间类似污泥的悬浮生物量的稳定性也会有一定的影响；3）温度降低同时也会引起好气滤池中的生态改变。镜检试验发现，水温在15℃以上时，生物相中菌胶团较多，大量细菌、真菌存在。当温度降低时，菌胶团量少而发散，纤毛类的原生动物明显增多，反映了此时滤柱内生物的不平衡状态，同时大量的后生动物附着在滤料上，会加剧滤柱的堵塞。加拿大Laval大学的Yann Le Bihan在研究好气滤池堵塞时发现低温条件下生物量中多糖、胞外聚合物（Eps）的增加以及促进分解粒状聚合物的P-葡萄糖普酶的减少都会加剧滤池的堵塞。

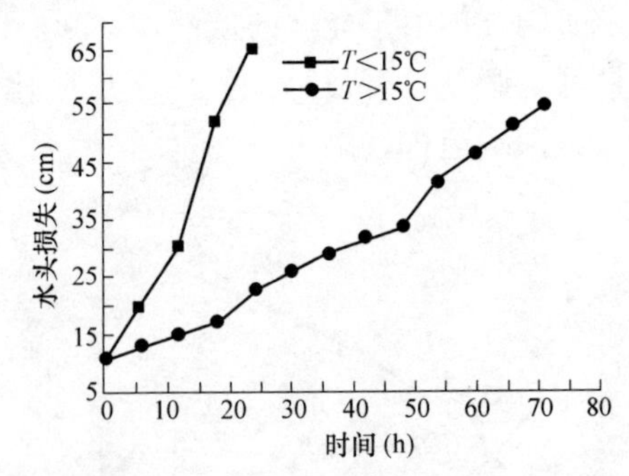

图3-21　好气滤柱不同温度下水头损失变化

（3）局部反冲洗

下向流好气滤柱中微生物为了适应低温下恶劣的生存环境，会产生一种自我保护功能，同时也会加剧生物滤柱的堵塞，使反冲洗更加频繁，处理效果不理想。将图3-20所示的污染物降解规律、生物量及水头损失沿滤层分布规律同滤柱的结构特征相结合，试验在滤柱的中部另增设一套反冲洗系统，实现局部气水反冲洗。反冲洗的强度根据所选填料密度不同而异，保证局部反冲洗段产生微流化状态即可，每次局部反冲洗的水洗强度为$40m^3/(m^2 \cdot h)$，气洗强度为$16m^3/(m^2 \cdot h)$，冲洗时间为180s。

局部反冲洗前后水头损失的变化见图3-22。从图中可以看出，经过局部反冲洗后，

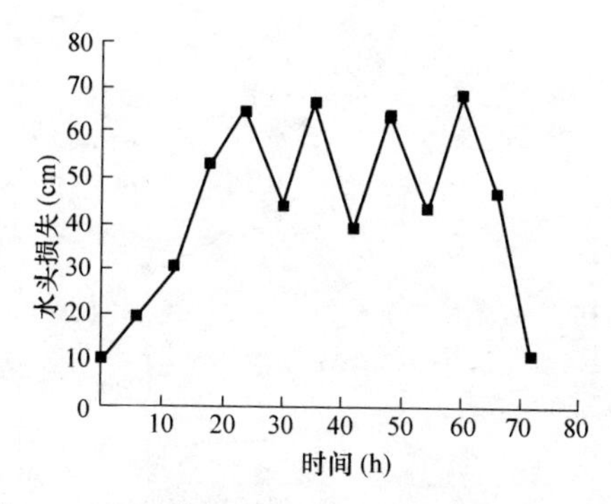

图 3-22　过滤周期内局部反冲洗水头损失变化

滤柱上部过量的微生物和截留的悬浮物质被反冲洗气水带走，改善了滤柱的水力条件，有效缓解了堵塞。每次局部反冲洗后，水头损失都从 65～70cm 降到 40cm 左右。

更为重要的是，滤柱底部由于没有受到反冲洗气水冲击，从而为亚硝化和硝化自养菌提供更为稳定、良好的生存空间，能有效提高 NH_3-N 去除率。低温下好气滤柱整体反冲洗和局部反冲洗阶段 COD_{Cr}、NH_3-N 去除效果的变化见图 3-23。局部反冲洗后，NH_3-N 的去除率有较大的提高，由原来的 15%增加到 50%左右。局部反冲洗使滤柱上段的异养菌总量减少，但由于老化异养菌的流失会使生物活性得到增强，再加上异养菌的世代时间较短，因此滤柱 COD_{Cr} 的去除效果基本上没有受到影响，出水 COD_{Cr} 一直稳定在 35mg/L 左右。

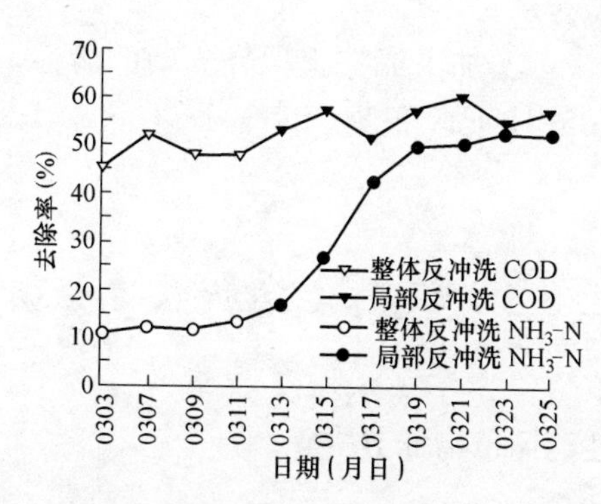

图 3-23　局部反冲洗前后 COD_{Cr} 及 NH_3-N 去除效果

（4）局部反冲洗后生物滤层污染物去除、生物量及水头损失变化

局部反冲洗去除滤柱上段过量的生物量和悬浮物质，滞留在填料之间或内部的气体同时得到释放，缓解堵塞的同时减小了水流前进的阻力，水中的污染物能够更好地深入至滤层和滤料的孔洞之中，从而提高去除污染物能力，同时也改变了滤层的生物相、生物量的分布特征，见图 3-24。

由于 3～4 天进行一次整体反冲洗，因此滤柱下段存在异养菌和硝化性自养菌的积累并加剧了竞争。低温下滤柱上段 NH_3-N 的去除量很少，因此使下段亚硝化菌、硝化菌在底物浓度上占有优势，从而能够得以生存积累，并表现出良好的降解能力，48%的 NH_3-N 在滤柱下段进行了硝化。由图 3-24 可知，局部反冲洗后下段水头损失沿层变化速率增加，滤柱出水段 60cm 内，水头损失和滤层深度几乎呈现一级关系。生物量沿滤

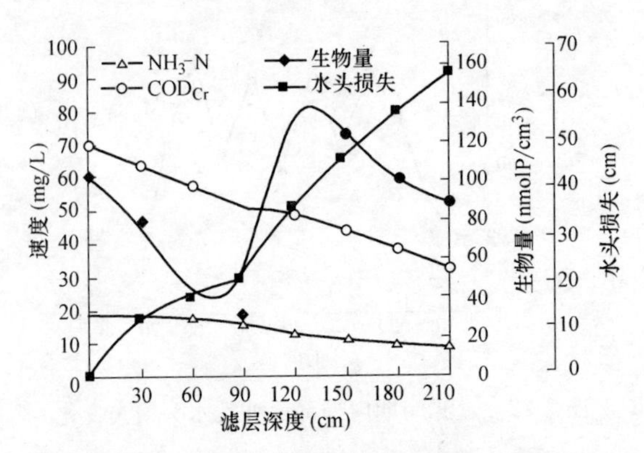

图 3-24　局部反冲洗后生物滤层特征曲线

层深度经历了递减又递增的状态，其最大值并不出现在滤柱的进水段，由于较长时间的积累，下段的平均生物量明显高于上段，因此能够起到提高低温污染物的去除效果。

3. 结论

（1）下向流好气滤池污染物的降解和生物量的积累主要发生在滤柱的进水段，从而导致水头损失非均匀性增长，容易发生堵塞。

（2）低温条件下，下向流好气滤池由于水力条件、生物微环境、生物相改变以及细菌的自我保护作用，从而更易发生气塞、堵塞，其运行周期比中温时减少近 2/3，严重影响了净化效果。

（3）采用局部反冲洗法，增加了滤柱上段异养菌的活性，有效保护了自养亚硝化菌、硝化菌和总生物量在滤柱下段积累，NH_3-N 去除率由原来的 15%提高到 50%左右。

3.3　好气滤池运行状况分析

3.3.1　好气滤池的性能评价指标 *BFI*❶

目前，好气滤池不仅成为控制饮用水中有机物含量的有效手段，而且也被应用到污水的深度处理中，达到高效去除有机物和氨氮，提高再生水水质的目的。

在好气滤池形式和设计参数的选择以及优化运行中都需要对其性能进行评价。然而到目前为止还没有见到好气滤池的评价指标，为此在对普通快滤池性能评价指标进行分析的基础上，提出了好气滤池性能评价指标 *BFI*。

1. 好气滤池性能评价指标

考虑到好气滤池的评价指标不仅能够用于不同好气滤池之间的性能比较，也能用于好气滤池与其他类型滤池之间的比较，故确定该指标应包含以下影响因素：

（1）滤速 V。在满足水质要求下，滤速越大，则产水量越大，滤池的性能越优。

---

❶ 本文成稿于 2005 年，作者：曹相生、孟雪征、张杰。

（2）过滤时间 T。指在满足出水水质要求下的连续过滤时间。显然，T 越长则好气滤池的产水量越大，反冲洗次数越少则过滤性能越好。

（3）过滤时间 T 内的水头损失增量 ΔL。水头损失增量越大，相应的能耗越高，过滤时间减少，说明好气滤池性能差。

（4）滤床厚度 H。一般来说，滤床越厚，越能保持出水水质，延长过滤时间，但增加滤床厚度会增加好气滤池的基建投资，原水也需要更高的提升高度，造成能耗增加。

（5）滤料粒径 d。滤料粒径越小，出水水质越好，但相应过滤时间变短。

（6）好气滤池某水质指标进出水的浓度差 ΔC。ΔC 越大，说明好气滤池的去污能力越强。ΔC 根据具体情况而定，可以是浊度、有机物或氨氮等单项指标，也可以是几个指标的综合。

（7）好气滤池某水质指标的出水绝对值 C_e。C_e越小，说明好气滤池出水水质越好。同样，C_e可以是浊度、有机物或氨氮等单项指标，也可以是综合指标，但 C_e应该和 ΔC 相对应。

上述各因素对好气滤池性能的影响可以写成如下的函数表达式。

$$BFI=f(V,T,\Delta L,H,d,\Delta C,C_e) \tag{3-3}$$

为了求解式（3-3）的具体形式，利用 Buckingham 的 π 定理。取 T、H、C_e为基本量，各自的量纲如下。

$[T]=T$（时间）；　　$[H]=H$（长度）；

$[C_e]=C$（水质指标单位）

根据 π 定理可以写出以下式子。

$$\pi_1=T^{\alpha_1}H^{\beta_1}C_e^{\gamma_1}V \tag{3-4}$$

$$\pi_2=T^{\alpha_2}H^{\beta_2}C_e^{\gamma_2}\Delta I \tag{3-5}$$

$$\pi_3=T^{\alpha_3}H^{\beta_3}C_e^{\gamma_3}d \tag{3-6}$$

$$\pi_4=T^{\alpha_4}H^{\beta_4}C_e^{\gamma_4}\Delta C \tag{3-7}$$

依据 T、H、C_e 的量纲可分别求出相应的 α、β、γ 值，于是式（3-4）～式（3-7）可分别写成如下形式。

$$\pi_1=\frac{TV}{H} \tag{3-8}$$

$$\pi_2=\frac{\Delta L}{H} \tag{3-9}$$

$$\pi_3=\frac{d}{H} \tag{3-10}$$

$$\pi_4=\frac{\Delta C}{C_e} \tag{3-11}$$

因此，式（3-3）可以改写成式（3-12）。

$$BFI=g\left(\frac{TV}{H},\frac{\Delta L}{H},\frac{H}{d},\frac{\Delta C}{C_e}\right) \tag{3-12}$$

分析式（3-12）中右边的 4 项，不难发现各项均有明确的物理意义。如$\frac{TV}{H}$上下同乘以好气滤池滤床截面面积，则可以发现此项相当于好气滤池的容积负荷（m^3 水/m^3 滤料）。显然在满足水质要求的前提下，容积负荷越大，则表示好气滤池的性能越好。

$\frac{\Delta L}{H}$表示在过滤时间 T 内，单位滤床深度的水头损失增量。$\frac{\Delta L}{H}$越小，说明滤床水头损失增长越小，好气滤池性能越好。

$\frac{H}{d}$是指滤床厚度与滤料粒径之比。这是滤池设计中相当重要的参数，直接影响到滤池对浊度的去除效能。$\frac{H}{d}$越大，则表明滤池的性能越好。

$\frac{\Delta C}{C_e}$综合反映了好气滤池对某水质指标的去除效率。$\frac{\Delta C}{C_e}$值越大，说明好气滤池对该指标的去除效果越好。

式（3-12）指明了影响好气滤池性能的各个因素，但各因素对好气滤池性能的影响程度会受到评价者考虑问题角度的制约。假定各因素对好气滤池性能的影响程度是相同的（即各因素具有相同的权重），参考以上各种快滤池的评价指标，确定好气滤池评价指标如下。

$$BFI_T=\frac{TV}{H}\div\frac{\Delta L}{H}\times\frac{H}{d}\times\frac{\Delta C}{C_e}=\frac{TVH}{\Delta L\,d}\frac{\Delta C}{C_e} \tag{3-13}$$

考虑到 C_e 接近 0 时 BFI_T 会变成无穷大，失去评价意义，为此取 BFI_T 的倒数做为好气滤池的评价指标。为了方便评价指标的使用，将其扩大了 10^5 倍，以减少小数位。最后确定好气滤池性能的综合评价指标如下：

$$BFI=10^5\frac{\Delta L}{TVH}\frac{d}{\,}\frac{C_e}{\Delta C} \tag{3-14}$$

BFI 越小则表示好气滤池的性能越好。通过对式（3-14）中 C 的选择，则可以利用 BFI 指标评价好气滤池对浊度、COD 或氨氮等单项指标的去除效能，当然也可以评价对几项指标的综合去除能力。显然，BFI 指标对普通快滤池也是适用的，因此可以通过 BFI 指标对好气滤池和普通快滤池的性能进行比较。

2. 评价指标的应用

采用式（3-14）对华北某污水厂进行的好气滤池和普通快滤池进行了对比分析。

以浊度、COD 和氨氮做为水质的评价指标，把式（3-14）改写成如下形式。

$$BFI=10^5\frac{\Delta L\,d}{TVH}\left(\frac{TUR_e}{\Delta TUR}+\frac{COD_e}{\Delta COD}+\frac{AMM_e}{\Delta AMM}\right) \tag{3-15}$$

式中 TUR_e——滤池出水浊度（NTU）；

ΔTUR——滤池进出水浊度差（NTU）；

COD_e——滤池出水 COD 浓度（mg/L）；

ΔCOD——滤池进出水 COD 浓度差（mg/L）；

AMM_e——滤池出水氨氮浓度（mg/L）；

ΔAMM——滤池进出水氨氮浓度差（mg/L）。

对不同工况下好气滤池和普通快滤池的 BFI 指标进行了计算，结果见表 3-14。依据进水水质情况可以将表3-14中的数据分成三组：（1）1～5号是进水氨氮和COD浓度均较高的情况，氨氮为37.6～44mg/L，COD为90～105mg/L，浊度>20NTU以上；（2）6～10号属于高氨氮、低COD浓度的水质。氨氮为23.6～36.5mg/L，COD为35～46mg/L，浊度为3.7NTU；（3）11～15号属于进水氨氮和COD浓度中等的水质。氨氮为7～13.5mg/L，COD为57～80mg/L，浊度<15.8NTU。

从表3-14的计算结果来看，*BFI*指标能够较好地反映好气滤池的性能。在各种进水水质条件下，好气滤池的*BFI*指标均低于普通快滤池，这说明在综合评价对浊度、COD和氨氮三个指标的去除方面，好气滤池的性能优于普通快滤池。通过对好气滤池自身在不同进水水质条件下的*BFI*值比较，可以发现，在进水浓度中等的第3组(11～15号)，好气滤池的*BFI*值普遍很低，也就是说，此时好气滤池的性能最优。

相同进水条件下普通快滤池和好气滤池的*BFI*值　　表3-14

序号	进水			*BFI*	
	浊度(NTU)	氨氮(mg/L)	COD(mg/L)	普通快滤池	好气滤池
1	20.4	44	90	3.16	4.22
2	23.0	42	105	20.52	2.82
3	27.0	37.6	97	4.40	3.07
4	20.4	40.4	91	10.23	3.93
5	34.0	39.6	95	34.11	3.25
6	3.1	30.6	37	9.28	2.26
7	1.6	23.6	35	5.50	1.73
8	2.4	36.5	38	11.44	2.79
9	3.7	29.7	46	12.08	1.33
10	2.6	23.8	41	35.51	0.99
11	15.8	13.5	72	4.18	0.58
12	8.8	7.0	57	6.23	0.76
13	7.0	7.1	64	6.45	0.65
14	10.2	9.2	70	3.79	0.56
15	6.0	7.3	80	4.37	0.74

3. 结语

在对好气滤池性能的影响因素进行分析之后，结合普通快滤池的性能评价指标，提出了好气滤池性能评价指标*BFI*。数据分析表明，*BFI*指标能够较好地反映好气滤池的性能，并可用于好气滤池和普通快滤池之间的性能比较。*BFI*指标对其他类型的好气滤池也是适用的。

3.3.2　好气滤池深度处理城市污水的性能及pH值变化规律[1]

好气滤池内的生化反应过程往往会有H^+的消耗或产出，因此会引起滤池出水pH

[1] 本文成稿于2003年，作者：孟雪征、曹相生、张杰。

值发生相应的变化。本文对用于污水深度处理的好气滤池在不同进水水质条件下性能和出水 pH 值变化规律进行了研究。

1. 试验装置与方法

试验采用平均粒径 d=3mm（粒径范围 2～4mm）的页岩陶粒为滤料。滤柱为内径 282mm 的有机玻璃柱，柱高 3800mm。滤柱直径远大于滤料粒径的 50 倍以上，因此可以忽略滤柱的边壁效应，滤柱大小不会影响到滤柱性能。滤料层厚 L＝2300mm，L/d=767。承托层采用 400mm 厚的卵石，卵石粒径 4～32mm，从下向上逐渐减小。滤柱底部设曝气装置，用以给滤层中微生物提供足够的氧。试验流程见图 3-25。

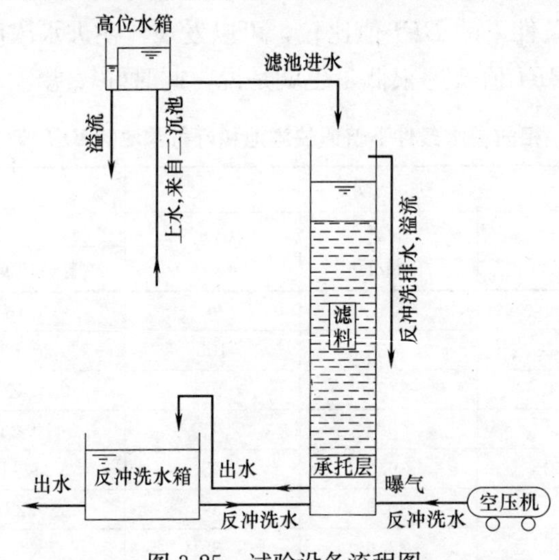

图 3-25　试验设备流程图

试验安排在华北某污水厂进行，该厂采用 A^2/O 处理工艺。好气滤池直接采用该厂二沉池出水做为进水。滤池启动后，随即进入正式运行期。在运行期间，采用下向流等速过滤，滤速 4.8m/h。采用气水反冲洗，反冲洗周期根据滤柱出水水质和水头损失情况而定，实际在 24～120h 之间。试验从 2002 年 5 月上旬开始到 2002 年 9 月上旬结束。

2. 结果与讨论

（1）好气滤池的性能

试验期间，由于污水厂检修和工艺调整，滤柱的进水水质发生了几次大的改变。试验发现好气滤池内的生化反应类型也相应地发生了变化。根据好气滤池内生化反应类型和运行情况，把滤柱的运行期分为 3 个阶段：1）以氨氮氧化为主的硝化阶段；2）以去除有机物为主的碳化阶段；3）同时去除有机物和氨氮的碳化和硝化共存阶段。滤柱在这 3 个阶段典型的进出水情况见表 3-15 所示。

试验表明，当进水水质发生变化时，滤池内的生化反应类型也相应地变化，好气滤池对水质表现出良好的适应性。当进水水质为高氨氮低 COD 时，滤池的氨氮去除率很高，而 COD 去除效果较差，滤池内生化反应以自养菌的硝化反应为主；当进水中没有或氨氮浓度很低时，滤池内则主要发生异养菌的碳化反应；而当进水中 COD 和氨氮浓度均较高时，滤池对 COD 和氨氮均表现出良好的去除效果，滤池内同时存在明显的碳化反应和硝化反应。

不同进水水质条件下好气滤池性能 **表 3-15**

阶段		水温(℃)	pH 值	COD(mg/L)	氨氮(mg/L)	浊度(NTU)	SS(mg/L)
1	进水	24	7.42	35	22.9	3.6	3.5
	出水	—	7.02	32	8.5	2.2	2.5
	去除率(%)	—	—	8.6	62.9	38.9	28.6
2	进水	25	7.15	54.8	0	4.7	5.6
	出水	—	7.90	39.3	0	1.7	2.1
	去除率(%)	—	—	28.3	—	63.8	62.5
3	进水	27	7.75	80	17.6	9.7	8.0
	出水	—	6.99	44	5.9	1.4	2.6
	去除率(%)	—	—	45.0	66.4	85.6	67.5

试验中发现，随着进水 COD 的降低，好气滤池对 COD 的去除率也随之下降。但好气滤池对氨氮的去除规律则相反，即进水氨氮越低，氨氮的去除率越高。这是因为进水 COD 降低后，虽然 COD 负荷降低，但进水中生物难降解的有机成分相对增多，而进水氨氮降低只会使滤池的氨氮负荷降低，但氧化难度不变，因此会出现上述规律。在实验条件下，好气滤池对各指标均表现出较好的去除效果，除卫生学指标外，其他指标绝大部分时间出水可满足生活杂用水水质标准（CJ 25.1-89）中规定的洗车标准。

（2）硝化作用为主时进出水 pH 值变化

当滤柱进水中 COD 较低，而氨氮保持较高的浓度时，滤柱中主要发生的是自养菌的硝化反应。这个阶段好气滤池进出水 pH 值和氨氮去除率之间的关系见图 3-26。

图 3-26 说明，当好气滤池以硝化反应为主时，滤池出水 pH 值是降低的。pH 值下降幅度与氨氮去除率呈现正相关性，能够根据滤池出水 pH 值的降低幅度来大致判断氨氮的去除效果。

氨氮的去除依赖于生物硝化过程。如果把硝化菌细胞的组成写成 $C_5H_7NO_2$，则包括氨氮氧化和新细胞合成的反应可以简单写成下式。

$$NH_4^+ + 1.86O_2 + 1.98HCO_3^- \longrightarrow 0.02C_5H_7NO_2 + 1.04H_2O + 0.98NO_3^- + 1.88H_2CO_3$$

从上式可以看出，硝化过程是一个耗碱产酸过程。显然水中氨氮氧化的越多，即氨氮去除率越高，则消耗的碱度越多，相应的水的 pH 值下降幅度也就越大。

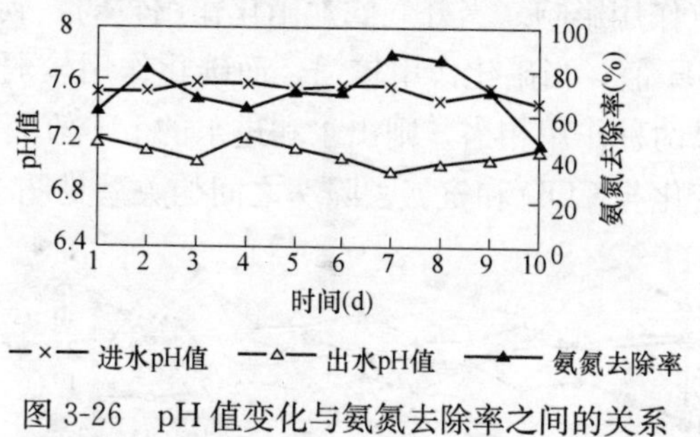

图 3-26　pH 值变化与氨氮去除率之间的关系

（3）碳化作用为主时进出水 pH 值变化

当滤柱的进水没有氨氮或氨氮浓度非常低时，好气滤池内的生化反应以异养菌的碳化反应为主，这个阶段滤柱进出水的 pH 值变化和 COD 去除率之间的关系见图 3-27。

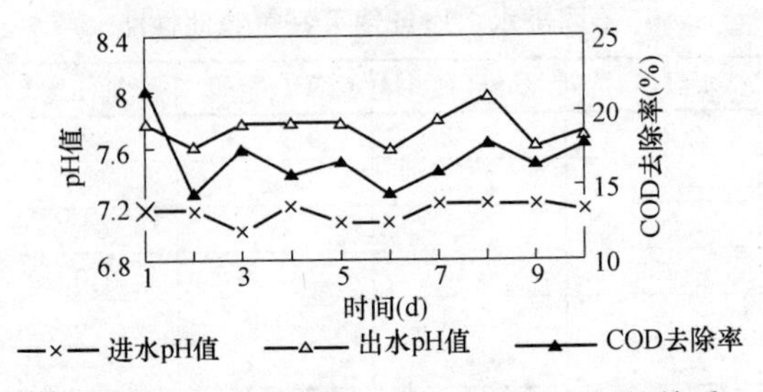

图 3-27 pH 值变化与 COD 去除率之间的关系

从图 3-27 可以看出，当好气滤池以碳化作用为主时，滤池出水 pH 值是升高的。pH 值升高幅度与 COD 去除率呈现出正相关性，能够根据滤池出水 pH 值的升高幅度来大致判断 COD 的去除效果。

一般认为，二级出水中的有机物主要是进水中的残留有机物和微生物代谢产物（SMP）两大类物质，其中，SMP 占了大部分。SMP 主要由腐殖质、多糖和蛋白质组成。

腐殖质是一类酸性物质，其生物降解性较差，一般认为，在好气滤池中，腐殖质主要是依靠滤料上生物膜的吸附作用去除的。

多糖可在生物酶的作用下转变成单糖，然后转变成丙酮酸。丙酮酸经过三羧酸循环最后转变成 CO_2 和水。

蛋白质会水解成氨基酸。一部分氨基酸做为合成细胞物质的原料而被利用，另一部分则会继续分解成为 NH_3、CO_2 和水或有机酸及磷化物、硫化物等物质。

由上述对二级出水中的有机物在好气滤池内转化过程的分析可以看出，二级出水中有机物的分解过程是复杂的，其中既有酸性物质消耗，也有碱性物质的产生。这可能是好气滤池以碳化反应为主时出水 pH 值升高的主要原因。另外曝气过程对 CO_2 的吹脱作用也能使滤池出水的 pH 值上升。

（4）碳化和硝化共存时进出水 pH 值变化

当滤池进水中 COD 和氨氮均较高时，好气滤池内既有碳化反应，同时也存在着硝化反应。滤池对两个指标均表现较高的去除率。这个阶段好气滤池进、出水 pH 值的变化受到碳化和硝化双重作用影响。当好气滤池硝化作用较弱，碳化作用占优势时，滤池出水 pH 值高于进水 pH 值；当硝化作用较强，而碳化作用较弱时，滤池出水 pH 值则低于进水 pH 值；如果两种作用相当，则出水和进水的 pH 值大致相同。这个阶段好气滤池进、出水 pH 值变化与 COD 和氨氮去除率之间的关系见图 3-28。

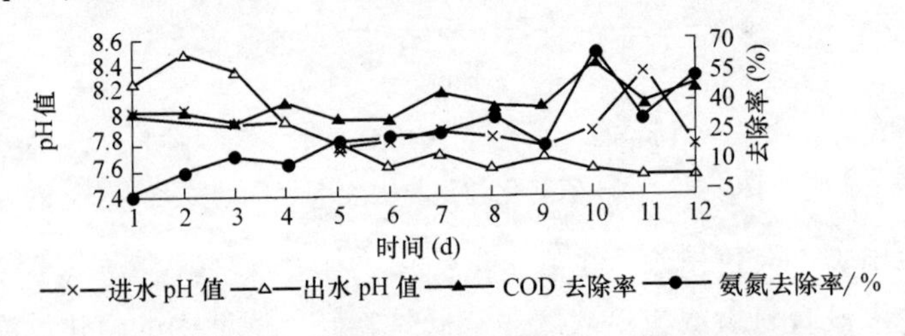

图 3-28 pH 值变化与 COD 和氨氮去除率之间的关系

从图 3-28 可以看出，好气滤池进出水 pH 值的变化更容易受到硝化作用的影响。碳化和硝化共存时，滤池进出水 pH 值与 COD、氨氮去除率之间的关系和图 3-26、图 3-27 所反映的规律是一致的。

图 3-28 可以说明，在同时具有碳化和硝化作用的好气滤池中，滤池出水的 pH 值可能是上升的，也可能是下降的。这取决于碳化和硝化程度的比例关系。如果好气滤池以碳化作用为主，则滤池的出水 pH 值是上升的。如果好气滤池的硝化作用增强，则会导致滤池的出水 pH 值下降。

3. 结论

（1）在污水深度处理中，好气滤池对进水水质有很好的适应性，滤池内的生化反应类型会随着水质的变化而发生相应改变。除卫生学指标外，其出水水质绝大部分时间能够满足生活杂用水水质标准（CJ 25.1-89）中规定的洗车标准。

（2）好气滤池出水 pH 值升高或降低取决于滤池内的生化反应类型。当以碳化反应为主时，出水 pH 值是升高的，升高幅度与 COD 去除率呈现正相关性。当以硝化反应为主时，滤池出水的 pH 值则是降低的，降低幅度与氨氮去除率呈现正相关性。

（3）可以根据好气滤池出水 pH 值的变化情况来判断滤池内生化反应类型、COD 或氨氮指标的去除效果和滤池生物作用的稳定性。

3.3.3 好气滤池中总有机碳及氨氮的变化和对硝化作用的影响❶

好气滤池是给水净化、污水处理、污水深度净化处理技术发展过程中的产物。它充分利用了滤池中滤料的拦截作用和滤料上生物膜的生物降解作用。在好气滤池中，微生物既能在滤料表面形成生物膜，又能在滤料空隙内以活性污泥的形式存在。种类繁多的微生物在滤池内会形成一个成分复杂的生态系统。依靠滤池内微生物的作用，好气滤池对有机物（TOC）和 NH_4^+-N 等指标能够保持良好的去除效果。好气滤池是污水深度处理的优选工艺。本文主要以多孔填料介质页岩陶粒为载体，利用其良好的孔隙度，以二级生物处理出水为原水，研究好气滤池中有机碳和 NH_4^+-N 的变化规律及对硝化作用的影响。

1. 实验

（1）实验装置

实验装置由有机玻璃加工而成，见图 3-29 所示。反应器为圆柱形，高度 3.0m，直径 20cm，有效容积 60L。滤料高度 1.95m。反应器中装有页岩陶粒填料，粒径 2.5～4.5mm。实验原水为城市生活污水处理系统的二级出水。

（2）分析方法

COD_{Cr}：重铬酸钾氧化法；TOC 质量浓度：德国耶拿蔡司仪器（analytikjena AG）公司的 Multi N/C 3000 型总有机碳与总氮分析仪；NH_4^+-N 质量浓度：纳氏试剂-分光光度计比色法；DO 及温度：Oxi 315i（WTW）型便携溶解氧仪；pH 值：奥立龙（ORION）868 型酸度计。

---

❶ 本文成稿于 2005 年，作者：张树德、张杰、李捷。

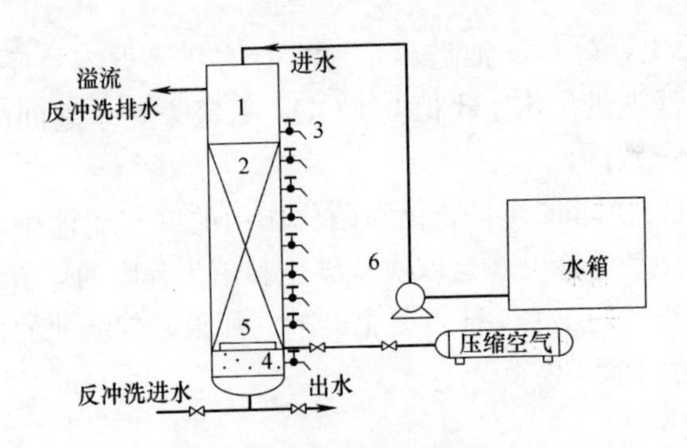

图 3-29　试验装置图

1—反应器；2—填料；3—取样口；4—承托层；5—曝气环；6—计量泵

(3) 实验条件

好气滤池反应器采用下向流进水方式，曝气环设在滤层 1.75m 处。实验中，进水 pH 值 6.9～8.3，DO 2.0～3.4mg/L，温度 18.6～28℃，进水 NH_4^+-N 质量浓度控制在 12.83～30.32mg/L 左右，TOC 质量浓度控制在 9.09～29.29mg/L 左右，滤速 2.2m/h。好气滤池启动期间，反应器的微生物采用接种方式培养。接种污泥加入反应器闷曝 3d 后，进行连续培养。由于启动实验时温度（实验室内环境温度为 12～18℃）较低，运行到第 60d 左右，出水 NH_4^+-N 以及硝酸盐氮含量变化稳定，认为反应器已挂膜成功，开始转入正常运行阶段。

2. 实验结果与讨论

(1) TOC 沿滤层变化

图 3-30 为进水 TOC 质量浓度从 9.09mg/L 到 29.29mg/L 时，好气滤池中 TOC 沿

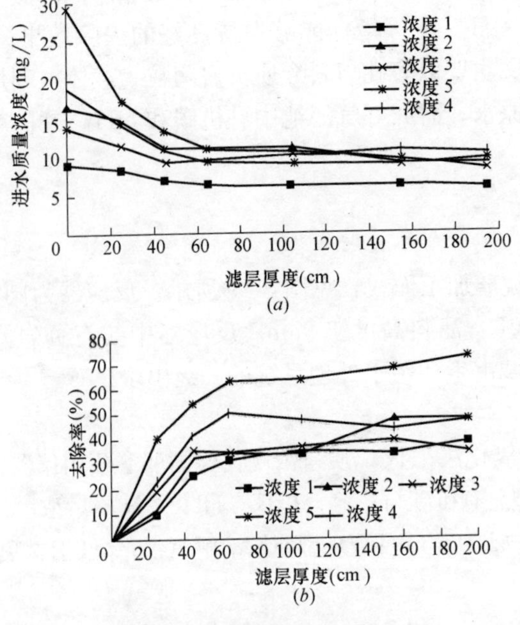

图 3-30　TOC 沿滤层厚度的变化

(a) TOC 沿程变化；(b) TOC 沿程去除率

滤层变化曲线。

图 3-30（a）显示不同浓度进水 TOC 沿滤层变化情况，图 3-30（b）为相应的 TOC 去除率。在不同进水 TOC 浓度条件下，滤层前 65cm 的 TOC 去除率为 31.6%～63.1%，是滤池总去除率的 72.3%～100%，并表现出相似的去除规律。图 3-30 表明，好气滤池进水中的 TOC 大部分在滤层前段即被去除，并且在实验范围内，进水 TOC 质量浓度越高则去除的比率也越高。

（2）NH_4^+-N 质量浓度沿滤层的变化

当进水 NH_4^+-N 质量浓度为 12.83～30.32mg/L 时，好气滤池中 NH_4^+-N 的变化如图 3-31。图 3-31（a）为 NH_4^+-N 质量浓度沿滤层变化情况，图 3-31（b）为相应的 NH_4^+-N 去除率变化情况。由图 3-31 可知，滤层前 25cm 的 NH_4^+-N 去除率较小，仅为 6.79%～16.53%，占总去除率的 9.77%～17.29%；25cm 以后的滤层去除率均有所增加。在 105cm 滤层处，NH_4^+-N 去除率为 69.13%～97.19%，占总去除率的 91.87%～100%。图 3-31 表明，好气滤池中去除 NH_4^+-N 的最佳滤层为 25～105cm 段，并且在实验范围内，进水 NH_4^+-N 质量浓度越高则去除率越低。

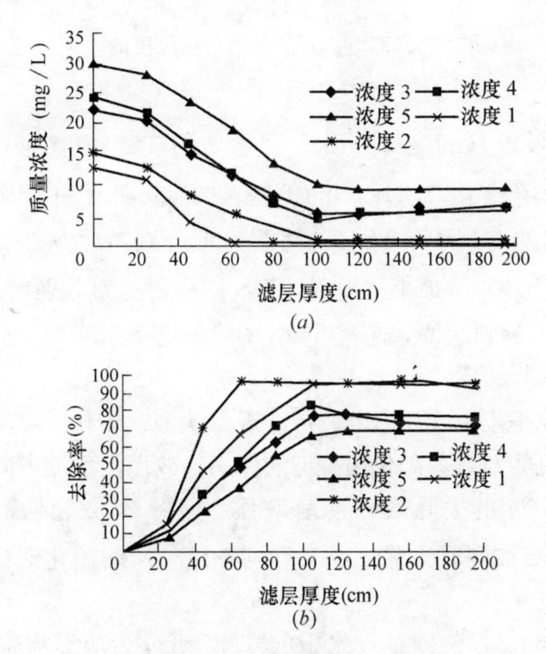

图 3-31　NH_4^+-N 沿滤层厚度的变化

（a）氨氮沿程变化；（b）氨氮沿程去除率

（3）TOC 与 NH_4^+-N 沿滤层变化规律比较

图 3-32 为两组 TOC 与 NH_4^+-N 质量浓度及去除率沿滤层厚度的变化情况。进水 1（图 3-32（a））中，TOC 质量浓度为 18.93mg/L，NH_4^+-N 质量浓度为 15.12mg/L；进水 2（图 3-32（b））中，TOC 质量浓度为 29.29mg/L，NH_4^+-N 质量浓度为 24.53mg/L。

图 3-32 表明，在好气滤池滤层前段，TOC 与 NH_4^+-N 均得到降解，但表现出的规律略有不同。在前 25cm 滤层中，进水 1 的 TOC 降解速率为 39.95g/(m^3 滤料·h)，

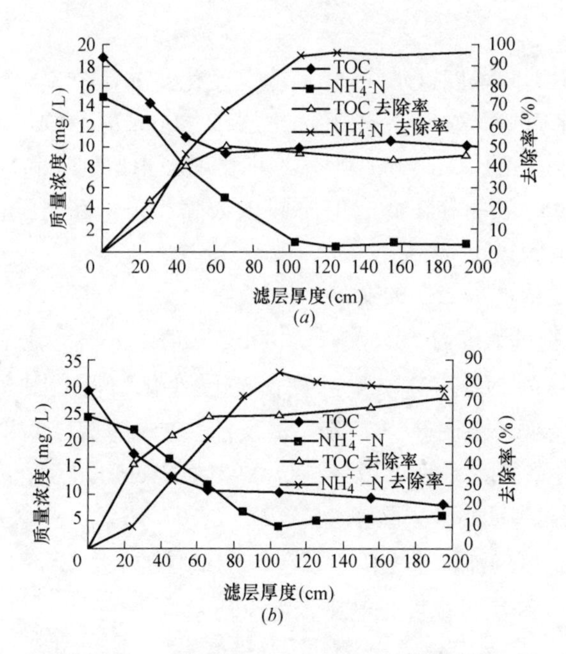

图 3-32 TOC 与 NH_4^+-N 沿滤层厚度的变化

(*a*) 进水 1 沿程变化；(*b*) 进水 2 沿程变化

NH_4^+-N 降解速率为 22.2g/(m^3 滤料·h)；进水 2 的 TOC 降解速率为 104.1g/(m^3 滤料·h)，NH_4^+-N 的降解速率 23.41g/(m^3 滤料·h)。可见在前 25cm 滤层内 TOC 降解快于 NH_4^+-N。在以后的滤层中，TOC 的降解速率分别减缓到 27.89g/(m^3 滤料·h) 和 36.58g/(m^3 滤料·h) 直至最小；而 NH_4^+-N 的降解速率分别增大到 66.39g/(m^3 滤料·h) 和 98.51g/(m^3 滤料·h)，超过 TOC 的降解速率。

（4）分析与讨论

好气滤池可以看成是推流式反应器。传统观点认为：碳化异养菌和硝化自养菌之间存在着竞争关系，有机物对自养硝化菌有抑制作用；故而沿水流方向一般应是有机物先得到降解，然后 NH_4^+-N 的去除效果逐渐增强。但图 3-32 表明，污水深度处理中，TOC 和 NH_4^+-N 沿滤层被同时去除，没有看到 NH_4^+-N 的硝化滞后于 TOC 降解的现象，分析如下。

1）进水水质的影响。好气滤池进水中的 TOC 可分为两类物质：易降解的溶解性有机物（DOC）和颗粒性有机物。其中部分颗粒性有机物能够在胞外酶的作用下发生水解而形成小分子的 DOC。由于滤层前段进水中的 TOC 浓度相对较高，DOC 很快被生物膜吸附，有机物生化降解速率较高，其次该段是 SS 主要截获区，截留颗粒性有机物的水解有可能提高了滤层中的 TOC 值。这些条件都有利于碳化异养菌的增长。但是，好气滤池进水为城市生活污水的二级处理出水，总的来说可直接降解的有机物很少，有机物浓度仍是碳化异养菌生长的限制性因子。另外，进水中的有机物大部分为微生物代谢的产物和残留物，较难降解。能够降解这类有机物的微生物比增殖速率一般较低，因此碳化异养菌不能大量生长，减少了对自养菌的竞争压力。这样滤池中硝化自养菌就能够保持一定的比增殖速率，从而使碳化和硝化能够同时进行。从图 3-30 和图 3-31中数据可知，NH_4^+-N 与 TOC 去除量比为 1∶1.5，远远大于由于同化作用 NH_4^+-N 的去除量。这也从另一方面说明滤层前段也存在着相当强的硝化作用。

2）滤池结构的影响。好气滤池内的微生物可以分为滤料上的生物膜和滤料间隙中的活性污泥两部分。由于滤料颗粒的不均匀性，内表面及凹陷部分生物膜较厚，且受水力条件影响较小，相对稳定，适宜世代时间长的菌群生长；而在陶粒凸起或其尖角部位容易受到碰撞磨损，同时这些部位时时受到水流和气泡的剪切，TOC 和溶解氧浓度较高，适宜繁殖力强的异养菌群生长。因此，碳化异养菌和硝化菌可以分别占据滤料的不同位置而共同生存，同时也减少了碳化异养菌和硝化菌对空间的竞争。

3）自养硝化菌一旦在生物膜中培养成熟起来，便可以稳定生长。在生物滤池稳定运行时，生物膜上的硝化菌已经成熟，碳化异养菌对硝化菌的竞争性抑制作用就会弱化直至对硝化菌不再产生抑制作用。

3. 结论

通过上述分析可以得出以下结论。

(1) 在污水深度处理工艺中，在好气滤池前段（本实验为 65cm）有 31.6%～63.1%的 TOC 被去除，占总去除率的 72.3%～100%。随滤料层加深 TOC 的碳化作用逐渐减弱。

(2) 在好气滤池中，发生硝化作用的滤层厚度为 25～105cm，随滤层加深硝化作用增强。

(3) 好气滤池应用于污水深度处理时，碳化异养菌和硝化菌可在好气滤池中共存。

3.3.4 好气滤池中 TOC 与 COD_{Cr} 相关关系[1]

有机物污染是当前水质污染的主要问题，COD_{Cr} 和 TOC 都是表示水体受有机污染程度的综合性指标。目前，国内外多采用化学需氧量（COD_{Cr}）和生化需氧量（BOD）作为衡量水中有机物污染程度的重要指标。测定 COD_{Cr} 是采用强氧化剂（重铬酸钾）和加热回流的方法，将水中的有机物等还原性物质氧化所消耗的氧化剂的量来间接表示水体中有机物的浓度，它反映了水中受还原性物质污染的程度，也反映了有机污染对水中溶解氧的影响。但此法存在消解回流时间长、检测成本高，易造成二次污染（测试中需用到 Ag_2SO_4、H_2SO_4、$HgSO_4$ 等有毒有害物质），测定过程中对某些含碳化合物氧化不完全，且存在对低值 COD_{Cr} 测定的准确度较差等不足。

测定 TOC 是采用燃烧法或光催化法，将水中的总有机碳氧化为二氧化碳，利用二氧化碳与总有机碳之间碳质量浓度的对应关系，定量测定水溶液中总有机碳量。通常使用燃烧氧化—非分散红外线吸收法来测量 TOC：(1) 差减法：由于水中 TC（总碳）是由 TOC 和 IC（无机碳）组成的，利用 TC 与 IC 质量浓度之差，就可得到 TOC 质量浓度；(2) 直接法：将水样酸化后曝气，使各种碳酸盐分解成二氧化碳而去除，这样可直接测定出总有机碳。由于 TOC 表示水中含碳有机物的总量，能完全反映有机物对水体

---

[1] 本文成稿于 2003 年，作者：张树德、曹国凭、熊必永、张杰。

的污染程度，所以，TOC 比 COD_{Cr} 更能直接表示水中有机物的总量，并且测定时间短（约 10min 即可测定一个水样），其测定结果的精密度、准确度及自动化程度均比 COD_{Cr} 的高，而且不会造成二次污染。因此研究不同条件下 TOC 和 COD 的对应关系，对简化有机污染物污染测定，实现废水的快速、准确监测具有重要意义。由于 TOC 不反映水体的需氧量，与溶解氧没有直接关系，因此在实际测定中，不同水质间的 TOC 与 COD 并不一定呈正比，但对于同一类污水而言，TOC 与 COD 呈现很好的相关性，水质越稳定两者的相关性越好。

1. 试验方法及材料

TOC 测定采用德国耶拿蔡司仪器（analytikjena AG）公司的 Multi N/C 3000 型总有机碳与总氮分析仪，试验方法及步骤按 GB 13193—91 水质总有机碳（TOC）的测定——非分散红外线吸收法，COD_{Cr} 测定采用重铬酸钾和加热回流 2h 的方法，试验方法及步骤按 GB 11914—89 水质化学需氧量（COD_{Cr}）重铬酸盐法的要求进行。将北京工业大学家属区的生活污水经 A^2/O 实验装置处理后作为本试验用水，由进水泵泵入好气滤池反应器，好气滤池采用下向流进水及气水逆向方式，试验期间温度为 18.6～28℃。

2. 结果及分析

（1）测定结果

在好气滤池稳定运行时，沿水流方向隔日取水样并平行测定 COD_{Cr} 与 TOC，根据 3 次测试结果的平均值得到如图 3-33 所示的沿程变化趋势。

由图 3-33 可知，COD_{Cr} 与 TOC 起伏变化趋势相似，说明两者具有良好的相关关系。

（2）TOC 与 COD 的关系

COD 与 TOC 间紧密的相关关系，良好的相关系数是水中有机物氧化反应当量的体现，是有化学理论基础的。COD 与 TOC 之间客观上存在着一定的比例关系，即 $COD = k TOC + a$，从理论上计算，COD 与 TOC 的化学计量比应等于氧和碳的摩尔质量之比（32/12=2.66），所以系数 $k>1$。因此，由 TOC 可以反映出 COD_{Cr} 的大小。国内外大量研究表明：TOC 值和 COD 值的相关系数一般均达 0.70 以上。

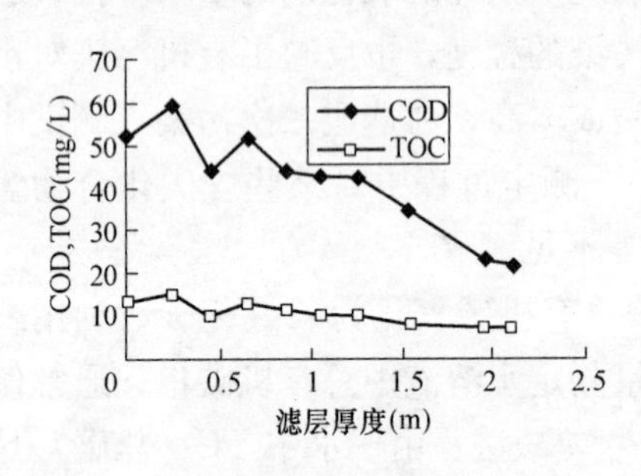

图 3-33　COD_{Cr} 与 TOC 沿程变化

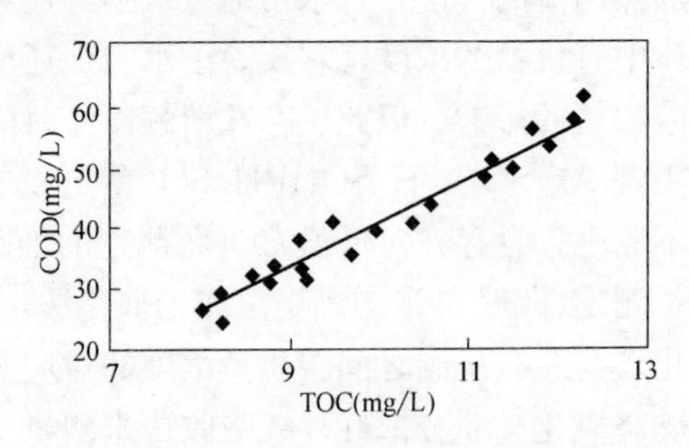

图 3-34　TOC 与 COD 的相关性

根据数理统计理论对试验数据进行回归分析，得到在低基质浓度条件下，好气滤池中 TOC 与 COD 的关系如图 3-34 所示。TOC 与 COD 的相关关系可以表达为：

$COD_{Cr} = 72.778TOC-31.946$，相关系数 $r=0.9674$。其中 COD_{Cr} 最高检测浓度为 61.7mg/L，最低为 22.2mg/L。

实测值与计算值的比较 **表 3-16**

TOC(mg/L)	$COD_{实测}$(mg/L)	$COD_{计算}$(mg/L)	绝对误差(mg/L)	相对误差(%)
8.33	28.05	28.67807	−0.63	−2.24
8.95	35.54	33.19031	2.35	6.61
9.17	34.73	34.79143	−0.06	−0.17
9.30	36.10	35.73754	0.36	1.00
9.65	40.42	38.28477	2.14	5.28
9.67	41.22	38.43033	2.79	6.77
9.74	40.90	38.93977	1.96	4.79
9.86	40.05	39.81311	0.23	0.59
10.56	44.08	44.90757	−0.82	−1.87
10.64	48.02	45.48979	2.53	5.27
11.16	46.04	49.27425	−3.32	−7.02
12.19	55.07	56.77038	−1.07	−1.92

（3）测定值与计算值的比较

为了进一步验证 COD 与 TOC 关系，表 3-16 为某组试验实测值与应用关系式计算值的比较。从表 3-16 中可以看出，实测值与计算值间的最大绝对误差为 3.32mg/L，最大相对误差 7.02。由于测定有机物含量较低的水样时，COD_{Cr} 的测定结果误差较大，所以，上述误差是可以接受的。

需要注意的是，虽然 TOC 与 COD_{Cr} 存在相关性，但对于不同水质和不同处理工艺，其相关系数不同，因此，在实际应用中，应根据具体的水质及处理工艺，必须通过实验求出两者之间的关系，以减少计算值与实际值间的误差。

3. 结束语

（1）通过上述试验看出，低基质浓度污水中 COD_{Cr} 与 TOC 测定值之间呈现很好的相关性，在本试验中 TOC 与 COD 的关系为：$COD_{Cr} = 72.778TOC - 31.946$，相关系数 $r=0.9674$。

（2）测定 TOC 方法简便、快速、准确、精密度高，在再生水处理工艺中可用 TOC 测定值推算 COD_{Cr} 值，进一步简化了检测手段，并为实现在线检测创造条件。

（3）由于其他废水成分复杂、组成不固定，且受多种因素的影响，其 COD_{Cr} 与 TOC 对应关系式还需经实验确定。

3.4 扩展流好气滤池的试验研究

3.4.1 扩展流好气滤池提高再生水水质的试验研究[1]

污水再生回用的任务是缓解水供需矛盾和恢复流域水环境，这种要求是传统小规

[1] 本文成稿于 2004 年，作者：张杰、陈秀荣、李峰。

模、低水质的再生工艺力所不及。因此，开发大规模、高效、低耗的污水再生工艺已成为必然。本文结合深圳特区再生水系统规划的目标，通过对扩展流与均匀流好气滤池的对照研究，论证了扩展流好气滤池作为深圳特区污水再生处理主导工艺的可行性。

1. 试验设计及方法

（1）原水水质及处理任务

以深圳市滨河污水厂二级出水为原水，以深圳特区再生水系统规划的推荐水质标准为限度。主要水质指标见表3-17。

主要水质指标（mg/L） **表3-17**

类别	COD_{Cr}	BOD_5	pH	SS	NH_4^+-N
原水水质	35～50	11～20	7.18～7.48	15～25	15～25
推荐指标	30	4～8	6.5～8.5	5	5～10

（2）设计参数的确定

选择多孔陶粒填料，平均粒径4.71mm，形状系数为0.63，滤床孔隙率为43%，真实密度为1.51g/cm^3，堆积密度为0.86g/cm^3。实验装置见图3-6采用向上流运行方式。滤柱设计参数见表3-18。

两滤柱设计参数 **表3-18**

名称	高度(mm)	内径(mm)		容积(L)	
		扩展流	均匀流	扩展流	均匀流
布水缓冲区	200	150	200	3.53	6.28
承托层	50	150	200	0.88	1.57
填料区	1700	150～400	200	107.46	53.38
出水澄清区	850	400	200	106.76	26.69
保护区	100	400	200	—	—
总计	2900	—	—	212.83	87.92

（3）实验项目及方法

由于进水底物浓度稳定且深圳市四季温差较小（20～33℃），主要通过调节不同流量来考察。

试验中考察了进水流量（转子流量计）、pH值（pH计）、DO（YSI MODEL55型DO仪）、COD_{Cr}（XZ-I型消解仪）、BOD_5（OXITOP自动测定仪）、SS（105℃恒温减重法）、VSS（600℃高温减重法）、NH_4^+-N（纳氏试剂比色法）等指标，分析频率随需要调整。

2. 对照试验过程及分析

试验共历时8个月，着重对比了挂膜启动、正常过滤和反冲洗3个过程。

（1）挂膜启动

挂膜期间直接从污水厂二沉池连续进水，采用低滤速（2.5～3m/h）、高曝气（出水DO为2.5～3.5mg/L）的启动方式。主要考察COD_{Cr}、SS、NH_4^+-N逐时去除情况，以确定挂膜的不同成熟阶段。挂膜期 COD_{Cr}、SS、NH_4^+-N 去除逐日变化曲线见图 3-35、图 3-36 和图 3-37。

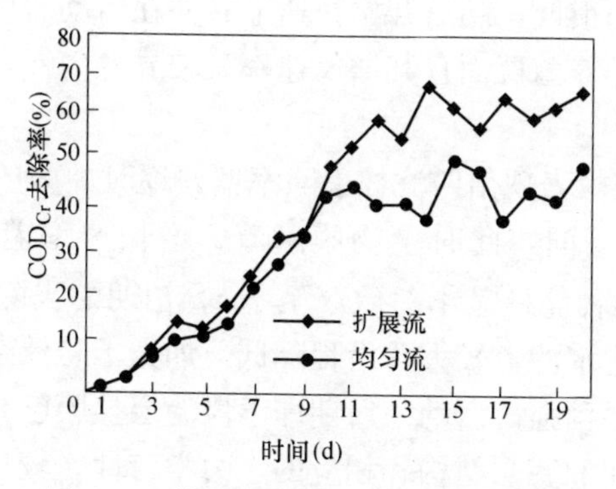

图 3-35 挂膜期 COD_{Cr}指标去除率曲线

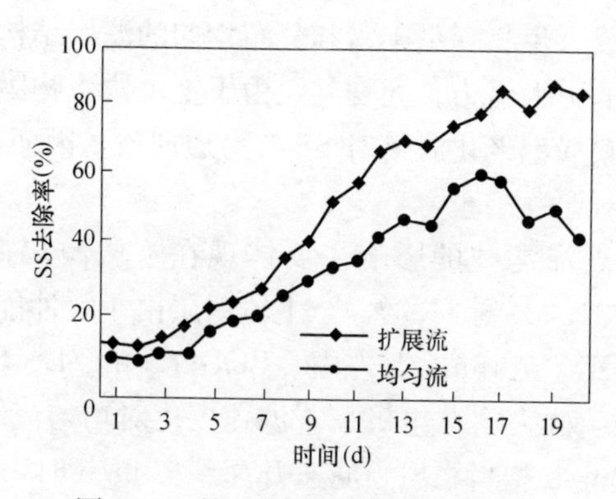

图 3-36 挂膜期 SS 指标去除率曲线

由图 3-35～图 3-37 可知，两滤柱的启动过程相近：COD_{Cr}启动历时最短，最初去除率上升速率较慢，随后逐步加快。此现象可解释为初期滤料未附着生物膜，对 COD_{Cr}的降解主要依赖于引自二沉池的原水中所含有的少量微生物种群，因而效率较低。随着优势菌群在滤料层的附着并以指数速率增生，滤料上形成的异养生物膜层迅速提高了 COD_{Cr}的去除率；SS 的启动较滞后，并随 COD_{Cr} 去除率的升高而增长速率加快。原因是滤料未挂膜时只是滤层单纯的截滤作用，效率较低。随后生物膜的生成、增

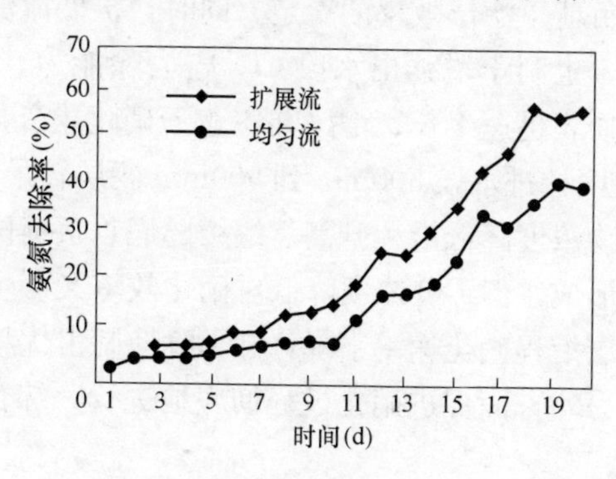

图 3-37 挂膜期氨氮指标去除率曲线

厚不仅减小了滤层孔隙率，加强了截滤作用，而且生物膜对 SS 还起到吸附捕获或水解、同化的作用，此时 SS 的去除率急速上升；NH_4^+-N 的启动历时最长，在异养生物膜已成熟时，硝化效率仍很低，随后开始快速上升并在启动后期趋于稳定。由于原水中硝化细菌含量大大少于异养菌群而且其增长速率又较异养菌慢，因此，硝化生物膜启动时间较长。

3 种曲线在启动过程中表现出两滤柱去除率偏差逐时加大的变化可解释为：启动初期两滤柱工况条件基本相同，此时生物膜附着、增长速率差异不大，COD_{Cr}降解和NH_4^+-N 硝化初期情形两种滤柱基本一致，至于 SS 初期的去除差距主要是扩展流滤柱逐步变缓的空间结构使进水滤速较大并沿程降低，加大了悬浮杂质的穿透深度，形成反粒度过滤，因而截滤效果稍强。启动中后期即下段滤层挂膜已相对稳定，此时扩展流滤柱沿程增加水力停留时间的滤层结构和相应的水力学特性，较均匀流滤柱更利于上部滤层在低底物负荷下生物膜量的聚集增生。此特性拉开了两滤柱上段挂膜速率的差距，同时，由于扩展流滤柱形成了生物膜量丰富和分布均匀的滤层结构，使其在启动后期表现出底物降解和床层截滤的更大潜力。而均匀流由于上下段生物膜分布不均且上段滤层膜量少，则后期下段生物膜局部老化脱落时 SS 有穿透现象，因而两柱差距越来越大。

（2）滤柱正常运行对照

正常运行滤速对扩展流滤柱的影响主要体现在下段滤层硝化效率随滤速升高到 12m/h 而略有降低（从 31.2%到 24.5%），上段滤层由于缓冲能力大而变化较小，其他指标较稳定，即出水 COD_{Cr}在 16mg/L 左右、$BOD_5$$<$5mg/L、SS 去除率约 80%、细菌去除率 90%以上、大肠菌群去除率达 99%；滤速变化对均匀流影响较大，滤速为 9m/h 的出水水质与扩展流 12m/h 相当，但当滤速升高到 12m/h 时，上段滤层几乎丧失了去除能力，因此选定 12m/h 和 9m/h 分别为扩展流滤柱和均匀流滤柱的极限滤速。

为考察两滤柱去除底物的沿程变化，对比了不同滤层高度上 COD_{Cr}及 NH_4^+-N 的去除效率。图 3-38 中，两柱进水段 500mm 滤层的 COD_{Cr}去除率相近，且在沿程各段滤层中去除速率为最大。这是由于进水段 COD_{Cr}容积负荷较高，生物膜中微生物菌群在底物充足的情况下活性较高，因而去除率最大。由图 3-38 可见，均匀流曲线变化沿程渐趋平缓，这是因为随沿程 COD_{Cr}的不断降低，各段滤层生物膜活性减弱，在相同的水力停留时间内去除效率逐步减小。虽然扩展流滤柱底物负荷也是沿程降低，但沿程停留时间的增长保证了低负荷下滤层效率的稳定。同时，扩展流滤柱反冲时滤料循环置位运动均化了生物膜分布，也利于增强出水段 COD_{Cr}去除能力。由于进水段 COD_{Cr}容积负荷较高，激活异养生物膜迅速生长、增厚并覆盖于硝化膜外层，从而限制硝化菌 DO 供应，因此，图 3-39 中两柱进水段 500mm 到 900mm 滤层较最初进水 500mm 段硝化效率高，即硝化效率随底物浓度降低沿程升高。继续随底物负荷的降低，上段异养菌竞争力减弱，利于硝化膜的形成，但 DO 浓度降低对硝化效率又产生了抑制。两种作用的结果是均匀流中间以上滤层沿程硝化速率下降，即 DO 抑制占优势。由于扩展流上段沿程停留时间逐渐增加，从另一方面促进硝化过程彻底地进行，综合作用的结果是硝化效率沿程线性上升。

（3）滤柱反冲洗性能对照

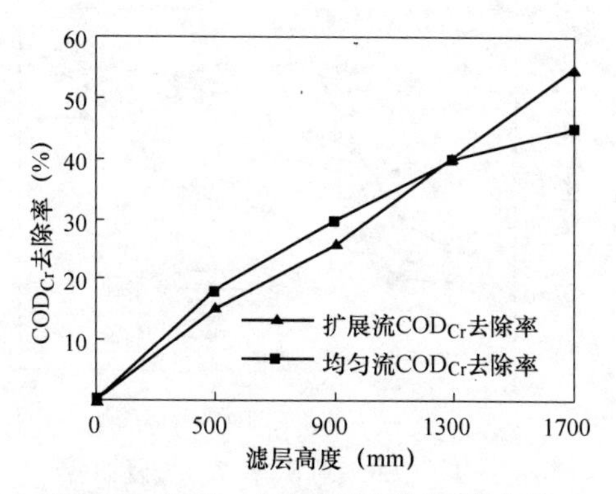

图 3-38　COD_{Cr}去除率的逐层变化曲线

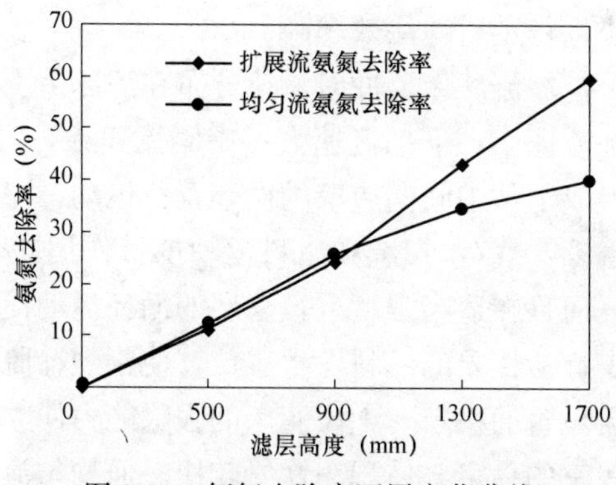

图 3-39　氨氮去除率逐层变化曲线

相同反冲条件下，试验中着重对照滤柱反冲效果和反冲后生物膜恢复。图 3-40 以反冲液总固体含量逐时变化指示生物膜及其截流杂质脱落情况。扩展流反冲液总固体含量经最初的平缓增加后急速上升，在 9min 达到峰值后急速下降。而均匀流曲线上升总体上相对缓慢，在 13min 达到高峰后平缓下降。不难看出，扩展流滤柱的反冲洗时间较均匀流大大缩短。

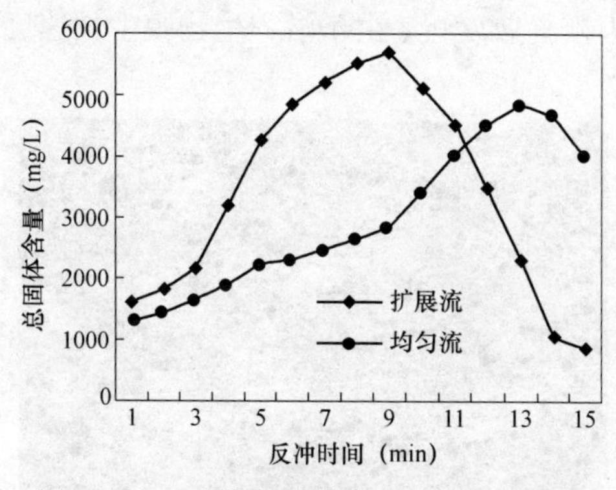

图 3-40　反冲液总固体含量逐时变化曲线

图 3-41 中以反冲后COD_{Cr}去除率逐时变化反映反冲后滤柱的恢复。扩展流在反冲后 2.5h 内COD_{Cr}去除率恢复较慢，随后快速升高，在 5.5h 去除率达到 43.0％。而均

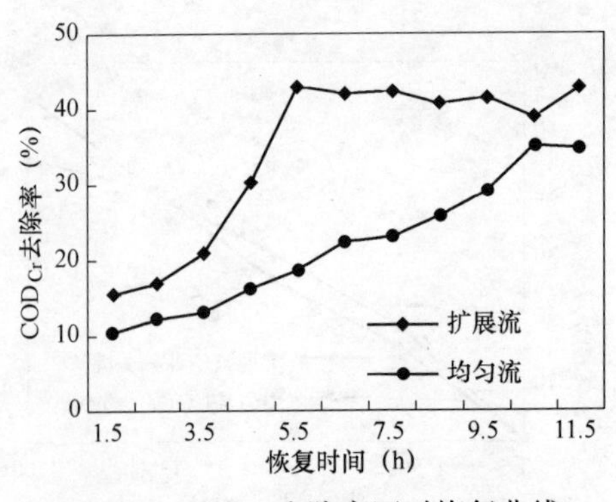

图 3-41　COD_{Cr}去除率逐时恢复曲线

匀流反冲后COD_{Cr}去除率恢复缓慢，到 10.5h 去除率为 35.1%。总体来看，反冲后扩展流比均匀流恢复速度快且稳定后滤层效率高。

以上结果可解释为：扩展流滤床反冲时流速分布在滤床上下不同截面和同一截面内是变化的，其规律是上部流速小，下部流速大；中间流速大，沿径向流速逐渐变为零。流速分布的差异使滤层形成了从中间向边壁的循环置位运动。滤层的循环置位运动不仅加剧了滤料颗粒的碰撞摩擦，气/水扫洗和滤料运动携带作用联合使脱落生物膜加速脱离滤床，改善反冲效果；而且在适当强度下，滤层的循环运动使下段附着丰富活性菌群的滤料与上段菌群含量少且活性差的滤料发生置位，使剧烈冲脱的活性生物膜在上段适当蓄积，从而反冲后只需短暂的稳定，上段滤床的去除能力便立即发挥出来，维持着下段生物膜未成熟前滤床效率的稳定，体现为恢复较快。而均匀流滤床反冲时整个滤层上下和每个横截面上流速分布大致均匀，反冲时滤床随气、水压力急剧升高整体瞬间膨胀，并随压力渐趋均衡出现局部滤层跌落，在膨胀、跌落过程中相邻滤层间摩擦碰撞，此类滤料颗粒摩擦碰撞的范围和强度远小于扩展流滤层的循环运动，膜脱落较慢且不均匀，而且脱落的生物膜及杂质仅由气/水扫洗、卷带出滤床，由于没有滤料大范围循环运动的携带作用，其脱离滤床的速度较慢，反映为图 3-40 中均匀流曲线变化平缓。由于反冲时滤床各点受力相同，各点膜脱落情况一致，则反冲后滤床的恢复仅依赖生物膜重新附着、生长，表现为恢复速度慢。由于沿程生物膜生长速度差异较大，整个滤床生物膜量仍然分布不均。

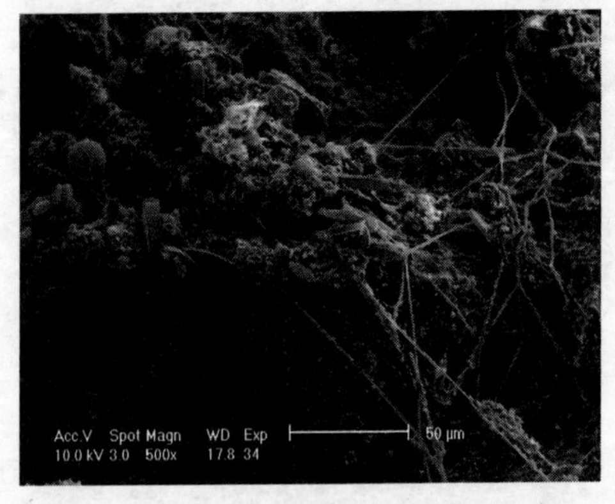

图 3-42　扩展流上部滤层菌群（1000 倍）

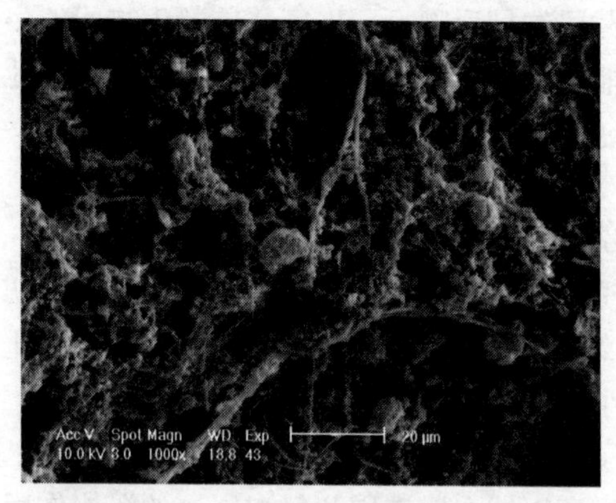

图 3-43 均匀流上部滤层菌群（2000 倍）

3. 滤床生物膜菌群结构的差异

运行初期两滤柱的底物去除过程差别不大，但经过周而复始、频繁交替的正常过滤和反冲洗过程后，差距逐步加大。不同的反冲洗过程导致反冲后滤床生物膜的不同分布，而滤层内生物膜分布的不同又导致下一运行周期中沿程底物去除效率的差距，此差距反过来又促进了滤层中生物膜量分配和优势菌群结构的变化。这种变化在两滤柱的上半段滤层中体现明显。由图 3-42、图 3-43 看出，扩展流上部滤料颗粒在局部 1000 倍放大时镜头内细菌数相当或超过均匀流 2000 倍放大时镜头内的细菌数。而且扩展流上部滤层生物膜菌群丰富，由杆菌、球菌、弧形菌和大量丝状菌一道构成复杂的菌群结构。均匀流上部滤层生物膜内菌群则较稀少，除污泥絮体中交结缠绕的丝状菌外，仅球菌的数量和分布较为明显。对比看来，扩展流上部滤层生物膜无论是菌群种类还是数量都较均匀流占优势，而丰富、活跃的生物相保证了扩展流上部滤层在低负荷下仍有较高的底物去除效率。

4. 结论

（1）挂膜启动过程中，两滤柱初期启动情况相似，随后差距越来越大。

（2）正常过滤时，扩展流和均匀流滤柱的极限滤速分别为 12m/h 和 9m/h。滤柱内随沿程底物浓度降低，异养生物膜活性逐渐减弱；下段（进水段）滤层的硝化主要受限于硝化自养菌与异养菌对 DO 的竞争，在上段（出水段）受沿程降低的 DO 限制。均匀流各段滤层在相同水力停留时间下效率逐步减弱。而扩展流滤柱以停留时间沿程增加来克服底物负荷和 DO 的降低，从而保证上段滤层效率不变。

（3）扩展流滤柱的反冲时间短且反冲后滤层恢复较快。

（4）扩展流上段滤层内菌群数量和种类都较均匀流丰富。

3.4.2 好气滤池反冲洗的特性[1]

好气滤池集生物膜的强氧化降解能力和滤层截留效能于一体，是一种适合大规模回用、高效、低耗的污水再生工艺。而运行一定时间后，滤层需要通过反冲洗进行再生。

[1] 本文成稿于 2003 年，作者：张杰、陈秀荣。

反冲过程要求达到释放截留的悬浮物，不损害并更新生物膜的多重目的。因此，反冲洗是保证好气滤池运行效能的关键步骤。本研究就反冲洗方式、池型对照和确定反冲洗参数三方面分别探讨好气滤池反冲洗的相关问题。

1. 好气滤池反冲洗方式

（1）气水连续反冲洗与脉冲反冲洗的机理

气水反冲洗（反冲洗以下简称反冲）过程中综合了空气剪切、摩擦和水流剪切、摩擦以及滤料颗粒间碰撞摩擦的多重作用。反冲水使滤料略有流化以减小滤料间的摩擦阻力，使滤层底部进入的小气泡合成不易分散的大气泡穿越滤层。由于气泡较大，对滤层扰动范围也较大，增强了滤料间的碰撞摩擦；同时气流还强化了水流的剪切和碰撞作用。总之，气泡高速浮升产生的泡振作用和气泡尾迹的混掺作用以及气泡在浮升过程中出现的尾迹效应是气水反冲效果较佳的主要原因。

反冲滤层的运动状态可分解为3个阶段：反冲开始的滤层变速膨胀阶段、滤层悬浮平衡阶段和后期的悬浮滤层沉降阶段。由于第一阶段的特征是滤层变速膨胀，颗粒拥挤上升，碰撞摩擦剧烈，再加上反冲气/水的剪切、摩擦作用使滤料净化效率最高；而第2和第3阶段颗粒碰撞摩擦的机会极少，使碰撞摩擦作用减弱，而且反冲气/水对滤料的剪切和摩擦强度也会由于滤层处于平衡状态而有所降低，因此冲洗效果主要取决于第1阶段。

本文所讨论的脉冲反冲是脉冲气冲和连续水冲的组合，一定强度的反冲气流瞬间进入滤层，与连续水流共同使滤层处于变速膨胀状态，生物膜及杂质在强烈的剪切、碰撞作用下快速脱落。瞬间气流脉冲过后，当膨胀滤层逐渐稳定并沉降，尚未达密实状态时再次开气，于是滤层又开始另一周期剧烈的状态变化，其中水流始终起到均匀反冲并漂洗滤层的作用。频繁操作的结果是使滤层始终处于气水反冲过程的第一阶段，强化了反冲过程，从而在耗水、耗气量小的情况下，保证了较高的反冲效率。

（2）不同池型好气滤池中两种反冲方式对照试验

选取两种池型即扩展流与均匀流好气滤池进行气水连续反冲与脉冲反冲的对照试验。其中扩展流好气滤床为进水端ϕ150mm，出水端ϕ400mm，高度1700mm的倒置圆台体，均匀流滤床为ϕ200mm，高度1700mm的圆柱体。（参见图3-6）两柱均采用升流式过滤方式，均充填多孔陶粒滤料，陶粒平均粒径4.71mm，形状系数0.63，真实密度1.51g/cm^3，堆积密度0.869/cm^3。

两种反冲方式都采用连续进水，区别仅在于脉冲反冲为瞬时、间歇进气，连续反冲为连续进气。采用相同的反冲气、水强度分别为10L/(s·m^2)和2.21L/(s·m^2)。以反冲液总固体含量逐时变化指示膜脱落情况。

图3-44、图3-45为两滤柱在不同反冲过程中反冲液固体含量的逐时变化曲线，其趋势基本一致，即开始3min内两种方式差异较小，以后反冲液浓度逐渐拉大。因为最先脱离滤床的是松散地弥合于滤料缝隙间、老化且已脱落的生物膜和携带杂质，由于两种方式皆可迅速冲脱这部分物质，因而差距较小；随后在曲线峰值前的过渡段显示了滤料表面生物膜的剥落过程，两种反冲方式对膜剥落机制和效率的不同，关系到脱落生物膜量的变化和剥离膜脱离滤层的速度，两者共同作用的结果就反映为各曲线的过渡段长

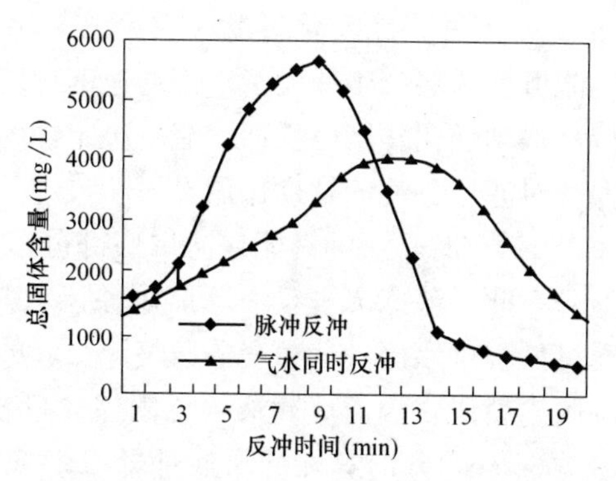

图 3-44 扩展流滤柱两种方式反冲洗液总固体含量逐时变化

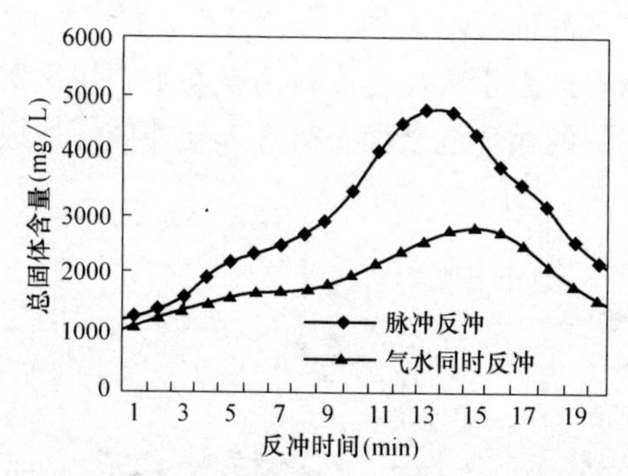

图 3-45 均匀流滤柱两种方式反冲洗液总固体含量逐时变化

度不同，峰值大小和位置的不同。此过程反映为图中气水连续反冲曲线的过渡段较脉冲方式历时长，曲线峰值不突出并相对滞后，说明相同时段内杂质及膜脱落量低，即反冲时间长、反冲效果差。从观察试验对比，气水连续反冲只能使滤层下段 700～800mm 滤层剧烈窜动，间断出现缝隙并跌落，上部滤层几乎不动；脉冲反冲使整体滤层似蛇形窜动并频繁地脉动，滤层翻卷剧烈，此差异在扩展流滤层尤为明显。

上述现象可从反冲机理得到解释，反冲洗过程可概括为在限定条件下最大限度地破坏反冲气、水和滤层组成的三相流体相对平衡状态的过程，只有打破平衡造成相间最大限度的紊乱，才能最大效能地发挥摩擦碰撞和循环混合作用，使滤料颗粒净化。而脉冲反冲正是通过造成滤床频繁地变速膨胀跌落，加剧了颗粒间的碰撞摩擦，并且强化了水流的剪切和碰撞作用使生物膜快速脱落，同时脉冲气流促使滤床急剧膨胀、流化的过程也加强了对脱落生物膜及杂质的携带作用。两种作用联合使脉冲反冲效率得到了提高。

2. 扩展流好气滤池脉冲反冲强度和反冲时间的确定

反冲强度和反冲时间是衡量好气滤池反冲效果的重要参数。试验针对运行周期为 10d 的扩展流好气滤池，进行了强度和历时的研究。

(1) 反冲气、水强度的确定

试验首先固定水冲强度 2.21L/(s·m^2)，对比 6～8L/(s·m^2)、8～10L/(s·m^2) 和 10～12L/(s·m^2) 3 个强度的气冲效率；再固定气冲强度为 10L/(s·m^2)，对比 1～2L/(s·m^2)、2～4L/(s·m^2) 和 4～6L/(s·m^2) 3 个强度的水冲效率，由对比分别选择控制范围。

由图 3-46、图 3-47 可见，气冲强度变化对反冲效率的影响明显大于水冲强度变化的影响。这是因为反冲气流可使滤层产生远大于水流的速度梯度，脉冲气流连续水流的反冲方式使气流的这一特性得到强化，所以反冲气流是决定性因素，其中反冲水流只能起到减小滤料间摩擦阻力和对滤层漂洗的辅助作用。

当气冲强度 6～8L/(s·m²) 时，反冲气流在滤层底部分散的小气泡不能合成大气泡而是沿滤料空隙迅速上升，此时滤床无搅动、膨胀现象，只是滤层中下段发生蠕动。生物膜及杂质的剥落仅通过低强度水流的剪力和分散气泡引起的小范围滤料的碰撞摩擦作用，并仅由水流的漂洗脱离滤床，因而反冲液中总固体含量较低且逐时变化不明显；当气冲强度增加到 8～10L/(s·m²) 时，在滤层底部即可形成大气泡，并以不连续的方式跳跃上升，引起整个滤层剧烈的碰撞摩擦，同时滤层具有流化脉动和循环置位现象，提高了反冲效率；当气冲强度增大到 10～12L/(s·m²) 时，伴随着反冲滤层更加剧烈的流化脉动，滤床轴心区由于气流速度较高易发生“短流”现象，即滤料在气流急速的携带下未经与周边滤层的循环混合而直接进入反冲液，造成滤料大量流失。经对比选择气冲强度控制范围为 8～10L/(s·m²)。

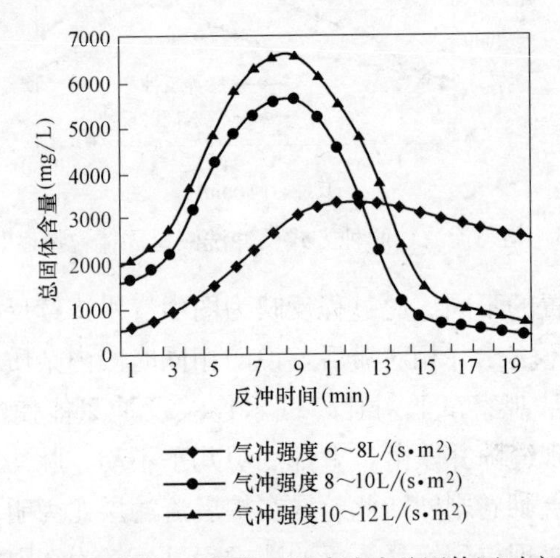

图 3-46 不同气冲强度下反冲洗液总固体逐时变化

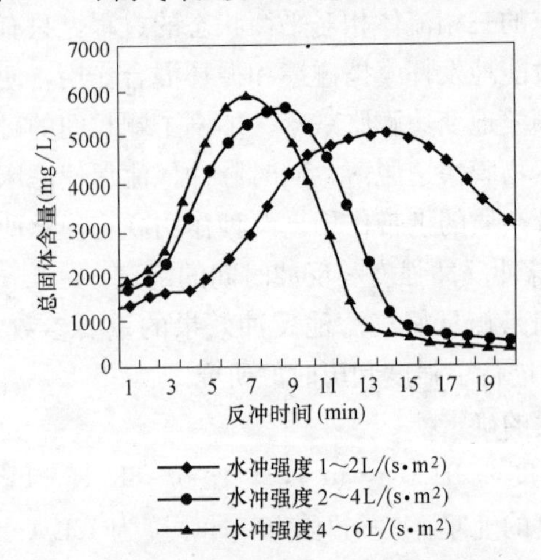

图 3-47 不同水冲强度下反冲洗液总固体逐时变化

固定气冲强度为 10L/(s·m²)，当水冲强度低至 1～2L/(s·m²) 时，不仅削弱了水流的剪力降低反冲效率，而且反冲水输泥能力低，不能及时漂洗滤层，更不能快速排放滤层循环携带至反冲液中的膜及杂质，致使反冲液总固体浓度峰值迟到并且平缓，影响反冲效果；当水冲强度调至 2～4L/(s·m²) 时，不仅增强了反冲水的输泥能力而且降低了滤料的摩擦阻力使气冲效能得到加强，明显提高反冲效率；水冲强度继续增大至 4～6L/(s·m²) 时，高速的冲洗水不仅会携带滤料至反冲液中而且易使床层发生明显膨胀，而气水冲洗滤床最佳的运动状态应是产生搅动但又无较大膨胀，因此水冲强度不宜过高。经分析选择水冲强度控制范围为 2～4L/(s·m²)。

（2）反冲时间的确定

生物膜的形成首先是单体或聚集的细胞在滤料表面附着，形成薄层的活性生物膜，在对底物的代谢过程中，膜内菌群增生并生成大量的胞外聚合物，使膜厚增加；厚生物膜多孔的缠结结构使其具有很强的吸附能力，因此膜外层多聚物的孔隙内常吸附大量的无机杂质。此时生物膜量的继续增长主要为非活性物质的积累，形成活性降低的生物膜层；当生物膜厚度增到使底物和 DO 的传输不能到达底层时，生物膜深处会形成厌氧区，此时生物膜容易脱落。根据生物膜增长阶段不同可分为两种膜结构：一种为新生结构，包括基层活性膜层和外层非活性膜层（多由胞外多聚物及吸附于内的无机物构成）；另一种为老化结构，分为底层厌氧区和外层好氧区。在运行周期末，老化生物膜常自行脱落并夹杂于滤料缝隙。由于不同的膜层内有机与无机物质相对含量不同，因此以反冲液中有机与无机固体的相对含量表示生物膜的剥落程度。

图 3-48 中反冲液有机固体与无机固体含量比值的变化曲线以 5min 处为谷值，经过平稳下降段、急速下降段、并由渐缓下降段过渡到谷值后的渐进升高段。此间相应的反洗液中固体含量变化为：最初 3min 内为有机、无机和总固体含量的平行稳定上升；然后在有机/无机含量的谷值之前发生有机与无机含量的加速上升，而以无机含量的上升更快，此时两者叠加的总固体含量也为急速上升；在有机/无机含量的谷值之后，有机含量仍以恒定速度快速上升，而无机含量则保持低速上升，两者叠加的总固体含量上升趋势渐缓。

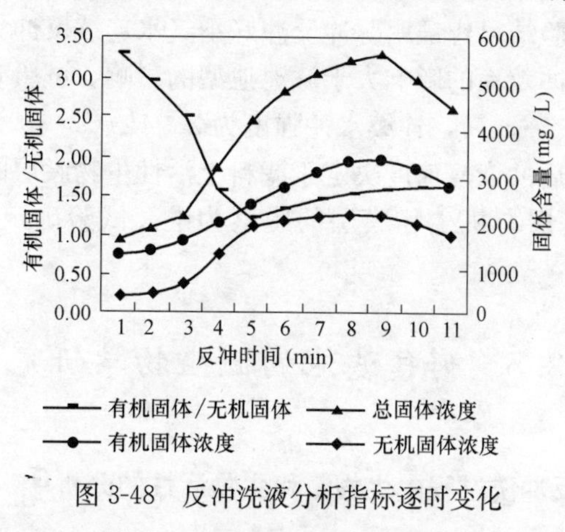

图 3-48　反冲洗液分析指标逐时变化

此现象可解释为：反冲初期最快脱离滤床的是滤料空隙弥合的、比较轻的、老化生物膜体。相对于滤料上牢固附着的生物膜量，其含量较少，但总的有机体含量远远大于吸附截留的无机杂质，且两者相对含量较为恒定，反映为有机与无机含量比值较高且图中各曲线变化平稳；随着滤层内易脱落的老化膜量减少，滤料上牢固附着的生物膜在剧烈的剪切和碰撞摩擦作用下大量进入反冲液，首先剥落的为外部膜层，主要为大量的胞外多聚物及长期吸附于内的无机杂质。脱落生物量的急剧增加使各曲线上升幅度较大。由于外层多聚物的多孔性使截留并镶嵌于内的无机成分含量在所有生物膜层为最高，此时无机含量上升幅度最大，显示为有机与无机含量比值下降速度逐时加快；当内层生物膜进一步脱落时，由于内层生物膜致密且空隙率大大降低，加上无机颗粒的渗透力减弱使内层无机成分减少，由于有机成分在各层的含量较为恒定，使有机含量继续均匀上升并具有绝对优势，此时有机与无机含量的比值出现逐渐升高的趋势。由上述分析知，反冲 5min 为内层有机膜层脱落的起点。

试验对比了不同反冲时间滤层的恢复速度。图 3-49 中曲线表明，滤层反冲 5min 恢复比反冲 10min 快近 9h。结合上述分析可知，反冲 5min 时滤料表层的有机活性生物膜层仍有适当保存，反冲后滤层只需短暂的稳定即可达到较高的 COD_{Cr} 去除效率，而反冲 10min 则使生物膜几乎全部冲脱，滤层的恢复仅依赖于生物膜的重新形成，因而速度较慢。

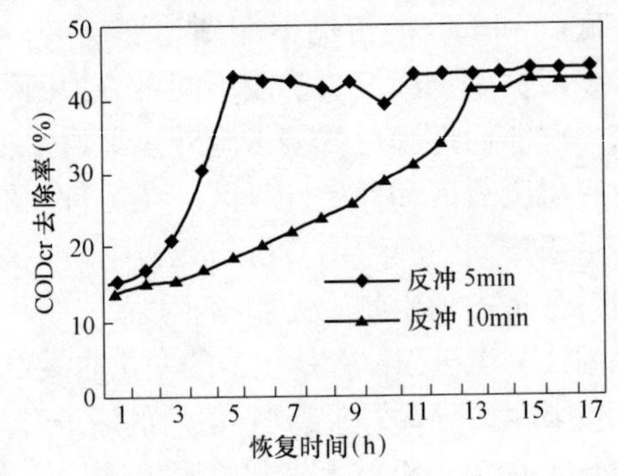

图 3-49　不同反冲洗时间滤层去除 COD_{Cr} 效率恢复曲线

3. 结论

(1) 由于脉冲气冲连续水冲的反冲方式使反冲过程的第一阶段得到强化，提高了反冲效率，不同池型的试验结果皆证明脉冲反冲好于气水连续反冲。

(2) 反冲方式对反冲效率的影响大于滤池池型的影响。试验确定扩展流好气滤池脉冲气流强度为 8～10L/(s·m^2)，连续水冲强度为 2～4L/(s·m^2)。

(3) 好气滤池反冲后的恢复速度决定于滤料上活性生物膜层的存在与否，因此反冲时间的确定应以避免基层有机生物膜层的脱落为准。试验确定扩展流脉冲反冲时间为 5min。

3.5　好气滤池的微生物学研究

3.5.1　好气滤池反冲洗过程中生物量和生物活性的分析[1]

运用生物膜技术进行水处理至今为止已有一个世纪之久，然而 20 世纪 80 年代人们

[1] 本文成稿于 2004 年，作者：白宇、张杰、陈淑芳、阎立龙。

才对这种生化处理方法进行了大量研究，研究的目标大多为反应器设计和运行参数的确定以及运行效果的比较。生物量和生物活性是生物膜本身两个重要的参数。生物量按生物活性分为两类，即活性生物量和非活性生物量，前者主要负责降解水中有机物，其增长潜力与载体表面未被覆盖率成正比。生物量和生物活性对反应器的处理效果起着至关重要的作用，随着现代检测技术的发展，对其研究也越来越受到重视。对于生物膜的结构特征研究已由最初的二维平面观发展到目前的三维空间观。

1. 实验

实验以好气滤柱为反应器，在哈尔滨市文昌污水处理厂进行了污水深度处理的中试研究。好气滤柱有别于其他的生物膜处理技术，除了具有生物氧化作用外，同普通快滤池一样，还有物理截滤作用。因此，随着运行时间的延长，需要定期进行反冲洗。实验研究发现，反冲洗过程中生物量和生物活性都发生了变化，因此，本文重点对挂膜期低强度、短时反冲洗和滤池成熟期反冲洗过程中生物量和生物活性的变化及其作用进行了深入研究。生物量的测定采用 Findlay 的脂磷分析法，脂类物质是所有细胞中生物膜的主要组分，在细胞死亡后很快分解，90%～98%的生物膜脂类是以磷脂的形式存在的，磷脂中的磷（脂磷）含量很容易用比色法测定，结果以 nmol/(P · cm^3 · media) 表示，1nmol P 约相当于大肠杆菌（*E coli*）大小的细胞 10^8 个。生物活性的测定采用 Urfer 的 BRP 法。

（1）实验流程

由于实验阶段文昌污水处理厂二级处理部分土建尚未完成，因此，中试采用污水处理再生全流程对污水进行一级、二级以及深度净化。实验流程如图 3-50 所示。

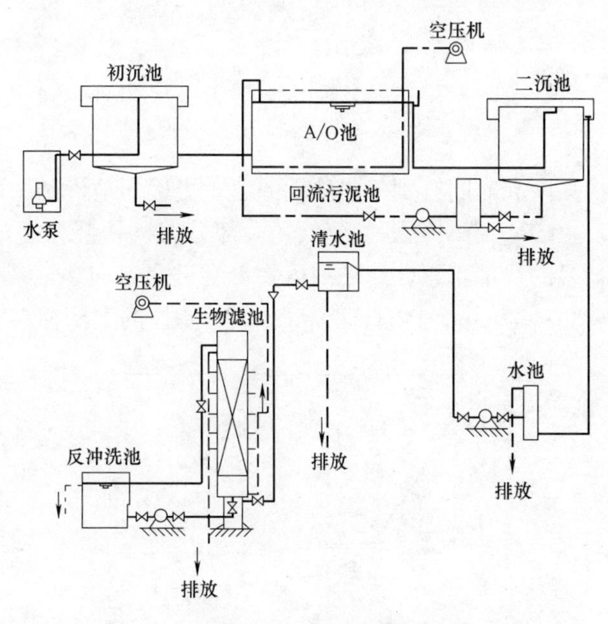

图 3-50　实验装置

（2）挂膜实验

为节省时间，中试在对曝气池培养污泥的同时亦对好气滤柱进行了挂膜实验，挂膜采用逐渐增加流速连续培养方法。挂膜初期流经好气滤柱内污水的水力负荷为1m/h，使水中的有机物和滤料充分接触，然后逐步增加流速。挂膜期间气水比3：1。挂膜过程实际上是滤柱内生物从无到有、从少到多的过程，挂膜过程为保持生物量的积累一般不进行反冲洗，为给文昌污水处理厂将来的运行提供可靠的运行参数，对这一过程进行了深入的分析，实验中对两个相同的好气滤柱在挂膜期间分别进行了反冲洗和不反冲洗的对比研究。

2. 实验结果与讨论

（1）挂膜期间低强度反冲洗对挂膜效果的影响

如图3-51所示，在挂膜期间的最初5天内，2个好气滤柱都未进行反冲洗，其净化效果也基本相同，去除率在20%以内；在第6天时，只对其中1个滤柱（1#柱）进行了反冲洗，从图中可以看到，在以后的挂膜期间，经过反冲洗的滤柱的去除率比没有反冲洗的滤柱有一定的提高，到第8天时，去除率已接近30%，而没经反冲洗的滤柱在挂膜的第11天 COD_{Cr} 去除率才接近30%。试验表明，经过适当的短时反冲洗，可以缩短近30%的挂膜时间。

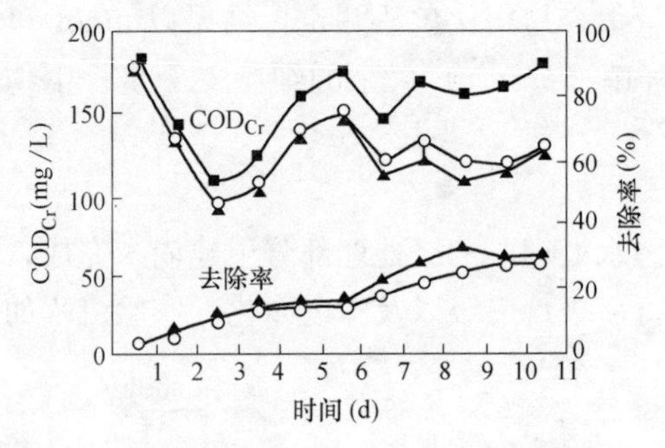

图3-51　1#、2#滤柱进出水 COD_{Cr} 浓度及去除率

■ 进水　▲ 1#柱出水　○ 2#柱出水

这里指的反冲洗强度和时间有别于成熟期的值，更确切地说是一种生物膜的重置过程。如图3-52所示，由于挂膜期有机负荷低，大部分有机物都在好气滤柱的进水端被利用，从而造成生物膜的局部积累。滤柱的生物量沿进水方向逐渐减少，滤柱60cm以上的区域生物量只有20～30nmol P/(cm³·media)，滤柱的上部相对于进水端的下部来

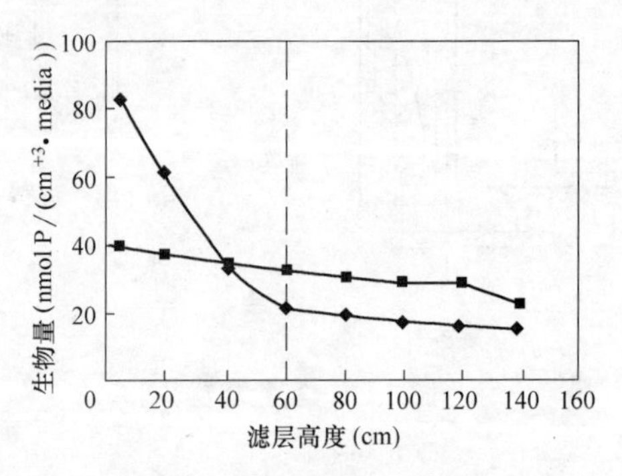

图3-52　生物滤柱沿程生物量

■ 反冲洗后　◆ 反冲洗前

说，微生物量较小，滤料表面和滤料之间还有较大可利用空间。在适当的时期经过小强度、短时的反冲洗后，滤柱的生物膜经过脱落和重新分布以及滤料自身的位置改变，使生物量和生物相都有了新的变化，如图 3-52 所示，生物膜由原来的主要底部积累变为基本上的全层分布，这样既缓解了下部的堵塞问题，又可提高滤池单位容积的利用率。

如图 3-51 所指，1# 柱在适当的反冲洗之后，势必造成生物量的减少，但是单位生物量的活性却增加了，从而使生物氧化能力得到提高，在宏观上表现为出水 COD_{Cr} 去除率得到提高，使滤柱挂膜时间缩短。实验中还发现，挂膜期温度较高，生物增殖速率快，一直没有进行反冲洗的生物滤柱在经历挂膜期后，由于滤柱底部截留了大量的悬浮物和生长过厚生物膜而产生了板结现象，使出水去除率难以提高，并增大了后续反冲洗的难度。因此认为，在好气滤柱进行挂膜期间应进行适当的反冲洗，反冲洗的方式、强度和冲洗时间根据不同的滤料性质、高度等相关条件而定，一般为保证生物量的积累，其值要小于成熟期的相应值，本次实验滤料采用重质陶粒，滤料高度为 3m，挂膜期间只采用单独水反冲洗，水洗强度为 7.5（L/(m² · s)），反冲洗时间为 1～2min。

（2）挂膜前后好气滤柱反冲洗的滤层膨胀变化

好气滤柱进入成熟期后，单独的水反冲洗已不能满足冲洗效果，为保证良好的处理效果，中试采用气水联合反冲洗。同时发现气冲强度的大小对生物滤池生物作用的影响要比水冲强度的影响大，反冲洗气强度的确定对生物滤柱能否正常运行起着至关重要的作用。通常滤池的反冲洗气强度的确定都通过膨胀率和反冲效果两方面入手。

图 3-53 是好气滤柱挂膜前后气水联合反冲洗的不同气洗强度与滤层膨胀率的关系。如图 3-53 所示，当反冲洗水洗强度一定时，挂膜前后滤层的膨胀率都随着气洗强度的增大而增大。但是在同样的反冲洗强度下，挂膜后的生物滤层的膨胀率要大于挂膜前的滤层膨胀率。这是因为好气滤池有别于给水中的普通快滤池，在滤料未挂膜时，滤料表面存在的孔隙和滤料之间的空隙被水占据。在滤料挂膜后，孔隙以及空隙水被新生的生物膜取代，而生物膜属于有机体，相对密度要小于水，如果把滤料及其之间的空隙看成一个整体，则挂膜后其相对密度小于挂膜前，同样的反冲洗强度，挂膜后的滤层的膨胀率要大于挂膜前。因此，单纯从滤池膨胀率来确定反冲洗气强度对于好气滤柱来说还存在着一定的偏差。

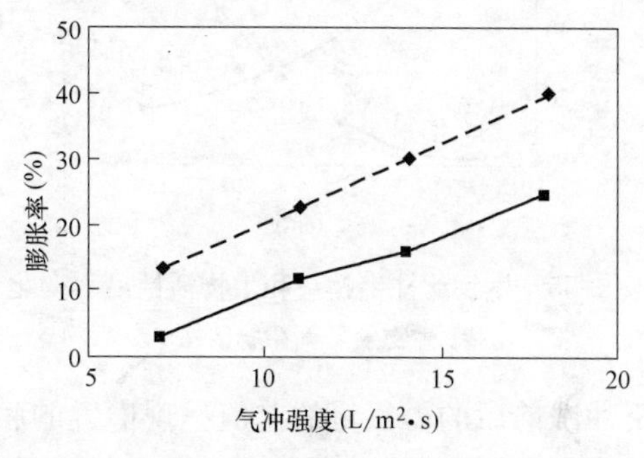

图 3-53　不同气冲强度反冲洗滤层膨胀率

■ 启动前　◆ 启动后

(3) 反冲洗前后需氧量的变化

好气滤柱内的生物作用主要是通过滤柱内好氧微生物的代谢活动来完成的，生物需氧量的变化可以反应宏观净化效果的差异。从量纲上分析可知，生物量的量纲为 nmol P/(cm^3 · media)，生物活性的量纲为 mgO_2/(L · (nmolP))，两者乘积的量纲为 mgO_2/(L · cm^3 · media)，即单位体积滤料的生物需氧量。生物滤池在反冲洗后由于生物量的减少，造成一段时间内出水变差，但是，因为单位生物量的生物活性在反冲洗后得到增强，所以生物滤池在 3h 左右其 COD_{Cr} 的去除率便可恢复为反冲洗前的 80%左右。不同的反冲洗气强度，生物量和生物活性的变化也不同，造成生物滤池的需氧量的变化也不同，本次实验利用生物量和生物活性以及它们的乘积（生物需氧量）这 3 个变量对反冲洗气强度进行了确定。实验在好气滤池反冲洗前运行稳定期和反冲洗后滤层 80cm 处取样并测定其生物量和生物活性，每次取 3 组 3g 左右滤料作为平行样测定。如图 3-54 所示，反冲洗前运行稳定，单位体积滤料生物需氧量变化并不是很大，在 1.4mgO_2/(L · cm^3 · media) 左右。反冲洗后的生物需氧量要低于反冲洗前的生物需氧量，此时生物滤柱的处理效果并未完全恢复。不同的反冲洗气强度下，反冲洗后的生物需氧量之间有较大的变化。

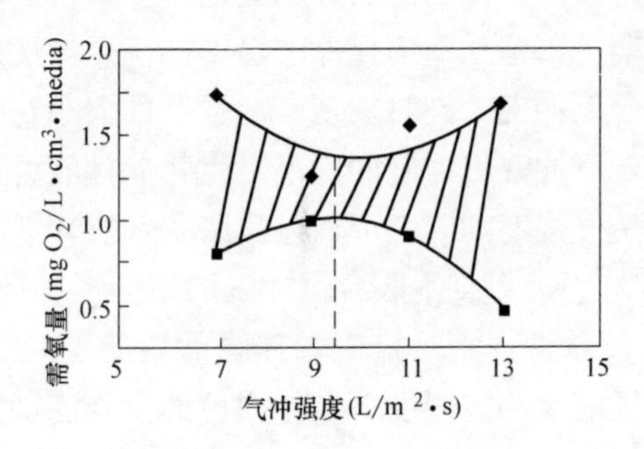

图 3-54 反冲洗前后需氧量

■ 反冲洗后 ◆ 反冲洗前

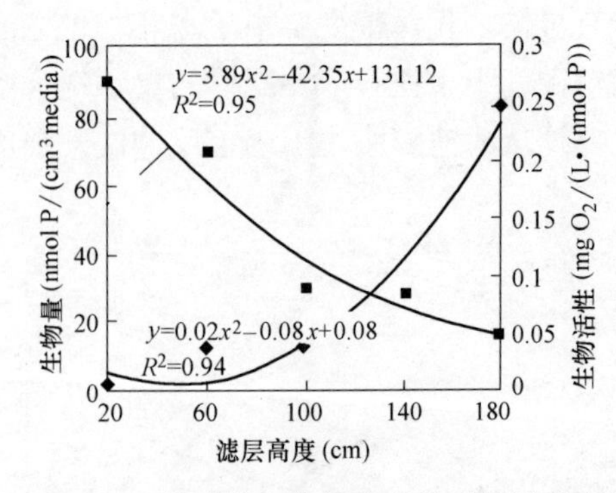

图 3-55 生物滤柱生物量和生物活性沿程变化

■ 生物量 ◆ 生物活性

从图中可以看出，反冲洗前后的需氧量的差值呈现横置的瓶颈状态，反冲洗气强度从 9.4L/(m^2 · s) 向两边变化时，反冲洗前后的生物需氧量的差值越来越大，主要是因为当反冲洗气强度小于 9.4L/(m^2 · s) 时，反冲不彻底，生物活性并未见明显增长。

而反冲洗气强度大于 9.4L/(m²·s) 时，过大的反冲洗强度使生物量大量减少，从而使生物需氧量也大量减少。前者在宏观上表现为反冲洗周期缩短，而后者则表现为反冲洗恢复时间较长。当反冲洗气强度为 9.4L/(m²·s) 时，反冲洗前后的需氧量变化最小。

(4) 反冲洗前后生物量和生物活性的变化

图 3-55 是反冲洗前生物量和生物活性沿滤层高度的变化情况。从图中可以看到，随着进水有机物的减少，生物量沿滤层高度逐渐降低，生物量在反冲洗前的积累主要集中在进水端 80cm。根据生物膜反应-扩散理论，生物膜活性厚度为液相底物浓度的函数。

$$Th_a=\frac{1}{\beta}\left[\frac{2D_eS}{k_{OV}}\right]^{\frac{1}{2}} \tag{3-16}$$

式中 D_e——底物扩散系数，L^2/T；

k_{OV}——生物膜特征动力学常数，M/L^3T；

S——液相底物浓度，M/L^3；

Th_a——生物膜活性厚度，L；

β——穿透系数。

从式 3-16 可见，向上流的生物滤柱，随着进水有机底物浓度的降低，上层生物膜活性厚度要小于下层生物膜活性厚度。而在实验中生物活性却随着滤层的高度逐渐增加。生物膜反应-扩散理论是基于生物膜活性沿厚度方向均匀分布，这就意味着生物膜内非活性区的微生物永远保持与活性区微生物相同的增长潜力。然而实际运行的好气滤柱并非处于这种理想状态，二级出水中含有一定量的难降解有机物、有毒物质以及代谢产物，它们将严重影响生物膜的活性均匀分布。进水端底物浓度大，随着生物膜细胞密度的增加，生物膜内非活性物质的积累逐渐增加，从而抑制了生物膜活性。同时，又因为污水中的有机物质沿滤层方向逐渐降低，从而使单位生物量可利用有机物减少，刺激了生物体的活性，使其需氧量增加。正因为如此，生物活性是沿滤层高度逐渐升高的。

如图 3-56 所示，反冲洗后，生物滤柱的生物量在不同滤层都存在着损失，下端的生物量损失较大，接近 50%。反冲洗气强度越大，生物量损失也越大。气水联合反冲

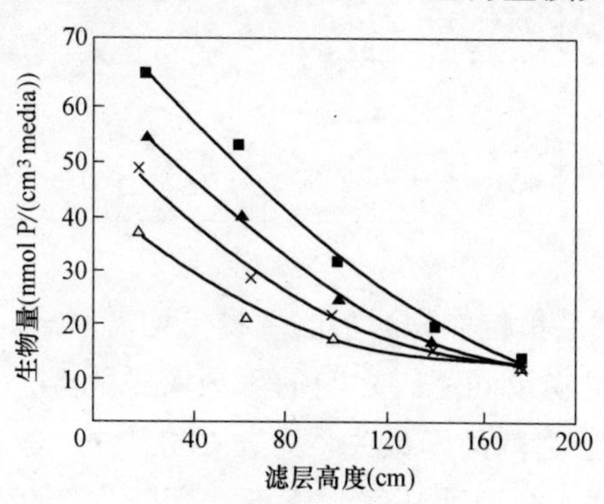

图 3-56 不同气冲强度生物量沿程变化

■ 7L/(m²·s) ▲ 9L/(m²·s) × 11L/(m²·s) △ 13L/(m²·s)

洗使滤料表层老化的生物膜脱落，生物膜厚度变小，更有利于氧的扩散，所以造成反冲洗后的生物活性要大于反冲洗前的生物活性。从图 3-57 可知，加大反冲洗气强度有利于生物活性的提高。但是当反冲洗气强度大于 9L/(m^2 · s) 时，生物活性的变化并不明显。

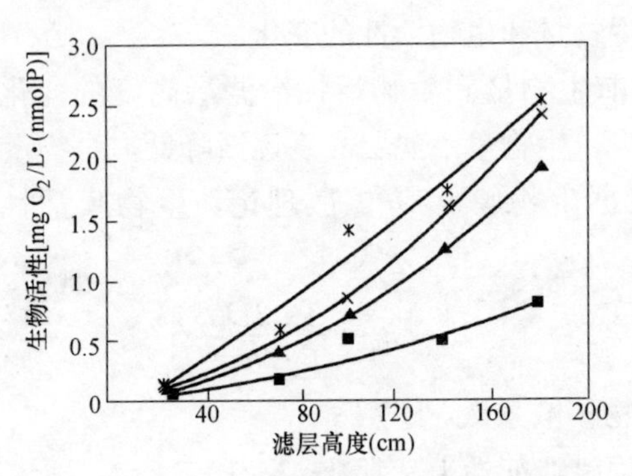

图 3-57　不同气冲强度生物活性沿程变化

■ 7L/(m^2 · s)　▲ 9L/(m^2 · s)　× 11L/(m^2 · s)　△ 13L/(m^2 · s)

(5) 用需氧量对最佳反冲洗气强度的推导

反冲洗后生物量和生物活性的大小都有了变化，但沿滤层依旧有明显的相关性。这说明生物活性和生物量同滤层高度是有规律可循的，通过这种良好的相关性不仅可以得到如图 3-54 所示的某一单元滤层的单位体积滤料的生物需氧量，还可得到整个生物滤柱的单位体积滤料的生物平均需氧量。设反冲洗后生物量同滤层高度之间的函数关系为

$$m(x)=a_1 x^2+b_1x+c_1 \tag{3-17}$$

生物活性和滤层高度之间的函数关系为

$$n(x)=a_2x^2+b_2x+c_2 \tag{3-18}$$

在式 (3-17)、式 (3-18) 中，不同的反冲洗气强度下 a_1，b_1，c_1，a_2，b_2，c_2 发生变化。

根据上文分析

$$\begin{aligned} q(x) &= \frac{\int_0^x m(x)n(x)dx}{x} \\ &= \frac{\int_0^x (a_1x^2+b_1x+c_1)(a_2x^2+b_2x+c_2)dx}{x} \end{aligned} \tag{3-19}$$

即为高度为 x (cm) 的滤层单位体积滤料的生物平均需氧量。设反冲洗气强度为 7、9、11、13L/(m^2 · s) 时，生物量同滤层之间的函数关系为 m_7 (x)、m_9 (x)、m_{11} (x)、m_{13} (x)，生物活性和滤层之间的函数关系为 n_7 (x)、n_9 (x)、n_{11} (x)、n_{13} (x)。根据式 (3-19)，可求出在这 4 个反冲洗气强度下，高度为 200cm 的生物滤柱单位体积滤料的生物平均需氧量。

图 3-58 是利用式 (3-19) 计算所得整个滤柱在不同反冲洗气强度下，反冲洗前后

单位体积滤料的生物平均需氧量的变化。从图 3-58 中同样可以得到，生物滤柱单位体积滤料的生物平均需氧量同实验中在 80cm 处取样的数值接近，因此生物滤柱 80cm 处能较好地反映整个滤柱的运行情况。在实验中同时发现，随着生物滤柱有机负荷的变化，这一高度也随之发生变化。如图 3-58 所示，反冲洗前后的需氧量的变化趋势同图 3-54 基本上是一样的，在反冲洗气强度为 10L/(m^2·s) 左右时其变化值最小，这和图 3-54 中所示的 9.4L/(m^2·s) 差别不大。

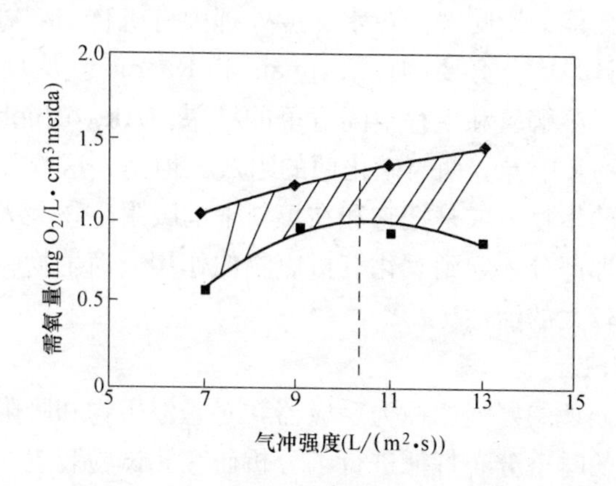

图 3-58　反冲洗前后生物滤柱平均需氧量

■ 反冲洗后 ◆ 反冲洗前

3. 结论

（1）好气过滤柱在挂膜期间进行低强度反冲洗，使在生物滤柱中局部积累的生物在滤柱全层得到重新分布，生物活性得到增强，从而有利于好气滤柱的启动，使挂膜时间缩短 30%。

（2）因为生物膜的附着，利用滤层膨胀率来确定反冲洗气强度存在一定偏差。生物量和生物活性是好气滤柱运行中两个重要的参数。它们同滤层高度之间具有良好的正向相关性。二者的乘积为单位体积滤料的需氧量。不同的反冲洗气强度下，反冲洗后的生物单位体积的平均需氧量也不同，利用反冲洗前后滤柱单位体积的平均需氧量的变化，可以确定出好气滤柱最佳的反冲洗气强度。过小的反冲洗气强度，生物活性增加较小；过大的反冲洗气强度，生物量损失过大，从而都会使反冲洗后的生物需氧量变小。合适的反冲洗气强度是反冲洗前后生物需氧量差值最小时的值。通过对中试数据的分析，本次试验的最佳反冲洗气强度为 9.4L/(m^2·s) 左右。

3.5.2　污水深度处理生物滤层中菌群的时空分布特征❶

生物膜反应器成功应用于水处理工艺中长达一个世纪之久，然而近 20 年来它在污水深度处理中的优越性才日益引起人们的关注。一方面由于其生物量较大，能够实现在污水原有一级、二级处理基础上的高负荷运行，从而可减少深度处理部分占地面积；另

❶ 本文成稿于 2004 年，作者：白宇、张杰、闫立龙。

一方面，由于生物膜的粘附性，可较好的实现二级污水中剩余营养盐的去除，缓解二级出水不达标的窘境。

生物膜反应器中存在好氧、厌氧以及兼氧的微环境。不同的微生物群体通过对生存空间、溶解氧以及有机物的竞争，形成各自的时空分布，为了适应周围环境的变化，在填料之间和填料表面上的微生物群体的时空分布也不断发生变化。微生物的时空分布对有机底物的传质和反应器的稳定运行是至关重要的。因此更好的理解生物滤层内菌群的时空分布以及对降解效能的影响对于污水深度处理中有机物和氨氮的去除以及实际工程中生物膜反应器的设计是十分必要的。Furnnais 和 Rittmann 从理论上推导得出生物滤层中的微生物分布是对溶解氧和生存空间竞争的结果。Akiyoshiohashi 等人认为有机底物中的 C：N 决定生物膜中异养菌与硝化菌的组成。但是，这些关于微生物的分布研究中往往忽略填料之间的生物，或是把它和在填料上的吸附生物混为一谈。试验证明生物膜中只有具有活性的那部分才起到氧化有机底物的作用。而生物膜反应器中位于填料之间的悬浮生物也具有较大的活性。

1. 试验装置与方法

试验以污水深度处理的好气滤柱为反应器，对悬浮生物和吸附生物中的异养菌与亚硝酸细菌、硝酸细菌的时空分布特征进行了分析研究。试验装置如图 3-59。

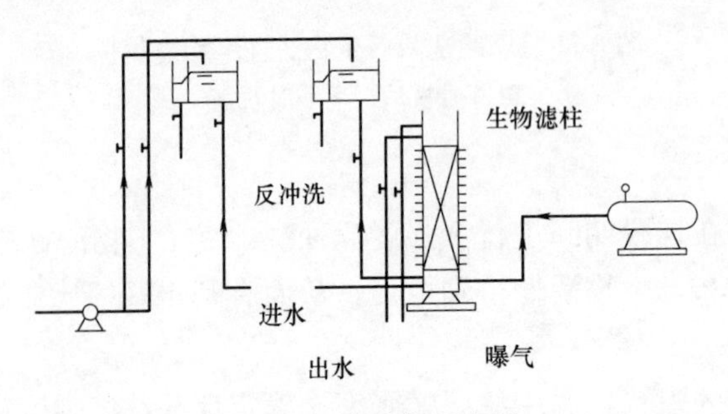

图 3-59　试验装置流程

好气滤柱采用向上流运行方式，滤柱高 2500mm，直径 150mm，内装 2000mm 高黏土陶粒填料，填料粒径 2～4mm，密度 1820kg/m^3，孔隙率为 0.42。启动阶段和运行阶段水力停留时间为 120min 和 24min，水温控制在 20℃±2℃。气水比为 3：1。试验对好气滤柱净化效果检测的同时，利用微生物的活性表示好气滤池深度净化过程中菌群的分布状态。微生物活性通过单位体积填料上异养菌、亚硝酸细菌、硝酸细菌的耗氧量表示，利用在线封闭式溶解氧仪完成。为保证活性化验过程中微生物遵守底物零级反应，根据 cech 的理论，有机底物浓度控制在 Monod 方程半饱和常数（K_S）的 5～10 倍。F：M 控制在 3 以下，从而避免测定阶段微生物的增长。

2. 结果与讨论

（1）菌群时间分布特征

整个挂膜阶段如图 3-60 所示，可分为 3 个阶段：1）在挂膜的一周之内，异养菌大量出现，出水 COD 逐渐降低到 40mg/L 左右，出水 pH 略有升高。此时氨氮基本上没有任何去除，说明亚硝酸细菌的出现较异养菌来说有一定的滞后性。2）第二阶段出水

COD保持稳定，说明异养菌的增殖速度和死亡速度近乎相等，好气滤柱内亚硝化菌的出现使氨氮得到降解，由于硝酸细菌的滞后生长，使亚硝酸盐存在短暂积累。此时由于碱度的消耗，水中pH降低，为保证氨氮的净化效果，试验通过投加$NaHCO_3$使pH保持在7左右。3）在NO_2-N存在的前提下，硝酸细菌出现并大量繁殖，此时出水中NO_3-N含量较高。由此可看出，成熟后的生物膜滤柱存在异养菌和自养亚硝化、硝化菌，从而能够在污水深度处理中实现有机物和氨氮的同时去除。从挂膜过程来看，异养菌、亚硝化和硝化自养菌并不同时出现。异养菌的比增殖速率为4.8/d，亚硝酸细菌和硝酸细菌的比增值速率为0.76/d，0.84/d。两者较大差异决定了异养菌更容易利用水中的有机底物以及溶解氧，从而在好气滤柱中大量繁殖。随着挂膜时间的延长，亚硝酸细菌和硝酸细菌才得以生长积累，氨氮逐渐得到去除。

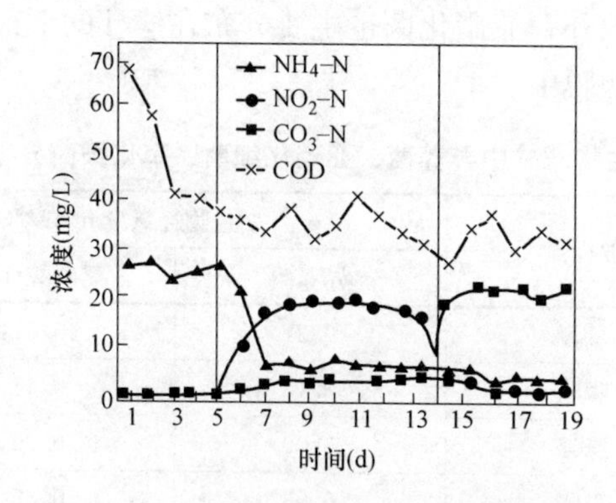

图3-60　挂膜期间不同菌群降解效能

试验发现，挂膜过程中的有机物容积负荷对于好气滤柱亚硝化菌、硝化菌的生长非常关键。如图3-61所示，试验分A、B两组工况运行。A组工况控制COD容积负荷恒为3.6kg/(m^3·d)。B组工况控制COD容积负荷恒为0.84kg/(m^3·d)（第17、18天除外）。按A组工况运行时，进水氨氮容积负荷为0.7kg/(m^3·d)，出水中氨氮一直居高不下，说明高有机负荷更利于异养菌的生长繁殖，从而抑制了亚硝酸细菌、硝酸细菌的生长。按B组工况运行时，氨氮去除率逐渐上升，但在第17和18天调整进水COD容积负荷由0.84kg/(m^3·d)上升到3.6kg/(m^3·d)左右时，如图3-61所示，其氨氮

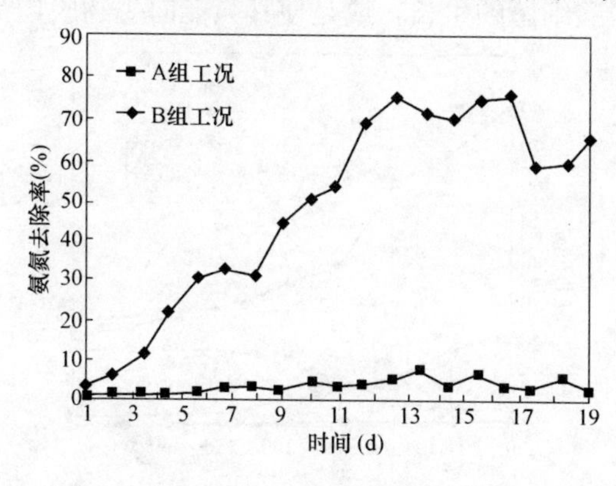

图3-61　生物膜滤柱挂膜期间COD负荷对亚硝化菌、硝化细菌生长的影响

的去除率仍可达到60%以上。说明生物膜过滤柱中亚硝酸细菌、硝酸细菌虽然比异养菌启动慢，但一旦形成之后，稳定性较强，正常的反冲洗并不能使其净化效果受到严重影响。同时也表明好气滤柱启动阶段异养菌以及自养菌的形成对于稳定运行是非常关键的。

(2) 菌群的空间分布特征

LiuYu等人认为硝酸细菌通常位于生物膜深层，即吸附层内。外部处于填料之间的悬浮生物膜主要以异养菌为主，并对内部的自养菌有保护的作用。为了探究污水深度处理好气滤柱中生物的空间分布特征，试验对距离好气滤柱进水端40cm和120cm处异养菌、亚硝酸细菌、硝酸细菌的分布进行了考察。

大量的理论模型都将生物膜内的生物分布从外到内定义为异养菌、硝酸细菌、惰性物质。但是从表3-19得知，污水深度处理生物膜的菌群分布却有所不同，除了异养菌主要分布在悬浮生物膜中外，亚硝化菌也主要分布在滤柱的下部以及悬浮生物膜中，而硝酸细菌分布在吸附生物膜中。

生物滤柱中异养菌、亚硝化细菌、硝化细菌分布 **表3-19**

深　度	取样点	生物耗氧量 $mgO_2/(L\cdot cm^3$ 滤料)		
		异养菌	亚硝酸细菌	硝酸细菌
40cm	悬浮	0.21	0.61	0.13
	吸附	0.13	0.48	0.26
120cm	悬浮	0.06	0.39	0.23
	吸附	0.03	0.36	0.41

虽然异养菌的增殖速度较快，有机物质、溶解氧以及滤料之间的大部分空间很容易被其所利用，但由于污水深度处理中进水有机负荷不高，并且在进水端除了有机物外还存在较高的氨氮，因此对溶解氧有较高亲和性的亚硝酸细菌能够得以在滤柱的底部或是悬浮生物膜中大量出现。

从图3-62中同时可知，进水氨氮在滤柱的下部即得到了部分去除。硝酸细菌中大部分是自养菌，其生长繁殖一方面需要有亚硝酸根的存在，另一方面要有充足的溶解氧。试验中发现，滤柱底部由于底物较丰富，生物膜比较厚，因此使溶解氧向生物膜内侧传输受阻，抑制了硝酸细菌的生长，或是使其只能向生物膜内部发展。硝化菌的这种

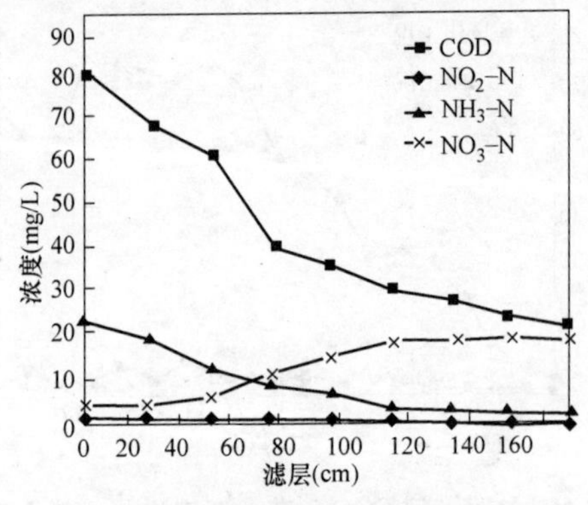

图3-62　各污染物沿滤层浓度变化

分布特点能够使其在反冲洗时受到外部生物膜的保护，保证反冲洗后处理效果的及时恢复。另外，滤柱底部存在的游离氨，也抑制了硝酸细菌的生长。滤柱上部COD较低，异养菌渐渐失去其竞争优势，生物膜较薄，更有利于硝酸细菌的繁殖。因此，图3-62所示，NO_3-N在滤柱上部出现积累。AkiyoshiOhashi等人用探针通过对菌落16SrRNA的分析后发现，硝酸细菌在滤柱出水端的数量要大大高于进水端。

3. 结论

污水深度处理中，由于进水有机物浓度较低，生物膜中微生物的时空分布也具有一定的特征。在生物膜挂膜期间，亚硝酸细菌、硝酸细菌的生长滞后异养菌一周左右；好气滤柱启动阶段异养菌以及自养菌的形成对于稳定运行是非常关键的，较高的COD容积负荷不利于亚硝酸细菌的产生。通过对生物活性的分析后得知，异养菌和亚硝酸细菌主要分布在好气滤柱的下部（进水端）以及悬浮生物膜中，硝酸细菌由于较弱的竞争能力，主要生长在滤柱的上部和吸附生物膜中。随着底物浓度的改变，生物膜中的菌群对有机物、溶解氧以及生存空间的竞争也发生着变化，最终导致其时空分布也并不是一成不变的。

参考文献：

1. 王洪臣. 城市污水处理厂运行控制与维护管理. 北京：科学出版社，1997，172～173.
2. 张自杰. 排水工程（下册）. 第四版. 北京：中国建筑工业出版社，2000，294～295.
3. C Giuliano，J C Joret. Distribution，characterization and activity of microbial biomass of an aerobic fixed-bed reactor. War Sci Tech. 1988，20（11/12）：455～457.
4. D Utter，P M Huck. Measurement of biomass activity in drinking water biofilters using a respirometric method. War Res. 2001，35（6）：1469～1477.
5. R M Hozalski，S Goel，E J Bouwer. TOC removal in biological filters. AWWA . 1995，（12）：40～54.
6. M Straous. ammnonium removal from concentrated waste streams with the anaerobic ammonium oxidation（ANAMMOX）process in different confieurations . War Res. 1997，31（7）：1955～1962.
7. 张杰，张富国，王国瑛. 提高城市污水再生水水质的研究［J］. 中国给水排水，1997，13（3）：19～21.
8. Späth R，Flemming H C，Wuertz S. Sorption properties of biofilms［J］. Wat Sci Tech. 1998，37（4-5）：207～210.
9. Julian Wimpenny，Werner Manz，Ulrich Szewzyk. Heterogeneity in biofilms［J］. Fems Microbiology Reviews. 2000，24：66～667.
10. Haluk Beyenal，Zbigniew Lewadowski. Combined effect of substrate concentration and flow velocity on effective diffusivity in biofilms. War Res，2000，34（2）：528～538.
11. 任南琪，周大石，马放. 水污染控制微生物学. 哈尔滨：黑龙江科学技术出版社，1993，112～117.
12. 谢曙光，张晓健，王占生. 地表水处理中的好氧反硝化. 中国给水排水，2002，（18）：7～9.
13. 于尔捷，张杰，戴镇生. 城市污水回用与气浮-过滤工艺流程. 第三届海峡两岸环境保护学术研讨会议论文集［A］. 1995，194～198.
14. G. Bacquet，J. C. Joret，F. Rogalla. Biofilm Start-up and Control in Aerated Filter. Envrion. Tech.［J］. 1991，12：747～756.
15. 龙腾锐，方芳，郭劲松. 酶促填料变速生物滤池的生产性启动研究［J］. 给水排水，2000，26

(11)：12～15.
16. 顾国维. 水污染治理技术研究 [M]. 上海：同济大学出版社，1997.
17. G. Brenner，S. Shandalov，G. Oron. Deep-bed Filtration of SBR Effluent for Agricultural Reuse：Pilot Plant Screening of Advanced Secondary and Tertiary Treatment for Domestic Wastewater [J]. Wat. Sci. Tech. 1994，30 (9)：219～227.
18. C. Giuliano，J. C. Joret. Distribution，Characterization and Activity of Microbial Biomass of an Aerobic Fixed-bed Reactor [J]. Wat. Sci. Tech. 1988，20 (11/12)：455～457.
19. D. Urfer，P. M. Huck. Measurement of Biomass Activity in Drinking Water Biofilters Using a Respirometric Method [J]. Wat. Res. 2001，35 (6)：1469～1477.
20. 王占生，刘文君. 微污染水源饮用水处理 [M]. 北京：中国建筑工业出版社，1999.
21. 刘雨，赵庆良，郑兴灿. 生物膜法污水处理技术 [M]. 北京：中国建筑工业出版社，2000.
22. Christian H Mobius. Wastewater biofilters used for advanced treatment of peppermill effluent. War Sci Tech. 1999，40 (11/12)：101～108.
23. Markus Boller，Manfred Tschui，Willi Gujer. Effects of transient nutrient concentrations in tertiary biofilm reactors. Wat Sci Tech. 1997，36 (1)：101～109.
24. 李久义，架兆坤，朱宝霞，等. 胶体态有机物对生物膜硝化过程的影响. 环境科学 . 2003，24 (5)：71～74.
25. R Pujol，S Tarallo. Total nitrogen removal in two step biofiltration. War Sci Tech. 2000，41 (4/5)：65～68.
26. 刘雨，赵庆良，郑兴灿. 生物膜法污水处理技术. 北京：中国建筑工业出版社，2001，124.
27. 张维佳，潘大林. 工程流体力学. 哈尔滨：黑龙江科学技术出版社，2001，3～6.
28. F Fdz-Polanco，E Mendez，M A Uruena. Spatial distribution of heterotrophs and nitrifiers in a submerged biofilter for nitrification. Wat ReS. 2000，34 (16)：4081～4089.
29. Yann Le Bihan，P Lessard. Monitoring biofilter clogging：biochemical characteristics of the bio mass. Wat Res. 2000，34 (17)：4284～4294.
30. Markus Boller，Daniel Kobler，Gerhard Koch. Particle separation，solids budgets and headloss development in different biofilters. Wat Sci Tech. 1997，36 (4)：239～247.
31. Gschlbbot，Ingrid M，Heitter M，Nerger C. Rehbein V. Microscopic and enzymatic investigation on biofilms of wastewater treatment systems. Wat Sci Tech. 1997，360：21～30.
32. Jason F Colton，Peter Hillis，Caroline S，B，Fitzpatrick. Filter backwash and start-up strategies for enhanced particulate removal. Wat Res. 1996，30：2502～2507.
33. 汪义强. 快滤池气水反冲洗最佳运行参数研究 [J]. 净水技术，2001，20 (1)：9～13.
34. Rasheed Ahmad，A. Amirtharajah，A. Al-Shawwa et al Effects of Backwashing on Biological Filters [J]. AWWA，1998，90 (12)：62～73.
35. 田胜元，萧月嵘. 试验设计与数据处理 [M]. 北京：中国建筑工业出版社，2000.
36. 孙毅，张金松，葛旭. 生物活性炭滤池的反冲洗方式研究 [J]. 中国给水排水，2002，18 (2)：14～17.
37. Bouwer E. J.，Crowe P. B. Assessment of Biological Process in Drinking Water Treatment [J]. J. AWWA.，1990，80 (9)：82～92.
38. 龙小庆，王占生，富良. 生物活性滤池特性研究 [J]. 给水排水，2001，27 (5)：6～7.
39. 李德生，黄晓东，王占生. 微污染源水净化新工艺——生物强化过滤研究 [J]. 中国给水排水，2000，16 (10)：18～20.

40. Lang J. S., Giron J. J., Hansen A. T.. Investigating Filter Performance as a Function of the Ratio of Filter Size to Media Size [J]. AWWA., 1993, 85 (10): 122～129.

41. Gaffney Jr. A. F., Blachly T.. Biochemical Oxidation of the Lower Fatty Acids [J]. J. WPCF, 1961, 11: 1169～1184.

42. Rittmann B. E., Bae W., Namkung E.. A Critical Evaluation of Microbial Product Formation in Biological Process [J]. Wat. Sci. Tech. 1987, 19: 517～528.

43. Urano V, Mobarry B. Integration of Performance, Molecular Biology and Modeling to Describe the Activated Sludge Process [J]. Wat. Sci. Tech., 1998, 37: 223～229.

44. 高景峰，彭永臻，王淑莹. SBR法去除有机物、硝化和反硝化过程中pH变化规律 [J]. 环境工程. 2001, 19 (5): 21～24.

45. Zhang Jie (张杰), Chen Xiurong (陈秀荣), Ji Binhong (冀滨弘), etal. Experimental research on improvement of organic carbon removal in water regeneration [J]. *Water &Wastewater Engineering* (给水排水), 2003, 29 (7): 25～28.

46. Lei Guoyuan (雷国元), Qi Bingqiang (齐兵强) and Wang Zhansheng (王占生). Treatment of municipal sewage by two stage biological aerated filter [J]. *Journal of Wuhan University of Science and Technology (Natural Science Edition)*. (武汉科技大学学报（自然科学版）) 2000, 23 (4): 373～376.

47. Cao Xiangsheng (曹相生). *Research on Enhanced Biological Filtration Technology Used for Advanced Wastewater Treatment* (污水深度处理中的生物强化过滤技术研究) [D]: [Ph. D Thesis]. Harbin: Harbin Institute of Technology, 2003.

48. Li Ruqi (李汝琪). *Study on Biological Aerated Filter Technology* (曝气生物滤池技术的研究) [D]: [Ph. D Thesis]. Beijiing: Tsinghua University. 1999.

49. Fdz-Polanco F, Garcia F and Villaverde S. Influence of design and operation parameters on the flow pattern of a submerged biofilter [J]. *JChem Tech Biotechnol*. 1994, 61: 153～158.

50. Gilmore K R, Husovitz KJ and Holst T. Influence of organic and ammonia loading on nitrifier activity and nitrification performance for a twoscale biological aerated filter system [J]. *Wat Sci Tech*. 1999, 39 (7): 227～234.

51. Ohashi A, Silva D G and Mobarry B. Influence of substrate C/ N ratio on the structure of multispecies biofilms consisting of nitrifiers and heterotrophs [J]. *Wat Sci Tech*. 1995, 32 (8): 75～84.

52. 黄晓东，李德生，吴为中. 生物活性滤池的强化研究 [J]. 中国给水排水，2001, 17 (8): 10～13.

53. 仲丽娟，朱明章，李伟. 复合生物活性滤料滤池的性能研究 [J]. 中国给水排水，2001, 17 (12): 1～5.

54. 许保玖. 给水处理理论 [M]. 北京：中国建筑工业出版社，2000.

55. 国家环保总局. 水和废水监测分析方法编委会. 水和废水监测分析方法 [M]. 北京：中国环境科学出版社，1998, 345～366.

56. 国家环保总局. 水和废水监测分析方法编委会. 水和废水监测分析方法 [M]. 北京：中国环境科学出版社，1998, 366～368.

57. 朱杏冬，涂金珠，崔绍荣等. 养殖水中总有机碳与化学需氧量和生化需氧量相关性研究 [J]. 农业工程学报，1999, 15 (3): 196～198.

58. EI-Rehaili, AbdullahM. Response of BOD, COD and TOC of secondary effluents to chlorination [J]. Water Research. 1995, 29 (6): 1571～1577.

59. 南海涛，曾杰，王新霞. 城市污水中TOC与COD的关系 [J]. 中国给水排水，2002, 18 (6): 80～81.

60. Ellis K V. SurfaeWater Pollution and Its Control [M]. London: Macmillan Press LTD. 1989: 151.
61. 袁海珠. 化工污水TOC值与COPDCr值的相关性 [J]. 分析仪器, 1995, (4): 18~22.
62. 莫新萍. PTA废水的TOC测定及其与COD的相关性 [J]. 环境监测管理与技术, 2002, 14 (4): 5~7.
63. 张杰. 城市排水系统的现代观 [J]. 中国工程科学, 2001, 3 (10): 33.
64. 张杰, 曹相生, 孟雪征, 等. 好气滤池3种挂膜方法的试验研究 [J]. 哈尔滨工业大学学报, 2003, 35 (10): 1216~1219.
65. TSUNOH, HIDAKAT, NISHIMURAF. A simple biofilm model of bacterial competition for attached surface [J]. Water Research. 2002, 36: 1005.
66. 阮新如. 滤料粒度对过滤的影响 [J]. 给水排水, 1997 (11): 23.
67. ZHU Songming, CHEN Shulin. Effects of organic carbon on nitrification rate in fixed film biofilters [J]. Aquacultural Engineering. 2001 (25): 10.
68. LAZAROVAV, MANEMNJ, MELOL. Influence of dissolved oxygen on nitrification kinetics in a circulating bed reactor [J]. Wat Sci Tech. 1998, 37 (4~5): 189~193.
69. 王祥权. 正向变截面滤床. [J]. 给水排水, 1993 (1): 20~24.
70. 刘荣光, 罗辉荣, 汪义强等. 滤池气水反冲洗机理综述与初探. 重庆建筑大学学报, 1998, 20 (6): 7~11.
71. 吴光春, 唐传祥. 快滤池气水反冲洗技术的研究与设计. 化工给排水设计, 1995, 4: 1~6.
72. 袁志宇, 陈晓如, 李传志等. 悬移式气水连续反冲洗机理探讨. 给水排水, 1999, 25 (5): 21~24.
73. 邹伟国, 孙群, 王国华等. 新型BI OS MEDI滤池的开发研究. 中国给水排水, 2001, 17 (1): 1~4.
74. David Hall, Caroline S, B Fitzpatrick. Research note–spectral analysis of pressure variations during combined air and water backwash of rapid gravity filters. War. Sci. Tech. 1999, 33 (17): 3666~3672.
75. 张俊贞, 邓彩玲, 安鼎年. 滤池气水反冲洗的数学模型. 中国给水排水. 1997, 13 (3): 10~13.
76. Zbigxiew Lewandowski. Rapid Communication7notes biofilm porosity. Wat. Res. 2000, 34 (9): 2620~2624.
77. Xiaoqi Zhang, Paul L Bishop, Margaret J Kupferle. Measurement of polysaccharides and proteins in biofilm extracellular polymers. Wat. Sci. Tech. 1998, 37 (4~5): 345~348.
78. Liu Xibo, Peter M Huck, Robin M Slawson. Factors Affecting Drinking Water Biofiltration. *American Water and Wastewater Association*, 2001, 90 (12): 90~101.
79. Liu Y, Chen G H. A Model of Energy Uncoupling for Substrate sufficient Culture. *Biotechnol. Bioeng*1. 1997, 55: 571~576.
80. Cao Hongbin (曹宏斌), Jiang Bin (姜斌), Li Xingang (李鑫钢), Yu Guocong (余国琮), Zhong Fangli (钟方丽). Novel Method Extracting Extracelluar Polymeric Substances from Intact Biofilms. *Journal of Chemical Industry and Engineering* (*China*) (化工学报). 2002, 53 (12): 1300~1302.
81. Yu Xin (于鑫), Zhang Xiaojian (张晓键), Wang Zhansheng (王占生). Biomass Examination by Lipid p Method for Drinking Water Biotreatment. *China Water and Wastewater* (中国给水排水), 2002 (2): 18~21.
82. Daniel Urfer, Peter M Huck. Measurement of Biomass Activity in Drinking Water Biofilters Using a Respirometric Method. *Wat. Res*, 2001, 35 (6): 1469~1477.
83. Yuan Junfeng (员军锋), Li S hanping (李善评). New Hanging Biomembrance Mehod of Biological Aerated Filter. *Environmental Engineering* (环境工程). 2003, 21 (2): 22~25.
84. Capdeville B, Nguyen K M. Kinetics and Modeling: of Aerobic and Anaerobic Film Growth. *Wat.*

Sci. Technol. 1990，22：149～170.

85. Kenneth H Carlson，Gary L Amy. BOM Removal During Biofiltration. *American Water and Wastewater Association*. 1998，90（12）：42～50.

86. Liu Y. Adhesion Kinetics of Nitrifying Bacteria on Various Thermoplastic Supports. *Colloids and Surfaces B*：*Biointerfaces*. 1995（5）：213～219.

87. F. Fdz - polanco et al. Spatial distribution of heterotrophs and nitrifies in a submerged biofilter for nitrification [J]. Wat. Res，2000，34（16）：4081～4089.

88. Akiyoshi ohashi et al. Influence of substrate C/N ratio on the structure of multi - species biofilms consisting of nitrifies and heterotrophs. Wat [J] . Sci. Tech. 1995，32（8）：75～84.

89. V. Lazarova et al. Biofilm characterization and activity analysis in water and wastewater treatment [J]. Wat. Res，1995，29（10）：2227～2245.

90. S. Villarerde et al. Influence of the suspended and attached biomass on the nitrification in a two submerged biofilters in series system [J]. Wat. Sci. Tech. 2000，41（4～5）：169～176.

91. Yu liu et al . Specific activity of nitrifying biofilm in water nitrification process [J]. Wat. Res. 1996，30（7）：1645～1650.

92. Furumai H et al. Advanced modeling of mixed populations of hetertrophs and nitrifies considering the formation and exchange of soluble microbial products [J] . Wat. Sci. Tech. 1992，26（3/4）：493～502.

第4章

生物脱氮除磷机制与污水再生全流程优化

污水生化处理近几十年来的最大进步是好氧生化与厌氧生化的结合，在好氧、缺氧、厌氧条件以及基质碳源在时空变化之中创造了丰富的生物脱氮、除磷工艺技术。在污水再生全流程中，如何把握亚硝化菌、硝化菌、反硝化菌和除磷菌的生理特性，寻求节能、省资源的除磷、脱氮生化反应系统，以及在污水再生全流程中如何合理分配去除污染物质种类和负荷是降低再生水成本、促进污水再生水有效利用的关键。对城市水系统健康循环和城市水资源可持续利用都会有重大贡献。

本章介绍生物脱氮除磷单元技术的开发和发展，好氧、缺氧、厌氧及污水再生全流程优化的理念和工程技术。

4.1 生物除磷与同时脱氮除磷研究

4.1.1 厌氧-好氧活性污泥法中磷的代谢与平衡[1]

1. 概述

近年来，水处理界应用A/O、A^2/O法脱氮、除磷工艺，将污水生化处理从单纯去除有机污染物推向同时去除有机物和氮、磷营养物质的深度。即在二级处理过程中同时完成污水深度处理（去除营养盐）的任务。但是生物脱氮的A/O和脱氮除磷的A^2/O工艺都需将污水处理到硝化的程度。硝化菌（硝酸菌、亚硝酸菌）的最小比增殖速度$u_0=0.21/d$，而分解有机物的好氧性异养菌的最小增殖速度为$u_1=1.2/d$，硝化菌要在活性污泥系统中生存并占一定优势，就要求活性污泥微生物在系统中的平均停留时间（$t_0=1/u_0$）达到4.76d之上，而与异养型细菌需要的停留时间（$t_1=1/u_1$）0.8d相比，相差甚远。显然在标准活性污泥法系统中就完不成硝化的任务，也达不到脱氮的目的。所以在A/O、A^2/O脱氮除磷工艺中，BOD-SS负荷必须降低，以增加活性污泥微生物在系统中的平均停留时间（泥龄），同时因硝化耗氧，空气量也必须增大。因而初次投资和曝气电费相应大幅度增加。

厌氧-好氧活性污泥法除磷工艺适应摄磷菌的生理特征，在标准活性污泥法的基础上，稍加改变运行方式，就可获得较好的除磷效果。在水体尤其是湖泊、水库等静止型水体中，由于藻类等水生生物对磷极为敏感，污水除磷后即可达到防止上述水域富营养化的目的。厌氧-好氧活性污泥法除磷流程因有一部分曝气池在厌氧状态下运行，从而

[1] 本文成稿于1993年，作者：张杰、戴镇生。

节省了部分曝气电费，并使活性污泥具有良好的沉降性能，不易产生膨胀。但是该流程必须采用剩余生物富磷污泥的有效处理与处置工艺。

厌氧-好氧活性污泥法除磷工艺应用过程中，不仅要考虑污水处理工艺能否有效地去除磷，而且要考虑污泥处理过程中磷的转移。

到目前为止，一些生物除磷研究都是将污水处理工艺中除磷特性作为重点，很少对污泥处理工艺中磷的存在形式与转换、回流水磷负荷对水处理工艺除磷的影响以及污水、污泥系统中磷的代谢与平衡进行深入研究。本文应用污水、污泥处理的全系统来阐明磷在系统中的代谢与平衡，以及回流水磷负荷对水处理工艺的影响，提出适宜于生物富磷污泥的处理与处置方法。并以细菌群为重点来说明厌氧-好氧状态反复变化下，各种细菌群属的代谢变化，从而论述生物除磷法的机理。

2. 厌氧-好氧活性污泥法除磷机理

活性污泥法净化污水的过程就是具有多种代谢能力的细菌的生化过程。近年来，为减少受纳水体的氮、磷负荷，多采用厌氧-好氧脱氮除磷工艺。在这种厌氧-好氧过程中，各种细菌群属的变化是很活跃的，在厌氧与好氧的两种环境交替周期变化下，获得了多种栖息条件，选择了特定细菌群，充分发挥了细菌的多种代谢能力。

以下就厌氧-好氧过程中细菌群属的变化来概略地阐明生物除磷的机理。

（1）细菌在活性污泥中的存在形式

活性污泥中的各种细菌群属是以污泥菌胶团状态存在的。各菌种有 90%以上的个体是附着在污泥絮体上的，硝化菌附着率高达 99%，硫酸还原菌的附着率最低，但也在 90.7%左右。所以曝气池中的细菌数量是以每 mg MLSS 中的个数为计算单位。

（2）厌氧-好氧条件下各种细菌群属的变动

好氧性异氧细菌的数量维持在 10^7 个/mg MLSS 的水平，比标准活性污泥法的数量还多。其原因是细菌栖息的环境多变，在厌氧过程中产生中间代谢产物，有机物的代谢是分段进行的，相应提高了好氧性异养菌的数量。

脱氮菌数量变化多在 10^6～10^7 个/mg MLSS 之间。脱氮菌在厌氧条件下利用硝酸盐作为电子受体进行硝酸呼吸，成为兼性厌氧菌。

硫酸还原菌数量在 10^5 个/mg MLSS 左右，几乎维持定数。硫酸还原菌是偏性厌氧菌，在曝气池中的好氧条件下，增殖受到限制，因而仅残留一定数量。

亚硝化菌（氨氧化菌）数量在 10^5～10^6 个/mg MLSS 间变动，秋夏之际有增多的倾向。亚硝酸盐氮占总氮中增大的时点，正与亚硝化菌菌数的峰值相对应。

硝化菌菌数多在 10^2～10^5 个/mg MLSS 的范围内变化，水温高时多，水温低时少。特别是春、夏季水温上升时，增加很快。菌数的增长依赖于水温和基质浓度的上升。

以上各种菌群的变化多随季节变化而变化，而随运行方式变化的，只有好氧性异养菌总数。

（3）好氧性异养菌菌相的变化

厌氧-好氧活性污泥法曝气池中生物种群变化的实质，可以说是特定微生物的选择。这种过程是由厌氧段中各种微生物竞相利用基质所形成的。

标准活性污泥法中，*Alcaligenls*、*Moraxella* 和 *Flavotacterium* 菌属占优势。而在

厌氧-好氧活性污泥中，由于厌氧和好氧反复变化，原生动物等生物相不发生任何变化，发生变化的主要是异养型细菌相。在厌氧-好氧系统的活性污泥中，经常大量出现不动杆菌属 *Acinctobacter*，运动性很差，多是小型的革兰氏阴性短杆菌，只能利用低分子的有机物，增殖很慢，是竞争力很差的软弱细菌。Bordlch 发现，先于不动杆菌属增殖的是兼性厌氧性细菌 *Aeromonas*。在厌氧池中，兼性厌氧型细菌可生产出代谢产物——乙醇、乙酸这些低分子有机物。不动杆菌就利用这些代谢产物，它们是单方获利的共生关系。

不动杆菌属 *Acinetobacter* 在好氧代谢过程中有在体内贮存聚磷酸（Poly-P）的能力，亦称聚磷菌 PAO（Polyphosphate Accumulating Organisms）。它们本来是好氧菌，在完全厌氧的条件下由于生理上的处境不利，将贮存在细胞内的聚磷酸进行水解，利用产生的能量和环境中的基质乙酸合成（聚 β 羟基丁酸）贮于体内。这就同化了低分子有机物，因而与其他好氧菌相比就占了优势。厌氧-好氧交替变化条件聚集选择了聚磷菌 *Acinetobacter*。其聚集选择过程见图 4-1。

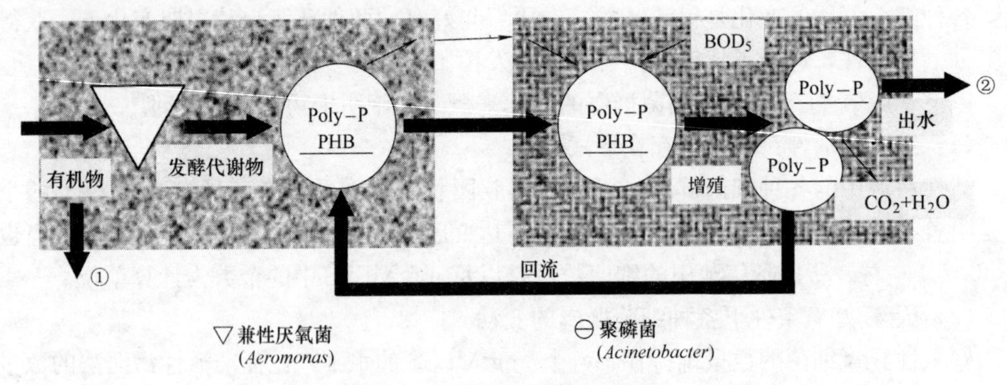

图 4-1　聚磷菌的聚集选择过程

① NO_3^- 存在条件下，脱氮菌争夺有机物；② 不能形成污泥絮体时，随出水排出系统外

活性污泥中存在着 10^6～10^7 个/（mgMLSS）的脱氮菌，在好氧条件下进行呼吸代谢。在厌氧条件下，如遇有 NO_3^- 时，也能进行硝酸呼吸。它们具有高度的繁殖速度和同化多样基质的性能，在摄取基质上就直接与 *Aeromonas* 这种兼性厌氧菌，也间接地与 *Acinetobacter* 之类的聚磷菌相竞争。所以在厌氧-好氧活性污泥法系统中，厌氧池中如有 NO_3^- 存在就妨碍了磷的释放。只有 NO_3^- 被还原之后，在既没有 NO_3^-，也没有溶解氧的完全厌氧条件下，磷的释放才能进行。

3. 生物除磷流程

（1）厌氧-好氧活性污泥法除磷流程

厌氧-好氧活性污泥法除磷的标准流程见图 4-2 所示。该流程与标准活性污泥法相比，除了在生物反应池（曝气池）的前段改为水中搅拌之外，没有更多变化。BOD-SS 负荷可采用标准法同样的数值 0.2～0.5kg BOD/（kg MLSS），TP/BOD 应控制在 0.05 之下。生化反应池好氧段不要求达到硝化的程度，只完成 BOD 的分解氧化，因此需氧量的计算公式与标准法相同。但厌氧段中降解了部分有机物，好氧段有机负荷减少，因此需氧量也有所减少，因此该处理系统是节能的。该法生化反应过程中磷的释放与摄

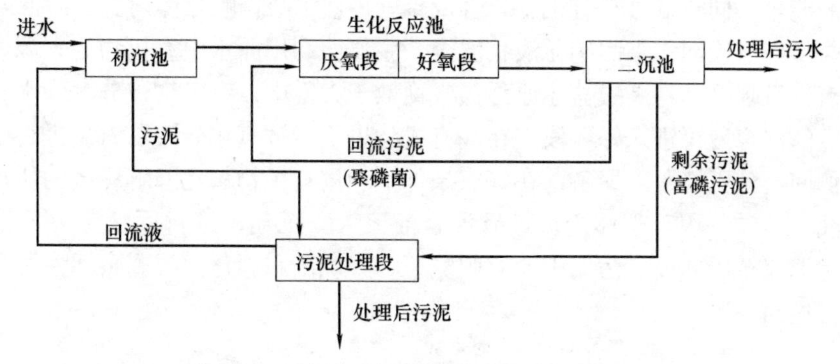

图 4-2　厌氧-好氧活性污泥法除磷工艺流程

取，BOD 的降解见图 4-3 所示。本流程生成的剩余污泥量稍高于标准法，但其污泥的沉降性能好，含水率低，所产生的污泥体积反而比标准法少。

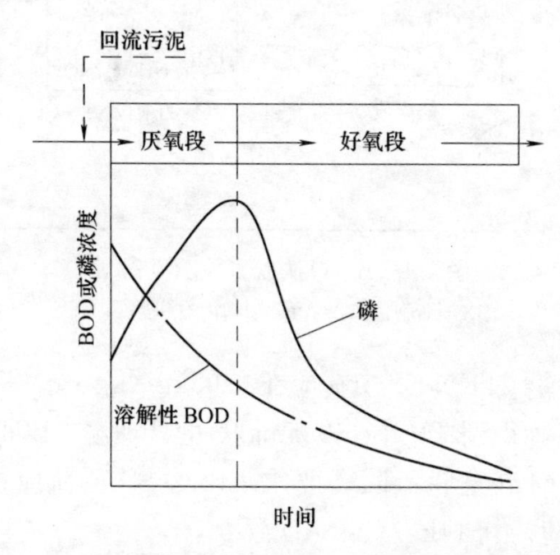

图 4-3　厌氧-好氧活性污泥法中磷的释放与摄取曲线

本流程节能，并有抑制丝状菌增殖的作用，今后将成为防止水体富营养化为目的的污水处理的主要方法之一。即使在水域不要求除磷的条件下，该流程的技术经济指标也优于传统工艺。可以预言，在一定程度上，厌氧-好氧活性污泥法除磷工艺将取代标准活性污泥法而被广泛应用。

生化除磷是将污水中的磷以聚磷酸的形式贮存在污泥中，通过剩余污泥的排除而从系统中去除。但是当剩余污泥遇到厌氧环境时，污泥中的聚磷菌将分解为正磷酸而释放到污水中。因此污泥处理过程中所产生的回流污水中，磷含量比标准法高，可能恶化污水处理系统的除磷效果。因而如何减少污泥处理所产生的回流污水的磷含量，是厌氧-好氧活性污泥法稳定运行的重要环节。

(2) 生物脱氮除磷同时进行的 A^2/O 工艺

基于脱氮除磷的机理，人们开发了厌氧-缺氧-好氧三段流程，即 A^2/O 工艺，其流程见图 4-4。原污水流入厌氧段，在此与回流污泥相遇，在回流污泥中带回的 NO_3^--N 完全脱掉后，在既无溶解氧，又无 NO_3^--N 的情况下，聚磷菌放出体内积蓄的磷，并利用其放出的能量，同化低分子有机物，合成聚β羟基丁酸，贮存体内。然后混合液进入缺氧段，与从好氧段回流来的硝化液相混合。脱氮菌利用原水中有机物为碳源，利用硝酸盐中的氧进行呼吸，将硝酸盐还原为氮气逸散于大气中，有机物被分解为水和二氧化碳。脱氮后的混合液再进入好氧段，在此有机物进一步被氧化分解，氨氮进行硝化，硝化液按比例回流到厌氧段。聚磷菌在好氧条件下利用有机物氧化降解释放的能量，大量吸收混合液中的磷，积蓄于体内。最后混合液流入二沉池，进行固液分离，排出处理水。回流污泥流至厌氧段。污泥中含有脱氮菌、聚磷菌和硝化菌。剩余活性污泥排出系统外，进行适当处置。

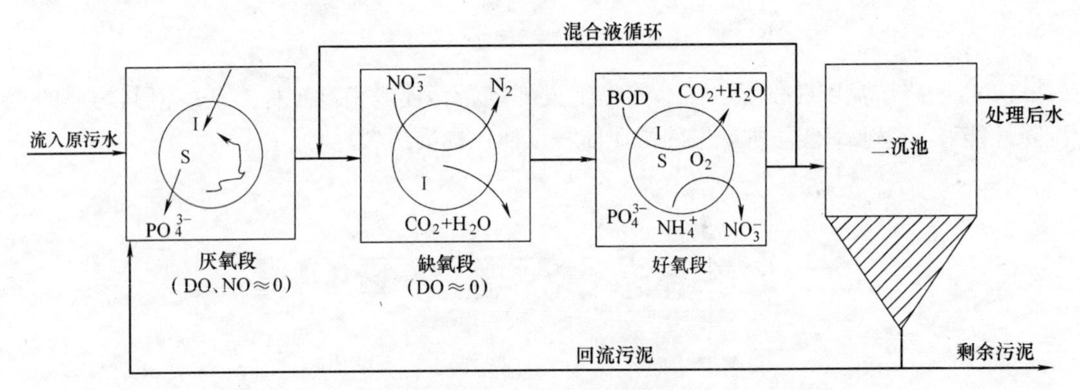

图 4-4　A^2/O 法脱氮除磷流程

S—细胞内磷酸；I—细胞内有机物。

为得到 80%的硝化率，TKN-SS 负荷应在 0.05kg/(kg・d) 以下，BOD-SS 负荷在 0.18kg/(kg・d) 以下。为得到 TP 小于 0.5mg/L 的处理水，BOD-SS 至少要在 0.1kg/(kg・d) 之上。所以同时满足脱氮除磷要求，BOD-SS 负荷应控制在 0.1～0.18kg/(kg・d) 之间，最佳负荷为 0.14kg/(kg・d)。

4. 生物富磷污泥的特性、处理与处置

(1) 生物富磷污泥的特性

厌氧-好氧法是通过富磷剩余污泥排除系统之外而除磷的。生物污泥中的磷，不像化学污泥中的磷那样稳定，和污水处理过程中磷的代谢一样，在厌氧状态下聚磷菌将生物细胞中的磷释放出来，最终都要回流到污水处理系统中，增加了水处理系统的磷负荷量。回流磷负荷超过一定限度时，将恶化污水处理的除磷效果。因而采用厌氧-好氧法时，为稳定地去除磷，必须认真对待污泥处理工艺，减少回流磷负荷。

1) 剩余污泥的产量

厌氧-好氧法因在进水端部设置了厌氧段，好氧段的泥龄（SRT）比标准活性污泥法短。因而厌氧-好氧法除磷流程的剩余污泥产率比标准法稍多。据日本某污水处理厂运行一年的数据，每立方米污水产生的剩余污泥量（固体物质），采用标准法时为 83.9g/m^3，采用厌氧-好氧法时为 89.5g/m^3，约多 6%左右。但是厌氧-好氧法抑制了污泥膨胀，影响活性污泥沉降性能和压密性能的丝状菌比标准法少得多，剩余污泥浓度可维持到较高值，因此剩余污泥的体积比标准活性污泥法少。

2）厌氧-好氧剩余污泥的浓缩脱水性能

日本落合寿昭进行了厌氧-好氧剩余污泥的间歇浓缩、连续浓缩试验以及带式压滤机的脱水试验。其结果列于表 4-1～表 4-3。

剩余污泥间歇浓缩试验结果 **表 4-1**

项目＼处理方法	厌氧-好氧法	标 准 法
初期浓度(mg/L)	8130	6520
24h 后浓度(mg/L)	16590	9880
等速沉降速度(m/h)	0.033	0.02

剩余污泥连续浓缩试验结果 **表 4-2**

停留时间(h)	固形物负荷(kg/(m^2·d))	污泥浓度(mg/L)		PO_4-P 浓度(mg/L)		
		剩余污泥	污泥浓缩	剩余污泥	污泥浓缩	上清液
5.2	80	11050	22100	29.7	158	35.5
7.8	61	12750	26900	20.8	154	35.5

剩余污泥经过带式压滤机脱水试验结果 **表 4-3**

项目＼处理方法		厌氧-好氧法	标 准 法
进泥浓度(%)		2.2	0.95
药品投加率	阳离子系(%-DS)	0.8	
	阴离子系(%-DS)	0.2	
固形物负荷(kg/(m^2·d))		50	
滤饼含水率(%)		81.6	83.2

间歇试验结果表明，厌氧-好氧剩余污泥的等速沉降速度、24h 的沉降浓度都优于标准法。

在悬浮物负荷 60～80kg/(m^2·d) 的连续浓缩条件下，浓缩污泥浓度达到 2.2%～2.7%，如果污泥停留时间选定合适，可望达到 3%浓度。

据在同一条件下的带式压滤机试验数据，厌氧-好氧的脱水泥饼含水率比标准法低 2%，这是进泥浓度及污泥的压密性能不同之故。

既然厌氧-好氧法剩余污泥浓缩性、脱水性都比标准法好，那么采用能发挥厌氧-好氧法污泥特性的污泥处理流程，就可望提高处理效率和减小处理费用。

3）厌氧-好氧活性污泥对 PO_4-P 的释放

① 剩余污泥混合液中 PO_4-P 浓度

当好氧段的混合液中溶解氧（DO）浓度为 1～2mg/L 时，进入沉淀池后，污泥分离层处的溶解氧浓度仍可维持在 0.8mg/L，所以在泥水分离层之上不会有磷释放。在污泥层的内部，溶解氧急速地消耗，磷就要释放出来，而在底部 PO_4-P 的浓度达到最高。

剩余污泥混合液 PO_4-P 浓度，受好氧段混合液 DO 浓度、二次沉淀池污泥界面高度以及污泥中磷含量等因素影响。某厌氧-好氧活性污泥法污水厂，其矩形二次沉淀池的回流污泥混合液中 PO_4-P 浓度在 2～8mg/L 间变化。

② 在厌氧条件下剩余污泥中 PO_4-P 的释放

厌氧-好氧法的剩余污泥在厌氧条件下贮放时，混合液中 PO_4-P 的浓度随时间的变化见图 4-5。

PO_4-P 浓度由试验开始时的 28mg/L，经 24h 后升高到 245mg/L，几乎呈一定比例增加。然后释放速度减慢，到 96h 之后 PO_4-P 浓度增加到 390mg/L。

根据以上结果，因离心浓缩机、真空脱水机和带式压滤机等，都可在 15～20min 内完成固液分离过程，因此磷几乎不会释放出来。

但是重力浓缩池、厌氧消化池内，在长期厌氧条件下就有大量 PO_4-P 释放出来。

③ 有机物存在下磷的释放

图 4-6 是有机物对富磷生物污泥释放磷的影响曲线。可以看到，有机物基质之一的醋酸或者初沉池的生污泥与回流污泥一旦混合，在很短时间内就有更多的 PO_4-P 释放出来。

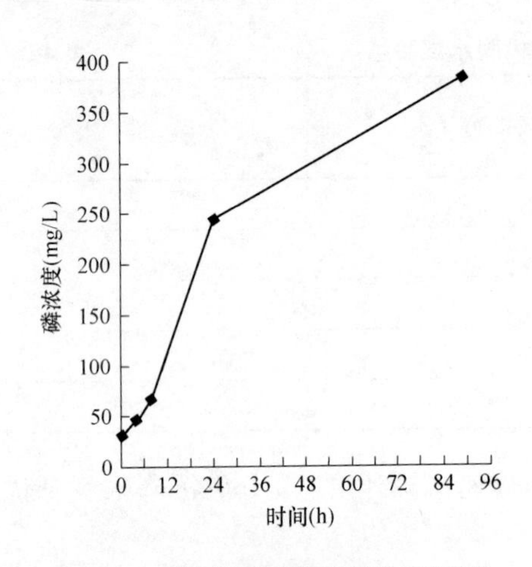

图 4-5 剩余污泥对磷的释放状况图

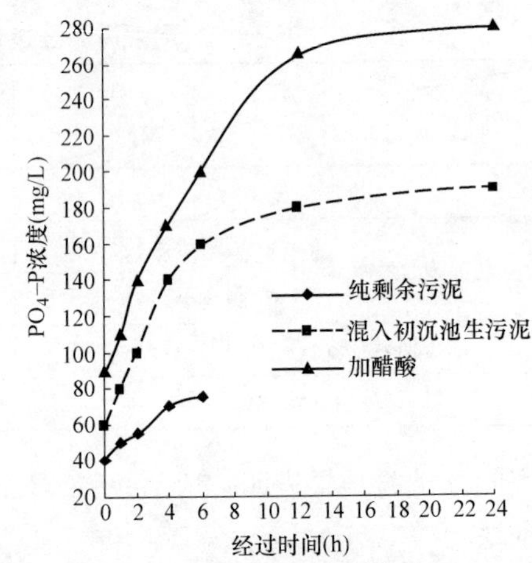

图 4-6 有机物对磷释放的影响

醋酸投加量—2mg/L；剩余污泥浓度—16000mg/L；初沉污泥浓度—11900mg/L；剩余污泥—初沉污泥=1∶1（容量比）

在厌氧-好氧法的厌氧段内，利用这一机理，进水中有机物加速了回流富磷污泥对 PO_4-P 的释放，完成了水处理系统除磷工艺的一个重要环节。

有的设计流程，将剩余污泥回流到初沉池，又将混合污泥送到重力浓缩池。这样在初沉池和重力浓缩池中都会有大量 PO_4-P 释放出来，增加了返回到水处理系统的回流磷负荷。因此，在设计上要避免将剩余污泥排入初次沉淀池，而且剩余活性污泥以单独浓缩为好。

④ 剩余污泥分解时 PO_4-P 的释放

热处理过程或者好氧性消化过程中，随着剩余污泥的分解，PO_4-P 也被释放出来。热

处理分离液中 PO_4-P 浓度，大约为 500mg/L。而好氧消化分离液的磷浓度为 100mg/L，约为厌氧消化分离液浓度之半。这是因为还有相当部分仍保留在未分解的污泥之中。

⑤ 回流水磷负荷的容许值

日本学者村上的研究得出，厌氧-好氧法处理水 TP 浓度要保持在 0.5mg/L 之下时，回流水磷负荷一般应控制在进水磷负荷的 50%之下。

表 4-4 是某生活污水处理厂厌氧-好氧系统回流水 PO_4-P 浓度的某日记录。

污泥混合液及分离液 PO_4-P 浓度 **表 4-4**

项目 \ 负荷(mg/L)	PO_4-P	项目 \ 负荷(mg/L)	PO_4-P
剩余污泥	12.1	调节贮槽内污泥	167.0
生污泥浓缩分离液	34.9	滤布洗涤水	0.9
剩余污泥浓缩分离液	64.2	脱水滤液(含淘洗水)	50.5

该厂污泥处理系统是重力浓缩、带式压滤机脱水工艺。初沉池污泥与剩余污泥分别采用间歇式重力浓缩。调节贮槽内浓缩污泥 PO_4-P 浓度为 167mg/L。含滤布洗涤水在内全部回流水量是原污水量的 4%，平均 PO_4-P 浓度大约为 50mg/L，回流磷负荷是进水磷负荷的 67%。但仍保持好氧段出水 PO_4-P 浓度为 0.1mg/L，回流水对磷的去除没有产生影响。这是因为进水 P/BOD 比较低，回流水又有流量调节池，回流量均匀，使曝气池进水的 P/BOD 控制在 0.03 左右之故。当然在厌氧-好氧法中希望回流水磷负荷越低越好，但是减少回流水磷负荷也是要花钱的，因此以不影响水处理工艺除磷效果的程度为宜。在工程设计上要根据进水 P/BOD 比值、回流水量、PO_4-P 浓度及其日变化来确定回流水磷负荷的控制数据，使曝气池进水 P/BOD 保持在 0.05 之下。

(2) 污泥处理的常规流程及磷在污水污泥处理系统内的代谢与平衡。

污水处理厂产生的污泥，从液体状态转换为脱水泥饼、干燥污泥、堆肥肥料或焚烧灰等各种形态，须进行最终处置。所以污泥处理工艺按最终处置方式的不同也是各种各样的。

据日本 20 世纪 80 年代末的统计，有 260 座污水厂采用的污泥处理流程是浓缩-厌氧消化-脱水，约占处理厂总数的 41%。其次是浓缩-脱水流程，已有 251 套装置在运行，占处理厂总数的 38%。这两种流程为污水处理厂中污泥处理的主要方式。

大量污泥进行浓缩的最经济的工艺还是重力浓缩。1988 年日本有 88%的污水厂采用重力浓缩。但是近年来由于饮食结构的变化和分流制污水厂的增多，污泥中有机物相应增多。剩余污泥的脱水性能与压密性能相应低下，重力浓缩污泥的固体浓度降低。为保证浓缩污泥浓度，有些污水厂采用了气浮浓缩和离心浓缩。

最近世界各国对真空脱水机的使用逐年减少，日本由 1980 年的 50%下降到 1987 年的 33%。而其他形式的脱水机在逐年增加。尤其是带式压滤机增加的趋势更为显著。受这一变化的影响，污泥调质药剂由无机盐改为高分子絮凝剂。

为说明磷在污水及污泥处理中的代谢与平衡，以某市运行中的东部污水处理厂为例。该厂的一组设备进行了厌氧-好氧活性污泥法除磷工艺的生产性实验。处理水总磷含量达到了 0.5mg/L 之下，BOD 与 SS 的去除率与标准活性污泥法相当。该厂的污泥处理系统为重力浓缩-厌氧消化-淘洗-脱水的常规流程。在流程中有多处是较长时间处于厌氧状态，各处理阶段产生的废水都回流到污水处理系统中。该厂的新工艺产生的污泥是生物富磷污泥，在多处厌氧条件下要把过剩吸收了的磷再释放出来的，随回流水重新进入污水处理系统。在启用厌氧消化池条件下，各工序磷的代谢如图 4-7 所示。由图可见，从污泥处理中回流的磷负荷很大，会使污水处理系统的除磷效果逐渐恶化。因此必须在污泥处理中封闭磷的释放，减少回流磷负荷量，才能保证除磷效果。

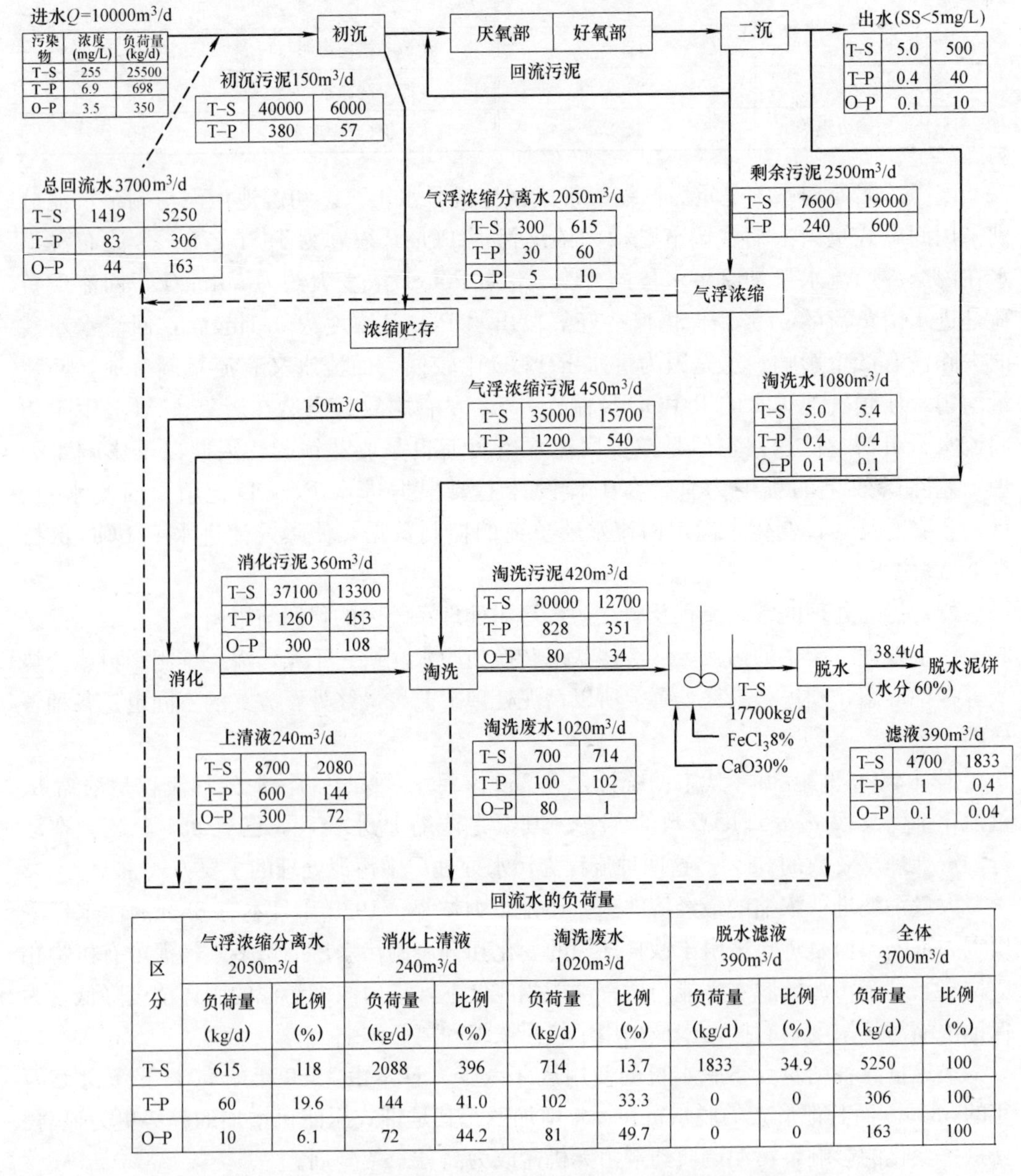

回流水的负荷量

区分	气浮浓缩分离水 2050m³/d		消化上清液 240m³/d		淘洗废水 1020m³/d		脱水滤液 390m³/d		全体 3700m³/d	
	负荷量 (kg/d)	比例 (%)	负荷量 (kg/d)	比例 (%)	负荷量 (kg/d)	比例 (%)	负荷量 (kg/d)	比例 (%)	负荷量 (kg/d)	比例 (%)
T-S	615	118	2088	396	714	13.7	1833	34.9	5250	100
T-P	60	19.6	144	41.0	102	33.3	0	0	306	100
O-P	10	6.1	72	44.2	81	49.7	0	0	163	100

图 4-7 厌氧-好氧活性污泥法系统中磷的代谢与平衡试算图

(3) 生物富磷污泥的处理与处置方法

现在应用的重力浓缩池、厌氧消化法等污泥处理工艺，污泥中的 PO_4-P 不可避免地要释放出来，造成回流水磷负荷的增加。在采用厌氧-好氧法时，为防止污泥系统中的磷返回到污水处理系统中，就必须采用适当的浓缩和脱水方法，将磷保存在污泥微生物当中，或者应用现行污泥处理流程，将回流废水进行化学处理，把水溶性磷再固定到沉淀泥渣中。

1) 直接脱水方式

在污泥处理系统中取消厌氧消化池，采取浓缩污泥直接脱水方式，就可减轻回流水的磷负荷量。这是通常的厌氧-好氧法剩余污泥处理方法。标准法剩余污泥的处理中，也有相当部分污水厂采取直接脱水方式。厌氧-好氧法的剩余污泥压密性优于标准法污泥，采用直接脱水就更为可行。厌氧消化池为绝对厌氧条件，在消化池中平均停留20～30d 的生物富磷污泥，会将过剩摄取的磷大部分释放出来，返回到曝气池中，势必恶化除磷效果。取消消化池，既省去基建投资，又可避免大量磷的释放，实为简便有效的措施。在此基础上，对浓缩与脱水工序进一步采取得当措施，可取得更好地减少回流磷量的效果。

① 机械浓缩法

在选用了好氧条件下的气浮浓缩和短时间能完成浓缩过程的离心浓缩等机械方法时，在浓缩过程中就不会有磷或很少有磷的释放。浓缩分离液和浓缩污泥中的 PO_4-P 浓度都可保持相当低值。如果浓缩污泥以高分子絮凝剂进行调质后再进行离心脱水或带式压滤机脱水，其脱水时间仅为 15min，在脱水前调节池内的存放时间为 15～30min。那么剩余污泥从二沉池排出到制成脱水泥饼的时间也不过是 1～1.5h。脱水滤液中 PO_4-P 浓度可控制在 30mg/L 之内。

设进水 TP 浓度为 3mg/L，剩余污泥量为进水量的 1.2%。经计算，包括初沉池污泥浓缩分离液在内的回流水磷负荷量为进水磷负荷量的 15%左右。若在污泥调节池前将剩余污泥与初沉池污泥混合，脱水滤液中的 PO_4-P 浓度也可限制在 50～60mg/L 左右，回流水磷负荷量占进水磷负荷小于 18%。如回流水在一天内能均匀分布，对污水处理系统的出水磷浓度也不会有影响。

所以应用浓缩污泥直接脱水的污水厂，采用剩余污泥单独机械浓缩法，减少回流水的磷负荷量是可行的。

② 使用无机混凝剂固定 PO_4-P 于泥渣中

在污泥浓缩、调质等固液分离的过程中，向污泥中投加铁盐、铝盐、PAC、消石灰等无机盐类，使 PO_4-P 固定于泥渣中而不向分离液释放，也是防止磷回流的一种方法。

a. 无机混凝剂用于重力浓缩

当不用气浮浓缩时，可在重力浓缩过程中投加氯化亚铁等金属盐类，对减少浓缩池上清液磷浓度和减少浓缩污泥混合液中磷浓度都是有效的。投加 $FeCl_3$ 进行重力浓缩试验表明，$FeCl_3$ 投加量达到 PO_4-P 浓度的 2 倍当量之上，上清液中 PO_4-P 浓度小于 5mg/L，浓缩污泥混合液中 PO_4-P 浓度在 10mg/L 左右。

b. 无机混凝剂用于污泥调质

真空脱水机和加压脱水机的污泥进行调质时，投加的是无机混凝剂。其投加量按化学反应是很多的。三氯化铁投量为干固体的6%～19%，消石灰为25%～53%。所以脱水滤液中 PO_4-P 的浓度不超过 1mg/L。

因此，污泥用无机混凝剂调质进行真空脱水或加压脱水时，回流水的磷负荷实际上仅仅由浓缩上清液中的 PO_4-P 构成，相当于进水磷负荷的 12%（机械浓缩）～20%（重力浓缩）。

c. 高分子絮凝剂与无机混凝剂的配合使用

采用带式压滤机、离心浓缩机脱水时，污泥使用高分子絮凝剂进行调质，不能将 PO_4-P 固定。因此当采用重力浓缩，随浓缩污泥一起排出的 PO_4-P 都转移到脱水滤液中来，成为污水处理系统的回流磷负荷。如果浓缩污泥液相中的 PO_4-P 浓度为 65mg/L 左右时，回流水负荷将达到进水磷负荷的 50%，处理水 TP 浓度就有增加的危险。

表 4-5 是高分子絮凝剂调质和无机混凝剂与高分子絮凝剂并用调质的对比情况。从表中看出，当高分子絮凝剂与无机絮凝剂并用于污泥调质时，调质与脱水时间在 1h 之内，脱水液 PO_4-P 浓度为 1mg/L 之下。其结果，回流水磷负荷也仅仅由浓缩上清液所构成。各种污泥处理工艺的回流水磷负荷量见表 4-6，供设计参考。

调质污泥的 PO_4-P 释放对比 **表 4-5**

经过时间		高分子调质污泥 (mg/L)	高分子与无机混凝剂并用调质污泥 (mg/L)
调质开始 PO_4-P 浓度		31	47.6
30min 后		32.5	—
1h 后		39.0	0.8
2h 后		52.5	2.0
4h 后		—	8.0
8h 后		—	26.5
24h 后		—	35.0
实验条件	污泥浓度(mg/L)	15500	17400
	调质剂	阳离子高分子絮凝剂 0.18% DS	阳离子高分子絮凝剂 0.86% DS 阴离子高分子絮凝剂 0.17% DS $FeCl_3$ 5% DS

各种污泥处理工艺回流水磷负荷量（g/d） **表 4-6**

分离液 \ 处理工艺	重力浓缩 离心脱水	离心浓缩 离心脱水	离心浓缩 加压脱水	重力浓缩 曝气处理 离心脱水	重力浓缩 高分子-铁盐 离心脱水	重力浓缩 加压脱水
初沉池污泥浓缩上清液	2280	2280	2280	2280	2280	2280
剩余污泥浓缩上清液	3427	1376	1376	3427	3427	3427
脱水滤液	9422	1713	57	1713	570	57

续表

分离液 \ 处理工艺	重力浓缩 离心脱水	离心浓缩 离心脱水	离心浓缩 加压脱水	重力浓缩 曝气处理 离心脱水	重力浓缩 高分子-铁盐 离心脱水	重力浓缩 加压脱水
合计	15129	5369	3713	7420	6277	5764
与进水磷负荷之比	50.4%	17.9%	12.4%	24.7%	20.9%	19.2%

注：进水量 $10000m^3/d$，进水 TP 3mg/L；初沉池污泥量 $800m^3/d$，浓度 1.8%，浓缩后浓度 3%；剩余污泥量 $1000m^3/d$，浓度 0.8%，浓缩后浓度 2.5%；脱水滤饼含水率 75%。

2）厌氧消化池内的磷封闭法

在污泥处理流程上，由于环境等方面的要求，必须进行厌氧消化时，在消化池中投加无机混凝剂或石灰，可以固定消化池内释放出来的磷，把磷封闭在污泥中。药剂所产生的影响可以持续到淘洗工序。淘洗排水的 SS 和 COD 虽然显著的增加，但 PO_4-P 仍然很少。

松尾和正采用石灰和三氯化铁做磷封闭剂，并从半生产试验中取得投药量与磷封闭率及消化率的关系曲线（图 4-8）。当投药量相对于污泥总磷的摩尔比为 2 时，磷的封闭率可达 98%。但消化率随投药量的增加而减少。当摩尔比为 1.5 时，消化率显著降低。

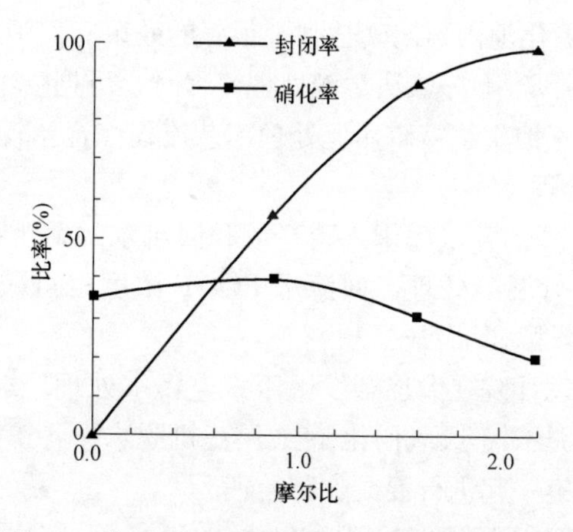

图 4-8　摩尔比和磷封闭率、污泥硝化率的关系

消化沼气的分析结果，甲烷为 60%，是正常的，但硫化氢随投药量的增加而减少。

消化率的计算按下式进行：

$$消化率(\%)=\left(1-\frac{投入污泥的无机成分(\%)\times 消化污泥的有机成分(\%)}{投入污泥的有机成分(\%)\times 消化污泥的无机成分(\%)}\right)\times 100$$

药剂产生的污泥比率由下式计算：

$$2FeCl_3+3Ca(OH)_2 \longrightarrow \underset{污泥}{\underline{2Fe(OH)_3}}\downarrow+3CaCl_2$$

$$三氯化铁的污泥产率=三氯化铁投加量\frac{Fe(OH)_3}{FeCl_3}$$

$$CaO + H_2O \rightarrow \underset{\text{污泥}}{\underline{Ca(OH)_2}}$$

$$\text{石灰的污泥产率} = \left(\text{石灰投加率} - \text{三氯化铁投加率} \times \frac{3CaO}{2FeCl_3}\right) \times \frac{Ca(OH)_2}{CaO}$$

$$\text{总污泥产率} = \text{三氯化铁污泥产率} + \text{石灰污泥产率}$$

消化池内磷的封闭和平衡可归纳成框图见图 4-9。

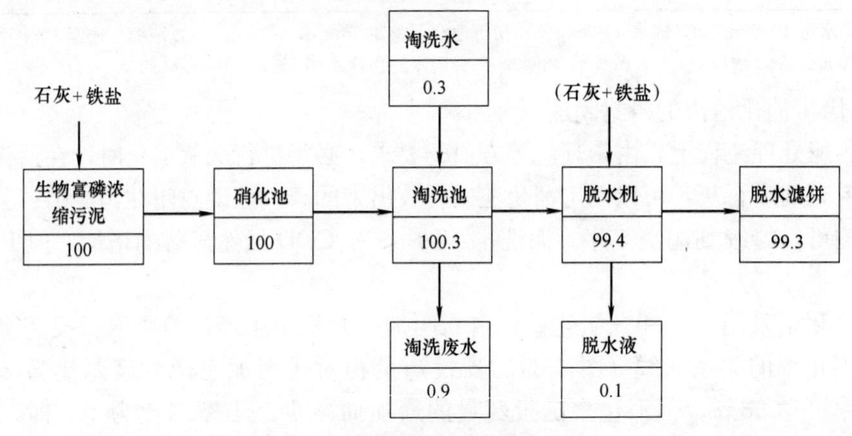

图 4-9　污泥处理系统的磷平衡

从图 4-9 可见，在消化池内封闭磷达到了很好的效果。但消化率降低和药剂费增加是两个主要问题。在选择厌氧-好氧法污泥处理流程时，可据受纳水体的要求、经济性、操作管理的难易等，与其他生物富磷污泥处理工艺流程综合比较后确定。

3）回流水的混凝处理

厌氧-好氧法污泥处理的各工序中，磷释放和回流水的磷负荷也可以不予控制，而以全部回流水为对象进行混凝处理，回流水 PO_4-P 浓度也可减少到几乎为零的程度。但是需要设置回流水化学除磷装置。

中国市政工程东北设计院在大连开发区于家屯污水处理厂，采用了 A/O 流程。污泥处理系统为：混合污泥浓缩-厌氧消化-带式压滤机脱水。各工序内均未进行磷释放的控制，将全部回流水汇集一起进行混凝除磷处理。

5. 生物除磷法与富磷污泥处理的组合流程

生物除磷法的稳定除磷效果是与污泥处理紧密相关的。所以水和泥的处理流程应是一个完整的体系。由于污水生物除磷和富磷污泥处理都有多种流程，能组合成许多经济实用的完整体系。在此仅举三例，供工程设计参考。

（1）生物-化学除磷工艺

本工艺流程如图 4-10 所示。其特点是将厌氧段中的部分混合液经中间沉淀池进行固液分离，高含磷的沉淀水送入接触脱磷床，用化学固定法去除大部分磷，然后与中间沉淀池的沉淀污泥一起进入好氧段。沉淀水中残留磷及厌氧段其余混合液中的磷，再于好氧段中为聚磷菌所摄取，进行生物除磷。

图 4-11 是某污水厂生产性试验设备的原水、处理水的 TP 负荷量及污泥中磷含量比率的变化曲线。其中试验 1 和试验 5 是用原生活污水。试验 2～4 将 KH_2PO_4 投加于

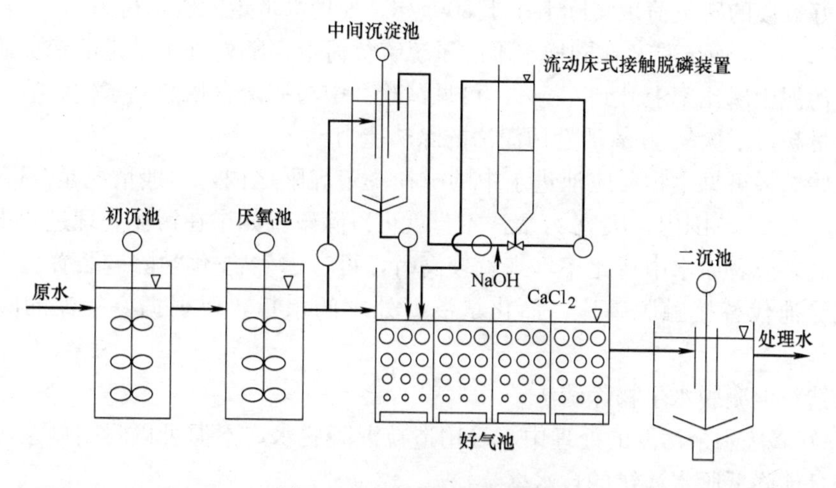

图 4-10　生物-化学除磷装置

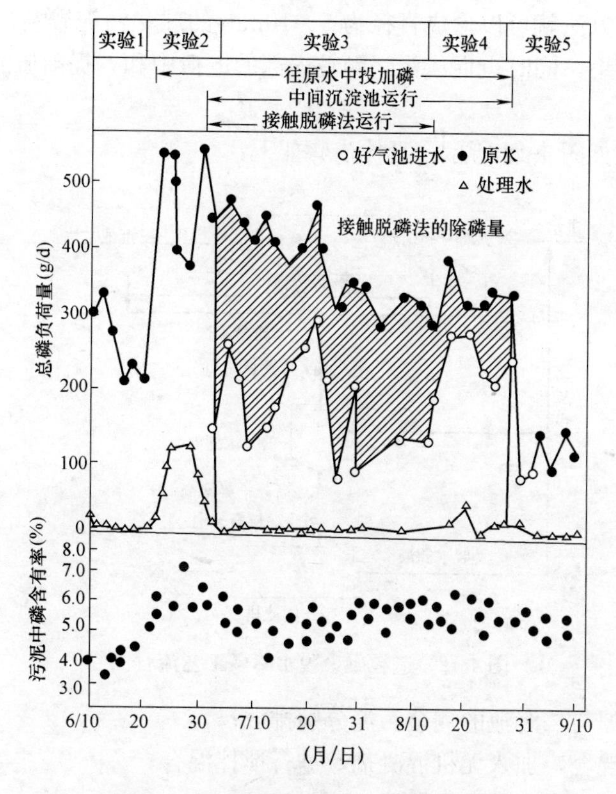

图 4-11　生产装置磷负荷逐日变化曲线

（注：装置运行水量 50m³/d）

原污水中，作为污泥处理过程中返回的磷负荷，增加系统的磷负荷量。试验 3～4 并联运行中间沉淀池，试验 3 并联运行中间沉淀池和接触脱磷床。

图 4-11 中可见，试验 3 虽然投加了 KH_2PO_4，系统磷负荷量大于 400g/d，但是由于中间沉淀池-接触除磷床装置中应用化学固定法去除了系统总磷负荷量的 50%。其结

果，进入好氧段的磷负荷量实际上小于300g/d。处理水带走的磷负荷为17g/d，污泥中磷比率为5.5%，而试验2在同样水平的系统磷负荷下，随处理水带走的磷负荷量高达120g/d，污泥中磷比率上升到6.5%。可见试验2中污泥磷含量达到了饱和值，系统的总磷负荷量超过了厌氧-好氧活性污泥法的除磷能力。

从这些结果可见生物反应池进水中的磷在一定界限之内，一般情况是TP/BOD比值在0.03～0.07范围内，厌氧-好氧法本身就可以除磷。如果在污泥处理过程中磷的释放不能控制，或者原水中磷比率本来就较高时，可考虑生物-化学除磷装置。当然也可用混凝沉淀池代替接触脱磷床，而化学混凝处理的水量，要根据好氧池的除磷能力决定。

(2) 造粒混凝脱水生物除磷法

厌氧-好氧法剩余污泥的处理中，采用造粒混凝脱水，不但可以封闭剩余污泥磷的释放，而且能降低脱水滤饼的含水率。

所谓造粒混凝脱水就是在污泥中投加PAC，然后再投加两性高分子絮凝剂，控制药剂投加量和搅拌方法就可以形成直径为5～10mm的球状污泥颗粒。因此大幅度地提高脱水机的脱水效果，同时也促成污泥颗粒内部的电荷中和，提高压滤的脱水性，降低脱水滤饼的含水率。

该工艺的流程如图4-12所示。具体步骤如下：

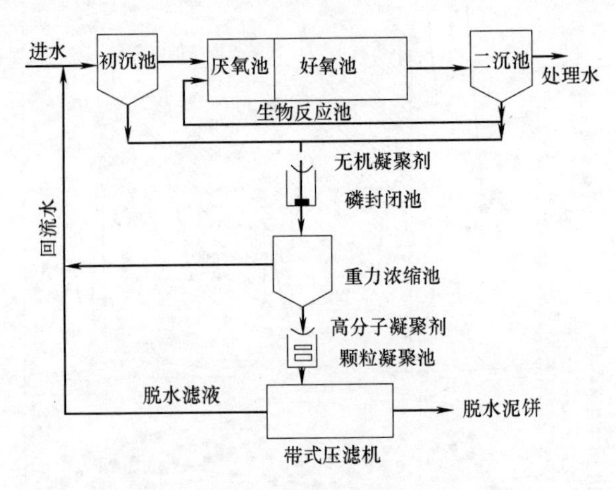

图4-12 造粒凝聚脱水除磷工艺流程图

1) 初沉池污泥与二沉池的剩余污泥分别排放；

2) 两种污泥混合，加入无机混凝剂，进行搅拌混合；

3) 磷封闭后的污泥进行重力浓缩；

4) 颗粒混凝污泥经带式压滤机脱水。

该法与一般脱水工艺相比，药剂费增加45%。但能很好地抑制生物富磷污泥中磷的释放，封闭率可达90%以上。从而减少了磷回流量，保持稳定的处理水质。同时还可得到含水率70%的脱水滤饼。脱水泥渣也可经济地进行自然堆肥和人工堆肥。

(3) 回流污泥脱磷工艺

图4-13为回流污泥脱磷工艺流程。该方法是在曝气池的回流污泥管线上增设脱磷

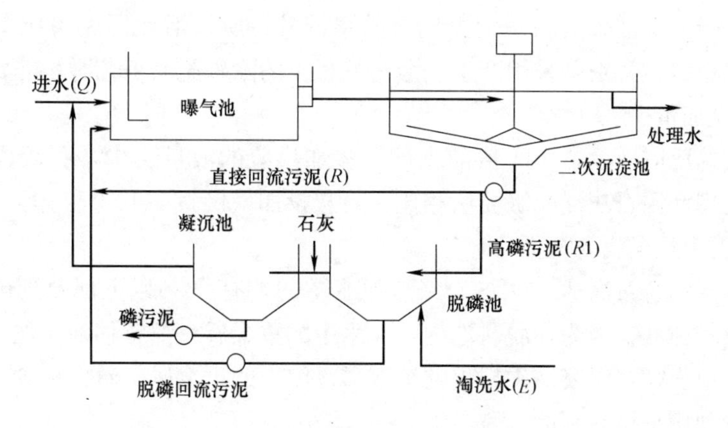

图 4-13　回流污泥除磷流程

池和石灰混凝池。脱磷池中回流污泥在厌氧状态下，将污泥中的磷释放出来。在石灰混凝池中释放出来的磷被石灰凝聚为羟基磷灰石而回收。

回流污泥的一部分（相当于进水量的 10%～15%）流入脱磷池，在厌氧状态下停留 4～6h，污泥一边释放磷，一边沉淀到池底。污泥中放出的磷被由池底进入的向上流动的洗涤水洗去。洗涤水可用原水，原水中的磷由 3～8mg/L 被浓缩为 20～50mg/L 的上清液而溢流出来。

脱磷池中释放出磷的脱磷污泥依然回流到曝气池，再度过剩地摄取原水中的磷。高磷上清液流入石灰凝聚池，在池中投加石灰，使 pH 达到 9，磷与石灰反应生成羟基磷灰石沉淀。反应式如下：

$$3HPO_4^{2-}+5Ca^{2+}+4OH^- \longrightarrow Ca_5(OH)(PO_4)_3+3H_2O$$

该流程在世界上已有些生产运行经验，表 4-7 是美国一些回流污泥除磷系统的运行数据。

回流污泥除磷工艺生产设备运行状况　　**表 4-7**

场　所	恩特里阿	兰斯德鲁	里诺斯克斯	阿姆哈斯	山背芝
运行开始时间	1980 年	1981 年	1981 年	1981 年	1981 年
进水量(m^3/d)	21000	9500	54000	79500	59000
进水 T-P(mg/L)	4.0	4.7	8.3	3～4	5.4
O-P(mg/L)	—	—	4.8	—	3.4
处理水 T-P(mg/L)	0.4	0.4	0.5	1.0 以下	0.4
O-P(mg/L)	—	0.1	0.2	—	0.1
石灰用量(g/m^3 污水)	14～19	—	—	24	15

该方法的优点如下：

1）曝气池中的活性污泥磷比率低，去除磷的性能稳定。

活性污泥中磷的比率 P/VSS（kg 磷/kg 挥发固体）的范围大致如下：标准法活性污泥的 P/VSS 为 0.01～0.02，本法活性污泥为 0.02～0.05，除磷性能不稳定的活性污泥为 0.08～0.10。

本法由于磷的大部分为石灰混凝而排除系统外，所以活性污泥磷比率能保持较低值，除磷性能稳定。特别是采用产生剩余污泥量少的除磷脱氮工艺时，非常有效。

2）石灰投加量少

磷和石灰的反应速度受 pH 值的支配，参加反应的液量越少，石灰投加量也可以少。和二级处理水用石灰混凝沉淀法相比，石灰投加量仅为1/10～1/20。

3）磷污泥中重金属含量低

磷污泥中磷的含量高达10%～13%，原水中的磷有60%以上回收到磷污泥中，同时重金属含量却很低。因为在脱磷池内，原水中的重金属大都转移到污泥中。因此上清液中的重金属很少，在混凝池中析出的沉淀磷污泥中的重金属自然也很少。这对于磷污泥的最终处置利用是很有利的。

6. 结语

(1) 为保持封闭型水域水质、防止富营养化，进行污水除磷是一项必要措施。

(2) 厌氧-好氧除磷法处理设施的建设与维护简便易行，可经济地同时去除有机物和磷，有替代标准法的趋势。也可方便地将现有的标准活性污泥法改建成厌氧-好氧活性污泥法。

(3) 厌氧-好氧除磷法较标准活性污泥法省电约20%。

(4) 生物富磷污泥的处理过程中，要减少磷返回污水处理系统的负荷量，这是生物除磷效果稳定与否的关键。

(5) 取消厌氧消化池，将浓缩污泥直接脱水，并在浓缩池或调节池中用无机混凝剂进行磷的化学固定，是可行的富磷污泥处理工艺。

4.1.2 厌氧-好氧活性污泥法除磷机理及动力学探讨❶

近年来世界上很多国家和地区的水体都出现了严重的富营养化现象。引起水体富营养化的主要物质是氮和磷，当水体中总磷浓度高于0.02mg/L，总氮浓度高于0.2～0.5mg/L时，即被视为富营养化水体。研究表明，大多数水体中有蓝藻存在，它有固定大气中氮的功能，从而使水体中氮的含量增加，而磷则以磷酸盐形式靠陆地风化进入水体，其量难以与水体中氮含量相平衡。因此，对藻类的生长起关键作用的是磷。防止水体富营养化的主要途径是避免人为向水体中排入过剩的氮磷元素，而关键是磷。

为了实现污水的脱氮除磷，相继对活性污泥法处理污水工艺进行改造，如采用缺氧好氧的A/O工艺、厌氧好氧的A/O工艺、厌氧缺氧好氧的A^2/O工艺、吸附生物降解AB工艺、新型氧化沟、高浓度活性污泥法、间歇式活性污泥法（SBR）等。

人们注意研究同时生物脱氮除磷，但除磷过程与脱氮过程相互影响，工艺复杂，较难控制。对单纯的活性污泥法除磷研究和工程实践较少，中国市政工程东北设计研究院、哈尔滨建筑大学和大连经济技术开发区污水处理厂承担了国家“八五”攻关课题

❶ 本文成稿于1997年，作者：姜安玺、郑朔方、张杰、张富国。

“厌氧-好氧活性污泥法除磷技术”的研究。本文重点对其中的除磷机理和动力学模型进行探讨。

1. 工程概况

大连经济技术开发区污水厂作为国家“八五”攻关课题的依托工程，在国内率先把厌氧-好氧活性污泥法除磷工艺应用于工程实际中，其流程见图 4-14。进水经格栅、泵站进入普通平流式沉砂池，然后经超越管进入生化反应池，经二沉池出水。

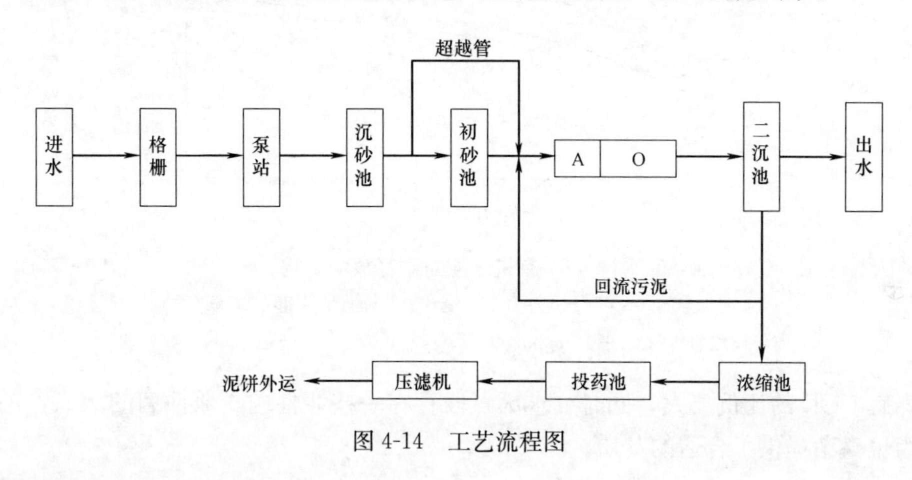

图 4-14 工艺流程图

2. 影响工艺运行的主要因素

根据对水厂 1994 年全年及 1995 年 1～3 月份运行情况的监测，以及对除磷影响因素的实验分析，运行情况及除磷效果主要受以下几个因素的影响。

(1) 有机基质

对除磷系统来说，BOD_5/TP 值对系统的处理情况的影响极大（图 4-15）。一般说来，BOD_5/TP 至少应大于 15～20。这说明有机基质对除磷来说，是一项很重要的参数。此外，有机基质类型对磷的厌氧释放影响很大，只有一些低分子有机酸，才能有效地诱导磷释放（图 4-16），而一般在进水中，这类有机酸的含量很少，这就要求进水中

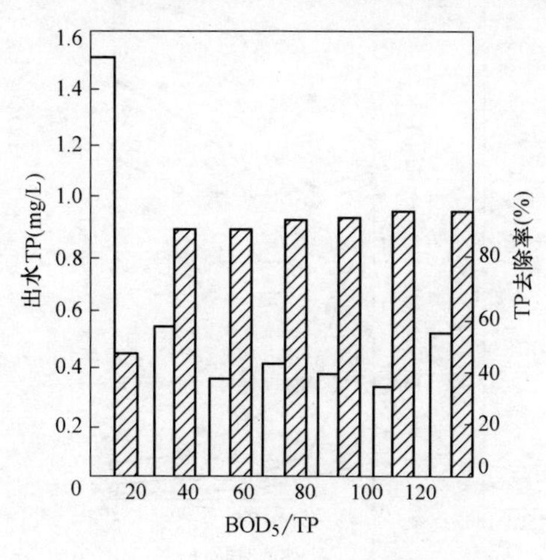

图 4-15 BOD_5/TP 对除磷效果的影响

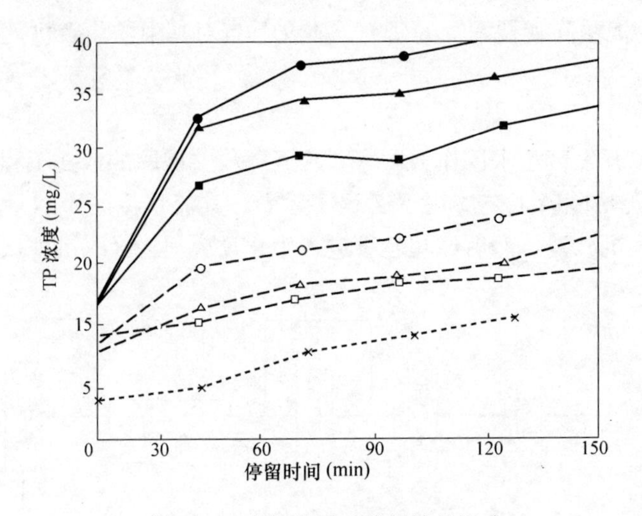

图 4-16　有机基质对磷释放的影响

投 AC^-：—•—200mg/L；—▲—100mg/L；—■—50mg/L

投加葡萄糖：—○—300mg/L；—△—100mg/L；—□—50mg/L

快速降解 COD 的比例要大，同时要求厌氧段存在一些兼性菌。兼性菌的厌氧产酸发酵过程为聚磷菌提供了合适的基质。

（2）溶解氧

根据研究结果，厌氧段的溶解氧浓度及硝酸盐氮的浓度对磷的厌氧释放影响很大，但并不是要求绝对的厌氧状态。当厌氧段 DO<0.5mg/L 时，就会出现磷释放现象，而当溶解氧浓度低于 0.3mg/L 时，释放效果就比较好（图 4-17）。当硝酸盐浓度低于 2.0mg/L 时，对磷的释放影响不大（图 4-18）。溶解氧对磷的好氧吸收影响很大，一般说来，当 DO 达到 0.8～1.0mg/L 以上时，才会出现较好的吸收效果（图 4-19）。

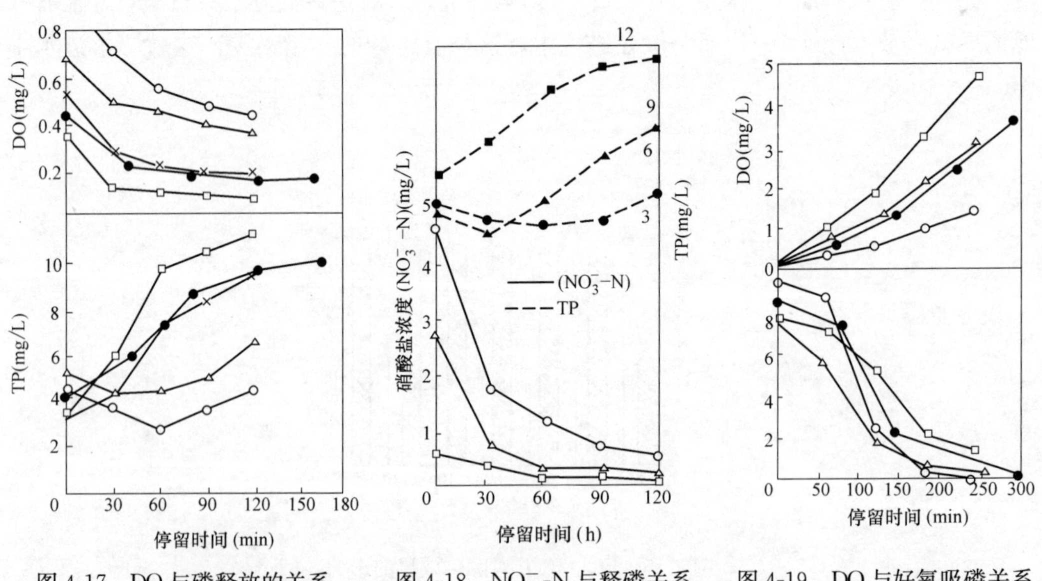

图 4-17　DO 与磷释放的关系　　图 4-18　NO_3^--N 与释磷关系　　图 4-19　DO 与好氧吸磷关系

(3) pH 值

通过对 pH 值的调整观察对释磷的影响，可以发现，当 pH 低于 6.0 时，会出现快速而大量的释放，但从随后的吸收过程来看，却没有过量吸收结果。经过分析，这是细胞在酸性条件下产生自溶的一种破坏性释放，对于生产实际来说，厌氧段 pH 可以保持在 6.5 以上，不会出现这种情况（图 4-20）。

(4) 释放效果对吸收的影响

一般说来，释放效果越好，则吸收效果越好（图 4-21）。但应指出的是，这种吸收必须是在有效释放的前提下。随着有机基质的消耗，微生物会进入内源呼吸期，内源的损耗也会引起磷的释放，但这种释放与 pH 降低引起的磷释放一样，并不能引起细菌过量吸磷，是无效的，应该尽量避免。

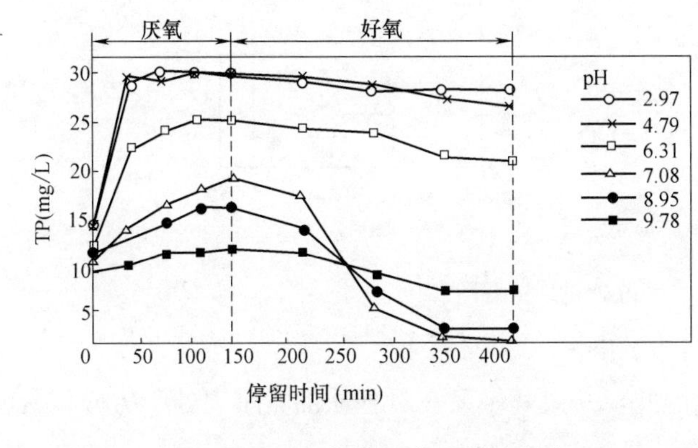

图 4-20 pH 对磷释放-吸收的影响

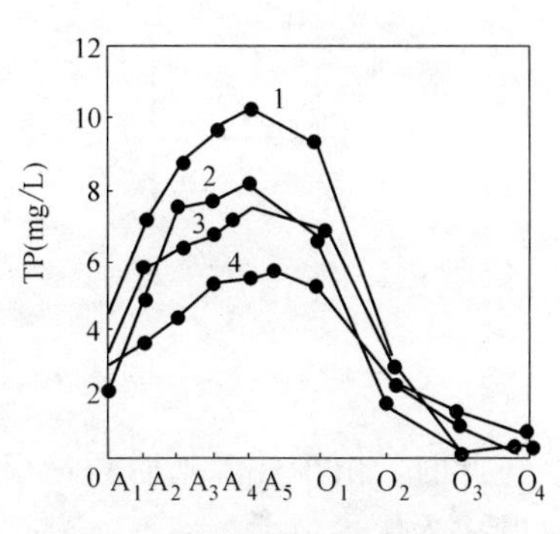

图 4-21 磷释放与吸收的关系

(5) 其他影响因素

温度、有毒物质等因素对除磷也有影响，在实验过程中，水温保持在 10～25℃之间基本可以保证出水效果。

3. 除磷机理分析

根据对除磷影响因素的分析，以及对目前存在的除磷机理假说的分析，可以看出，在厌氧条件下，首先是兼性厌氧菌利用 COD 产生代谢产物——低分子有机酸；随后聚磷菌以低分子有机酸为碳源，完成除磷过程。

聚磷菌是指体内能贮存聚磷和聚 β 羟基丁酸的一类细菌的总称。一般认为主要有不动杆菌、假单胞菌等菌种。在厌氧条件下，它们利用兼性厌氧菌的代谢产物作为基质，首先，必须将基质吸收到细胞内。这一过程需要有细菌质子移动力的作用。细菌质子移动力是细胞膜主动运输时所需要的一种化学渗透浓度梯度。细菌必须维持一定的质子移动力，才能有效地摄取一些营养物质。一般细菌维持细菌质子移动力的机制有如下三种：一是存在电子受体时，通过呼吸链的作用将质子排出，二是利用三磷酸腺苷（ATP）酶位点 ATP 分解产能将质子排出胞外，三是利用 NADH 转氢酶的作用将质子排出。厌氧状态时，不存在电子受体，第一种机制不起作用，由于厌氧状态下一般细菌产生的能量有限，因此，第二、三种机制也只能起有限的作用。而聚磷菌此时存在一般细菌所不具备的能力，即体内的聚磷分解产生 ATP，进而可以支持第二种维持细菌质子移动力的机制的不断作用。因此，聚磷菌就可以大量地摄取有机营养物进入细胞内合成PHB贮存起来。聚磷的分解使胞内磷积累，多余的磷被排出体外，表现为厌氧状态下磷的释放（图4-22a）。

体内贮存了大量PHB并且聚磷已经被分解的聚磷菌进入好氧区后，以体内贮存的有机碳源——PHB与部分胞外碳源为基质进行有氧呼吸。这一过程将会产生大量能量及细菌质子移动力，为了保持细菌质子移动力的恒定，聚磷菌通过消耗质子移动力的方式将胞外的磷过量摄入到细胞内，合成聚磷并贮存部分能量（图4-22b）。

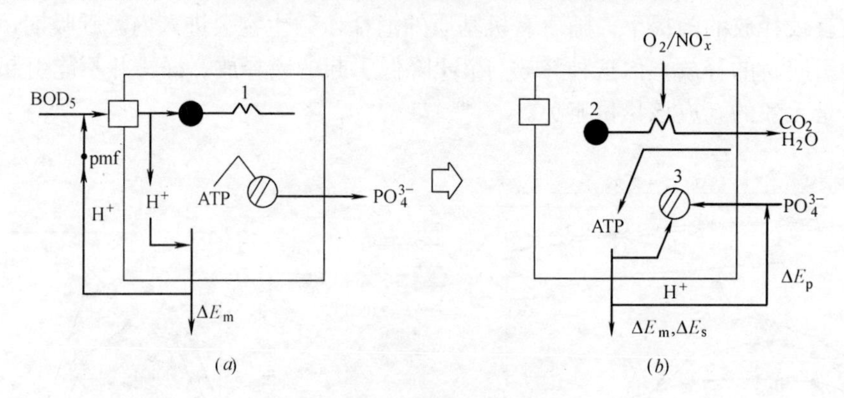

图4-22 除磷机理示意图

1—呼吸链；ΔE_s—合成能量；ΔE_m—维持能量；ΔE_p—合成Poly-P能量；2—PHB；3—Poly-P

此时，由于外源基质数量很少，因此，一般好氧菌在对基质的竞争中处于劣势，聚磷菌成为优势菌种。

4. 除磷动力学模型的建立

通过对生化反应池中监测到的数据分析，以及对除磷机理的分析，建立了动力学模式。

由于磷的去除过程与有机物的降解过程有所不同，因此在建立动力学模型时分为厌氧释放与好氧吸收两段进行考虑。

(1) 厌氧释放模型

通过对数据的处理和分析，磷的释放过程可用下式来表示：

$$\frac{\mathrm{d}(p_{\mathrm{m}}-p)}{\mathrm{d}t}=-k_1(p_{\mathrm{m}}-p) \tag{4-1}$$

即单位时间内的释放量按一级反应规律变化。

设 $(P_{\mathrm{m}}-P_0)=\Delta_{\mathrm{m}}$，$P-P_0=\Delta$，经过推导，可得到厌氧段释放模型。即为

$$\Delta=\Delta\mathrm{m}(1-e^{-K_1\mathrm{t}}) \tag{4-2}$$

式中 P——t 时刻液相磷浓度（mg/L）；

P_{m}——厌氧段达到最大有效释放量时的磷浓度（nig压）；

K_1——时间速率常数（1/h）；

Δ_{m}——最大有效释放量（mg/L）；

Δ——t 时刻释放量（mg/L）；

P_0——进水磷浓度（mg/L）。

（2）好氧段吸收模型

采用与厌氧段相似的分析方法，好氧段磷吸收方程为

$$P = P'_m e^{-K_3 t} \tag{4-3}$$

式中 P'_m——好氧段供氧充分点的磷浓度（mg/L）；

P——t 时刻磷浓度（mg/L）；

K_3——好氧吸收速率常数（1/h）。

（3）参数的估值及检验

通过对参数的估值，得到：

$$K_1 = 0.36 - 0.42/\text{h}$$

$$\Delta_m = 9.3 - 10.4\text{mg/L}$$

$$K_3 = 0.84 - 1.06/\text{h}$$

与实验数据拟合较好（图 4-23）。

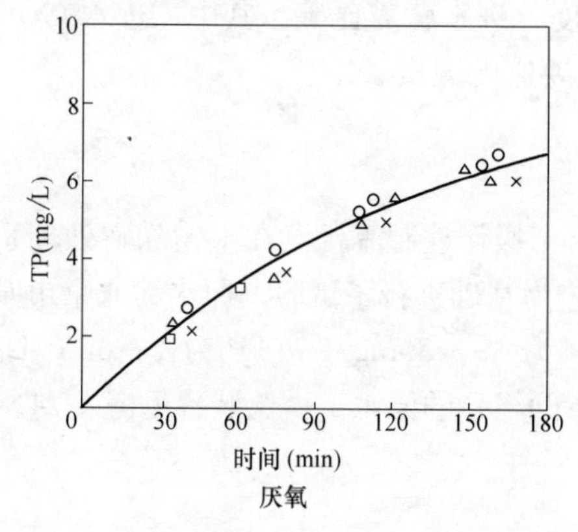

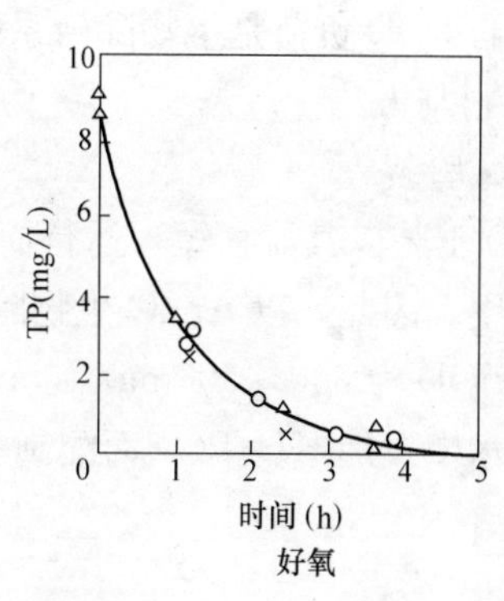

图 4-23　理论曲线与实际数据的拟合

（4）模型分析

对厌氧释放与有机物降解关系，释放与吸收关系分析后得到下列结果：

厌氧释放与有机物降解关系：

$$\Delta = \Delta_m[l - (S/S_0)^{k_1/k_2}]$$

好氧段吸收量与磷的释放量之间的关系：

$$P_{吸} = (P_0 + \Delta)(1 - e^{-k_3 t_0})$$

污水流经生化反应池后磷的净吸收量为：

$$P_0 - P_e = -\Delta e^{-k_3 t_0} + 0(1 - e^{-k_3 t_0})$$

以上各式中 S——t 时刻液相有机物浓度（mg/L）；

S_0——进水有机物浓度（mg/L）；

k_2——有机物厌氧段降解速率常数（1/h）；

P_e——出水磷浓度（mg/L）；

t_0——好氧段停留时间（h）；

Δ——厌氧段的释放量（mg/L）。

5. 结论

从以上分析中，得到以下结论：

(1) 影响除磷的主要因素为有机基质、溶解氧及硝酸盐浓度、pH值等，一般应满足进水$BOD_5/TP>15\sim20$，厌氧段$DO<0.3mg/L$，NO_3^--N$<2mg/L$，$pH>6.5$方能取得较好的除磷效果。

(2) 聚磷菌在厌氧-好氧交替运行的环境中，由体内的聚磷与PHB的转化使之成为系统中优势菌种并完成除磷。

(3) 根据机理的分析与实验数据建立了除磷动力学模型。

4.1.3 An/O生物除磷中两个主要控制因素的研究[1]

自从聚磷菌（PAOs）的聚/释磷原理被提出以来，生物除磷新工艺层出不穷，如An/O工艺、Phostrip工艺、VIP工艺、A^2/O工艺、Bardenpho工艺、UCT工艺、SBR工艺等。无论何种形式的处理工艺，都会受到诸多因素的影响，如厌氧与好氧段的容积比、DO、泥龄、厌氧段的NO_3^-浓度、进水营养比等。其中，进水COD/TP和处理系统的BOD负荷是生物除磷系统的主要影响因素。

1. 材料与方法

(1) 试验装置

An/O工艺以其流程短、运行简单、易于操作控制等优点在生物除磷处理系统中得到广泛应用。因此，以An/O生物除磷工艺为基础进行了试验，原水为北京市某小区生活污水，COD为300～500mg/L，NH_4^+-N为60～80mg/L，TP为4～6mg/L。此外，通过向污水中投加KH_2PO_4而配制不同COD/TP的原水。试验装置见图4-24。

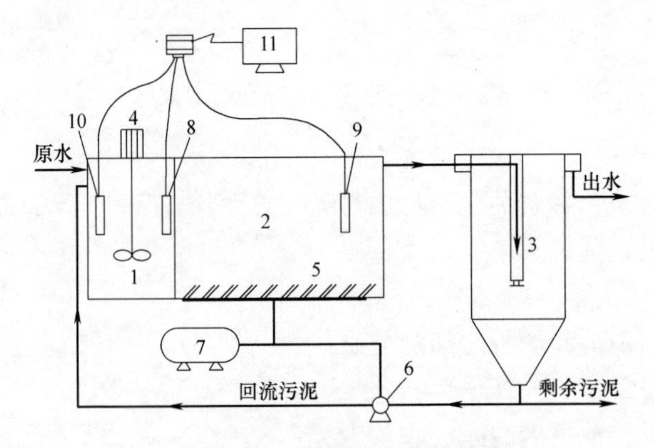

图4-24 试验装置示意图

1—厌氧池；2—好氧池；3—竖流沉淀池；4—搅拌机；5—曝气管；6—污泥回流泵；7—鼓风机；8—ORP探头；9—DO探头；10—pH探头；11—数据采集系统

厌氧、好氧反应池由不锈钢板焊接而成，长×宽×高＝2m×0.6m×1m，好氧段采用穿孔管曝气，沉淀池为竖流式，中心进水周边出水，材质为有机玻璃，其余管材均

[1] 本文成稿于2004年，作者：李捷、熊必永、张杰。

为 PVC。

（2）运行参数

根据在大连经济技术开发区水质净化厂 10 多年的生产性运行结果，确定运行参数如下：厌氧段与好氧段的体积比 1∶2.3，总水力停留时间为 5.2h，污泥回流比为 60%，MLSS 为 2500～3500mg/L，厌氧段 DO 为零、NO_3^--N<1.5mg/L，好氧段出水 DO 为 2～3mg/L。

（3）分析方法

COD：重铬酸钾法；氨氮：纳氏试剂分光光度法；TP：过硫酸钾消解-钼锑抗分光光度法；MLSS：总悬浮物分析仪；DO、ORP、温度、pH：模块化多参数测试系统。

2. 结果与讨论

（1）COD/TP 与厌氧释磷

所取小区生活污水的 COD/TP ＝ 50～125，远远满足了生物除磷对碳源的需求，故向生活污水中投加 KH_2PO_4，控制 COD/TP 值在 20～100 的范围，以考察其对除磷的影响。试验结果见图 4-25。

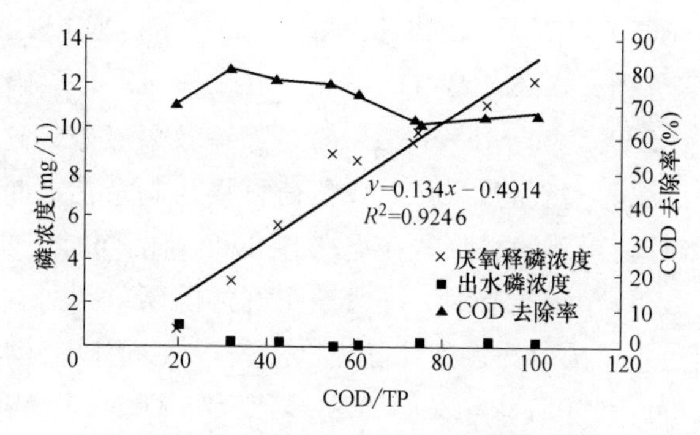

图 4-25　不同 COD/TP 值的厌氧释磷

结果显示，当 COD/TP>20 时，反应器出水磷浓度<0.5mg/L；当 COD/TP≈20 时，出水磷浓度略高（约为 1.0mg/L）。由图 4-24 可以看出，随着原水 COD/TP 的升高，厌氧释磷量增加。可以推断：厌氧段 COD 的消耗是被聚磷菌吸收并且以 PHB 的形式贮存在体内，以备后期好氧过量吸磷使用。回归分析结果显示，厌氧段的释磷量与进水 COD/TP 比值之间，存在很好的相关性，高浓度 COD 有利于厌氧释磷。试验中尽量保持生物量不变（MLSS 为 2.65～2.95g/L），可以发现在聚磷菌量相同时，COD 的消耗量随 COD/TP 比值的增高而增加。这说明，厌氧段 PHB 的贮存量并不完全取决于聚磷菌的多寡，还与混合液中 COD 含量有关，COD 含量越高，越有利于 PHB 的贮存，其贮存量也越大，即厌氧条件下 PHB 的产生并不完全依赖于高能磷酸键水解所提供的能量。

试验过程中 COD/TP 的变化对整个系统 COD 的去除率不会产生很大的影响，系统 COD 的去除率约 90%，其中 65%～85%的 COD 在厌氧段得以去除。这进一步证明，对 COD 的高去除率源于充分的厌氧释磷，即厌氧释磷量是吸收 COD 量的函数。值得注意的是：COD/TP 过高将导致出水 COD 超标，为降低出水 COD 势必会延长好氧停留时间，但是长时曝气对除磷不利，有可能会导致好氧二次释磷，而这种释磷是不可逆的。

（2）BOD负荷对除磷的影响

有机物（尤其是低分子有机物）是激发PAOs同化作用的必备条件，所以BOD负荷直接影响厌氧区磷的释放和好氧区磷的过量吸收。通过调整进水BOD_5、好氧段容积及MLSS，考察了不同BOD负荷下的除磷效果，结果见图4-26。

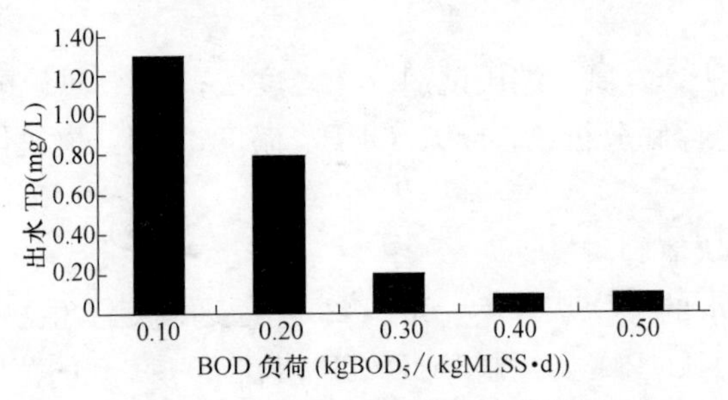

图4-26　不同BOD负荷的除磷效果

从图4-26看出，BOD负荷为0.21～0.5kg BOD_5/（kg MLSS·d）时，达到了较好的除磷效果；BOD负荷＜0.2kg BOD_5/（kg MLSS·d）时除磷效果有所下降，当BOD负荷降至0.1kg BOD_5/(kg MLSS·d）时，除磷效果极差。这是因为，磷的去除是通过排放剩余富磷污泥而实现的，而BOD负荷直接与剩余污泥量有关，因此在一定程度上高BOD负荷将有利于磷的去除；在提高BOD负荷的同时还要考虑污泥的沉淀性能。Fukase等认为，BOD负荷高有时并非会获得好的除磷效果，这可能是由于负荷过高导致污泥沉淀性能变差，部分污泥絮体随出水流失，从而引起出水磷升高的缘故。根据试验结果，当BOD负荷＜0.18kg BOD_5/(kg MLSS·d）时，好氧区就会产生较好的硝化作用。回流污泥将把大量的（NO_n-N）带至厌氧区，破坏了厌氧条件，严重地影响了磷的释放；同时BOD负荷较低（＜0.25kg BOD_5/(kg MLSS·d)），生化反应池系统中的基质不足以维持微生物的生长（微生物趋于内源呼吸），会在好氧区内严重地影响PAOs对过剩磷的摄取，使除磷效果下降。

实际运行中为提高BOD负荷，将大连经济技术开发区水质净化厂的生化反应池好氧区的2个廊道切掉，既减少了好氧池体积、节省了曝气量，又提高了出水磷的处理效果。此外，当进水BOD_5浓度过低和生化反应池中MLSS过高时都会大幅度降低BOD负荷，可通过超越一沉池和控制污泥回流量及时加以解决。

3. 结论

在实际运行中，如何调节处理系统的运行状态，使微生物发挥其最大的潜力，提高出水水质，这是生物除磷工艺运行成败的关键所在。在诸多影响因子中，进水COD/TP与生化反应系统的BOD负荷是An/O除磷工艺控制的关键。进水COD/TP越高，越有利于除磷，但同时要兼顾出水COD的升高；BOD负荷为0.21～0.5kg BOD_5/(kg MLSS·d）时，取得了较好的除磷效果，且在此范围内BOD负荷的升高有利于除磷。

4.1.4　A^2/O 工艺的固有缺欠和对策研究❶

生物除磷脱氮 A^2/O 工艺的发展只有 20 多年，但因其工艺简单，能兼顾 N 和 P 的去除并有较好的效果，故发展比较迅速。随着对污水排放要求的不断提高，许多研究者针对该工艺本身存在的问题，如硝化菌、反硝化菌和聚磷菌的不同泥龄、释磷和反硝化对碳源的竞争等，在工艺形式和工艺流程上进行了一系列革新，新工艺层出不穷，尤其是随除磷机理研究在微生物学领域的深化，反硝化除磷菌——DPB（Denitrifying Phosphorus Removing Bacteria）的发现使该工艺有了更广阔的发展前景。

1. A^2/O 工艺的发展

1932 年开发的 Wuhrmann 工艺是最早的脱氮工艺（图 4-27），流程遵循硝化、反硝化的顺序而设置。由于反硝化过程需要碳源，而这种后置反硝化工艺是以微生物的内源代谢物质作为碳源，能量释放速率很低，因而脱氮速率也很低。此外污水进入系统的第一级就进行好氧反应，能耗太高；如原污水的含氮量较高，会导致好氧池容积太大，导致实际上并不能满足硝化作用的条件，尤其是温度在 15℃以下时更是如此；在缺氧段，由于微生物死亡释放出有机氮和氨，其中一些随水流出，从而减少了系统中总氮的去除。因此该工艺在工程上不实用，但它为以后除磷脱氮工艺的发展奠定了基础。

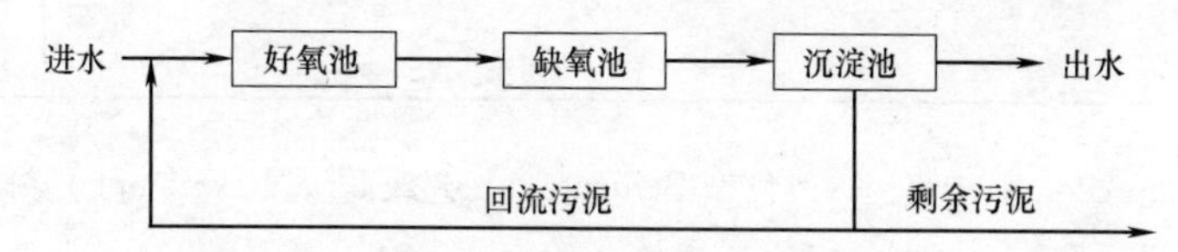

图 4-27　好氧池 Wuhrmann 脱氮工艺流程

1962 年，Ludzack 和 Ettinger 首次提出利用进水中可生物降解的物质作为脱氮能源的前置反硝化工艺，解决了碳源不足的问题。1973 年，Barnard 在开发 Bardenpho 工艺时提出改良型 Ludzack 和 Ettinger 脱氮工艺，即广泛应用的 A/O 工艺（图 4-28）。A/O 工艺中，回流液中的大量硝酸盐到缺氧池后，可以从原污水得到充足的有机物，使反硝化脱氮得以充分进行。A/O 工艺不能达到完全脱氮，因为好氧反应器总流量的一部分没有回流到缺氧反应器而是直接随出水排放了。

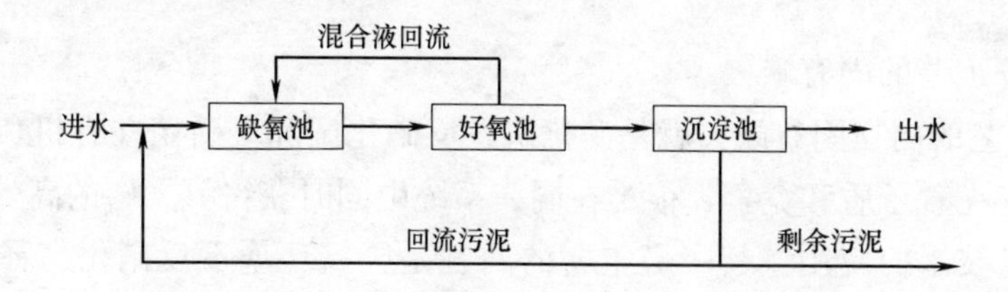

图 4-28　改良型 Ludzack-Ettinger 脱氮工艺流程

为了克服 A/O 工艺不完全脱氮的不足，1973 年 Barnard 提出将此工艺与 Wuhrmann 工艺联合并称之为 Bardenpho 工艺（图 4-29）。Barnard 认为，一级好氧反应器的

❶　本文成稿于 2004 年，作者：张杰、臧景红、杨宏、刘俊良。

低浓度硝酸盐排入二级缺氧反应器会被脱氮，而产生相对来说无硝酸盐的出水。为了除去二级缺氧器中产生的、附着于污泥絮体上的微细气泡和污泥停留期间释放出来的氨，在二级缺氧反应器和最终沉淀池之间引入了快速好氧反应器。Bardenpho 工艺在概念上具有完全去除硝酸盐的潜力，但实际上是不可能的。

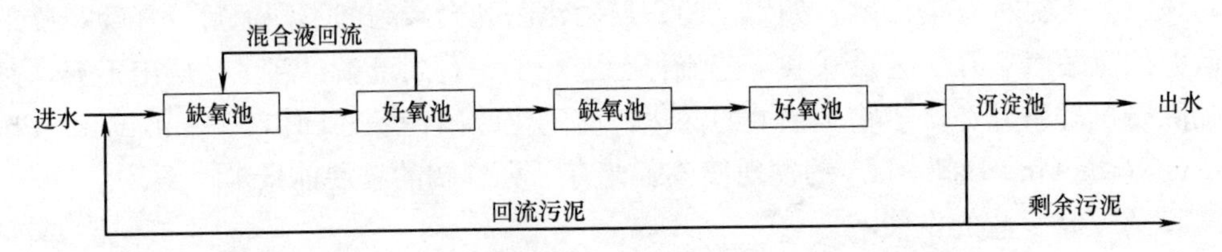

图 4-29 Bardenpho 脱氮工艺流程（4 阶段 Bardenpho 脱氮工艺）

1976 年，Barnard 通过对 Bardenpho 工艺进行中试研究后提出：在 Bardenpho 工艺的初级缺氧反应器前加一厌氧反应器就能有效除磷（图 4-30）。该工艺在南非称 5 阶段 Phoredox 工艺，或简称 Phoredox 工艺，在美国称之为改良型 Bardenpho 工艺。

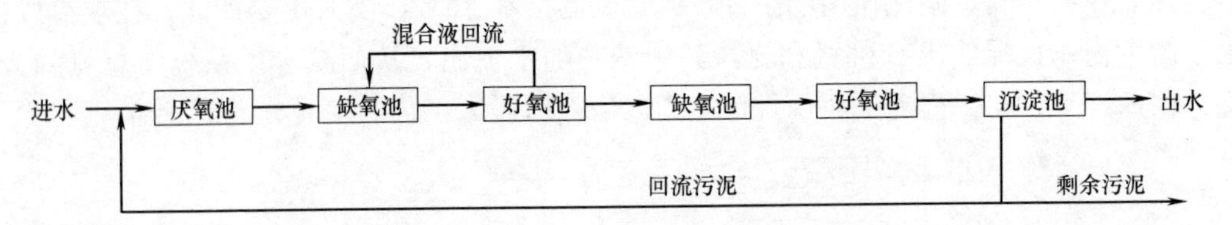

图 4-30 Phoredox 工艺流程（改良型 Bardenpho 工艺或 5 阶段 Bardenpho 除磷脱氮工艺）

1980 年，Rabinowitz 和 Marais 对 Phoredox 工艺的研究中，选择 3 阶段的 Phoredox 工艺，即所谓的传统 A^2/O 工艺（图 4-31）。

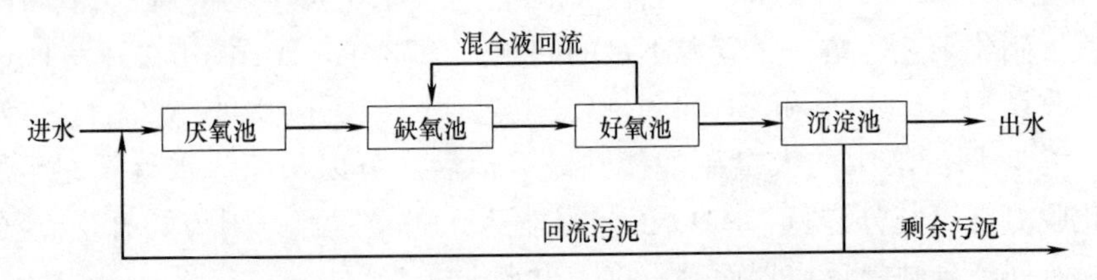

图 4-31 传统 A^2/O 工艺流程（Phoredox3 阶段生物除磷脱氮工艺）

2. A^2/O 工艺的固有缺欠

A^2/O 工艺的内在固有缺欠就是硝化菌、反硝化菌和聚磷菌在有机负荷、泥龄以及碳源需求上存在着矛盾和竞争，很难在同一系统中同时获得氮、磷的高效去除，阻碍着生物除磷脱氮技术的应用。其中最主要的问题是厌氧环境下反硝化与释磷对碳源的竞争。根据生物除磷原理，在厌氧条件下，聚磷菌通过菌种间的协作，将有机物转化为挥发酸，借助水解聚磷释放的能量将之吸收到体内，并以聚 β 羟基丁酸（PHB）形式贮存，提供后续好氧条件下过量聚磷和自身增殖所需的碳源和能量。如果厌氧区存在较多的硝酸盐，反硝化菌会以有机物为电子供体进行反硝化，消耗进水中有机碳源，影响厌氧产物 PHB 的合成，进而影响到后续除磷效果。一般而言，要同时达到氮、磷的去除目的，城市污水中碳氮比（COD/N）至少为 4.5。当城市污水中碳源低于此要求时，由于该工艺把缺氧反硝化置于厌氧释磷之后，反硝化效果受到碳源量的限制，大量的未被反硝化的硝酸盐随回流污泥进入厌氧区，干扰厌氧释磷的正常进行（有时甚至会导致聚磷菌直接吸磷），最终影响到整个营养盐去除系统的稳定运行。

为解决 A^2/O 工艺碳源不足及其引起的硝酸盐进入厌氧区干扰释磷的问题，研究者们进行了大量工艺改进，归纳起来主要有三个方面：一是解决硝酸盐干扰释磷问题而提出的工艺，如：UCT、MUCT 等工艺；二是直接针对碳源不足而采取解决措施，如补充碳源、改变进水方式、为反硝化和除磷重新分配碳源，进而形成的一些工艺，如：JHB 工艺、倒置 A^2/O 工艺；三是随着反硝化除磷细菌 DPB 的发现形成的以厌氧污泥中 PHB 为反硝化碳源的工艺，如：Dephanox 工艺和双污泥系统的除磷脱氮工艺。

3. 硝酸盐干扰释磷问题的工艺对策

南非 UCT（University of Cape Town，1983）工艺（图 4-32）将 A^2/O 中的污泥回流由厌氧区改到缺氧区，使污泥经反硝化后再回流至厌氧区，减少了回流污泥中硝酸盐和溶解氧含量。当 UCT 工艺作为阶段反应器在水力停留时间较短和低泥龄下运行时在美国被称为 VIP（Virginia Initiative Process，1987）工艺。与 A^2/O 工艺相比，UCT 工艺在适当的 COD/TKN 比例下，缺氧区的反硝化可使厌氧区回流混合液中硝酸盐含量接近于零。当进水 TKN/COD 较高时，缺氧区无法实现完全的脱氮，仍有部分硝酸盐进入厌氧区，因此又产生改良 UCT 工艺——MUCT 工艺（图 4-33）。MUCT 工艺有两个缺氧池，前一个接受二沉池回流污泥，后一个接受好氧区硝化混合液，使污泥的脱氮与混合液的脱氮完全分开，进一步减少硝酸盐进入厌氧区的可能。

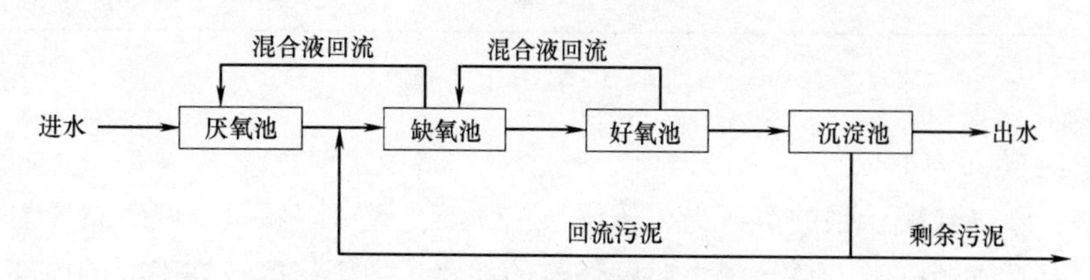

图 4-32　UCT 生物除磷脱氮工艺流程

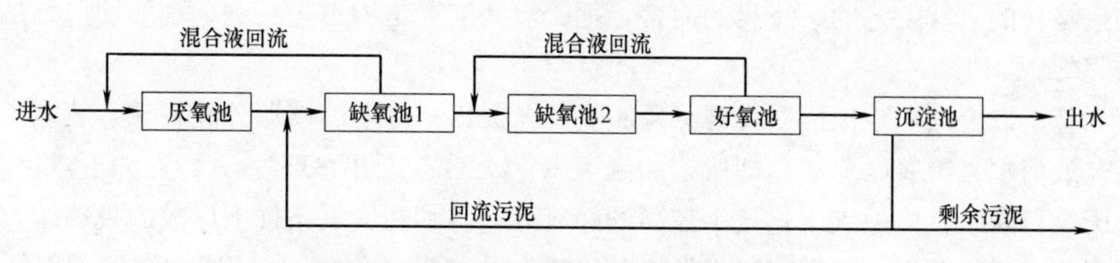

图 4-33　MUCT 生物除磷脱氮工艺流程

4. 弥补碳源不足的工艺对策

(1) 补充碳源

补充碳源可分为两类：一类是包括甲醇、乙醇、丙酮和乙酸等可用作外部碳源的化合物，一类是易生物降解的 COD 源，它们可以是初沉池污泥发酵的上清液或其他酸性消化池的上清液或者是某种具有大量易生物降解 COD 组分的有机废水，例如：麦芽工业废水、水果和蔬菜工业废水和果汁工业废水等。碳源的投加位置可以是缺氧反应器，也可以是厌氧反应器，在厌氧反应器中投加碳源不仅能改善除磷，而且能增加硝酸盐的去除潜力，因为投加易生物降解的COD能使起始的脱氮速率加快，并能运行较长的一段时间。

(2) 改变进水方式

取消初次沉淀池或缩短初次沉淀时间，使沉砂池出水中所含大量颗粒有机物直接进入生化反应系统，这种传统意义上的初次沉淀池污泥进入生化反应池后，可引发常规活性污泥法系统边界条件的重要变化之一就是进水的有机物总量增加了，部分地缓解了碳源不足的问题，在提高除磷脱氮效率的同时，降低运行成本。对功能完整的城市污水处理厂而言，这种碳源是易于获取又不额外增加费用的。

Johannesburg (JHB) 工艺是在 A^2/O 工艺到厌氧区污泥回流线路中增加了一个缺氧池（图4-34），这样，来自二沉池的污泥可利用进水中33%左右的有机物作为反硝化碳源去除硝态氮，以消除硝酸盐对厌氧池厌氧环境的不利影响。

此外，对传统 A^2/O 工艺有人建议，采用1/3进水入缺氧区，2/3进水入厌氧区的分配方案可以取得较高的N、P去除效果。

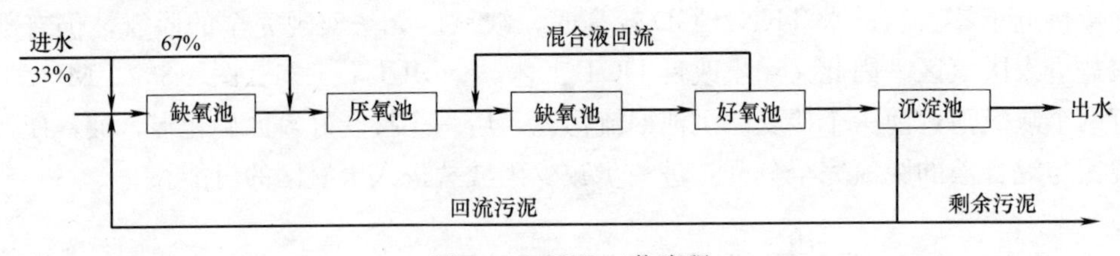

图4-34 JHB工艺流程

(3) 倒置 A^2/O 工艺

同济大学高廷耀、张波等认为，传统 A^2/O 工艺厌氧、缺氧、好氧布置的合理性值得怀疑。其在碳源分配上总是优先照顾释磷的需要，把厌氧区放在工艺的前部，缺氧区置后。这种作法是以牺牲系统的反硝化速率为前提的。但释磷本身并不是除磷脱氮工艺的最终目的。就工艺的最终目的而言，把厌氧区前置是否真正有利，利弊如何，是值得研究的。

基于以上认识，他们对常规除磷脱氮工艺提出一种新的碳源分配方式，缺氧区放在工艺最前端，厌氧区置后，即所谓的倒置 A^2/O 工艺（图4-35）。其特点如下：1）聚磷菌厌氧释磷后直接进入生化效率较高的好氧环境，其在厌氧条件下形成的吸磷动力可以得到更充分的利用，具有“饥饿效应”优势；2）允许所有参与回流的污泥全部经历完整的释磷、吸磷过程，故在除磷方面具有“群体效应”优势；3）缺氧段位于工艺的首端，允许反硝化优先获得碳源，故进一步加强了系统的脱氮能力；4）工程上采取适当

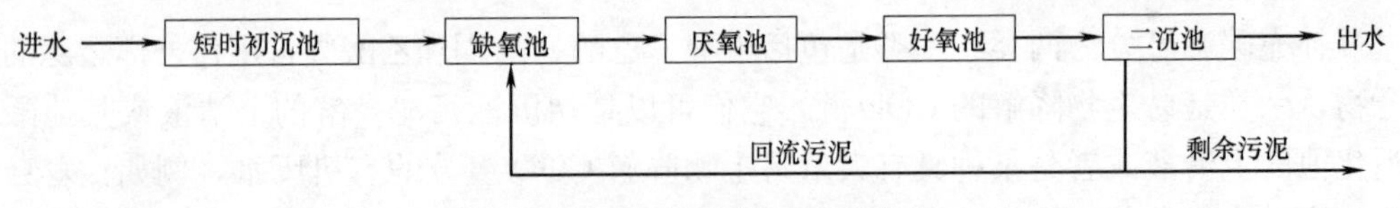

图4-35 倒置 A^2/O 工艺流程

措施可以将回流污泥和内循环合并为一个外回流系统，因而流程简捷，宜于推广。据他们报道，该工艺在实验室机理试验中得到了较好的除磷脱氮效果。

5. 以厌氧污泥中 PHB 为反硝化碳源的工艺

随着除磷研究在微生物学领域的深化，研究者发现一种“兼性厌氧反硝化除磷细菌”——DPB（Denitrifying Phosphorus Removing Bacteria）能在缺氧环境下，在氧化 PHB 的过程中能以硝酸盐代替氧作电子受体，使摄磷和反硝化这两个不同的生物过程，能够借助同一种细菌在同一环境中一并完成，实现同时反硝化和过度摄磷，即所谓“一碳（指 PHB）两用”。这对于解决除磷系统反硝化碳源不足的问题和降低系统充氧能耗都具有一定的意义，于是产生了利用 DPB 的反硝化除磷工艺。

（1）DPB 的特点

研究表明：1）DPB 易在厌氧/缺氧序批反应器中积累；2）DPB 在传统除磷系统中大量存在；3）DPB 与完全好氧的聚磷菌 PAO（PolyphosphateAccumulating Organisms）相比，有相似的除磷潜力和对细胞内有机物质（如 PHB）、肝糖的降解能力。

（2）DEPHANOX 工艺

Wanner 在 1992 年率先开发出第一个以厌氧污泥中的 PHB 为反硝化碳源的工艺，取得了良好的 N、P 去除效果，该工艺就是 DEPHANOX 工艺（图 4-36）。DEPHANOX 工艺是满足反硝化除磷细菌所需环境和基质的一种强化除磷工艺，其特点是在 A^2/O 工艺的厌氧池与缺氧池之间增设一中间沉淀池和固定膜反应池（一种好氧生物膜反应器）。原污水进入厌氧反应池后，聚磷菌放磷，大部分有机底物被污泥生物降解；在中间沉淀池中活性污泥和富含磷和氨的上清液分离；上清液在固定膜反应池进行硝化。这样，被沉淀的污泥则跨越固定膜反应池并与在其内生成的硝酸盐一起进入后续的缺氧反应池，同时进行反硝化和摄磷；在好氧池吹脱氮气并使聚磷菌完全再生。试验表明在缺氧反应器中硝酸盐（电子受体）缺少的情况下在好氧池完成过量磷的吸收是非常有必要的。

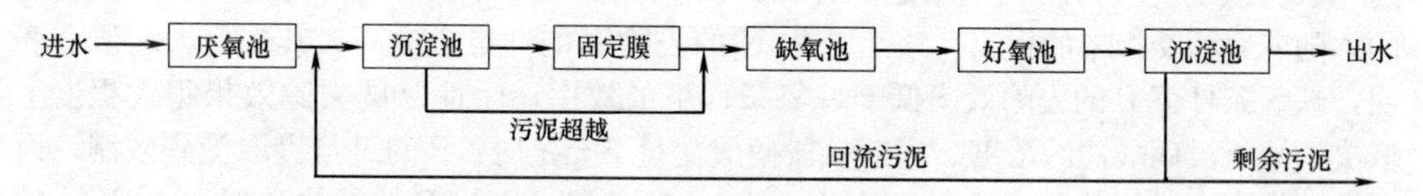

图 4-36　DEPHANOX 工艺流程

DEPHANOX 工艺的特点：1）能非常有效地解决聚磷菌和反硝化菌对有机底物的竞争；2）在进水 COD/TKN 较低的情况下有较高的除磷能力，最佳条件为 COD/N 为 3.4；该工艺缺氧条件下 P 的去除效率仍低于传统 A^2/O 工艺好氧条件下的效率；3）限制生物除磷脱氮系统污水处理能力的两个重要因素是丝状菌膨胀和硝化所需的长泥龄，在 DEPHANOX 系统中，硝化菌与聚磷菌的分离减少了丝状菌膨胀，解决了污泥龄问题，提高了污水处理能力；4）提高了污泥的沉降性。

（3）双污泥系统

目前研究表明，硝化段的长时间曝气对反硝化和除磷都不好，而且除磷菌体内的 PHB 在长时间的曝气后被硝化，导致反硝化可利用的 COD 较少，所以认为分开硝化菌和反硝化除磷菌更合适，即应设两套污泥系统。

基于以上认识，1996 年 Kuba 等人提出一种具有硝化和反硝化除磷两套污泥回流系统的除磷脱氮工艺（图 4-37）。其具有低能耗、低污泥产量且 COD 消耗量低的特点。反硝化除磷污泥在厌氧区吸收有机物合成 PHB 后，经泥水分离不经过好氧阶段直接进入缺氧区，聚磷菌体内的 PHB 未被消耗，全部用于反硝化摄磷，保证了反硝化所需的碳源。污泥系统的分离不仅有利于把硝化和除磷污泥控制在各自最佳的泥龄条件下且使供氧仅用于硝化和厌氧后剩余有机物的氧化，减少了曝气量。小试研究结果表明，此工艺与常规除磷脱氮工艺相比，当脱氮率和除磷率分别达 90%和 100%时，COD 需求、耗氧量和污泥产量分别减少 50%、30%和 50%。

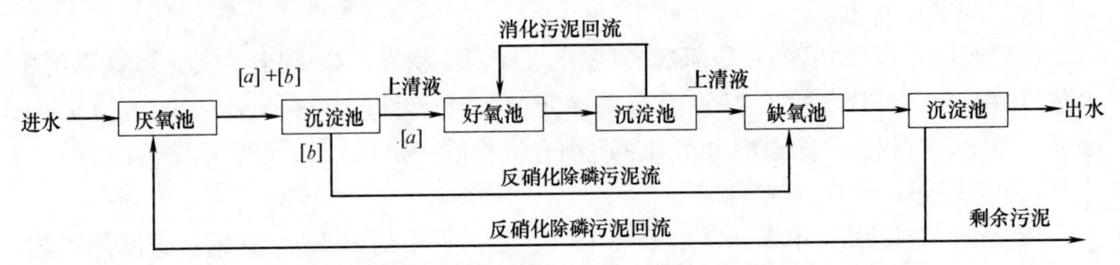

图 4-37 具有硝化和反硝化除磷两套污泥系统的脱氮除磷工艺流程

[a] 上清液（富含 NH_4^+ 和 P）；[b] 反硝化除磷污泥流

然而实际应用中，此类工艺面临一些问题。首先，该工艺的关键问题是反硝化除磷污泥中残存的 NH_4^+。在厌氧段后，沉淀的反硝化除磷污泥与上清液分离，在上清液中有大量的 NH_4^+ 和释放的磷。上清液中的所有 NH_4^+ 在好氧段都被氧化成硝酸盐，而反硝化除磷污泥中的 NH_4^+ 被转移到缺氧段。反硝化除磷污泥中残存的 NH_4^+ 在缺氧段会降低，主要是因为好氧段硝化液的稀释和用于 DPB 的增长。如果在缺氧段残存的 NH_4^+ 与满足 DPB 增长所需的 NH_4^+ 平衡，那么 N 的去除率将是 100%，但实际中很难做到这一点。该工艺中 N 的去除率是由容积交换率（图 4-37 中的 [a] /([a]+[b])）决定的，随着容积交换率的提高，该工艺中 N 的去除率也肯定会提高。其次，大量研究表明，缺氧条件下 P 的去除效率低于好氧条件下的效率，而且 P 的去除效果很大程度上取决于缺氧段硝酸盐的浓度。当缺氧段硝酸盐量不充足时，P 的过量摄取受到限制；而硝酸盐量富余时，硝酸盐又会随回流污泥进入厌氧段，干扰 P 的释放和聚磷菌 PHB 的合成。实际应用时进水中 N 和 P 的比例是很难恰好满足缺氧聚磷的要求，这给系统的控制带来困难。

因为很难真实模拟城市污水的处理情况，鉴于上述原因，这类工艺还在研究之中，离生产应用尚有一段距离。

6. 结语

虽然 A^2/O 工艺和它的一些改进工艺经过多年运行，已积累了很多成功实践经验。但对其固有缺欠尚没有较好弥补，整体营养盐去除效果没有显著提高。故我们还应在以下几方面做进一步的研究来推动生物除磷脱氮技术的发展：

(1) 深入揭示生物除磷脱氮的生物学机理，进一步认识各条件下的微生物菌种，为除磷脱氮的工艺设计和改造提供理论依据和指导；

(2) 引入自动控制和传感器等其他领域的技术，提高生物处理的可控程度和运行的可靠、稳定，使处理系统向高效、低能耗方向发展。如对于 DEPHANOX 工艺，应进一步研究在线控制系统来控制缺氧反应器中的氧化还原潜力，目的是把反硝化和再曝气控制在一个反应器中，在此反应器中只有当硝酸盐被耗尽时曝气器才被开启；

(3) 做出各工艺的参数系列，为设计提供依据；

(4) 现在，许多研究者对 DPB 菌种的认识还模棱两可、说法不一，所以，需对利用 DPB 的工艺做进一步研究，使其能尽早地应用于生产实践。

4.1.5 电子受体对厌氧/好氧反应器聚磷菌吸磷的影响❶

传统观念认为，脱氮的中间产物 NO_3^-、NO_2^- 对除磷会有抑制或毒害作用，聚磷菌（PAO）仅可以在曝气条件下，以氧为电子受体，消耗体内贮存的 PHB 吸收磷，从而达到除磷的目的。但是，从微生物角度来看，吸磷过程中以氧或 NO_3^-（或 NO_2^-）为电子受体没有严格的界限。事实上，近年来的研究也已经表明：在适宜的条件下聚磷菌以 NO_3^- 为电子受体，在吸磷的同时将 NO_3^--N 转变成为 N_2，同时实现反硝化脱氮除磷。反硝化聚磷菌（DPB）的发现，缓解了脱氮菌与聚磷菌对碳源的竞争，节省了能源，同时也减少了污泥的产生量，成为目前国内外研究的热点课题之一。随着研究的深入，NO_3^--N 可作为电子受体实现同时脱氮除磷这一理论已逐渐被人们接受；但对于 NO_2-N，一直以来被认为对除磷有负面影响，其原因尚未明确。以 A/O 生物除磷工艺为基础，研究 3 种不同电子受体（O_2、NO_3-N、NO_2-N）对聚磷菌的影响，以期对聚磷菌有进一步的了解。

1. 材料与方法

A/O 生物除磷工艺的原水为北京市某小区生活污水，A/O 工艺流程见图 4-38，表 4-8 为原水水质及其检测方法。A/O 工艺运行参数为：A、O 体积比为 1∶2.3，总水力停留时间为 5～6.5h，泥龄为 6～8d，BOD 负荷为每 kg MLSS 0.25～0.38kg/d。

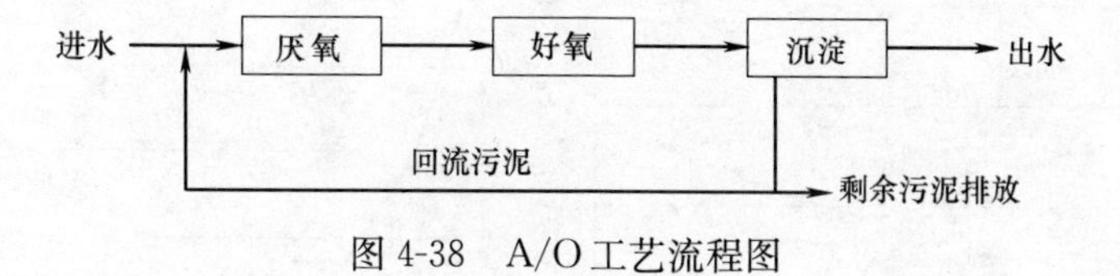

图 4-38 A/O 工艺流程图

进水水质及检测方法 表 4-8

项目	进水	水质检测方法
COD_{Cr}(mg/L)	300～500	重铬酸钾法
NH_4^+-N(mg/L)	60～80	纳氏试剂光度法
NO_3^--N(mg/L)	≤1.6	麝香草酚分光光度法
NO_2^--N(mg/L)	≤0.2	N-(1-萘基)-乙二胺光度法
TP(mg/L)	4～6	钼锑抗分光光度法
水温/℃	15～18	温度计

❶ 本文成稿于 2005 年，作者：李捷、熊必永、张杰。

2. 结果与讨论

(1) 曝气吸磷试验

取厌氧/好氧生物除磷工艺中已经充分释磷的厌氧段混合液进行曝气，结果见图 4-39。

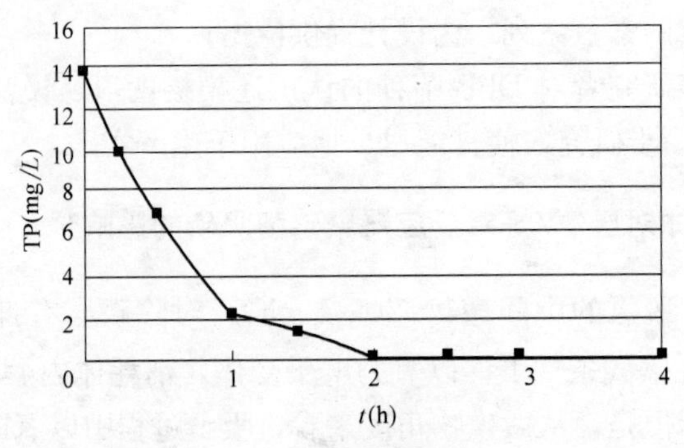

图 4-39 吸磷试验（好氧）

由图 4-39 可以看出，经过 2h 曝气之后，聚磷菌几乎完全吸收了厌氧段所释放的和原水中的磷（出水 TP 质量浓度<0.1mg/L)。曝气 2～4h 这一时间段内，吸磷量甚少，仅为 0.04mg/L，出水 TP 几乎没有变化。试验中还发现，当系统的曝气时间过长时，会出现出水磷升高的现象。这是由于随着曝气时间的延长，当聚磷菌体内的 PHB 消耗完毕后，开始自溶释放磷。这也证明，生物除磷过程中，并非曝气时间越长除磷效果越好。

(2) NO_3-N 对吸磷的影响

取厌氧/好氧生物除磷工艺中已经充分释磷的厌氧段混合液，投加不同质量浓度的 NO_3-N，结果见图 4-40。

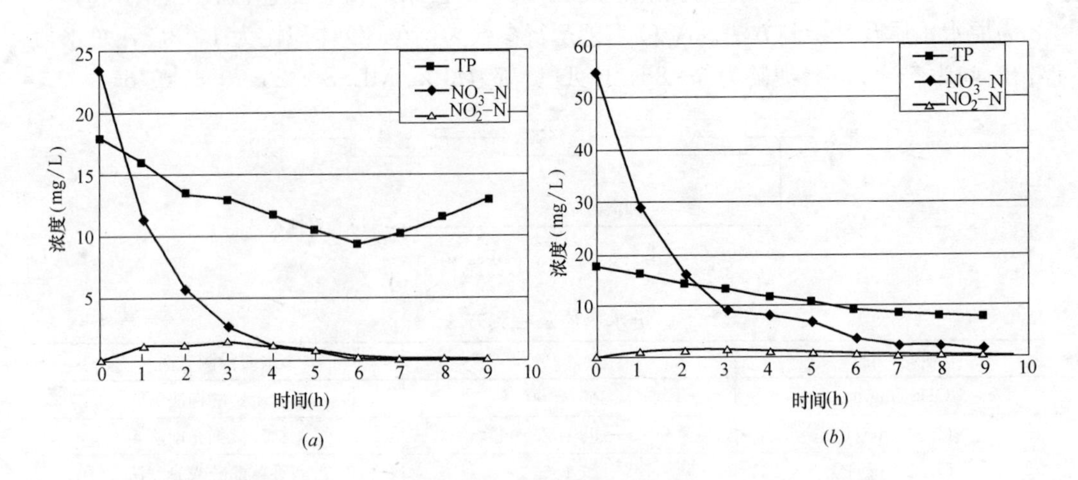

图 4-40 吸磷试验（缺氧）

(a) NO_3-N=23.5mg/L；(b) NO_3-N=54.8mg/L

图 4-40 为两种不同质量浓度的 NO_3-N 对聚磷菌吸磷的影响。由图 4-40 可以看出，传统的厌氧/好氧生物除磷工艺中聚磷菌（或存在部分聚磷菌）可以 NO_3-N 为电子受体，实现同时脱氮除磷，即传统的厌氧/好氧生物除磷工艺中有 DPB 的存在；NO_3-N

质量浓度不同，除磷总量和除磷速率也不同。在图 4-40（*a*）中 NO_3-N 不足（NO_3-N ≤25mg/L），当 NO_3-N 消耗完毕时出现释磷现象，是由于混合液中此时已无电子受体供聚磷菌吸磷使用，系统处于厌氧状态，开始出现厌氧释磷；图 4-40（*b*）中 NO_3-N≈55mg/L，NO_3-N 足以提供给聚磷菌（或部分聚磷菌）吸磷使用，无二次释磷。根据 Buchanan 等的观点：当 NO_3-N 作为聚磷菌的电子受体时，DPB 仅会将 NO_3-N 转变为 NO_2-N，而不会进一步将其彻底地脱氧为 N_2 去除。但在本试验中，随着 NO_3-N 浓度的降低，NO_2-N 开始有增长趋势，之后也趋于 0（见图 4-40）。这一现象说明，聚磷菌以 NO_3-N 为电子受体时，先将其转化为 NO_2-N，而后 NO_2-N 也可以被作为电子受体得以去除。下面的试验也进一步说明，在一定的条件下，聚磷菌也可将 NO_2-N 反硝化脱除。

（3）NO_2-N 对吸磷的影响

取厌氧/好氧生物除磷工艺中已经充分释磷的厌氧段混合液，投加不同质量浓度的 NO_2-N，结果见图 4-41。

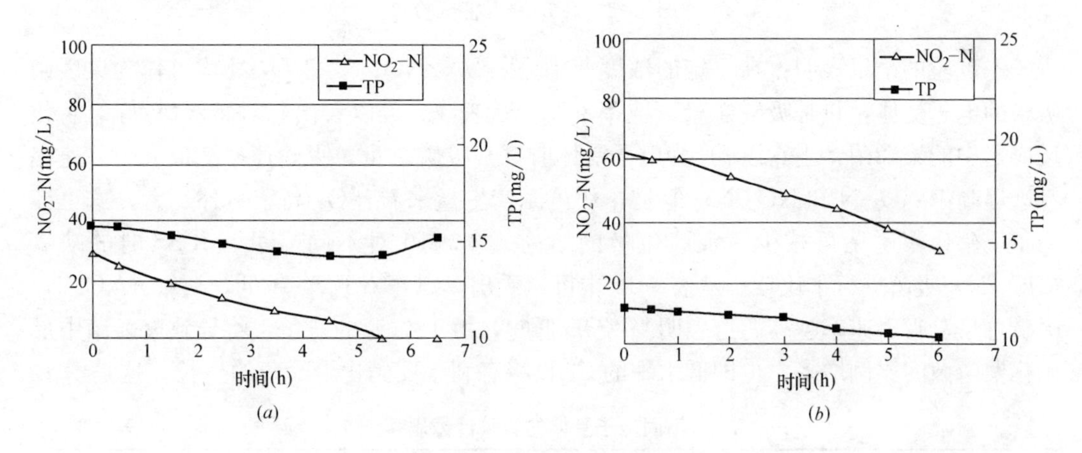

图 4-41 吸磷试验（缺氧）

（*a*）NO_3-N=15.8mg/L；（*b*）NO_3-N=60.3mg/L

Meinhold 等认为，当 NO_2-N 不是很高时（NO_2-N≤4～5mg/L），可作为吸磷的电子受体，但当 NO_2-N 质量浓度≥8mg/L 时，会对缺氧吸磷产生抑制作用；Kuba 等认为，NO_2-N(5～10mg/L）的富集将降低聚磷菌的吸磷活性。本试验采用不同质量浓度的 NO_2-N，考察其对聚磷菌吸磷的影响。结果表明，在一定的浓度范围内（本试验结果为 65mg/L 以下），见图 4-41。NO_2-N 对除磷无抑制作用，且可以作为聚磷菌的电子受体，实现同时脱氮除磷；当 NO_2-N 消耗完毕时（图 4-41（*a*）），系统将出现二次释磷，现象与 NO_3-N 相同（图 4-40（*a*））。但是，当 NO_2-N 高于一定极限时（本试验为 NO_2- N≥95mg/L），将出现无吸磷过程而直接导致聚磷菌释磷的现象（见图4-42）。J. Y. Hu 等以 A/O 工艺的污泥进行的试验也发现，当 NO_2-N 高于 115mg/L 时，将对除磷产生抑制作用。出现这一现象的原因可能是由于 NO_2-N 质量浓度过高，对聚磷菌产生毒害作用。对于处理普通城市生活污水生产工艺而言，完全可以不必考虑 NO_2-N 对聚磷菌的抑制或毒害作用。

（4）3 种不同电子受体对聚磷效果的比较

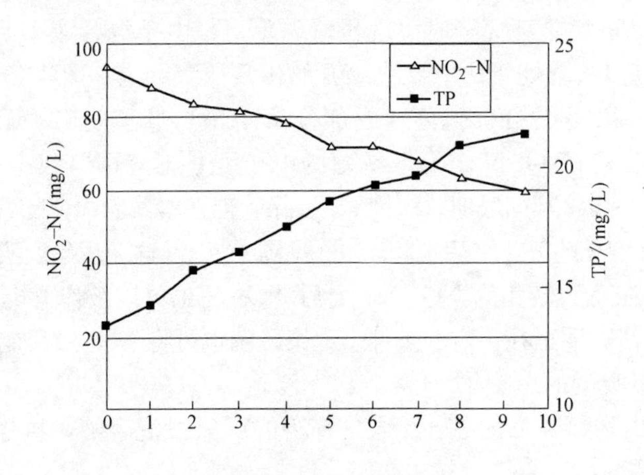

图 4-42 NO_2-N 毒害试验

本试验的结果表明：在一定的浓度范围内，O_2、NO_3-N、NO_2-N 均可作为聚磷菌吸磷的电子受体，只是吸磷总量、速率不同。从表 4-9 可以看出，对于厌氧/好氧生化反应器中的聚磷菌，当它以 O_2 为电子受体时，其吸磷总量、吸磷速率、最大吸磷速率都远远高于 NO_3-N 和 NO_2-N；但是，从污泥产生量来看，O_2 高于另外二者，这也证明了反硝化聚磷菌可减少污泥产生量的结论。表 4-10 对不同 COD/MLSS 时的缺氧（NO_3-N）吸磷进行了比较。从表 4-10 中可以看出，COD/MLSS 越低，缺氧（NO_3-N）吸磷总量、吸磷速率越高。这表明当 COD 低时，由于 C 源的竞争，将导致聚磷菌中反硝化聚磷菌的比例增多，也即低水平的 COD 将有利于反硝化聚磷菌的生长。这是由于

不同电子受体的吸磷计量表 **表 4-9**

项　目	曝　气	NO_3-N		NO_2-N	
		No. 1	No. 2	No. 1	No. 2
COD/MLSS(g/g)	0.1160	0.1010	0.1010	0.0346	0.0297
P/MLSS(g/g)	0.0051	0.0057	0.0056	0.0055	0.0041
NO_3-N/MLSS(g/g)	—	0.0074	0.0173	—	—
NO_2-N/MLSS(g/g)	—	—	—	0.0102	0.0218
每 g MLSS 吸磷总量(mg)	10.0700	2.7152	3.1487	0.5779	0.5140
每 g MLSS 吸磷速率(mg/h)	3.3560	0.4525	0.3499	0.1284	0.1028
每 g MLSS 最大吸磷速率(mg/h)	5.4545	0.7848	0.6266	0.1730	0.2185
$MLSS_{开始}$(g/L)	2.75	3.16	3.16	2.89	2.86
$MLSS_{结束}$(g/L)	2.74	2.88	2.93	2.43	2.54

不同 COD/MLSS 时的缺氧（NO_3-N）吸磷特性 **表 4-10**

COD/MLSS(g/g)	P/MLSS(g/g)	每 g MLSS 吸磷总量(mg)	每 g MLSS 吸磷速率(mg/h)
0.064	0.0051	6.1156	0.9409
0.101	0.0057	2.7152	0.4525

当C源缺乏时，聚磷菌被迫利用内生C源，出现同时脱氮除磷，从而引起DPB的比例增多。

3. 结论

(1) NO_2-N在一定的浓度范围内（本试验结果为NO_2-N<95mg/L）对除磷无抑制作用，相反，它可以作为除O_2、NO_3-N之外的另一电子受体，参与聚磷菌的除磷，同时实现脱氮。

(2) 传统厌氧/好氧生物除磷工艺中存在有反硝化聚磷菌。

(3) 反硝化聚磷菌可降低能耗、减少污泥产生量。

(4) 低水平的COD将有利于反硝化聚磷菌的生长。

(5) 对于厌氧/好氧生物除磷工艺中，其反硝化聚磷菌所占比例、影响因素等还有待进一步研究。

4.2 厌氧氨氧化技术

4.2.1 ANAMMOX工艺在生活污水深度处理中的应用研究[1]

长期以来，氨氮的氧化一直被囿于好氧条件，事实上，从能量的角度来分析，厌氧条件下氨氮的氧化比“常规”的硝化反应更容易发生。1977年，奥地利理论化学家Broda根据化学反应热力学标准自由能变化（表4-11），作出了自然界应该存在以硝酸盐或亚硝酸盐为氧化剂的氨氧化反应的预言。

不同电子受体厌氧氨氧化与好氧氨氧化的产能比较　　表4-11

电子受体	化学反应	G^0	可能性
O_2	$2NH_4^+ + 3O_2 = 2NO_2^- + 2H_2O + 4H^+$	−241	可能
NO_2^-	$NH_4^+ + NO_2^- = N_2 + 2H_2O$	−335	可能
NO_3^-	$5NH_4^+ + 3NO_3^- = 4N_2 + 9H_2O + 2H^+$	−278	可能
Fe^{3+}	$NH_4^+ + 6Fe^{3+} = N_2 + 6Fe^{2+} + 8H^+$	−100	可能
SO_4^{2+}	$8NH_4^+ + 3SO_4^{2+} = 4N_2 + 3H_2S + 12H_2O + 5H^+$	−22	有时可能
HCO_3^-	$NH_4{}^+ + 3HCO_3^- = 2N_2 + 3CH_2O + 6H_2O + H^+$	+94	不可能

注：G^0：吉布斯自由能（kJ/mol NH_4^+，条件：pH=7，T=25℃）。

1995年，Mulder等用流化床反应器研究生物反硝化时，发现氨氮的厌氧生物氧化现象，从而证实了Broda的预言；Van de Graaf等（1996）进一步证实，厌氧氨氧化是一个厌氧生物反应。自此，国内外学者对这一新型生物脱氮技术进行了大量的研究，各种不同类型的反应器应运而生，其目的均是为了富集世代时间长达3周的厌氧氨氧化菌，经过50～200d的运行，这些工艺均显示出了良好的ANAMMOX活性。

现在ANAMMOX工艺已被公认为高效低耗的生物脱氮工艺，但迄今为止，对

[1] 本文成稿于2005年，作者：张树德、李捷、尹文选、熊必永、张杰。

ANAMMOX 的研究大都集中于高氨低碳废水的处理，如污泥消化液、垃圾渗滤液等；并且，由于厌氧氨氧化菌代谢产生硝酸盐，硝氮的产量大约为氨氮的 22%，因此，该工艺是否可以作为污水处理的最后一道工艺，受到人们的质疑。

另一方面，随着人们生活水平的提高，城市生活污水的水质成分也在发生着变化，脱氮过程中碳源的匮乏日益成为提高出水水质的限制因素。本文以城市污水二沉池出水为研究对象，实现了 ANAMMOX 工艺在城市生活污水深度处理中的应用。

1. 试验装置

厌氧氨氧化菌由于其世代周期长，限制了 ANAMMOX 工艺流程的选择，目前，国内外多采用的工艺类型为流化床和 SBR。第一个成功富集厌氧氨氧化菌的工艺是在流化床中完成的，但是，实验室中流化床工艺难以控制，另一个关键问题是流化床内部难以达到完全混合状态，由于基质分配不均将会导致部分微生物处于饥饿状态，不利于微生物生长，从而导致厌氧氨氧化能力的降低。另一方面，自然界中各种生物营养物的供给是连续的，氮气的产生也是连续进行的；并且，众所周知，对于许多微生物而言，NO_2^- 是有毒害作用的；因此，厌氧氨氧化菌的富集培养应当在连续供给 NO_2^- 的情况下进行。综合以上因素，本试验采用生物膜滤池以实现厌氧氨氧化菌的富集。试验装置详见图 4-43。

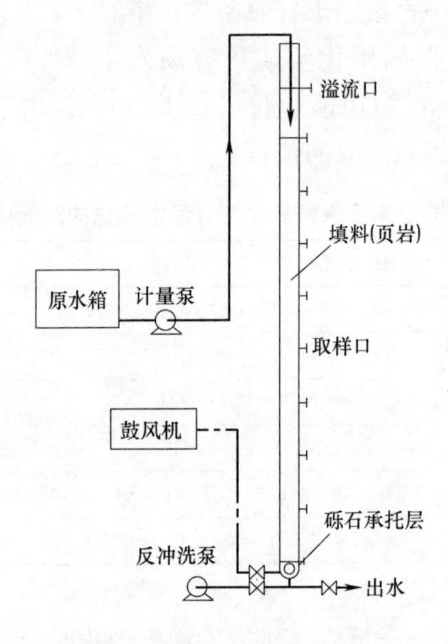

图 4-43　试验装置示意

本试验装置为一下向流生物膜滤池，其内径 7cm、高 2m，材质为有机玻璃，滤柱每隔 20cm 设一取样口。滤池底部安装有曝气环，处于常闭状态，仅在反冲洗时打开。5cm 高砾石承托层上部填充高 1.6m 的页岩，粒径 2.5～5mm。

2. 试验材料与方法

本试验以城市污水处理厂二沉池出水为研究对象，随着人们生活水平的提高，用水量日益增多，生活污水水质为 COD_{Cr} 160～300mg/L、TOC 40～60mg/L、NH_3-N 60～

80mg/L，按照传统脱氮工艺，若不外加碳源，如此低 C/N 不可能达到很好的脱氮效果。由于水力负荷剧增，水力停留时间缩短，导致二级出水中氨氮未得到完全去除，二沉池出水（也即本试验的原水）水质为 COD_{Cr} 25～45mg/L、TOC 9～12mg/L、NH_3-N 15～35mg/L、pH 7.4～7.85、水温 25～28℃。为满足 ANAMMOX 工艺进水要求，试验中向二沉池出水中投加 $NaNO_2$，使本试验的原水中 NO_2^--N：NH_3-N 为1.6～1.1。

本试验所有的监测项目均在北京工业大学水质科学与水环境恢复工程实验室中完成，具体检测方法与仪器见表 4-12。

检测方法与仪器 **表 4-12**

检 测 项 目	检 测 方 法
COD_{Cr}	PhotoLab S12(WTW)
TOC	MultiNC3000
NH_4^+-N	纳氏试剂光度法
NO_3^--N	PhotoLab S12 分光光度法(WTW)
NO_2^--N	N-(1-萘基)-乙二胺光度法
DO	Oxi 315i(WTW)
pH	奥立龙 Thermo Orion Model 868

3. ANAMMOX 滤池的培养

在保证进水 NO_2^--N：NH_3-N 为 1.6～1.1、COD_{Cr} 25～45mg/L、TOC 9～12mg/L、pH 7.4～7.85，水温 25～28℃的前提下，以低滤速进行厌氧氨氧化菌的培养。培养初期没有反冲洗，仅当滤池堵塞时进行反冲，反冲方式为气、水联合反冲。50d 后，当进水 NH_3-N 在 15～35mg/L 范围内时，其去除率均可达到 80%～100%，视为厌氧氨氧化滤池培养成熟；且出现滤池逆水流方向，填料表面生物膜的颜色也出现由下向上逐渐变红的现象。此外，厌氧氨氧化菌脱氮的前提是厌氧生境，本试验采用的是下向流 ANAMMOX 滤池，滤池中发生 ANAMMOX 反应后产生的气体可起到吹脱溶解氧的效果，检测结果证实确有此功效（二沉池出水 DO 1～2mg/L，滤池溢流口下方 DO 0.2～0.5mg/L，ANAMMOX 滤池出水 DO<0.2mg/L）。

4. 结果与讨论

(1) NH_3-N、NO_2^--N、NO_3^--N 之间的转变关系

Van de Grad 通过示踪研究，提出了厌氧氨氧化反应模型（图 4-44），即厌氧氨氧化菌以羟胺为氧化剂，把氨氧化成联氨，联氨再氧化成氮气。

根据 Van de Graaf 的结论，厌氧氨氧化过程中，氨氮、亚硝态氮的消耗与硝态氮的生成之间关系为 1：1.31：0.22。本试验过程中，这三种无机氮之间的关系见图 4-45。ΔNH_3-N：ΔNO_2^--N：ΔNO_3^--N＝1：(1～1.5)：(0.17～0.27)，反应过程中 ΔTC＝0.3～1.3mg/L。说明此滤池中氨氮的去除主要依赖于厌氧氨氧化菌的作用，并且进一步证实，厌氧氨氧化菌并非仅局限于高氨高温废水的处理，还可用于城市污水的深度处理中，可以作为污水生物处理的最后一道工序。

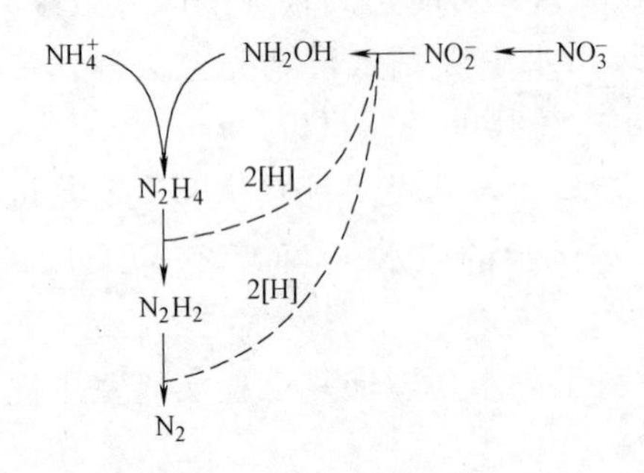

图 4-44　厌氧氨氧化模型

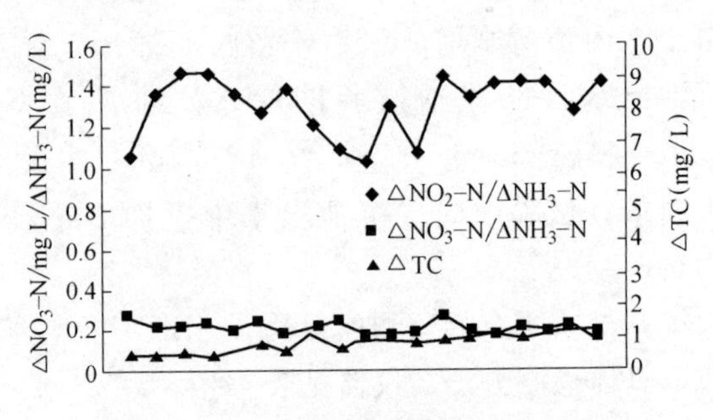

图 4-45　厌氧氨氧化滤池中三氮的转变

（2）pH 的变化

周少奇从生化反应电子流守衡原理出发，推导了厌氧氨氧化反应的生化反应计量方程式，从理论上证明 ANAMMOX 反应以 NH_4^+ 作为细胞合成的氮源，需要消耗一定的碱度，并指出，所有的 ANAMMOX 反应都有 H^+ 产生，所以反应过程中会有 pH 下降的现象。诸多文献也指出，ANAMMOX 工艺无需供氧、无需外加有机碳源维持反硝化、亦无需额外投加酸碱中和试剂。但是，ANAMMOX 反应过程中 pH 是否确无变化，其变化趋势如何，迄今仍未见报道。本试验中以滤速 2.74m/h 运转 ANAMMOX 滤池，当其运行稳定后，使原水组分中 NO_2^--N∶NH_3-N 分别为 0.7、1.6、1.3 时，考察随厌氧氨氧化反应的进行，pH 沿程变化情况。结果见图 4-46。

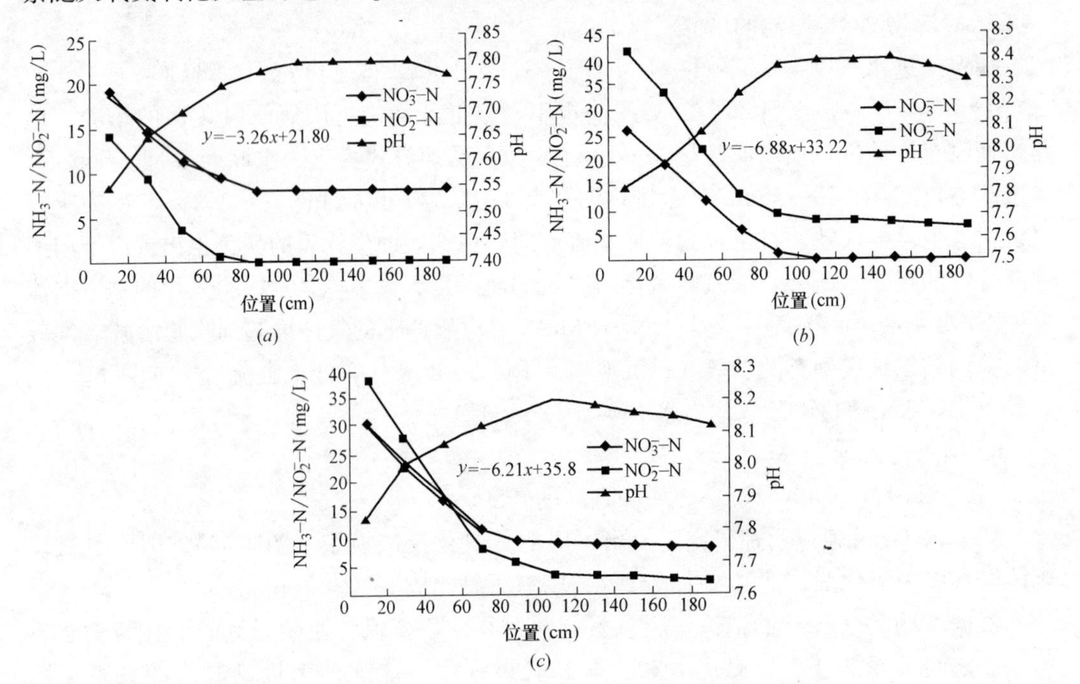

图 4-46　不同 NO_2-N/NH_3-N，厌氧氨氧化滤池中 pH 变化

（*a*）NO_2^--N∶NH_3-N=0.7；（*b*）NO_2^--N∶NH_3-N=1.6；（*c*）NO_2^--N∶NH_3-N=1.3

根据 ANAMMOX 反应机理，厌氧氨氧化菌脱氨过程对 pH 没有影响；但从本试验的结果观察到，随着 ANAMMOX 反应的进行，滤池中 pH 沿程增加。Marc Strous 曾

推断，因 ANAMMOX 过程是在自养微生物作用下完成的，需一定量的 CO_2 作碳源，由于自养固定 CO_2，从而会导致周围环境的碱度升高，他通过元素平衡推断厌氧氨氧化的化学计量关系为：

$$NH_4^+ + 1.32NO_2^- + 0.066HCO_3^- + 0.13H^+$$
$$= 1.02N_2 + 0.26NO_3^- + 0.66CH_2O_{0.5}N_{0.5}S_{0.05} + 2.03H_2O$$

本试验的结果证实了这一推断。但是，随着 ANAMMOX 反应的停止，pH 曲线出现了拐点；随后，pH 有下降的趋势，对于本试验中出现的这一现象尚未有合理的解释。而现有的实验室或工程水平上的 ANAMMOX 工艺研究中，迄今没有关于 pH 变化的相关报道，作者认为，因现有的 ANAMMOX 工艺大都采用流化床或 SBR 工艺，反应器中营养物质与微生物处于完全混合状态，虽然 ANAMMOX 反应会出现 pH 上升，但此反应结束后 pH 下降，对于完全混合反应器而言，是很难观察到这一现象的。但对于"ANAMMOX 反应结束后 pH 下降"这一现象还需要进一步的研究。

此外，从图 4-45 还可以看出，ANAMMOX 滤池中，厌氧氨氧化最大反应速率随原水中 NO_2^--N：NH_3-N 比值的增大而增大，即厌氧氨氧化反应速率与 NO_2^--N 含量有关，NO_2^--N 含量的增多有利于 ANAMMOX 反应的进行。同时也可以发现，图 4-45*b* 中，pH 变化速率最快（斜率最大），说明 pH 不仅可以用来指示 ANAMMOX 反应的进行（ANAMMOX 反应发生时，pH 升高），同时也可以用来指示 ANAMMOX 反应进程的快慢（ANAMMOX 反应速率升高时，pH 增高速率变快）。

5. 结论

传统的生物脱氮技术耗能大，硝化时耗氧 4.57g O_2/g NH_3-N，反硝化时消耗碳源 2.86g COD/g NO_3-N；而由自养反硝化菌实现的厌氧氨氧化生物脱氮技术，耗氧量低（只需将氨氮进行到半量短程硝化即可，比短程硝化反硝化还可节约供氧 50%），反硝化无需外加碳源，也无碱度中和之虑，因此，在其被发现之初便备受青睐。本研究以二沉池出水为原水，成功实现了 ANAMMOX 滤池在城市生活污水深度处理中的应用，说明 ANAMMOX 工艺不仅适用于处理高氨废水，也可用于城市污水深度处理中，可以作为废（污）水生物处理的最后一道工序。此外，本研究还得出以下主要结论：

本试验过程中，ΔNH_3-N：ΔNO_2^--N：ΔNO_3^--N＝1：(1～1.5)：(0.17～0.27)，ΔTC= 0.3～1.3mg/L，说明此滤池中氨氮的去除主要依赖于厌氧氨氧化菌的作用。

随着 ANAMMOX 反应的进行，滤池中 pH 沿程升高，这可能是由于厌氧氨氧化菌自养固定 CO_2，从而会导致周围环境的碱度升高；但是，随着 ANAMMOX 反应的停止，pH 曲线出现了拐点；随后，pH 有下降的趋势，对于这一现象尚需进一步的研究。

厌氧氨氧化反应速率与 NO_2^--N 含量有关，原水中 NO_2^--N 含量的增多有利于 ANAMMOX 反应的进行。

pH 不仅可以用来指示 ANAMMOX 反应的进行，同时也可以用来指示 ANAMMOX 反应进程的快慢。

此外，本滤池采用的是下向流，ANAMMOX反应产生的气体可以起到吹脱进水中溶解氧的作用，但也存在容易气堵的问题，尤其当滤速增高时，此弊端尤为明显，需要进一步的改善措施。

4.2.2 亚硝酸盐对厌氧氨氧化的影响研究❶

厌氧氨氧化菌的发现给传统营养盐去除工艺的改善提供了一个契机。自从1995年Mulder等发现氨氮的厌氧生物氧化现象，证实了Broda的预言之后，国内外学者对这一新型生物脱氮技术进行了大量的研究，各种不同类型的反应器应运而生，其目的均是为了富集世代时间长达3周的厌氧氨氧化菌。若能将厌氧氨氧化技术开发应用于生活污水的深度处理之中，以其低耗氧、无需外加碳源、无需中和剂等诸多优点，必将会有很好的应用前景。

1. 材料与方法

（1）试验装置

本试验装置为一下向流生物膜滤池，材质为有机玻璃，体积6L。填料采用页岩陶粒（粒径2.5～5.0mm），填料高度1.6m。本试验进水为二沉池出水，水质为COD 25～40mg/L，TOC 9～12mg/L，pH 7.40～17.85，水温25～28℃。为满足ANAMMOX（厌氧氨氧化）工艺进水要求，试验中向二沉池出水中投加亚硝酸盐，使试验进水中NO_2^--N与NH_4^+-N的配比满足本试验的不同需求。

（2）检测方法

本试验所有的监测项目均在北京工业大学水质科学与水环境恢复工程实验室中完成，具体检测方法或仪器为，COD：PhotoLab S12（WTW）；TOC：MultiNC 3000；N H_4^+-N：纳氏试剂光度法；NO_2-N：（1-萘基）-乙二胺光度法；DO：Oxi 315i（WTW）；pH：奥立龙Thermo Orion Model 868。

2. 结果与讨论

（1）亚硝酸盐浓度对厌氧氨氧化反应速率的影响

厌氧氨氧化过程的基质是氨氮和NO_2^--N，对于许多微生物而言，NO_2^-是有毒害作用的；并且据国内外研究结果显示，NO_2^--N和氨氮的浓度过高，均会对厌氧氨氧化过程产生抑制。虽然对于NO_2^--N的抑制浓度各研究者的结果不同，这可能与实验水质及所采用的具体工艺形式有关，但有一点是都认同的，即高浓度的NO_2^--N会对ANAMMOX过程产生抑制作用。

以上文献均针对高氨氮废水的研究，本研究在将ANAMMOX成功应用于生活污水深度处理的基础上，进一步探讨ANAMMOX工艺在处理低氨氮废水时NO_2^--N的抑制作用。试验结果见表4-13。

此外，由于ANAMMOX生物膜滤池中的生物量由悬浮生长的活性污泥絮体和固着生长的生物膜两部分组成，均难以精确计量污泥负荷率，因此本试验中以滤池中氨氮的最大去除速率来表示NO_2^--N的抑制作用。

❶ 本文成稿于2005年，作者：张树德、李捷、张杰。

从表 4-13 可以看出，在进水 NH_4^+-N＝36～40mg/L 时，随着原水中 NO_2^--N 浓度的提高，氨氮的最大去除速率也随之增大，当进水 NO_2^--N＝118.4mg/L 时，氨氮最大去除速率达最高值 3.28mg/(L・min)；但当进一步提高原水中 NO_2^--N 浓度时，氨氮最大去除速率亦无增高，反而逐渐降低。这说明，高浓度的 NO_2^--N（本试验的结果为＞118.4mg/L）对 ANAMMOX 反应产生了抑制作用。

不同 NO_2-N：NH_4^+-N 时氨氮的最大去除速率 **表 4-13**

NH_4^+-N 原水(mg/L)	NO_2^--N 原水(mg/L)	氨氮最大去除速率/(mg/(L・min))
36～40	15.4	1.04
	34.1	1.78
	36.1	1.90
	51.6	1.99
	53.1	2.63
	56.0	2.89
	67.7	2.91
	106.3	3.25
	118.4	3.28
	124.5	3.02
	129.0	2.87
	136.0	2.51

可见，在用 ANAMMOX 深度处理生活污水（低氨废水）时，NO_2^--N 在一定程度上提高有利于加快 ANAMMOX 反应的进程，但同时也存在亚硝酸盐氮浓度过高引起的抑制效应。在本实验中，NO_2^--N 超过 118.4mg/L 时，就已不是 ANAMMOX 的理想状态，对厌氧氨氧化过程产生明显的抑制作用，氨氮去除速率下降。当 NO_2^--N＝129.0mg/L 时，氨氮最大去除速率为 2.87mg/(L・min)；当 NO_2^--N 高达 136.0mg/L 时，氨氮最大去除速率与 NO_2^--N＝118.4mg/L 时相比，下降了约 23.5%，为 2.51mg/（L・min)。这说明，当 NO_2^--N 过高时，将会对 ANAMMOX 反应产生抑制作用，但此时 ANAMMOX 反应并没有停止，厌氧氨氧化菌仍保持较高的活性。可见，在用 ANAMMOX 深度处理生活污水（低氨废水）时，NO_2^--N 的抑制作用具有自身的特点，与 ChristianFux、Strous 在处理高氨废水时所得的结果有明显的差别。

(2) 适宜 NO_2^--N：NH_4^+-N 配比的确定

根据上述试验可以看出，NO_2^--N 越高，氨氮去除速率越快。为了考查 ANAMMOX 滤池总体脱氮效果，试验中一直跟踪监测 NO_2^--N 和 NH_4^+-N 的变化情况，现仅

列出 NO_2^--N：NH_4^+-N 为 1.0：1、1.3：1、1.4：1 时的三组数据，详见图 4-47。

从图 4-47*a* 可以看出，当进水中 NO_2^--N：NH_4^+-N＝ 1.0：1 时，在沿水流方向滤层 60cm 高度处，ANAMMOX 反应即已停止，此时，虽然还残留有 NH_4^+-N，但是由于 NO_2^--N 不足，厌氧氨氧化菌得不到充足的电子受体，反应停止，从而导致 NH_4^+-N 未得到完全去除。

当进水中 NO_2^--N：NH_4^+-N＝ 1.4：1 时（图 4-47*c*），电子受体 NO_2^--N 充足，氨氮去除速率较高，高于 NO_2^--N：NH_4^+-N≤1.3：1 时的速率，但是 NH_4^+-N 完全去除后，出水中仍有多余的 NO_2^--N；而当 NO_2^--N：NH_4^+-N＝1.3：1 时（图 4-47*b*），电子受体与电子供体完全反应，ANAMMOX 滤池出水中 NO_2^--N 和 NH_4^+-N 趋于零。从以上数据分析可见，在将 ANAMMOX 应用于生活污水（低氨废水）深度处理时，进水中 NO_2^--N：NH_4^+-N＝1.3：1 是获得良好脱氮效果的适宜配比，而这也进一步证明了 Strous 通过元素平衡做出的厌氧氨氧化化学计量关系的推断。

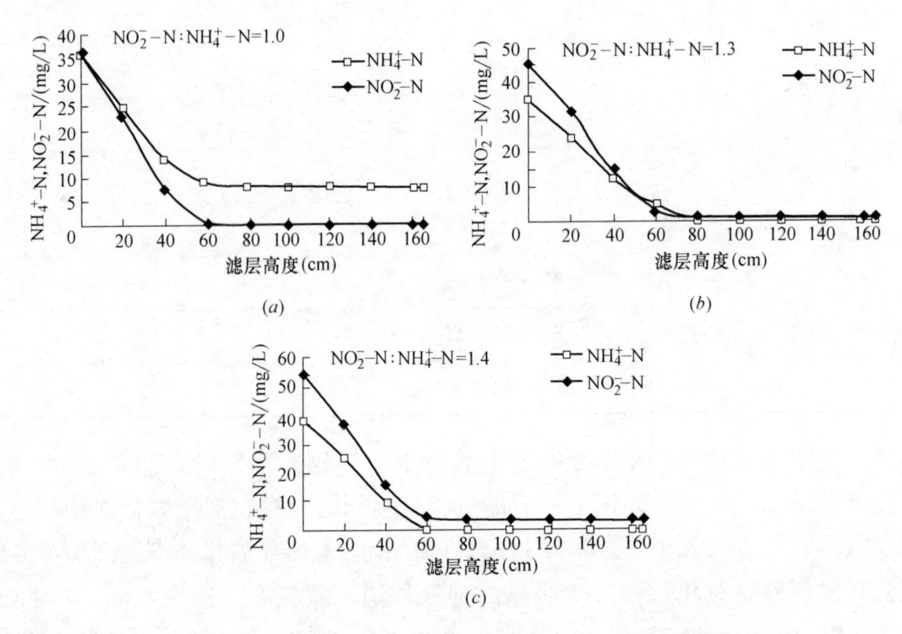

图 4-47　不同 NO_2^--N/NH_4^+-N 厌氧氨氧化滤池处理效果

3. 结论

厌氧氨氧化过程的基质是氨氮和 NO_2^--N，而过高浓度的 NO_2^--N 和氨氮均会对厌氧氨氧化过程产生抑制作用。本研究在成功应用 ANAMMOX 于生活污水深度处理的基础上，进一步探讨了亚硝酸盐浓度对厌氧氨氧化反应速率的影响。实验结果显示，一定程度上亚硝酸盐浓度的提高有利于加快 ANAMMOX 反应的进程，但当 NO_2^--N 高于 118.4mg/L 时，就已不是 ANAMMOX 的理想状态。从而证实在处理低氨废水中，高浓度的 NO_2^--N 对 ANAMMOX 也存在明显的抑制作用，但是，此时 ANAMMOX 细菌仍存在较高的活性；而从 ANAMMOX 滤池总体脱氮效果考虑，推荐进水中适宜的 NO_2^--N：NH_4^+-N 为 1.3：1。

4.2.3 常温限氧条件下SBR反应器中的部分亚硝化研究[1]

厌氧氨氧化（anaerobic ammonium oxidation，ANAMMOX）过程是十几年前才发现的新型节能高效的微生物学反应。它是由浮霉目较深分支中的一类完全自养型的细菌，在缺氧条件下，以亚硝酸盐为电子受体，CO_2 为主要碳源，羟胺和联氨为中间产物，将氨直接氧化为氮气和少量硝酸盐的微生物学过程。因此，该过程不仅需要亚硝酸盐来源，而且根据目前较为公认的 ANAMMOX 过程分解代谢与合成代谢的综合化学计量方程式如下式所示，NH_4^+-N/NO_2^--N 比例应为 1/1.31。

$$NH_4^+ + 1.31NO_2^- + 0.066HCO_2^- + 0.13H^+$$
$$\longrightarrow 1.02N_2 + 0.26NO_3^- + 0.066CH_2O_{0.5}N_{0.15} + 2.03H_2O$$

但是，要想很好地发展这一工艺，必须要有合适 NH_4^+-N/NO_2^--N 比例的进水。这就意味着进水中只能含有氨氮和亚硝酸盐，而不含硝酸盐。显然，部分亚硝化工艺成为ANAMMOX 工艺最理想的前处理工艺。它不但将硝化过程稳定地控制在亚硝化阶段，而且控制出水中 NH_4^+-N/NO_2^--N 的比例满足 ANAMMOX 反应的要求。

据文献报道，在 pH 7.9～8.2、温度 30～35℃、低 DO 浓度下（<1mg/L）氨氧化细菌的生长速率明显高于亚硝酸盐氧化细菌，且氨氧化细菌的氧饱和系数（K_s=0.3mg/L）较亚硝酸盐氧化细菌的氧饱和系数（K_s=1.1mg/L）要低，即氨氧化细菌对氧基质的亲和力比亚硝酸盐氧化细菌高。因此，在有利的 DO 浓度、pH 和温度下，氨氧化细菌可以将亚硝酸盐氧化细菌竞争淘汰掉，这就为部分亚硝化的实现提供了有利的条件。

目前，在恒温培养反应器中，利用 NH_4^+-N 浓度 800～1000mg/L 的厌氧污泥消化上清液，温度 37℃左右、SRT<2d 的条件下，已经成功实现了部分亚硝化工艺(SHARON 工艺)，并应用于实践。但是，常温下利用城市污水二级处理出水成功实现部分亚硝化工艺还鲜见报道。所以，本试验在常温下（14.1～24.2℃），利用 A/O（厌氧/好氧）除磷工艺的二级处理出水，限氧条件下（DO 为 0.3～0.4mg/L）在 SBR 反应器中对低氨氮浓度（NH_4^+-N 30～100mg/L）的部分亚硝化工艺进行研究，从而为ANAMMOX 工艺提供合适的进水。

如上所述，ANAMMOX 工艺与传统的硝化/反硝化工艺相比，具有流程简洁、无需有机碳源、节能高效等多方面的优点。

1. 材料与方法

（1）试验装置

试验采用有机玻璃 SBR 反应器模型，总体积约为 6.6L，有效容积 5L，详见图4-48所示。反应器内设有内径为 42mm 的曝气筒，容积约为总有效容积的 5%，曝气筒底部与 SBR 反应器连通，上部设三角堰，堰上水深约 10mm。曝气筒内用黏砂块曝气头进

[1] 本文成稿于 2007 年，作者：田智勇，李冬，张杰。

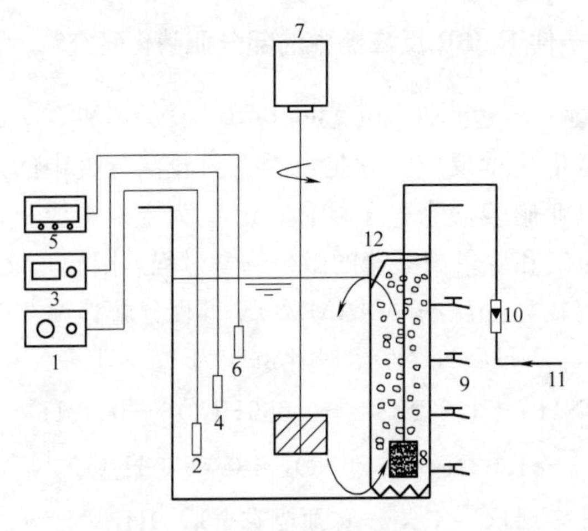

图 4-48　试验装置

1—pH 测定仪；2—pH 电极；3—ORP 测定仪；4—ORP 传感器；
5—DO 测定仪；6—DO 传感器；7—搅拌器；8—黏砂曝气头；
9—取样口；10—转子流量计；11—压缩空气；12—曝气筒

行曝气，使曝气筒内液流与反应器内液流形成内循环，通过传质交换为反应器内处理水提供溶解氧，由转子流量计控制气量。反应器内设立搅拌器（搅拌叶片面积 $A=1264mm^2$，转速 200r/min），提供混合作用，以加强传质．定时检测 SBR 反应器内处理液的 SV_{30}、SVI、MLSS、NH_4^+-N、NO_2^--N、NO_3^--N 等参数，在线监测 DO、ORP、pH 和水温等参数。

（2）试验原水

试验原水采用北京工业大学水质科学与水环境恢复工程实验室处理生活污水的 A/O（厌氧/好氧）除磷工艺的二级处理出水（COD 50～60mg/L，NH_4^+-N 80～110mg/L，NO_2^--N＜1mg/L，NO_3^--N＜1mg/L，TP 0.18～0.74mg/L，水温 14.1～24.2℃，pH 7.65～7.79)。利用自来水将其稀释成不同氨氮浓度，通过投加稀盐酸和碳酸氢钾的方法调节不同的碱度水平。

（3）反应器的启动与运行

试验应用接种培养的方法启动反应器，接种种泥为具有普通硝化功能的沉淀池回流污泥，MLSS 为 4.85g/L，接种量为 1L。接种后，控制曝气量在 0.10～0.15L/min，DO 保持在 0.10～0.20mg/L。在线监测反应器中的 pH、ORP 和 DO 等参数，当 DO 趋势线出现突跃后，停止曝气和搅拌，沉淀 1.5h 后排水。培养驯化 1 个月后，反应器内 MLSS 稳定在 1000mg/L 左右，MLVSS 约为 820mg/L，SV_{30} 和 SVI 值分别稳定在 5%和 50mL/g 左右，氨氮去除率＞98%，亚硝酸盐氮积累率稳定在 90%以上，平均可达到 95%，亚硝化反应器启动成功。

在全程硝化过程中，氨氮一般在氨氧化细菌和亚硝酸氧化细菌的联合作用下被转化为硝酸盐。然而，在该过程中很多时候都会自发产生亚硝酸盐的积累现象。但是，大部分情况会随着反应器的运行，短则几星期，长则 2～3 个月，逐渐转变为全程硝化。因此，考虑到亚硝酸盐积累能否长期稳定，反应器启动成功以后，放宽系统对溶解氧浓度的要求，使DO在0.03～0.60mg/L范围内变动，稳定运行约6个月。稳定运行期间，仍然在线监测反应器中pH、ORP和DO趋势线，3种趋势线均出现突跃性变化后停止曝气和搅拌，沉淀1.5h后排水，每天平均运行3个周期。

为了最终获得ANAMMOX工艺的合适进水，本试验在常温（14.1～24.2℃）和限氧（DO为0.3～0.4mg/L）的条件下对4种氨氮浓度的二级处理出水进行了部分亚硝化的试验研究，每个氨氮浓度下设置了不同的碱度，详见表4-14所示。

部分亚硝化试验进水氨氮浓度和碱度情况表(mg/L) **表4-14**

试验阶段	氨氮浓度	碱度1)	试验阶段	氨氮浓度	碱度1)
第1阶段	91.8～102.6 (97.2)2)	218	第3阶段	56.3～58.8 (57.6)2)	228
		324			278
		445			332
		548			383
		631			434
第2阶段	73.7～81.5 (77.3)2)	149	第4阶段	35.6～36.7 (36.6)2)	238
		251			264
		379			289
		460			315

注：1）以$CaCO_3$计，滴定终点pH为3.7；2）括号内为平均值。

（4）分析项目及方法

水样分析项目中NH_4^+-N采用纳氏试剂光度法；NO_2^--N采用*N*-（1-奈基）-乙二胺光度法；NO_3^--N采用麝香草酚分光光度法；DO和温度采用WTW inoLab StirrOx G多功能溶解氧在线测定仪；pH采用OAKLON Waterproof pH Testr 10BNC型pH测定仪；ORP采用OAKLON Waterproof ORP Testr 10型ORP测定仪；碱度、MLSS、MLVSS、SV_{30}和SVI均按中国国家环保局和美国环境总署发布的标准方法测定。

定期从反应器取水样约25mL，静沉30min后，取上清液约15mL用中速滤纸过滤后待测。静沉残液与污泥倒回反应器，并通过重物淹没排水法保持反应器内液位和曝气筒堰上水深不变。

2. 结果与讨论

（1）稳定期的亚硝化效果

反应器亚硝化稳定期内，氨氮主要被转化为亚硝酸盐，亚硝酸盐氮积累率平均可达到95%左右，仅有少量硝酸盐形成，最大比污泥氨氧化速率为0.86kg/(kg·d)，容积比氨氮去除速率为0.70kg/(m^3·d)，与同类报道相比活性较高。但较清华左剑恶等在高温（35±1)℃、高氨氮浓度（860～3500mg/L）下所实现的氨氧化速率1.39～3.01kg/(kg·d）要低，这是由于本试验采用了较低的温度、DO和氨氮基质浓度的缘故。

反应器某一典型周期内运行参数的变化趋势和氮素化合物的转化情况如图 4-49 所示。

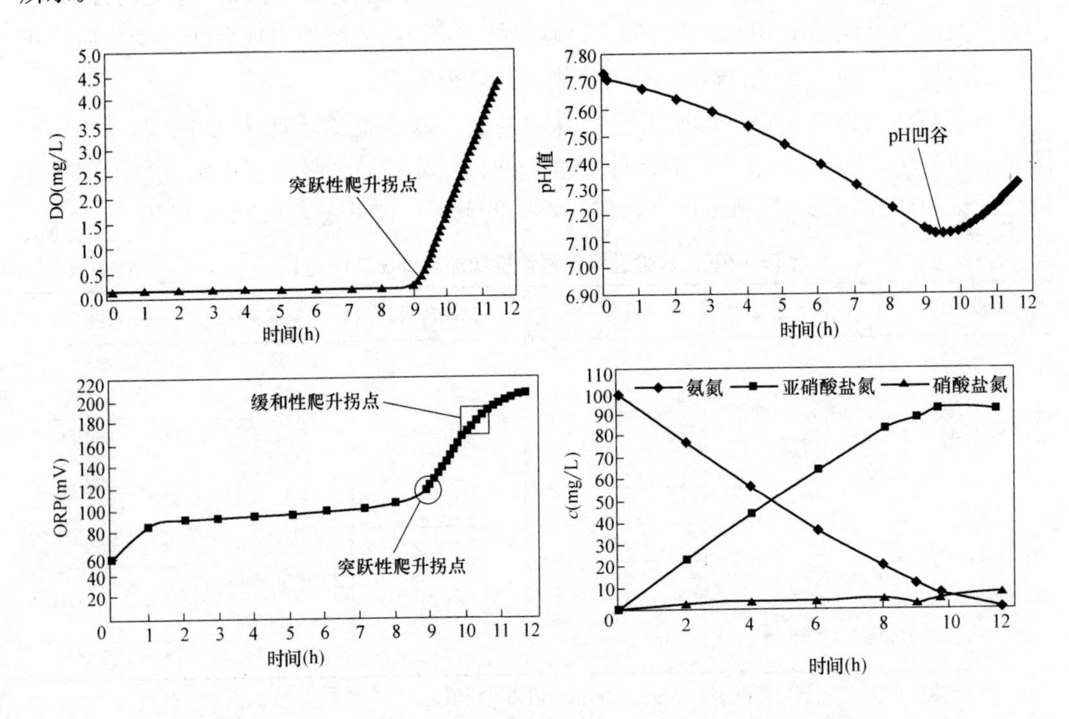

图 4-49　1 个 SBR 周期内运行参数与氮素化合物浓度的变化趋势线

图 4-49 描述了亚硝化 1 个周期内运行参数（DO、pH 和 ORP）以及反应器内各氮素化合物的变化规律。在碱度不受限的条件下，氨氮被不断氧化为亚硝酸盐和微量的硝酸盐，并伴随着 pH 的缓慢降低和 ORP 的缓慢上升，其间由于该氧化反应没有受到任何限制，因此充氧速率和耗氧速率均较稳定，并能够迅速达到稳定的平衡，从而使得反应器内的 DO 能够长期稳定在某一数值。当氨氮浓度降低至限制性浓度值以下时，亚硝化反应的速率由于基质缺乏而迅速降低，反应器内充氧速率大于耗氧速率，DO 趋势线首先出现突跃性上升，直至溶解氧达到饱和；其次，ORP 趋势线由于受到 DO 的影响也出现了硝化过程所特有的第 1 个突跃性爬升拐点（如图 4-49 中“○”所示）；随后，由于反应器内碳酸解离平衡的破坏和空气对 CO_2 的吹脱作用，致使 pH 趋势线出现了硝化反应所特有的回升凹谷，通常称之为“pH 凹谷”。最后，由于 pH 值的升高对 ORP 的降低有贡献，因此在 pH 和 DO 的共同影响下，ORP 趋势线上出现了第 2 个硝化过程所特有的拐点，即缓和性爬升拐点（如图 4-49 中“□”所示）。

在亚硝化稳定期，反应器运行 6 个月以上未出现恶化，水质情况和运行参数与以上周期相似，从而可以确定在该反应器中实现了稳定的亚硝酸盐积累。

(2) 部分亚硝化试验的效果

SBR 部分亚硝化试验分 4 个阶段进行，如表 4-14 所示。整个试验过程中保持相对恒定的曝气量（0.028～0.032m^3/h）。由于供养和耗氧的平衡，反应器内的溶解氧在亚硝化过程不受限的情况下会稳定在0.3～0.4mg/L范围内。随着氧化反应的进行，水中氨氮不断被转化为亚硝酸盐氮，水中同等比例的 HCO_3^-/NH_4^+ 消耗就会导致pH的自然下降。根据《伯杰细菌鉴定手册》(第8版)，氨氧化细菌中较普遍的亚硝化单胞菌属的生长pH范围为5.8～8.5，超出该范围细菌的生理活性快速降低。另有资料显示，当pH<6.5时，pH就打破了 NH_3 和 NH_4^+ 的平衡，游离氨浓度太低不足以满足氨氧化细菌的生长，氨的氧化就不再发生了。因此，当pH值下降到一定程度时，游离氨便成为该反应过程的限制性因素，从而导致了氨氧化细菌代谢速率和反应器中耗氧速率（OUR）的急剧下降，DO趋势线就会出现突跃的特征点（本试验以DO突跃至1.0mg/L为判别），指示出部分亚硝化反应的终点。以第1阶段为例，各碱度水平下反应器内DO、ORP、pH等参数和3种氮素化合物浓度的变化情况详见图4-50和图4-51所示。

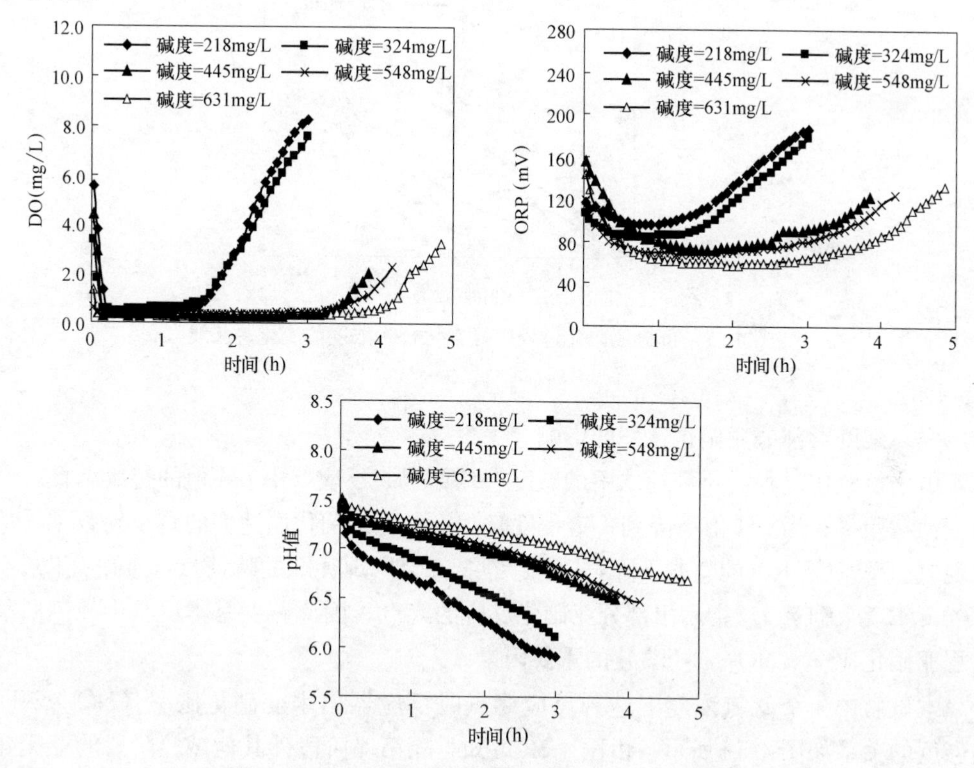

图4-50 部分亚硝化过程中运行参数的变化趋势线

本试验中部分亚硝化过程的DO变化趋势线与稳定期完全亚硝化过程的趋势线相似，均存在1个突跃点，但是二者的成因有本质不同。部分亚硝化过程是由于水中碱度消耗殆尽、pH过低造成的；而完全的亚硝化过程是由于氨氮基质浓度降低至限制性基质浓度以下造成的。因此，pH趋势线不存在"pH凹谷"，而是近似呈直线降低；ORP趋势线仅存在突跃性爬升拐点，而不存在缓和性爬升拐点（图4-50）。部分亚硝化终点（DO为1.0mg/L时）的亚硝化积累率（NO_2^-/(NO_2^- + NO_3^-)）大于97%，硝化产物中仅有3%以下为硝酸盐，基本上可以忽略不计。3种氮素化合物的浓度在部分亚硝化过程中如果没有受到pH的限制随反应时间基本呈线性转化关系

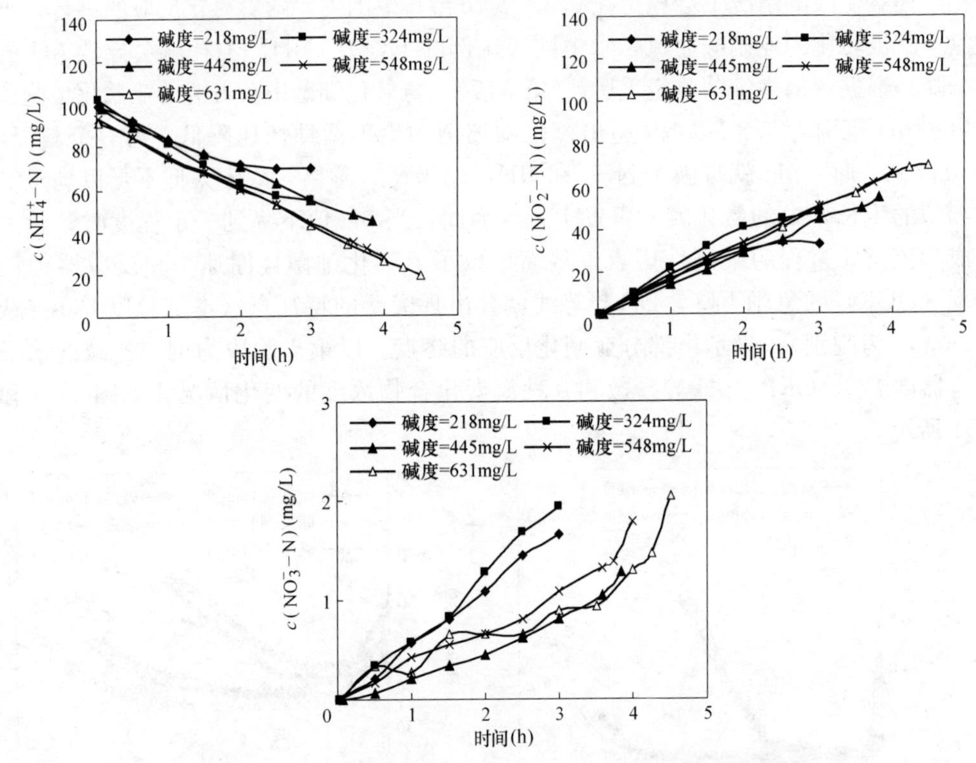

图 4-51　部分亚硝化过程中氮素化合物浓度的变化趋势线

(图 4-51)。

(3) 碱度对部分亚硝化比率的影响

由于氨氧化过程需要消耗水中的碱度，从而引起反应器中 pH 值的持续降低，直至碱度消耗殆尽。当 pH 值下降到一定程度时，氨氧化细菌代谢速率的减小导致了反应器中耗氧速率（OUR）的急剧下降，DO 趋势线就会出现突跃的特征点（本研究以 DO=1.0mg/L 为特征点)，指示出部分亚硝化反应的终点。因此碱度是本试验中控制氨氧化过程亚硝化比率（NO_2^-/NH_4^+）的重要因素。

本试验中 4 个氨氮浓度下达到反应终点时反应器出水亚硝化比率（NO_2^-/NH_4^+）与碱度的关系如图 4-52 所示。由图 4-52 可知，除第 4 阶段外其他试验阶段的亚硝化比率与碱度明显呈二次相关关系（相关系数 R^2 分别为 0.9992、0.9999 和 0.9988)，亚硝化比率随碱度的增加沿二次曲线快速提高。在试验第 4 阶段，亚硝化率仅在碱度较低时随碱度增加而提高，到达一定程度后便趋于某一数值（根据图 4-52 所示，这一数值约为 1.97)。这是由于第 4 阶段的初始氨氮浓度较低，随着氨氧化反应的进行氨氮很快就降低至限制性基质浓度，制约了氨氧化反应的进一步进行，即使继续增加碱度也很难进一步提高亚硝化率。

根据图 4-52 中亚硝化比率与碱度之间的关系，可以得出 4 种不同试验氨氮浓度下实现部分亚硝化（亚硝化比率 $NO_2^-/NH_4^+=1.31$）时所需的碱度值。从而，以 4 个阶段氨氮浓度 $c(NH_4^+-N)$ 为横坐标，所需碱度值为纵坐标，可以绘制出实现部分亚硝化

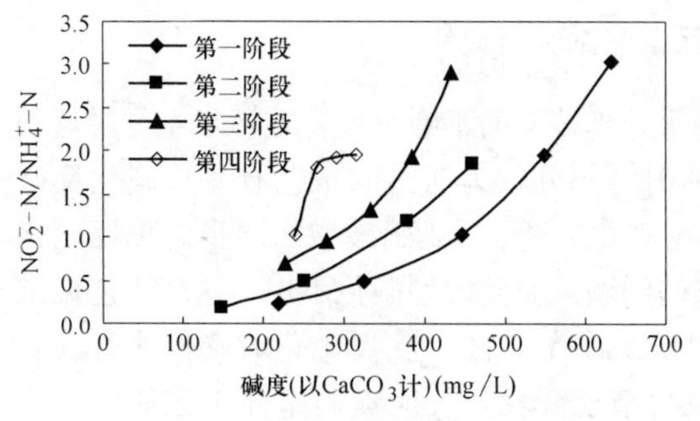

图 4-52　亚硝化比率与碱度的关系

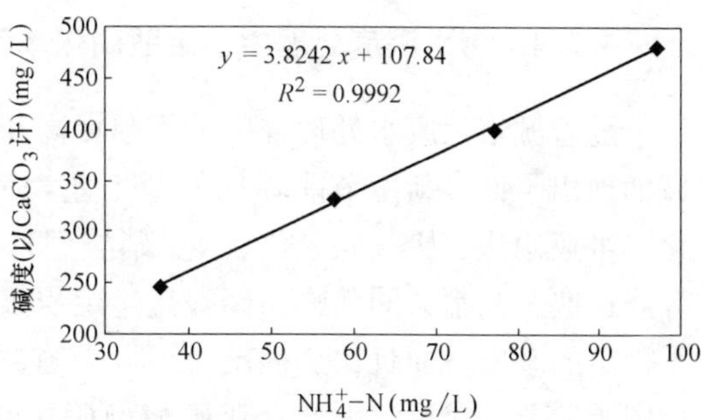

图 4-53　部分亚硝化工艺所需碱度与进水氨氮浓度之间的关系

所需碱度与进水氨氮浓度之间的关系曲线（图 4-53）。由图 4-53 可知，两者呈明显线性相关关系，相关系数 $R^2=0.9992$。直线斜率 $k=3.8242$，说明进水碱度与氨氮浓度比率等于 3.8242 时，常温限氧条件下，以 DO 达到 1.0mg/L 为部分亚硝化反应终点的控制点，可以实现稳定的部分亚硝化，为 ANAMMOX 工艺提供合适比例（$NO_2^-/NH_4^+=1.31$）的进水。

（4）试验出水的适用性验证

将部分亚硝化反应器的出水（1000mL）转移至 1L 的广口瓶中，并向其中加入 40g（湿重）已经培养好的厌氧氨氧化污泥和 1 个磁力搅拌转子，然后将瓶口用带有通气管的橡胶塞封住，置于磁力加热搅拌器（681 型-中国上海南汇电讯器材厂制）上反应数小时，温度控制在 25～35℃，通气管深入 10% NaOH 碱液水槽中，以观察气泡的产生。试验发现，置于碱液水槽中的通气管在反应过程中不断有气泡产生（主要成分为 N_2），且该过程始末反应液中大量的氨氮和亚硝酸盐氮约以 1/1 的质量比例被迅速消耗，硝酸盐浓度略有升高但变化不大，并伴随有 pH 升高的现象，与 ANAMMOX 工艺的试验现象完全一致。这充分说明，本试验中部分亚硝化 SBR 反应器所生产的出水是完全可以作为 ANAMMOX 反应器的进水的。另外，试验还发现硝酸盐的产量低于 ANAMMOX 反应的理论值，而产气量却高于理论值，推断这是由于该过程中存在一定程度的反硝化过程，将一部分 ANAMMOX 反应所产生的硝酸盐转化为了氮气。

3. 结论

（1）常温（14.1～24.2℃）条件下，以 A/O 除磷工艺的二级处理出水为原水，通过低溶解氧浓度下氨氧化细菌和亚硝酸氧化细菌的氧基质缺乏竞争机制，可以在 SBR 的活性污泥系统中成功实现亚硝酸盐的高效长期稳定积累。

（2）实时监测反应器中的溶解氧浓度趋势线可以很好地指示出氨氧化过程进行的程度和受限情况，是控制亚硝化过程终点的最佳指示参数。

（3）亚硝化工艺中，亚硝化比率随碱度的增加呈二次相关关系升高。

（4）本试验中，碱度与氨氮浓度的比率是影响部分亚硝化工艺出水 NO_2^-/NH_4^+ 比率的重要因素，以 DO 达到 1.0mg/L 为控制终点，控制进水碱度与氨氮浓度比率等于 3.8242，SBR 部分亚硝化工艺可以为 ANAMMOX 反应器提供 $NO_2^-/NH_4^+=1.31$ 合适比率的进水。

4.2.4 污水深度处理中稳定亚硝化单元工艺试验研究[1]

随着城市污废水处理程度的不断提高和水处理技术的不断发展，在污水生物脱氮领域涌现出了许多新型节能降耗的新工艺，其中一部分较为前沿的工艺有短程硝化反硝化、半亚硝化—厌氧氨氧化、(亚硝酸型)反硝化除磷、(亚硝酸型)同步硝化反硝化等。这些工艺都共同面临亚硝酸盐稳定积累的问题。亚硝酸型硝化不但为这些工艺提供了稳定的基质，而且比全程硝化可以节省约25%的氧，还可在反硝化时降低或省去有机碳源的总需求量。因此，亚硝酸型硝化既可节能降耗，又能提高整体工艺的处理效率，具有广阔的研究和应用前景。

一般亚硝酸型硝化工艺都耦合在城市污水的二级处理过程中，如A/O、SBR、CAST等工艺。在这些工艺中氨氧化细菌与其他异养菌及原生动物共存，亚硝酸盐的稳定积累主要依赖于污泥絮体微环境中所产生的基质浓度梯度和环境条件梯度而实现的。这种选择梯度是由于物理传质和多类型微生物对基质、环境的竞争而逐渐形成的，涉及多种微生物的代谢和生态链，较为复杂，处理水体的溶解氧也较高，生态平衡一旦被破坏很容易转化为全程硝化。另外，将亚硝酸型硝化耦合在二级处理中，有时往往会降低二级处理的能力。目前关于常温下在深度处理的单元工艺中主要依靠物理传质的控制实现稳定的亚硝酸型硝化还鲜见报道。因此，本试验利用A/O（厌氧/好氧）生物除磷工艺的出水通过充氧方式和溶解氧浓度的控制，对亚硝酸型硝化单元工艺进行试验研究，以解决深度处理中厌氧氨氧化工艺的亚硝酸盐的来源问题。

1. 试验装置与方法

(1) 试验装置

试验采用有机玻璃SBR反应器模型，总体积约为6.6L，有效容积5L，详见图4-48所示。

反应器内设有内径为42mm的曝气筒，容积约为总有效容积的5%，曝气筒底部与SBR反应器连通，上部设三角堰，堰上水深约10mm。曝气筒内用黏砂块曝气头进行曝气，使曝气筒内液流与反应器内液流形成内循环，通过传质交换为反应器内处理液提供溶解氧，由转子流量计控制曝气量。反应器内设立搅拌器（搅拌叶片面积$A=1264mm^2$，转速200r/min)，提供混合动力，以加强传质。定时检测SBR反应器内处理液的SV、SVI、MLSS、NH_4^+-N、NO_2^--N、NO_3^--N等指标，在线监测DO、ORP、pH和水温等参数。

(2) 试验用水

试验原水采用北京工业大学水质科学与水环境恢复工程实验室处理生活污水的A/O（厌氧/好氧）除磷工艺的二级处理出水。原水水质：COD_{Cr} 50～60mg/L；NH_4^+-N 80～110mg/L；NO_2^--N<1mg/L；NO_3^--N<1mg/L；TP 0.18～0.74mg/L；水温17～24℃；pH 7.65～7.79。

(3) 试验方法

[1] 本文成稿于2007年　作者：田智勇，李冬，张杰。

试验采用了 9 个不同的曝气量水平，对应了 9 种不同的溶解氧浓度（本文 DO 浓度均指 SBR 反应器主反应区内混合液长时间稳定的浓度值），即 DO 分别为 0.03、0.07、0.13、0.15、0.19、0.30、0.40、0.50、0.60mg/L。由于受 DO 探头测量精度的影响，低曝气量下 DO 测定值有所波动，以平均值代替稳定值；高曝气量下 DO 测定值较稳定，基本无波动现象，取其稳定测量值。每一曝气量水平都维持系统运行稳定一段时间后才切换到另一水平，系统内 MLSS 稳定维持在 1000mg/L 左右。定期从反应器取水样约 25mL，静沉 30min 后，取上清液约 15mL 用中速滤纸过滤后待测。静沉残液与污泥倒回反应器，并通过重物淹没排水法保持反应器内液位和曝气筒堰上水深不变。

水样分析项目中 NH_4^+-N 采用纳氏试剂光度法；NO_2^--N 采用 N-(1-奈基)-乙二胺光度法；NO_3^--N 采用麝香草酚分光光度法；DO、温度采用 WTW inoLab StirrOx G 多功能溶解氧在线测定仪；pH 采用 OAKLON Waterproof pHTestr 10BNC 型 pH 测定仪；ORP 采用 OAKLON Waterproof ORPTestr 10 型 ORP 测定仪；MLSS、MLVSS、SV 和 SVI 均按国家环保总局发布的标准方法测定。

2. 结果与分析

（1）污泥的培养和驯化

本实验以北京工业大学水质科学与水环境恢复工程实验室具有硝化功能的沉淀池回流污泥为种泥，种泥 MLSS 为 4.85g/L，接种量为 1L。控制曝气量在 0.10～0.15L/min，DO 保持在 0.10～0.20mg/L，培养驯化 1 个月后，反应器内 MLSS 稳定在 1000mg/L 左右，MLVSS 约为 820mg/L，SV 值和 SVI 值分别稳定在 5%和 50ml/g 左右，氨氮去除率＞98%，亚硝酸盐氮积累率稳定在 90%以上，平均可达到 95%，最大氨氧化速率可达 0.855kg N/kg MLVSSd。显微镜下观察污泥性状为大量黄褐色小型颗粒污泥（尺寸约为 0.10～0.50mm）。

（2）氮素化合物的转化规律

图 4-54 给出了不同 DO 浓度下 NH_4^+-N、NO_2^--N 和 NO_3^--N 浓度的变化情况。从图上各曲线的斜率可以看出，随着反应器 DO 浓度值的升高，NH_4^+-N 消耗速率以及 NO_2^--N 和 NO_3^--N 的生成速率都是提高的，但是由于反应器内亚硝酸氧化细菌数量相对较低，周期末 NO_3^--N 浓度能够稳定在 10mg/L 以下，且大部分是运行后期形成的，这说明反应器的延时曝气会推动亚硝酸盐向硝酸盐的转化，因此应该尽量避免发生延时曝气现象。

NH_4^+-N 的消耗速率和 NO_2^--N 的生成速率具有很好的对应关系，详见图 4-55 所示。

从图 4-55 中可以看出在 DO 稳定值＜0.30mg/L 时，二者曲线基本重合，且与 DO 值呈线性相关关系，之后随着 DO 浓度的提高，两曲线发生了分离现象，分析可知，这是由于随着 DO 浓度的提高，有机氮素化合物转化为氨氮的速率随之提高，从而造成 NO_2^--N 的生成速率高于 NH_4^+-N 的消耗速率。所以，NO_2^--N 的生成速率更为合理地反映氨氧化细菌的代谢速率。从图 4-55 可以看出，DO＞0.3mg/L 后，NO_2^--N 生成速

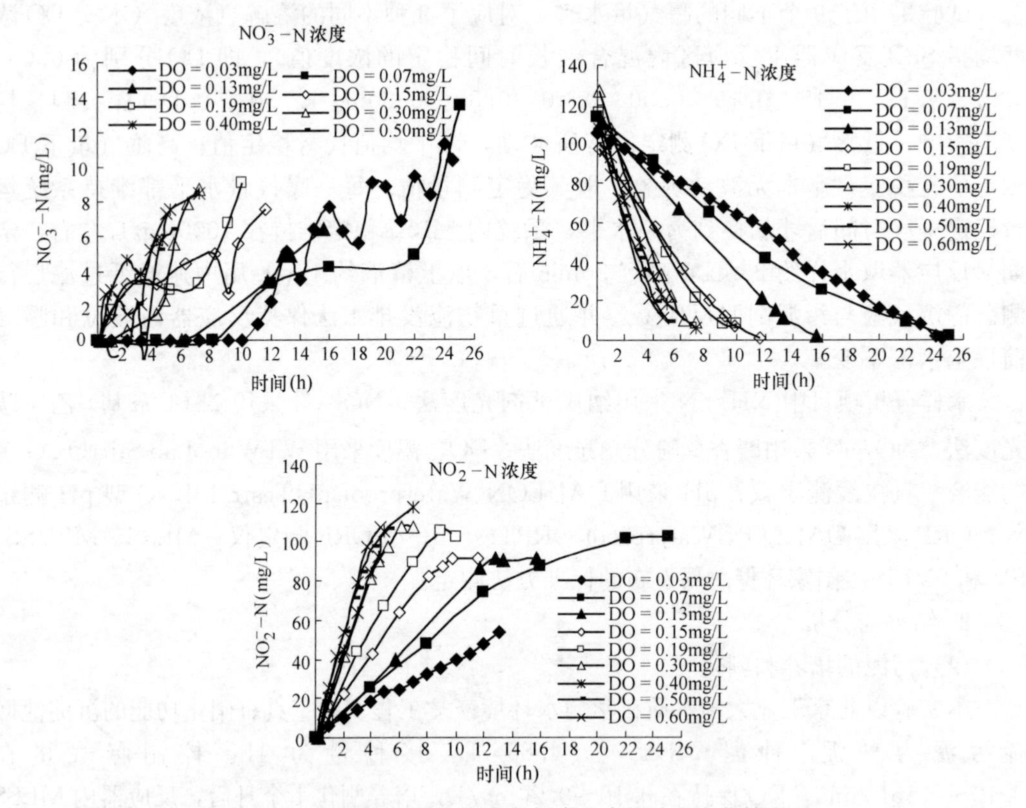

图 4-54　不同溶解氧浓度下各氮素化合物浓度变化情况

率的增长趋势开始变缓，DO>0.5mg/L 后稳定在某一数值不再增加，可见此时 O_2 不再成为限制性基质，维持稳定亚硝化体系的 O_2 基质缺乏竞争梯度减弱，从而反应具有向全程硝化转化的趋势。因此，在试验 MLSS 下，为了防止反应过程向全程硝化转化，O_2 基质浓度应控制在 0.5mg/L 以下。

图 4-56 和图 4-57 分别描述了不同 DO 稳定值下 NO_2^-/NH_4^+ 比率和亚硝酸盐积累率（NO_2^-/NO_x^-）的变化情况。从图 4-57 可以看出本试验 NH_4^+-N 转化为 NO_2^--N 的比率随 DO 的提高增加非常迅速。另外，由图 4-58 可知，本试验亚硝酸盐积累率也是非常高，基本稳定在 90%以上，平均可达到 95.14%。

（3）条件参数的变化规律

图 4-58 给出了反应器内不同 DO 稳定值下的溶解氧变化规律。从图 4-58 中可以看出，起初溶解氧很好地稳定在某个数值（该数值这里称之为“DO 稳定值”），随着基质的不断消耗在运行周期末出现了一个陡然上升的拐点，然后 DO 快速上升，直至达到饱和溶解氧浓度。这是由于基质 NH_4^+-N 的浓度降低到一定程度后，逐渐成为反应的限制性基质，引起氨氧化细菌代谢速率的大幅度降低，打破了原有的基质供求平衡，从而造成反应器中 DO 浓度的快速积累。另外，随着 DO 稳定值的提高，DO 曲线出现拐点所需的时间缩短。DO 曲线拐点的出现对于基质氨氮的消耗程度和亚硝酸盐的积累率具有很好的指示作用，可以作为亚硝酸型硝化反应的

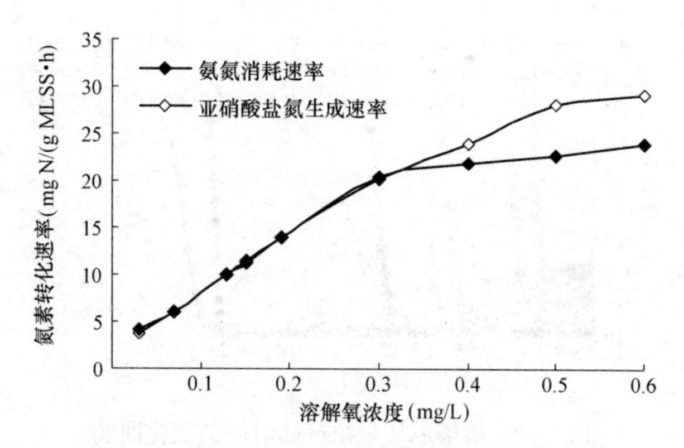

图 4-55 氮素转化速率随溶解氧浓度变化关系

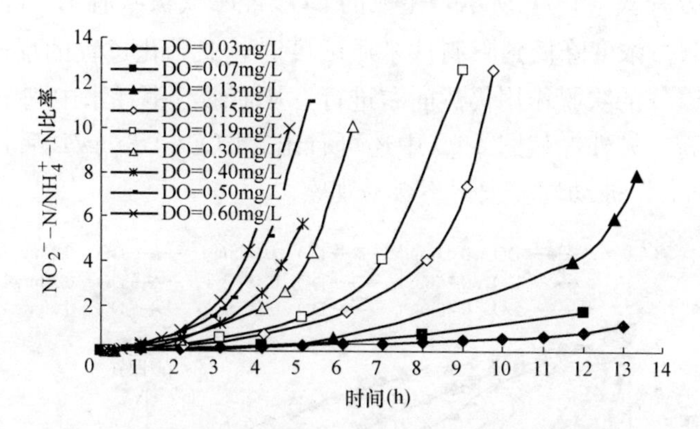

图 4-56 不同溶解氧下 NO_2^-/NH_4^+ 比率变化曲线

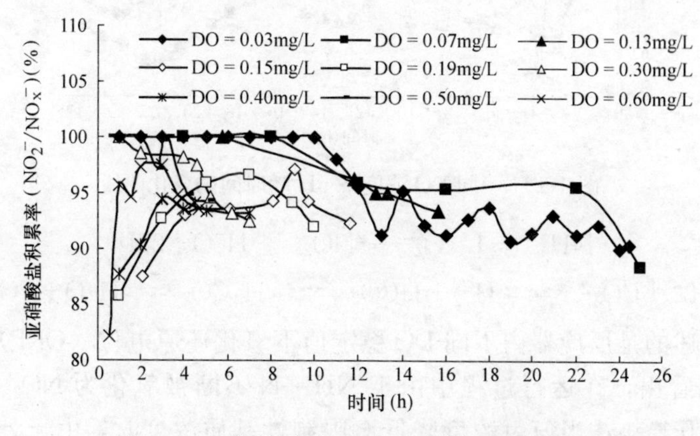

图 4-57 不同溶解氧下的亚硝酸盐积累情况

过程控制参数。

图 4-59 描述的是反应器内不同 DO 稳定值下 pH 值的变化情况。从图 4-59 可以看出，在运行过程中，pH 随着 NH_4^+-N 不断被转化为 NO_2^--N 以较平缓的速率降低，当氨氮浓度降低到限制性基质浓度时 pH 曲线出现了一个迅速回升的拐点，我们通常称之为“pH 凹谷”。这一现象可以通过处理水中的碳酸解离平衡来解释。如方程（4-4）所示，亚硝化过程每消耗 1molNH_4^+ 便生成 2mol 的 H^+，所产生的这些 H^+ 参与了水中

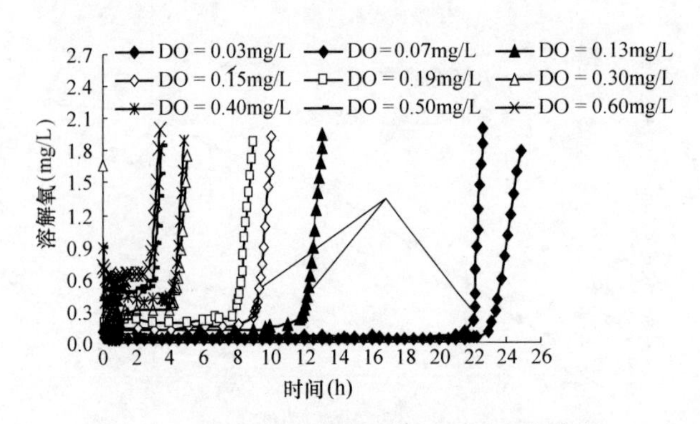

图 4-58　溶解氧质量浓度随时间的变化曲线

的碳酸平衡，如方程式（4-5）所示，生成的 CO_2 经曝气被吹脱出。随着亚硝化反应的不断进行，当 NH_4^+ 浓度降低到限制性基质浓度时，亚硝化过程的反应速率迅速降低，而碳酸平衡由于曝气的吹脱作用仍然向右进行，从而继续消耗水中剩余的 H^+，从而造成 pH 的突然升高。另外，从图 4-60 中还可看出，DO＞0.3mg/L 后，pH 值曲线的特征点——“pH 凹谷”波动性较大，不容易观察。

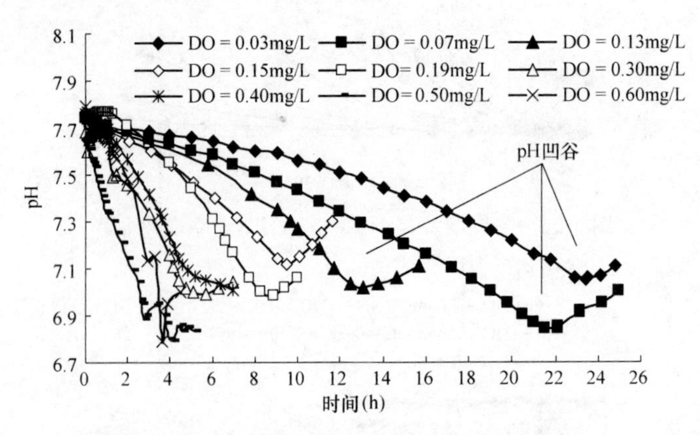

图 4-59　不同 DO 浓度下 pH 随时间的变化曲线

$$NH_4^+ + 1.5O_2 \longrightarrow NO_2^- + H_2O + 2H^+ \tag{4-4}$$

$$2H^+ + CO_3^{2-} \rightleftharpoons H^+ + HCO_3^- \rightleftharpoons H_2CO_3 \rightleftharpoons H_2O + CO_2\uparrow \tag{4-5}$$

图 4-60 描述的是反应器内不同 DO 稳定值下氧化还原电位（ORP）的变化情况。从图 4-61 可以看出，在运行过程中由于 NH_4^+-N 不断被氧化为 NO_2^--N，处理液的 ORP 呈缓慢上升趋势，当氨氮浓度降低至限制性基质浓度时，由于处理液 DO 发生突越，从而造成 ORP 曲线的突越性拐点（如图中“○”所示）。另外，从 ORP 变化曲线上还可以观察到第二个拐点（如图中“□”所示），这是由于 pH 的升高对 ORP 的降低有贡献，与 DO 的升高相叠加则形成了 ORP 曲线上的第二个拐点，即缓和性拐点。

图 4-61 描述的是 DO、pH、ORP 等参数分别出现以上特征点的时间与 DO 稳定值之间的关系曲线。从图上可以看出，这三个运行参数出现特征点的时间与 DO 稳定值具有很好的规律性，均随 DO 的增加而降低，DO＞0.30mg/L 后下降趋势变缓。另外，

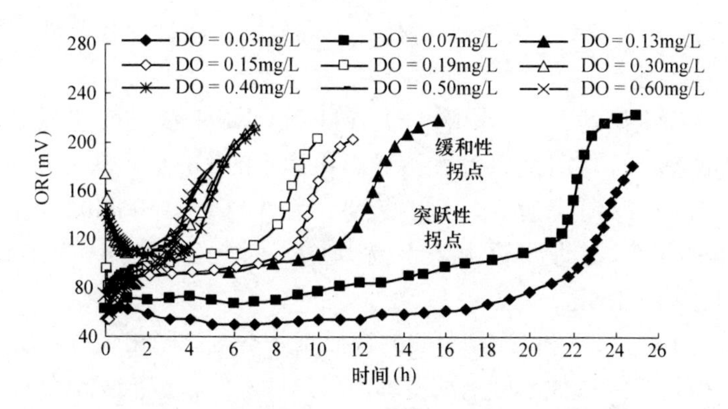

图 4-60　不同溶解氧下 ORP 随时间的变化曲线

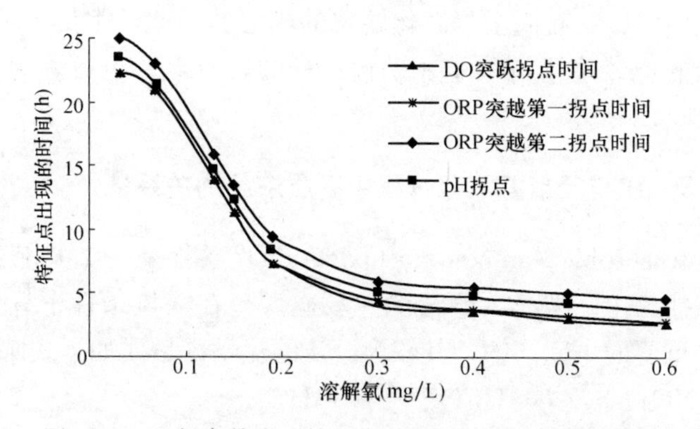

图 4-61　运行参数出现特征点的时间与 DO 的关系曲线

三个参数彼此之间也具有很好的相关性，其中，DO 曲线的特征点和 ORP 曲线的第一个特征点是基本重合的，并且首先出现；其次是 pH 值曲线的特征点；ORP 曲线的第二特征点最后出现，具有一定的滞后性。

由以上分析可以看出，DO、pH、ORP 三个运行参数的变化特征都能够很好地表征反应器中氨氮的亚硝化过程。可以根据这些参数给出的特征信号来准确地控制 SBR 短程硝化的曝气时间和终点，进而实现氨氮的稳定亚硝酸化。

3. 结论

（1）在常温下（17～24℃），以 A/O 除磷工艺的二级处理出水为原水，具有硝化功能的普通活性污泥经过 1 个月的驯化，对氨氮的去除率＞98%，亚硝酸盐积累率（NO_2^-/NO_x^-）＞90%，平均可达到 95%，获得了稳定的亚硝化过程，说明根据氨氧化细菌和亚硝酸氧化细菌在低 DO 下（本试验采用 0.10～0.20mg/L）对氧亲和力的不同，通过基质缺乏竞争途径实现污水深度处理中的稳定亚硝酸化单元工艺是可行的。

（2）在污水深度处理的亚硝酸化单元工艺中，反应器内 DO、pH 和 ORP 的变化与氨氮的亚硝酸化过程具有很好的相关性，并且这种相关性不受 DO 浓度绝对值的影响。因此，可以通过在线监测反应过程中的 DO、pH 和 ORP 值的变化来间接了解体系内氨氮的转化情况及亚硝化的程度，并可根据 DO、pH、ORP 曲线的特征点来判断“稳定亚硝化终点”。

（3）SBR反应器中，DO曲线不但特征点出现最早，而且变化剧烈，容易观察，因此是最理想的控制参数。

（4）试验DO稳定值的大小不影响DO、pH和ORP曲线的变化规律，但它影响亚硝化过程的反应速率、反应时间以及维持亚硝化体系的O_2基质缺乏竞争梯度，当DO>0.5mg/L后，反应有向全程硝化转化的趋势；另外当DO>0.3mg/L后，pH值曲线特征点——“pH凹谷”波动性较大，不易判断。因此，笔者认为本试验中DO=0.3mg/L是最佳溶解氧浓度。

（5）笔者认为DO、pH和ORP曲线的特征点并不是亚硝化过程将所有氨氮消耗殆尽的真正终点，而是一定条件下氨氮浓度成为限制性基质，造成氨氧化速率急剧下降时的转折点。转折点后，DO急剧升高，维持稳定亚硝化过程的O_2基质缺乏竞争梯度也随之急剧降低，从而反应具有向全程硝化转化的趋势。因此，本试验DO、pH和ORP曲线的特征点表示的应该是维持稳定亚硝化过程的转折点，也可称为“稳定亚硝化终点”。

4.2.5 COD及pH与厌氧氨氧化过程中基质浓度的关系[1]

厌氧氨氧化（Anaerobic Ammonium Oxidation）过程是一类具有特殊结构的浮霉目细菌，以亚硝酸盐为电子受体，CO_2为主要碳源，在缺氧条件下氧化氨氮的代谢过程，联氨和羟胺是重要的中间产物，其较为公认的化学计量式如下式所示。

$$NH_4^+ + 1.31NO_2^- + 0.066HCO_2^- + 0.13H^+ \longrightarrow 1.02N_2 + 0.26NO_3^- + 0.066CH_2O_{0.5}N_{0.15} + 2.03H_2O$$

有研究表明，厌氧氨氧化在温度为20～43℃、pH为6.4～8.3的条件下可观察到很高的活性，最佳温度和pH为35～40℃和8，其最高脱氮速率可达到8.9±0.2kg TN/(m^3·d)，最大比活性为55nmol NH_4^+/(mg蛋白质·min)。在污水生物脱氮中，相对传统硝化反硝化工艺而言，厌氧氨氧化工艺具有氧气需求量低、无需外加碳源、低污泥产量等优点，因此具有很广阔的应用前景。本实验室已利用好氧硝化生物膜自然转变为厌氧氨氧化生物膜的方法成功实现了厌氧氨氧化生物滤池的启动。因此，本试验利用已启动成功的上向流厌氧氨氧化生物滤池，对厌氧氨氧化过程中COD和pH的变化规律进行了考察，并进一步利用数理统计的方法对COD、pH与厌氧氨氧化过程中氮素化合物浓度之间的关系进行了分析研究。

1. 材料与方法

（1）试验装置

实验生物滤柱采用有机玻璃柱制成，内径60mm，高度2.0m，内装填粒径为2.5～5.0mm的页岩陶粒，装填高度为1.55m，底部设50mm高的河卵石承托层和黏砂块曝气头，壁上每20cm设一个取样口。反应装置如图4-62所示。

（2）原水水质

试验原水采用北京工业大学水质科学与水环境恢复工程实验室处理生活污水的A/O

---

[1] 本文成稿于2007年　作者：田智勇，李冬，张杰。

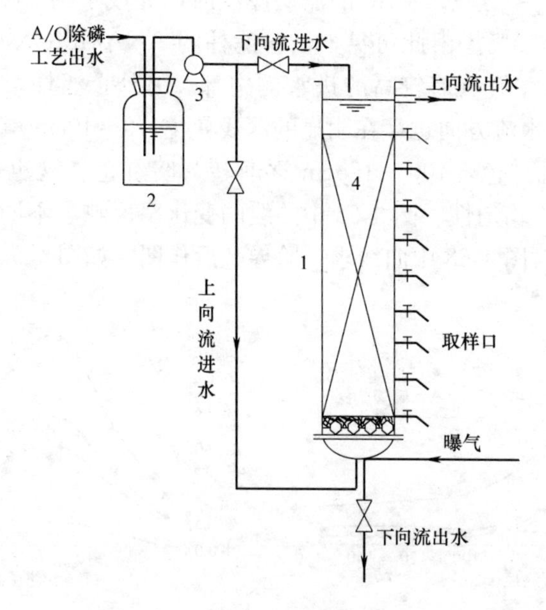

图 4-62 试验装置示意图

1—上流式生物滤池；2—进水瓶（140L）；3—进水泵；4—陶粒滤床

（厌氧/好氧）除磷工艺的二级处理出水。原水水质为：COD_{Cr} 50～60mg/L；NH_4^+-N 80～110mg/L；NO_2^--N＜1mg/L；NO_3^--N＜1mg/L；TP 0.18～0.74mg/L；水温 14.1～24.2℃；pH7.65～7.79。利用自来水稀释的方法获得不同的进水氨氮浓度，投加 $NaNO_2$ 来调节 NO_2^--N 浓度，通过投加 $KHCO_3$ 的方法适当增加进水的碱度水平。

（3）检测项目与方法

水样分析项目中 NH_4^+-N 采用纳氏试剂光度法；NO_2^--N 采用 N-(1-奈基)-乙二胺光度法；NO_3^--N 采用麝香草酚分光光度法；TP 采用钼锑抗分光光度法；DO、温度采用 WTW inoLab StirrOx G 多功能溶解氧在线测定仪；pH 采用 OAKLON Waterproof pH Testr 10BNC 型 pH 测定仪；COD_{Cr}按国家环保总局发布的标准方法测定。

（4）运行

试验滤柱为上向流运行方式，水流由下向上穿过滤层，有利于所产生 N_2 气泡随水流及时释放到大气中，防止气塞。柱内不曝气，以保持厌氧氨氧化过程所需的缺氧条件。原水温度控制在 25～30℃左右。

2. 结果与讨论

（1）滤层内的氮素化合物浓度变化规律

试验滤柱为经过 258d 挂膜启动成功的 ANAMMOX 生物滤柱，厌氧氨氧化活性为 3.02～12.37kg TN/(m^3·d)。进水中的氨氮和亚硝酸盐氮经过滤柱后，同时被消耗，并产生 N_2 和少量硝酸盐，其化学计量学系数约为 NH_4^+ ∶ NO_2^- ∶ NO_3^- ＝1∶(1.266±0.112)∶(0.227±0.009)。各氮素化合物沿水流方向不同滤层深度内的变化情况如图 4-63 所示。

从图 4-63 可以清楚地看出各氮素化合物及总氮浓度沿滤层高度的变化情况。进水

中的 NH_4^+-N 和 NO_2^--N 经过约 1m 的滤层厚度时已完成了约 94%的转化，其中 40～100cm 滤层完成了约 70%。由此可见，试验滤柱的 ANAMMOX 生物量并不是均匀分布的，而是主要分布在氮负荷较高的进水侧中部。另外，滤柱填料表面 ANAMMOX 菌所特有的桃红色沿水流方向也存在明显的深浅变化，0～40cm 填料呈暗红褐色，40～100cm 填料颜色呈桃红色，100～155cm 逐渐转为暗红色。这也更加证实了 ANAMMOX 生物量分布的不均匀性。图 4-63 中曲线的变化率反映了不同滤层高度的 ANAMMOX 活性，因此，对图 4-63 中曲线求一阶导数后作图，如图 4-64 所示。

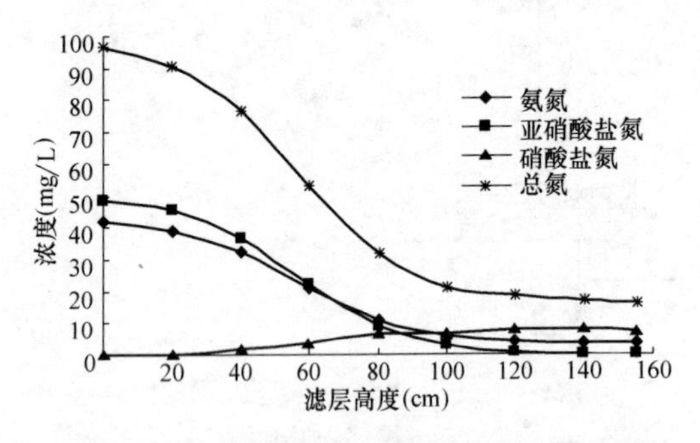

图 4-63 滤层内的氮氧化合物浓度变化情况

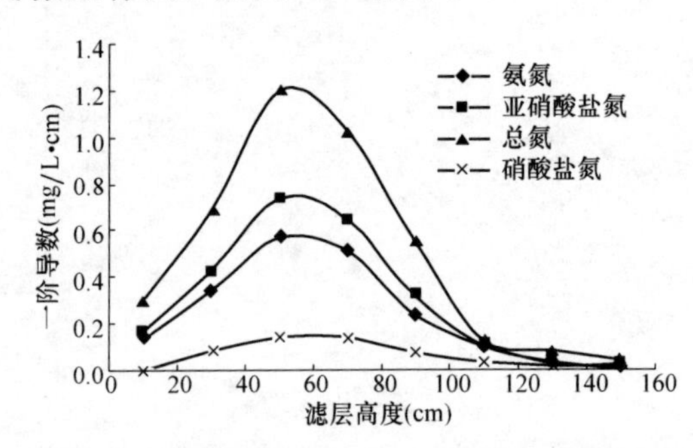

图 4-64 滤层内氮素化合物浓度一阶导数变化情况

图 4-64 表示出了不同滤层高度的厌氧氨氧化活性分布情况，活性随滤层高度呈“山脊”状。由于厌氧氨氧化活性和 ANAMMOX 生物量呈线性正相关，因此，图 4-64 也可以看做是 ANAMMOX 生物量在滤层不同高度的分布情况。由于进水中携带一定量的溶解氧（进水 DO 为 2～4mg/L)，对 ANAMMOX 菌产生一定的可逆性抑制，因此 0～40cm 的滤层虽然进水氮负荷较高，但活性并不是最高的。这段滤层内的微生物也相对最为复杂，推测为异养菌、硝化菌和 ANAMMOX 菌共存。随着异养菌和硝化菌对进水中溶解氧的消耗，逐渐为 ANAMMOX 菌创造了良好的缺氧环境，从而 ANAMMOX 活性逐渐提高，直至基质 NH_4^+ 和 NO_2^- 消耗到一定浓度以下时，由于氮负荷较低活性开始降低。由此可见，滤层内的 ANAMMOX 活性和生物量分布状况是溶解氧和氮负荷的共同结果。

(2) 滤层内的 COD 及 pH 变化规律

试验滤柱沿滤层高度的 COD 和 pH 变化情况如图 4-65 所示。随着厌氧氨氧化反应的进行，水中的 COD 和 pH 分别呈降低和升高趋势，这分别是由于伴随其同时进行的异养反硝化和 H^+ 的消耗造成的。另外，从图 4-65 变化曲线的形状上看，二者与各氮素化合物浓度沿滤层的变化情况具有一定的相关性。

(3) 滤层内 COD 及 pH 与基质浓度之间的关系

为了考察上向流厌氧氨氧化生物滤柱中 COD 及 pH 值与氮素化合物浓度之间的关系，分析了 26 组不同滤层深度下 COD 及 pH 值和氨氮浓度的数据，如图 4-66 和图 4-67 所示。图 4-66 是将 26 组数据汇总进行相关分析的结果，从点的分布上可以看出二者与氨氮浓度都具有线性相关性，但是 pH 值与氨氮浓度的线性相关系数却非常低（R^2 仅有 0.3788)，显然是矛盾的。分析认为：这是由于各组数据的初始进水 pH 条件差异较大，造成各组数据纵截距也相距甚远，从而数据汇总后进行相关性分析会引起较大误

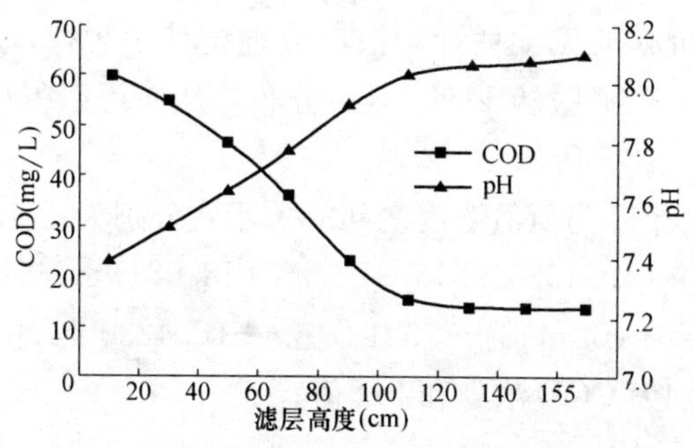

图 4-65　滤层内的 COD 及 pH 变化情况

差。因此，为了能够准确地反应二者与氮素化合物浓度之间的关系，将 26 组试验数据分别进行了相关性分析和误差分析，如图 4-67 和表 4-15 所示。图 4-67 中每组数据包含 9 个数据点，即 9 个不同滤层高度下的 COD、pH 和氨氮浓度值。相关分析得出 26 组数据的线性相关系数 R^2 均较高，平均线性相关系数 R^2 均大于 0.98。

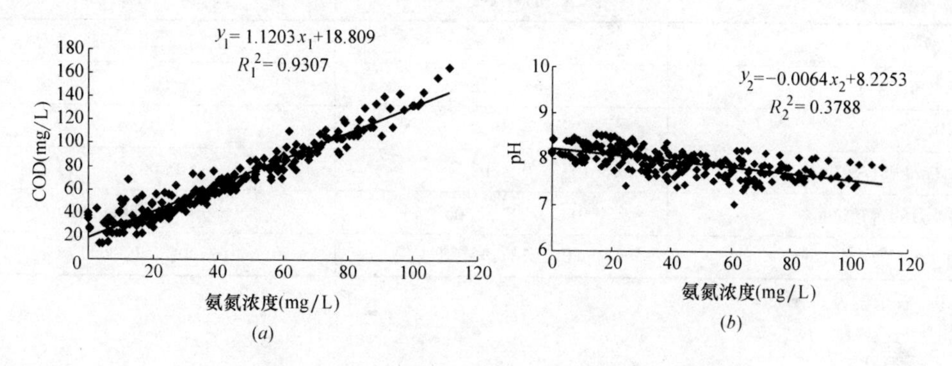

图 4-66　多组数据汇总进行相关分析结果图

(a) COD～NH_4^+-N 相关分析图；(b) pH～NH_4^+-N 相关分析图

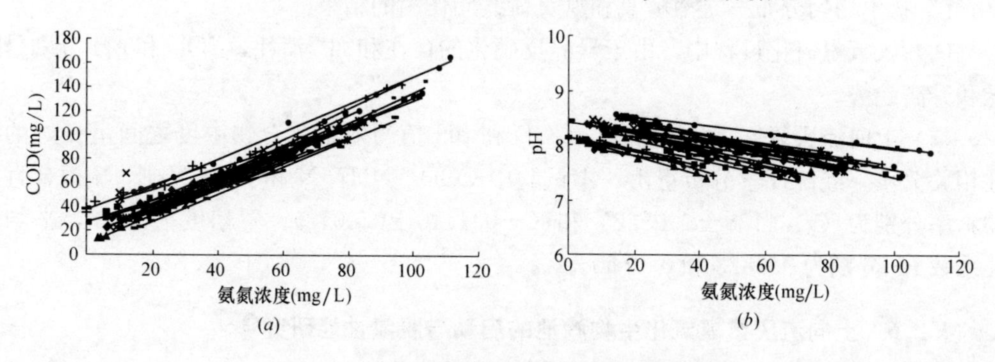

图 4-67　各组数据分别进行相关分析结果图

(a) COD～NH_4^+-N 相关分析图；(b) pH～NH_4^+-N 相关分析图

另外，从图 4-67 中还可以看出各组数据线性拟合线的斜率趋于某个恒定的数值，而纵截距值显然和进水的 COD 和 pH 初始值有关，因此对斜率数据进行统计学分析。

设这 26 个斜率样本值 X_i 服从 $N(\mu, \sigma^2)$ 的正态分布，那么样本均值（$\overline{X_i}$）和样本

方差（S^2）分别是μ和σ^2的无偏估计。根据数理统计学规律，$(\overline{X}-\mu)/(S/\sqrt{n})$服从$t(n-1)$分布，$(n-1)S^2/\sigma^2$服从$\chi^2(n-1)$分布，从而可以得出$\mu$和$\sigma$置信度为95%下的置信区间，详见表4-15所示。

从而，得出COD、pH与氨氮浓度之间的关系式分别为：

$$y_1=(1.1138\pm0.0522)\cdot x+(18.0817\pm3.5774)$$

$$y_2=-(0.1113\pm0.0012)\cdot x+(8.4230\pm0.0761)$$

式中 y_1和y_2——分别为COD浓度和pH值；

x——氨氮浓度。

由此可知，试验厌氧氨氧化生物滤柱中，沿滤层深度COD和pH与氮素化合物浓度均具有良好的线性相关关系，且拟合直线的斜率趋于某一固定值，纵截距取决于进水初始水质。

斜率数据的统计学分析结果 **表4-15**

项　目	$COD\sim NH_4^+$-N	$pH\sim NH_4^+$-N
样本数(n)	25	25
样本均值($\overline{X_i}$)	1.1138	-0.1113
R^2均值	0.9823	0.9850
样本标准差(S)	0.1292	0.0029
斜率(μ)的置信区间	(11.1138±0.0522)	(-0.1113±0.0012)
标准差(σ)的置信区间	(0.1013，0.1783)	(0.0023，0.0041)

注：置信度为95%。

3. 结论

(1) 上向流厌氧氨氧化生物滤池中，ANAMMOX活性和生物量分布随滤层深度呈“山脊”状不均匀分布，是溶解氧和氮负荷共同作用的结果。

(2) 厌氧氨氧化过程中，由于异养反硝化的存在和H^+消耗，COD和pH分别呈降低和升高趋势。

(3) 上向流厌氧氨氧化滤柱中，COD和pH值与氮素化合物浓度之间呈良好的线性相关关系。经统计学分析得出，本试验中$COD\sim NH_4^+$-N和$pH\sim NH_4^+$-N拟合直线的斜率分别为（11.1138±0.0522）和（-0.1113±0.0012），置信度为95%，平均相关系数R^2分别为0.9823和0.9850。

4.2.6 上向流厌氧氨氧化生物滤池的启动与脱氮性能研究[1]

厌氧氨氧化（anaerobic ammonium oxidation）过程是20世纪末才被发现和证实的新型生物氮素转化过程。在此之前人们曾经一度认为氨的氧化只能发生在好氧或限氧的系统中，但是从理论上讲，氨氮也是可以用作反硝化的无机电子供体的，早在1977年Broda基于热力学计算曾预言：自然界应该存在2类能够将氨氮氧化为氮气的化能自养

[1] 本文成稿于：2007年　作者：田智勇，李冬，张杰。

型微生物。但是直到 1995 年荷兰 Delft 技术大学一批学者才在反硝化流化床中发现了厌氧氨氧化现象，他们将该过程命名为“ANAMMOX”，并率先开展了关于该过程代谢机理、微生物学基础以及分子生物学等方面的研究。目前已经证明：厌氧氨氧化过程是一类具有特殊结构的浮霉目细菌，以亚硝酸盐为电子受体，CO_2 为主要碳源，在缺氧条件下将氨氮氧化为氮气的代谢过程，联氨和羟胺是重要的中间产物，其较为公认的化学计量式如 4-6 式所示。

$$NH_4^+ + 1.31NO_2^- + 0.066HCO_3^- + 0.13H^+ \longrightarrow$$
$$1.02N_2 + 0.26NO_3^- + 0.066CH_2O_{0.5}N_{0.15} + 2.03H_2O \quad (4\text{-}6)$$

目前已经在荷兰、德国、瑞士、比利时、英国、澳大利亚、日本的废水处理系统中以及东非乌干达的淡水沼泽中和黑海的沉积物中等都发现了 ANAMMOX 菌，它们具有很高的活性，据报道其最高 TN 去除负荷为 8.9 ± 0.2kgN/(m^3 · d)，最大比活性为 55nmol NH_4^+/mg 蛋白质 · min。无论在人工生态系统中还是自然生态系统中，ANAMMOX 过程对于生物氮素转化和循环都起着非常重要的作用。如果将该过程用于废水的生物脱氮处理，相对传统硝化反硝化工艺而言，则具有氧气需求量低、无需外加碳源、低污泥产量等优点。可见，厌氧氨氧化技术在废水生物脱氮工艺中具有非常广阔的应用前景。虽然这类微生物的代谢活性非常高，但是它们的生长速率却非常低（μ=0.0027h^{-1}，倍增时间为 11d)，且只有在细胞浓度＞10^{10}～10^{11}个/mL 时才具有活性。因此 ANAMMOX 菌在废水处理反应器中漫长的富集时间目前已经成为该项技术大规模应用于废水处理实践的瓶颈。

本试验利用 A/O 除磷工艺二级出水为试验用水，对通过好氧硝化生物膜快速启动厌氧氨氧化生物滤池的途径和其脱氮性能进行了研究。

1. 材料与方法

(1) 试验装置

实验生物滤柱采用有机玻璃柱制成，内径 60mm，高度 2.0m，内装填粒径为 2.5～5.0mm 的页岩陶粒，装填高度为 1.45m，底部设 50mm 高的河卵石承托层和黏砂块曝气头。反应装置如图 4-62 所示。

(2) 实验原水

试验原水采用北京工业大学水质科学与水环境恢复工程实验室处理生活污水的 A/O（厌氧/好氧）除磷工艺的二级处理出水。原水水质为：$\rho(COD_{Cr})$=50～60mg/L；$\rho(NH_4^+\text{-}N)$=80～110mg/L；$\rho(NO_2^-\text{-}N)$＜1mg/L；$\rho(NO_3^-\text{-}N)$＜1mg/L；ρ(TP)=0.18～0.74mg/L；T=14.1～24.2℃；pH=7.65～7.79。利用自来水稀释的方法获得不同的进水氨氮浓度，投加 $KHCO_3$ 适当增加进水的碱度水平，投加 $NaNO_2$ 调节不同的进水 NO_2^--N 浓度。

(3) 分析项目与方法

水样分析项目的测定过程中 NH_4^+-N 浓度采用纳氏试剂光度法；NO_2^--N 浓度采用 N-(1-奈基)-乙二胺光度法；NO_3^--N 浓度采用麝香草酚分光光度法；TP 浓度采用钼锑抗分光光度法；DO、温度采用 WTW inoLab StirrOx G 多功能溶解氧在线测定仪；pH 采用 OAKLON Waterproof pH Testr 10BNC 型 pH 测定仪；COD_{Cr}浓度按国家环保总局发布的标准方法测定。

(4) 启动与运行条件

试验运行分为3个阶段。第一阶段，为好氧硝化生物滤池启动阶段，控制在常温下(17～24℃) 运行。运行方式为下向流，滤柱底部曝气，气泡穿过滤料的方向与水流方向相反，以强化氧的传质效果。第二阶段，为厌氧氨氧化（ANAMMOX）生物滤池的启动。为了能够提高滤料对厌氧氨氧化细菌的持留能力，试验通过好氧硝化生物膜向厌氧氨氧化生物膜转化的方式启动厌氧氨氧化生物滤池。另外，由于溶解氧对厌氧氨氧化细菌具有毒害作用，因此利用硝化生物膜向厌氧氨氧化生物膜转化还可以消耗进水中携带的溶解氧，从而为厌氧氨氧化细菌提供良好的缺氧环境。运行方式和第一阶段基本相同，但停止滤柱底部的曝气，另外由于厌氧氨氧化细菌的生理温度范围较高（报道为20～43℃)，因此对试验原水进行适当加热，温度控制在25～30℃左右。第三阶段，上向流厌氧氨氧化生物滤池的运行阶段。厌氧氨氧化生物滤池启动成功后，由于所产生的N_2气泡需要向上穿过滤层释放到大气中，方向与水流方向相反，不利于N_2气泡的及时释放；而且气泡的不断聚合极易造成气塞现象，缩小过流面积和过流能力，从而影响滤柱的处理能力，因此这一阶段将试验滤柱的运行方式改为上向流，温度仍然控制在25～30℃左右。

2. 结果与讨论

(1) 好氧硝化生物滤池的启动

在好氧曝气的条件下，废水进入生物滤池后，水中的微生物会逐渐在陶粒滤料吸附、生长，并最终形成生物膜。因此，本试验通过自然挂膜的方式对好氧硝化生物滤池进行启动。

首先，向试验滤柱中通入二级出水，并投加少量NH_4Cl和$KHCO_3$，闷曝1天后换水，运行2周后改为连续流进水，滤速约为0.8m/h。连续流运行2周后，开始测定进出水$\rho(NH_4^+\text{-}N)$，发现试验滤柱对氨氮已经具有明显的去除能力，如图4-68所示。继续运行约2个月后生物滤柱氨氮去除负荷最高达到1.45kgN/(m³·d)。期间第30～47d由于试验原水中碱度不足，曾造成生物硝化滤柱的氨氮去除负荷显著降低，最低降至0.1kgN/(m³·d)。但是通过人工投加$KHCO_3$的方法补充碱度后，生物滤柱去除负荷恢复较迅速，第68d氨氮去除负荷恢复到了1.24kgN/(m³·d)。此时，认为硝化生物滤池基本启动成功。

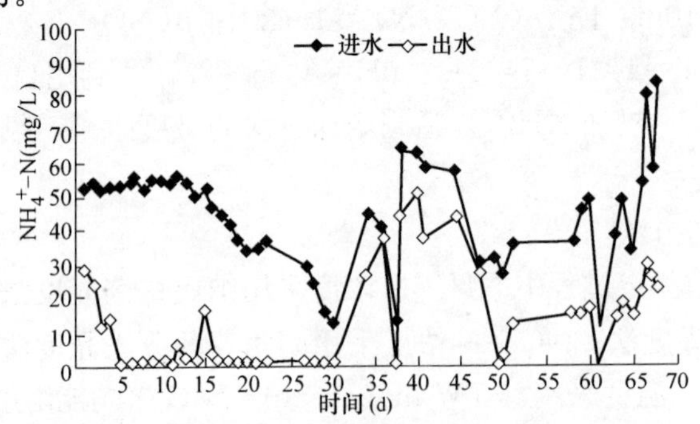

图4-68　硝化生物滤池启动期的氨氮浓度

(2) 好氧硝化生物膜启动厌氧氨氧化生物滤池

考虑到硝化生物膜由好氧状态向缺氧状态转变需要一个过程，如果突然转变容易造成硝化生物膜的脱落和膜内生物的大量快速死亡。因此在接下来约1个月期间，试验硝化生物滤柱白天曝气保持好氧状态，晚上停止曝气保持缺氧状态，并逐渐减小白天的曝气量，直到完全停止曝气。

完全停止曝气后，向试验原水中人工投加 $NaNO_2$ 作为厌氧氨氧化过程的必要基质。另外，由于联氨和羟胺是厌氧氨氧化过程的重要中间产物，因此在该试验阶段向试验原水中投加0.1mM的羟胺和联氨，以诱导硝化生物膜向厌氧氨氧化生物膜的转变。pH值保持在7.27～8.32，符合厌氧氨氧化细菌的生理范围。同时，定期检测试验滤柱进出水各氮素化合物的情况，如图4-69所示。

由图4-69可知，停止曝气约100d后（第203d后），试验滤柱对进水中的 NH_4^+ 和 NO_2^- 产生了同时去除的现象，并产生少量 NO_3^-，在试验滤柱中也可以明显观察到大

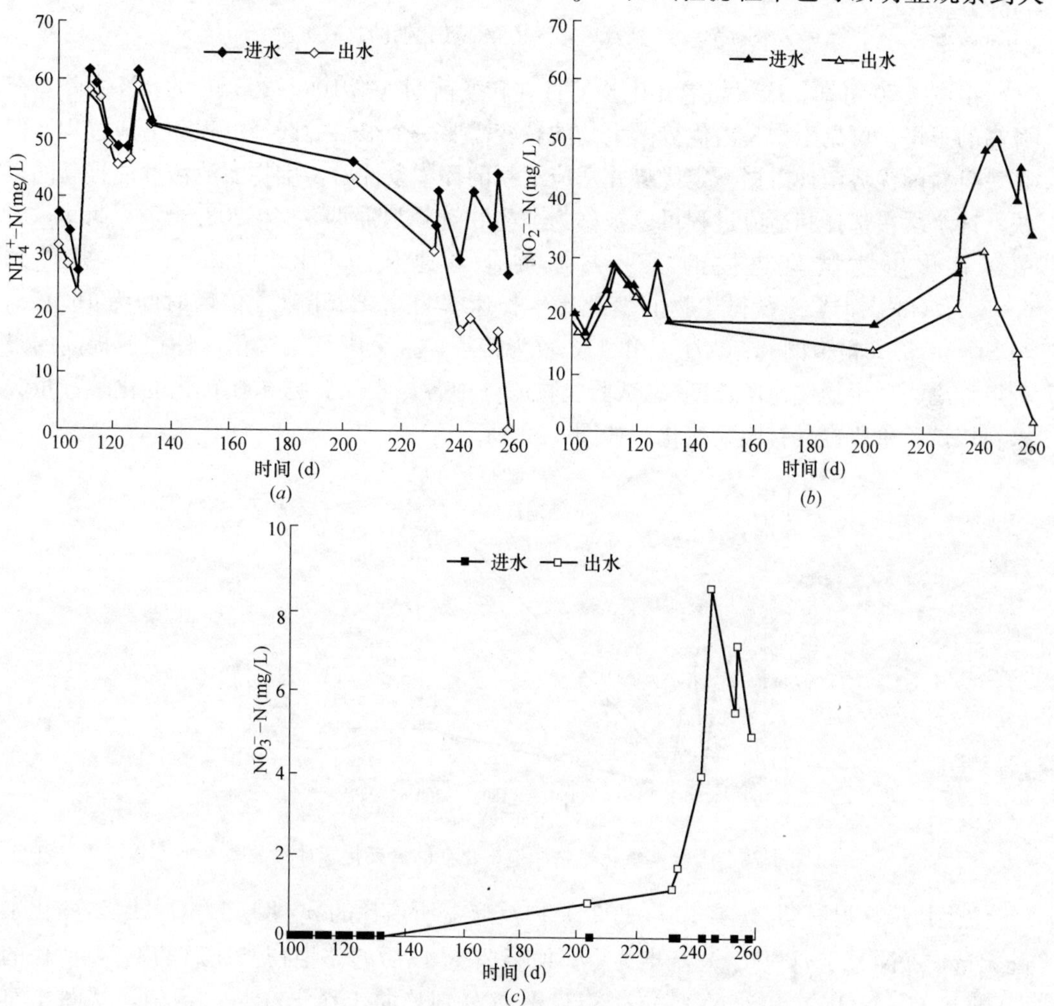

图4-69 厌氧氨氧化生物滤池转化期的氮素化合物浓度

(a) 氨氮；(b) 亚硝酸盐氮；(c) 硝酸盐氮

量气泡逸出，与厌氧氨氧化工艺过程的试验现象一致。随着进水氨氮负荷和亚硝酸盐氮负荷的增加，氮素流失现象明显，TN 去除负荷（K_{TN}）迅速增加，如图 4-70 所示。另外，滤料表面颜色也开始由灰褐色转变为淡红色。

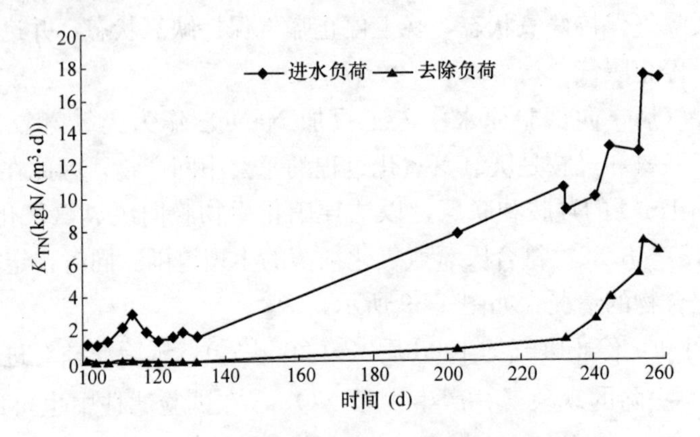

图 4-70　厌氧氨氧化生物滤池转化期的总氮负荷

由图 4-70 可知，厌氧氨氧化生物滤柱在转变前期（第 100～203d）的 TN 去除负荷升高的很慢，可见生物膜内优势微生物的转变需要一个很长的选择过程和适应过程，但是一旦新的优势菌种占据一定优势并适应了新的环境条件后，生物滤池活性便提高的很快，这个缓慢选择和适应过程可以被称为“生物选择迟滞期”。第 203～258d 期间，厌氧氨氧化生物试验滤柱的 TN 去除负荷迅速从 0.67kgN/(m^3・d) 提高到 6.8kgN/(m^3・d)，系统微生物的表观比生长速率为 0.0018h^{-1}，倍增时间为 16.45d，与 Strous 等人报道的 0.0027h^{-1} 和 11d 较为接近，这个厌氧氨氧化活性快速提高的过程可称之为“生物快速增长期”。试验生物滤柱中各氮素化合物相互转化的化学计量关系在该试验阶段也具有明显变化，如图 4-71 所示。

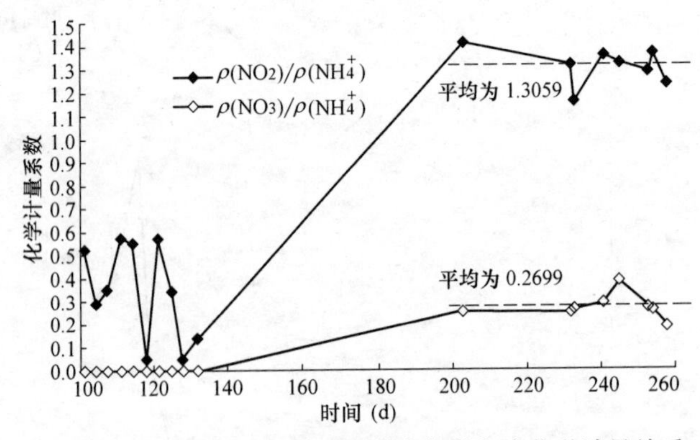

图 4-71　厌氧氨氧化生物滤池转化期的氮素化学计量关系

“生物选择迟滞期”（第 100～203d）内反应器所消耗的 $\rho(NO_2^-)/\rho(NH_4^+)$ 变化杂乱无章、$\rho(NO_3^-)/\rho(NH_4^+)$ 基本为零；而第 203d 以后的“生物快速启动期”，消耗的 $\rho(NO_2^-)/\rho(NH_4^+)$ 和 $\rho(NO_3^-)/\rho(NH_4^+)$ 都分别趋向于稳定在某一数值，从图 4-71 可知这两个值平均为 1.3059 和 0.2699，与式（4-6）的 1.31 和 0.26 基本一致，氮素化合物转化过程的比例系数符合厌氧氨氧化过程的化学计量学关系。因此，可以认为通过好氧硝化生物膜实现厌氧氨氧化生物滤柱的启动成功完成。

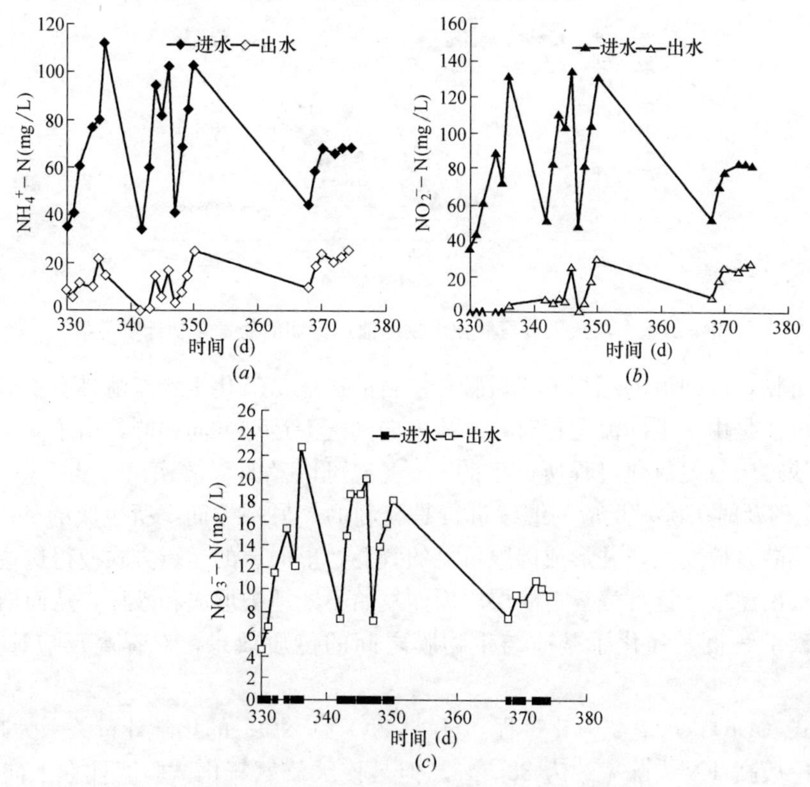

图 4-72 上向流厌氧氨氧化生物滤池运行期的氮素化合物浓度

(a) 氨氮；(b) 亚硝酸盐氮；(c) 硝酸盐氮

(3) 上向流厌氧氨氧化生物滤池的脱氮性能

厌氧氨氧化生物滤柱启动成功以后表现出很强的脱氮能力，大量氨氮和亚硝酸盐氮被同时成比例地转化为氮气和少量硝酸盐。但是，同时也发现下向流的运行方式存在非常严重的气塞现象，滤柱过流能力急剧下降，从而使得 TN 去除负荷很难再进一步提高，因此改为上向流运行，进出水各氮素化合物的水质情况，如图 4-72 所示。之后，试验滤柱的厌氧氨氧化活性迅速得到提高，最高 TN 去除速率达到了 12.37kgN/(m^3・d)，比目前文献所报道的在气提式反应器中实现的最高值 8.9kgN/(m^3・d) 还要高出很多，如图 4-73 所示。

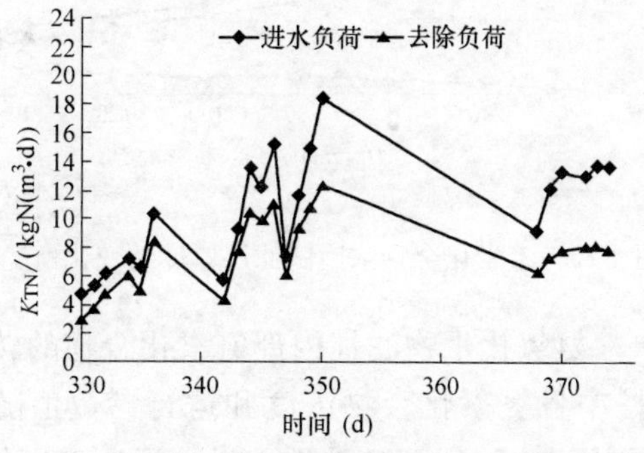

图 4-73 上向流厌氧氨氧化生物滤柱运行期的总氮负荷

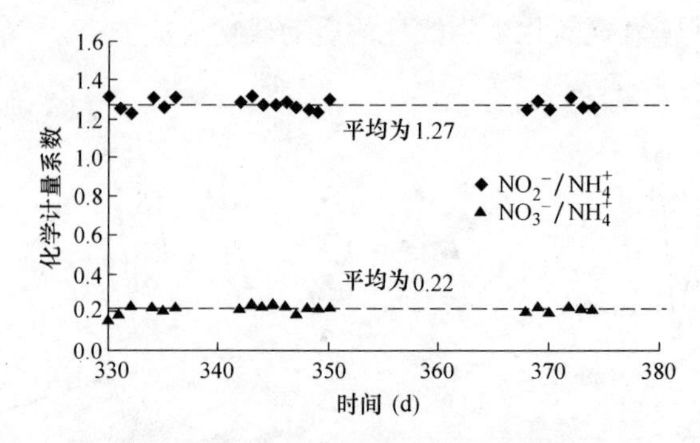

图 4-74　上向流厌氧氨氧化生物滤池运行期的氮素化学计量关系

由此可见，上向流的运行方式对颗粒填料的厌氧氨氧化生物滤池具有积极作用。一方面，这可能是由于上向流运行时，水流方向同气泡运动方向相同，由于滤层中复杂的水流运动使得厌氧氨氧化过程所产生的 N_2 气泡可以及时释放逸出。从平衡学角度讲，生成物 N_2 的及时去除对反应的继续进行是有利的；另一方面，所生成的 N_2 气泡首先在滤层内不断碰撞变大，并形成肉眼可见的气囊，上向流的运行方式使得这些气囊能够很快地被推出滤层，这种气囊在滤层内周而复始不断地被形成和破坏，从而增加了滤层内水流的紊动程度，强化了基质与生物膜之间的传质效果，对提高反应速度也是有利的。

根据式（4-6），厌氧氨氧化过程 NH_4^+ ∶ NO_2^- ∶ NO_3^- 的化学计量关系为1∶1.31∶0.26，理论最高 TN 去除率约为 88.7%。但是该厌氧氨氧化试验滤柱在上向流运行的过程中发现，其化学计量关系与以上数值存在一定的偏差，为 1∶1.27∶0.22，如图 4-74 所示，比文献报道的计量系数稍低；另外，试验滤柱的 TN 去除率约为 90.3%，略高于文献报道的理论值。推断这是由于试验滤柱中存在一定程度的异养反硝化造成的，反硝化过程有利于提高厌氧氨氧化生物滤池的 TN 去除效果。

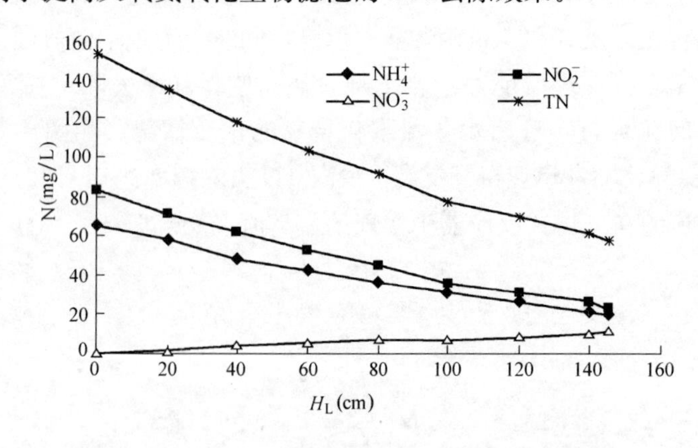

图 4-75　氮素化合物浓度随滤层厚度的变化情况

为了更清楚地了解厌氧氨氧化生物滤柱内部氮素化合物的转化情况。图 4-75 和图 4-76 分别给出了试验滤柱中各氮素化合物浓度和运行参数值随水流方向沿滤层厚度（H_L）的变化情况。从图 4-75 中可以清楚地看出沿滤层厚度氨氮和亚硝酸盐氮成比例

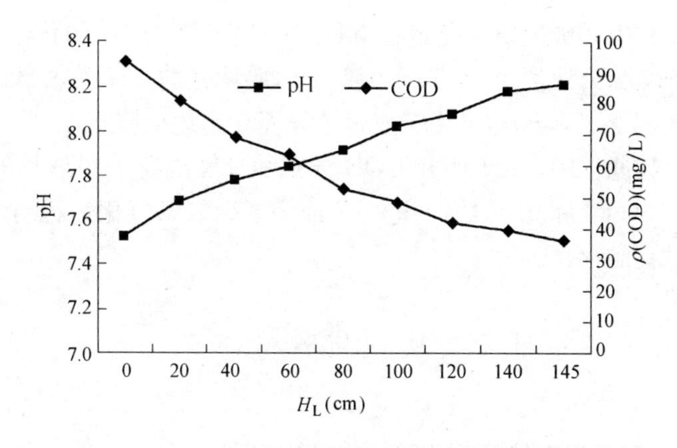

图 4-76　pH 值及 COD 随滤层厚度的变化情况

消耗，并伴随 TN 的明显流失和少量硝酸盐氮的产生。与此同时，随着厌氧氨氧化过程的进行，pH 呈逐渐升高趋势，COD 呈逐渐降低趋势，且二者与试验滤柱中 TN 的变化呈良好的线性相关关系（如图 4-77 和图 4-78 所示）。pH 值的升高是由于厌氧氨氧化过程需要消耗氢离子而造成的，如式 4-6 所示。而 COD 的降低，进一步证实了滤柱中存在一定程度的反硝化过程，反硝化消耗碳源从而引起了 COD 的沿程降低。

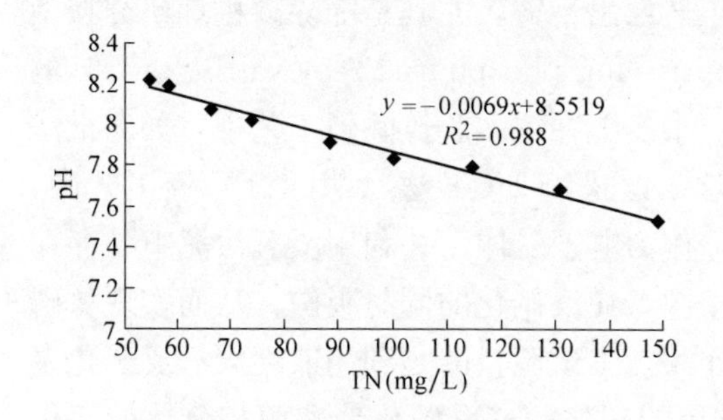

图 4-77　厌氧氨氧化过程中 pH 值与 TN 之间的关系

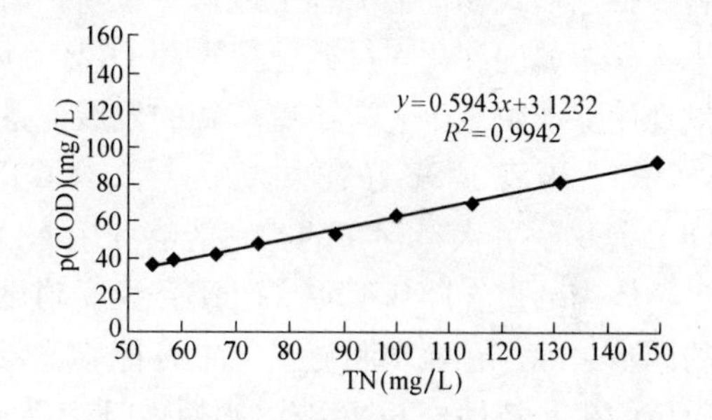

图 4-78　厌氧氨氧化过程中 COD 与 TN 之间的关系

3. 结论

以好氧硝化生物膜为基础，通过自然筛选和人工诱导的方式可以成功地启动厌氧氨氧化生物滤池。本试验整个启动过程共需约 7 个月，其中硝化生物膜的培养大致耗时 2 个月左右，氨氮去除负荷稳定达到 1.0kgN/(m^3·d) 以上即可；厌氧氨氧化生物膜的启动存在“生物选择迟滞期”和“生物快速增长期”两个阶段，前一阶段耗时 3 个月左右，后一阶段耗时约 2 个月，共需要约 5 个月的时间。启动成功后，滤柱 TN 去除负荷可达到 6.8kgN/(m^3·d)，微生物表观比生长速率为 0.0018h^{-1}，NH_4^+ ：NO_2^- ：NO_3^- 的化学计量关系为 1∶1.3059∶0.2699，与国外文献报道数值非常接近。

试验证明，上向流运行方式不但有助于 N_2 气泡的释放逸出，而且强化了基质与生物膜之间的传质效率，从而可明显提高厌氧氨氧化生物滤池的脱氮活性。上向流厌氧氨氧化试验滤柱最高 TN 去除速率可达到 12.37kgN/(m^3·d)，比目前文献所报道的在气提式反应器中实现的最高值 8.9kgN/(m^3·d) 还要高出很多。

上向流试验滤柱中，厌氧氨氧化过程 NH_4^+ ：ρNO_2^- ：NO_3^- 的化学计量关系为 1：1.27：0.22，低于文献公认值 1：1.31：0.26；试验滤柱的 TN 去除率约为 90.3%，略高于文献公认值 88.7%。推断这是由于发生了异养反硝化反应。

厌氧氨氧化生物滤柱中，pH 值和 COD 分别随 TN 的降低呈线性升高和降低关系（相关系数分别为 0.9880 和 0.9942），进一步证实了厌氧氨氧化过程对 H^+ 的消耗和滤柱中异养反硝化过程的存在。

4.3 反硝化除磷工艺

4.3.1 连续流双污泥系统反硝化除磷实验研究❶

传统的生物脱氮除磷工艺中一般存在着以下弊端：化学需氧量（COD）的氧化和氨氮的硝化耗能巨大，同时 COD 的氧化也失去了贮存在 COD 中的大量化学能；反硝化菌缺氧反硝化与聚磷菌厌氧释磷过程都需要小分子有机碳源，两者之间存在竞争；剩余污泥中含磷量相对较小；硝化菌、反硝化菌、聚磷菌等各种微生物菌群混合在一起，共同经历厌氧/缺氧/好氧段，由于各种菌增殖速率不同，系统排泥难以控制。许多研究者在工艺形式和工艺流程上进行了革新，新工艺层出不穷，尤其是随除磷机理研究在微生物学领域的深化，反硝化聚磷菌 DPB（denitrifying phosphorus removal bacteria）的发现使除磷脱氮工艺有了更广阔的发展前景。事实上在许多脱氮除磷工艺中，如序批法（SBR）、厌氧-缺氧-好氧法（A^2/O）、UCT 法、改进型 UCT 法（MUCT）等工艺中，DPB 是广泛并大量存在的，它能够利用 NO_3^- 作为电子受体，并利用厌氧污泥中贮存在生物体内的聚β羟基丁酸（PHB）为反硝化碳源，在反硝化的同时吸磷，从而实现氮磷的同步去除，在除磷脱氮工艺中发挥着重要作用。本试验目的是利用兼性厌氧反硝化聚磷菌的生物特性，开展以生物体内 PHB 为碳源的硝化菌与反硝化聚磷菌相分离的双污泥系统的研究，并确认其工程实用性，寻求工艺设计及运行的最佳参数，为生产实践提供理论依据，同时对反硝化聚磷菌的特性进行研究。

1. 实验装置与方法

（1）实验系统与装置

利用 DPB 反硝化除磷有 2 种形式，即单污泥系统和双污泥系统。在单污泥系统中 DPB 与硝化菌共同经历厌氧段、缺氧段、好氧段，前面提到的传统除磷脱氮工艺中存在的矛盾仍然没有得到解决，而且有研究表明，硝化段的长时间曝气不利于反硝化聚磷菌的生长，因为聚磷菌体内的 PHB 在长时间的曝气后会被氧化，导致反硝化可利用的内碳源较少。所以分开硝化菌和反硝化聚磷菌较为合适，也就是双污泥处理工艺。连续流双污泥系统工艺流程如图 4-79 所示，进水首先进入厌氧段，在这里反硝化聚磷污泥吸收污水中的碳源并充分释磷，经沉淀池 1 泥水分离后，富含氨氮、磷的上清液进入硝化池，在硝化池将氨氮氧化为硝酸盐氮，并降解一部分 COD 和吸收少量的磷，而释磷

---

❶ 本文成稿于 2005 年　作者：张杰、李相昆等。

后的污泥则经沉淀池 1 回流至缺氧段。在缺氧段，释磷后的反硝化聚磷污泥与硝化段的出水（富含硝态氮）充分混合，反硝化聚磷菌利用在厌氧段贮存的 PHB 为碳源，以硝酸根为电子受体，在反硝化的同时过量吸磷。缺氧出水流经小曝气吹脱段。最后终沉池泥水分离，上清液排放，污泥回流至厌氧池，剩余污泥排放。系统的各单元装置均用有机玻璃板粘制而成。运行参数与各反应单元有效容积如表 4-16 所示。

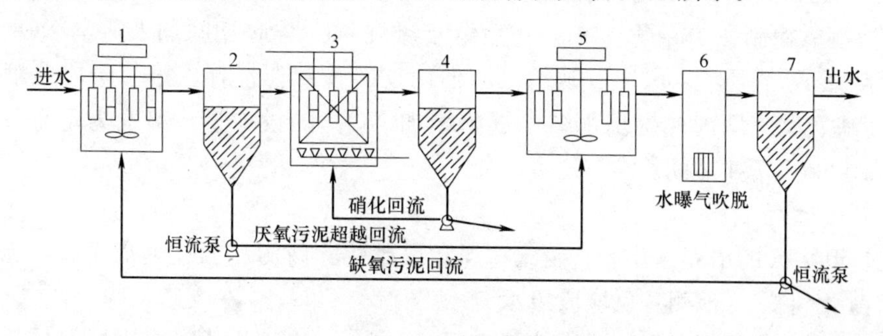

图 4-79　连续流双污泥系统工艺流程图

1—厌氧池；2—沉淀地 1；3—接触（硝化）池；4—沉淀池 2；

5—缺氧池；6—后置吹脱池；7—终沉池

双污泥系统各反应单元有效容积与运行参数　　表 4-16

各反应单元	有效容积(L)	运行参数	数　值
厌氧池	9	进水流量(L/h)	3
沉淀池 1、2、3	3	超越段污泥回流比 BFR	0.38
硝化池	24	系统污泥回流比 R	0.42
缺氧池	26	水力停留时间 HRB(h)	19.7
后置吹脱	1	反硝化聚磷污泥泥龄 SRT(d)	16

（2）试验用原水

试验过程中以实际生活污水为处理对象，污水采自哈尔滨工业大学某生活区下水道，水量为 72L/d。

（3）检测方法

实验过程中所取水样均用滤纸过滤，采用国家标准方法测定。COD：采用 5B-1 型 COD 快速测定仪测定；氨氮使用纳氏试剂分光光度法测定；硝态氮用麝香草酚分光光度法测定；TN 用过硫酸钾氧化-紫外分光光度法测定；TP、溶解性磷酸盐使用氯化亚锡还原光度法测定；碱度用滴定法测定。

染色方法：PHA，苏丹黑染色；聚磷，亚甲基蓝染色。

（4）实验步骤

1）污泥培养

实验启动初期将涉及两种菌群的培养驯化，一个为淹没式好氧生物膜滤床内的硝化菌，另一个为厌氧/缺氧反应器内的反硝化聚磷菌。种泥均采自哈尔滨市某污水处理厂二沉池，该污水厂采用的是厌氧/好氧（A/O）工艺。

硝化菌培养驯化直接在淹没式生物膜滤床内进行，加入填料和种泥后，用原生活污水，采取连续进水，快速排泥的方式。温度用恒温加热棒控制在25℃，溶解氧为3～4mg/L，碱度在350mg/L以上，污泥浓度为4g/L左右。定期检测出水氨氮浓度和用显微镜观察生物相。

反硝化除磷污泥的培养在厌氧/缺氧反应器内完成。将厌氧/缺氧反应器连接，用原生活污水，连续进水。驯化分两阶段，第一阶段，在缺氧反应器内间歇曝气，曝气时间为4h，溶解氧控制在1mg/L左右，然后停止曝气4h，停曝期间加入适量NO_3^-，即营造厌氧/缺氧/好氧环境，厌氧、缺氧反应器内均有搅拌器搅拌。第二阶段取消曝气时段，并在缺氧反应器内根据出水结果逐渐增加NO_3^-的投加量。温度为室温（20℃），pH值控制6.8～7.4之间。

2）系统运行

经过50多天的培养驯化后，硝化污泥和反硝化除磷污泥驯化基本完成，连接系统连续运行，定期取样检测各反应段出水。

系统达到稳定运行期间，温度控制室温（20℃），生物膜滤床内用恒温加热棒控制（25℃），进水碱度控制在350mg/L以上，硝化出水碱度多维持在15～45mg/L之间，各反应段pH在6.5～7.5之间。用氧化还原电位（ORP）测定仪在线监测厌氧/缺氧池内ORP变化情况，厌氧释磷正常时，ORP值在－340～－370mV，缺氧池ORP一般在－230～－270mV，后置曝气吹脱池内ORP在－25～－65mV。厌氧池和缺氧池内MLSS（污泥浓度）约2.1g/L，MLVSS（挥发性悬浮固体浓度）为1.6g/L左右，SVI（污泥容积指数）约70，SRT为16d，超越段污泥回流比在0.3～0.4之间。硝化池MLSS约1000mg/L左右，不排泥。

2. 结果与讨论

（1）微生物培养结果

图4-80（*a*）为硝化池内填料表面挂膜前的电镜照片，经连续进水培养30d后，填料表面渐渐形成生物膜，硝化率达80%以上，再经过近20多天的驯化和系统连续近1个月的运行后，硝化率可以接近100%。其中图4-80（*b*）为稳定运行100d后所拍电镜图片。从图中可以看出，硝化菌有球状和杆状，附着生长在填料表面。微生物图片和检测结果都表明，淹没式好氧生物膜滤床的硝化效果非常理想。

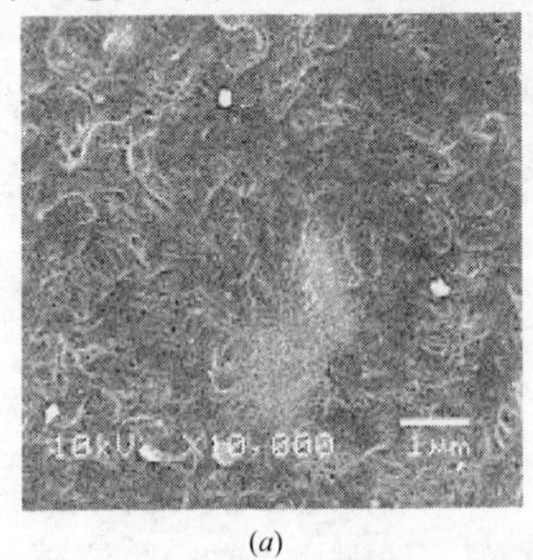

（*a*）

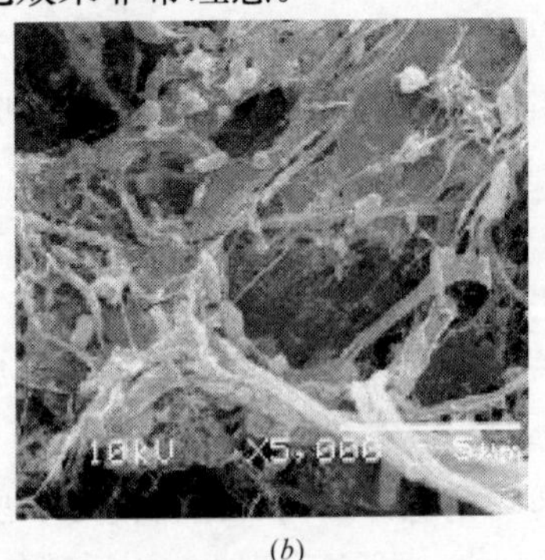

（*b*）

图4-80 硝化池内填料表面挂膜前后电镜照片

（*a*）硝化池内填料挂膜前表面；（*b*）挂膜后填料表面

图 4-81、图 4-82 为反硝化除磷污泥的分子内聚合物的染色图片。从图中可以看出，经 50d 培养后，与厌氧释磷和缺氧吸磷密切相关的分子内聚合物 PHA（聚羟基烷酸，主要是聚 β-羟基丁酸 PHB）、Poly-P（聚合磷酸盐）在缺氧吸磷和厌氧释磷后都有明显的变化，即缺氧吸磷后，PHA 明显减少，聚合磷酸盐剧增。而厌氧释磷后，PHA 大量合成，聚磷大部分水解。验证了反硝化聚磷现象的存在，同时证明系统内反硝化聚磷污泥已经驯化成功。

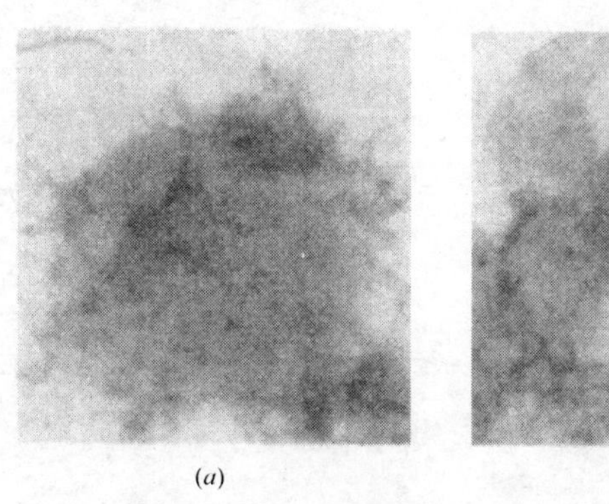

(*a*)

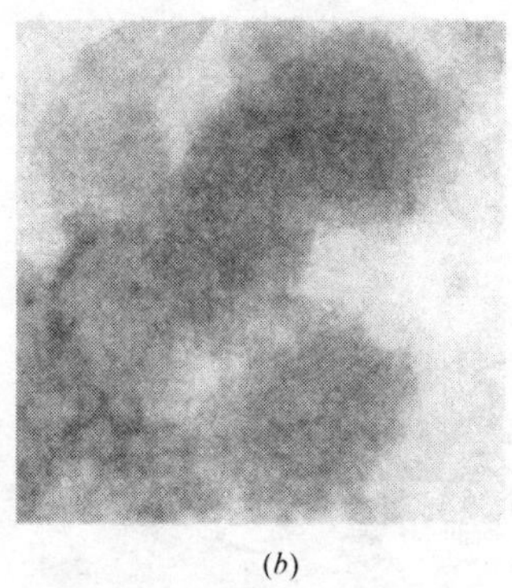

(*b*)

图 4-81　吸磷和释磷前后 PHA 染色图片

（*a*）缺氧反应后 PHA 染色；（*b*）厌氧反应结束后 PHA 染色

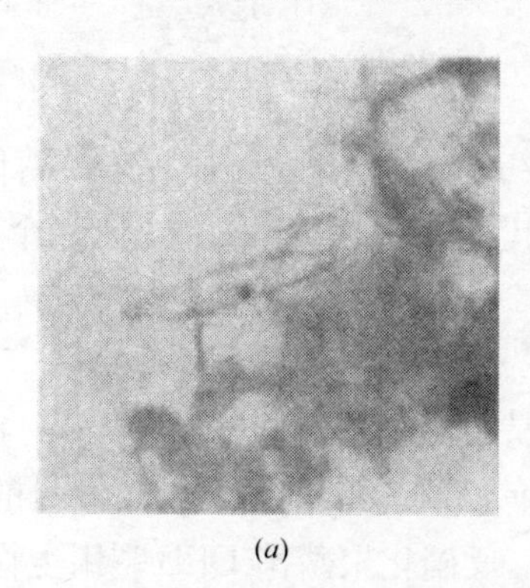

(*a*)

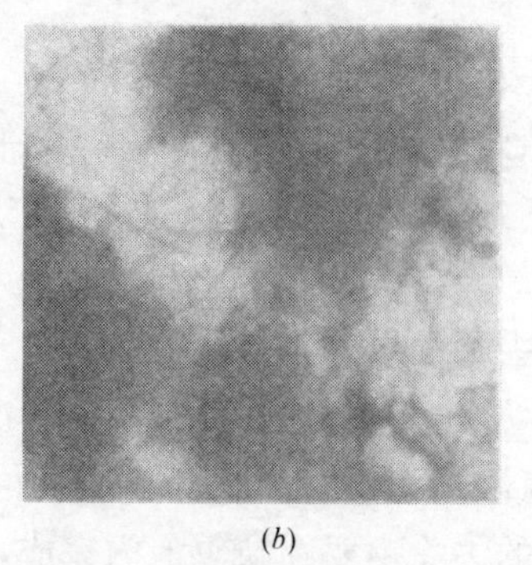

(*b*)

图 4-82　吸磷和释磷前后聚磷染色图片

（*a*）缺氧吸磷后污泥染色；（*b*）厌氧释磷后污泥染色

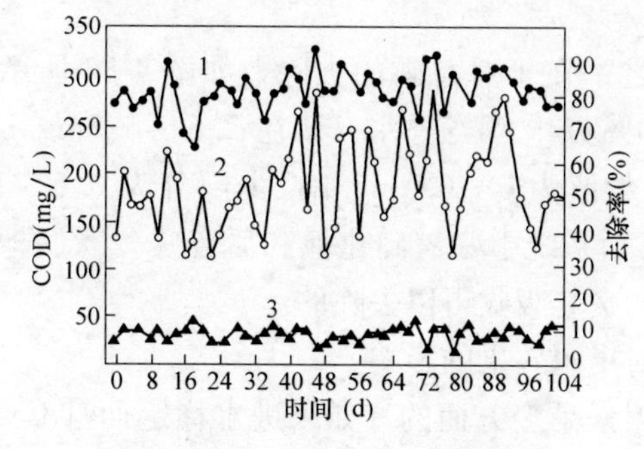

图 4-83　系统对 COD 去除效果

1—去除率；2—进水 COD；3—出水 COD

(2) 系统运行结果

1) COD的去除效果曲线

运行期间各阶段出水COD如图4-83所示。从图中可以看出，进水COD为115～325mg/L，出水COD为25～45mg/L，平均值为32.22mg/L，去除率平均值为81.78%。对有机污染物稳定而高效的去除是连续流双污泥系统的优势之一，因为厌氧池、缺氧池、硝化池和后置吹脱曝气池对有机污染物都有不同程度的去除效果。

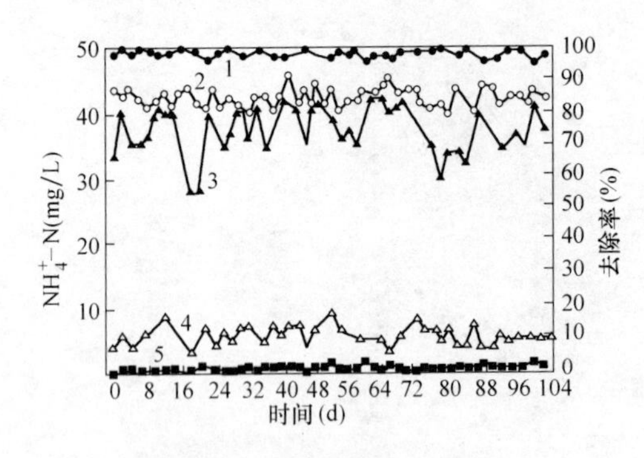

图4-84 系统对氨氮的去除

1—硝化段去除率；2—总去除率；3—进水氨氮；4—出水氨氮；5—硝化进水氨氮

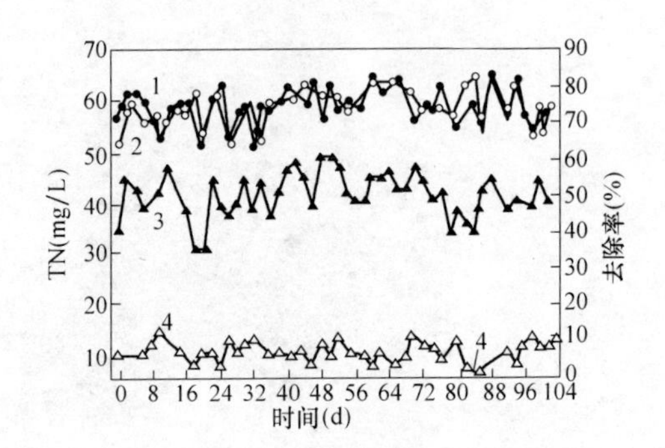

图4-85 系统对总氮的去除

1—总去除率；2—缺氧去除率；3—进水总氮；4—出水总氮

2) 氨氮的去除效果

氨氮的去除效果如图4-84所示。氨氮平均总去除率为84.47%，硝化段为98.6%，多数情况下可达到100%。进水氨氮质量浓度为28～42mg/L，出水除个别点外多在4～8mg/L。

3) 总氮的去除效果

图4-85为双污泥系统对总氮的去除情况。当进水总氮浓度在33～47mg/L之间变化时，出水总氮浓度为6～12mg/L，平均值为8.85mg/L，系统对总氮的平均去除率为75.75%。总氮的去除主要在缺氧池内完成，反硝化聚磷菌DPB利用生物体内贮存的碳源PHB为电子供体，以NO_3^-为电子受体，在反硝化的同时过量吸磷，并将硝态氮转化成N_2吹脱出系统，这时总氮被大部分去除。

4) 总磷的去除效果

双污泥系统的优势之一在于对总磷的去除，如图4-86所示，除波动较大的点外，总磷的去除率可达到90%以上。当进水TP在2.5～6.5mg/L之间变化，平均值为5.07mg/L，出水TP多数值为0～0.5mg/L，少部分为0.5～1mg/L，个别点浓度偏高，平均值为0.42mg/L。系统中好氧硝化池和后置曝气吹脱池只能吸收一少部分磷，磷主要是通过缺氧段磷的贪婪吸收得以去除的。

(3) 超越段回流比对出水效果的影响

双污泥系统的影响因素是多方面的，如果进水稳定而且C/N较适宜(3.8～6.2)，控制其他条件不变，那么系统对COD、TN、TP、NH_4^+的去除效果主要受回流比的影响。各反应阶段出水物质浓度平均值如图4-87所示。

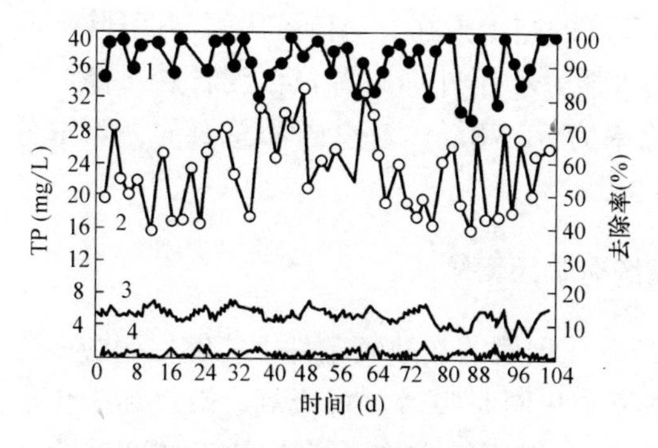

图 4-86 系统对总磷的去除

1—总去除率；2—厌氧出水；3—进水总磷；4—出水总磷

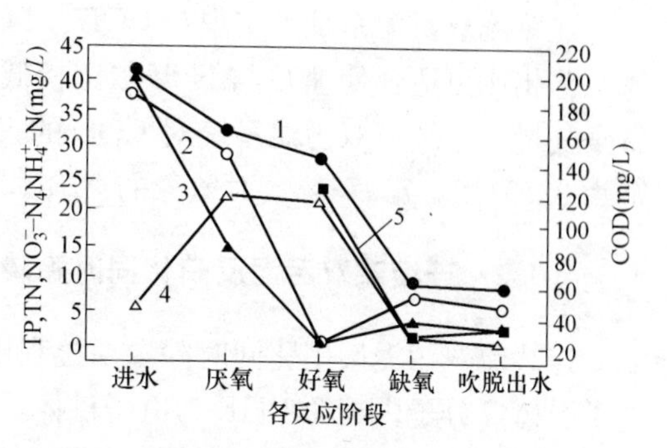

图 4-87 系统各反应阶段物质浓度（平均值）

1—TN；2—NH_4^+；3—COD；4—TP；5—NO_3^-

从图 4-87 可看出进水 COD、TN 和 NH_4^+ 浓度由于回流污泥的稀释作用，在厌氧段均有所降低。其中 COD 降低了 60%左右，这是因为除稀释作用之外，大部分有机物被反硝化聚磷菌吸收并转化成内碳源 PHB 贮存在生物体内；TP 经厌氧段之后由于分子内聚磷水解释磷浓度大幅度升高。经过好氧硝化段之后，TP 有少量的降低，氨态氮全部被氧化成硝酸氮，总氮没有明显降低，COD 浓度降至最低。经过缺氧段之后，TP、TN 同时大幅度降低，而 COD、NH_4^+ 浓度则有所升高，这主要是因为超越段回流污泥中携带部分有机物和氨氮，而这部分有机物和氨氮在后续的单元中去除是非常有限的。因此，超越段污泥回流比不宜过大，否则出水氨氮、COD 浓度偏高。当然，回流比过小也会导致缺氧段生物量不足，吸磷效果不好。不同回流比对出水的影响如图 4-88 所示。试验过程中回流比控制在 0.3～0.4。

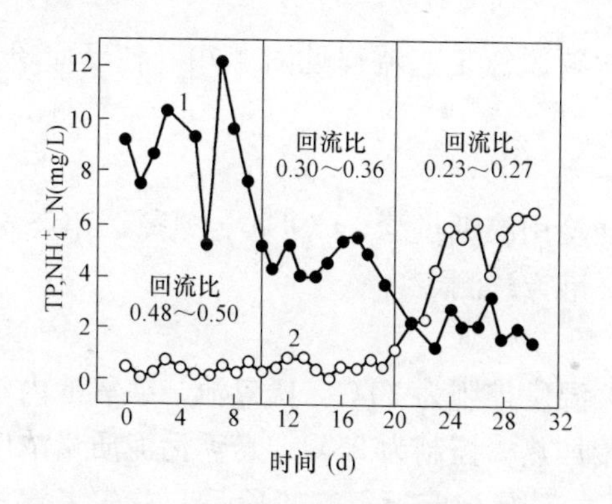

图 4-88 不同回流比对出水总磷、氨的影响

1—NH_4^+-N；2—TP

（4）后置曝气吹脱段的影响

双污泥系统中后置曝气吹脱段的主要作用是改善污泥沉淀性能，促进泥、水、气的三相分离。对于 COD、TP、TN、NH_4^+ 也有一定的去除作用，但效果很微弱。实验证明，如果延长后置曝气吹脱段的停留时间，对出水 COD、NH_4^+、TP 会有所改善，但曝气时间延长会降低缺氧段的吸磷效果，而且污泥沉降性能下降。

3. 结语

连续流双污泥系统可实现对COD、TP、TN的同步去除，与传统厌氧/好氧除磷脱氮工艺相比更适合处理C与N摩尔比较低的水质，不用外加碳源，污泥含磷量高，节省曝气量。连续流双污泥系统对COD的去除率为81.78%，对总磷和总氮的去除率分别为92.51%，75.75%，对氨氮的去除率为84.47%。

4.3.2 连续流双污泥反硝化同时除磷系统影响因素❶

连续流双污泥反硝化同时除磷系统利用反硝化聚磷菌在缺氧条件下能够以硝酸根为电子受体，分子内碳源PHB为电子供体，在反硝化同时吸磷，将厌氧、缺氧和硝化反应器重新组合，并形成两个独立的污泥回流系统，即厌氧-缺氧污泥回流系统和硝化污泥回流系统，使硝化菌和反硝化聚磷菌都能达到各自最适的生长条件，更加有效地利用碳源，最终实现对污水中氮、磷的同步有效去除。

Wanner等人在1992年率先利用反硝化聚磷菌的特性，将厌氧、缺氧和硝化反应器组合形成连续流双污泥系统，收到了很好的同步除磷脱氮效果，但是有关双污泥系统的设计和运行参数等还正在进行更深一步的研究。Kuba等人通过对间歇式双污泥同时除磷脱氮系统（又称为A^2N系统）的实验研究表明，该系统解决了传统工艺中由于碳源不足而产生的矛盾，适合处理C/N比较低的生活污水，并指出系统最佳C/N为3.2，但这一数值只适用间歇式双污泥系统。笔者经过长期实验，对连续流双污泥同时除磷脱氮系统进水C/N、BFR（超越段污泥回流比）、PA_{HRT}（后置曝气吹脱段停留时间）对系统产生的影响进行了深入研究。

1. 实验

（1）实验装置

连续流双污泥同时除磷脱氮工艺流程见图4-79，各反应单元有效容积和相关运行参数见表4-16。

（2）检测方法

实验过程中所取水样均用滤纸过滤，COD_{Cr}、氨氮、硝态氮、TN、TP、溶解性磷酸盐、碱度均采用国家标准方法测定。

（3）实验方法

系统稳定运行期间，温度控制为20℃，厌氧池、缺氧池内污泥质量浓度为2g/L左右，接触氧化池内温度用加热棒控制为25℃，悬浮污泥质量浓度维持在1g/L左右，溶解氧质量浓度3～4mg/L。系统稳定运行一阶段后，首先考察不同C/N的影响：保证其他运行条件不变，通过稀释和向原污水中投加蔗糖、氯化铵的方法，调整不同进水C/N；然后考察不同BFR的影响：保持其他运行条件不变，只改变超越段污泥回流泵回流量大小；最后考察PA_{HRT}的影响：同样保持其他条件不变，通过改变后置曝气吹脱段的体积将PA_{HRT}分别控制为10min，20min，60min。

2. 实验结果

（1）不同进水C/N对系统的影响

---

❶ 本文成稿于2005年，作者：李相昆、姜安玺、于健、张利成、鲍林林、张杰。

当系统进水 C/N 较低时（2.5～3），最初系统对 TP、TN 仍然有较好的去除效果，随着实验的进行，缺氧反应器内 NO_3^- 有大量剩余，剩余的 NO_3^- 随回流污泥回流至厌氧段，严重影响厌氧阶段释磷效果，以至于后阶段系统对 TP 的去除率基本降至为零，TN 的去除效果也只能达到 50%左右（图 4-89（*a*）），而此时 COD 的降解主要是在好氧硝化段和缺氧段完成的，这些都有悖于系统设计的初衷。随着进水 C/N 的增加（3.8～6），系统中碳源逐渐变得充足，反硝化聚磷菌逐渐恢复了厌氧释磷和反硝化吸磷能力，系统对 TN、TP、COD 的平均去除率可分别达到 83%、92%和 86%。从图 4-89（*b*）可以看出系统的最佳 C/N 在 4～5 之间。

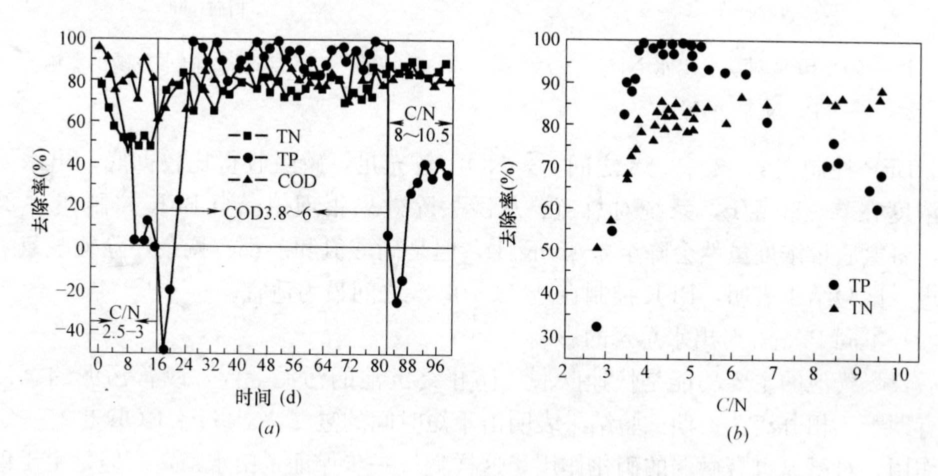

图 4-89 不同 C/N 出水 COD、TN、TP 去除率

继续增加进水 C/N（8～10.5），由于 COD 质量浓度较高，因此，开始阶段厌氧释磷效果很好，但缺氧吸磷效果逐渐变差，这是因为进水 COD 质量浓度较高，由沉淀池 1 超越回流至缺氧段的污泥中携带的 COD 质量分数也高，而这部分 COD 会被反硝化菌利用，并与反硝化聚磷菌（DPB）争夺 NO_3^-，使缺氧反应器反硝化吸磷不彻底，从而导致出水 TP 质量浓度升高。并一直维持对 TN 的较高去除率；COD 去除率也有所上升，但出水 COD 质量浓度却略微升高，一般在 40～50mg/L 之间。

（2）不同 BFR 对缺氧池出水的影响

在双污泥系统中，缺氧反应器内混合了硝化池的出水和超越段污泥回流液，超越段污泥回流液中主要是释磷后的反硝化除磷污泥，另外还携带部分有机物和氨氮，这部分有机物和氨氮会对系统出水产生很大的影响。BFR 越高，进入缺氧反应器内的有机物质量浓度也会越高，这部分有机物会与内碳源 PHB（聚 β 羟基丁酸）竞争硝酸氮，导致缺氧反应器内电子受体不足，而使缺氧吸磷不彻底；另外通过超越段污泥回流携带的氨氮进入缺氧池，这部分氨氮只有极少部分会被后续工艺去除，绝大部分随出水流出系统，所以 BFR 越大，出水氨氮质量浓度就越高。但如果 BFR 控制过低，可能导致缺氧反应器内硝酸氮剩余，同时也会造成缺氧反应器内生物量不足（图 4-90），可以看出，当 BFR 控制在 0.48～0.52 之间时，缺氧池出水硝酸氮质量浓度很低，表明缺氧反应器内硝酸氮不足，反硝化吸磷不彻底，缺氧池出水磷质量浓度偏高。缺氧出水氨氮在 10mg/L

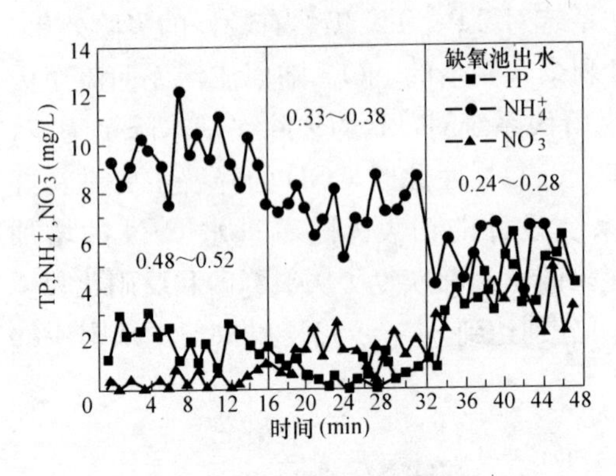

图 4-90　BFR 对缺氧出水 NH_4^+、TP、NO_3^- 的影响

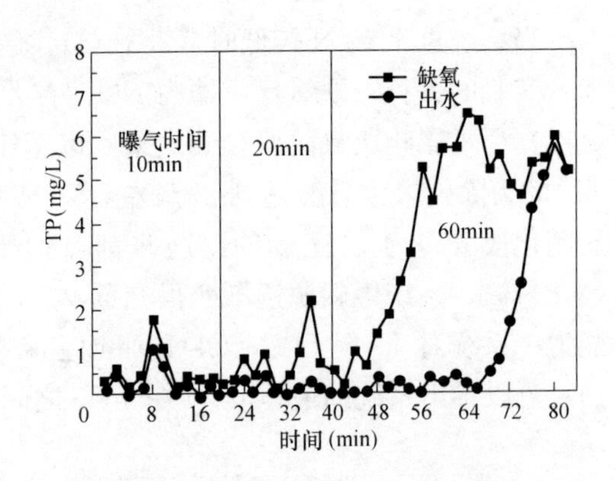

图 4-91　PA_{HRT}对出水总磷的影响

左右。BFR 控制在 0.33～0.38 之间时，NO_3^- 较充足，磷吸收得比较彻底，出水氨氮质量浓度在 6～8mg/L，系统对总氮、总磷去除效果很理想；当 BFR 控制在 0.24～0.28，氨氮质量浓度虽然会降至 4～6mg/L，但是硝酸氮和磷都有剩余，除磷脱氮效果不理想。试验结果表明，BFR 控制在 0.33～0.38 之间最为适宜。

(3) 不同 PA_{HRT}对出水总磷的影响

后置曝气池的主要功能是快速吹脱，防止终沉池的污泥上浮，改善污泥的沉淀性能，有助于三相分离。长期试验结果表明由于短时间的曝气，对 TP、COD 也有一定的去除作用，对氨氮也有微弱的硝化作用，这样就进一步保证了出水稳定。但是由于停留时间短，所以后置曝气吹脱段去除 TP、COD 的能力有限。试验结果表明，在一定范围内 PA_{HRT}越大，系统的除磷性能越稳定。不同 PA_{HRT} 对缺氧出水、最终出水 TP 影响的试验结果如图 4-91 所示。

PA_{HRT}控制为 10min 时，快速吹脱池对磷的吸收量很小，如果缺氧池出水 TP 较高时，出水 TP 也会偏高；延长 PA_{HRT}，当缺氧池出水 TP 高时，经后置曝气吹脱可进一步降低出水总磷，确保出水总磷稳定高效的去除。但是当 PA_{HRT} 超过一定值时（图 4-91，曝气时间为 60min）虽然最终出水 TP 的去除没有受到影响，但长时间运行后发现缺氧池出水 TP 不断升高，也就是说，缺氧段反硝化吸磷现象越来越微弱。估计主要是因为长时间曝气，改变了污泥中反硝化除磷污泥与好氧除磷污泥的比例关系，使得反硝化除磷污泥的优势减弱。因此长时间曝气不但浪费了曝气量，还会使缺氧段反硝化聚磷作用减弱。如果维持此状态长时间运行，污泥会破碎，外观由黑色变成黄褐色，沉降性能降低，系统中会孳生大量的线虫，破坏系统的稳定运行。

3. 结论

进水 C/N 对 TP、TN 的去除效果影响很大，当 C/N 在 3.8～6.0 之间时，系统可稳定长期运行并且对 TN、TP、COD 的去除效果很好，而系统的最佳 C/N 是在 4～5 之间；BFR 应控制在 0.33～0.38 之间，如果 BFR 低于 0.28 或高于 0.48，均会影响系统对 TN、TP 的去除；PA_{HRT}不宜过长，以 20～30min 较为适宜，如果超过 60min 并长时间运行会影响系统稳定的运行。

4.3.3 连续流双污泥同步除磷脱氮系统的微生物学研究[1]

在生物除磷脱氮过程中，硝化菌、反硝化菌和聚磷菌这三类微生物起着重要的作用。传统的生物除磷脱氮理论认为：生物脱氮与生物除磷是两个相互独立、相互竞争的生理过程。但最近的研究发现活性污泥中存在着一类能以硝酸盐作为电子受体在进行反硝化的同时完成过量吸磷的反硝化聚磷菌 DPB。这就使得吸磷和反硝化脱氮这两个生物化学过程可以借助同一类细菌在同一环境下一并完成，二者的矛盾得到了统一。基于这种新型的反硝化吸磷理论，将传统工艺与淹没式生物膜滤床工艺相结合，组成了连续流双污泥系统。本试验以稳定运行期的双污泥系统为研究对象，对硝化池和缺氧池内的硝化菌和反硝化菌进行了分离鉴定，并考察了反硝化菌的吸磷效果。以利于从微生物学角度进一步了解双污泥系统，并从分离反硝化菌入手找出同时具有反硝化和吸磷作用的反硝化聚磷菌，为反硝化除磷脱氮机理的研究提供科学依据。

1. 材料与方法

(1) 双污泥系统流程

连续流双污泥同时除磷脱氮工艺流程，如图 4-79 所示。污水首先进入厌氧段，反硝化聚磷污泥吸收碳源并充分释磷后泥水分离；而后富含磷的上清液进入淹没式生物膜滤床完成硝化过程；释磷后的污泥则进入缺氧池，在缺氧池内反硝化聚磷菌利用合成的内源物质 PHB 作为碳源进行反硝化同时完成过量的磷吸收。厌氧/缺氧段的污泥与生物膜滤床内的好氧污泥形成了两个完全独立的污泥系统。

(2) 硝化池内的微生物试验

1) 培养基

硝化菌分离培养基配方：每升蒸馏水加入 2.0g Na_2CO_3，1.0g $NaNO_2$，0.5g $MgSO_4 \cdot 7H_2O$，0.5g NaCl，0.5g K_2HPO_4，0.4g $FeSO_4 \cdot 7H_2O$，15g 琼脂粉。

硝化菌计数培养基配方：每升蒸馏水中加入 1.0g $NaNO_2$，1.0g Na_2CO_3，0.25g NaH_2PO_4，1.0g $CaCO_3$，0.75g K_2HPO_4，0.01g $MnSO_4$，0.03g $MgSO_4 \cdot 7H_2O$。调节 pH 为 7.2。

2) 计数分离与鉴定

计数采用最可能数法（MPN 法），分离采用平板分离法。对纯化后的硝化菌株进行革兰氏染色、葡萄糖氧化发酵、接触酶、氧化酶等实验。实验结果根据文献进行检索鉴定。

(3) 缺氧池内的微生物试验

1) 培养基

硝化菌分离培养基配方：每升蒸馏水中加入 5.0g 柠檬酸钠，1.0g K_2HPO_4，1.0gKH_2PO_4，2g KNO_3，0.2g $MgSO_4 \cdot 7H_2O$，15g 琼脂粉。控制 pH7.2～7.5。

2) 厌氧池与缺氧池内活性污泥特殊染色观察

类脂粒 Poly-β-Hydroxybutyric acid (PHB) 染色：苏丹黑染色法。异染颗粒 Poly-

---

[1] 本文成稿于 2005 年，作者：张杰、鲍林林、李相昆、姜安玺、黄荣新、贲岳。

phosphate（Poly-p）染色：亚甲基蓝染色法。

3）反硝化菌的计数分离与鉴定

反硝化菌的计数、分离与鉴定方法与硝化菌基本相同。

4）反硝化菌的吸磷试验

将本试验分纯出来的反硝化纯菌株首先在限磷培养液（$PO_4^{3+}\leqslant 4mg/L$）中厌氧培养 24h，以耗尽菌体内的聚磷颗粒，然后在富含磷的培养液中缺氧培养 20h 以上，检测培养液中硝酸氮和磷的质量浓度变化，并对富磷培养液进行异染粒（Poly-p）染色。

2. 试验结果与讨论

（1）硝化池内的微生物

1）硝化池内填料表面的生物膜观察

针对硝化细菌有附着于固体颗粒表面生长的特性，本工艺硝化段采用淹没式生物膜滤床，填料为圆柱形的聚乙烯塑料。把挂膜前的电镜照片和挂膜后的电镜照片作对比如图 4-92、图 4-93 所示，从图 4-93 可以清晰地看出填料表面已形成了稳定的生物膜。在稳定运行期淹没式生物膜滤床氨氮的平均去除率为 98.58%，多数情况可以认为能达到 100%。此时硝化池内的硝化菌已经成为优势菌群。

图 4-92　挂膜前填料表面

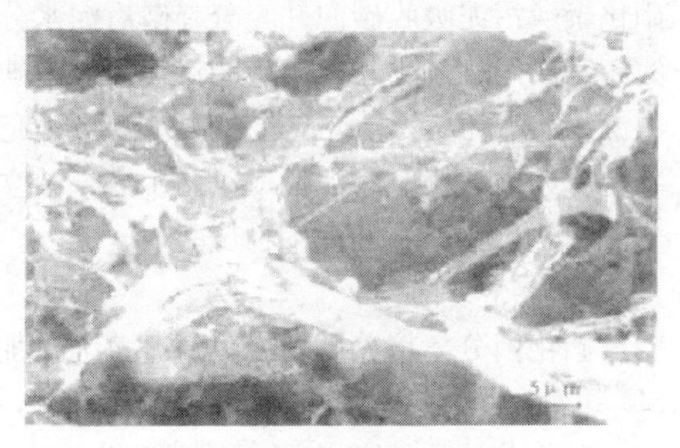

图 4-93　挂膜后填料表面

2）硝化菌的计数分离与鉴定结果

稳定期硝化池内的硝化菌总数为 9.5×10^{6} cfu/mL。对硝化池内活性污泥混合液中的硝化菌进行分离鉴定，共得到 5 株硝化菌，其中 3 株属于硝化杆菌属，2 株属于硝化球菌属。鉴定结果见表 4-17。

硝化菌株生理生化鉴定结果　　**表 4-17**

项　目	B1	B2	B3	B4	B5
形状	杆菌	杆菌	球菌	球菌	杆菌
革兰氏染色	−	−	−	−	−
接触酶	++	+	+	+	
氧化酶	+	+	+	+	+
柠檬酸利用	−	−	−	−	+
葡萄糖发酵	氧化	氧化	氧化	氧化	氧化
鉴定结果	硝化杆菌属	硝化杆菌属	硝化球菌属	硝化球菌属	硝化杆菌属

注：表中 B1、B2、B3、B4、B5 为各菌株编号。

（2）缺氧池内的微生物

1）反硝化除磷污泥特殊染色观察

传统的生物除磷理论认为，在活性污泥法中，聚磷菌是生物除磷的主要完成者，并以菌胶团的形式大量存在。同时许多研究者也发现聚磷菌体内能聚集多聚磷酸（Poly-phosphate，即 Poly-p）和聚β羟基丁酸（Poly-β-Hydroxybutyric acid，即 PHB）。PHB和聚磷作为细菌细胞的内含物在生物除磷系统中起着重要的作用。在系统稳定运行期，分别取厌氧池和缺氧池内的活性污泥，进行类脂粒（PHB）和异染粒（Poly-p）染色，并通过光学显微镜进行观察。各段污泥的染色照片如图 4-94、图 4-95 所示。其中图 4-94 中 PHB 颗粒染色后呈蓝黑色，菌体其他部分呈红色；图 4-95 中 poly-P 颗粒染色后呈深蓝色，菌体其他部分呈淡蓝色。

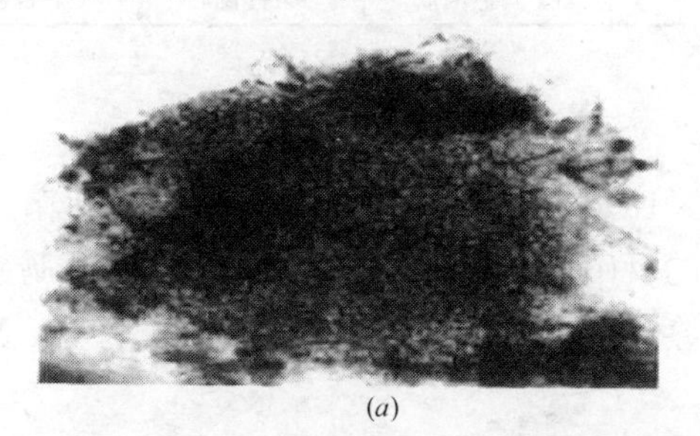

(*a*)

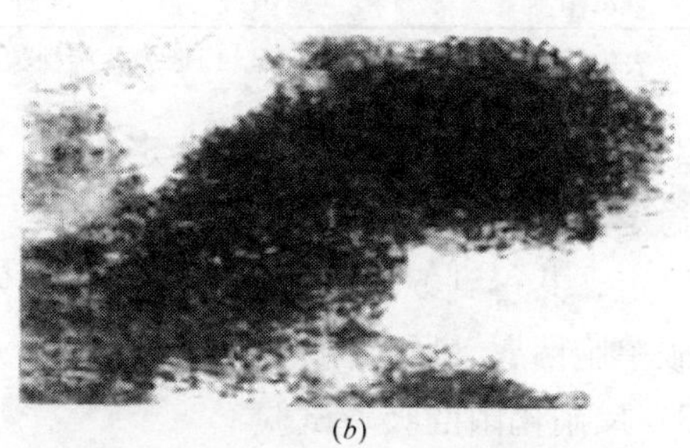

(*b*)

图 4-94　PHB 染色图片

（*a*）缺氧后 PHB 染色（10×100）；（*b*）厌氧后 PHB 染色（10×100）

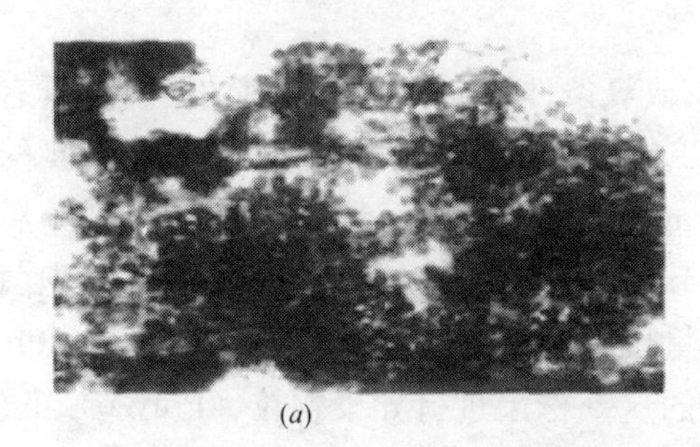

(*a*)

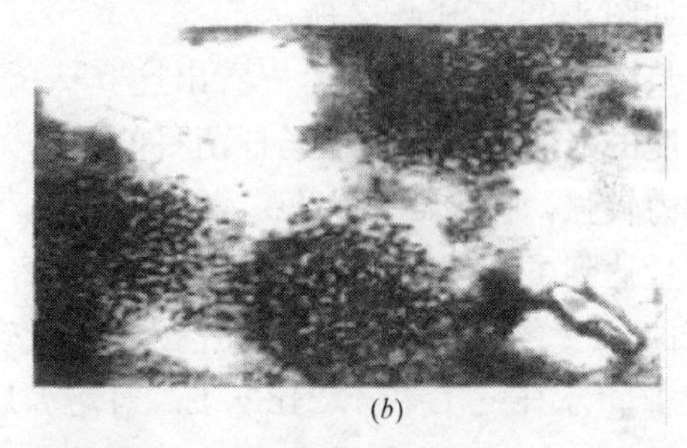

(*b*)

图 4-95　poly-P 染色图片

（*a*）缺氧后 Poly-p 染色（10×100）；（*b*）厌氧后 Poly-p 染色（10×100）

从图 4-94、图 4-95 可以看出在厌氧、缺氧反应器内存在着大量的聚磷菌胶团。从图 4-95（*a*）、图 4-95（*b*）可以看出在缺氧段，聚磷菌体内的聚磷颗粒明显增大，而在厌氧结束后，菌体内的聚磷颗粒则变得十分细小。PHB 的变化过程则刚好与之相反。从图 4-94（*a*）、图 4-94（*b*）可以看出在缺氧段，反硝化聚磷菌体内的 PHB 颗粒大量减少，而在厌氧结束后，菌体内的 PHB 颗粒明显增多变大。这一结果与普通厌氧/好氧交替除磷工艺聚磷菌的染色结果相一致。由此可以认为反硝化除磷污泥和普通好氧除磷污泥在性状上极为相似，内源物质 PHB 和聚磷在厌氧/缺氧的交替过程中有着和厌氧/好氧相同的变化规律。即反硝化聚磷菌在厌氧状态吸收污水中的有机碳源合成分子内能量贮存物质 PHB，同时水解分子内聚磷；在缺氧过程中，利用分子内贮存物质 PHB，过量吸收水中的磷酸根，合成分子内聚磷。

反硝化菌株生理生化鉴定结果　　　　表 4-18

项　目	LB2	LB3	LB4	LB5	LB8
革兰氏染色	−	−	−	−	−
葡萄糖氧化发酵	发酵	发酵	氧化	发酵	发酵
接触酶	+	+	+	+	+
氧化酶	+	−	+	−	+
MR	+	−	−	−	+
VP	−	−	−	−	−
产吲哚试验	+	−	+	−	+
硝酸盐还原	+	+	+	+	+
鉴定结果	弧菌科	肠杆菌科	假单胞菌属	肠杆菌科	气单胞菌属

注：表中 LB2、LB3、LB4、LB5、LB8 为各菌株编号。

2）反硝化菌的计数分离与鉴定

稳定期缺氧池内的反硝化菌总数为 4.5×10^{5} cfu/mL。对混合液中的反硝化菌进行分离鉴定，共得到 5 株具有明显反硝化效果的反硝化菌，经鉴定分别为弧菌科、肠杆菌科、假单胞菌属、肠杆菌科和气单胞菌属。鉴定结果见表 4-18。

3）反硝化菌的吸磷试验

将本试验分离出来的 5 株反硝化菌首先在限磷培养液（$PO_4{}^{3+}\leqslant4$mg/L）中厌氧培养 24h，以耗尽菌体内的聚磷颗粒，然后在富含磷的培养液中缺氧培养 20h 以上，试验结果如图 4-96、图 4-97 所示。

从图 4-96、图 4-97 可以看出这 5 株菌在缺氧条件下在反硝化脱氮的同时都具有不同程度的吸磷能力。其中肠杆菌科的两株菌 LB3、LB5 和假单胞菌属的菌株 LB4 的吸磷能力较强，在前 8h 的吸磷量分别为 1.74mg/L、2.16mg/L 和 0.91mg/L，20h 后的吸磷量达到了 3.32mg/L、4.64mg/L 和 2.74mg/L；弧菌科的菌株 LB2 和气单胞菌属的菌株 LB8 的吸磷能力较弱在前 8h 的吸磷量仅为和 0.42mg/L 和 0.66mg/L，20h 后的吸磷量为 1mg/L 和 1.24mg/L。对培养后的这 5 株菌进行异染颗粒（Poly-p）染色，结果发现在这 5 株菌体内都含有聚磷颗粒。

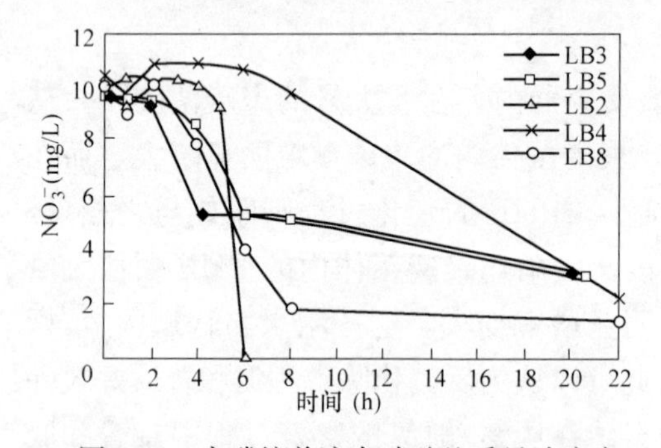

图 4-96　富磷培养液中硝酸盐质量浓度变

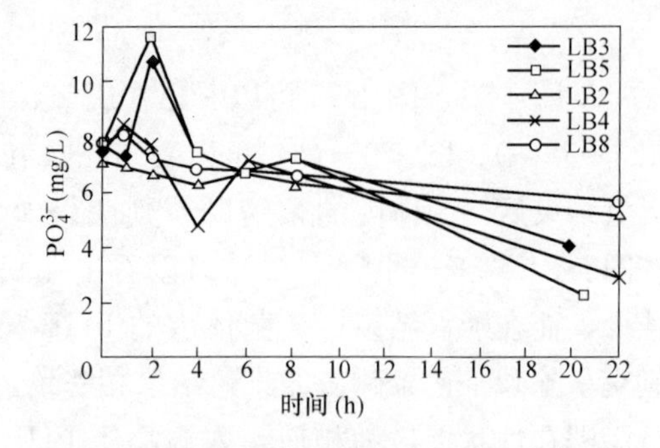

图 4-97　富磷培养液中磷酸盐质量浓度变化

以上结果表明这 5 株反硝化菌均可以作为聚磷菌生物除磷，可以认为它们是反硝化聚磷菌 DPB。

3. 结论

（1）稳定期，硝化池填料表面形成稳定的生物膜，硝化细菌成为优势菌群。

（2）通过对厌氧段和缺氧段的活性污泥进行特殊染色发现，反硝化除磷污泥和普通好氧除磷污泥在性状上极为相似，内源物质 PHB 和聚磷在厌氧/缺氧的交替过程中有着和厌氧/好氧相同的变化规律。

（3）从缺氧池分离得到 5 株反硝化菌，分别属于弧菌科、肠杆菌科、假单胞菌属、气单胞菌属，经验证它们不同程度上均具有吸磷能力，可以认为它们是反硝化聚磷菌 DPB。

4.4 城市污水再生工艺流程

4.4.1 提高城市污水再生水水质的研究❶

据 1993 年统计资料全国有 300 多个城市闹水荒，全国缺水量为 $1600\times10^4m^3/d$，2000 年预计缺水量达 $5000\times10^4m^3/d$。大连市人均水资源量为全国的 1/3，居民用水标准仅为 17L/(人・d)。

笔者早在 20 世纪 70 年代主持编制了大连市污水处理规划设计，提出建设污水再生回用的春柳污水厂。经我院与大连市的共同努力，通过 3 个“五年计划”的科技攻关，终于建成生产再生水 $10^4m^3/d$ 的深度净化水厂（远期将扩建成 $4.5\times10^4m^3/d$）。1991 年投产运行，净化水质良好稳定（表 4-19），已成为附近工厂企业的稳定水源，开创了我国城市污水作为城市的第二水源的先例。建设部于 1996 年 7 月授予该深度净化水厂为全国优秀示范工程称号。

深度净化水水质 **表 4-19**

项　目	水　质		
	平均	最大	最小
pH	7.6	8.5	6.9
浊度(度)	3.3	11	0.1
色度(度)	3.0	55	10
COD_{Cr}(mg/L)	31	80	4
BOD_5(mg/L)	3.0	7.4	0.5
SS(mg/L)	3.7	8.9	0.3
NH_4-N(mg/L)	30	60	0.20
TP(mg/L)	1.0	5.2	0.01
T-T(mg/L)	0.26	0.90	0.02

❶ 本文成稿于 1997 年，作者：张杰、张富国、王国瑛。

但在多年运转中也常为一些技术问题所困扰：

（1）深度净化水厂的原水来自二级处理水。由于城市污水水质、水量的变化和活性污泥膨胀现象时有发生，造成二级出水水质的不稳定性，给深度净化工艺造成困难。

（2）深度净化后的再生水尚含有一定量的营养盐、有机物、氮、磷等物质。再生水用于冷却水系统的补充水时，易于在系统中生成生物黏泥，影响热交换效率和设备寿命。

（3）工业冷却设备，尤其是铜质列管冷却器，易被氨氮腐蚀，故冷却水中氨氮含量要求很严。但是污水中的氨氮硝化和脱氮将大大增加处理成本。

从实用工程经济角度，如何解决上述问题、进一步提高再生水水质，应予深入研究。

1. 城市污水再生净化各单元技术的研究

城市污水再生回用于工业冷却水应视为一个系统工程，它包括城市污水的收集、二级处理、深度净化、工业水道与工厂循环冷却系统，其各单元技术的取舍组合首先要满足用水户的要求，然后是系统工程造价和运行费用力求降为最小。

（1）污水二级处理工艺

以活性污泥法为代表的污水生化处理一直占据着主要地位，但是活性污泥法运行中的最大缺欠是常有污泥膨胀发生，大量活性污泥絮体恶化出水水质，要使其恢复正常需几天甚至十几天的时间。二级处理水是深度净化工艺的原水，不容忽视。厌氧工况可以抑制丝状菌的繁殖，杜绝污泥膨胀现象发生，厌氧、好氧工况反复周期地实现，就可使二级出水水质保持良好稳定。所以二级处理工艺应优先选择厌氧-好氧活性污泥法。

（2）氨氮对循环冷却水系统的危害及去除

二级出水中氨氮浓度相当高，它消耗冷却水中的溶解氧和余氯、腐蚀冷却装置尤其是铜质材料，所以其浓度不宜超过 1mg/L。活性污泥法的同步脱氮工艺 A/O 法和 A^2/O法可以在二级处理中将氮去除，也可以在深度净化中增添脱氮单元，但都显著地增加了工程费用和运行费用，增加再生水成本，影响了回用。在大连生产性实验中发现，尽管补充水中氨氮很高，但循环水中的氨氮却一直维持在允许范围内。从表 4-20 中可以看出，浓缩倍数为 2 左右时补充水中氨氮浓度为 13mg/L，而循环水中氨氮浓度保持在 0.4mg/L 的水平。分析其原因是冷却塔中由于水温、溶解氧和营养物适宜微生物的繁殖，在填料表面形成生物膜；补充水中的氨氮被硝化和吹脱。因此，在二级处理和深度净化中不考虑氮的去除，而留给循环冷却水系统完成。将冷却塔作为城市污水再生处理中的一个单元乃智者之举。

煤气二厂初冷循环水系统水质分析 **表 4-20**

项　　目	作补充水的再生水	循环水
pH	7(8～6)	7.9(8.3～7.4)
硬度(mg/L 以 $CaCO_3$ 计)	150(175～120)	330(340～315)
碱度(mg/L 以 $CaCO_3$ 计)	95(110～75)	150(195～110)
Cl^-(mg/L)	121(144～104)	282(381～248)
NH_4-N(mg/L)	13(19～5.4)	0.4(1.0～0)
COD_{Cr}(mg/L)	21(28～15)	3.0(5.3～1.6)
SS(mg/L)	4.2(6.6～1.8)	4.2(7～2.8)

（3）二级水的深度净化

大连市城市污水回用示范工程选用了水力澄清池和普通快滤池，出水水质基本满足了工业冷却水要求。然而污水的二级处理水中仍含有大量活性污泥碎片，与自然水相比有其自身特点，简单地应用成熟的给水净化工艺很难去除溶解性有机物和微生物群体，限制了再生水水质的提高。

笔者在深圳盐田污水处理厂设计中，提出物理净化与生物净化相结合的气浮-过滤流程。气浮适应于不易沉降固体颗粒的去除，近几年来在含藻水、低温低浊水等自然水净化上有较广泛的应用。好气滤池是由普通快滤池和滴滤池、淹没式生物滤池等构筑物转变而来。把混凝-气浮-好气滤池组合净化二级处理水，就赋予了新的技术内含：

1）用气浮方式易于去除比重较轻的活性污泥碎片，提高了澄清水质。

2）该工艺增加了生物反应机制。在气浮过程中，溶解氧近于饱和状态、同时含有一定有机基质，造成了好氧的过滤空间，使滤料表面形成生物膜。生物群体的聚集和代谢，进一步去除二级处理水中各种溶解性有机物、降低 BOD、COD 指标，进一步硝化 NH_4-N 并在生物膜内部有一定的反硝化脱氮反应。

3）滤层增加了生物机制，促进滤料表面对悬浮物质的吸附作用，生化与物化的综合效应将大大提高滤池对浊度、悬浮物、色度、臭味和细菌的去除能力。

由表 4-21 可知，好气滤池出水各项指标都有明显改善。首先净化水中溶解有机物和营养物降低，将减轻生物黏泥的形成，提高设备效率；细菌总数大幅度下降，会节省大量用于杀菌的投氯量。

好气滤池与普通快滤池效果比较 **表 4-21**

项目	夏季				冬季			
	原水	普通砂滤出水	好气滤池出水	改善率（%）	原水	普通砂滤出水	好气滤池出水	改善率（%）
浊度（度）	7.6	3.8	2.8	26	14.4	5.0	3.8	24
SS（mg/L）	8.6	2.8	2.2	21	9.3	2.6	2.1	19
COD_{Cr}（mg/L）	94.4	72.0	52.8	27	125.7	95.2	88.0	8
BOD（mg/L）	14.5	8.0	5.8	27	14	6	5.4	10
色度（度）	18	15	11	27	25	19	16	16
NH_4-N（mg/L）	8.9	7.8	5.9	24	22.3	22.1	18.9	14
大肠菌群（个/mL）	20000	13800	510	96	7380	3120	540	83
一般细菌（个/mL）	47500	41500	5300	87	78800	37600	4170	89

该工艺基建费用与维护费用的综合评价，大体上与常规流程相当，从而可提高深度净化水厂的效益，有助于污水深度净化与回用事业的发展。因此，气浮-过滤技术不但有学术价值也有工程经济意义。

（4）城市污水深度净化全流程的选择

据上述，提出城市污水深度净化全流程如图 4-98 所示。该流程在长春市东郊污水厂、深圳污水厂的规划设计中应用。其优越性：

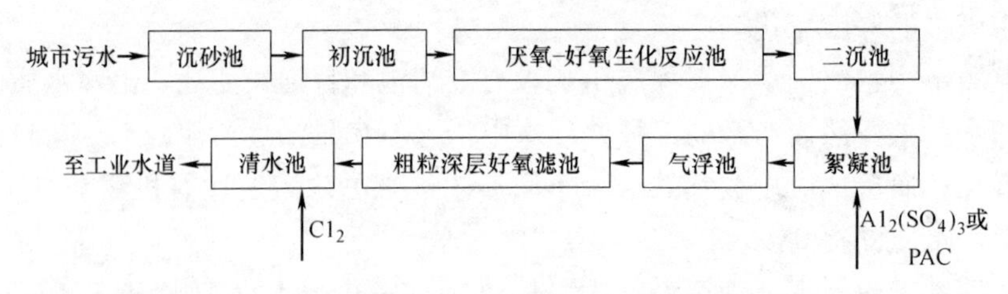

图 4-98　城市污水深度净化全流程

1）由于采用厌氧-好氧生化反应池，二级出水水质有所提高而且稳定，而且营养盐磷得以去除，为深度处理的各工序提供了方便条件。

2）絮凝气浮池和好气滤池有效地去除了悬浮固体和溶解性有机物质，提高了净化水水质。

3）全流程运行稳定，出水水质良好。

4）建设费用和日常维护费用，与常规流程大致相当。

2. 结语

大连市城市污水回用示范工程，开创了城市第二水资源，但在工程实际应用上还有许多待完善和提高之处。文中提出的城市污水深度净化全流程，能大幅度提高城市污水再生水水质，如能对城市污水回用事业有所贡献将深感欣慰。

4.4.2　城市污水再生全流程概念与方案优选❶

在污水再生回用中，习惯上把污水处理和深度净化分为两个系统，这在技术及经济上都不尽合理。为此，笔者提出了污水再生全流程的概念，即通过统筹安排各工序的任务和出水水质，有针对性地开发相应的高效净化单元来组合经济合理、系统优化的污水再生流程。

1. 污水再生全流程

（1）流程 1

流程 1 如图 4-99 所示。在该流程中二级处理采用普通活性污泥法，深度净化选用混凝-沉淀-过滤工艺。我国的第一座再生水厂一大连春柳河污水处理厂采用的就是这个流程。由于各单元净化构筑物运行经验成熟，其出水水质稳定，BOD_5、SS、TP 等都达到了工业冷却水、城市杂用水、绿化用水的水质要求，但是氮去除有限（出水 TN 高达 30～50mg/L），使得再生水的应用受到一定的限制。经长年检测发现，当再生水用于工厂循环冷却水系统补水时，冷却水循环系统中并没有发生氨氮和总氮浓度升高的现象，运转 10 多年以来，冷却循环水水质一直稳定，满足生产要求。这是因为冷却塔起

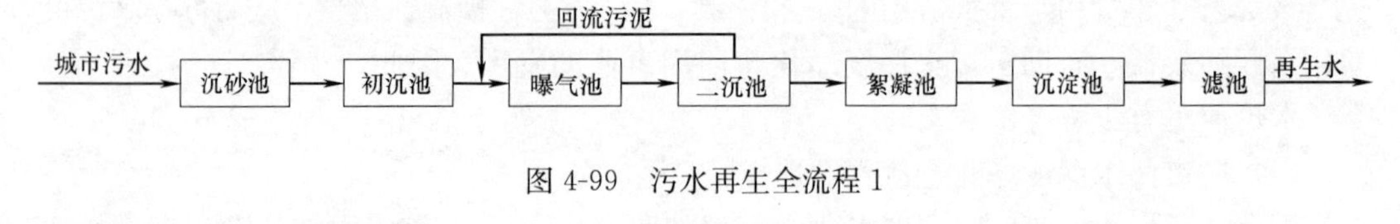

图 4-99　污水再生全流程 1

❶ 本文成稿于 2005 年，作者：郭晓、丛广治、张杰。

到了硝化和脱氮的作用，冷却塔的填料表面长有生物膜，而循环冷却水温度为30～35℃，溶解氧又充足，为硝化与反硝化创造了良好条件。

（2）流程2

流程2如图4-100所示。为了降低再生水中营养物质的含量，二级处理工艺采用了A^2O，用于同时去除污水中的氮和磷。由于硝化与除磷过程在活性污泥负荷上是矛盾的，反硝化与除磷在有机基质上也有争夺，所以该系统往往是除磷效果好，脱氮效果差；反之，脱氮效果好，除磷效果就差。两者兼顾时运行参数范围狭小，难以操作。为此，在深度净化工艺中保留了混凝—沉淀除磷过程，同时也有很好的除浊效果。

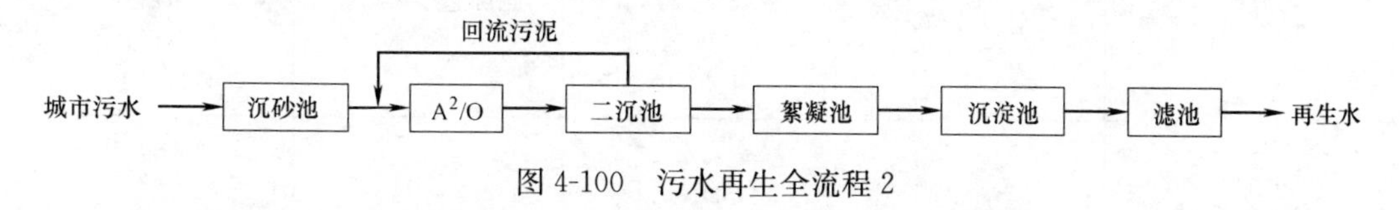

图4-100　污水再生全流程2

（3）流程3

流程3如图4-101所示。为彻底解决脱氮与除磷的矛盾，二级处理采用了AO（缺氧-好氧）脱氮工艺，而磷则在深度净化中用混凝-沉淀法去除。

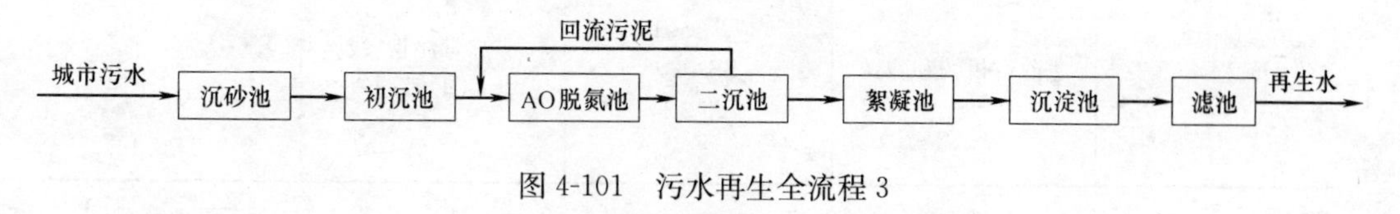

图4-101　污水再生全流程3

（4）流程4

流程4如图4-102所示。它采用了厌氧-好氧活性污泥除磷工艺和生物膜过滤技术，由于厌氧段的存在，不仅抑制了丝状菌繁殖，避免了污泥膨胀，也使运行更稳定。生物膜滤池集物化与生化效应于一身，在去除二级出水中悬浮物的同时，也氧化分解了其中残存的难降解有机物。与前几个流程相比该流程的出水水质更好（水质改善率为30%左右）。

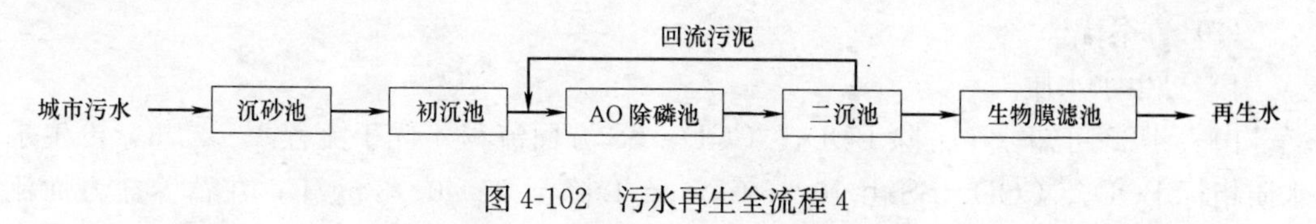

图4-102　污水再生全流程4

方案1-4的各工段在全流程上的任务及要达到的目标水质见表4-22。

2. 技术经济分析

以$10\times10^4m^3/d$的污水再生水厂为例，进行投资估算和再生水成本核算。

（1）投资及运行费用

电价：1.2元/(kW·h)；职工定员为60人，平均工资为2000元/月；工程寿命取25年；检修费用占投资的比例为1.2%；再生水厂的年再生水量按$3500\times10^4/a$计。参考相关定额得工程投资及运营费用见表4-23。

各工段的任务及目标水质　　**表 4-22**

项　目	二级处理		深度净化	
	任务	目标水质(mg/L)	任务	目标水质(mg/L)
流程 1	去除有机物	BOD_5≤20 COD≤60 SS≤20	去除悬浮物和磷	BOD_5≤10 SS≤5 COD≤50 TP≤1
流程 2	去除有机物、脱氮、除磷	BOD_5≤20 COD≤60 SS≤20 TP≤2 TN≤10	去除悬浮物和磷	BOD_5≤10 SS≤5 COD≤50 TN≤10 TP≤1
流程 3	去除有机物和脱氮	BOD_5≤20 SS≤20 TN≤10	去除悬浮物和磷	BOD_5≤10 SS≤5 COD≤50 TN≤10 TP≤1
流程 4	去除有机物和除磷	BOD_5≤10 SS≤20 TP≤1	去除悬浮物、残存 COD 及脱氮	BOD_5≤5 COD≤40 SS≤2 TN≤10 TP≤1

投资及运营费用（万元）　　**表 4-23**

项　目	工程总投资(a)	年运营费用(b)	a+10b
流程 1	17955.86	7395.44	90910.26
流程 2	21657.74	8479.61	106453.84
流程 3	20263.88	8466.74	104931.28
流程 4	17585.36	7628.71	93872.46

(2) 方案优选

1) 再生水水质

由表 4-22 可知，在去除 BOD_5、COD、SS 方面流程 4 优于流程 1、2、3，再生水水质指标 BOD_5、COD、SS 由 10、50、5mg/L 降至 7、40、3mg/L；在营养盐方面流程 1 只能除磷而不能脱氮，再生水总氮仍高达 30mg/L，而流程 2、3、4 都能进行脱氮和除磷（TN≤10mg/L，TP≤mg/L）。其区别在于流程 2、3 都是在二级处理过程中完成硝化、脱氮任务，在深度净化中用化学方法达到除磷目的。流程 4 是在二级处理中除磷，在深度净化中硝化和脱氮。可见，流程 4 的出水水质优于流程 1、2、3。

2) 经济性

a. 静态综合指标

习惯上以工程总投资加 10 年运行维护费用来评价方案的经济性，由表 4-23 可知流程 4 的 10 年静态综合经济指标较流程 2、3 节省约 1 亿元，而与流程 1 相当。

b. 动态综合经济指标

采用最小年值法评价方案的合理性，即将基建投资折现于工程寿命内的各年，综合考虑基建费用、经营费用后计算年均投入资本水平，最小者为经济合理方案。结果见表4-24。

由表2-24可知，流程4的动态年均费用比流程2、3少1000万元，与流程1的相当。综上所述，厌氧—好氧活性污泥法/生物膜过滤工艺较佳，不仅出水水质好，而且基建及运行费用低。

动态综合经济指标比较 **表4-24**

项　目	等效多次支付投资因子	平均投资(万元)	平均成本(万元)
流程1	0.064012	1151.27	8546.71
流程2	0.064012	1385.92	9865.53
流程3	0.064012	1297.08	9763.82
流程4	0.064012	1125.65	8754.36

3. 结论

污水再生回用应从污水处理的全过程考虑，统筹分配各单元的有机负荷和营养物去除负荷，做到总体上技术可行、经济合理。AO除磷生物膜过滤工艺出水水质好，基建投资与经营费用均较低，应为各地再生水厂的首选方案。

参考文献：

1. 戴镇生，张杰. 厌氧-好氧活性污泥法中磷的代谢与平衡. 水和废水技术研究. 北京：中国建筑工业出版社. 737～751.
2. 张自杰，周帆. 活性污泥生物学与反应动力学. 北京：中国环境科学出版社. 1989.
3. 郑兴灿. 污水生物除磷技术的工作机理述评. 环境科学. 1990，11（1）：50～55.
4. 郑兴灿. 污水生物除磷脱氮机理与动力学研究. 水和废水技术研究. 北京：中国建筑工业出版社. 547～575.
5. Attilio Conwerti，Mauro Rovatti and Marco Del Borghi：Biological Removal of Phosphorus from Wastewaters by Alternating Aerobic and Anaerobic Conditions. Wat. Res. 1999，l：263～269.
6. A. Gonverti. Mario. Zilli etc：Influence of Natrient Concentration in New Operating Criteria for Biological Removal of Phosphorus from Wastewaters. Wat. Res. 1993，27（5）.
7. 丛广治. AO法除磷工艺中污水停留时间的控制［J］. 中国给水排水. 1999，15（12）：45～46.
8. 丛广治，白羽，陈立学，等. 大连开发区污水厂的生物除磷实践［J］. 中国给水排水. 2004，20（1）：74～77.
9. Warangkana Punrattanasin. Investigation of the effects of COD/TP ration on the performance of a biological nutrient removal system［D］. Blacksburg Virginia：Virginia Polytechnic Institute and State University. 1998.
10. 严煦世主编. 水和废水技术研究. 北京：中国建筑工业出版社. 1992.
11. Gbortone，S Marsili Libelli，et al. Anoxic phosphate uptake in the Dephanox process. Wat Sci Tech. 1999，40（4-5）：177～185.

12. P Cooper, M Day, V Thomas. Process options for phosphorus and nitrogen removal from wastewater. J IWEM. 1994, 8 (2): 85～92.

13. 徐亚同. 废水生物除磷系统的运行与管理. 给水排水. 1994, 20 (6): 20～23.

14. 高廷耀，周增炎. 一种适合当前国情的城市污水脱氮除磷新工艺. 同济大学学报. 1996, 24 (6): 647～651.

15. 钱群，朱鸣跃，余荧昌. 城市污水生物脱氮除磷技术. 交通部上海船舶运输科学研究所学报. 2000, 23 (2): 129～134.

16. 娄金生，谢水波. 提高 A^2/O 工艺总体处理效果的措施. 中国给水排水. 1998, 14 (3): 27～30.

17. 张波. 城市污水生物脱氮除磷技术工艺与机理研究：[学位论文]. 上海：同济大学. 1996, 4.

18. J Wanner, et al. New process design for biological nutrient removal. Wat Sci Tech. 1992, 25 (4～5): 445～448.

19. George A Ekama, Mark C Wentzel. Difficulties and developments in biological nutrient removal technology and modelling. Wat Sci Tech. 1999, 39 (6): 1～11.

20. KUBA T, LOOSDRECHTM CM Van, BRANDSE F A, *et al*. Occurrence of denitrifying phosphorus removing bacteria in modified UC-type wastewater treatment plants [J]. Wat Res. 1997, 31 (4): 777～786.

21. KUBAT, LOOSDRECHTM C M, HEIJNEN J J. Biological dephosphatation by activated sludge under denitrifying conditions: pH influence and occurrence of denitrifying dephosphatation in a full-scale wastewater treatment plant [J]. Wat Sci & Tech. 1997, 36 (12): 75～82.

22. MINOT, VAN LOOSDRECHTMC M, HEIJNEN J J. Microbiology and biochemistry of the enhanced biological phosphate removal process [J]. Wat Res. 1998, 32 (11): 3193～3207.

23. WACHTRMEISTER A, KUBA T, LOOSDRECHTM CM Van, *et a l*. A sludge characterization assay for aerobic and denitrifying phosphorus removing sludge [J]. Wat Res. 1997, 31 (3): 471～478.

24. 郝晓地. 欧洲城市污水处理技术新概念-可持续生物除磷脱氮工艺（上）[J]. 给水排水. 2002, 28 (6): 6～11.

25. KUBA T, PPSDRECJT Van M C M, HEIJNEN J J. Phosphorus and nitrogen removal with minimal COD requirement by integration of denitrifying dephosphatation and nitrification in a two-sludge system [J]. Wat Res. 1996, 30 (7): 1702～1710.

26. KUBA T, MURNLEITNER E, LOOSDRECHT van MC M, *et a l*. A metabolic model for biological phosphorus removal by denitrifying organisms [J]. Biotechnol Bioeng. 1996, 52: 685～695.

27. HAOX, HEIJNEN J J, Q IAN Y, *et a l*. Contribution of P-Bacteria in BNR p rocesses to overall environmental impact of WWTPs [J]. Wat Sci & Tech. 2001, 44 (1): 67～76.

28. KERRN-JESPERSEN J P, HENZEM, STRUBE R. Biological phosphorus release and up take under alternating anaerobic and anoxic conditions in a fixed film reactor [J]. Wat Res. 1993, 27 (4): 617～624.

29. STARKENBURG van W, RENSINK J H, R IJS GBJ. Biological P-removal: State of the art in the Netherlands [J]. Wat Sci & Tech. 1993, 27 (4): 317～328.

30. BUCHANAN R E, GIBBONS N E. American Society for Microbiology [M]. Baltimore: Willioms and AWilkins Co. 1975.

31. MEINHOLD J, ARNOLD E, ISAACS S. Effect of nitrite on anoxic phosphate up take in biological phophorus removal activated sludge [J]. Wat Res. 1999, 33 (8): 1871～1883.

32. HU J Y. A new method for characterizing denitrifying phosphorus removal bacteria by using three different types of electron acceptors [J]. Wat Res. 2003, 37: 3463～3471.
33. Broda E. Two kinds of lithotrophs missing in nature. Z AllgMikrobiol. 1997, 17 (6): 491～493.
34. Mulder A, van de Graaf A A, Robertson L A, et al. Anaerobic ammonium oxidation discovered in a denitrifying fluidized bed reactor. FEMS Microbiol Ecol. 1995, 16: 177～184.
35. Van de Graaf A A, Mulder A, Jetten MSM, et al. Anaerobic oxidation of ammonia is a biologically mediated process. Applied and Environmental Microbiology, 1995, 61 (4): 1246～1251.
36. Van de Graaf A A, De Bruijn P, Robertson LA, et al. Autotrophic growth of anaerobic ammonium-oxidizing microorganisms in a fluidized bed reactor. Microbiology (UK) 1996, 142: 2187～2196.
37. Strous M, Van de Gerven E, Ping Z, et al. Ammonium removal from concentrated waste streams with the Anaerobic Ammonium Oixdation (Anammox) process in different reactor configurations. Water Research. 1997, 31: 1955～1962.
38. 郑平，胡宝兰. 厌氧氨氧化菌混培物生长及代谢动力学研究. 生物工程学报. 2001, 17 (2): 193～198.
39. 郑平，冯孝善，M S M Jetten, et al. ANAMMOX 流化床反应器性能的研究. 环境科学学报. 1998, 18 (4): 367～372.
40. Mike SM Jetten, Michael Wagner, John Fuerst, et al Microbiology and application of the anaerobic ammonium oxidation (anammox) process. Environmental biotechnology. 2001, 12: 283～288.
41. 郑平，徐向阳，胡宝兰，编著. 新型生物脱氮理论与技术 [M]. 北京：科学出版社. 2004.
42. Marc Strous, Gijs Kuenen, John A Fuerst, et al. The anammox case-a new experimental manifesto for microbiological eco-physiology. Antonie van Leeuwenhoek. 2002, 81: 693～702.
43. Van de Graaf A A, de Bruijn P, Robertron L A, et al. Metabolic pathway of anaerobic ammonium oxidation on the basis of 15 N studies in a fluidized bed reactor. Microbiology. 1997, 143: 2415～2421.
44. 周少奇. 氨氮厌氧氧化的微生物反应机理. 华南理工大学学报（自然科学版）. 2000, 28 (11): 16～19.
45. Mulder A, Van de Graaf A A, Robert son L A, et al. Anaerobic ammonium oxidation discovered in a denitrifying fluidized bed reactor. FEMS Microbiology Ecol. 1995, 16: 177～184.
46. Christian F, Boet hler M, Philipp H, et al. Biological treatment of ammonium rich wastewater by partical nitritation and subsequent anaerobic ammonium oxidation (anammox) in a pilot plant. Biotechnology. 2002, 99: 295～306.
47. Strous M, Kuenen J G, Jetten M S M. Key physiology of anaerobic ammonium oxidation. Applied and Environmental Microbiology. 1999, 65 (7): 3248～3250.
48. Strous M, Heijnen J J, Kuenen J G, et al. The sequencing batch reactor as a powerful tool for t he study of slowly growing anaerobic ammonium oxidizing microorganisms. Appl. Microbiol. Biotechnol. 1998, 50: 589～596.
49. Alleman J E. Elevated nitrite occurrence in biological wastewater treatment systems [J]. Water Sci Technol, 1984, 17 (1): 409～419.
50. Hellinga C, Schellen A A J C, Mulder J W, *et al*. The Sharon processs: an innovateive method for nitrogen removal from ammonium-rich waste water [J]. Water Sci Technol, 1998, 37 (9): 135～142.
51. Bernat N, Dangiong N, Delgenes J P, *et al*. Nitrification at low oxygen concentration in biofilm reac-

tor [J]. Environ Eng，2001，127 (3)：266～271.
52. Wiesmann U. Biological nitrogen removal from waste water [A]. In：Foechter A. Advances in Biochemistry and Engineering/Biotechnology [C]，New York：Springer，1994. 113～154.
53. Van Dongen U，Jetten M S M，van Loosdrecht M C M. The SHARON-ANAMMOX process for treatment of ammonium rich wastewater [J]. Water Sci Technol，2001，44：153～160.
54. Fux C，Boehler M，Huber P，*et al*. Biological treatment of ammonium-rich wastewater by partial nitrification and subsequent anaerobic ammonium oxidation (anammox) in pilot plant [J]. Biotechnology，2002，99：295～306.
55. Van Hulle S W H，van den Broeck S，Maertens J，*et al*. Construction，start-up and operation of a continuously aerated laboratory-scale SHARON reactor in view of coupling with an Anammox reactor [J]. Water SA，2005，31：327～334.
56. 国家环保总局. 水和废水监测分析方法 [M]. (第三版). 北京：中国环境科学出版社，1989. 233～239.
57. APHA，AWWA，WPCF. Standard Methods for the Examination of Water and Wastewater [M]. (19th edition). Washington，DC，USA，1995. 129～130.
58. 魏琛，罗固源. FA和pH值对低C/N污水生物亚硝化的影响 [J]. 重庆大学学报(自然科学版)，2006，29 (3)：124～127.
59. 陈旭良，郑平，金仁村，等. pH和碱度对生物硝化影响的探讨 [J]. 浙江大学学报(农业与生命科学版)，2005，31 (6)：755～759.
60. Galí A，Dosta J，Loosdrecht M C M，*et al*. Two ways to achieve an anammox influent from real reject water treatment at lab-scale：Partial SBR nitrification and SHARON process [J]. Process Biochemistry，2007，42 (4)：715～720.
61. 左剑恶，杨洋，蒙爱红. 高氨氮浓度下的亚硝化过程及其影响因素研究 [J]. 环境污染与防治，2003，25 (6)：332～335.
62. 高大文，彭永臻，郑庆柱. SBR工艺中短程硝化反硝化的过程控制 [J]. 中国给水排水，2002，18 (11)：13～18.
63. Van Dongen U，Jetten M S M，van Loosdrecht M C M. The SHARON-ANMMOX process for treatment of ammonium rich wastewater [J]. Water Sci Technol，2001，44：153～160.
64. Khin T，Annachhatre A P. Novel microbial nitrogen removal processes [J]. Biotechnology Advances，2004，22：519～532.
65. Strous M，Fuerst J A，Kramer E H M，*et al*. Missing Lithotroph Identified as New Planctomycete [J]. Natrue，1999，400：446～449.
66. Strous M，Kuenen J G，Jetten M S M. Key physiology of anaerobic ammonium oxidation [J]. Appl Environ Microbiol，1999，65：3248～3250.
67. Egli K，Fanger U，Alvarezz P J J，*et al*. Enrichment and characterization of an anammox bacterium from a rotating biological contactor treating ammonium rich leachate [J]. Arch Microbiol，2001，175：198～207.
68. Jetten M S M，Strous M，van de Pas-Schoonen K T，*et al*. The anaerobic oxidation of ammonium [J]. FEMS Microbiol Rev，1999，22：421～437.
69. Sliekers A O，Third K A，Abma W，*et al*. CANON and Anammox in a gas lift reactor [J]. FEMS Microbiol Lett，2003，218：339～344.
70. Dapena-Mora A，Campos J L，Mosquera-Corral A，*et al*. Stability of the ANAMMOX process in a

gas-lift reactor and a SBR [J]. Journal of Biotechnology, 2004, 110: 159～170.

71. Strous M, van Gerven E, Kuenen JG, *et al*. Effects of aerobic and micro-aerobic conditions on anaerobic ammonium oxidizing (anammox) sludge [J]. Appl Environ Microbiol, 1997, 63: 2446～2448.
72. 盛骤，谢式千，潘承毅. 概率论与数理统计 [M]. 北京：高等教育出版社，1989. 173～175.
73. BRODA E. Two kinds of lithotrophs missing in nature [J]. Mikrobiol, 1977, 17: 491～493.
74. SCHMID M, TWACHTMANN U, KLEIN M, et al. molecular evidence for genus level diversity of bacteria capable of catalyzing anaerobic ammonium oxidation [J]. Systematic and Applied Microbiology, 2000, 23: 93～106.
75. PYNAERT K, WYFFELS S, SPRENGERS R, et al. oxygen-limited nitrogen removal in a lab-scale rotating biological contactor treating an ammonium-rich wastewater [J]. Water Sci Technol, 2002, 45: 357～363.
76. SCHMID M, WALSH K, WEBB R, et al. Candidatus "Scalindua brodae", sp. nov., Candidatus "Scalindua wagneri", sp. nov., two new species of anaerobic ammonium oxidizing bacteria [J]. Systematic and Applied Microbiology, 2003, 26: 529～538.
77. THIRD K A, PAXMAN J, SCHMID M, et al. enrichment of anammox from activated sludge and its application in the CANON process [J]. Microbial Ecology, 2005, 49: 236～244.
78. JUJII T, SUGINO H, FURUKAWA K, et al. characterization of the microbial community in an anaerobic ammonium-oxidizing biofilm cultured on a nonwoven biomass carrier [J]. Journal of Bioscience and Bioengineering, 2002, 94 (5): 412～418.
79. KUYPERS M M M, SLIEKERS A O, LAVIK G., et al. anaerobic ammonium oxidation by anammox bacteria in the black sea [J]. Nature, 2003, 422: 608～611.
80. SLIEKERS A O, THIRD K A, ABMA W, et al. CANON and anammox in a gas-lift reactor [J]. FEMS Microbiology Letters, 2003, 218: 339～344.
81. Serafim L S, Lemos P C, Levantesi C, et al [J] Journal of Mcrobiological methods. 2002, 51: 1～18.
82. Gerber A, Villiers R H, Mostert E S, et al. The phenomenon of simultaneous phosphate uptake and release, and its importance in biological nutrient removal [M]. Rome: Biological Phosphate Removal from Wastewater. 1987.
83. Comeau Y, Oldham W K, Hall KJ. Dynamics of carbon reserves in biological dephosphatation of wastewater [M]. Rome: Biological Phosphate Removal from Wastewater. 1987.
84. Kerrn Jespersen J P, Henze M. Biological phosphorus uptake under anoxic and oxic condition [J]. Wat Res. 1993, 27 (4): 617～624.
85. Peng Y Z, Wang Y Y, Masuo O, et al. Denitrifying Phosphorus Removal in a Continuous Flow A^2/O Two Sludge Process [J]. Journal of Environmental Science and Health Part A Toxic/ Hazardous Substance & Environmental Engineering. 2004, 39 (3): 703～715.
86. Kuba T, Van Loosdrecht M C M, Heijnen J J. Effect of cyclic oxygen exposure on the activity of denitrifying phosphorus removing bacteria [J]. Wat. Sci. Tech. 1996, 34 (1-2): 33～40.
87. 赵玉华，徐晶，张进，等. IMBR处理洗浴污水膜污染影响因素 [J]. 沈阳建筑大学学报（自然科学版）. 2004, 20 (4): 319～321.
88. 张杰，臧景红，杨宏，等. A^2/O工艺的固有缺陷和对策研究 [M]. 给水排水. 2003, 29 (3): 22～26.
89. Wachtmeister A, Kuba T, Van Loosdrecht M C M, et al. A sludge characterization for aerobic and

denitrifying phosphorus removing sludge [J]. Wat. Res. 1997，31 (3)：471～478.

90. Kuba T，Smolders G，van Loosdrecht M C M，et al. Biological phosphorus removal from wastewater by anaerobic-anoxic sequencing batch reactor [J]. Wat. Sci. and Tech. 1993，27 (5- 6)：241～252.
91. Sorm R，Wanner J，Bortone G. et al. Verification of anoxic phosphate uptake as the main biochemical mechanism of the "Dephanox process" [J]. Wat. Sci. and Tech. 1997，(35)：87～94.
92. 马放，任南琪，杨基先. 污染控制微生物学实验 [M]. 哈尔滨：哈尔滨工业大学出版社. 2002.
93. 布坎南 R E，吉本斯 NE. 伯杰细菌鉴定手册 [M]. 中国科学院微生物研究所译. 北京：科学出版社. 1984.
94. Lacko N，Drysdale G D，Bux F. Anoxic phosphorus removal by denitrifying heterotrophic bacteria [J]. Wat. Sci. and Tech. 2003，47 (11)：17～22.
95. Jrgensen K，Paulii A. Polyphosphate accumulation among denitrifying bacteria in activated sludge [J]. Anaerobe. 1995，(1)：161～168.
96. Luísa S S，Paulo C L，Caterina L，et al. Methods for detection and visualization of intracellular polymers stored by polyphosphate-accumulating microorganisms [J]. Journal of Microbiological Methods. 2002，(51)：1～18.
97. 张杰，张富国，王国瑛. 提高城市污水再生水质研究 [J]. 中国给水排水. 1997，13 (3)：19～21.
98. 丛广治，白宇，张杰，等. 生物膜过滤技术处理污水厂二级出水 [J]. 中国给水排水. 2002，18 (12)：48～50.

第 5 章

给水排水管网优化

城市给水排水管网是联结取水、净化、用水、污水再生利用的通道，对于城市水系统的安全可靠、城市水资源的健康循环都起到至关重要的作用。但是，我国给水管网平均漏失率为 21%，污水管网污染周围地下水的现象普遍存在，由于地下给水排水管网的庞杂和巨大，其投资占给水排水工程的 70%～80%，不同时期设计、施工条件与水平的差异、运行管理上的缺欠又造成管网能量和投资上的巨大浪费。国内对管网研究的投入较少。本章介绍笔者团队的点滴工作。

5.1 调速水源泵站的技术经济研究❶

笔者在鞍山汤河水源泵站设计中，采用了并联调速水泵机组，以适应汤河水库水位的变化，达到了节能和稳定运行的效果。现将设计中的一些技术经济研究结果和体会介绍如下。

1. 调速泵的节能原理

城市用水量是不均匀的，由于流量的变化从而影响到管网水头损失的变化。尤其是地势平坦的市区，在几何扬程很小的情况下，送水泵站出口所需压力随流量的变化幅度更为显著。水泵站的装机是按最不利条件下，最大时流量和其所需相应扬程设定的。而实际上每天只有很短时间能达到最大时流量，多数时间，水泵站都处在小流量下工作。为了适应流量的变化，许多泵站在运行中采取关小出口闸门的办法来控制流量，从而造成出口闸门前后的压力差值（少则几米多则几十米），白白地浪费于闸门阻力上（图 5-1）。

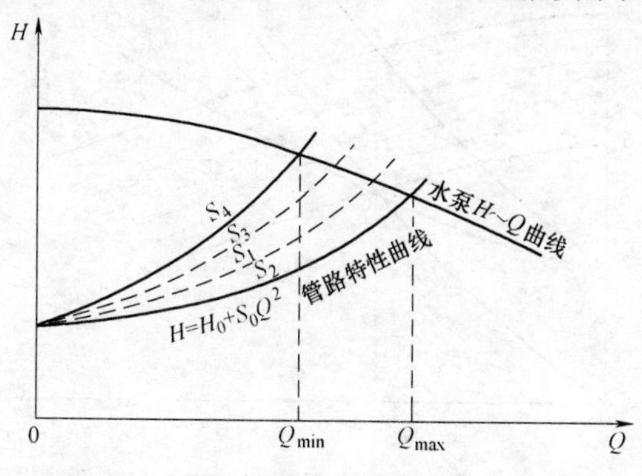

图 5-1　用水泵出口闸门调节水泵工况

❶ 本文成稿于 1997 年，作者：戴镇生，张杰。

有经验的设计者不仅要考虑设计流量下水泵运行工况处于高效区，同时也应考虑水泵站在多数情况下的运行工况也处于高效区。为此，选用同型号或不同型号的多台水泵，按各工况进行台数和大小泵的组合，来适应不同情况的水量变化。但是水泵型号是有限的，装机台数过多，不仅管理不便，而且会无谓地增大建筑面积，提高工程造价。为做到完全适应水量变化，还不得不用闸门来调节水量（图 5-2）。采用水泵机组无级调速技术，可使其流量与扬程适应管网用水量的变化，提高机组效率，维持管网压力恒定，达到节能的效果。节能原理如图 5-3 所示。AB 为全速泵特性曲线，A_nB_n 为调速泵特性曲线，CB_nB 为管路特性曲线，CO 为几何扬程（含地形差和自由水头），当用水量从 Q_{max} 减少到 Q_{min} 的过程中，全速泵的扬程将沿 BA 曲线上升，而管网所需扬程将沿 BB_n 曲线下降，这两条曲线纵坐标的差值就意味着全速泵扬程的浪费。应用水泵调速技术时，当用水量从 Q_{max} 变动到 Q_{min} 的过程中，水泵转数随流量从额定数 n_0 降到 $n_1n_2n_3\cdots n_n$，水泵的 Q-H 特性曲线 AB 也相应变化为 A_1B_1，A_2B_2，$A_3B_3\cdots A_nB_n$。而这组平行的特性曲线 AB-A_nB_n 与管路特性曲线 CB 的交点轨迹 BB_n 正在管路特性曲线上。

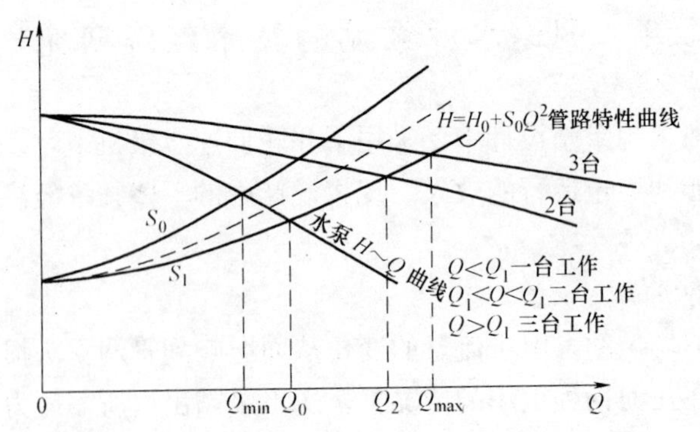

图 5-2　调节水泵台数和出口闸门适应流量变化

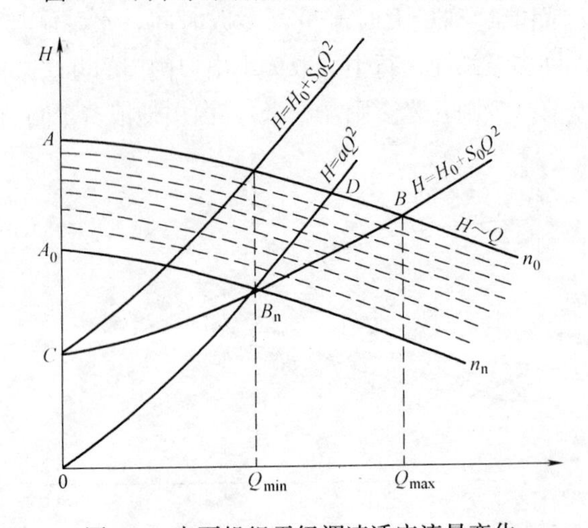

图 5-3　水泵机组无级调速适应流量变化

这样就可使水泵工作点沿管路特性曲线滑动，使其扬程处处能与系统阻力相适应，做到没有多余压头损失，且能保持管网压力恒定，收到节能效果。按水泵相似工况定律，有：

$$\frac{Q_n}{Q_0}=\frac{n_n}{n_0}=k \tag{5-1}$$

$$\frac{H_n}{H_0}=\left(\frac{n_n}{n_0}\right)^2=k^2 \tag{5-2}$$

$$\frac{N_n}{N_0}=\left(\frac{n_n}{n_0}\right)^3=k^3 \tag{5-3}$$

式中　k——转数比；

n_0、n_n——全速泵、变速泵之转数；

Q_0、Q_n——全速泵、变速泵之流量；

H_0、H_n——全速泵、变速泵之扬程；

N_0、N_n——全速泵、变速泵之功率。

水泵相似律只有在相似工况点上才成立，任意两点相似关系不成立，把式（5-1）、式（5-2）联立求解可得相似工况方程：

$$H_n=\frac{H_0}{Q_0^2}Q_n^2 \tag{5-4}$$

令 $H_0/Q_0^2=\alpha$，则相似工况曲线为：

$$H_n=\alpha Q_n^2 \tag{5-5}$$

这是一簇过原点的抛物线。图 5-3 中 $0B_nD$ 就是其中一条过点 B_n的相似工况曲线。

为实现水泵机组随用水量变化而自动调速，最直接的办法是在管网最不利点处设远传压力计，并设定压力值。但是最不利点距泵站往往很远，远传信号不很方便。采用泵站出口压力和流量来控制水泵转数是常用的办法。当管网确定之后，管网水头损失应是流量的函数。其函数曲线即为管路特性曲线。

水源泵站与此不同，一般情况下，净水厂和水源泵站按最大日设计，均匀工作。所以水源泵站的流量是相对恒定的。但是河流、湖泊、水库的水位是随季节变化，且幅度很大，所以泵站的几何扬程也是变化的。和适应管网用水量变化一样，也可采用控制出口闸门、台数及转速等方法来适应扬程的变化。水体水位的升高，表现在水泵几何扬程的减少，管路特性曲线平行下移。如果能同时改变水泵转数使其与泵特性曲线的交点 $B_1B_2\cdots B_n$ 都在 $Q=Q_0$ 的垂直线上，那么这些点的集合 BB_n 就是水泵运行工况的变化轨迹。这些工况点流量恒定，而扬程随着水体水位的升高而减少，从而充分地利用了水体的位能，节省了电耗（图 5-4）。水泵转数的自动调节，可用水泵出口流量计来控制。

2. 汤河水库供水工程水源泵站水泵机组调速的经济效果

（1）工程概况

汤河水库是中型综合水库，兼顾防洪、灌溉以及城市与工业供水。流域面积 $1460km^2$，多年平均径流量为 $295\times10^6m^3/a$，总库容 $723\times10^6m^3$，多年平均高水位为 109.2m，最低水位 85.1m，多年平均常水位 101.8m。为从水库中取水，拟建岸边取水塔一座，设分层取水窗口。库水经取水窗口、压力隧洞、压力管道至水源泵站压力吸水罐。泵站将水库水扬升至 8.5km 处无压隧洞，洞底标高 138.0m，水位标高 139.1m。其流程如图 5-5 所示。

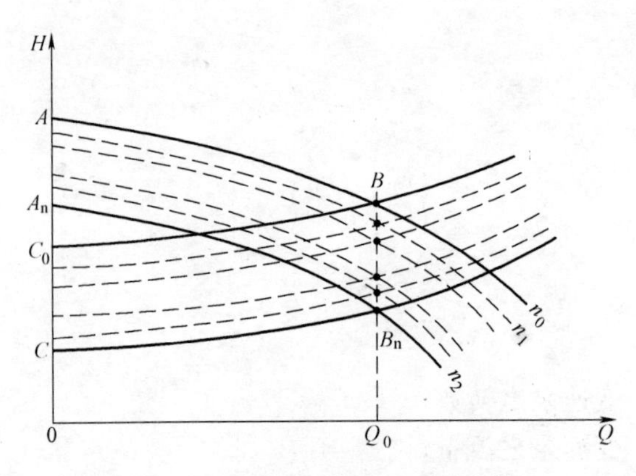

图 5-4　水源泵站高速工况的变化

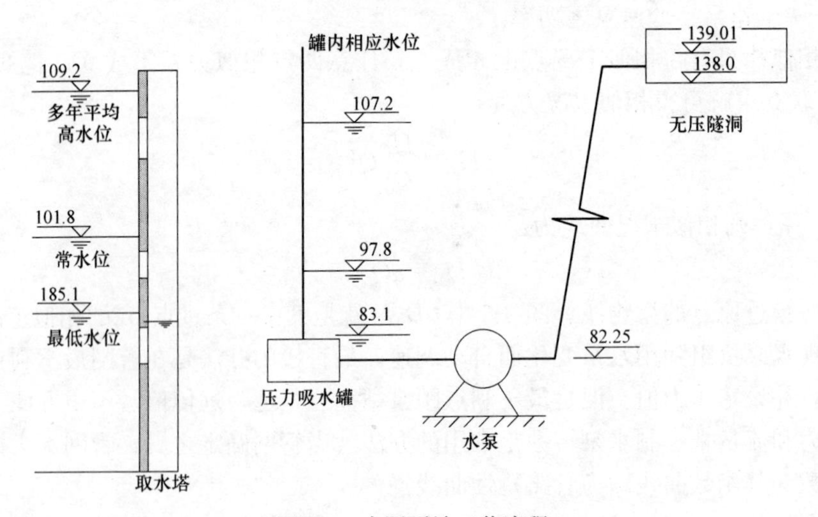

图 5-5　水源泵站工艺流程

泵站规模近期 $10\times10^4m^3/d$，中期 $15\times10^4m^3/d$，远期 $20\times10^4m^3/d$，土建一次建成，分期安装机组。两条 DN1200mm 输水管，近期和中期各建一条。经水力计算，近、中、远期不同水位条件下，水源泵站的流量、扬程等设计参数如表 5-1。按远期流

水源泵站各工程期别设计参数　　**表 5-1**

工程分期	水　位	流量 ($\times10^4m^3/d$)	扬程(m)			备　注
			几何扬程	水头损失之和	全扬程	
近期	平均高水位	10	31.81	12.42	44.23	输水管 DN1200 L=8.5km 一条
	常水位	10	39.21	12.42	51.63	
	最低水位	10	55.91	12.42	68.33	
中期	平均高水位	15	31.81	6.86	38.17	输水管 DN1200 L=8.5km 两条
	常水位	15	39.21	6.86	46.07	
	最低水位	15	55.91	6.86	62.77	
远期	平均高水位	20	31.81	12.42	44.23	输水管 DN1200 L=8.5km 两条
	常水位	20	39.21	12.42	51.63	
	最低水位	20	55.91	12.42	68.33	

量及水库最低水位，选 4 台 24Sh29 型水泵，3 台工作 1 台备用。近、中期安装 3 台，其中 1 台备用。2 台、3 台水泵并联特性曲线和各种水库水位下的管路特性曲线见图 5-6。从图 5-6 可见，在高于最低水位的常年时间里，几何扬程减少，管路特性曲线下落，要使水泵在设计流量下工作，就需硬把水泵的扬程憋上去，关小出口闸门，水库水位能就白白浪费了。为此设计采用了工作水泵机组全部调速的办法来解决。

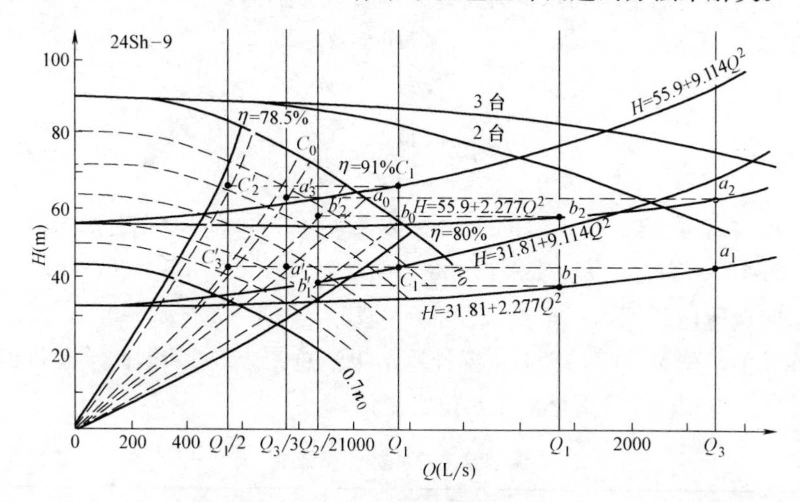

图 5-6　水泵与管路特性曲线

(2) 调速泵工作参数的计算

1) 调速比

水泵的调速范围设定在最低水位与多年平均高水位之内。在平均高水位时，各工程分期单泵要求的运行工况（流量 L/s，扬程 m）分别为：近期 C_1'(578.7，44.23)，中期 b_1'(868.5，38.17)，远期 a_1'(771.0，44.23)。为求得调速比，要找出与其工况相似的全速泵工作点。据式（5-5），通过已知工况点 c_1'、b_1'、a_1'相似工况曲线的参数分别为：

$$\alpha_{c_1'}=\frac{H_{c_1'}}{Q_{c_1'}^2}=0.0001321$$

$$\alpha_{b_1'}=\frac{H_{b_1'}}{Q_{b_1'}^2}=0.0000506$$

$$\alpha_{a_1'}=\frac{H_{a_1'}}{Q_{a_1'}^2}=0.0000744$$

按式（5-5）分别做工况点 c_1'、b_1'、a_1'的二次抛物线，该三条曲线都通过原点并与全速泵特性曲线分别交于 c_0、b_0、a_0，则 c_0(770，79.8)，b_0(1070，63)，a_0(980，70)分别为 c_1'、b_1'、a_1'的相似工况点。在相似工况点间可应用相似定律。按相似定律则有：

$$n_{c_1'}=n_0\left[\frac{H_{c_1'}}{H_{c_0}}\right]^{0.5} \tag{5-6}$$

$$n_{c_1'}=n_0\left[\frac{Q_{c_1'}}{Q_{c_0}}\right] \tag{5-7}$$

由于计算误差，式（5-6）、式（5-7）两式的 $n_{c_1'}$ 值不可能完全相同，可取其平均值为变速泵转数。即：

$$n_{c_1'}=\frac{n_0}{2}\left[\frac{H_{c_1'}^{0.5}}{H_{c_0}^{0.5}}+\frac{Q_{c_1'}}{Q_{c_0}}\right] \tag{5-8}$$

同理，中期、远期平均高水位时变速泵的转数分别为：

$$n_{b_1'}=\frac{n_0}{2}\left[\frac{H_{b_1'}^{0.5}}{H_{b_0}^{0.5}}+\frac{Q_{b_1'}}{Q_{b_0}}\right] \tag{5-9}$$

$$n_{a_1'}=\frac{n_0}{2}\left[\frac{H_{a_1'}^{0.5}}{H_{a_0}^{0.5}}+\frac{Q_{a_1'}}{Q_{a_0}}\right] \tag{5-10}$$

将 c_0、b_0、a_0 及 c_1'、b_1'、a_1' 的工况参数及 $n_0=970$r/min 分别代入式（5-8）、式（5-9）、式（5-10），则得：$n_{c_1'}=725$r/min，$n_{b_1'}=771$r/min，$n_{a_1'}=767$r/min。在平均高水位时，水泵调速比分别为：近期 $n_{c_1'}/n_0=0.75$，中期 $=n_{b_1'}/n_0=0.8$，远期 $n_{a_1'}/n_0=0.79$。水库其他水位条件下，水泵工况计算结果汇总于表 5-2。据此水泵机组的调速范围定为 70%～100%，就可满足常年水位之变化。

调速泵工况参数计算结果 **表 5-2**

水位	工程分期	调速泵工况			全速泵相似工况				调速比（%）
		H(m)	Q(L/s)	N(r/min)	H(m)	Q(L/s)	N(r/min)	η(%)	
最低水位	近期	68.33	578.7	876	84	640	970	81.5	0.9
	中期	62.77	868.05	904	72.5	930	970	91	0.93
	远期	63.33	771.65	904	78.5	830	970	89	0.93
常水位	近期	51.63	578.7	779	81.5	715	970	85	0.8
	中期	46.07	868.05	813	65	1040	970	88	0.84
	远期	51.63	771.65	806	74	925	970	90	0.83
平均高水位	近期	44.23	578.7	725	79.8	770	970	87	0.75
	中期	38.17	868.05	774	62	1070	970	81.5	0.80
	远期	44.23	771.6	767	70	980	970	91	0.79

2）调速泵的效率

不同转数下，水泵相似工况点的效率基本相等。通过全速泵高效区两端点分别做相似工况曲线 $H_n=(H_0/Q_0^2)Q_n^2$（图 5-7），该两条通过原点的向上弯曲的抛物线，在全速泵与最低转数调速泵特性曲线间围成的扇形环面积为调速泵的高效工作区域。不同转数下，水泵的效率曲线可按全速泵效率曲线及相似工况的对应关系绘制。从图 5-7 可见，低转数泵的效率曲线向左偏移。从而高效工况段向小流量侧偏移。

3）调速泵的吸水性能

泵的吸水性能通常以汽蚀余量（净正吸入水头）或吸水高度（吸程）来表示。设计者因对此重视不够而产生水泵汽蚀、出力不够、运行不平稳等情况。以 $NPSH_R$ 表示水泵所需的汽蚀余量，它是叶轮入口处的平均流速 V_0 和水流绕流叶片头部的相对速度

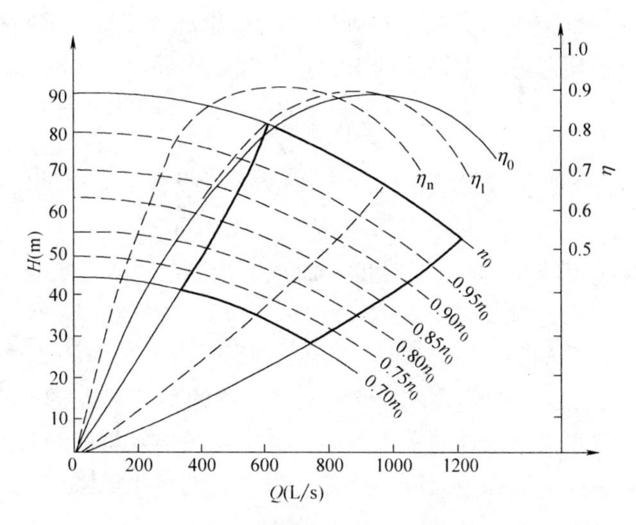

图 5-7　调速泵高效工作区

ω_1 的函数。即：

$$NPSH_R=\lambda_1\left(\frac{V_0^2}{2g}\right)+\lambda_2\left(\frac{\omega_1^2}{2g}\right) \tag{5-11}$$

显然 $NPSH_R$ 与水泵的吸入口，叶片的结构形式有关（λ_1、λ_2），同时也与水泵壳内水流速度平方成正比。当水泵转数变慢时，泵壳内水流速度也随之减少，从而 $NPSH_R$ 也要降低。所以变速泵（下调）的吸水性能优于全速泵，按全速泵的 $NPSH_R$ 确定水泵的安装高度可以满足降速运行水泵的要求。

吸水池水位、水泵轴的安装高度、吸水管路系统阻力等决定了水泵装置系统单位水流的能量。在水泵入口处水流能量高出于汽化压力的差值就是该水泵装置系统的有效汽蚀余量，记为 $NPSH_A$。应用伯努利方程得出：

$$NPSH_A=\frac{P_0}{\gamma}+H_{sz}-\frac{P_r}{\gamma}-\sum h_s \tag{5-12}$$

式中　$NPSH_A$——装置系统的有效汽蚀余量（m）；

P_0/γ——大气压力（m）；

H_{sz}——泵轴淹没深度。即轴中心低于吸水池最低水位的深度（m）。如泵轴高于最低水位，则取负值；

P_r/γ——工作温度下饱和蒸汽压（m）；

$\sum h_s$——吸水管沿程与局部水头损失之和（m）。

系统的有效汽蚀余量 $NPSH_A$ 应大于水泵所要求的汽蚀余量，一般 $NPSH_A \geqslant 1.3NPSH_R$。$NPSH_A$ 由装置系统的水力计算得出。$NPSH_R$ 由水泵制造厂的汽蚀试验求之，并绘于水泵的特性曲线上。变换公式（5-12）得：

$$H_{sz}=NPSH_A+P_r/\gamma+\sum h_s-P_0/\gamma$$

令 $NPSH_A=1.3NPSH_R$，则 $H_{sz}=1.3NPSH_R+P_r/\gamma+\sum h_s-P_0/\gamma$　　(5-13)

式（5-13）即为设计时确定水泵淹没深度的公式。

小流量水泵在样本上往往给出的是水泵的吸水高度 H_b（吸程）。吸程也和水泵的

汽蚀余量 $NPSH_R$ 一样表征水泵吸入口处要求的水流富余能量。据吸程 H_b 来确定水泵的安装高度时，也必须考虑吸水系统的阻力损失和工作温度下的汽化压力。即：

$$H+\sum h_s+\frac{P_r}{\gamma}\leqslant H_b$$

式中　H——泵轴高于吸水池最低水位的距离（m）。吸程不应用足，一般取：

$$H+\sum h_s+P_r/\gamma\leqslant 0.7H_b \tag{5-14}$$

式（5-14）可按吸程计算水泵的安装高度。而汽蚀余量与吸程的关系为：

$$H_b+NPSH_R=P_0/\gamma \quad P_0/\gamma-NPSH_R=H_b \tag{5-15}$$

大气压力减去水泵的 $NPSH_R$ 即为水泵的吸程 H_b。如 $NPSH_R$ 大于 10m 则吸程 H_b 为负值，表明该泵必须在淹没下运转。应该注意的是有些人将负值吸程 H_b 当成淹没深度，这将会导致水泵站设计的重大失误。其实，负值吸程的绝对值再加上吸水系统的水力损失及工作温度下饱和蒸汽压，才是淹没深度的最小极限。工程设计上的淹没深度应按式（5-13）计算。

3. 水源泵站机组调速的经济效果

据多年水文记录，汤河水库一年中高于常水位时期长达半年之久，而最低水位的日数多则月余，少则几天，许多年份不出现最低水位。应用水泵机组调速，常年都可利用水库水位位能，节省电力消耗。节电数量可按水位计算水泵轴功率来求得。为简便计，可按年常水位计算全年电力消耗代替逐日电耗之和，是可以满足经济效果评价要求的。表 5-3、表 5-4 分别为泵站轴功率和电度、电费计算表。从计算结果得知，近、中、远期调速泵站每年节电量为 500 万 kW·h 之上，占水源泵站总用电量的 30%。按 0.5 元/(kW·h)计，则每年均能省电费 250 万元。据施工图预算，泵站的全部调速装置的基建投资为 90 万元，即当年就可回收，一年后每年净省电费 250 万元。这项技术如果在全国各地泵站推广，将为国家节省电力约占全国总用电量的 6%，但是水泵机组调速技术也有其不利方面。一是调速装置本身有一定的效率，即有能量损失；二是调速装置价格昂贵；三是回收的电量要产生高次谐波，必须按当地电网容量予以恰当处理。只有在权衡各方面都可行，而又确有显著节能效果时，方可应用。

定速泵与调速泵轴功率计算表　　**表 5-3**

工程分期	定速泵(闸门调节)功率计算				调速泵功率计算(常水位)				24SH-9 水泵工作台数
	H(m)	Q(L/s)	η(%)	$N_{轴}$(kW)	H(m)	Q(L/s)	η(%)	$N_{轴}$(kW)	
近期	87	578.7	77.5	637	51.63	578.7	85	345	2 台
中期	76	868.05	88	735	46.07	868.05	88	446	2 台
远期	80	771.6	87	696	51.63	771.6	90	434	3 台

常水位下全速泵闸门控制与水泵无级调速电度、电费差额　　**表 5-4**

工 程 分 期	单台轴功率差(kW)	泵站电度消耗差(kW·h)	年电费差(万元)
近期	292	5115840	255.792
中期	289	5063280	253.164
远期	262	6885360	344.268

5.2 新兴的真空式和压力式下水道❶

水是自然界生态系统循环的最重要组成要素。排水工程应从区域水循环和水的大循环系统中找到自己的位置。让取自于自然而被污染了的水，通过排水收集与净化系统又安全地返回自然界。

美国的农村居住区分散、人口密度低，排水区域广阔。而大城市交通繁杂，地下构筑物与管道密集。在这些农村与城市建设重力流下水道遇到了很大困难，花费了很多资金。这样美国人为寻求新的下水道系统，于20世纪70年代初，联邦政府补助城市3/4新系统的建设费用，开发了真空式与压力式下水道。80年代建设了示范工程。华盛顿州建设的大型真空式下水道系统，排水户达12000户，真空阀井达4000座。

日本于1987年开始研究这两种下水道系统，并较快地实现了实用化。到1994年日本有55个压力式下水道系统，87个城区与村镇采用了真空式下水道系统。日本水道协会修订的《下水道设施计划与设计指针》1994年版亦收入了真空式与压力式下水道。

1. 真空式下水道系统

真空式下水道是以真空吸力同时输送污水与空气的污水收集系统。如图5-8所示它由真空阀井、中继泵站和真空管道组成。三个要素不能独立发挥作用，而是三位一体才能发挥下水道的功能，所以统称为真空式下水道系统。

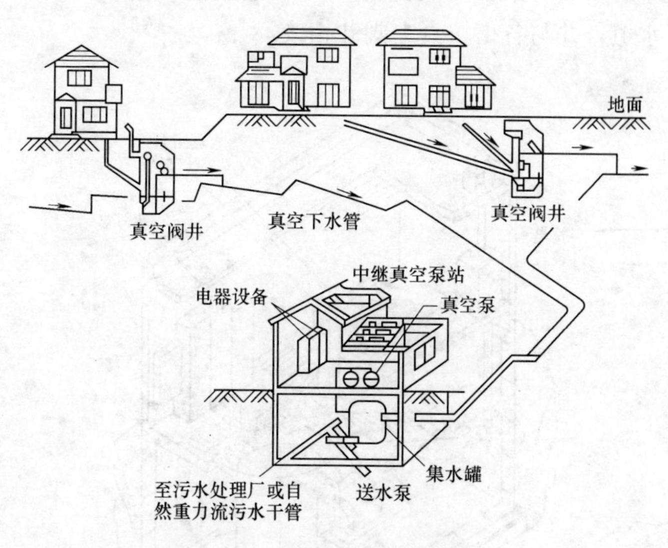

图5-8　真空泵下水道系统

(1) 真空阀井

真空阀井由污水贮存室、真空阀和控制器组成。如图5-9所示，各排水户污水沿重力流管道流入真空阀井，当污水达到一定量时，控制器指令真空阀开动，在真空状态下，污水与空气按一定比例沿真空管路被吸引到中继真空泵站。进而被压送到重力流干

---

❶ 本文成稿于1996年，作者：戴镇生，张杰。

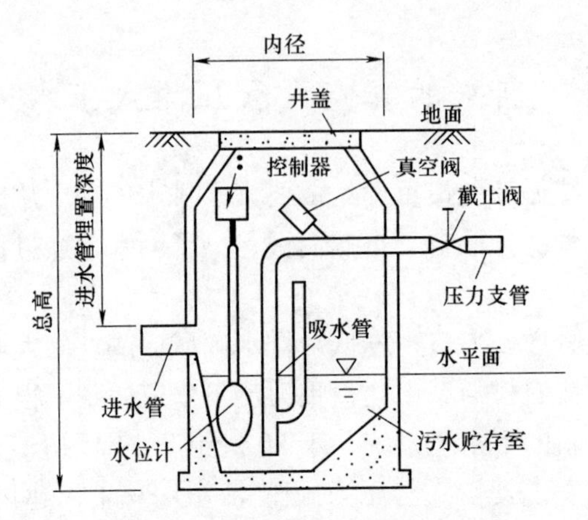

图 5-9 真空阀井单元装置构造

管或污水处理厂。真空阀井在道路上设置时，其标准直径为 900mm，在庭院内设置时多应用口径 50mm 真空阀和内径 450mm 的阀井，按真空阀井的型号不同可接纳 1～8 户的污水。一个真空阀吸引污水的流量为 30～120L/min。

(2) 中继真空泵站

如图 5-10 所示中继真空泵站由产生真空的真空泵、保持真空度和收贮污水的真空罐、压送污水到污水处理厂或重力流干管的送水泵以及控制装置组成。中继泵站的机组设计流量按最大小时流量考虑，气液比为 3∶1。它应置于适中位置，以其为中心，放射状敷设真空下水道，并与各街坊真空阀井相接。

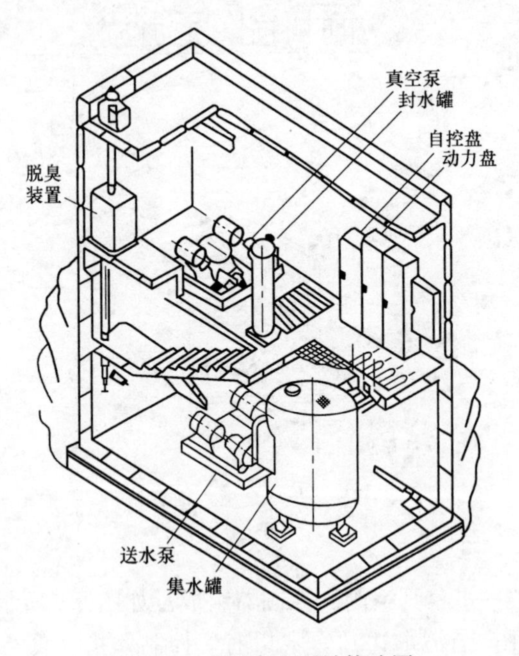

图 5-10 中继真空泵站构造图

(3) 真空下水管道

如图 5-11 所示，真空下水管道由许多水平管段和很短的上升管段所构成的齿状纵

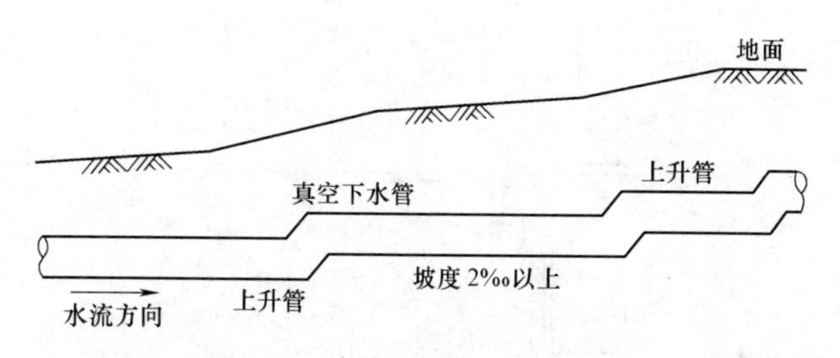

图 5-11　真空下水道的纵断构造

断结构。水平管段以>2‰的坡度顺水流方向铺设。设计时按最大小时流量计算水头损失。真空水头损失有静态真空损失与动态真空损失。在水流静止状态下的静真空损失（Δp_{static}）为所有上升管的高度（H）减去管内径之和，其计算式如下：

$$\Delta p_{static}=\Sigma(H-D)$$

设计流量下的动真空损失（$\Delta P_{dynamic}$）为全部上升管高度的 0.5 倍与水平管段摩擦损失之和：

$$\Delta P_{dynamic}=0.5\Sigma H+\Sigma 2.75\times 10.666C^{-1.85}D^{-4.87}Q^{1.85}L$$

式中　C——流速系数；

Q——设计流量；

L——管道长度。

静真空损失与动真空损失都必须小于 3.5mAq。

（4）真空下水道系统设计运行注意事项

真空管漏气与真空破坏是该系统设计运行最基本点。轻微漏气在地面上很难发现，就要经较长期运行，才可能得知系统漏气。此时可调节真空管道上的区间阀和检修口，来查找发生漏气的部位。在设计上要应用气密性好的管材，并保证施工质量。

2. 压力式下水道

压力式下水道系统是以压力输送污水的系统，如图 5-12 所示，由研磨潜水泵井、压力支管与压力干管组成。

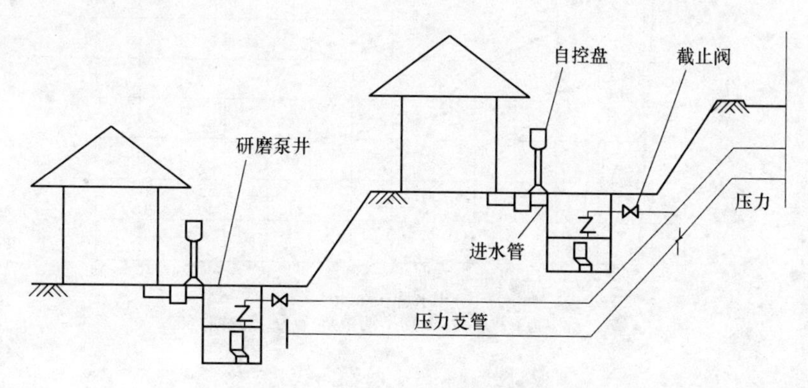

图 5-12　压力式下水道系统概图

（1）研磨潜水泵井

研磨潜水泵井单元装置的结构见图 5-13。井内有贮水室、研磨潜水泵（带有破碎

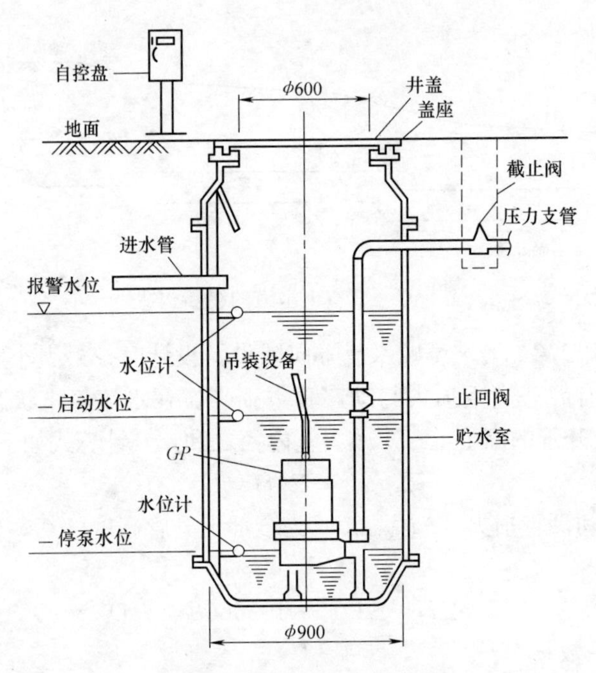

图 5-13　研磨泵井单元装置

机的小型潜水泵，英文缩写 GP）、止回阀、截止阀、进水管、吊装设备、水位计等，井上设有电气与自控设备，统称为研磨潜水泵井单元装置或研磨潜水泵井。泵井由钢筋混凝土或玻璃钢制成，并设井盖和人孔。按不同型号可供 1、3 和 5 户使用。

研磨潜水泵的功率有 0.75kW、1.2kW、1.5kW、2.2kW 和 3.7kW 等 5 种。出水口口径 32～50mm，流量 30～300L/min，扬程 10～30m。研磨潜水泵的特性曲线见图 5-14。

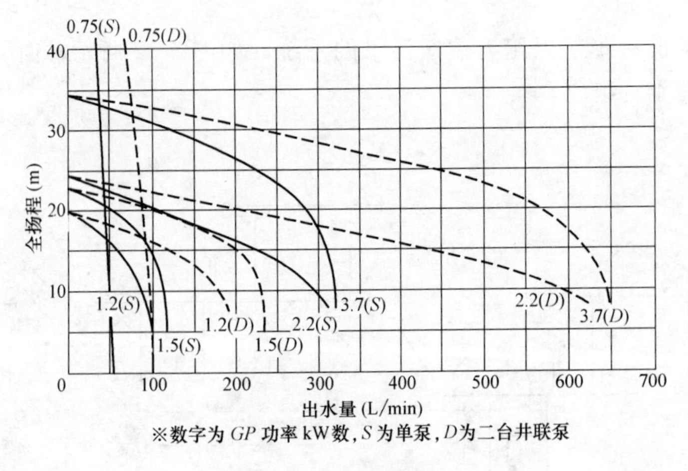

图 5-14　GP 特性曲线

贮水室容量应能贮存 2.5min 设计流量，能应付最大流量峰值与水泵压送水量之差，能容纳由于突然停电或更换水泵等事故状态流入的污水量。

电气控制盘设置在地上泵井附近不妨碍交通且显眼的地方，当机组发生故障时，控制盘上的报警器或闪烁灯报警。用户或行人就会及时向维护公司报告，及时更换研磨泵或进行检修。

(2) 压力下水道系统设计

压力下水道系统可分为以下几种形式：1) 全部用压力管道，直送到污水处理厂(图 5-15)；2) 压力流与重力流相结合(图 5-16)；3) 由于地形等要求设有中途加压泵站(图 5-17)。此外还有其他的组合形式。采用何种形式、管线走向以及管径尺寸等都要经切实的经济技术比较来确定。一般而言路线要最短、埋置深度尽可能浅，以节省建设费用。压力管的最小设计流速取 0.6m/s。

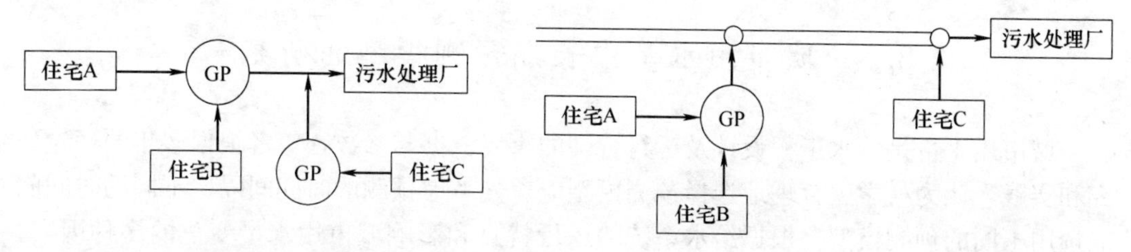

图 5-15 全部压力流的布置形式 图 5-16 压力流与重力流结合的布置形式

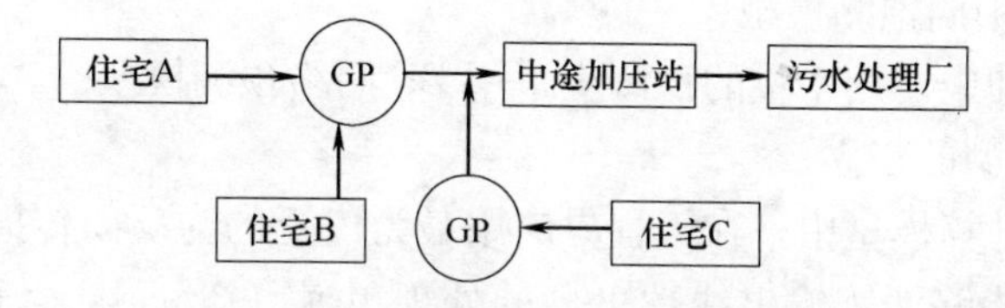

图 5-17 中途加压泵站的布置形式

(3) 真空式下水道与压力式下水道的特点与适用范围

真空及压力式下水道与自然重力流相比，最突出的特点是少受和不受地形限制，可减少埋置深度。并且在拐弯与管道连接处可不设置井，可缩短工期和施工费用。其次由于管道具有很高的气密性或具有内压，几乎杜绝了地下水的渗入，减少了系统的水量负荷。因此它们特别适用于下列情况：1) 地形平坦或起伏多、穿越山谷、河川多的地区；2) 局部低洼地区；3) 地下水位高或地质条件差，开挖深掘困难地区；4) 地下构筑物多，管网密集、施工难度高，赔偿费用多的地区；5) 人文景观与自然保护区；6) 人口密度低、建筑物稀少地区；7) 资金不足，特别需要分期逐步完善下水管网的地区。

两个系统的不同点是受地形制约的程度不同，由于真空高度的限制，真空下水道更适用于地形较平坦起伏小的地区。而压力下水道不受地形的限制。在维护上压力式下水道由于研磨泵的作用，杂物都已粉碎，无堵塞之患。真空式下水道则特别要防止杂物混入以防真空阀、真空管的堵塞。真空式下水道要求用气密性好的管材，并严格要求施工质量，不能发生真空漏气。但压力式水道每个研磨井处都需有动力电源，而真空式只需在中继真空泵站处有电源。

到目前为止自然重力流仍占排水管网的绝对主导地位。这不仅是由于其维护方便、运行安全可靠，同时也在于在人口密集的大中城市，其管网的建设费用也较低所致。但在中小城市或村镇由于人口密度低，建筑物稀少或因地形、地质、地物原因敷设重力流干管有困难，如仍然采用重力流就会大大增加建设费用。因此排水工程师的任务是如何因地、因时制宜地选用其中某种污水输送系统或其相结合的排水方式，以达到建设费用最省，维护最方便的目的。

3. 结语

压力与真空式下水道是新兴的污水收集系统，是一种新技术。还有许多不完善之处。诸如穿越河川技术，中继泵站的自控技术，管道的非开挖施工技术，设计方法与维护规则都需不断革新。笔者祝愿压力式、真空式下水道系统不断完善，能为我国城市建设服务。

5.3 城市用水量中长期预测模型的研究❶

城市用水量是给水工程设计及运行管理的重要依据与参数，笔者根据多年的理论研究和实践，认为科学、合理地选择预测模型应首先考虑预测的时间间隔，不同的时间间隔选用不同的预测模型。根据给水系统的运行特点和影响城市用水量变化的多种因素，选择月（中期）和年（长期）作为城市用水量预测的时间间隔。

1. 城市用水量中期预测模型

城市月用水量即中期用水量的预测应采用 BP 网络预测模型。

(1) BP 网络模型的建立

人工神经网络计算模型中，在工程界应用最为广泛的为反向传播模型，即 BP 网络模型。该模型不仅能够训练输出线性可分的处理单元（Processing Element，PE)，而且对于复杂的非线性分类，则以多层网络隔开，对 PE 加以修正，得到满意的输出结果。BP 网络计算方式不仅具有输入输出层，而且有一层或多层隐含神经元，将输入的信息传递到隐层的神经元上，经过各神经元特性为 Singmoid 型作用函数运算后，把隐层神经元的信息传递到输出神经元，最后给出结果。在城市用水量预测问题上，存在着输入与输出的对应关系。这种对应关系并非线性关系，而是受多种复杂因素约束与影响。因此，人们称城市用水量预测问题是“多变量非线性离散排布”的因果关系。用人工神经网络理论建立预测模型，可以客观地描述这种复杂的因果关系。

一般，在 BP 网络算法中，对于任意给定的函数 $f(X_1, X_2, \cdots, X_n)$ 和误差精度 $\varepsilon>0$，总存在一个网络，该网络的总输入输出关系 $Y=\overline{f}(X_1, X_2, \cdots, X_n)$ 均能以规定的精度逼近任意给定的函数 $f(X_1, X_2, \cdots, X_n)$。在此，将已有实际用水量序列以及季节、气温、节假日等影响因素定义为输入数据 $X_1, X_2, \cdots, X_n$ 经过反复的训练，得到一个网络寻求出往来的总输入与输出的关系 $Y=\overline{f}(X_1, X_2, \cdots, X_n)$。在规定的用水量预测精度 ε 以内，可预测出 $f(X_1, X_2, \cdots, X_n)$ 的用水量序列。这种运算过程用数学模型表示为：

$$x_j^{[s]}=f[\sum W_j^{[s]} x_j^{[s-1]}-Q_j] \tag{5-16}$$

式中 $x_j^{[s]}$——网络中 s 层第 j 天的输出预测用水量，m^3/d；

❶ 本文成稿于 2004 年，作者：袁一星，张杰，徐洪福，曲世琳。

$W_j^{[s]}$——网络中 s 层第 j 天相关的气温与假日的影响因数；

$x_j^{[s-1]}$——网络中（$s-1$）层第 j 天的输入实测用水量，m^3/d；

Q_j——网络中各层第 j 天的实测系统漏失量，m^3/d。

$$O_1 = f[\sum T_j^{[s]} x_j^{[s]} - Q_j] \quad (5\text{-}17)$$

式中 O_1——网络最终预测用水量，m^3/d；

$T_j^{[s]}$——网络中 s 层第 j 天输出预测用水量修正值。

$$E = \sum_{k=1}^{p} e(k) < \varepsilon \quad (5\text{-}18)$$

式中 E——网络最终输出系统误差；

$e(k)$——第 k 个样本系统误差，$e(k) = \sum_{I=1}^{p} |t_1^{(k)} - O_1^{(k)}|$；

p——用水量实测样本数；

ε——系统误差允许值；

$t_1^{(k)}$——第 k 个样本，网络最终输出期望值，m^3/d；

$O_1^{(k)}$——第 k 个样本，网络最终预测用水量，m^3/d；

n——网络节点数。

（2）计算程序

计算程序框图见图 5-18 和图 5-19。

（3）BP 网络模型应用

以华北某市 1999 年 3～6 月份用水量数据进行网络训练（表 5-5）。训练结果将用水量预测 BP 网络结构设计为隐层数 $s=1$；网络节点数 $n=40$；作用函数 Sigmiod；目标输出误差 0.08；最大循环计算次数 2500。利用 BP 网络模型对某市 1999 年 7 月份用水量进行了预测，见表 5-6。

某市 1999 年 3～6 月部分用水量数据 **表 5-5**

日　期	实际水量(m^3/d)	最高气温(℃)	最低气温(℃)	节假日影响指数
19990301	1169700	11	0	0
19990302	1165750	10	1	0
19990303	1178360	11	2	0
…	…	…	…	…
19990427	1184390	20	9	0
19990428	1185420	26	13	0
19990429	1196030	28	14	0
19990430	1193730	23	10	0
19990501	1105220	21	12	1
19990502	1104920	17	10	1
19990503	1223620	8	14	1
…	…	…	…	…
19990627	1329290	36	24	1
19990628	1355230	32	22	0
19990629	1339190	36	24	0
19990630	1339290	35	23	0

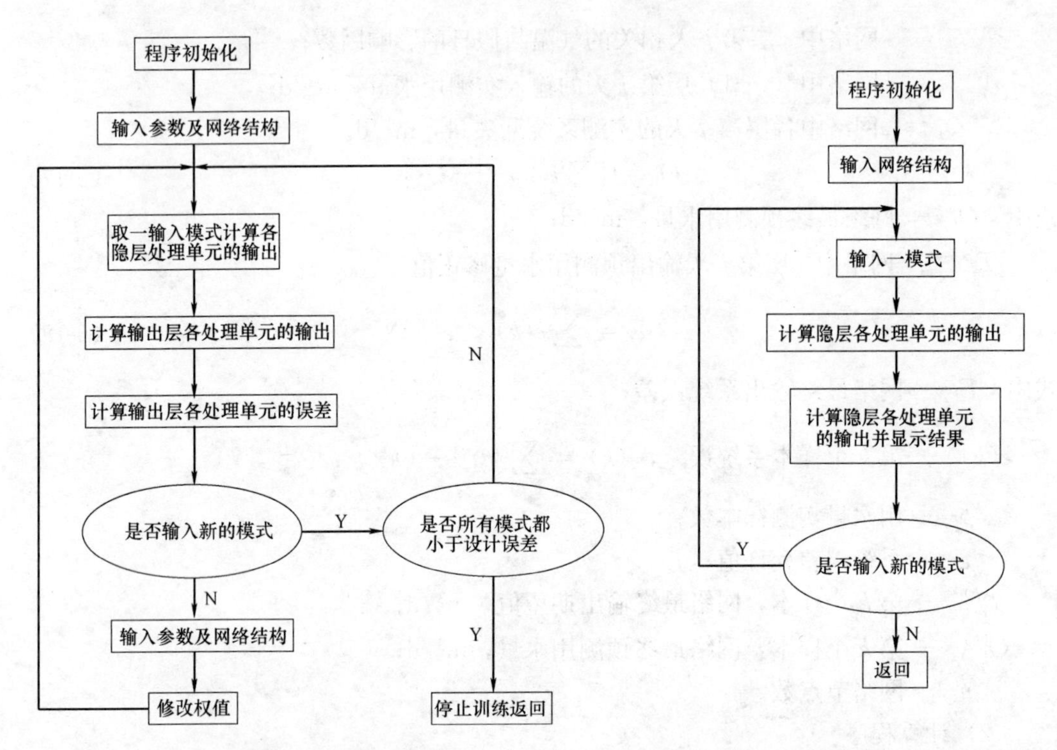

图 5-18　BP 算法训练程序框图　　图 5-19　BP 算法网络验证程序框图

某市 1999 年 7 月部分用水量预测结果　　**表 5-6**

日　期	最高气温（℃）	最低气温（℃）	节假日影响指数	实际水量（m^3/d）	预测水量（m^3/d）	相对误差（%）
19990701	36	23	0	1409430	1362650	−3.3186318
19990702	36	24	0	1386100	1362656	−1.6916493
19990703	37	23	1	1362190	1337478	−2.0880384
19990704	33	23	1	1357120	1318176	−2.8694147
…	…	…	…	…	…	…
19990728	35	26	0	1392210	1374774	−1.2544044
19990729	37	27	0	1403190	1375620	−1.9647888
19990730	36	24	0	1408820	1373984	−2.4726905
19990731	31	22	1	1289370	1287392	−0.1534405

2. 城市用水量长期预测模型

城市年用水量即长期用水量的预测应采用灰色预测模型。

(1) 灰色模型的建立

城市中长期用水序列存在两种基本情况，一是用水量序列记录时间较长，历史数据较多；另一是用水量序列记录时间较短，历史数据较少。由于社会发展等多方面的原因，使得两类用水量序列在数据模式、变化趋势诸方面都存在较大差异。就目前我国城市用水量序列的特点而言多数属于后者，而灰色系统预测方法特别适用于这类用水量序列的分析。GM（1，1）模型是灰色预测的基础，下面是对中长期用水量序列建立模型的过程。将已有用水量序列数据表示为：

$$Q^{(0)}=Q^{(0)}(1),Q^{(0)}(2),\cdots,Q^{(0)}(n) \tag{5-19}$$

对 $Q^{(0)}$ 作一次累加处理，生成一阶灰色模块

$$Q^{(1)}=Q^{(1)}(1),Q^{(1)}(2),\cdots,Q^{(1)}(n) \tag{5-20}$$

$$Q^{(1)}(k)=\sum_{i=1}^{k}Q^{(0)}(i)\quad(k=1,\cdots,n) \tag{5-21}$$

式中 $$Q^{(1)}\ (1)=Q^{(0)}\ (1)$$

对式（5-20）建立 GM（1，1）模型，其形式为

$$\frac{\mathrm{d}Q^{(1)}}{\mathrm{d}t}+\alpha Q^{(1)}=u \tag{5-22}$$

式中 α——系统的发展灰数；

u——系统的内生控制灰数。

令 $\hat{\alpha}=(\alpha,\ \mu)^{\mathrm{T}}$为模型识别系数

$$\hat{\alpha}=(B^{\mathrm{T}}B)^{-1}B^{\mathrm{T}}-Y_{\mathrm{N}}(8)$$

其中 $YN=\{Q^{(0)}(1),\ Q^{(0)}(2),\ \cdots,\ Q^{(0)}(n)\}^{\mathrm{T}}$

$$B=\begin{bmatrix}-\frac{1}{2}(Q^{(1)}(2)+Q^{(1)}(1)) & 1\\ -\frac{1}{2}(Q^{(1)}(3)+Q^{(1)}(2)) & 1\\ \cdots & \cdots\\ -\frac{1}{2}(Q^{(1)}(\mathrm{n})+Q^{(1)}(\mathrm{n}-1)) & 1\end{bmatrix}$$

这是一阶一个变量的微分方程模型，故记为 GM(1，1)。求解式（5-22），得时间响应函数为

$$\hat{Q}^{(1)}(k+1)=\left[Q^{(0)}(1)-\frac{u}{\alpha}\right]e^{-\alpha k}+\frac{u}{\alpha} \tag{5-23}$$

做 1-IAGO 还原则生成预测序列为

$$\hat{Q}^{(0)}(k+1)=\hat{Q}^{(1)}(k+1)-\hat{Q}^{(1)}(k) \tag{5-24}$$

式（5-23）和式（5-24）即为用水量预测 GM(1，1) 模型的时间响应函数及预测序列计算公式。该方法尤其适用于计算机程序求解，据此编制了预测计算应用程序。计算框图见图 5-20。

（2）灰色模型的应用

利用东北某市 1987～1997 年 11 年的实际用水量数据建立 GM(1.1) 模型进行预测，其模型为：

$$\hat{Q}^{(1)}(k+1)=961837.704e^{0.024687\mathrm{k}}-93904.804$$

$$\hat{Q}^{(0)}(k)=\hat{Q}^{(1)}(k)-\hat{Q}^{(1)}(k+1)$$

模型预测结果见表 5-7。

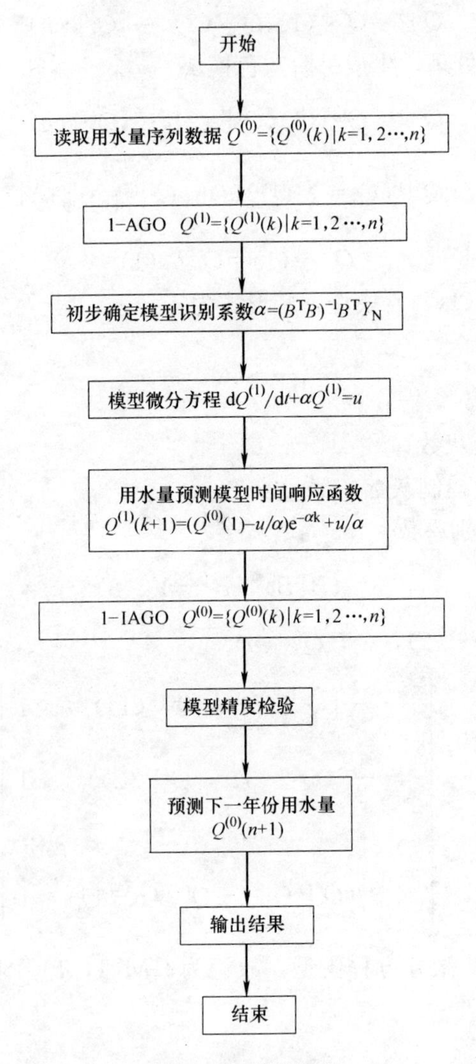

图 5-20 程序流程

模型预测结果 **表 5-7**

年份	实际用水量(万 m^3)	计算用水量(万 m^3)	误差(万 m^3)	相对误差(%)
1987	2476.8	2404.1	72.7	2.9
1988	2606.5	2464.1	142.4	5.5
1989	2413.3	2525.7	−112.4	−4.7
1990	2585.6	2588.9	−3.3	−0.1
1991	2637.2	2653.6	−16.4	−6.2
1992	2595.3	2719.9	−124.6	−4.8
1993	2784.5	2787.9	−3.4	−0.1
1994	2618.4	2857.6	−239.2	−9.1
1995	2896.7	2929	−32.3	−1.1
1996	3035.3	3002.2	33.1	1.1
1997	3266.3	3077.2	189.1	5.8

3. 结论

上述分析与应用实测表明，城市用水量中期预测模型在样本数据连续的情况下，具有较高的精度与可靠性，其预测结果可作为供水企业生产调度或月成本计算的依据；城市用水量长期预测模型可视为一个灰色系统，可将随机变量当作灰色变量，这样就克服了由于预测周期长而出现的不确定因素对预测精度的影响，其预测结果可作为城市基础设施规划和给水系统优化改扩建的依据。

5.4 城市给水管网系统模型的校核❶

给水管网系统模型与实际的管网运行工况往往不吻合，管网衍生状态量（管段流量、节点水压）的模拟值与监测值也往往不一致，为能仿真实际给水管网系统的工况，必须对其进行校核。

1. 影响模型精度的因素

一般情况下，给水管网系统模型仿真计算结果与现场实测结果不相吻合，节点压力和管段流量的计算值与监测值之间总存在一定的差异。导致出现偏差的原因包括：(1) 基础数据的准确性。给水管网系统模型计算过程涉及庞大的数据量，需建立以基础数据为核心的数据库，但该数据库难以保证所有数据都与实际情况相一致。(2) 管网拓扑图形的完善程度。城市给水管网模型不可能包含实际管网中的每一条管线，一般对某些管径小且水力条件影响也小的管段舍去。(3) 水泵的流量-扬程曲线。水泵的长期运转会导致叶片磨损，使得实际的水泵特性曲线与理论曲线不吻合。(4) 管网操作条件存在一些不确定因素（如阀门的开启度等)。(5) 节点流量是为水力模拟计算而设置的一个虚拟量，且具有显著的随机性。(6) 海曾-威廉公式 C 值的不确定性。(7) 量测设备存在误差。

2. 模型校核技术流程

针对影响模型精度的因素，提出了如下的模型校核总体思路：进行水力模拟计算，比较监测点的监测值与模型计算值，如不一致则找出存在差异的原因，完善、修正模型或调整模型参数，反复上述过程直到计算值与监测值的误差在允许的范围之内。校核过程可分为预校核和精确校核。预校核是指当模拟量与监测量之间差异过大时，核实基础资料的准确性；精确校核是指当计算结果与监测数据相差不大时，微调模型参数（如节点流量和 C 值)，减小模拟值和监测值之间的差异。技术流程见图 5-21。

模型校核是一个完善模型、调整参数、反复计算的过程，必须满足能量方程和连续性方程。

(1) 预校核

1) 核实压力、流量监测点数据的准确性；

2) 分析模拟计算结果，检查管网基础数据或拓扑结构的准确性；

3) 调整水泵 H-Q 特性曲线，使出厂水压力和流量与监测值的偏差在误差范围内；

❶ 本文成稿于 2005 年，作者：袁一星，张杰，赵洪宾，周建华，曲世琳。

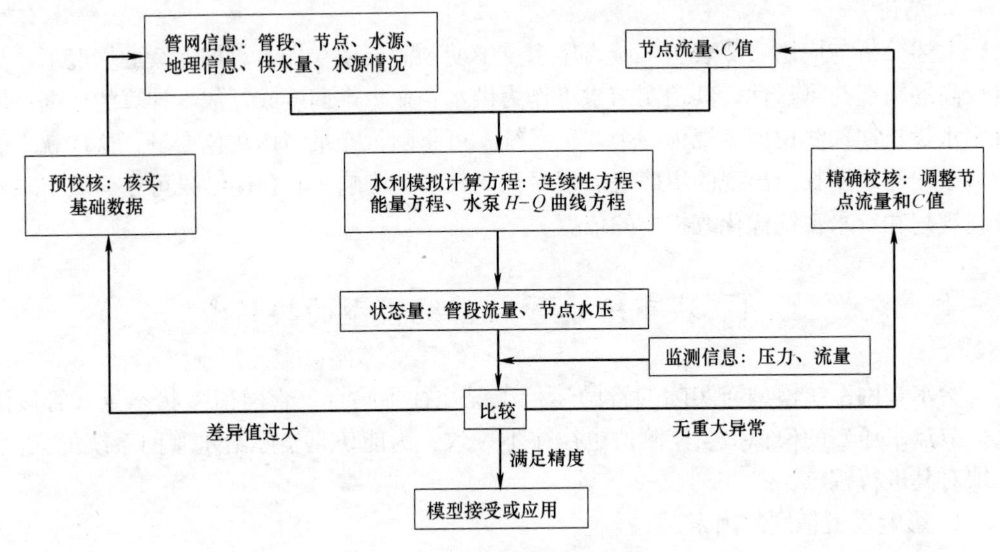

图 5-21　模型校核技术流程

4）分析模拟计算结果，补充水力条件重要的小口径管段，完善管网拓扑结构；

5）调整部分阀门的开启度，改变管网的水力条件。

经预校核后，模拟计算结果与监测值仍会有一定差异，但不会太大，可在此基础上进行模型精确校核。

（2）精确校核

在精确校核中，需调整节点流量和海曾-威廉 C 值。传统的模型校核大多只调整海曾-威廉 C 值或节点流量，在为数极少的两个参数同时调整中，也没有考虑各时段负荷的不同。单负荷的节点流量调整是没有任何意义的，因为不同负荷下的节点流量是不一样的。为减少管网模型校核时的变量个数，并考虑各时段负荷的不同，以节点水压和管段流量的相对误差平方和最小为目标来调整节点流量和阻力系数。

目标函数：

$$\mathrm{MinJ} = \sum_{t=1}^{L}\left[w_1 \sum_{i=1}^{nn} w_{\mathrm{H}} \left(\frac{H_{\mathrm{ti}} - H_{\mathrm{ti}}^0}{H_{\mathrm{ti}}^0}\right)^2 + w_2 \sum_{i=1}^{mm} w_{\mathrm{Qi}} \left(\frac{Q_{\mathrm{ti}} - Q_{\mathrm{ti}}^0}{Q_{\mathrm{ti}}^0}\right)^2 \right] \tag{5-25}$$

式中　H_{ti}、H_{ti}^0——分别为第 t 时段第 i 个测压点的压力模拟值和测量值；

Q_{ti}、Q_{ti}^0——分别为第 t 时段第 i 个测流点的管段流量模拟值和测量值；

w_1、w_2——分别为反映压力、流量重要性的权系数；

w_{H}、w_{Qi}——分别为反映第 i 个测压点及流量监测点重要性的权系数；

nn、mm——分别为压力及流量监测点数；

L——需校核的时段数。

约束条件：

$$F(q_i, r_i, H_{ij}, Q_{ij}) = 0 \tag{5-26}$$

$$r_i = 0.27853 C_{ij} D_{ij}^{2.63} / L_{ij}^{0.54} \tag{5-27}$$

$$\sum q_i - Q_{总} = 0 \tag{5-28}$$

式中　q_i——第 i 个节点的流量测定值；

r_i——连接节点 i 和节点 j 的关联系数；

C_{ij}——连接节点 i 和 j 管道的海曾-威廉系数；

D_{ij}——连接节点 i 和 j 管道的管径；

L_{ij}——连接节点 i 和 j 管道的长度；

H_{ij}——连接节点 i 和 j 管道的水头损失；

Q_{ij}——连接节点 i 和 j 管道的流量；

$Q_{总}$——校核时总流量；

Σq_i——管网节点流量总和。

3. 模型校核实例

某市给水管网系统的模型数据库采用 $DN300$ 以上管线，为提高模型的准确性，以水力计算为依据适当添加了部分对管网水力条件影响较大的 DN300 以下管线。数据库包括 3615 个节点、4731 个管段、3 个水源。结果见图 5-22、5-23 和表 5-8。

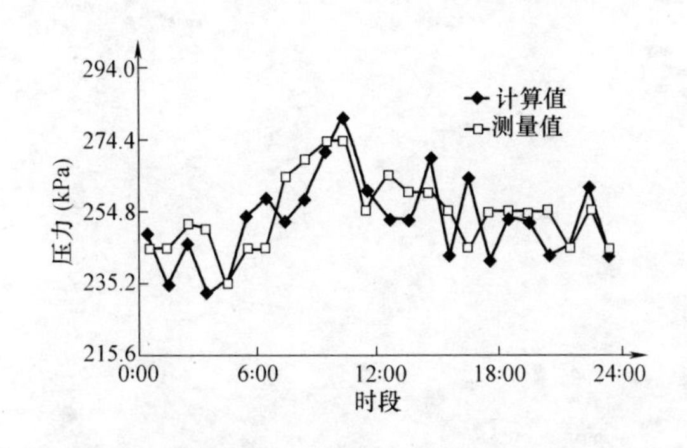

图 5-22　某监测点压力计算值与监测值

图 5-23　流量计算与监测值

水量测定值与计算值的比较　　**表 5-8**

计算值与测量值的差	$<1\%Q_{厂}$	$<2\%Q_{厂}$	$<6\%Q_{厂}$
水厂一	41.7	79.2	100
水厂二	37.5	75.0	100
水厂三	45.8	83.3	100

由图 5-22、图 5-23 及表 5-8 可知，经校核后模型计算值与实测值接近，满足精度要求。

4. 结论

模型校核是给水管网建模中最关键的一环，它不但决定了模拟结果的准确程度，也直接决定着模型的可信性和实用性。以节点水压和管段流量的相对误差平方和最小为目标来调整节点流量和阻力系数，不但提高了预测精度，而且更简洁。

参考文献：

1. 柏谷卫. アメリカにおける 下水の新收集シスラム现况トピックス. 月刊下水道，1995，18

（12）：10.

2. 口山中润一. 真空式下水道について（Ⅰ）. 月刊下水道，1995，18（12）：10.
3. 藤田享司. 真空式下水道について（Ⅱ）. 月刊下水道，1995，18（12）：10.
4. 加藤俊辅. 压力式下水道について（Ⅰ）. 月刊下水道，1995，18（12）：10.
5. 稻岛庸夫. 压力式下水道について（Ⅲ）. 月刊下水道，1995，18（12）：10.
6. 压力式下水道シスラム技术指针（案）. 土木研究所资料第2846号.
7. 真空式下水道シスラム技术指针（案）. 土木研究所资料第3025号.
8. 真空式下水道シスラム技术マニエアル. 下水道新技术推进机构1994年度版.
9. 单金林. 利用BP网络建立预测城市用水量模型. 中国给水排水，2001，17（8）：61～64.
10. 周继成. 人工神经网络. 北京：科学普及出版社，1993.
11. 徐洪福等. 灰色预测模型在年用水量预测中的应用.
12. Hantush M M，Sridharan K. Parameter estimation in water- distribution systems by least squares [J]. Journal of Hydraulic Engineering. ASCE，1994，120（4）：156～163.
13. 陶建科. 建立给水管网动态模型中的水量分析方法 [J]. 给水排水，1998，24（1）：36～40.
14. 张洪国，袁一星，赵洪宾. 给水管网动态模型中管道阻力系数的组合灰色推定方法 [J]. 哈尔滨建筑大学学报，1998，31（5）：45～5.

第6章

制药废水处理技术

工业废水在城市污水中约占30%～40%以上的比例，使得城市污水成分复杂，降低了污水的可生化性。增加了污水处理的难度，尤其严峻的是个别工业企业废水中含有重金属、微量人工合成物质、环境荷尔蒙等。制药废水是其中的一种。制药废水中抗生素等药物成分对水生生物、甚至对人体健康均有严重的危害，是需要进行局部除害的工业废水之一。去除废水中对污水生化处理有害的物质不但可以降低处理难度，同时也增加了城市水系统的安全性。本章以医药废水为例介绍了工业废水的除害处理工艺技术研究。

6.1 制药废水净化工艺进展

6.1.1 水解酸化-生物接触氧化工艺处理制药废水[1]

哈尔滨制药四厂是隶属于哈尔滨医药集团的一家以生产片剂为主的制药企业，是黑龙江省最大的固体制剂制药生产基地。其主要产品有乙酰螺旋霉素片、去痛片、解热止痛片、强力脑清素片、胃必治片、安乃近片、交沙霉素片、新速效感冒片等。固体制剂制药厂与一般生产厂家不同，其主要生产品种和数量随季节变化较大。另外，随市场需求量的变化，产品品种和数量变化也较大。因此，该厂废水水质、水量变化较大。废水主要来自生产车间设备清洗水、刷罐水、地板冲洗水及厂区的生活污水，废水中含有大量难降解有机物及有毒有害物质。由于该厂废水经何家沟直接排入松花江，如不经处理直接排放，将严重污染自然水体，危及农业、渔业乃至人类的正常生活。

由于制药四厂用地非常紧张，该厂废水处理站工程是在原有仓库内进行建设，施工难度大。工程设计废水处理量为175m³/d，设计废水水质及达标要求见表6-1。

设计废水水质及达标要求　　表6-1

项　目	COD_{Cr} (mg/L)	BOD_5 (mg/L)	SS (mg/L)	油类 (mg/L)	pH
范围	250～1800	70～530	350～1000	15～20	6～9
设计值	1000	250	700	16	6～9
达标要求	≤100	≤30	≤70	≤10	6～9

[1] 本文成稿于2005年，作者：相会强，张杰，于尔捷。

1. 工艺流程

由于该厂废水可生化性较差，经多次监测废水 BOD_5/COD_{Cr} 约为 0.3 左右，并含有大量难降解有机物主要是芳香族化合物，这给废水治理带来很大的难度。在小试的基础上决定采用水解酸化-两级生物接触氧化工艺。

废水处理工程工艺流程见图 6-1。废水在厂内汇集，通过格栅去除较大的漂浮物、悬浮物后自流至水解酸化调节池。调节池内废水由潜污泵均匀打至竖流式初次沉淀池，初沉池出水自流至第一级生物接触氧化池，再至第二级生物接触氧化池。废水经两级生物接触氧化反应后，自流至二次沉淀池，二沉池出水外排。二沉池污泥定期排入水解酸化调节池进行一定程度的污泥消化，初沉池污泥排至污泥浓缩池进行浓缩。污泥浓缩池上清液排至调节池再进行处理，浓缩后污泥经板框压滤机压滤后，泥饼外运。

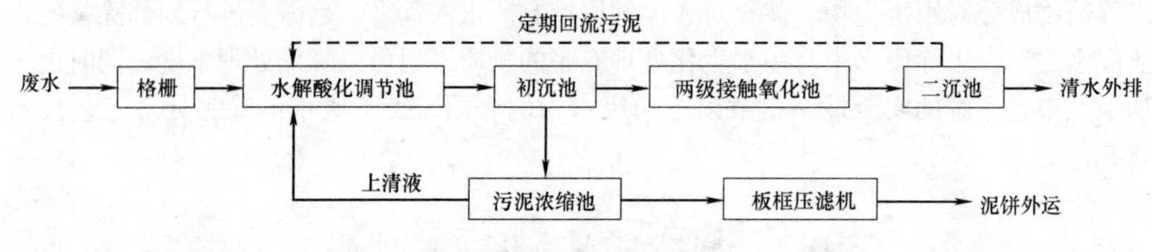

图 6-1 哈药集团制药四厂废水处理工艺流程图

2. 主要构筑物及设备技术参数

主要构筑物及设备技术参数见表 6-2、表 6-3。

主要构筑物技术参数 **表 6-2**

构筑物名称	容积(m^3)	长×宽×高(m)	数量(座)	水力停留时间(h)
水解酸化调节池	75	5×5×3	1	10
竖流式初沉池	16	2×2×4	1	2
第一级接触氧化池	20	3×2.5×4	1	4
第二级接触氧化池	60	5×3×4	1	8
竖流式二沉池	16	2×2×4	1	2

主要设备技术参数 **表 6-3**

设备名称	型号	功率	数量	备注
罗茨鼓风机	WL20-5-2/0.5	14	2	一用一备
潜污泵	50WQ10-10-0.75	0.75	2	一用一备
污泥回流泵	50WL10-10-0.75	0.75	1	
板框压滤机	$4m^2$		1	

3. 调试运行

2000 年 8 月 19 日开始，我们正式对水处理系统进行调试。根据我们的检测，废水中 BOD_5、N 和 P 的含量基本符合微生物生长的条件。因此，我们决定采用自然接种，培养与驯化同时进行的方法。开始以 $5m^3/h$ 的流量连续进水，随后将流量逐步调至设计流量。每天测定进、出水的 COD_{Cr}、BOD_5、pH、SS、油类并定期观察生物相。

整个调试过程经过生物膜的培养、驯化，系统的试运行，正式运行3个过程，历时3个月。哈尔滨市环保局委托哈尔滨市监测站于2000年10月17日～19日进行了为期3d的现场取样、监测结果见表6-4。

监 测 结 果 **表 6-4**

时 间		监测项目									
		pH		COD_{Cr}		BOD_5		SS		油类	
		进水	出水	进水	出水	进水	出水	进水	出水	进水	出水
2000.10.17	上午	8.14	8.48	863	65.7	246	13.6	463	40	6.9	0.5
	下午	8.27	8.45	695	49.5	208	9.5	398	36	9.8	0.5
2000.10.18	上午	7.90	7.99	962	70.8	284	14.2	435	28	15.3	1.2
	下午	8.42	8.06	1038	75.9	298	15.6	564	42	10.6	0.8
2000.10.19	上午	7.77	7.80	953	51.9	285	11.3	628	62	7.3	0.5
	下午	8.12	8.08	892	57.8	268	12.5	598	45	5.9	0.5

注：表中未注明的项目，单位均为mg/L。

监测结果表明，出水水质各项指标均达到规定的排放标准，整个工程的运行达到了设计要求。

4. 讨论

(1) 水解酸化预处理工艺在制药废水处理的应用

该厂废水属中、低浓度有机废水，若采用以能源回收为主要目的的厌氧硝化在经济上未必合算。作为预处理，将厌氧工艺控制在水解酸化阶段的厌氧水解工艺与普通好氧工艺相比，尽管处理效果较差，但由于不需曝气而大大降低了生产运行成本。对于小型废水处理站，这种能耗小并能达到一定处理效果的处理工艺具有一定优势。

水解酸化工艺是考虑到产甲烷菌与水解产酸菌生长速率不同，在反应器中利用水流动的淘洗作用造成甲烷菌在反应器中难于繁殖，将厌氧处理控制在反应时间短的厌氧处理第一阶段即在大量水解细菌、产酸菌作用下将不溶性有机物水解为溶解性有机物，难于生物降解的物质转化为易于生物降解的小分子物质。将厌氧水解处理作为各种生化处理的预处理，由于不需曝气而大大降低了生产运行成本，可提高污水的可生化性，降低后续生物处理的负荷，大量削减后续好氧处理工艺的曝气量，降低工程投资和运行费用，因而广泛的应用于难生物降解的化工、造纸、制药等高浓度有机工业废水处理中。大量文献表明，水解温度对处理效果影响很小。在一定的温度范围内，温度的变化对COD的去除率影响不大。水解池水温只要维持在10℃以上，就能取得很好的处理效果。由此可见，在北方寒冷地区，采用水解酸化预处理工艺处理浓度较高、成分复杂多变的制药废水具有很大的优势。

(2) 水解酸化调节池

由于本厂用地有限，因此本工程将调节池和水解酸化池合二为一，在调节池内设置半软性填料，填料高度为1.5m。水解酸化调节池内作为制药废水处理的预处理设施，除可调节水质、水量外，还具有水解酸化的功能。同时生物接触氧化池的剩余污泥回流至水解酸化调节池得到消化处理，从而大大减少污泥处理量，这样就大大降低了工程投资和运行成本。由此可见，水解酸化调节池同时具有调节水质、水量、水解酸化和污泥消化的功能。水解酸化调节池设在地下，内部尺寸为 5m×5m×5.6m，有效容积为 75.0m³，停留时间为 10.0h。

(3) 二段接触氧化工艺的应用

由于废水生物处理中的优势微生物菌群是以一定的限制因素而变化的，故根据不同的限制条件可利用不同的微生物群体，实现不同的处理目标，这就是分段处理的基本原理。通常在第一段以高或超高负荷运行，大幅度削减污染物的负荷，第二段以较低的负荷运行，保证良好的出水水质。氧化池的流态基本上属于完全混合型，因此可以提高生化效率，缩短生物氧化时间。适应原水水质的变化，使处理水水质趋于稳定。为了进一步提高氧化池的效率，本工程采用二段接触氧化工艺。总停留时间为 12h，其中第一段停留时间为 4h，第二段停留时间为 8h。从实际运行结果来看，二段接触氧化工艺运行稳定、处理效率高。2000 年 8 月份～2001 年 3 月份的运行结果见表 6-5。

2000 年 8 月份～2001 年 3 月份运行结果 表 6-5

日 期	氧化池水温（℃）	进水 COD_{Cr}（mg/L）	第一段出水 COD_{Cr}（mg/L）	第一段去除率（%）	第二段出水 COD_{Cr}（mg/L）	第二段去除率（%）	总去除率（%）
2000 年 8 月	·24	530	126.14	76.2	44.34	64.84	92.2
2000 年 9 月	21	879.6	190.87	78.3	57.17	70.05	93.5
2000 年 10 月	16.5	546	126.67	76.8	30	76.32	94.5
2000 年 11 月	16	1067.22	219.85	79.4	71.42	67.51	93.3
2000 年 12 月	14.5	1711.52	332.03	80.6	67.56	79.65	96.05
2001 年 1 月	13.5	600.86	136.4	77.3	44.46	67.4	92.6
2000 年 2 月	14.6	1317.84	266.2	79.8	77.52	70.88	94.1
2000 年 3 月	15.3	953.8	206.02	78.4	61.99	69.91	93.5

注：表中数据为每月平均值。

(4) 温度对接触氧化反应的影响

由于有机物的降解反应是由微生物的新陈代谢作用产生的，而微生物的新陈代谢又与污水的温度有关。张自杰总结生化处理以 20～30℃最佳，15～35℃可行，低于 8℃时，出水水质变差；同时指出，在生物量较多的构筑物内，温度对处理效果的影响相对较小。由于接触氧化池建于室内，室外气温的变化对污水温度的影响并不显著。接触氧化池内污水温度主要与原水温度、进水量大小以及鼓风曝气时间长短有关。由于采用罗茨鼓风机曝气，风温一般都在 20℃左右，这等于给污水进行了调温和保温，所以即使在冬季接触氧化池的水温一般不低于 13℃。从实际运行结果来看，温度的变化对接触氧化池处理效果的影响不显著。

在 2001 年 3 月初，由于该厂环卫工人将大量积雪倒入调节池，导致接触氧化池内水温骤然降至 8℃左右，处理效果大幅度下降，出水水质恶化。镜检发现，部分生物膜脱落，微生物出现呆滞和死亡。后来随着污水水温逐渐提高，处理效果逐渐提高，出水水质逐渐改善，大约两周后，处理效果恢复到以前的水平。由此可见，在北方寒冷冬季保持水温不低于10℃，方能保证污水处理设施正常运行。

（5）泡沫的产生与控制

在系统的调试过程中曾发生接触氧化池泡沫四溢而造成整个处理流程无法正常运行的现象。经调查发现造成这一现象的原因主要是：

1）该厂产品胃必治、脑安片等药品中含有能大量起泡的甘草浸膏。该物质在曝气状态下能产生持久性泡沫。

2）水质情况波动比较大，当有冲击负荷时易产生褐色生物泡沫。

3）该厂洗衣房每天要清洗大量衣物，并且浴池每天开放。因此，废水中含有大量的表面活性剂，易产生泡沫。

在调试期间采取如下措施可以解决：

1）加强清洁生产。生产车间散落的原料尽可能以固体废弃物的形式统一回收集中处理，禁止用水冲入下水道。

2）进一步延长废水在水解酸化池的停留时间，这样可使大分子表面活性剂分子结构受到破坏，从而达到减轻甚至消除后续好氧曝气工艺泡沫四溢的问题，使好氧工艺得以正常运行。

3）适当减小曝气量，并在接触氧化池架设高压水管，当出现泡沫时通过喷水可有效的控制泡沫。

5. 结论

在北方寒冷地区，采用水解酸化——两级生物接触氧化工艺处理浓度较高、成分复杂多变的制药废水处理效果良好，运行稳定。在运行中出现的问题及解决办法对类似的废水处理有一定的借鉴作用。

6.1.2 抗生素生产废水治理技术综述❶

目前，国内有300多家企业生产70多个品种的抗生素，占世界总产量的20%～30%，抗生素生产过程中产生的高浓度废水一直是污水治理领域的一个难题，对于这种成分复杂、色度高、生物毒性大、难降解高浓度有机废水处理至今尚未找到适宜的解决方法，是目前国内外水处理的难点和热点。

生物制药行业的废水处理后必须满足以下要求：COD≤300mg/L，BOD_5≤150mg/L，NH_3-N≤25mg/L，SS≤200mg/L，对于高浓度抗生素生产废水而言，这无疑是一项艰巨的任务。因此，围绕抗生素生产废水的处理做了大量研究，提出了许多治理技术和方法，取得了一定的研究成果。

1. 抗生素废水的处理方法

抗生素废水的处理方法可简单归纳为三种：物化处理、厌氧处理和好氧处理。各种处理方法都有其优势和不足。

（1）物化处理

---

❶ 本文成稿于2002年，作者：张杰，相会强，徐桂芹。

目前用于抗生素废水处理的物化方法主要有以下几种：混凝-沉淀、吸附、气浮、焚烧法和反渗透等，各种方法的处理效果见表 6-6。

物化方法处理抗生素废水效果 **表 6-6**

处 理 方 法	废 水 类 型	处 理 效 果	备 注
混凝-沉淀	混合废水	COD 去除率 80%以上	混凝剂为 PACS 和 PAFCF
炉渣吸附	混合废水	COD 去除率 90%	炉渣 80%，粉煤灰 20%
化学气浮	土霉素、麦迪霉素废水	COD 去除率 33%～39.1%	产气化合物为 $CaCO_3$，助气化合物为 HCl
焚烧法	氯霉素生产浓废水	处理后其烟气组成与锅炉烟气基本相似，在排放标准内	
反渗透	土霉素结晶母液	COD 去除率大于 99%	膜组件为卷式反渗透膜

物化方法的选择应根据各类抗生素废水特点及试验结果而定。

(2) 生物处理工艺

生物处理工艺主要有好氧生物处理、厌氧生物处理及厌氧-好氧组合处理工艺。

1) 好氧生物处理工艺

表 6-7 汇总了国内外部分抗生素生产废水好氧生物处理工艺及其主要运行参数。由表 6-7 可知，抗生素生产废水的好氧生物处理工艺主要是早期传统活性污泥法和 70 年代开发的革新替代工艺。但是，由于抗生素生产废水属于高浓度有机废水，常规好氧活性污泥法难以承受 COD 浓度 10g/L 以上的废水，需对原废水进行大量稀释，因此，清水、动力消耗很大，导致处理成本很高，应用厂家实际废水处理率也较低。

抗生素生产废水好氧生物处理工艺及运行参数 **表 6-7**

处理工艺	废 水 类 型	处理规模 (m^3/d)	COD		MLSS (g/L)	HRT (h)	BOD 容积负荷 [kg/(m^3·d)]	备注
			进水 (mg/L)	去除率 (%)				
活性污泥法	青霉素废水为主	2200	3116	95	8～12	14～25	2.9～4.8	
深井曝气	乙酰螺旋霉素废水	600	3000	58.5	6～7	3.5		后接 ICEAS
	林可霉素废水	1250	2800	90	6～8	4		后接接触氧化
SBR	土霉素废水		1600～12000	78.7～88.4	3.88～8.28	9		试验研究
氧化沟	混合废水	4800	480～1286	>75			0.3	

2) 厌氧生物处理工艺

目前，国内外高浓度有机废水的处理方法，基本上是以厌氧发酵为主。与好氧处理相比，厌氧法在处理高浓度有机废水方面通常具有以下优点：

a. 有机物负荷高；b. 污泥产率低，产生的生物污泥易于脱水；c. 营养物需要量少；d. 不需曝气，能耗低；e. 可以产生沼气、回收能源；f. 对水温的适宜范围较广；g. 活性厌氧污泥保存时间长。

抗生素废水厌氧处理中常用工艺有升流式厌氧污泥床（UASB）、厌氧流化床、厌氧折流板反应器等，处理负荷及效果见表 6-8。

抗生素工业废水厌氧生物处理工艺及运行参数　　表 6-8

厌氧工艺	废水类型	处理规模 (m^3/d)	COD		HRT	COD 容积负荷 ($kg/(m^3 \cdot d)$)	备注
			进水 (mg/L)	去除率 (%)			
普通厌氧消化工艺	青霉素	小试	4400	81	20d		
	阿维菌素	小试	5550	81.7	4.5h		中温
	味精-卡那霉素	小试	6000	80	2～3h	35～40	中温
厌氧流化床	青霉素	100	25000	80		5	35℃
厌氧折流板反应器	金霉素	450	12000	76	60h	5.625	中温

厌氧生物工艺处理抗生素工业废水的试验研究较多而实际工程应用较少。目前生产性规模应用较成功的仅为 UASB 和普通厌氧消化工艺，其他工艺尚处于中试阶段。高浓度的抗生素有机废水经厌氧处理后，出水 COD 仍达 1000～4000mg/L，不能直接外排，需要再经好氧处理，以保证出水达标排放。

但由于厌氧段采用甲烷化，对操作和运行条件要求严格，而且原水中大量易于降解的物质（如有机酸等）在厌氧生物处理系统中被甲烷化，剩余的主要是难降解或厌氧消化的剩余产物，因此，后续的好氧处理尽管负荷较低，但是处理效率也很低。

3）厌氧-好氧组合工艺

从 20 世纪 80 年代开始，厌氧-好氧生物处理组合工艺逐渐成为主导工艺。

厌氧处理　利用高效厌氧工艺容积负荷高、COD 去除效率高、耐冲击负荷的优点，减少稀释水量并且能较大幅度地削减 COD，以降低基建、设备投资和运行费用，并回收沼气。厌氧段还有脱色作用，这对于高色度抗生素废水的处理意义较大。

好氧处理　目的是保证厌氧出水经处理后达标排放。从工程应用角度应优先采用生物接触氧化和 SBR 工艺（序批式活性污泥法）。

同时，对于高氮、高 COD 废水，通过厌氧-好氧组合工艺还可以达到脱氮的目的。表 6-9 汇总了国内外部分抗生素生产废水厌氧-好氧生物处理工艺及其主要运行参数。

抗生素工业废水厌氧-好氧生物处理工艺及运行参数　　表 6-9

厌氧工艺	好氧工艺	废水类型	处理规模	COD		COD 容积负荷 ($kg/(m^3 \cdot d)$)
				进水 (mg/L)	去除率 (%)	
普通厌氧消化工艺	活性污泥法	青霉素	$480m^3/d$	46000	96	4.2
	生物接触氧化	土霉素、麦迪霉素	$1.38m^3/d$	25000	80	5
厌氧滤池	好氧流化床	核糖霉素	33L	＜40000	85	5
升流式厌氧污泥床	两级接触氧化	青霉素、土霉素、四环素	小试	2500	65	3.7
	生物接触氧化	洁霉素	$200m^3/d$	21575	99.6	—
折流式厌氧污泥床过滤器	生物流化床	庆大、金霉素	$12m^3/d$	14218	97.5	—

4）水解酸化-好氧工艺

由于抗生素废水中高 SO_4^{2-}、高氨氮对产甲烷菌的抑制以及沼气产量低、利用价值不高等原因，近年来研究者们开始尝试以厌氧水解（酸化）取代厌氧发酵。据文献报道，有些有机物在好氧条件下较难被微生物所降解，经厌氧消化预处理可以改变难降解有机物的化学结构，使其好氧生物降解性能提高。经过水解酸化，废水的COD降解虽不明显，但废水中大量难降解有机物转化为易降解有机物，提高了废水的可生化性，利于后续好氧生物降解。而且产酸菌的世代周期短、对温度以及有机负荷的适应性都强于产甲烷菌，保证了水解反应的高效率稳定运行。

厌氧水解工艺是考虑到产甲烷菌与水解产酸菌生长速率不同，在反应器中利用水流动的淘洗作用造成甲烷菌在反应器中难于繁殖，将厌氧处理控制在反应时间短的厌氧处理第一阶段。厌氧水解处理可以作为各种生化处理的预处理，由于不需曝气而大大降低了生产运行成本，可提高污水的可生化性，降低后续生物处理的负荷，大量削减后续好氧处理工艺的曝气量，而广泛的应用于难生物降解的制药、化工、造纸等高浓度有机废水的处理中。表6-10汇总了国内外部分抗生素生产废水水解酸化-好氧生物处理工艺及其主要运行参数。

抗生素生产废水水解酸化-好氧生物处理工艺及运行参数　　表6-10

废水类型	水力停留时间(h)		处理规模 (m^3/d)	COD		COD 容积负荷 (kg/(m^3·d))	备注
	水解酸化	好氧工艺		进水 (mg/L)	去除率 (%)		
四环素、林可霉素、克林霉素				4000	92		两段接触氧化
洁霉素	7	5/5	中试	5000	95		投菌两段接触氧化
利福平、氧氟沙星、环丙沙星	91	86	450	18000			接触氧化
青霉素、庆大霉素	17	14.3	2700	5273		4.93	
乙旋螺旋霉素	14.4		2000	≤12000	90		

此外，水解酸化反应器不需设气体分离和收集系统，无需封闭，无需搅拌设备，因此造价低，且便于维修；反应器可在常温条件下运行，不需外界提供热源和供氧，出水无不良气味，节约能耗，降低了运行费用；此外还有耐冲击负荷，污泥产率低，占地少等优点，在工程中有推广的价值。

从表6-10看出，好氧工艺基本采用生物接触氧化工艺，该工艺具有生物量大、处理效率高、占地面积小、运行管理方便、污泥产量低、耐冲击负荷等优点。该技术目前被广泛应用于工业废水处理中，并且在制药废水处理方面已有成功的经验。

2. 今后研究的方向

（1）厌氧水解酸化在改善抗生素生产废水生物降解性能方面的深入研究。

（2）深入考察厌氧水解酸化-生物接触氧化法在抗生素生产废水处理工艺中，硫酸盐还原、脱氮、有机物去除等方面的关系。

（3）硫酸盐还原产物硫化氢等恶臭物质的生物处理工艺。

（4）生物强化技术在抗生素生产废水处理中的应用。

6.2 粉煤灰在制药废水处理中的应用

6.2.1 改性粉煤灰去除抗生素废水中磷和色度的试验研究❶

迄今为止，对抗生素废水处理技术的基本研究是针对去除有机物、硫酸盐及硫酸盐在厌氧过程中产生的高浓度硫化氢，而有关除磷和脱色方面的研究很少。笔者采用水解酸化-两级生物接触氧化工艺处理抗生素废水试验表明，虽然二沉池出水 COD≤300mg/L，但色度仍很大，且 PO_4^{3-} 浓度为 8～10mg/L，远高于《污水综合排放标准》GB 8978—1996 二级标准。

利用粉煤灰对工业废水进行处理可谓以废治废。国内外的研究者对用粉煤灰来去除二级出水中各种污染物取得了许多令人瞩目的成就，但有关将粉煤灰用于抗生素废水处理，特别是去除抗生素废水中磷和色度的研究报道很少。另据报道将粉煤灰直接用于废水处理的效果并不甚理想，因此，对粉煤灰进行适当的改性处理以使其更适于废水处理就显得非常必要。

1. 实验过程与方法

（1）实验材料

1）实验用粉煤灰取自哈尔滨发电厂，化学组成见表 6-11。

粉煤灰化学组成 （%） **表 6-11**

SiO_2	Al_2O_3	Fe_2O_3	CaO	MgO	烧失量
57.90	25.20	7.15	2.68	1.33	5.83

2）改性粉煤灰的制备

改性用试剂 A：硫酸 2mol/L，试剂 B：盐酸 2mol/L，试剂 C：盐酸 1mol/L 与硫酸 1mol/L 的混合液。分别将 100g 粉煤灰加入到 400mL 各类酸溶液中，然后在室温下以 200r/min 的转速搅拌 30min，过滤后的粉煤灰烘干备用。

3）实验用水取自实验室抗生素废水处理小试二沉池出水，水质状况见表 6-12。

抗生素废水二级处理水水质 **表 6-12**

COD(mg/L)	BOD_5(mg/L)	PO_4^{3-}(mg/L)	TN(mg/L)	NH_3-N(mg/L)	pH	吸光度 T_{380nm}
200～250	40～50	8～9	25～30	7～10	7.9～8.2	0.410～0.419

（2）实验方法

向抗生素废水中投加一定量的改性粉煤灰，调节 pH 值，先快搅（200r/min）

❶ 本文成稿于 2003 年，作者：张杰，相会强，张玉华。

2min，再慢搅（100r/min）10min，然后静置30min，取上清液测定磷酸盐浓度，并在380nm波长处测定其吸光度值。

2. 实验结果与讨论分析

（1）经硫酸改性粉煤灰除磷效果

在粉煤灰投加量为20g/L时，原水PO_4^{3-}浓度为8.38mg/L时，pH值对PO_4^{3-}去除效果的影响见图6-2。

在pH为4～10时，对PO_4^{3-}的去除率为95.7%～98.2%，处理后水PO_4^{3-}浓度为0.15～0.36mg/L，且pH值为8时效果最好。

图6-3是在pH值为8，PO_4^{3-}浓度为8.02mg/L，粉煤灰投加量不同时对PO_4^{3-}的去除结果。

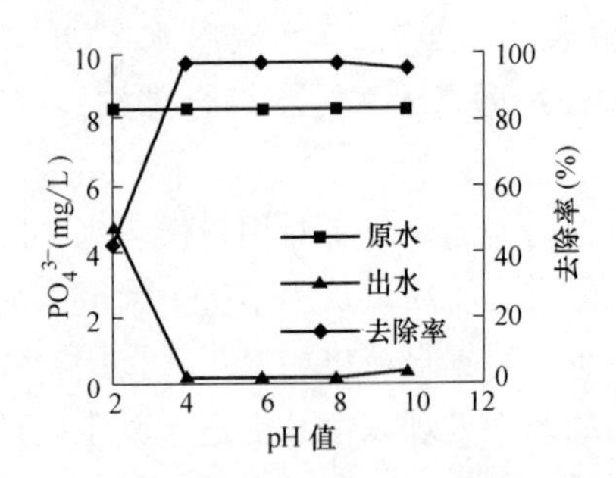

图6-2 pH值对PO_4^{3-}的去除效果

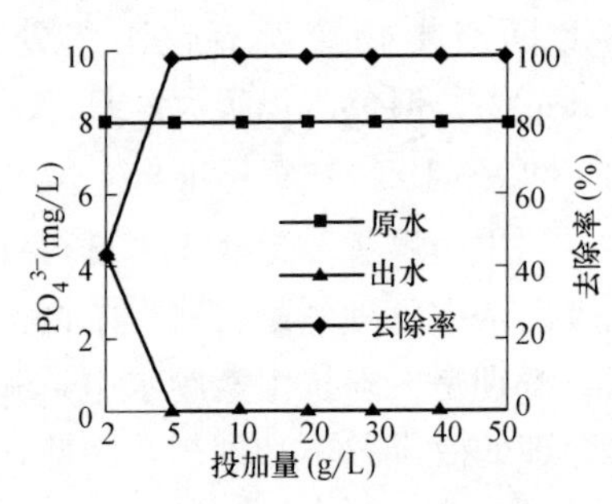

图6-3 投加量对PO_4^{3-}的去除效果

当投加量为5g/L，处理出水中PO_4^{3-}浓度为0.15mg/L，投加量为10g/L时，处理出水中PO_4^{3-}浓度为0.09mg/L，此后随投加量增加对PO_4^{3-}去除率基本不变，故粉煤灰投加量取5g/L为宜。

（2）经盐酸改性粉煤灰除磷效果

pH值对PO_4^{3-}去除效果的影响见图6-4（粉煤灰投加量为20g/L，原水PO_4^{3-}浓度为8.33mg/L）。

由图6-4可知，在pH为6～8时，对PO_4^{3-}的去除率为96.33%～96.6%，处理出水中PO_4^{3-}浓度为0.28～0.33mg/L，且在pH为8时效果最好。

图6-5是在pH为8（原水PO_4^{3-}浓度为8.33mg/L），粉煤灰投加量不同对PO_4^{3-}去除的实验结果。

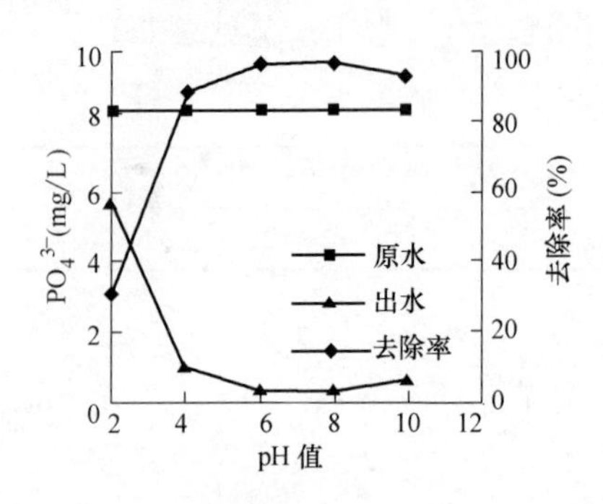

图6-4 pH值对PO_4^{3-}的去除效果

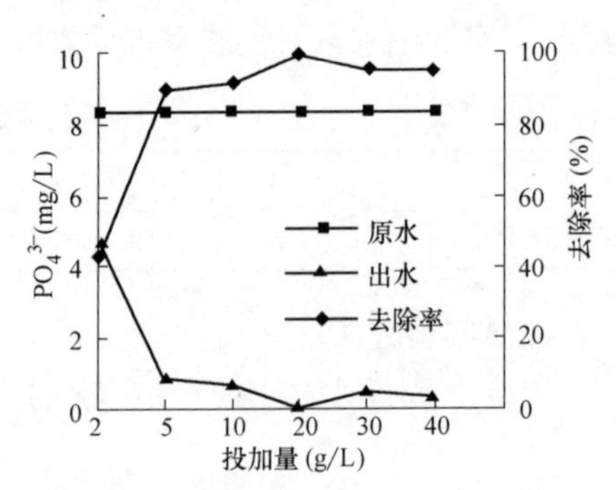

图6-5 投加量对PO_4^{3-}的去除效果

由图 6-5 可知，当投加量增至 20g/L 时，处理出水中的 PO_4^{3-} 浓度为 0.03mg/L，去除率为 99.59%。此后随投加量增加对 PO_4^{3-} 去除率反而升高，因此最佳投加量取 20g/L 为宜。

（3）经硫酸＋盐酸改性粉煤灰除磷效果

当粉煤灰投加量为 20g/L 时，pH 值对 PO_4^{3-} 去除效果的影响见图 6-6。由图 6-6 可知，在 pH 为 4～8 时（原水 PO_4^{3-} 浓度为 8.33mg/L），对 PO_4^{3-} 的去除率为97.67%～98.37%，处理出水中 PO_4^{3-} 浓度为 0.14～0.19mg/L。图 6-7 是在 pH 为 7 时，粉煤灰投加量不同时对 PO_4^{3-} 去除的实验结果（原水 PO_4^{3-} 浓度为 8.13mg/L）。由图 6-7 可以看出，当粉煤灰投加量为 10g/L 时，处理出水中 PO_4^{3-} 浓度为 0.12mg/L，去除率为 98.51%。此后随其投加量增加，对 PO_4^{3-} 去除率的影响很小，因此粉煤灰最佳投加量取 10g/L 为宜。

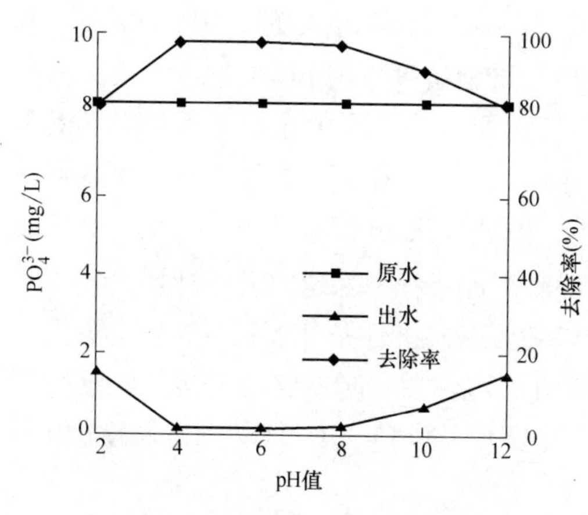

图 6-6 pH 值对 PO_4^{3-} 的去除效果

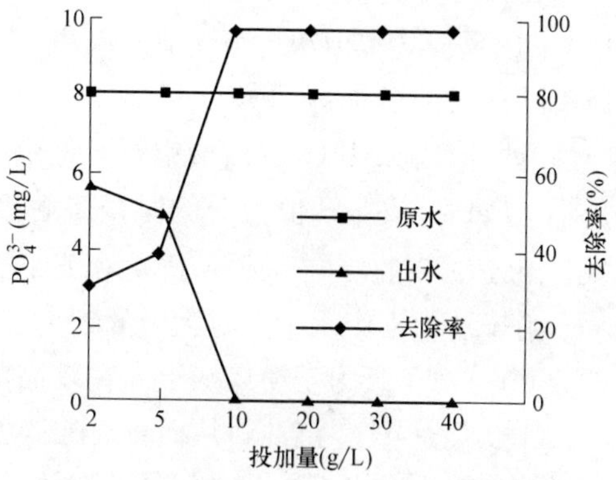

图 6-7 投加量对 PO_4^{3-} 的去除效果

由以上结果可以得出，随改性所用酸强度的增大则改性粉煤灰的最适 pH 范围增大；抗生素废水经改性后的粉煤灰处理后（在中性域范围）能够达标排放；在达到相同的处理效果时，随改性所用酸浓度的增大，改性粉煤灰投量减少。

（4）改性粉煤灰对色度的去除效果

粉煤灰投加量为 20g/L，pH 值不同时的试验结果表明，在 pH 值 4～8 时改性粉煤灰具有较高的脱色效率，且在 pH 值为 6 左右时脱色效果最好。脱色效果优劣依次为经试剂 A 改性粉煤灰、经试剂 C 改性粉煤灰、经试剂 B 改性粉煤灰。

在确定了最佳脱色效果时的 pH 值后，考查了粉煤灰用量对色度去除率的影响。结果表明，当粉煤灰投加量较少时，脱色效率随粉煤灰投量增加迅速提高；当粉煤灰用量达到 20g/L 后，对色度的去除率增加幅度不大，故粉煤灰投量以 20～30g/L 为宜。

（5）处理机理分析

改性粉煤灰对抗生素废水除磷的作用机理主要有以下几个方面：

1）混凝沉淀作用

由于粉煤灰成分中含有铝和铁的氧化物，因此，采用酸改性粉煤灰的实质就是金属氧化物（Al_2O_3 和 Fe_2O_3）与硫酸反应生成硫酸铝和硫酸铁等活性物质。

pH值对色度处理效果的影响 **表 6-13**

pH值	2M硫酸改性粉煤灰			2M盐酸改性粉煤灰			1M硫酸+1M盐酸改性粉煤灰		
	原水 (A_{380})	处理后 (A_{380})	去除率 (%)	原水 (A_{380})	处理后 (A_{380})	去除率 (%)	原水 (A_{380})	处理后 (A_{380})	去除率 (%)
2	0.414	0.327	21.01	0.413	0.317	23.24	0.413	0.270	34.62
4	0.414	0.141	65.19	0.413	0.228	44.79	0.413	0.135	67.31
6	0.414	0.136	67.59	0.413	0.203	50.85	0.413	0.140	66.10
8	0.414	0.188	54.59	0.413	0.281	31.96	0.413	0.232	43.83
10	0.414	0.276	33.33	0.413	0.312	24.46	0.413	0.292	30.75

当改性粉煤灰投加到废水中的时候，吸附于粉煤灰上的 $Al_2(SO_4)_3$、$FeCl_3$、$AlCl_3$、$Fe_2(SO_4)_3$ 与水中的 PO_4^{3-} 发生反应生成 $AlPO_4$ 和 $FePO_4$ 絮凝体，而粉煤灰颗粒作为絮凝体的载体，提高了混凝沉淀的速度，有利于沉淀物的处理。Al^{3+} 或 Fe^{3+} 和 PO_4^{3-} 的反应速率取决于 pH 值，$AlPO_4$ 和 $FePO_4$ 的溶解度也因 pH 而发生变化。从金属磷酸盐的溶解曲线可知，有 Fe、Al 存在的情况下，当 pH 值小于 6.5 时，$FePO_4$（红磷铁矿）和 $AlPO_4$（磷酸铝石）是稳定的固相。$AlPO_4$ 在 pH 值为 6 的时候溶解度最小，$FePO_4$ 在 pH 值为 5 的时候溶解度最小。因此，当 pH 值小于 6.5 时，Al^{3+} 或 Fe^{3+} 和 PO_4^{3-} 的反应生成 $AlPO_4$ 和 $FePO_4$ 的混凝沉淀过程是除磷的主要机制。

由于抗生素废水中含有大量的钙离子，改性粉煤灰在酸性条件下制备时也会溶出一部分 Ca^{2+} 离子吸附于粉煤灰上，在较高的 pH 值（10～12）时能够与 PO_4^{3-} 反应生成 $Ca_{10}(PO_4)_6(OH)_2$ 沉淀，从而将磷酸盐去除。并且 $Ca_{10}(PO_4)_6(OH)_2$ 的溶解度随 pH 值增加而减小，也可达到良好的处理效果。

2）吸附能力

从粉煤灰的化学组成和物理性能可知，由于粉煤灰的比表面积较大、表面能高，且存在着许多铝、硅等活性点，因此，具有较强的吸附能力。吸附包括物理吸附和化学吸附。物理吸附效果取决于粉煤灰的多孔性及比表面积，比表面积越大，吸附效果越好。化学吸附主要是由于其表面具有大量 Si—O—Si 键、Al—O—Al 键与具有一定极性的分子产生偶极—偶极键的吸附，或是阴离子（如废水中的 PO_4^{3-}）与粉煤灰中次生的带正电荷的硅酸铝、硅酸钙和硅酸铁之间形成离子交换或离子对的吸附。

3）改性后粉煤灰比表面积的变化

用酸改性粉煤灰是为了使其颗粒表面更加粗糙，增大表面积，增强吸附能力，并且溶出铝和铁，使改性粉煤灰具有吸附和混凝的双重作用。酸处理后的粉煤灰的表面状况有比较大的变化，电子显微镜照片也证明了这一点。

未经酸处理的原状粉煤灰颗粒，其表面比较光滑致密如图 6-8*a* 所示。经酸处理后的粉煤灰颗粒表面变得粗糙，颗粒表面出现了许多孔洞。并且随着改性所用酸浓度的增大，粉煤灰的表面变化越大。0.02mol/L 硫酸改性粉煤灰的表面几乎没有什么变化，和原状灰相似，图 6-8*b* 所示；0.2mol/L 硫酸改性粉煤灰的表面部分发生腐蚀，并且出现一些小的空洞，图 6-8*c* 所示；而 2mol/L 硫酸改性粉煤灰的表面绝大部分发生腐蚀，表

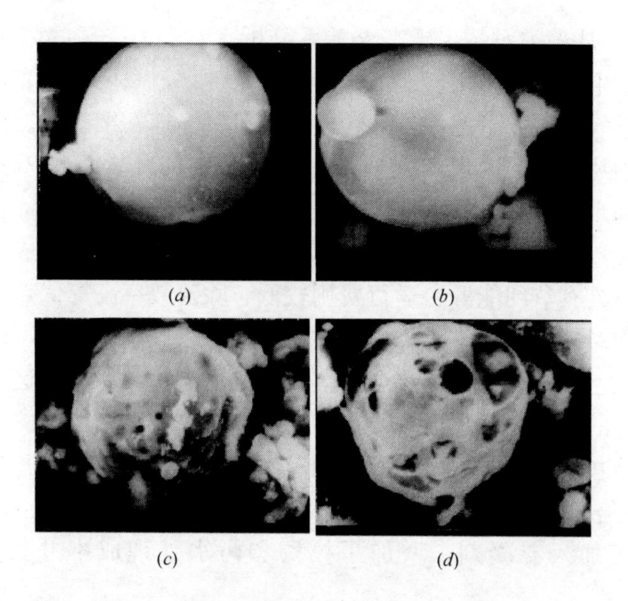

图 6-8　原状灰和改性粉煤灰扫描电镜照片

(*a*) 原状灰；(*b*) 0.02M 硫酸改性；(*c*) 0.2M 硫酸改性；(*d*) 2M 硫酸改性

面凸凹不平，并且出现了许多大的空洞，图 6-8*d* 所示。从废水处理的吸附理论来讲，吸附剂的比表面积越大，吸附效果越好。酸处理的结果使粉煤灰的比表面积有了较大的增加，因此增加了粉煤灰颗粒的吸附能力。另外，随着改性所用酸浓度的增加，粉煤灰表面变化越大，从而溶出的铝和铁的量也越多，实验结果也验证了这一点，随着改性所用酸浓度的增加，处理效果也相应的增加。

根据以上分析，我们认为在本试验中，改性粉煤灰的除磷机理是混凝沉淀作用、硅酸凝胶等高聚物的助凝作用以及粉煤灰颗粒的吸附、沉淀作用和改性后比表面积增加等效果的综合效应。

3. 结论

粉煤灰经酸处理后对抗生素废水中的磷具有很好的去除效果。本实验中 2mol/L 硫酸改性粉煤灰的处理效果最好。在投加量为 5g/L，pH 为 4～10 的范围内，出水均达标排放。

改性粉煤灰可由废酸和粉煤灰制成，对工业废水进行处理可谓以废治废，且处理废水费用低、效果好。

处理后的富磷粉煤灰，可作为肥料用于农田的土壤改良，提高农作物产量，从而实现废弃物的资源化。

6.2.2　粉煤灰在废水除磷中的应用与展望❶

随着人们生活水平的提高和工业的快速发展，大量含磷废水如化肥、冶炼、合成洗涤剂、制药等行业废水及生活污水排放入水体，造成藻类的过度繁殖，水质恶化，导致

❶ 本文成稿于 2004 年，作者：相会强，战启芳，张杰。

水体“富营养化”。从藻类对氮、磷需求关系分析，生产力受磷的限制更为显著。这是由于某些蓝藻具有生物固氮作用，即水体在缺氮条件下，只要存在充足的磷，某些固氮蓝藻可通过吸收空气中的分子态氮，并转化为有机氮固定在细胞中。据估计，在一些湖泊中，固氮微生物从大气中固定的氮量可达需氮量的50%。因此，水体控制富营养化必须优先降低磷的水平。

在废水处理中，很多工艺都能除磷，其中生物法和化学法比较成功。

生物法除磷虽具有节约能源、运行费用较低、除磷效率高等优点。但是，生物除磷主要是通过微生物对磷的摄取，其机理较复杂，且难以控制。另外，生物除磷的惟一渠道是排除剩余污泥，在运行过程中也会产生大量的富磷污泥，如果这些富磷污泥得不到妥善的处置，所含的磷又会释放出来，造成二次污染。

化学法是加入能使磷酸盐沉淀的混凝剂，常用的有铁盐、铝盐、石灰等。与生物法除磷相比，化学法除磷应用的最为广泛。化学法除磷具有运转灵活，除磷效率高等优点。但是由于加入混凝剂，增加了投资和污水处理成本并且产生大量的化学污泥。

利用粉煤灰对工业废水进行处理可谓以废治废，且处理废水费用低、效果好。国内外的研究者对用粉煤灰来去除二级出水中各种污染物进行了广泛的研究，取得了许多令人瞩目的成就，其中包括去除COD、悬浮物、有机污染物、染料、磷、重金属等。

本文综述了粉煤灰在废水除磷中的应用，指出了现有工艺中存在的问题并对今后粉煤灰去除废水中磷的研究方向进行了展望。

1. 粉煤灰除磷的物理化学特性

由于粉煤灰的比表面积较大、表面能高，且存在着许多铝、硅等活性点，因此，具有较强的吸附能力。吸附包括物理吸附和化学吸附。物理吸附效果取决于粉煤灰的多孔性及比表面积，比表面积越大，吸附效果越好。化学吸附主要是由于其表面具有大量Si—O—Si键、Al—O—Al键与具有一定极性的分子产生偶极-偶极键的吸附，或是阴离子（如废水中的PO_4^{3-}）与粉煤灰中次生的带正电荷的硅酸铝、硅酸钙和硅酸铁之间形成离子交换或离子对的吸附。

粉煤灰对阴离子的吸附以化学吸附为主，是一个放热的过程，反应发生在阴离子与粉煤灰中高度活泼的活性CaO、Fe_2O_3和Al_2O_3颗粒间。粉煤灰对除磷和除氟等效果明显。另外粉煤灰在水溶液中溶出的Ca^{2+}离子也能够与PO_4^{3-}生成沉淀。

2. 粉煤灰在废水除磷中的应用

目前粉煤灰在废水除磷中的应用方式主要有：直接投加、与其他混凝剂联用、粉煤灰中回收磁珠以及改性处理后投加等方式。

(1) 作为吸附剂直接处理含磷废水

黄巍用粉煤灰作为吸附剂处理含磷浓度为50～120mg/L的废水，粉煤灰用量为废水量（重量）的4%～5%时，粒径为97～130μm，pH在中性的条件下，磷的去除率可高达99%以上。

阎存仙等在实验室以上海某电厂的粉煤灰作为吸附剂对配制的模拟含磷废水的脱磷

进行了研究，发现在含磷浓度为 50～120mg/L 的模拟废水中，粉煤灰用量为每 50mL 污水投入 2～2.5g，粉煤灰粒径范围 140～160 目，pH 中性条件下，磷的去除率最高可达到 99%以上。

张警声等人以吉林生活污水处理厂未处理的生活污水中的磷为吸附质，研究了粉煤灰对含磷的生活污水的等温吸附特征，吸附平衡时间，以及 pH、浓度和粉煤灰颗粒大小对去除率的影响。实验结果表明：吸附平衡时间与磷溶液浓度、粉煤灰投加量无关，但与粉煤灰的粒度有关，颗粒愈细，达到吸附平衡时间愈短，吸附速率越快。其原因是吸附速率由孔隙扩散速率决定，而细颗粒的孔隙扩散速度较快，所以总的吸附速率也较快。在吸附物浓度低时，粉煤灰吸附能力下降，这与其他吸附剂（活性氧化铝、硅胶和活性炭等）有共同的特点。pH 为 3 时对磷的去除率最高达到 74%，由于生活污水的 pH 值通常在 7.5～8.0 范围内，所以用粉煤灰作为吸附剂处理生活污水时，最好对污水 pH 值进行调节，使其达到吸附量最佳效果。

（2）与其他方法联合处理含磷废水

李亚峰等采用石灰、PAM 混凝沉淀—粉煤灰过滤吸附工艺处理浓度较高的含氟含磷化工废水，当处理水量与吸附剂的体积比小于 70∶1 时，处理后水中氟浓度小于 10mg/L，磷浓度小于 1.0mg/L，COD 和 SS 也低于排放标准。

（3）利用粉煤灰中磁珠处理含磷废水

另外从粉煤灰中回收磁珠，利用磁珠作种，加入混凝剂，用高梯度磁分离技术处理含磷废水更是开创了粉煤灰处理废水的新举措，此法比传统工艺效果好，速度快，处理量大，将磷的去除率从传统的 40%～80%提高到 90%以上。

（4）粉煤灰改性后处理含磷废水

将原状粉煤灰直接用于废水除磷的效果并不是很理想，因此，对粉煤灰进行合理的改性处理，使其更适于废水处理就显得非常必要。

笔者利用改性粉煤灰进行了抗生素废水除磷的试验研究，考察了改性用酸的种类和浓度、改性粉煤灰投加量、溶液 pH 值等因素对除磷效果的影响，并对改性粉煤灰的除磷机理进行了探讨。粉煤灰经酸处理后对抗生素废水中的磷具有很好的去除效果，改性用酸的种类和浓度对处理效果影响很大，其中 2M 硫酸改性粉煤灰的处理效果最好。在原水 PO_4^{3-} 浓度为 8.38mg/L，在投加量为 5g/L，pH 为 4～10 的范围内，去除率为 95.7%～98.2%，处理后水 PO_4^{3-} 浓度为 0.15～0.36mg/L，均低于 0.5mg/L，出水均达标排放，且在 pH 值为 8 时效果最好。本实验中粉煤灰的吸附量为 1.6mg/g。

改性粉煤灰的除磷的机理是酸改性后溶出的铝、铁的混凝沉淀作用、硅酸凝胶等高聚物的助凝作用以及粉煤灰颗粒的吸附、沉淀作用和改性后比表面积增加等效果的综合效应。

改性粉煤灰可由废酸和粉煤灰制成，对工业废水进行处理可谓以废治废，且处理废水费用低、效果好。而且处理后的富磷粉煤灰，还可作为肥料用于农田的土壤改良，提高农作物产量，从而实现废弃物的资源化。由此可见，将粉煤灰改性后处理含磷废水将成为今后废水除磷的主导工艺。

3. 存在的问题及研究方向

目前，用粉煤灰处理含磷废水的研究基本局限于实验室研究阶段。如果要应用于工业实践，还有几个关键问题急待解决：

（1）如何提高粉煤灰吸附容量　通过各种方法提高粉煤灰的吸附容量一直是研究者们关注的焦点，但至今仍然没有很好地解决，从而也就限制了粉煤灰在废水处理中的应用。

（2）灰水分离　由于粉煤灰的吸附量有限，因此要投加大量的粉煤灰。如何快速有效的实现灰水分离是目前急需得到解决的问题。

（3）吸附饱和灰的最终处置　目前的实验研究大多只重视粉煤灰对废水除磷的处理效果，而对吸附饱和灰的最终处置研究甚少。吸附饱和灰不能任意弃置，否则经雨水淋溶可能造成土壤和水体的污染。

（4）进一步加强对粉煤灰处理废水的过程机理及反应动力学等理论的研究。

6.2.3　用粉煤灰稳定抗生素废水处理剩余污泥的研究❶

采用生物法处理废水时产生的剩余污泥，除需占用土地贮存外，其中的重金属、病原菌、寄生虫、有机污染物及臭气则成为影响城市环境的一大公害。还有，污泥中含有的有机质、N、P、K 等有益组分，如不加利用则会造成资源浪费。

目前，土地处理和填埋是发展中国家污泥处置的主要途径。其方式是把污泥用于农田、菜地、果园、林地、草地、市政绿化等。这种处理方式也符合我国国情。在国外，污泥施用前常用石灰等稳定其中的重金属并杀死其中的病原菌。

粉煤灰含有丰富的 CaO 和 MgO、pH 值可达到 12，它和石灰一样能起到稳定污泥中的重金属并杀死病原菌的作用。

李国学等人利用污泥和稻草进行高温堆肥，研究不同稳定剂包括粉煤灰、磷矿粉、沸石和草炭对污泥堆肥中重金属（Cu、Zn、Mn）形态的影响。试验结果表明：从对交换态重金属的稳定效果来看，粉煤灰、草炭、磷矿粉是 3 种有效的稳定剂。

粉煤灰的颗粒组成以微细玻璃体为主，决定了它可以用作土壤改良剂。另外，粉煤灰富含硅、钙、铁、镁，还有一定量的氮、磷、钾及相当数量的微量元素。国内外很多研究表明，粉煤灰施入土壤特别是黏质土壤，可明显地改良土壤质地、降低容重、增加空隙度、提高地温、缩小膨胀率、促进土壤中微生物活性，有利于养分转化和保温保墒，使水、肥、气、热趋向协调，为作物生长创造良好的土壤环境。

本试验在于寻找粉煤灰的适宜比例和混合时间，为污泥和粉煤灰的土地施用提供依据。

1. 实验材料与方法

（1）实验材料

试验用污泥为抗生素生产废水处理小试二沉池排出的经过浓缩的污泥，粉煤灰取自哈尔滨发电总厂，两者的重金属含量见表 6-14。粉煤灰的化学组成见表 6-15。

---

❶ 本文成稿于 2004 年，作者：相会强，刑献芳，张杰。

浓缩污泥及粉煤灰中重金属离子含量（mg/kg）　　表 6-14

项目	Cd	Cr	Cu	Ni	Zn	Pb
浓缩污泥	5	10	560	8	1250	1.25
粉煤灰	0.025	5	15	5	7	0.3

试验用粉煤灰的化学组成（%）　　表 6-15

SiO_2	Al_2O_3	Fe_2O_3	CaO	MgO	SO_2	烧失量
56.84～65.20	16.70～21.40	2.90～4.00	3.65～4.2	0.69～1.8	0.20～0.72	2.30～8.70

（2）实验方法

粉煤灰与污泥按 3∶1、1∶1、1∶3、1∶9 四种比例，分别混合 3h、24h、72h。每个样品平均分成三份，采用平衡渗漏试验（ELT）和长期渗漏试验（LTLT）考查粉煤灰、污泥以及粉煤灰和污泥的混合物渗滤液中的重金属离子（如 Cd、Cr、Cu、Ni、Zn、Pb）浓度。采用毒性特性浸取试验（TCLP）评价粉煤灰稳定污泥的效果。

粉煤灰和污泥混合物（FSM）的制备：先将粉煤灰在烘箱内于 110℃烘 2h。然后将粉煤灰/污泥（F/S）按重量比（W/W）3∶1、1∶1、1∶3、1∶9 四种比例混合。每个混合物样品平均分成三份，置于聚乙烯瓶中。每个瓶中加入与样品同重量的去离子水，使聚乙烯瓶中固液比为 1∶1，以 180r/mim 的速度分别震荡 8h、24h、72h。混合液经离心过滤，滤液经酸化后测定重金属离子浓度，滤饼继续做 ELT、LTLT 和 TCLP 试验。

平衡渗漏试验和长期渗漏试验将粉煤灰和污泥各取 10g 置于浸取瓶中，加入 40mL 去离子水，液固比为 4∶1。浸取瓶以 180r/min 在室温下震荡 7d（ELT）和 3 个月（LTLT）。然后将所有样品经离心分离、酸化后，用原子吸收光谱法测定其中 Cd、Cr、Cu、Ni、Zn 和 Pb 含量。为了对比 ELT 和 LTLT 的试验结果，粉煤灰和污泥也分别做 ELT 和 LTLT 试验。

毒性特性浸取试验对不同 F/S 比和不同混合时间的样品进行 TCLP 试验，同时对粉煤灰和污泥也进行 TCLP 试验。所有试样经离心分离后用 0.6～0.8μm 玻璃纤维滤膜过滤将固液相分开。

浸提剂（pH＝2.88±0.05）是用去离子水将 5.7mL 冰醋酸稀释至 1L 而成。

将固相置于浸取瓶中，加入浸取液使液固比为 20∶1，以 30±2r/min 的速度震荡 18h。在浸取过程中温度保持在 22±3℃。震荡结束后，试样经离心分离、过滤，弃去固相，再将液相与开始过滤所得滤液合并。该混合液为 TCLP 提取液，经酸化后用原子吸收光谱法测定其中 Cd、Cr、Cu、Ni、Zn 和 Pb 含量。

微生物计数样品和浓缩污泥的细菌计数方法依照《水和废水监测分析方法》进行。

2. 实验结果与讨论

（1）病原菌的去除

经分析测定，浓缩污泥中的细菌含量为 3.26×10^{7} cfu/100mL。粉煤灰和污泥混合物中的微生物个数及其去除率见表 6-16。

4 种比例 3 种混合时间粉煤灰处理的污泥中微生物数量和去除率　　表 6-16

粉煤灰：污泥	混合时间(h)	pH	微生物个数(cfu/100mL)	去除率(%)
3：1	8	8.53	3.39×10^5	98.96
3：1	24	8.64	2.77×10^5	99.15
3：1	72	8.73	2.08×10^5	99.36
1：1	8	7.49	4.34×10^5	98.67
1：1	24	7.60	3.72×10^5	98.86
1：1	72	7.68	3.62×10^5	98.89
1：3	8	7.43	1.02×10^5	96.86
1：3	24	7.51	9.85×10^5	96.98
1：3	72	7.65	9.03×10^5	97.23
1：9	8	7.23	2.41×10^6	92.60
1：9	24	7.24	2.34×10^6	92.83
1：9	72	7.30	2.23×10^6	93.15

从表 6-16 可以看出，F/S 比越高，混合时间越长，细菌去除率越高。这是由于F/S比越高，混合时间越长，pH 值越高造成的。因此，对微生物产生不利影响的是粉煤灰的强碱性。

粉煤灰中含有的溶解性 CaO、MgO、Na_2O，K_2O、BaO 等与水接触时能释放到水溶液中，从而提高 pH 值。因此，F/S 比越高，pH 值越高。

从表 6-16 还可以看出，对相同的 F/S 比，混合时间越长，pH 值越高。这可能是由于粉煤灰晶体中的可溶性氧化物随着时间延长缓慢地释入水溶液中。混合时间越长，粉煤灰与溶液接触的时间越长，释入水溶液中的可溶性氧化物就越多，pH 值就越高。

（2）重金属的去除

粉煤灰和污泥混合物中重金属离子浓度见表 6-17。ELT、LTLT 和 TCLP 试验中渗漏液的重金属离子浓度分别见表 6-18、表 6-19 和表 6-20。表 6-21 为具有毒性的污染物的最大允许浓度。

不同混合比例混合时间液相中重金属离子浓度（mg/kg）　　表 6-17

F/S	混合时间(h)	pH	Cd	Cr	Cu	Ni	Zn	Pb
3：1	8	8.53	<0.0002	0.02	0.04	0.026	0.66	0.010
3：1	24	8.64	0.0002	0.026	0.08	0.056	0.24	0.003
3：1	72	8.73	<0.0002	0.030	0.08	0.056	0.40	0.004
1：1	8	7.49	0.0016	0.026	0.04	0.056	0.60	0.019
1：1	24	7.60	0.006	0.028	0.18	0.060	0.26	0.007
1：1	72	7.68	0.0004	0.028	0.04	0.024	0.22	0.013
1：3	8	7.43	0.0003	0.014	0.04	0.042	0.34	0.002
1：3	24	7.51	<0.0002	0.042	0.10	0.020	0.40	0.004
1：3	72	7.65	0.0004	0.040	0.08	0.026	0.52	0.014
1：9	8	7.23	0.0003	0.032	0.02	0.048	0.22	0.004
1：9	24	7.24	0.0008	0.038	0.14	0.026	0.22	0.005
1：9	72	7.30	0.001	0.060	0.16	0.120	0.50	0.024

平均渗滤试验中重金属离子浓度 表 6-18

F/S	混合时间(h)	pH	Cd (mg/kg)	Cr (mg/kg)	Cu (mg/kg)	Ni (mg/kg)	Zn (mg/kg)	Pb (mg/kg)
3∶1	8	7.00	0.0013	0.035	0.18	0.12	1.2	0.012
3∶1	24	6.87	0.0018	0.015	0.11	0.14	1.12	0.019
3∶1	72	7.05	0.0018	0.02	0.17	0.03	0.58	0.010
1∶1	8	7.11	0.0008	0.02	0.03	0.1	3.10	0.0135
1∶1	24	7.08	0.002	0.03	0.23	0.12	1.20	0.015
1∶1	72	7.05	0.0015	0.015	0.2	0.22	1.05	0.010
1∶3	8	6.71	0.0012	0.065	0.23	0.12	3.20	0.013
1∶3	24	6.71	0.005	0.035	0.106	0.12	7.30	0.015
1∶3	72	6.74	0.0015	0.01	0.24	0.04	5.90	0.0158
1∶9	8	6.65	0.002	0.035	0.04	0.10	0.90	0.011
1∶9	24	6.53	0.0012	0.03	0.24	0.18	1.65	0.012
1∶9	72	6.67	0.0016	0.075	0.17	0.12	2.20	0.015
粉煤灰		11.21	0.005	0.2	0.1	0.02	2.70	0.010
污泥		6.57	0.01	0.35	12	0.40	13.8	0.080

长期渗滤试验中重金属离子浓度 表 6-19

F/S	混合时间(h)	pH	Cd (mg/kg)	Cr (mg/kg)	Cu (mg/kg)	Ni (mg/kg)	Zn (mg/kg)	Pb (mg/kg)
3∶1	8	7.14	0.0016	0.038	0.32	0.02	1.6	0.012
3∶1	24	7.06	0.0020	0.07	0.145	0.2	1.36	0.021
3∶1	72	7.10	0.0015	0.045	0.25	0.06	0.63	0.012
1∶1	8	7.00	0.002	0.04	0.54	0.12	3.8	0.016
1∶1	24	6.94	0.002	0.045	0.41	0.12	1.4	0.015
1∶1	72	7.12	0.0016	0.11	0.31	0.24	1.2	0.006
1∶3	8	6.75	0.0016	0.075	0.29	0.16	5.3	0.015
1∶3	24	6.79	0.0019	0.045	0.19	0.04	9.5	0.012
1∶3	72	6.77	0.0016	0.11	0.36	0.06	6.4	0.0162
1∶9	8	6.70	0.0022	0.07	0.285	0.19	1.00	0.015
1∶9	24	6.72	0.0014	0.28	0.25	0.12	1.9	0.015
1∶9	72	6.76	0.002	0.1	0.17	0.12	2.3	0.015
粉煤灰		10.98	0.0016	0.17	0.04	0.02	0.7	0.01
污泥		7.00	0.0095	0.37	16	0.36	16	0.075

比较表 6-18 和表 6-19 可以看出，LTLT 试验的重金属离子浓度微高于 ELT 试验中的重金属离子浓度。这说明粉煤灰和污泥混合物的重金属的长期渗滤能力不显著。从长期渗滤试验来看，平衡渗滤试验（ELT）基本可以代表平衡渗滤浓度。其实在一定程度上，长期渗滤试验要进行 3 个月才能得到试验数据。因此，在一定程度上可以用平衡渗滤试验（ELT）来预测粉煤灰和污泥混合物的重金属的长期渗滤能力。

毒性特征渗滤试验中重金属离子浓度 **表 6-20**

F/S	混合时间(h)	pH	Cd (mg/kg)	Cr (mg/kg)	Cu (mg/kg)	Ni (mg/kg)	Zn (mg/kg)	Pb (mg/kg)
3∶1	8	3.25	0.00140	0.1500	25.60	0.160	14.5	0.0500
3∶1	24	3.19	0.0275	0.1625	32.50	0.350	15.5	0.0525
3∶1	72	3.16	0.0291	0.2500	35.00	0.375	16.5	0.0625
1∶1	8	3.19	0.0195	0.1875	27.50	0.250	20.0	0.1125
1∶1	24	3.16	0.0312	0.1875	35.03	0.410	21.75	0.1325
1∶1	72	3.17	0.0324	0.278	37.50	0.425	27.5	0.1375
1∶3	8	3.24	0.0235	1.1925	32.50	0.340	42.0	0.1430
1∶3	24	3.21	0.0382	0.2075	45.10	0.470	42.5	0.1545
1∶3	72	3.26	0.0407	0.3140	48.30	0.475	43.75	0.165
1∶9	8	3.23	0.0293	0.2100	36.00	0.362	43.25	0.1675
1∶9	24	3.16	0.10413	0.2650	52.50	0.4825	61.25	0.175
1∶9	72	3.24	0.0459	0.327	55.06	0.4872	45.0	0.1762
粉煤灰		3.30	0.0100	0.45	2.5	0.55	2.5	0.03
污泥		3.25	0.1250	0.875	120	1.375	240	0.25

将 TCLP 试验数据与表 6-21 中的规定标准相比较，可以得出结论：大田试验中经粉煤灰处理过的污泥可以用作农田肥料，而不必担心渗滤液污染地下水。

具有毒性的污染物最大允许浓度（mg/kg） **表 6-21**

Cd	Cr	Pb	Zn	Cu	Ni
20	100	100	暂无	暂无	暂无

从表 6-18、表 6-19 和表 6-20 可知，在不同渗滤试验中粉煤灰和污染混合物中重金属离子浓度均在一定程度上低于未稳定的污泥和粉煤灰或者至少低于未稳定的污泥。一般将 TCLP 试验结果看作是污染物中的溶解性部分。尤为重要的是，我们从 TCLP 试验结果发现，粉煤灰和污泥混合物中重金属离子浓度均低于未稳定的污泥的重金属离子浓度；从试验结果看起来重金属离子被去除了，但实际上并未除掉，只不过是转变成了更不易溶解、毒性更低的形式。

重金属离子浓度的降低是由于沉淀作用使之由液相转移到固相或者是由于吸附作用使之固定在固体颗粒表面造成的。根据 TCLP 试验数据，将粉煤灰在不同的 FSM 中的重金属固定能力列于表 6-22。

（3）粉煤灰去除重金属离子的机理

重金属在污泥这个复杂系统中以不同的形式存在，并表现出不同的特性，因而可以通过不同的机制得到固定。本试验中，最主要的固定机制是表面络合作用和氢氧化物沉淀作用。

1）表面络合作用

由于粉煤灰的成分包括矿物成分（莫来石、赤铁矿、石英等）和未燃烧的碳粒。根据表面络合理论，吸附反应开始是在金属离子与含水氧化物之间发生，然后当混合物溶

不同 FSM 中粉煤灰对重金属固定能力　　表 6-22

F/S	混合时间(h)	Cd(mg/kg)	Cr(mg/kg)	Cu(mg/kg)	Ni(mg/kg)	Zn(mg/kg)	Pb(mg/kg)
3∶1	8	0.1327	0.910	110.2	1.510	269.0	0.1907
3∶1	24	0.1147	0.893	101.0	1.257	267.7	0.1736
3∶1	72	0.1125	0.777	97.67	1.224	266.3	0.1699
1∶1	8	0.1880	1.290	161.5	2.085	392.5	0.2310
1∶1	24	0.1646	1.290	146.4	1.765	389.0	0.1910
1∶1	72	0.1622	1.109	141.5	1.735	377.5	0.1810
1∶3	8	0.3600	2.560	303.0	3.810	697.0	0.3400
1∶3	24	0.3012	2.500	252.00	3.290	695.0	0.2940
1∶3	72	0.2912	2.074	239.8	3.270	690.0	0.2520
1∶9	8	0.8420	6.225	722.5	9.305	1730.0	0.6050
1∶9	24	0.7220	5.675	557.5	8.100	1550.0	0.5300
1∶9	72	0.6760	5.055	531.9	8.053	1712.5	0.5180

液的 pH 值大于粉煤灰中矿物成分的零电点时，表面水化带负电，从而吸附重金属离子。二氧化硅含量在粉煤灰中最高，且在大多数的粉煤灰中都有石英出现，但由于其零电点较低（PZC 为 1.8～2.9），所以在大多数水体的 pH 值范围内其表面带负电，因此，石英会吸附较多的重金属离子。

我国发电厂的粉煤灰约有一半的含碳量大于 8%，有 25%的含碳量大于 15%，未燃烧的碳一般含量在 30%～15%。碳具有微孔结构和较高的比表面积，它的存在可能是固定重金属离子的主要原因之一，其作用机理与在矿物成分表面的作用机理相似。

2）氢氧化物沉淀作用

在较高 pH 值范围（pH>8），重金属离子浓度比较高，则可能发生部分重金属离子沉淀。本实验中所控制的 pH 值只有 F/S 为 3 的时候 pH 值超过 8，此时，可能有一部分重金属离子的去除是通过沉淀完成的。

在 FSM、ELT、LTLT 试验中表面络合作用是固定重金属离子的主要机制。在 pH 值较高的 FSM 试验中 F/S 为 3∶1 时有可能发生部分氢氧化物沉淀作用；而在 TCLP 试验中，金属的氢氧化物沉淀被重新溶解，在低 pH 值吸附作用是固定重金属离子的主要机制。从试验结果看，重金属离子去除是以上机制的协同结果。

3. 结论

将抗生素生产废水处理后产生的剩余污泥用粉煤灰处理，综合考虑重金属离子浓度和病原菌的含量，可以作为土壤改良剂用于农田。

粉煤灰表现出较强的固定重金属离子的能力。其最主要的机制是表面络合作用和沉淀（氢氧化物沉淀）作用。粉煤灰固定重金属离子的能力随 F/S 比提高而提高。本实验中 F/S 比为 3∶1，混合时间 8h 的处理效果最好，病原菌去除率最低可达 92.6%。粉煤灰的强碱性是杀死剩余污泥中微生物的主要原因。

在粉煤灰固定重金属离子的机制中，表面络合作用在较宽的 pH 值范围内，尤其是在较低 pH 值时起主要作用；在较高 pH 值时氢氧化物沉淀是主要作用机制。

参考文献：

1. 卓奋，张平等. 水解酸化-序批活性污泥法在处理屠宰废水工程中的应用 [J]. 环境工程，1998，16 (5)：7～9.
2. 刘军，郭茜，翟永彬. 厌氧水解生物法处理城市污水的研究 [J]. 给水排水，2000，26 (7)：10～13.
3. 陈亲宇，陈翼孙. 难降解有机物的水解酸化预处理 [J]. 化工环保，1996，10 (3)：152～155.
4. 郭书海，台培东等. 组合式好氧生物处理方法 AS/UABF 设计与工艺研究 [J]. 应用与环境生物学报，1999，5 (Supply)：64～67.
5. 余淦申. 生物接触氧化处理废水技术. 北京：中国环境科学出版社，1991.
6. 张自杰. 国外公害防治，1987，(4)：52.
7. 吴郭虎，李鹏，王曙光，等. 混凝法处理制药废水的研究 [J]. 水处理技术，2000，26 (1)：53～55.
8. 王玉珂. 抗生素制药废水的炉渣处理 [J]. 环境保护，1993，(8)：15～16.
9. 潘志强. 土霉素、麦迪霉素废水的化学气浮处理. [J] 工业水处理，1991，11 (1)：24～26.
10. 徐扣珍，陆文雄，宋平，等. 焚烧法处理氯霉素生产废水 [J]. 环境科学，1998，19 (4)：69～71.
11. 王淑琴，李十中. 反渗透法处理土霉素结晶母液的研究 [J]. 城市环境与城市生态，1999，12 (1)：25～27.
12. 杨军，陆正禹，胡纪萃，等. 抗生素工业废水生物处理技术的现状与展望 [J]. 环境科学，1997，18 (5)：83～85.
13. 李道棠，赵敏钧，杨虹，等. 深井曝气-ICEAS 技术在抗菌素制药废水处理中的应用 [J]. 给水排水，1996，22 (3)：21～24.
14. 谭智，汪大翚，张伟烈. 深井曝气处理高浓度制药废水 [J]. 环境污染与防治，1993，15 (6)：6～8.
15. 胡晓东，胡冠民，景有海. SBR 法处理高浓度土霉素废水的试验研究 [J]. 给水排水，1995，21 (7)：21～22.
16. 国家环保总局科技处. 清华大学环境工程系. 我国几种工业废水治理技术研究（第三分册）高浓度有机废水. 北京：化学工业出版社，1998.
17. 简英华. ORBAL 氧化沟处理合成制药废水 [J]. 重庆环境科学，1994，16 (1)：22～24.
18. 谷成，刘维立. 高浓度有机废水处理技术的发展 [J]. 城市环境与城市生态，1999，12 (3)：54～56.
19. 竺建荣，胡纪翠，顾夏声. 二相厌氧消化工艺硫酸还原菌的研究 [J]. 环境科学，1997，18 (6)：42～44.
20. Heukelekian H. Industrial and Engineering Chemistry，1949，41 (7)：1535.
21. 李再兴，杨景亮，刘春艳，等. 阿维菌素对厌氧消化的影响研究 [J]. 中国沼气，2001，19 (1)：13～15.
22. 林锡伦. 上流式厌氧污泥床工艺处理高浓度发酵药物混合有机废水. 环境污染与防治，1990，12 (3)：20～22.
23. 陈玉，刘峰，王建晨，等. 上流式厌氧污泥床处理制药废水的研究. 环境科学，1994，15 (1)：50～52.
24. 杨军，陆正禹，胡纪萃，等. 林可霉素生产废水的厌氧生物处理工艺. 环境科学，2001. 22 (2)：82～86.
25. 郝晓刚，李春. 接种颗粒污泥 UASB 反应器处理味精－卡那霉素混合废水 [J]. 工业水处理，1999，19 (2)：18～19.
26. 邱波，郭静，邵敏等. ABR 反应器处理制药废水的启动运行 [J]. 中国给水排水，2000，16 (8)：42～44.
27. 王蕾，俞毓馨. 厌氧-好氧工艺处理四环素结晶母液的实验研究. 环境科学，1992，13 (3)：51～54.
28. YEOLE TY，GADRE RV，RANADE DR. Biological treatment of a pharmaceutical waste [J] Indian：J. Environ Health. 1996，38，95.

29. 罗启芳. 高浓度洁霉素生产废水处理技术研究. 重庆环境科学，1990，12（6）：17～20.
30. 邓良伟，彭子碧，唐一等. 絮凝-厌氧-好氧处理抗菌素废水的试验研究 [J]. 环境科学，1998，13（3）：66～69.
31. 韩沛，张少倩. 水解酸化-厌氧-好氧-絮凝-吸附工艺处理洁霉素生产丁提高浓度有机废水 [J]. 环境工程，1998，16（1）：19～20.
32. 李炳伟，苏诚艺，宋乾武等. 庆大霉素-金霉素混合制药废水处理中试研究 [J]. 环境科学研究，1998，11（2）：59～62.
33. 钱易，文一波. 焦化废水中难降解有机物去除的研究. 环境科学研究，1992，5（5）：1～8.
34. ZANGARCYAK JJ Second stage activated sludge treatment of coke-plant effluent [J]. Water research. 1972，7：1137～1157.
35. 刘军，郭茜，翟永彬. 厌氧水解生物法处理城市污水的研究 [J]. 给水排水，2000，26（7）：10～13.
36. 马寿权，韦巧玲. 抗生素制药生产废水治理研究 [J]. 重庆环境科学，1995，17（6）：23～27.
37. 林世光，罗国维，卢平，等. 洁霉素生产废水处理的研究 [J] 环境科学，1994，15（5）：43～45.
38. 吕锡武，庄黎宁. 缺氧-好氧工艺处理扑热息痛类制药废水. 中国给水排水，1997，13（3）：40～42.
39. 傅联朋，任建军. 制药废水处理的设计及运行 [J]. 中国给水排水，1997，13（1）：39～40.
40. 姜家展，季斌. 高浓度抗生素有机废水处理 [J] 中国给水排水，1999，15（3）：57～58.
41. 曾科，买文宁，张磊. 微生物酸化的生产应用研究 [J]. 环境工程，2000，18（3）：15～16.
42. 魏廉虢，计海鹰，熊建中. 抗生素生产废水治理实验研究. 环境与开发，1998，13（1）：35～36.
43. 陈元彩. 高浓度阿维霉素生产废水治理与资源回收技术研究. 重庆环境科学，1999，21（1）40～43.
44. 卞华松，陈玉莉，张仲燕. 卡那霉素废水处理工艺探索. 上海环境科学，1995，14（8）：21～23.
45. Yeole，T. Y，Gadre，. V，Ranade，D. R. Biological treatment of a pharmaceutical waste [J]. Indian. J. Environ. Health，1996，38，95.
46. 杨军，陆正禹，胡纪萃，顾夏声. 林可霉素生产废水的厌氧生物处理工艺 [J]. 环境科学，2001，22（2）：82～86.
47. 郑兴灿，李亚新. 污水除磷脱氮技术. 北京：中国建筑工业出版社. 1998.
48. 陈立学，戴镇生. 厌氧-好氧活性污泥法除磷工艺. 中国给水排水，1993，9（3）：26～28.
49. 黄巍. 利用粉煤灰处理含磷废水的研究 [J]. 四川环境，2002，21（1）：69～71.
50. 阎存仙等. 粉煤灰处理含磷废水的研究 [J]. 上海环境科学，2000，19（1）：33～34.
51. 张簪声，王淑英，徐凛然. 粉煤灰吸附生活污水中磷的研究 [J]. 东北电力学院学报，1999，19（3）：50～53.
52. 李亚峰，徐文涛. 混凝-吸附法处理高浓度含氟磷废水的研究 [J]. 当代化工，2001，30（4）：193～195.
53. 王龙贵. 粉煤灰中磁珠的回收及用于含磷废水的处理 [J]. 粉煤灰综合利用，1999，13（1）：21～22.
54. 相会强，刘良军，刘学伟，张杰. 改性粉煤灰去除抗生素废水中的磷酸盐的试验研究 [J]. 粉煤灰综合利用，2003，（5）：3～7.
55. 李国学，孟凡乔，姜华. 添加钝化剂对污泥堆肥处理中重金属（Cu，Zn，Mn）形态影响 [J]. 中国农业大学学报，2000，5（1）：105～111.
56. U. S EPA. Test Methods for Evaluating Solid Wastes [J]. Washington，DC，SW-846. 1982.
57. U. S EPA. Federal Register [J]. Washington，DC. 1986，51（9）：1750～1748.
58. Standard Methods for The Examination of Water and Wastewater [J]. 18th edn. APHA. AWWA and WEF，Washington，DC，1992，9-36～9-38.
59. Chien-Jung Lin，Juu-En Chang. EXAFS StUdy of Adsorbed Cu（Ⅱ）on Fly Ashs with Different Residual Carbon Contents [J]. Chemosphere，2002，46：115～121.
60. R. H. Yoon，T. Salman，G. Donnay. Predicting Points of Zero Charge of Oxides and Hydroxides [J]. J. C. 1. S，1999，70（3）：483～486.

第7章

工程设计与运行

在前述各章丰富的理论与试验研究基础上，进行了工程设计与生产实践，包括首座大型生物除铁除锰水厂、黑龙江化工厂取水工程、长春市第二水源供水系统、黑龙江化工厂焦化废水处理厂、大连开发区污水厂的工程设计、工艺改造和生产运行。本章将进行详细介绍。

7.1 首座大型生物除铁除锰水厂的实践[1]

迄今为止，含铁含锰地下水的净化都是以化学接触氧化为基础设计的。作者与中国市政工程东北设计研究院除铁除锰项目组经多年研究与实践，提出并完善了生物固锰除锰理论和生物除铁除锰技术，用其指导了沈阳经济开发区大型除铁除锰水厂的设计和运行，取得了满意的成果，达到了预期目的，创建了我国首座大型生物除铁除锰水厂。

1. 生物固锰除锰的理论基础

生物固锰除锰理论的主要内容有以下几点：

（1）在pH中性条件下，地下水中溶解态Mn^{2+}不能通过溶解氧化学氧化而去除，只有在滤层中以锰氧化菌为核心的生物群系增长并达到平衡时，Mn^{2+}在除锰菌体外酶的催化作用下，才能被氧化成Mn^{4+}沉积黏附于滤料表面而被去除。

（2）水中Fe^{2+}虽然很容易在溶解氧存在的条件下发生化学氧化，但在生物滤层中，Fe^{2+}也参与了除锰菌的代谢过程。所以Mn^{2+}、Fe^{2+}离子可以在同一滤层中共同去除。同时，生物滤层对进入滤层前已氧化成的Fe^{3+}离子所形成的胶体颗粒，也有很好的截留作用。

（3）成熟的生物滤层中存在着大量的锰氧化菌和其他细菌所组成的微生物群系，这一微生物群系的平衡和稳定是Mn^{2+}氧化活性之所在。

（4）生物滤层中生物群系的稳定是需要进水水质等各种运行条件来维系的。特别需要Fe^{2+}的参与，若只含Mn^{2+}不含Fe^{2+}的原水长期进入滤层，滤层中以Mn^{2+}氧化菌为核心的微生物群系的平衡就会遭到破坏，进而削弱和丧失Mn^{2+}的氧化活性。

生物固锰除锰理论摆脱了传统化学氧化思路的束缚，从生物学角度开创了除铁除锰技术发展的新时期。

2. 沈阳经济开发区生物除铁除锰水厂设计

位于沈阳市西南部的张士开发区是沈阳市城市建设和经济发展的重要组成部分，也

[1] 本文成稿于2003年，作者：李冬，张杰。

是沈阳市对外开放的窗口。该区采用地下深井水为水源，经消毒后直接供给生活和工业使用。由于地下水中含有过量的 Mn^{2+} 和少许的 Fe^{2+}，给用户带来诸多不便，其结果使某些工厂产品质量下降，甚至报废，于是外企纷纷提出抗议和索赔。许多意欲在开发区建厂的投资商也不得不望而却步。故供水水质的改善势在必行。

(1) 供水水源与原水水质

除铁除锰水厂总规模为 $12\times10^4 m^3/d$，分两期建设。水源是沈阳西南部地区的地下水，现有水源井 11 眼，井深均为 100m 左右，水温常年 9℃，单井开采量约为 $3000m^3/d$。除 10# 井外（有微污染），其余各井只有 Fe^{2+}，Mn^{2+} 两项超标，进入供水厂的混合水中 Fe^{2+} 含量在 0.1～0.5mg/L 之下，Mn^{2+} 的含量为 1～3mg/L。

(2) 含铁锰地下水的净化路线与设计原则

Mn^{2+} 的氧化还原电位很高，在天然水 pH 中性范围内，不能被溶解氧所氧化。所以按我国现行有关规范和传统工艺所设计的先曝气接触氧化除铁，再曝气接触氧化除锰的净化流程，除铁是有效的，而除锰往往是徒劳的。本工程以生物固锰除锰机制为基础，坚持生物除铁除锰技术路线。

1）弱曝气。采用一级跌水曝气池，跌水高度仅 0.84m。曝气溶氧水尽快进入滤层，尽可能避免 Fe^{2+} 的滤前氧化。

2）一次过滤。接种培养生物滤层，Mn^{2+} 和 Fe^{2+} 在同一生物滤层中共同去除。

3）简缩净化工艺流程，压缩基建投资与维护费用。

4）目标水质定为：TFe≤0.1mg/L，Mn≤0.05mg/L。优于国家生活饮水标准（TFe≤0.3mg/L，Mn≤0.1mg/L）。

设计工艺流程见图 7-1，主要构筑物见表 7-1。

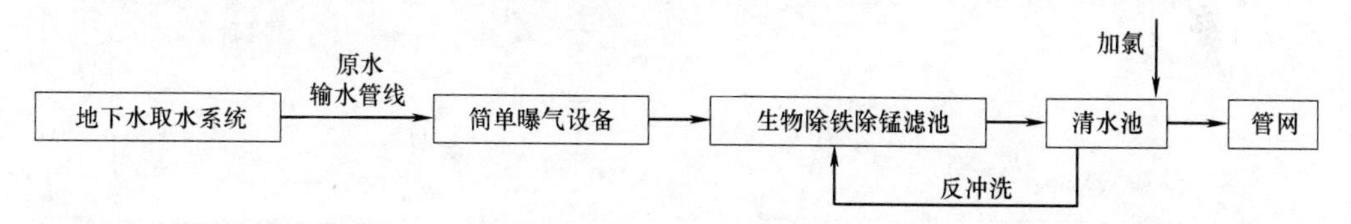

图 7-1　工艺流程图

主要构筑物一览表　　**表 7-1**

构筑物	结构	尺寸(m)	数量(座)	设计运行参数及备注
跌水曝气池	钢混	$\phi10.5\times0.6$	2	单宽流量 $40.92m^3/(h\cdot m)$，跌水高度 0.84m
生物除铁除锰滤池	钢混	7.5×6.2×3.7	12	一期 6 座滤池，滤速 6.0m/h
清水池	钢混	43×31×3.9	2	
反冲洗水塔	钢混	$V=540m^3$，高 13.5m	1	反冲洗强度 $15L/(m^2\cdot s)$

3. 生物除铁除锰滤池接种培养与成熟

2001 年 9 月 15 日，1# 滤池正式接种，单池接种种泥量为 240L。采取低滤速，弱反冲洗强度，通过适当的控制运行，使大量与锰氧化有关的细菌进入滤池内部，进行生物滤层的人工培养。1# 滤池进出水水质的跟踪检测结果见图 7-2、图 7-3。

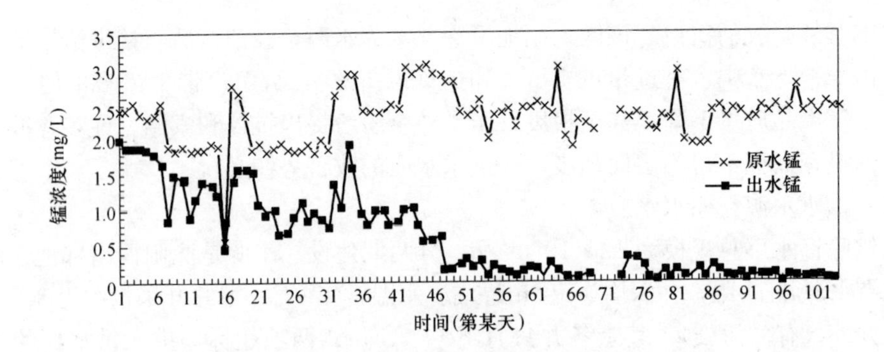

图 7-2　1# 滤池逐日进出水中锰含量

由图中曲线可见，原水水质变化幅度较大，进水锰含量最低为 0.575mg/L，最高为 3.05mg/L。进水铁含量最低为 0.01mg/L，最高为 0.5mg/L。运行初期出水中锰含量严重超标。随着滤层中生物量的增加与生物活性的增强，出水水质有了明显的改善，至 9 月 25 日，1# 滤池除锰能力开始出现，两个月以后出水锰含量已降至 0.12mg/L，此时滤池已经成熟但运行并不稳定，出水水质仍有小幅度的波动。3 个月以后出水中锰的浓度小于 0.05mg/L，完全达标且运行稳定。利用 1# 滤池所得到的工程经验，对其余的 5 个滤池进行接种，并将 2# 滤池的级配滤料更换为均质滤料。各滤池与 1# 滤池一样，经 2～3 个月后，出水水质均达到目标水质，而且运行稳定。其中 2# 滤池进出水水质的跟踪检测结果见图 7-4、图 7-5。

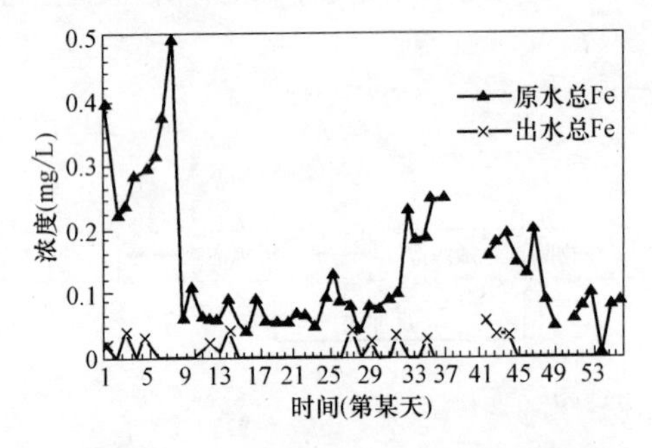

图 7-3　1# 滤池逐日进出水中铁含量

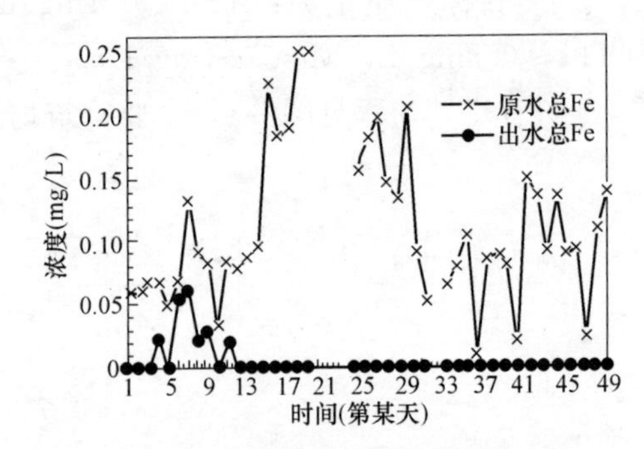

图 7-4　2# 滤池逐日进出水中锰含量

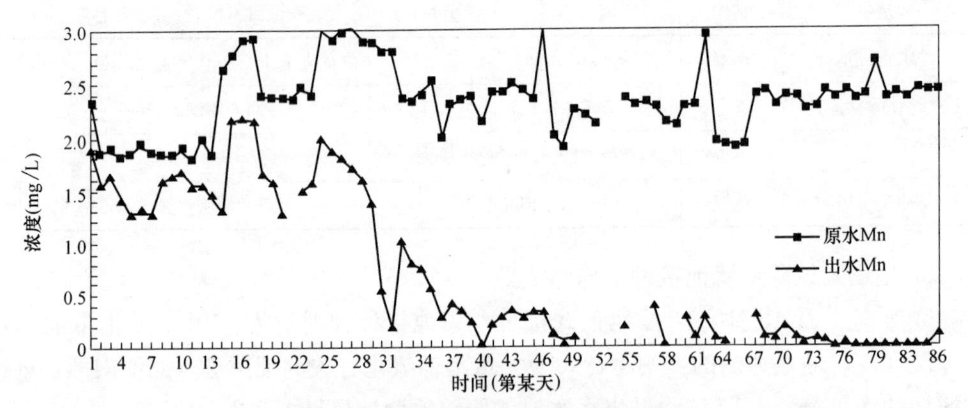

图 7-5　2# 滤池逐日进出水中锰含量

4. 生物除铁除锰滤池的正常运行

从2001年9月对1#滤池进行接种和培养，到12月末为止，一期工程6座滤池先后培养成熟并投入正常运转。表7-2为2002年1#和2#滤池各月出水水质平均值。从表中可知，出水总铁达到痕量，锰也达到0.05mg/L的水平。均优于国家生活饮用水标准。

2002年生物除铁除锰滤池稳定运行数据 表7-2

月份	原水		1#滤池		2#滤池	
	T_{Fe}(mg/L)	Mn(mg/L)	T_{Fe}(mg/L)	Mn(mg/L)	T_{Fe}(mg/L)	Mn(mg/L)
01	0.515	1.402	0.055	0.074	痕量	0.010
02	0.082	1.532	痕量	0.046	痕量	0.010
03	0.110	1.214	痕量	0.070	痕量	0.010
04	0.064	1.631	痕量	0.081	痕量	0.007
05	0.093	0.849	痕量	0.021	痕量	0.042
06	0.167	2.375	痕量	0.079	痕量	0.022
07	0.198	1.721	痕量	0.060	痕量	0.040
08	0.082	1.683	痕量	0.055	痕量	0.028
09	0.071	1.192	痕量	0.050	痕量	0.010
10	0.058	1.337	痕量	0.050	痕量	0.021
11	0.067	1.363	痕量	0.045	痕量	0.021
12	0.074	1.123	痕量	0.046	痕量	0.014

5. 问题与讨论

(1) 菌种来源

所谓生物除铁除锰滤层的成熟，就是在滤层中逐渐培养出足够强盛的以除锰菌为核心的微生物群系的过程。所以菌种的选择对于生物除铁除锰工程的成败是至关重要的。本工程从当地地下水供水系统中采集土著菌，进行纯化和培养后接种于滤层。然后进行动态培养，使滤层臻于成熟投入生产。工程实践证明，这样的生物滤层运行稳定，出水水质长期良好。这是因为各地气象和地质条件不尽相同，而导致地下水水质有着千差万别的微细变化。在开放的环境条件下，除锰菌和微生物群系最终总要和他们生活的微观环境相适应。土著自然菌的可取之处就在于此。

(2) 滤层结构

在水厂试运行中笔者把2#滤池换成粗粒均质滤层，以期比较与其他级配滤层的净化能力。在培养期，1#和2#滤池的去除率随运行时间的增长曲线见图7-6、图7-7。由图可知均质滤料滤池的成熟期略短于级配滤料，从表7-2也可看出2#滤池铁锰的去除效果优于1#滤池。可见粗粒均质滤层更适应生物除铁除锰滤池。这主要是因为采用均质滤料加大了有效生物层厚度，提高了过滤空间的有效生物总量，使生物滤层的处理能力大大加强。从操作运行中可知，在保证出水水质合格的条件下，均质滤料在很大程度上克服了铁锰在滤层表面集中去除的现象，从而缓解了水头损失的增加，延长了过滤周期，在一定程度上减轻了级配滤料表层铁泥的胶结现象，使反冲洗更加彻底。

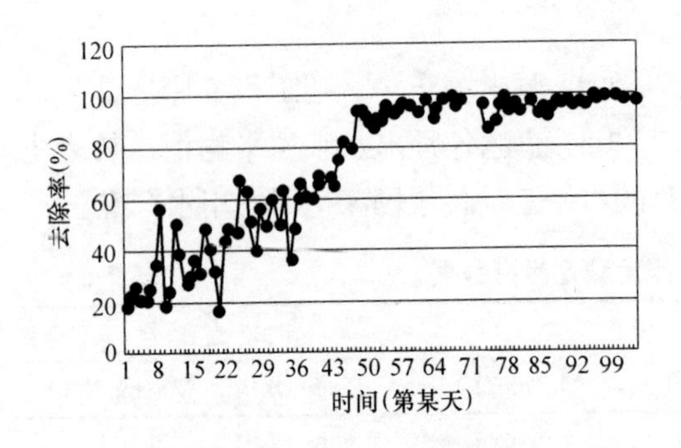

图 7-6 1# 滤池锰的去除率

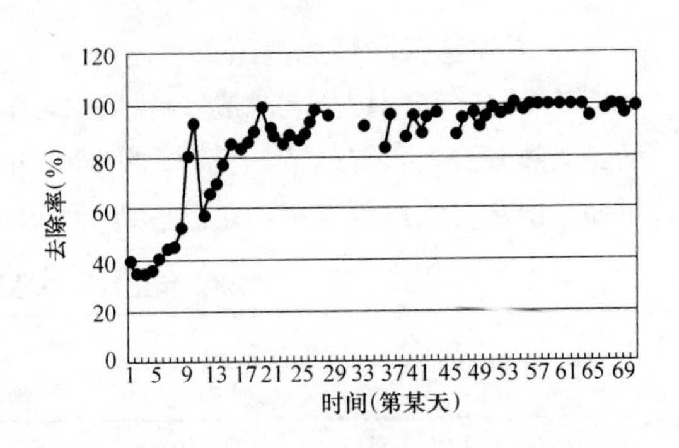

图 7-7 2# 滤池锰的去除率

(3) 反冲洗

生物滤池培养成熟以后，稳定运行是运转的核心工作，滤速与过滤周期，反冲洗强度与反冲洗历时都是滤池稳定运行的重要技术经济参数。一个稳定的生态系统中某一种群数量的维持需要有一定的基本个体数量，否则在这一生态系统中该种类的种群优势就会丧失，从而导致生态系统性质的改变。生物滤层当中细菌的分布不仅是附着在滤料的表面，而大量细菌是存在于滤层空间的铁泥中，这部分细菌的生化能力占整个成熟滤层生化能力的一半以上，因此在培养期采用弱反冲洗强度，在滤层成熟后，可根据运行效果适当提高反冲洗强度。

(4) 原水水质

对于某些微污染水源，地下水中含有一定的有机物和氨氮，以往的经验表明生物滤层对此均有很好的去除效果。生物滤层适应的原水的 Fe^{2+} 和 Mn^{2+} 浓度极限是笔者正在研究的课题之一。现有的成果表明：在一般地下水水质 Fe^{2+} 为 5～10mg/L，Mn^{2+} 为 0.5～1.0mg/L 条件下，经生物除铁除锰滤层都可以很好地去除。本工程原水水质非常特殊，Fe^{2+} 很低，为 0.1～0.5mg/L，而锰 Mn^{2+} 很高，为 1～3mg/L，经较长时期的培养，生物滤池仍发挥了很好的作用。

6. 结论

(1) 沈阳市开发区水厂是我国首座在生物固锰除锰理论指导下建立的大型除铁除锰水厂。其良好的运行效果从根本上改善了该区的供水水质。驻区因水质问题而一度停产的企业也恢复了生产。2002 年 9 月沈阳市政府决定将张士开发区建成大型工业区，铁西区的所有大中型企业将全部迁入开发区。目前搬迁工作和招商引资正在积极进行中。水质的改善无疑是促成这一举措的重要因素，也是推动沈阳市经济繁荣发展的根本保障。

(2) 该工程出水水质稳定，铁锰都得到深度去除。用生产实践证实了生物固锰除锰机理和铁锰可以在同一滤层中去除的试验成果，从而解决了半个世纪以来地下水除锰的难题。

(3) 由于生物技术的应用，减缩了净化流程。本工程与传统的两级曝气两级过滤流程相比，基建投资节省了 3000 万元，相当于总投资的 30%，年运行费用节省 20%。有着显著的经济效益和社会效益。

7.2 黑龙江化工厂取水工程技术[1]

黑龙江化工厂取水工程是为满足该厂年产焦炭 60×10^4t，合成氨 6×10^4t，硝酸铵 13×10^4t 及相应的焦化产品所需生产用水而建设的，近期供水为 $20\times10^4m^3/d$，远期为 $30\times10^4m^3/d$。

取水工程位于齐齐哈尔市富拉尔基区嫩江干流齐富铁路嫩江桥下游 150m 处，距厂区 2.5km。

工程内容包括：进水前池，合建式岸边取水泵房，换路间，高、低压配电室及必要的辅助建筑物等。

该工程于 1972 年 5 月完成初步设计，1973 年 4 月～8 月完成施工图设计，1976 年 7 月试运转，1977 年 5 月正式投产。

工程投产至今已有 4 年，运行正常，满足了生产的要求，最近我院又进行了多次回访，广泛听取了多方面的意见，总的认为该工程从取水位置的选定到一些主要构筑物技术措施的应用都比较成功。1978 年，在本工程下游的第二发电厂取水工程修建中，某设计院也采用了本工程中这些技术措施，如主体工程取水泵房采用沉井施工法，进水前池两侧翼墙也仿照本工程的拉锚式钢筋混凝土板桩挡土墙，摈弃了过去的一般传统做法。这些情况说明本工程在本行业类似工程中有一定的参考、推广价值。

1. 水源位置的选择

嫩江是松花江北源支流，其下游属游荡性平原河流。尤其是流经富拉尔基江段，蜿蜒曲折，主流多变在江道长度 5km 范围内，主流摆动幅度达 3km 之大，呈“S”状（见图 7-8）。再加江内遍布沙洲，主流一经改道，泥砂大量推移，对取水口的工作造成很大困难，20 世纪 50 年代在前苏联专家指导下建成的取水泵站到了 60 年代就受到了淤堵的威胁。尽管近 10～20 年来有关单位开展了对此江道的科学研究工作，才采取了一些整治措施，对已建取水泵站加以抢救，耗资百万，但也未彻底解决面临工程报废的局面。这都说明在游荡性河流中对取水口位置的选择必须特别谨慎。

本工程在选点时我们着重做了以下工作：

（1）查阅了自 1901 年以来的水文资料并做了历史洪水情况的调查。通过对这些材料的分析研究，发现江道主流往往随丰、枯水年的变化而变迁，特别是近 40、50 年来四易主流多半是由水文条件变化所引起，可见这是一条游荡性极强的江道。

（2）分析江道泥砂的组成及植被情况，可以进一步加深对江道稳定程度的认识，在富拉尔基江段，河床均系中、细砂组成，结构松散，其抗冲能力极低再加植被情况不好，遍布荒滩浮砂。一个最明显的例子就是三支流的形成当初就是一个烧锅坊为酿酒取水而开挖的一条细沟而迅速发展成为主流的，这充分说明江道抗冲能力低、冲淤变化大的内在因素。

[1] 本文成稿于 1981 年，作者：张杰。

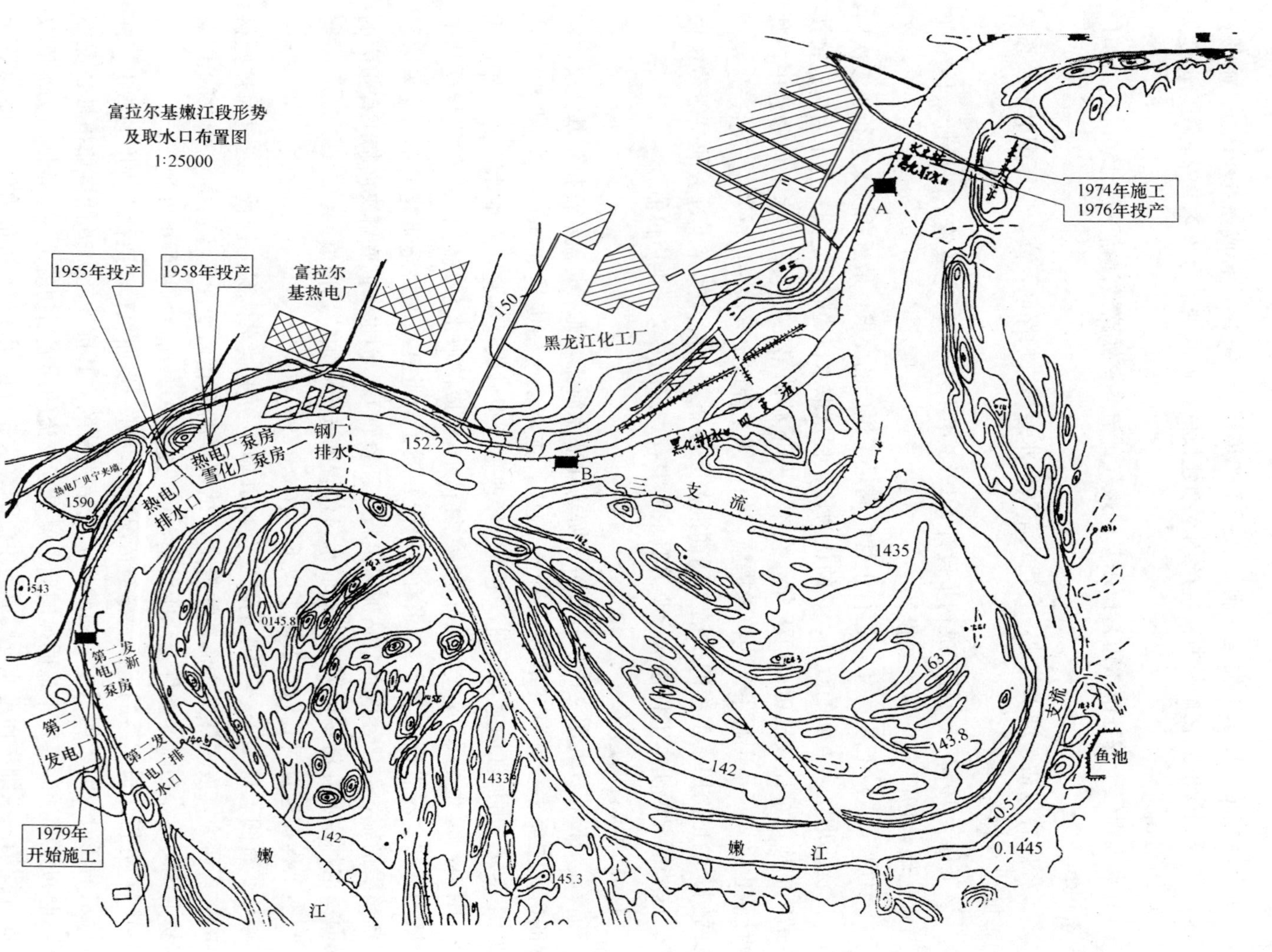
富拉尔基嫩江段形势
及取水口布置图
1:25000
1974年施工
1976年投产
A
1955年投产
1958年投产
富拉尔
基热电厂
150
黑龙江化工厂
热电厂泵房
雪化厂泵房
钢厂
排水
152.2
B
三
支
流
1590
热电厂
排水口
1543
0145.8
1435
163
143.8
142
第二发
电厂新
泵房
第二
发电厂
第二发
电厂排
水口
1433
1979年
开始施工
142
嫩
江
145.3
支流
鱼池
0.5
0.1445

图 7-8　取水口布置

（3）开展了对现有江岸的调查，以查明历史上江水对江岸的冲淤情况。现在江岸有不少冲刷地段已修护岸工程。而有的护岸前则已形成大片淤滩，这是历史上的冲刷地段而今却成了落淤地段。惟有铁路江桥上、下游的护岸江段，主流贴岸常年不变，是有其特定的条件所构成，了解这些护岸工程的设置情况及现状，有助于对江道主流变化的认识与分析。

（4）对现有取水工程的调查研究以进一步加深对泥砂运动规律的认识。现有工程经多年运行，积累了大量泥砂运动的资料，有关科研设计单位对重型厂、热电厂取水口的淤积问题进行了大量科学试验与现场观测工作，为时达 10 年之久，这些都是十分可贵的经验，值得新建取水工程借鉴与参考。

本取水工程在充分研究了上述各种条件与资料后，在可供选择的上、中、下三段江道范围内（图 7-8 中 A、B、C）认为中、下游位置受三、四支流影响，取水条件不够安全，且护岸工作量大；而上游铁路江桥以上 4km 江道无支岔，正处于弯道的凹岸，又有铁路江桥桥墩挟制水流，再加江桥上、下游均有长达 600m 坚固护岸稳流，主流常年不变，是一个理想的取水江段，并有公园现成护坡工程可资利用，可以节省大量投资，故决定将取水泵房设在铁路江桥以下 150m 处的公园尽端。

2. 取水形式选择

根据 1901 年至 1970 年水文资料，分析几十年来该取水江段，主流靠岸，稳定，枯水期水深一般在 3～4m 左右常水位水深在 7m 左右，初春、深秋均有流冰，冰絮较为严重，夏季有水草，按照取水规模与江段具体情况设计了岸边与江心取水构筑物两个方案以资比较，由于该段主流靠岸，且上下游已建有较长的护岸工程，河槽稳定，取水可靠，且可利用既有的护岸工程，修建岸边取水构筑物最为经济合理，因此初步设计采用岸边式取水泵房，并按照一般修筑围堰，明开挖方法编制初步设计。

施工图设计时，为了落实建造方法，设计与建设单位以及当地施工单位进行详细研究，进行了多种方案比较。认为在这样水深流急的主河槽地段修筑围堰工程量浩大，钢板桩围堰，缺乏材料；如果按照下游 50 年代前苏联专家帮助设计的取水泵站，采用木笼围堰则需要大量木材，施工与拆除都存在很大困难；采用草袋土围堰则黏土材料需要外运，而且占江道太宽，对江道行洪不利，同样存在拆除不尽的困难。因之采用什么样的建造方法成为设计、施工的一个突出问题。最后我们与建设单位，当地施工单位走访了上海基础公司，经过详细研究，决定摈弃了过去传统的建造方法，大胆采用了一个新的建造方案。

新的建造方案决定不筑围堰，主体泵房采用进水间与水泵间合建的大体量的矩形沉井。前池翼墙采用 20m 长的拉锚式钢筋混凝土板桩挡土墙结构。进水前池采用水下挖土，抛石护底（图 7-9）。这样一个综合方案大胆地在一个取水泵房施工中应用当时国内还是少有的。这个方案的优点在于解决了围堰建造和拆除的困难，消除了由于围堰拆除不尽，而带来取水口淤积的隐患。这对于挟带泥砂的游荡性河道尤有重要意义。而且该方案在投资上较围堰开槽法节省了 60 万元，这个方案现在证明是成功的，经济合理的。

3. 取水泵房矩形沉井结构

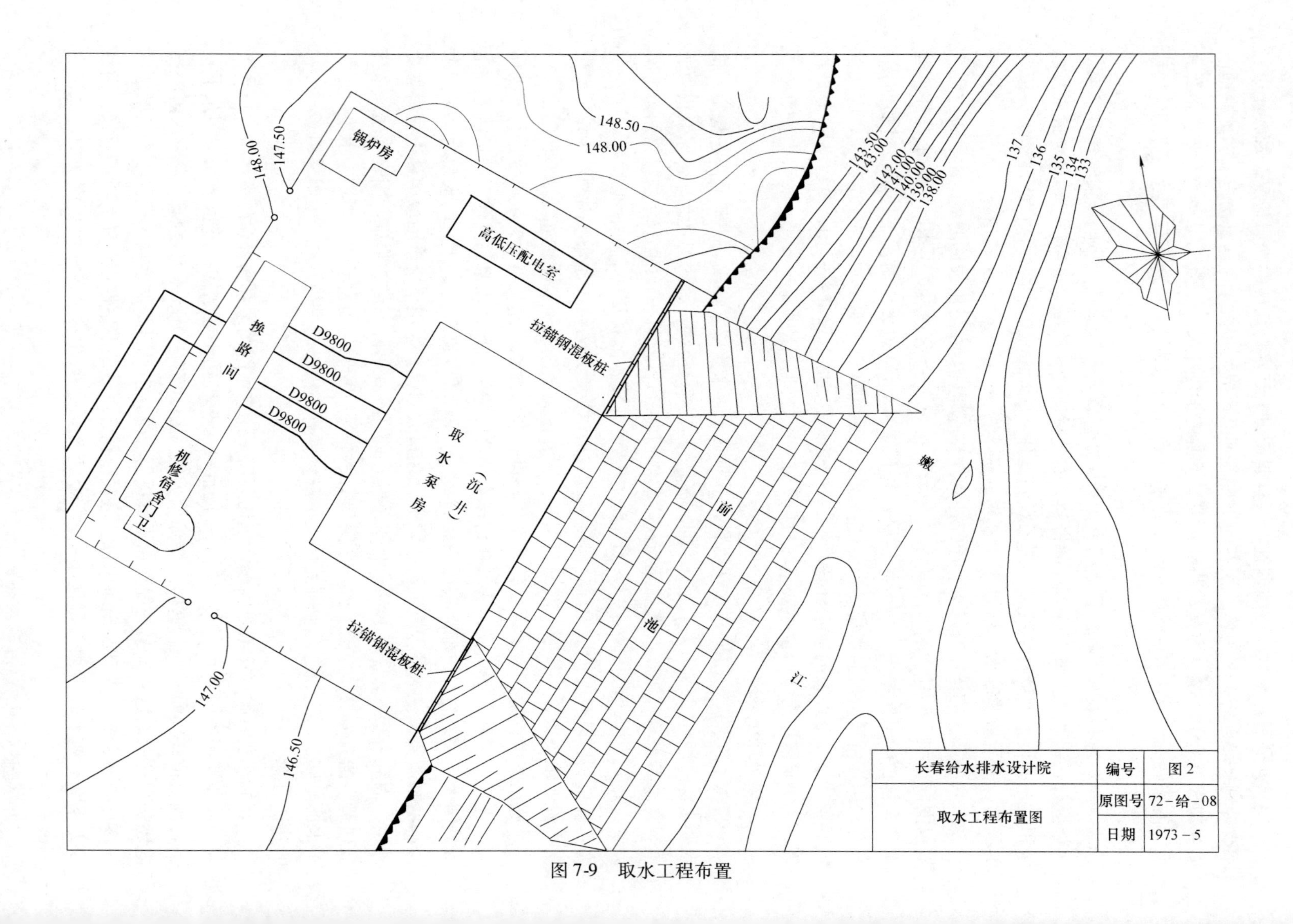

锅炉房
148.50
148.00
147.50
148.00
高低压配电室
143.50
143.00
142.00
141.00
140.00
139.00
138.00
137
136
135
134
133
换路间
D9800
D9800
D9800
D9800
拉锚钢混板桩
取水泵房（沉井）
机修宿舍门卫
嫩
前池
江
拉锚钢混板桩
147.00
146.50
长春给水排水设计院
取水工程布置图
编号
图2
原图号
72-给-08
日期
1973-5

图7-9　取水工程布置

根据工艺设计要求，沉井面积为 821.7 m^2（33m×24.9m），井深为 14.5m。这样大的矩形格栅、闸槽在井壁以外的不规则沉井，当时国内尚属少有，我们也缺乏经验，我们在具体设计中所考虑的几个技术问题可以归纳为以下几点：

（1）该沉井在岸坡边缘制作，三面地上，一面临水，沿江一面，在 5m 以下有一层 1m 多厚的软土层，存在着向江边下滑的危险，因此在沉井设计上我们考虑了整体滑动稳定问题，设计主要数据如下：

整体滑动安全系数为 1.46，抗浮安全系数为 1.28，土壤摩擦力根据砂土地层采用 2.5t/m^2，下沉系数不考虑刃脚反力为 1.3，考虑刃脚反力为 1.14。

（2）井体结构布置密切结合工艺布局，除考虑了结构受力需要外，还应保证井体有足够的整体刚度以适应沉井下沉过程中可能出现的井体倾斜，受力不均的复杂情况。本设计设置了 K_1、K_2、K_3 三品框架，（图 7-10）在设计上力求沉井上下刚度尽量接近，本设计井壁厚度分为上、中、下三段，每段相差为 0.3m，相应厚度分别为 0.9m、1.2m、1.5m。

框架结构 K_1 为封闭框架；K_2 为不完全封闭框架其不封闭部分在施工时设置临时支撑，K_3 框架是由立柱与楼面临时支撑与底部联系梁组成一个支撑框架；井墙顶部设置封闭圈梁以增强井体的空间抗扭刚度。

（3）为了减少沉井下沉阻力，方便施工，沉井底梁比刃脚提高 0.9m，纵隔墙比刃脚提高 0.5m。

本沉井几个主要耗用材料指标如下：钢筋混凝为 4220m^3，钢筋 257t，水下混凝土为 1346m^3，每立方米钢筋混凝土用钢指标为 61kg/m^3，略低于一般沉井的指标，水下混凝土因最后不排水施工，锅底较深，素混凝土用量较一般沉井为高。

（4）本沉井施工在浇注 5.6m 高度时已值冬季，为了防止地基冻胀以及严寒对混凝土产生温度裂缝，决定采用二次下沉。第一节由于高度过矮，沉井刚度较差，因此在顶部设置临时型钢支撑。同时在纵隔墙拆模以后发现有细小裂缝，分析原因，主要由于浇注过程中支座沉陷所致，为了防止裂缝发展并增加纵隔墙的强度，决定在墙下增设了 2 个假支点由夯实砂堆组成，这样解决了纵隔墙过长，刚度不足的问题。施工实践证明这个方法是成功的。

沉井施工除上部 2.5m 采用人工挖土以外，以下 7m 采用 6 套水力机械（6 台 6DA8-9 高压水泵）同时注水排泥下沉时间 11d，下部 3m 采用一台 20m^3 空压机用空气吸泥方法施工，因系不排水施工，沉井重量减轻，掏成深达 3.5m 的大锅底，才下沉，下沉历时达 24d。

沉井下沉后深度偏差为 12cm，对角线偏差仅 5cm。施工过程中最大偏差为 40cm。下沉初期底梁与纵隔墙曾有细小裂缝，但没有产生什么影响，浇注底板以后未发生渗漏现象。

本工程竣工后，曾编写了“岸边泵房矩形沉井的设计与施工”、“矩形沉井的裂缝观测与分析”以及“沉井隔墙底梁组成交义梁系计算方法的探讨”等文章，前两篇已在第一、第二次城建系统设计院给水排水结构经验交流会上进行交流，因此本总结仅简要介绍。

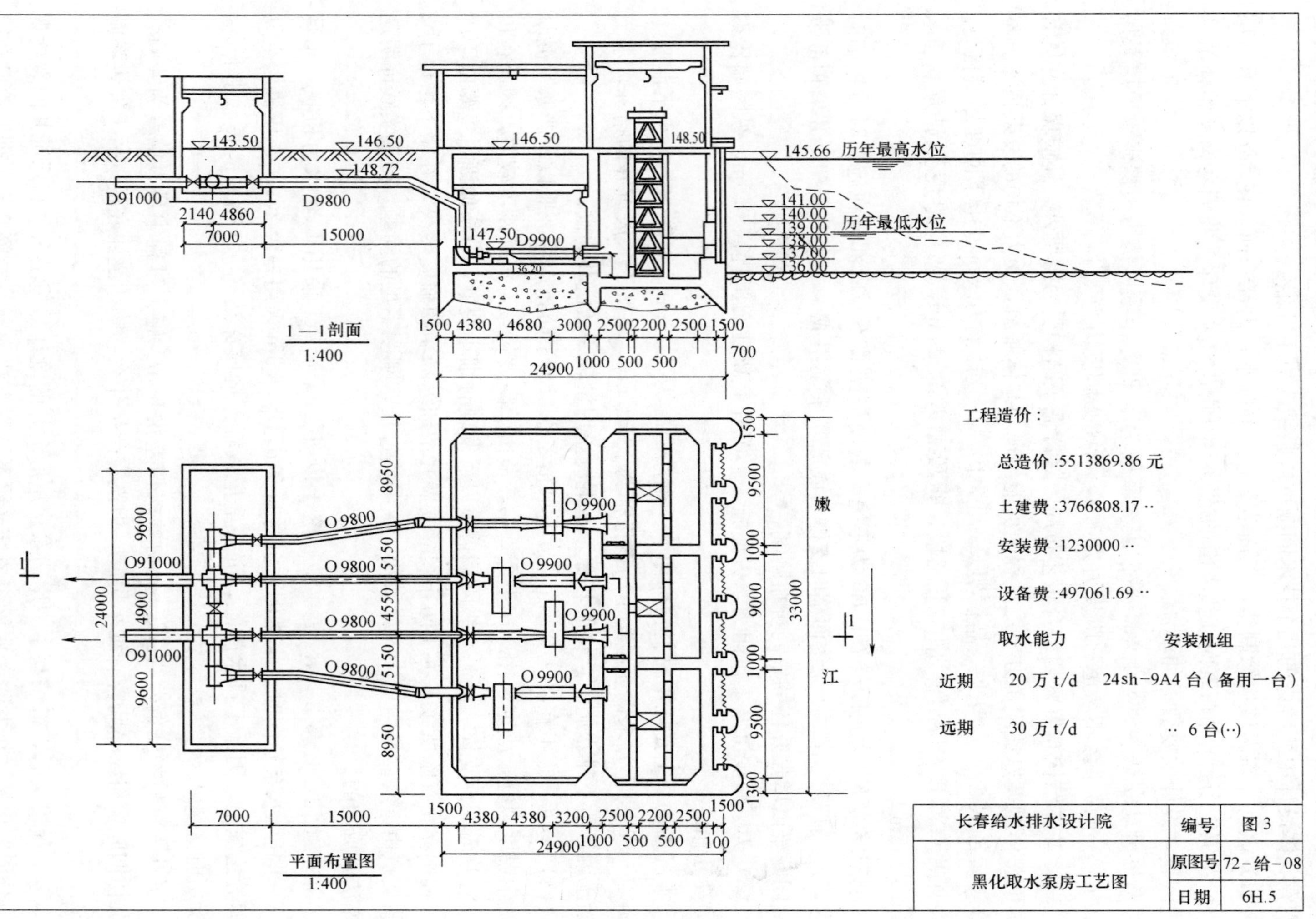

图 7-10　取水泵房工艺图

4. 进水前池泵房两侧翼墙采用拉锚式钢筋混凝土板桩挡土墙

这种结构形式用于取水泵房前池还属首次，通过本工程的具体实践，我们感到沉井施工具有明显的优点，归纳起来为：

（1）泵房沉井与板桩挡墙翼墙完成后，前池水下土方开挖与抛石护底、砌石护坡的施工极为方便，对江岸现有护坡工程的破坏可以最小。

（2）钢筋混凝土板桩为陆地预制，夯击入土，拉锚装置亦是陆地施工，可避免与江水接触，不用水中作业。

（3）板桩设有企口，桩尖有坡口，在夯击入土过程中，桩间能相互啮合，接合较严密，质量可以得到保证，同时在沉井侧墙上予埋有导槽因此板桩与墙结合也是严密的，两者可浑成整体。

（4）两侧挡土墙长度各为 18m 共 114 根板桩，从制作到形成挡土墙整体，整个施工期仅 4 个月时间。

（5）整个拉锚式钢筋混凝土板桩挡土墙工程造价为 27.6 万元，比之同类型的灌注式钢筋混凝土挡土墙可节省造价 50%左右。

拉锚式钢筋混凝土板桩主要是由板桩墙、拉杆、锚板、帽梁、拉梁组成，其布置情况见图 7-11。

板桩墙是工程的主要部分，为了使板桩整齐地打入土中并使板桩间紧密的啮成整体，而将板桩两侧做成阴阳榫，在施工过程中起到导向作用，桩尖做成尖楔形坡口，本工程板桩厚 0.4m，宽 0.49m（包括阳榫 0.09m），最长板桩为 20m，混凝土标号为 300 号。

根据地质资料可知在地面 7m 以下为中砂，砾砂，地层比较坚硬，因此板桩设计在桩心部位设有内冲水管一条直至桩尖设有喷头。实际施工说明这种辅助措施仅有 7 根板桩由于质量不好桩头被击碎而未能达到设计标高（以后采取了补救措施）之外，其余均顺利达到设计标高。因此当遇有坚硬地层时增设内冲水装置是不可忽视的。

关于板桩墙的计算目前还没有一个非常完善的计算方法，其主要原因是因为作用在板桩墙上的土压力计算比刚性墙上的土压力来得复杂（通常把板桩视为柔性结构），因此大都采用近似的计算法。

我们设计的是单锚板桩墙，其工作状态随着入土深度的不同在土压力作用下将发生不同的变形与应力。根据理论研究，当入土深度达到一定数值，入土部分出现与跨中大致相同的反弯矩时（即所谓第三状态），则认为板桩墙弹性嵌固于地基中，所需板桩断面较小，板桩位移小，稳定性好而配筋构造简单，材料强度可以充分得到利用。

板桩墙计算内容主要是为了确定板桩的打入深度，板桩墙的弯矩及传给拉锚装置力的计算。本设计采用一般的图解法求解。

锚板是利用板前的被动土压力来平衡拉杆传来的拉力，根据计算结果其与板桩墙的距离为 17m，这一距离实际上是在土体本身滑裂面影响范畴以外而能起到有效的阻滑作用。

根据理论计算决定其埋设深度为 4.5m，锚板高 3.5m，系由 0.6m 厚钢筋混凝土墙浇成。

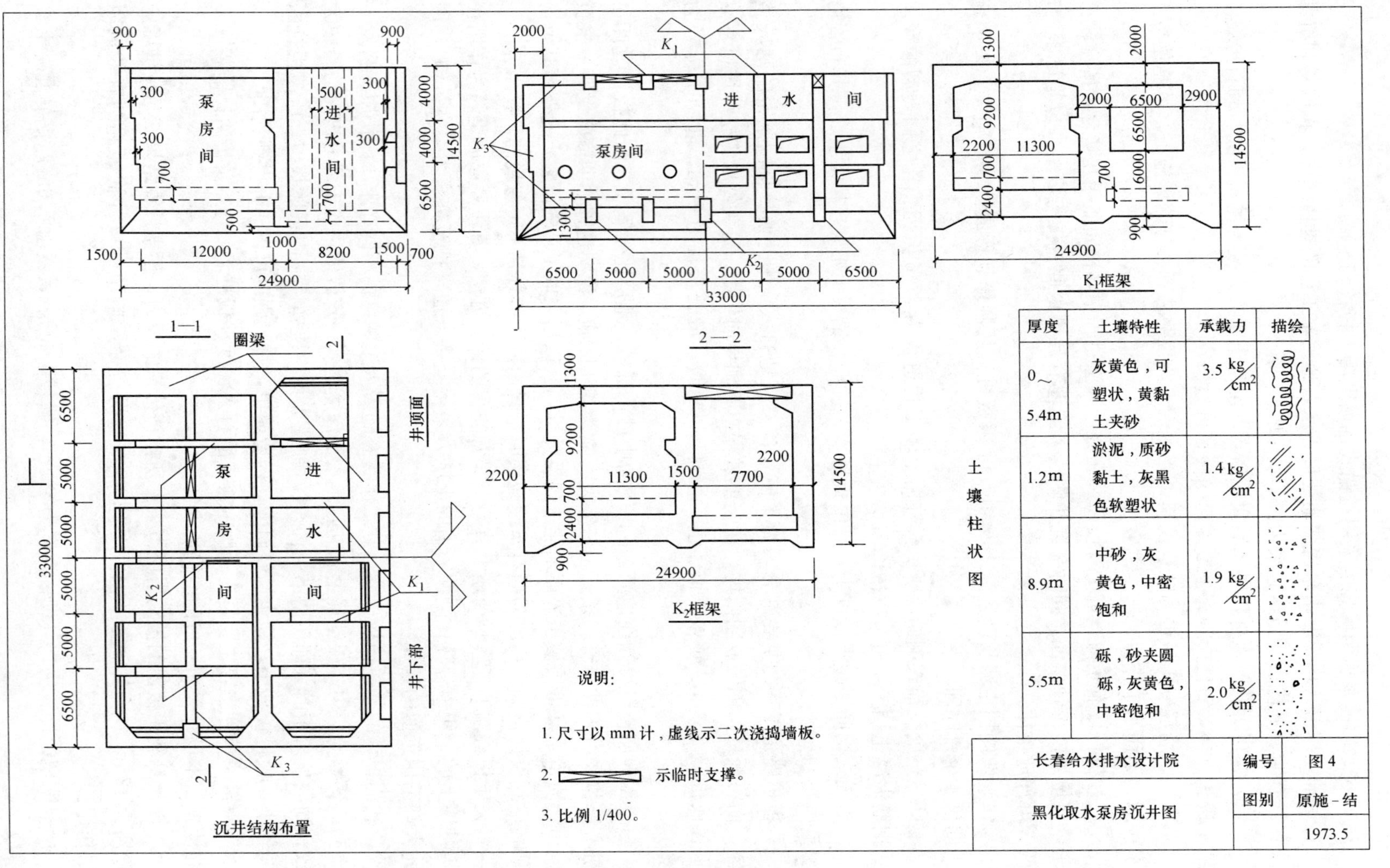

厚度	土壤特性	承载力	描绘
0～5.4m	灰黄色，可塑状，黄黏土夹砂	3.5 kg/cm²	
1.2m	淤泥，质砂黏土，灰黑色软塑状	1.4 kg/cm²	
8.9m	中砂，灰黄色，中密饱和	1.9 kg/cm²	
5.5m	砾，砂夹圆砾，灰黄色，中密饱和	2.0 kg/cm²	

图 7-11　取水泵房沉井

拉杆设计采用48mm圆钢，拉杆间距采用1.6m，每4根板桩设一拉杆，拉杆两头用螺丝拧紧以增加起始拉力，为了增加螺丝的抗剪强度用4块肋钣将拉杆与螺丝焊接成四翼锥体。

拉梁与帽梁采用现浇钢筋混凝土将桩联系成整体。拉梁宽0.3m高0.5m置于板桩墙的外侧，帽梁的宽度同板桩高0.3m，兼起平整桩头作用，以保桩头整齐美观。

5. 设计的其他几项特点

(1) 改进工艺布局以紧缩取水泵房的沉井面积。为此采取了二项措施，其一通过泵机组的合理布置，即将通常的水泵机组从单排布置改变为双排掉头布置，从而缩短了机组间的距离，即可缩小沉井面积80m^2 (图7-10)。其二，利用沉井刃脚上部井墙厚度设置进水窗口的检修闸门槽和格栅槽，可减少沉井面积66m^2。

以上两项措施可减少沉井面积146m^2，约可节省造价20万元。

(2) 在出水管上取消了逆止阀以消除停泵水锤，根据有关单位的研究成果我们把取消逆止阀防止水锤的理论应用于本取水工程，经过4年来的实际运行证明是可靠的，这不仅能省去设各种不同形式的水锤消除器的麻烦和缩小泵房建筑面积，同时也能节省一定的电耗。

(3) 采用橡胶格栅来防止冰絮堵塞进水窗口

北方河流在初冬封江之前，水体内混有相当数量的小冰核，即所谓"冰絮"或"潜冰"。当水流进入进水窗口时，冰絮就会很快地凝聚在格栅的铸铁栅条上并迅速发展，直到堵塞取水窗口。为了解决这一问题，一般都采取加热格栅的办法。这不仅增加设备与管理的不便同时亦需耗热能甚多（一个10×10^4t/d取水口的加热格栅的热功率为100×10^4kcal/h)而使用期又短，设备使用率低，造成一定的浪费。我们在查阅了以往有关各种不同材质结冰实验资料的基础上会同建设单位进行各种材料板条的实地试验（黄铜、钢、玻璃、硬橡胶、软橡胶)，结果得出软橡胶是最好的防冰絮材料（其导热系数为最小，仅0.05～0.06kcal/ (m·h·℃))。其表面无任何凝聚冰絮现象，而且坚固耐用。因此设计上要求在格栅上均搪以10mm软橡胶，用以防止冰絮堵塞进水窗口，可作为类似工程参考试用。

(4) 本设计在富拉尔基江岸公园尽端一角，为了尽量减少占地面积采用了紧缩各建筑物之间距离和合建的办法，使整个取水工程占地仅0.32hm^2，比通常布置节省用地约50%。

建筑设计考虑了公园环境的特点，认真贯彻了在适用安全经济条件下适当注意美观的方针，注意了建筑造型与绿化工作，为公园增添了景色，园林部门在建成后也表示满意，此外沉井出土很多，园林部门做成了假山、予以绿化，不仅增加园林美观，而且节约了土方运输费用。

6. 工程技术经济指标

根据工程决算，本取水工程总投资为551万元，其中建筑施工费92万元，前池护岸54万元，主体泵房土建为176万元，设备费80万元，电气工程50万元。第二份费用99万元。

本工程建造方法与一般采用围堰开槽法相比可节省投资100万元左右。

本工程每吨水基建投资为18.4元m^3/d。

工程占地 0.32hm^2 折合每吨水占地面积为 0.0107m^2/（m^3·d）。

总之，本工程投产至今已经 4 年，运行正常，1978 年富拉尔基二电厂取水工程采用了与本设计基本上相类似的设计与建造方法，可以说明本工程可供类似工程参考，有一定的推广价值。

7.3 长春市第二水源供水系统设计经验评述[1]

1. 长春市第二水源工程经纬

长春市是个缺水城市，地下水资源贫乏，又无大河湖泊。主要水源是依靠 20 世纪 50 年代修建的新立城水库，丰水年可供城市用水 $22\times10^4m^3/d$，枯水年不超过 $15\times10^4m^3/d$。远远满足不了工业与居民用水的要求。20 世纪 70 年代借用了位于九台县境内用于农业的石头口门水库作为第二水源，兴办了包括取、输、净、配水的全套城市供水系统。按石头口门水库的调蓄能力和水资源分配，第二供水系统的最终规模为 $20\times10^4m^3/d$。一期工程规模为 $10\times10^4m^3/d$，但是取水泵站、输水中途加压站和净水厂的送水泵房土建部分按 $20\times10^4m^3/d$ 设计，可分期装机。我院 1978 年完成一期施工图，1979 年破土动工，1982 年 10 月投入运行。二期工程扩建供水能力为 $10\times10^4m^3/d$，1983 年初步设计，1984 年完成施工图设计。待即将开工之际，长春市接受了日本政府的“无偿援助”，共同修建该项工程的苇子沟净水厂（也称二水厂）的二期工程。日方援助内容为提供仪表、自控系统及部分净水机械等，控制金额为 20 亿日元（折合人民币 4200 万元），设计标准按中、日两国现行规范执行。日本自来水事业主张任何情况下都能供给居民合格的饮用水，因为日本人历代有喝冷水的习惯，要求水质标准较高，比如浊度标准定为 2 度。该水厂实际上是按日本的设计参数进行设计。设计工作是由我院与日本水道咨询公司联合进行，日方承担投药、投氯和仪表自控设计，而土建、工艺、供电、总平面设计由我院承担。

最初一期工程浊度按我国饮用水标准 5 度设计的，规模为 $10\times10^4m^3/d$。为使二水厂出水浊度全部达到 2 度的要求，经慎重计算和现场实际生产测定，将一期运转负荷降至 $7\times10^4m^3/d$，以达到出厂水浊度 2 度。二期工程按 $13\times10^4m^3/d$ 设计，最终形成 $20\times10^4m^3/d$ 的供水能力。当 1985 年秋完成了初步设计后，在初设审查前后，市局有关领导同志决定为长春市贮备净化能力，多引进外资起见，将净化间的设计水量改为 $18\times10^4m^3/d$，为此又补充了 $18\times10^4m^3/d$ 的初步设计。1986 年 1 月我院组织技术人员到日本考察水道技术，与日本水道咨询公司进行了设计衔接。同年 2 月开展了施工图设计，6 月完成全部施工图纸，实际上 5 月份已提前破土动工。经过近两年紧张施工，于 1988 年 5 月投入运行。全厂包括一、二期工程向市区送水能力 $20\times10^4m^3/d$。经万里副总理批准，将长春市第二水源供水系统的苇子沟净水厂命名为“中日人民友好水厂”。

长春市第二水源供水系统包括取水泵站、中途加压泵站、输水管（2ϕ1000mm 长 28km）及净水厂，总体布局见图 7-12。

---

[1] 本文稿于 1990 年，作者：张杰。

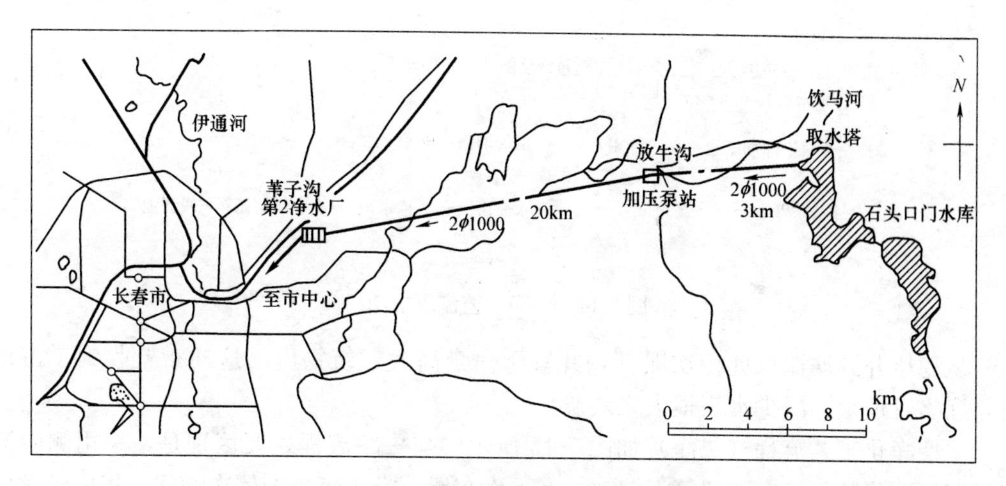

图 7-12　长春市第二水源供水系统总体布置图

取水泵站取水能力 $20\times10^4m^3/d$，内设 24SH-6 水泵 6 台（其中 2 台备用），中途加压站内设 20Sh-9 水泵 3 台，14Sh-9 水泵 3 台（其中各一台备用）。输水管采用 2ϕ1000mm 预应力钢筋混凝土管（局部高压段为钢管）。苇子沟净水厂总体布局如图 7-13所示。

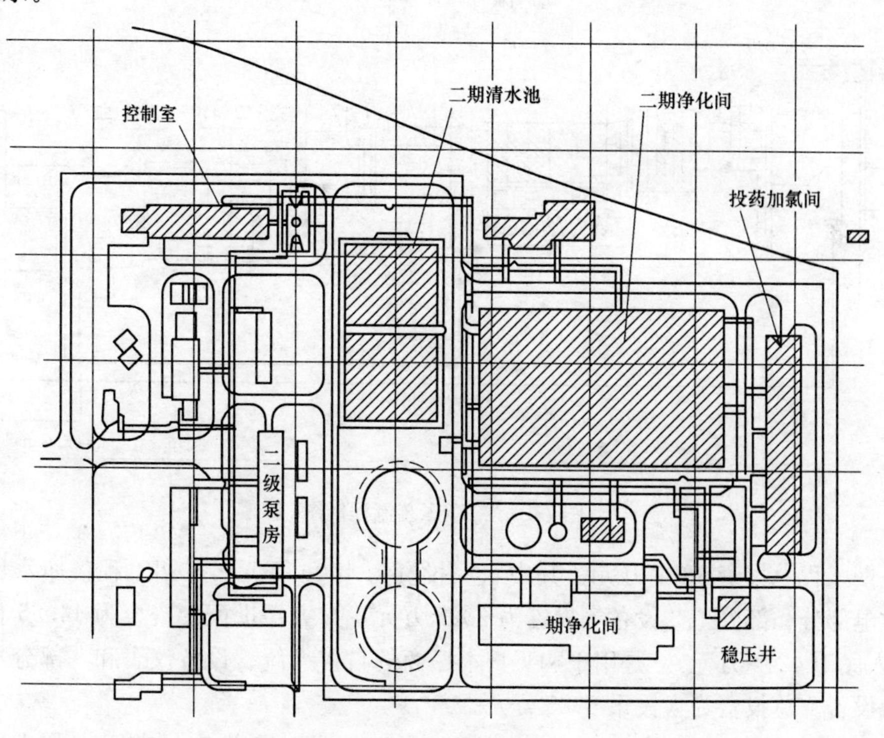

图 7-13　苇子沟净水厂（中日人民友好水厂）总体布置图
（图中斜线部分为第二期工程所建）

一期工程所建净化间（一净）生产浊度为 2 度的水，净化能力为 $7\times10^4m^3/d$。其流程见图 7-14。

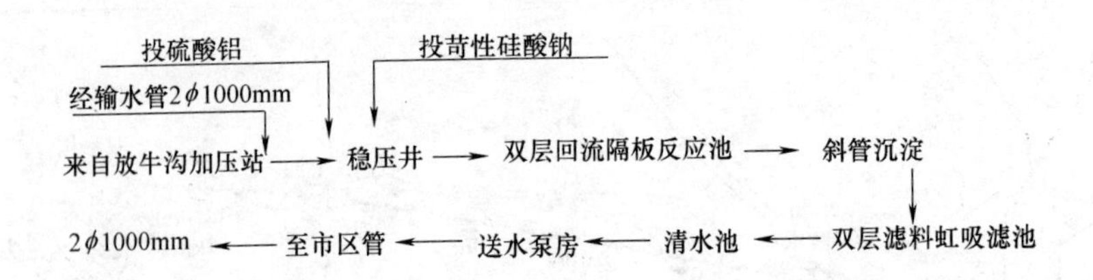

图 7-14　一净工艺流程框图

从稳压井到滤池彼此依次毗邻，并置于一个高大建筑物内。这样布置收到了占地省，联络管道短，减少水头损失之效益。

二期净化工艺流程（二净）如图 7-15 所示。与一净流程主要区别是，采用侧向流斜板沉淀池代替了异向流斜管沉淀池。在平面布置上沿用了一期依次毗邻、集中于净化间内的方案。净化间长 120m，宽 76m。设计中在建筑、结构、采暖的处理上克服了一定困难。

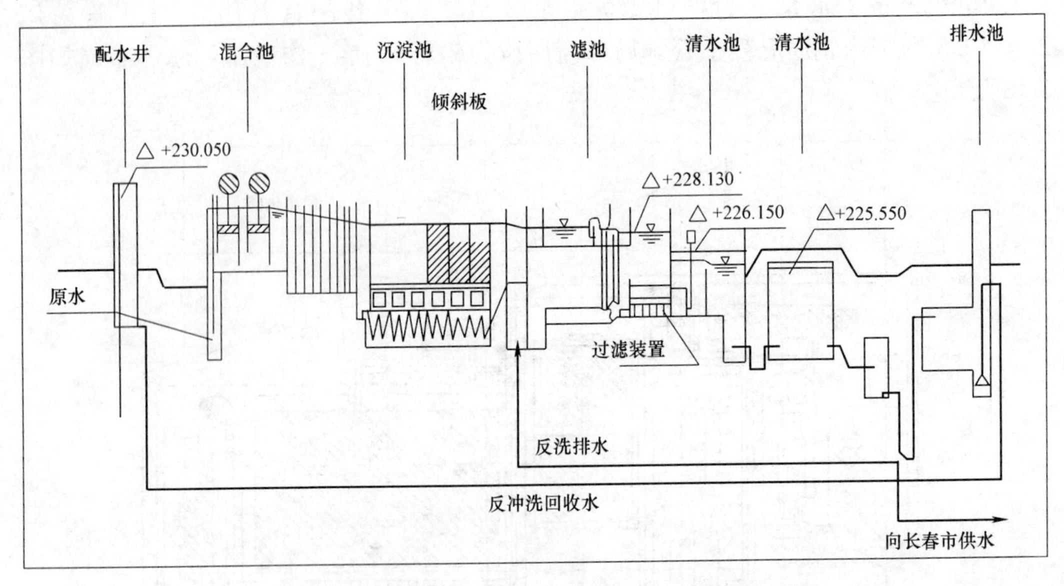

图 7-15　二净工艺流程框图

一期工程总投资 3800 万元，其中水厂投资为 1000 万元。二期工程仅净水厂的土建、供电部分和部分工艺设备等投资为 2025 万元，日方援助配套资金为 14.65 亿日元（约合人民币 4200 万元），是用于购买日本厂商的自控系统、设备仪表和一部分水质净化机械设备。总投资为人民币 6225 万元。

在现时严重缺乏建设资金条件下，长春二水厂长期贮备着 $5\times10^4 m^3/d$ 之上的净化能力，看来是一种浪费。为此我院在编制引松入长可行性研究报告和长春第一汽车厂给水工程初步设计中，尽快使第二水源供水系统的生产能力配套，以收到少投资、多产水之效益。

2. 苇子沟净水一、二期工程的设计原则和经济技术效果一期工程贯彻在满足国家现行给水设计规范和饮用水标准的原则下，尽可能提高净化构筑物的效率，减小构筑物尺寸和占地面积，以节省建设投资，减轻市财务负担。其设计参数均选用我国现行设计规范和经验值的中上限。

二期工程，因为是中日合作，想给东北地区以至全国树立一个标准现代化水厂的形象。出厂水质按浊度 2 度要求设计，而且立足于除自然灾害外，任何情况下都要供给居民充足良好的自来水。这个原则在一定的财力保证下，无疑是受人们欢迎的。

中日两国设计规范与一、二期工程设计参数比较表　　表 7-3

项　目		中国室外给水设计规范	日本水道设施设计指南与解说（日本水道协会 1997）	一期工程设计数据（出水浊度 5 度）	二期工程设计数据（出水浊度 2 度）
净化计算水量		最大日供水量＋水厂自用水量（5%～10%）	最大日供水量＋水厂自用水量(包括沉淀池排泥水、滤池反冲洗水、洗砂排水、溶解药剂用水)	最大日用水量×1.1＝10 万 m^3/d×1.1＝11 万 m^3/d	20×1.05－7＋4＝18 万 m^3/d 最大日用水量×1.05＋净水贮备能力
澄清水浊度		20 度以下	无条文规定，生产中一般在 5～10 度	20 度	＜10 度
混合时间		2min 以下	1～5min	1min	1.58min
反应时间		20～30min 流速 0.6～0.3m/s	20～40min GT＝23000～21000	20min	36.5min
斜板沉淀池	颗粒沉降速度	1985 年规范规定为上升流速 2～2.5mm/s 相应颗粒沉降度为 0.15～0.18mm/s	0.6m/h (0.16mm/s)	斜板区上升流速 3.7mm/s 相应颗粒沉降度为 0.27mm/s	0.6m/h (0.16mm/s)
	池内停留时间		60min	30min	52min
	斜板区内停留时间		斜板间距 100mm 20～40min 斜板间距 50mm 15～20min	4min	28.3min
	全池液面负荷			10.65m^3/(m^2·h)	7.45m^3/(m^2·h)
	斜板液面负荷	7.2～9m^3/(m^2·h)		13.32m^3/(m^2·h)	13.8m^3/(m^2·h)
滤池	滤速	单层石英砂滤池：8～10m/h 双层滤料滤池：10～14m/h	单层滤料：120～150m/d (5～6.25m/h) 多层滤料滤池不超过：240m/d(10m/h)	双层滤料滤池：11.0m/h	双层滤料 7.98m/h
	冲洗方式	反冲洗不强调配合表面冲洗	反冲洗配合表面冲洗	反冲洗	反冲＋表面冲洗

一、二期工程的设计参数及中、日两国规范数值列于表 7-3。从表 7-3 数据可知，一、二期工程的设计参数有很大的区别，显然二期设计参数偏于安全。这就给基建投资和运行费用带来了不同的经济技术效果。

一期工程净化系统自 1982 年 10 月投产以来，经过两年摸索和现场测试，1985 年 10 月净水能力达到设计规模 11×$10^4$$m^3$/d，出厂水浊度常年在 5 度之下，一般情况也能达到 3～4 度，而且运行稳定。经生产实验，如负荷减到 7×$10^4$$m^3$/d，出厂水浊度可保证 2 度以下。

二期工程净化系统自 1988 年 5 月开车以来，出水水质经常在 1 度以下。一次试车达到设计能力。侧向流斜板沉淀池出水浊度也在 5 度以下，且清澈透明。二期净化工艺路线达到了水质的高要求。设计与设备安装都是成功的。

一净在经过技术人员、工人的认真摸索得出了投药、排泥规律之后，达到正常运转。但是已处于全力运行的条件下，没有贮备潜力可挖。在维护上要经常排泥、清除斜管沉淀池水面上浮渣，要经常注意原水水质变化，及时改变投药量。二净开车一次成功。运行上一直顺利，有相当大的安全贮备，且有集散型管理控制系统，安全可靠，不愁水质不合格。所以从技术上比较，二净是较现代化的。

一净与二净不是同一时期修建的。这几年材料等上涨指数也难以统计，用单位水量的基建投资来做比较，不完全有可比性。但总有一个粗略估计。一净单位投资（按出水浊度 2 度净水能力 $7\times10^4m^3/d$ 计）为 143 元/($m^3\cdot d$)（含二期征地和二泵房全部土建），二净单位投资为 346 元/($m^3\cdot d$)，则二净为一净投资的 2.5 倍。一净净化间的建筑面积为 $2197m^2$，按净水能力 $7\times10^4m^3/d$ 计，单位处理水量约占面积为 $314m^2/(10^4m^3\cdot d)$，而二净建筑面积 $9120m^2$，单位净水量占面积为 $506m^2/(10^4m^3\cdot d)$，则二净为一净的 1.7 倍。以上粗略的比较可知，一净确实节省了比较多的基建投资。

笔者认为，当城市有能力支付建设投资时，希望建设二净那样的净水系统，采用较安全的设计参数，提高管理控制水平，保证出水水质。而在财力不足的条件下，应该坚持节约的原则，提高效率，采用较高的设计参数，辅以技术人员和工人的繁琐劳动，加强维护管理，也能达到同样的水质标准。

3. 二期净水工艺的特点

(1) 二净除在设计参数上比较安全之外，还加强了混凝澄清工艺，以适应水库水和低温低浊水质的特点。混合、反应时间留有余地，药剂种类除硫酸铝和活化硅酸同一净一样外，还增加了 PAC、NaOH 投药设备，以适应不同水质条件的变化，保证澄清后水质。侧向流斜板沉淀池停留时间达 1h，并有足够的斜板板面，水的流向顺直合理。滤池滤速偏低，反冲洗配以表面冲洗。这样澄清水质得以保证，滤池把关严密。出厂水浊度经常在 0.5～1.0 度以下。

(2) 二净工艺流程中采用了侧向流斜板沉淀池。它兼有平流沉淀池适应水质变化有缓冲能力和斜管沉淀池利用浅池原理提高液面负荷两方面的优点。

1) 从表 7-3 可知，二净的斜板区水力停留时间为 28.3min，而一净为 4min。缓冲能力二净为一净的 7 倍。二净的最小颗粒沉降速度 0.16mm/s，即大于该沉降速度的颗粒都可以沉淀下来。一净的颗粒沉降速度为 0.27mm/s，大于 0.27mm/s 的颗粒才能沉下来，从 0.16～0.27mm/s 的颗粒在二净可沉下来，而一净就随出水流失了。所以二净的沉淀效率自然比一净要高得多。据生产运行记录，二净出水浊度经常在 0.5 度之下；而一净在 5 度之下。但是从斜板区液面负荷来看，二净为 $13.8m^3/(m^2\cdot h)$，一净为 $13.32m^3/(m^2\cdot h)$，几乎相等。显然侧向流斜板沉淀池所以效率高是充分利用了沉淀池的高度，由于它采用 5 段（层）斜板的布置形式，有效地利用沉淀池全深的结果。参见上向流斜管沉淀池和侧向流斜板沉淀池的断面示意图，如图 7-16。

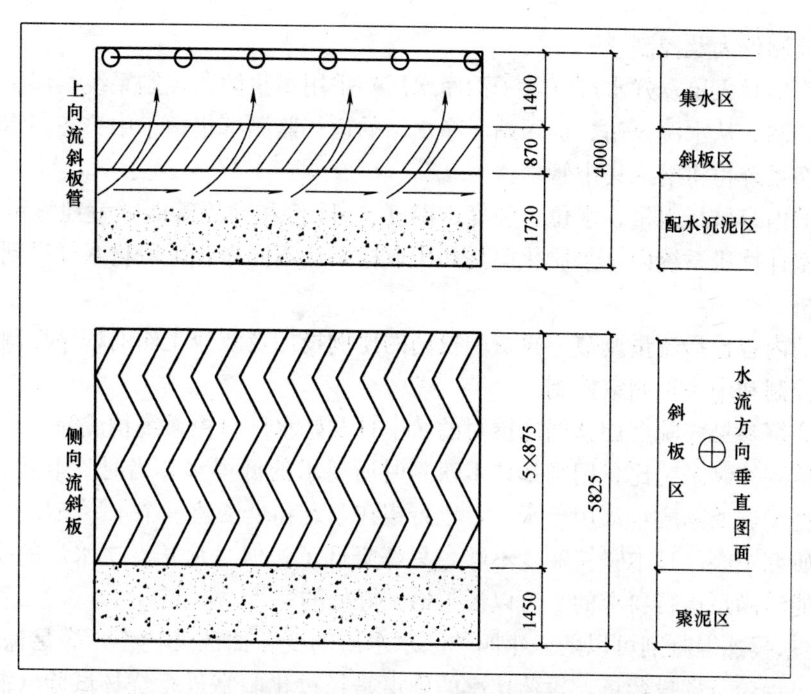

图 7-16　上向流斜板沉淀池与侧向流斜板沉淀池池深示意图

2）二净全池内的水力停留时间为 58min，斜板区停留时间为 28.3min，其比例为 2∶1。一净全池停留时间为 30min。斜板区的停留时间为 4min，近 8∶1。侧向流设计得体，容积利用得好，是显而易见的。

3）二净斜板沉淀水流流向顺直，阻力小，呈稳定的层流状态，利于颗粒沉淀。反应池之后充满绒粒的水流经两道穿孔花墙平缓地进入沉淀池的平流段，重颗粒在此沉降。然后再经花墙整流到斜板区，水力粒径大于 0.16mm/s 的绒粒沉降之后，又经花墙整流到出水段。从反应池到平流段，斜板区，最后到出水段，全程没有流向的变化，流速变化很微小。最大限度减少了水力扰动，提高了沉淀效率。

4）侧向流斜板沉淀池的沉泥区在顺水流方向有几道阻流墙，分割了几个区段，阻止了沉泥区的水流流动，形成静止的沉泥区。有力地防止了侧向流沉淀池的短路。每个区段利用刮泥机向垂直于斜板区水流方向的池子两侧搜刮，减少了对沉淀效率的影响。

5）斜板沉淀池的板间间距为 100mm，每段板面斜长 1.0m、5 段总长 5.0m，斜角 60 度。斜管沉淀池的斜管内切圆直径为 36mm，斜长 1m，斜角为 60 度。间距与板长相互做了弥补，斜板间距约为斜管直径的 3 倍，而板长却为斜管长的 5 倍。所以在同样的液面负荷下，斜板沉淀池的颗粒沉降速度要小，沉淀效率要高。斜板间距大，可以防止沉泥堆积、堵塞和污泥上浮，减轻维护工作量。

6）就全池的水力停留时间而言，斜板沉淀池为 58min，而斜管为 30min，侧向流斜板沉淀池的容积负荷还是低的，因而增加了建设费用。如果将斜板间距缩到 80mm 或 70mm 或 50mm，缩小到不至于有污泥淤积在斜板上产生堵塞的程度，就可以增加出水量。在池的容积负荷和建设费用上也可与斜管相近。侧向流斜板沉淀池就可以在大、中、小水厂加以推广。具体问题是斜板的制作与安装应得到落实。

（3）监测仪表及控制

长春市中日人民友好水厂（苇子沟净水厂）采用了集散式控制系统，即集中管理和分散单元控制。从水源泵站、加压站、净水厂的运行监测都集中于中央控制室管理。一期工程一净系统也将纳入集中管理。

监测的内容包括水量、水位、浊度、温度、pH 值和余氯等能够就地显示并传送到中央控制室计算机系统内。水质化验是利用取样泵从不同净化工段将水样送到水质化验间进行分析。

控制的内容包括流量调节、投氯与投药的比例投加及滤池工作的程序控制。也可以做到就地控制和中央控制室控制。

详尽介绍参见我院邢德新同志撰写的《中日友好水厂自控系统构成简介》一文。

这个监测控制系统比我们当初技术谈判时所要求的低得多。当时日本是无偿赠送，我们希望把赠送的额度全部用于水厂，也希望在东北和全国建一个水厂或给水系统的自控管理的研究中心。日本坚持额度不够，只好降低了。但是从长春二水厂的实际出发，该系统是能够满足运行要求的。可以说是恰到好处的。

1）比量投加混凝剂可以随一年四季原水水质的变化而改变比率，满足保证出水水质的要求，也较节省投药量。投药比率的确定是经过化验室进行烧杯试验（混凝试验）来决定的，并不繁杂，也较迅速，来得及应对水质的变化。

2）该系统能够在中央控制室掌握全厂的运行情况，并能做出日报、月报、积累资料。经过几年的资料积累，编制数字模型后，也能做到自动投药。

3）操作管理方便，运行两年来没有出现什么故障，受到了管理人员的欢迎。

给水系统进行仪表监测，进行自动控制之目的是节省能量和药品，减轻劳动强度，更好地保证水质。如果离开了节能、节水、节资和人力来追求自动控制就失去了实际意义。我们应该根据现有自控水厂（包括长春水厂在内）的运行经验，结合我国产品水平及当地人员素质，恰到好处的来增减监测和控制项目。必须做到做一项灵一项，能在水厂运行中长期起到作用。如果没有条件，宁可不做。有人曾说："水厂的自动控制水平与处理水质没有直接关系"。笔者认为这句话是符合实际的，起码符合现时技术经济水平的实际。水厂自控不可过分追求，造成浪费。

就目前而言笔者认为以下几项控制技术可以推广。

a. 滤池运行的程序控制。

b. 药剂的比量投加。

c. 泵站水泵机组的无级调速。

4. 苇子沟净水厂（中日人民友好水厂）一期工程设计运转经验

（1）水库水质特性及其处理工艺

地面水中以不同的分散状况存在着各种有机和无机物质。呈粗分散状态（颗粒尺寸大于 1.0μm）的有黏土、石英、石灰和石膏等颗粒，呈胶体状态（0.1μm 到 1.0μm）的有黏土颗粒、硅和铁的化合物，微生物生命活动和分解产物，腐殖物等；呈真溶液有气体、碱、碱土和重金属的无机盐、各种有机物等。

水库水由于水深，长期调蓄，水力交换条件差，库底呈厌氧状态，黑暗无光。积在库底的动植物尸体就要腐败分解，库底淤泥中的锰铁成分也要在厌氧条件下溶解到水中（所谓溶出现象）。而水表层由于阳光充足及营养条件又有藻类等浮游生物的繁殖。所以在水库水的分散系中形成了较多的无机、有机胶体颗粒，生物胶体颗粒和微生物胶体颗粒。有机胶体颗粒有明显的亲水性，其原因是其组成中有与水的偶极子牢固结合的极性基（OH^-、CO_3^{2-}、HCO_3^-、SO_4^{2-}、PO_4^{3-} 等）生物胶体具有很大的界面面积，带有较强的电荷。例如藻类（OsciLLatoria Rubescens）的 ξ 电位为 $-8 \sim -13$mV。浓度为 2.5×10^4 个/mL 的细菌混合物的 ξ 电位为 $-27 \sim -71$mV，吸附在黏土颗粒上，就会明显地增加了胶体颗粒的 ξ 电位。所以无机颗粒吸附有机物可以呈现出对于无机颗粒的保护作用，使它们难以凝聚。腐殖酸对土壤悬浊液、硅酸溶液、铝和铁的氢氧化物都具有保护作用。

水库水的溶胶状态可在相当长的时间内稳定存在。我们曾取石头口门水库水静沉一个月之上，也看不见沉降分层迹象。

溶胶能够在相当长的时间内稳定存在，是由于胶体带电和溶剂化层的存在。一般 ξ 电位绝对值大于 0.03V 时溶胶是稳定的，ξ 电位绝对值小于 0.03 时，则溶胶不稳定。这是因为胶粒在布朗运动下彼此接近时，由于 ξ 电位的存在在静电的斥力作用下又能相互远离。当不断向溶胶中投加电解质离子（与胶粒表面吸附电荷相反的导电离子）ξ 电位小到某一值时，粒子间斥力不足以阻止粒子间的碰撞，变薄了的溶剂化层便不能阻止粒子相互聚结，胶体粒子就由小变大，颗粒聚结到足够大时，达到粗分散状态，在重力作用下，就会从分散介质中沉降下来，即发生了聚沉。ξ 电位越小，沉降速度越快；ξ 电位等于零时，即等电状态，聚沉速度达到最大。称开始聚沉的 ξ 电位为临界电位。多数溶液的临界电位在 $\pm$0.03V 之间。

造成憎液溶胶聚沉的因素除外加电解质物质的作用外，还有温度、浓度、扰动、光的作用等。本来就难以聚沉的水库水溶胶，在冬季低温低浊条件下就更加稳定，难以聚沉了。所以用一般的混凝澄清工艺是达不到目的的，必须加强混凝。长春市苇子沟净水厂一期工程的实践就说明了这一问题。

一净 1982 年 10 月投产以来至 1983 年逐步增加到设计负荷之后，出厂水达不到要求。特别是 1985 年洪水期出厂水浊度竟达到 60 度之高。为此我院派现场测试组与自来水公司协作进行了为期 2 个月的测试工作，改变了运转条件，加强了混凝，使出厂水达到了设计标准浊度在 5 度以下。此后一净至今 4 年来的运行中，水质一直稳定，出厂水质合格。

当时测试原水浊度 153 度，pH7.5，投加硫酸铝 50mg/L（商品量），生产反应池（双层隔板反应池）的反应时间为 20min，我们利用反应池出水经模型斜管沉淀池试验（斜管内切圆直径 36mm，斜长 1m，斜角 60°），当斜管区上升流速为 4.23～1.93mm/s 时，其出水浊度为 190～150 度，没有澄清效果，主要由于药剂的投加反而增加了浊度。对生产反应池出水进行静沉试验，30min 的上澄清液浊度仍然 115 度，沉淀效率仅为 25%。生产反应池的运行几乎没有混凝效果。但是肉眼观察，并非没有绒粒形成，而是绒粒轻而飘。又经烧杯试验，进行了各种剂量的不同混凝剂及混凝剂与助凝剂配合使用的摸索，终于发现硫酸铝与助凝剂 PAM 或活性硅酸钠配合使用有很好的混凝效果，并可以节省混凝剂，于是在生产池子上进行生产实验，运行记录如表 7-4。

一净生产记录摘抄（1985年） **表 7-4**

时 间	来水量(m^3/d)		浊度(度)			投药量(mg/L)	
			原水	滤前			
	南池	北池		南池	北池	硫酸铝	水玻璃
10月15日	92400～98900		90	21～46 平均22	21～46 平均33	50	10
10月16日	92400～98900		90～120	25～50	23～60	50	10
10月17日 1～9时	35000	57400～63900	90～120	22～28 平均25	25～30 平均30	55～60	10
10～24时	35000	57400～63900	90～120	5～10 平均8	11～20 平均15	55～60	10
10月18日	35000	57400～63900	90	5～10 平均7.5	20～30 平均25	55	10
10月19日 1～12时	35000	57400～63 900	90	9～18 平均14	11～40 平均27	50～55	10
13～18时	105500		90	30～50 平均43	30～56 平均48	50～55	10
19～24时	95600		90	7～15 平均10	8～20 平均13	50～55	10
10月20日	92600～99300		90	6～10 平均8	7～10 平均8.7	50～55	10
10月21日	95700～98420		90	8～20 平均13	8～19 平均14	50～55	10
10月22日	95200～10100		90	8～20 平均16	7～24 平均14	50～55	10

生产实验表明配合使用混凝剂与助凝剂，单池负荷为5.53×$10^4m^3/d$（双池负荷11.03×$10^4m^3/d$）时，沉淀池出水浊度可在20度以下。滤后水浊度5度以下；单池运转负荷在3.5×$10^4m^3/d$，双池7×$10^4m^3/d$）时，沉淀水浊度可达10度以下，滤后水<2度。1985年10月19日恢复正常运行，处理水量在92600～101000m^3/d间，沉淀水浊度20度以下，滤池出水浊度为5度以下。

原一期工程对一净工艺设计曾设有助凝剂活性硅酸的投加设备，但是由于操作复杂，工人说效果不大，我们也没有坚持认真调试，就搁置不用了。经这次测试和生产实验，水厂维护人员也认识到水库水投加助凝剂强化絮凝反应是非常必要的。在测试中还了解到活性硅酸的最佳投加点是在混凝剂投加之后1.5～2.0min。

（2）近远期结合与总图布置

苇子沟净水厂一期工程设计在院内外曾有所争议，其原因是在刚刚满负荷运行的一段时间里，出厂水达不到标准。但是经过技术人员、工人的共同努力和实践考验，不但达到了原设计能力，而且在给水系统工程设计上，在取水口设计上，在净水厂的总体布置上都给予了我们有益的经验。

取水泵房，中途加压站，净水的送水泵房、变电所土建均按最终规模设计，分期安装机组。输水工程一期建一条ϕ1000mm输水管，二期再建一条ϕ1000mm输水管。

净水厂设计按最终规模进行总平面布置，预留二期净化间和清水池的适合位置。这样二期工程只要上一条输水管线，一座净化间和清水池，并在已建各座泵站及其供配电室相应安装二期机组与设备即可达到 $20\times10^4m^3/d$ 的供水能力。从而降低了工程总造价，并为实现最终规模提供了良好的条件，是远近期结合以近期为主的较好的实践。

水厂水力流程顺直，布局紧凑，充分利用了进厂原水的余压，且利用地形坡度布局，采用了压力吸水井，尽可能地节约了水头。这是我院较早注意节约能量的水厂。

总之，长春市第二水源供水系统设计，无论从给水工程系统设计上，还是从解决水库低温低浊水的净化技术，以及水厂总体布置和标准上，都给予我们有益的经验，使我们提高了技术水平和政策水平，增强了经济观念。

7.4 高锰酸钾预氧化替代预氯化的实用性❶

河北省沧州市自来水厂（东水厂）的原水取自以黄河水为水源的平原水库——大浪淀水库。目前，该水库水已微污染、富营养化，其总磷、总氮值已达地表水环境质量标准规定的湖泊、水库特定项目标准值的Ⅴ类标准，水中藻类（多为蓝藻和绿藻）生长尤为旺盛，有时竟高于 1×10^8 个/L，若用预氯化强化处理易造成：(1) 生成大量卤化有机污染物，使处理后水的毒理学安全性下降；(2) 加重了水的臭味；(3) 夏、秋季节加氯机虽已满负荷运转，但出厂水的余氯仍不能满足要求。以上问题迫使东水厂寻求适合该水库水的更为经济有效的预氧化工艺。通过经济技术比较分析，初步选定以高锰酸钾预氧化替代预氯化。因高锰酸钾预氧化应加在混凝反应之前，受水厂工艺条件限制，投加点只能设在配水井上，故可认为高锰酸钾与混凝剂同时投加。

1. 高锰酸钾预氧化条件优化

(1) 试验方法

取 $KMnO_4$ 的特征吸收波长 520nm，该波长下的吸光度值可以反映 $KMnO_4$ 剩余浓度的变化情况。

1）做 $KMnO_4$ 浓度的标准曲线；

2）在 6 个放有水样的烧杯中，分别加入 0.5、1.0、1.5、2.0、2.5、3.0mg/L 的 $KMnO_4$，随后模拟东水厂的实际处理工艺操作，即：以 200r/min 快速搅拌 2min，以 60r/min 慢速搅拌 21min，静置沉淀 10、30、60、90min；

3）取烧杯中部的上清液用离心沉淀器离心沉淀 7min，目的是避免水中未沉淀颗粒和胶体影响 $KMnO_4$ 残余量的测定；

4）用 UV-754 型紫外-可见分光光度计测离心沉淀后上清液的吸光度值，从而得到氧化时间分别为 40、60、90、120min 时的 $KMnO_4$ 投加量与剩余量之间的关系。

(2) 试验结果

图 7-17、图 7-18 分别为在不同的氧化时间下 $KMnO_4$ 投加量与消耗量、剩余量的

❶ 本文成稿于 2002 年，作者：张杰，臧景红。

关系曲线。从图 7-17 可见，当 $KMnO_4$ 与水样的接触时间足够长时，不同浓度的 $KMnO_4$ 溶液与水中有机物相互作用的消耗量基本相同，表明 $KMnO_4$ 消耗量主要取决于原水的有机物浓度。若投入 $KMnO_4$ 过多，剩余的 $KMnO_4$ 就多，则可能存在出水 Mn 超标的问题。对于大浪淀水库水而言，$KMnO_4$ 与水中有机物作用消耗量为 0.45～0.5mg/L，即其最佳投量为 0.45～0.5mg/L，经生产性试验证明，该投量不存在出水 Mn 超标的问题。

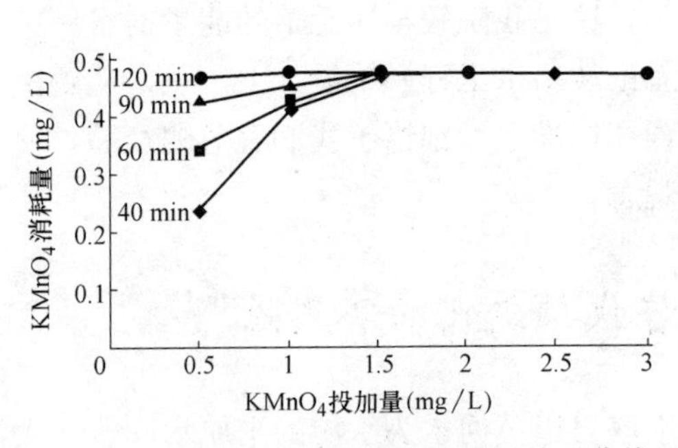

图 7-17　$KMnO_4$ 投加量与消耗量的关系曲线

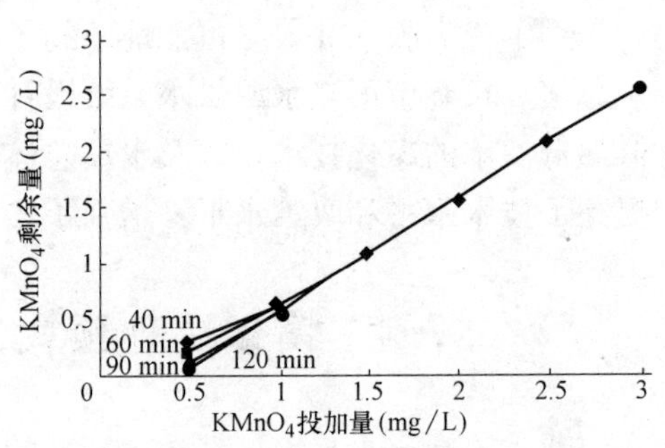

图 7-18　$KMnO_4$ 投加量与剩余量的关系曲线

由图 7-18 可见，投加过量 $KMnO_4$（>0.5mg/L）则沉后水中 $KMnO_4$ 剩余浓度与投加量成正比例关系，投加量达 0.8mg/L 时滤后水 Mn 超标，这是 Mn 胶体粒子穿透滤层所致。虽然 Mn 的毒性较小，但如果出厂水中 Mn 超标，不仅会使出水色度增加致衣服和用水设备染色，而且 Mn 的氧化物还能在水管内壁上逐渐沉积，在水压波动时造成"黑水"现象。

值得注意的一点是，$KMnO_4$ 投量为 0.5mg/L 时，根据水样所需 $KMnO_4$ 量，其剩余量应接近 0，然而实际上在氧化时间为 40、60min 时其剩余量约为 0.25mg/L。这是由于当 $KMnO_4$ 投量低时，它与水中有机物反应缓慢所致，随着氧化时间的延长剩余量逐渐接近零，表明 $KMnO_4$ 与水样的接触时间是 $KMnO_4$ 预氧化工艺的一个重要参数。对于大浪淀水库水而言，接触时间应为 2.0h 左右，东水厂的实际工艺流程时间为 2.5h 左右，所以在配水井投加 $KMnO_4$ 可完全满足氧化时间。

2. 高锰酸钾预氧化的优势

由于水厂有两套完全相同的处理系统，因此可用来进行高锰酸钾预氧化和预氯化的生产性对比试验。在试验中，两套系统的混凝剂均采用 $Al_2(SO_4)_3$，对比工艺流程如图 7-19。

(1) 助凝作用

由于水厂的实际运行需根据沉后水浊度来控制加药量，故高锰酸钾所表现的助凝作用可通过现场实际加药量和滤后水浊度来反映。大量现场运行数据表明，Ⅰ系统的实际加药量和滤后水浊度比Ⅱ系统低。

(2) 对 COD_{Mn}、藻类和氨氮的去除效果

两系统的去除效果比较见表 7-5。Ⅰ系统滤后水中 COD_{Mn} 含量明显低于预氯化常规处理工艺系统，对 COD_{Mn} 的去除率Ⅰ系统比Ⅱ系统高 4.6%，可见在去除有机污染物方面，$KMnO_4$ 预氧化的处理效果要好于预氯化的处理效果。高锰酸钾的除藻率稍逊色

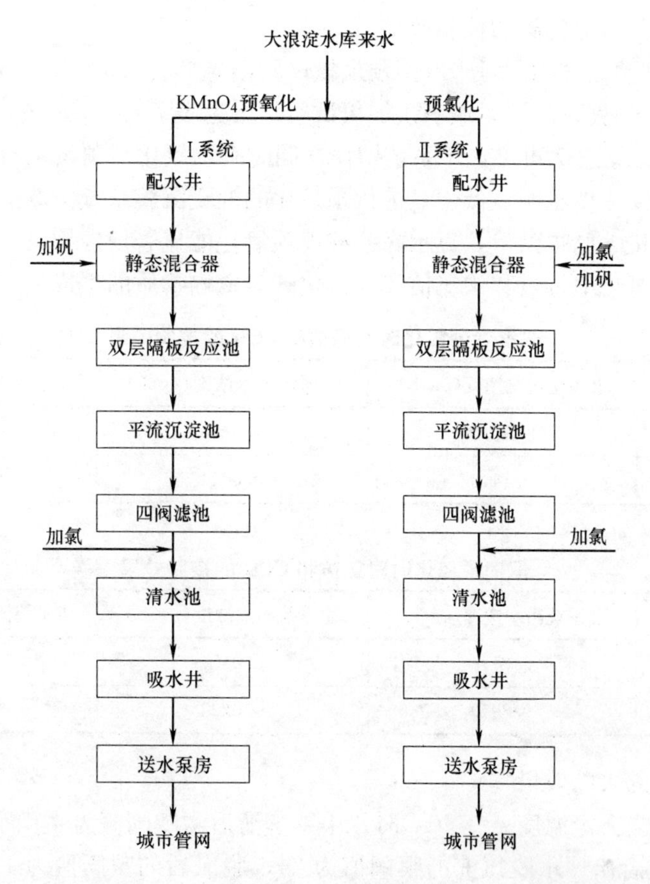

图 7-19　高锰酸钾预氯化与预氯化对比工艺流程

于预氯化，分别为 75.7%和 82.9%。虽然两系统除藻率都较高，但因原水藻类含量很高（一般在 5000×10^4 个/L 左右，有时达 1×10^8 个/L），使滤后水也都在 1000×10^4 个/L 上下，如此高的含藻量不仅会给滤池运行带来麻烦，使滤池反冲洗次数和能耗增加，还易使细菌重新生长，且个体尺寸细小的藻类也会穿透滤层而增加出厂水的臭味。据国内武汉东湖、昆明滇池等水厂的运行经验，浮沉池对藻类去除效果很好，故东水厂应将沉淀池改为浮沉池以解决除藻问题。在氨氮去除率上，高锰酸钾预氧化工艺比常规预氯化工艺高 9.5%，对氨氮的去除很有效果。

Ⅰ、Ⅱ系统对 COD_{Mn}、藻类和氨氮去除效果比较　　**表 7-5**

项　目	原水	Ⅰ系统滤后水	Ⅱ系统滤后水
COD_{Mn}(mg/L)	7.15	4.77	5.09
去除率(%)		32.7	28.1
藻类($\times10^4$ 个/L)	5626.3	1265.7	899.7
去除率(%)		75.7	82.9
NH_3-N(mg/L)	0.360	0.251	0.287
去除率(%)		30.0	20.5

（3）对氯仿和四氯化碳的控制效果

1）高锰酸钾预处理的同时未取消预加氯试验结果见表 7-6。

2）高锰酸钾预处理的同时取消预加氯试验结果见表 7-7。

3）由表 7-6、表 7-7 可见，Ⅰ系统即使在同时有预氧化与预氯化的情况下，滤后水中氯仿和四氯化碳浓度也明显低于只进行预氯化的混凝沉淀系统。取消预氯化后，滤后水中氯仿和四氯化碳已很微量，显示高锰酸钾预氧化能显著地控制氯化消毒副产物，并有效地降低后续氯化消毒过程中氯仿和四氯化碳等致癌物质的生成量。

未取消预氯化时对氯仿和 CCl_4 的控制效果 **表 7-6**

项　目	Ⅱ系统出水浓度(μg/L)	Ⅰ系统出水浓度(μg/L)	Ⅰ系统比Ⅱ系统降低率(%)
氯仿	12.8188	5.5453	56.7
四氯化碳	0.1443	0.0644	55.4

取消预氯化时对氯仿和 CCl_4 的控制效果 **表 7-7**

项　目	Ⅱ系统出水浓度(μg/L)	Ⅰ系统出水浓度(μg/L)	Ⅰ系统比Ⅱ系统降低率(%)
氯仿	9.0476	0.0154	99.8
四氯化碳	0.3049	0.0222	92.7

（4）对臭味的去除效果

观测期间，当测定温度 $t = 40$℃时，Ⅰ系统滤后水嗅阈值为 4，而Ⅱ系统滤后水嗅阈值竟达 70。混合出厂水脱氯前的嗅阈值为 24，脱氯后的嗅阈值为 17，表明 $KMnO_4$ 除嗅效果很好。我国饮用水标准中规定的“无异臭”约相当于嗅阈值为 5-8，由此可见 $KMnO_4$ 预氧化出厂水能符合标准，并在实际运行中达到市民满意。

3. 经济效益分析

高锰酸钾市场售价为 9000 元/t，氯气的售价为 3200 元/t。东水厂实际运行中采用滤前和滤后两点加氯，总加氯量为 4.0g/m^3，其中滤前为 2.5g/m^3，滤后为 1.5g/m^3。采用高锰酸钾预氧化后，加氯量可减至 1.0g/m^3。按供水量为 10×10^4m^3/d 计算，则采用预氯化耗费为 1280 元/d，采用高锰酸钾预氧化耗费为 770 元/d，可节约制水成本 510 元/d 或 18.62 万元/a。可见，选用高锰酸钾预氧化代替预氯化的设想是完全可行的。

4. 建议

（1）虽然 $KMnO_4$ 的除藻率较高（76%左右），但出厂水的藻类仍在（500～1000）$\times 10^4$ 个/L 范围，故该厂应在现有处理流程的基础上，把平流沉淀池改为可切换交替运行的浮沉池，既能消除原沉淀池的配水不均，又能在季节性的高藻期采用气浮工况，有效去除藻类，以避免堵塞滤池，保证出厂水水质。

（2）虽然目前高锰酸钾预氧化替代预氯化解决了水厂的燃眉之急，但通过技术经济分析比较和从长远来看，采用具有高效吸附能力的活性炭与高锰酸钾联用方能较彻底地解决大浪淀水库日益严重的微污染和富营养化问题。

7.5 焦化废水处理设计中几个问题的探讨[1]

1. 前言

1974 年我院承担了黑龙江化工厂（简称黑化）焦化废水的生化处理设计。当地环保部门为保证嫩江不受污染要求全部焦化废水基本上都纳入生化处理，但由于废水水质不清，哪些水能纳入哪些不能纳入，是分质处理还是混合处理以及寒冷地区的构筑物选型问题难以确定，设计无法进行。因而我院会同黑龙江化工厂、黑龙江轻化工设计院对北方地区焦化生产工艺，回收水平与废水处理概况进行了调查研究。参照已有的经验，于 1974 年 9 月完成初步设计，同年底完成施工图。现把设计中的一点体会介绍如下。

2. 焦化废水来源和水质

黑化是以煤做原料生产焦炭、化肥及相应焦化产品的综合性炼焦化学工厂。其废水来自焦炉气的洗涤、冷却和化学产品回收等装置。煤气中所含的烃类，芳香族化合物、氰化物、硫化物等都多少不等的渗入各装置的废水中。主要是酚、氰和氨。过去有把焦化废水称为含酚废水，仅仅反映了它的一个特点，事实上有些装置如终冷塔排水所含有害物质主要是氰而非酚。因此，焦化废水应该是炼焦化学工艺过程中各装置废水总和，主要有下列三类：

（1）高浓度含酚废水（即剩余氨水）。来自喷洒冷却 800℃以上的焦炉气的循环氨水。喷洒水在循环中溶解了煤气中的氨、酚和氰，称为循环氨水。煤气中的水蒸气（来自于煤炭中水分）使循环氨水量不断增加就要不断外排，就是所谓的剩余氨水。年产 60×10^4t 焦碳的焦化厂，剩余氨水约为 $20m^3/h$，含酚 2g/L，氨 1.6～1.8g/L 及少量氰化物。这部分水经萃取，蒸氨回收酚与氨之后的尾水外排送至污水处理厂。其含油在 50～100mg/L，含酚 150～200mg/L，含氰在 10mg/L 以下，水温 90℃左右。进入生化处理装置除需降温外，其他没有什么问题。20 世纪 60 年代的焦化废水处理厂如北京焦化厂、吉林电石厂等废水处理站所处理的水基本上都是这部分水。国内已有多年运转经验，处理效果稳定。因为这部分水主要成分是酚。所以人们一提焦化厂废水就认为是含酚废水，其实仅占全厂废水的 1/3～1/5。从水质上看还有比酚更毒的氰化物。这些水如未经处理外排，仍然会污染江河。

（2）高含氰废水。主要指终冷塔内用水直接喷洒焦炉气，进行洗涤降温至 30℃的水，水量大，水质恶劣，煤气中的氰化物大都溶于水中。在焦化化工产品回收工艺有两种洗涤流程：1）直流：洗涤焦炉气后全部外排，年产 60×10^4t 焦炭厂，水量约为 $100\sim150m^3/h$，含氰高达 100～150mg/L；2）循环：循环水量 250t/h，排出的污水量约占循环水量的 15%即 $30m^3/h$ 左右。含氰浓度低于直流约 50mg/L。以往焦化废水处理厂均不接纳这部分水，直接排入下水道。

（3）产品加工废水。精苯分离水、粗苯分离水，煤气水封等。这些水含油较高，酚、氰也较多，但还达不到回收浓度，水量亦不大。

---

[1] 本文成稿于 1975 年，作者：张杰。

焦化废水除上述三种水外，还有古玛隆废水，硫酸钠废水等，水量虽小，水质恶劣，目前除个别处理厂将其纳入生化的处理之外，均直接外排。总之焦化废水的水质是复杂的。黑化各装置（年产 60×10^4t 焦炭）的水质水量经与工艺设计单位核实，并参照兄弟厂实际检测数据列于表 7-8。

各装置污水量表　　表 7-8

装置名称	排水量 (m^3/h)	温度 (℃)	含酚浓度 (mg/L)	含氰浓度 (mg/L)
循环氨水泵	4	30	150～200	—
初冷器清扫	1	—	150～200	—
蒸氨塔	20	95	200～250	10
脱酚管道清扫	2	—	—	—
终冷塔	30	30	150～210	50～75
粗苯控制分流器	5	40	150～210	50～75
粗苯煤气水封槽	2.0	25	150～210	30～50
粗苯洗油槽	1.0	30	3000	—
精苯酸焦油蒸吹釜	3	40	400～800	100
精苯控制分离器	2	35	500～900	90
焦油蒸馏油水分离器	0.4	50	2000～3000	10～15
焦油蒸汽吹扫管道冷凝水	1.6	80	200～3000	—
沥青机	18	45	10	—
总计	90	平均 51	混合 200～280	混合 30～50

3. 废水处理流程的选择

本设计在处理流程上将含氰、含酚废水混合处理，基本上接纳了全部焦化废水。按以往的生化处理经验，认为进曝气池的废水含氰不能超过 20mg/L，尤其是氰、酚混合会产生“综合毒性效应”影响生化处理。我国 20 世纪 60 年代的焦化废水处理厂仅处理蒸氨废水。从 1972 年开始上海焦化厂进行了分质处理试验。采用塔式滤池-表面加速曝气池（或生物转盘）串联的工艺流程。终冷水先经塔式滤池脱氰，滤后水和蒸氨脱酚尾水以 2∶1 混合进入表曝（或生物转盘）处理。氰的去除率达 95%，酚的去除率达 99%，出水接近于国家排放标准。同时，首都钢厂也进行了混合处理试验。将终冷水、蒸氨脱酚尾水以及其他产品加工废水混合用鼓风曝气池进行生化处理，逐步提高终冷水及其他废水的比例，微生物经过驯化和定向变异，进水氰化物一般可达 30mg/L，最高到 50mg/L 之上，对生化处理没有显著影响。到目前为止，国内焦化废水处理流程式可概括为以下几种：

（1）只处理蒸氨废水，其他废水外排，用冷水稀释降温（如吉林电石厂一期工程，北焦一期工程）。

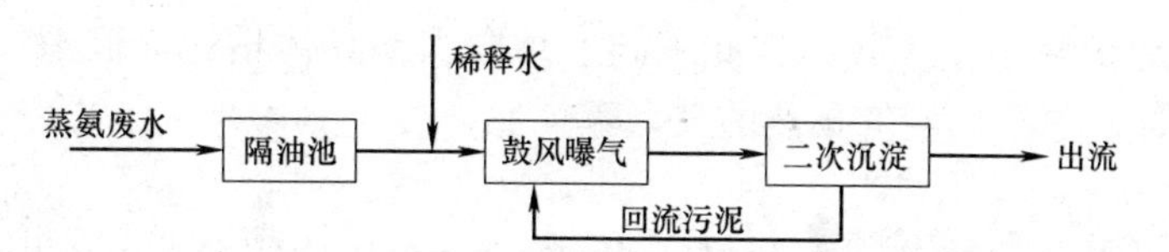

(2) 分质处理：终冷水先经塔滤脱氰，再以一定比例与蒸氨脱酚尾水混合表曝或生物转盘除酚（上海焦化厂）。

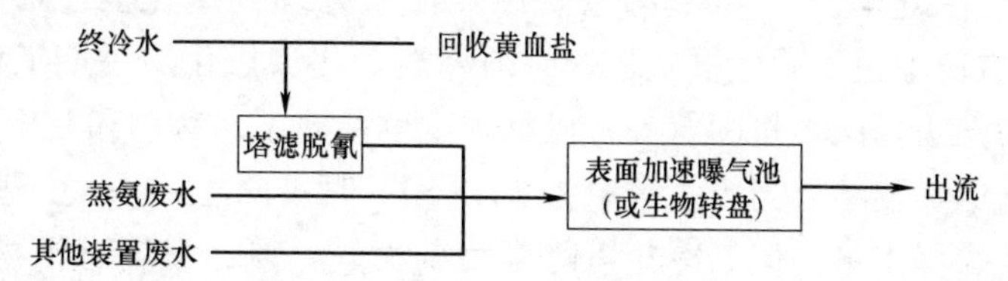

(3) 冷却塔降温，用鼓风曝气池处理含氰含酚混合废水（如：首都钢厂、北焦二期工程）。

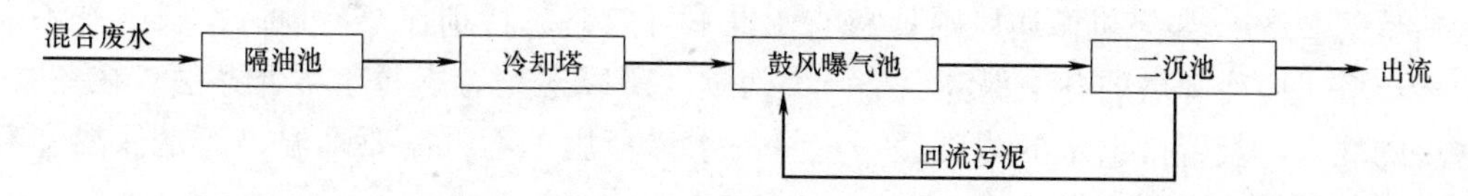

(4) 用加速曝气池处理混合废水（上海杨树浦煤气厂）。

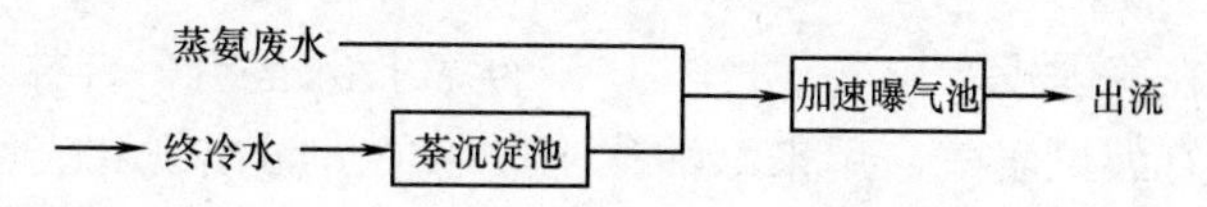

4 种处理流程的实际效果见表 7-9。

各流程处理效果 **表 7-9**

序号	流程＼效率	酚			氰			备 注
		进水 (mg/L)	出水 (mg/L)	效率 (%)	进水 (mg/L)	出水 (mg/L)	效率 (%)	
1	鼓风曝气处理蒸氨废水	150～200	0.5	97	—	—	—	吉林 103 资料
2	分质处理塔滤脱氰表曝除酚	50～60	0.1～0.6	97～99.8	60	1～2	95	上海焦化厂资料
3	鼓风曝气处理混合废水	150～200	0.11～0.43	99.75	30～50	1.4～4.2	93.4	首钢资料
4	表曝处理混合废水	20～30	0.5～0.05	98～99.85	15～30	10～5.2	20～85	杨树浦煤气厂资料

流程 1 只处理了蒸氨废水，把终冷水与产品加工废水直接排入下水道，仍然造成江河污染，满足不了环保要求。吉林 103 厂和北焦已逐渐改造扩建将终冷等废水引入生化处理。流程 2 最大的问题是塔滤过程中挥发酚与挥发氰大约要挥发 20%以上，造成大气污染。另外塔式滤池在高寒地区过冬问题也没有经过试验。流程 4 从表中可看出进水酚浓度较低，氰的去除率也较低。对于浓度较高的焦化废水能否适应还需要进一步做工作。流程 3 将各装置废水混合处理，流程简单。效果可靠，酚去除率与流程 2 相似，氰

去除率稍低也达90%以上。我们在此基础上结合当地具体情况，取消了冷却塔采用了夏季用冷水稀释，冬季用空气预热的鼓风曝气池。

4. 水温调节

蒸氨废水温度在90℃之上，终冷水在35℃左右，其他废水温度也在20～40℃之间，据计算黑化混合废水水温为51℃。基本上与首钢实测水温55℃，北京焦化厂实测水温60℃相符。在夏季50～60℃的废水经隔油预处理到生化池，水温下降不到2～3℃，经稀释后也还不适于微生物生长，必须降温。北京焦化厂一期工程和吉林电石厂采用冷水稀释的办法，同时将酚氰等有机物浓度也稀释了。首钢和北焦二期工程采用了冷却塔降温。首钢实测结果当废水水温为60～50℃时可降至40℃之下。满足了生化处理要求，减少了稀释水量。但是冷却塔降温污染大气，氰、酚等有机物质经空气吹脱，能挥发到大气中。尤其是氰能挥发50%左右，造成了大气污染。从环保角度看是不合理的。另外冷却塔的建筑费用也很可观，某工程用自然通风冷却塔，建筑费用占整个工程造价的20%。如果机械通风则日常电耗也不可忽略。特别在寒冷地区漫长冬季不需要冷却塔，而冷却塔的冬季保温也是一个问题。所以还是考虑冷水稀释办法。在冬季，寒冷的北方，装置排出水的浓度经一定量的水稀释后，不再需要降温，而是保温和升温，这在曝气池选型中将一并讨论。

5. 曝气池选型问题

焦化废水处理在我国投产较早，北焦1967年就投入运行，吉林103厂还早于北焦数月。当时国内只有鼓风曝气。后来石油化工废水的大量出现和表面加速曝气池的引进。全国各煤气厂、石油化工厂、印染厂等均采用加速曝气池，风行一时。实践证明加速曝气池由于用叶轮充氧，耗电少，曝气部分与沉淀部分合在一个构筑物内，占地少，所以在后来修建的焦化废水处理厂就存在着是用鼓风曝气，还是采用表面加速曝气（亦称表曝）的问题。

上海杨树浦煤气厂、化工二院等单位从1971年开始做表面曝气试验，根据实验结果进行了表曝设计，目前已投入运行多年，效果可靠。

鼓风曝气还是表曝我们认为都是可行的，具体问题具体分析。黑化处于北满高寒地区，生化构筑物的保温防冻问题比较突出。选型时我们从这方面做了一定工作。

据我们的调查，吉林电石厂的鼓风曝气池设于室外。运行十余年，该池的越冬经验指出：池温30℃是生化最适温度，活性污泥生长最好，效率最高。20～30℃效率仍然较高。16℃之上污泥增长较慢但还能达到排放标准。16～10℃之间可以维持生产，但效率很低只达到70%～80%。在朔风凛冽的冬季鼓风曝气对保持池温有一定的优越性。冷风经风机后可由负温度变成正温度。在大气温度−20～−30℃时，空压机的送风管仍有温和之感，机壳温度一般在12～15℃之上，风温接近于此值。这是鼓风曝气的良好温度条件。给冬季正常运行创造了前提。吉林电石厂在生产运转中采用了一些保证生化适宜温度（20℃之上）的措施。一是用工业生产净水稀释，在1968年之前曾采用精苯冷却水稀释，其水温20℃，从而可以保证曝气池水温在20～25℃，二是空气预热的方法，因原设计在鼓风机前预热使风机温升加大，影响运行效率，故停止使用。三是在曝气池加设蒸汽管，直接通入低压蒸汽。蒸汽量按实际需要调节。多年来一直采用第三种办法，池温可保持在20℃之上，活性污泥也没有产生局部过热死亡现象。

表面加速曝气池，由于叶轮裹进冷空气，温降较大，冬季需消耗更多的蒸汽以保持池温。当叶轮旋转时，水花四溅，周围结成冰片，也影响运转管理。长春印染厂加速曝气池建成多年一直没有运转，除管理问题外，过冬也是一个问题。

在曝气池选型中我们也探讨了另一种形式的生化处理构筑物即生物膜型的生物转盘。哈尔滨建筑工程学院在哈尔滨市制革厂，进行了生物转盘处理制革废水的小型试验。试验观察了低温处理的效果。当室内气温在8～11℃，水温6～11℃的条件下生物相还活跃，钟虫少，丝状菌生长很好，菌胶团结构良好。进水BOD为500～600mg/L时，出水为20～30mg/L，处理效率95%，处理效果没有下降，生物膜没有减薄。厂方认为生物膜法水不一定要在10℃以上，8℃以上也还可以。3514厂在1973年也曾进行了制革废水生物转盘低温试验。水力负荷22L/（m^2·d）。水温0～6℃。在水温接近零度时，盘面结冰。镜检原生动物仅存盖纤虫并处于抑制状态，生物膜减薄但丝状菌长势尚好，菌丝很长，仍然取得了一定的处理效果。但不能保证排放标准。从哈尔滨建筑工程学院和3514的实践看来。转盘可以在较低温度下维持运转。并有相当处理效果，这和转盘无污泥膨胀之患，丝状菌可耐低温，在低温下发挥作用有关。但生物转盘处理大水量目前还难以实现。

由于鼓风曝气在耐寒冷，保持池温方面优于其他生化处理构筑物。又由于鼓风曝气在国内有一定的运转经验，决定采用鼓风曝气池。

6. 曝气池空气量的计算

鼓入曝气池的空气一方面是供给混合液所需要的溶解氧，另一方面是曝气池内活性污泥与原水混合搅拌的动力。所以空气量要满足这两方面的要求。我们在确定空气量的时候主要根据国内现有经验。据调查103厂（不用空气提升回流污泥）每单位污水需要$31m^3$空气（$31m^3/m^3$污水）。北京焦化厂用空气提升回流污泥空气量为$35\sim40m^3/m^3$污水，然后用经验公式计算以资比较。

按克洛柯夫第一组公式：

$$D=\frac{2L_a}{KH}$$

式中 D——空气量m^3/m^3污水；

L_a——进水$BOD_{20}=1.2\times BOD_5=1.2\times200=240g/m^3$；

K——溶氧系数：扩散板为10～12，孔隙管为5～6，大孔口为3～4，取$K=3$；

H——曝气池水深（m）$H=3.4$。

$$D=\frac{2L_a}{KH}=\frac{2\times240}{4\times3.4}=33.4m^3/m^3\text{污水}$$

此值与实际生产相接近。

7. 斜板分离技术应用于焦化废水处理

斜板斜管在给水澄清方面应用较广。本设计将给水处理斜板澄清技术和当时仅有的污水处理斜板澄清试验成果应用于隔油池和二次沉淀池。

(1) 隔油池

平流隔油池停留时间一般为1.5～2h，水面负荷为1$m^3/(m^2 \cdot h)$。效果虽还稳定，但出水含油量一般均在100mg/L左右（好的可达50mg/L），而且排油泥困难。

据北京市市政工程设计研究院试验，以薄钢板做斜板材料，倾角60°，间距b=50mm，斜板长L=1000mm时，表面负荷达11.0$m^3/(m^2 \cdot h)$。b=100mm时表面负荷达8.12$m^3/(m^2 \cdot h)$。当斜管内切圆直径为D=50mm时表面负荷达16.7$m^3/(m^2 \cdot h)$。进水含油量均为230～194mg/L，出水含油量波动于19.5～67.5mg/L之间。抚顺石油二厂斜板隔油试验采用聚氯乙烯波纹板，长1670mm，间距40mm，斜角45°，表面负荷达5.9～13.31$m^3/(m^2 \cdot h)$。

国内试验研究表明以斜板隔油是可行的，可以大大缩小隔油池的体积，从而有可能在结构上采取措施将隔油池架空，以利解决排油泥问题，并且给后边的处理流程创造了重力流的条件。减少了构筑物的埋深。在黑化设计中采用了架空的斜板隔油池。

(2) 二次沉淀池

一般竖流式沉淀池，用于活性污泥沉淀时间2h，水面负荷1.0～2.0$m^3/(m^2 \cdot h)$。北京市市政工程设计研究院在北焦进行了活性污泥斜管沉淀试验，水面负荷达10～20$m^3/(m^2 \cdot h)$以上。在首钢设计中应用了试验成果。斜板沉淀在工程上的应用首先取决于板材来源和造价。黑龙江木材充足易得，我们采用给水方面应用的木斜板，其制作方法仿造给水木斜管，间距由25mm增至50mm，解决了材质问题，减少占地面积，缩短了沉淀时间，保持了活性污泥的活性。

8. 水质调节与冲击负荷

全部焦化废水投入生化处理，会使水质复杂多变。尤其是产品加工废水如精苯分离水，在事故情况下混入大量的苯、萘等油品。据吉化103厂的资料，过量苯萘充入曝气池会引起污泥上浮，这种情况经常发生，严重时会破坏生化处理。因此在各产品、半产品的油水分离器后应设有隔油设施以调节水质，保证生化处理的正常运行。

古玛隆等定期排放的废水，在车间应设调节池以便均匀地排入生化处理系统。

我们认为工艺设计应考虑这些问题。处理站考虑一定容积的调节池仅供正常运转情况下水质水量的调节，容积不易过大，一般2h为宜。

9. 结语

本文是在学习国内已有经验基础上，对焦化废水生化处理设计中的几个问题进行探讨。许多问题有待于试运转的考验。在该设计建成投产后，还需做进一步的测定与总结。本文所提问题与看法难免有误，望予指正。

7.6 黑龙江化工厂焦化废水处理厂设计运转[1]

1. 水质水量

黑龙江化工厂是以煤炭为原料生产合成氨、焦炭及相应化工产品的化学工厂。原设

[1] 本文成稿于1986年，作者：张杰。

计废水来自剩余氨水、粗苯分离水，焦油罐脱水，煤气水封等高酚废水（3000mg/L以上），经萃取回收酚钠盐的低浓度含酚废水以及终冷却塔排水。全部水量90m³/h，含酚浓度200～250mg/L，含氰浓度20～50mg/L，水温51℃。预处理后经工业水稀释使水温下降到35℃以下进曝气池。曝气池设计水量200m³/h，进水含酚浓度150mg/L。

萃取回收装置在运转中由于酚钠盐缺少销路而停产，实际上污水处理场接纳的是高酚污水，经稀释后达到曝气池进水浓度限制（表7-10）。

污水处理场进水水质 **表7-10**

水质 / 水样	酚 (mg/L)	可溴 (mg/L)	氰 (mg/L)	氨 (mg/L)	水温 (℃)	水量 (m³/h)
原水	3086	36800	12.4	1802	80	10
稀释后	200	1800	1.9	62	25	140～200

2. 污水处理工艺流程与主要处理构筑物

本工程采用氰酚废水混合处理流程，污水经隔油、均化（稀释）、曝气池，二沉池出流排放。剩余污泥经浓缩，真空脱水后形成的滤饼用于农田肥料或拌和废油做燃料。处理场的平面布置与流程参见图7-20。主要构筑物及设备见表7-11。这个流程的特点之一是含氰含酚废水统一处理；特点之二是不采用降温冷却塔，以工业水稀释达到生化处理合适温度。

主要处理构筑物一览表 **表7-11**

构筑物名称	尺寸(长×宽×高)(m)	主要设备
隔油池	11.2×66×4.15	
均化池	11.6×6.55×5.5	
曝气池	20.4×13.0×4.0	
二沉池	10.0×9.6×6.12	
浓缩池	$D=4$ $H=4.8$	
鼓风机站	26.6×7.2××4.2	GRA-60-50000 2台 GRA-40-50000 3台
污泥脱水站	21×9×4.2	GP2-1X型转鼓滤机2台

3. 试运转与运行情况

1981年8月末从吉林化学工业公司电石厂运进活性污泥50m³，投入一组曝气池内，空曝一天，然后开始进入低浓度含酚水，慢慢提高进水酚浓度与进水流量，驯化微生物以适应新的水质。由于吉林废水与本工程废水性质相似，一周后就达到设计水量与进水酚浓度。但经运行10d后，开始发现二沉池出水带污泥、曝气池混合液30min沉降体积与污泥浓度越来越低，经分析认为是二沉池斜板出现了堵塞，使污泥沉降不下来。于是停止二沉池进水，通过回流污泥管将二沉池内污泥抽入曝气池内，逐渐降低二沉池水位，提高曝气池水位。当两池水位差达到最大可能时（约1.2m）关闭回流污泥管的工作气流让曝气池高位水通过回流污泥管反冲二沉池底部和斜板。每处理一次后，可正常运行3～4d，为弄清情况，对另一组未投入运行的池子进行了检查，发现回流管

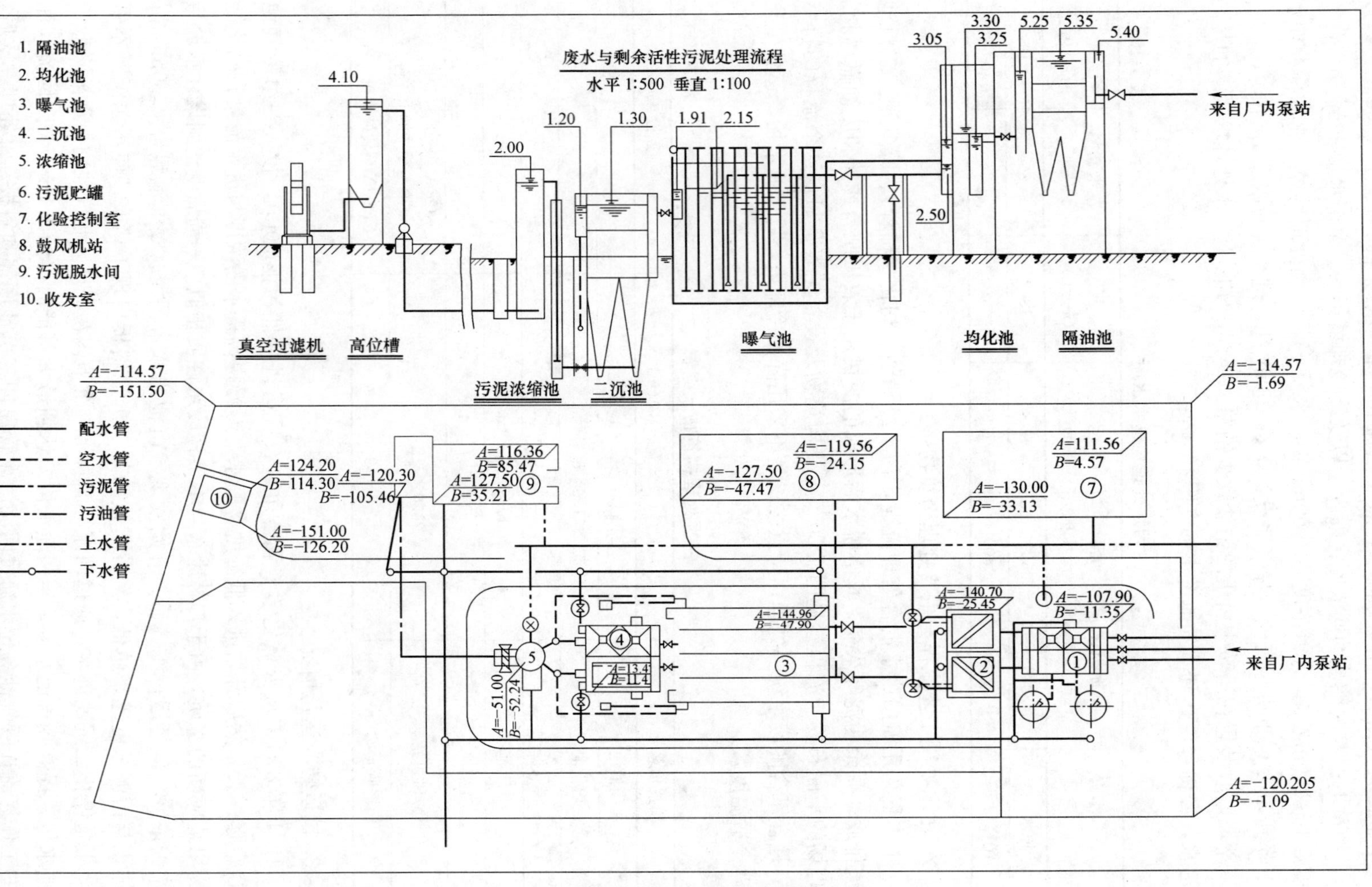

图 7-20　工艺总平面、流程图

底口距池底约1m左右，而原设计仅20cm。其次斜板体由于订货有误，组装后斜板间隙不到20mm，较原设计32mm还要小12mm。经现场研究决定，将回流管按设计图改正，斜板板体每隔一格抽掉一片，使斜板间隙略大于32mm（实际上有的将近50mm）。

改正后，立即投入第二组池子运行，经半月考验运转正常。以后第一组池子也进行了同样修改，10月初两组全部投入正常运行。经一年运行考验，达到了设计要求与预期效果。原设计要求出水含酚小于1mg/L，当与厂内其他废水混合稀释后，要求达到排放标准0.5mm/L之下排入嫩江。在夏季曝气池进水挥发酚浓度为150mg/L，曝气时间5.7h，出水水质含酚量可降至0.1mg/L；而冬季进水酚浓度在100mg/L，曝气时间6.6h，水温8～12℃，混合液悬浮固体（MLSS）3g/L的情况下，出水亦达0.1mg/L之下，都小于排放标准。

运转实践证明了在寒冷地区露天设置的污水处理场，水温保持在10℃左右，是可以有效运行的（表7-12）。运行各项参数均接近于或优于预期效果（表7-13）。

污水场夏冬运转参数

表7-12

项目 季节	处理水量(m^3/h)	曝气时间(h)	水温(℃)	挥发酚去除效果		
				进水(mg/L)	出水(mg/L)	去除率(%)
夏	140	5.7	25～30	150～200	0.1	99
冬	100～200	6.6～8	8～12	70～100	0.1	99

设计指标与运行数据比较

表7-13

项　目	设计指标	生产实测
设备处理能力(m^3/h)	200	100～140①
进水含酚量(mg/L)	100	夏150～200冬70～100
回流污泥量(%)	60	60
空气量②(m^3/m^3污水)	40	35～28
曝气池水温	25～35	夏25～30冬8～12
出水含酚量(mg/L)	1	0.1

① 工厂生产设备没有全部投产；② 包括回流污泥提升空气量。

4. 问题讨论

(1) 生化处理构筑物越冬效果问题

曾经有人担心高寒地区修建生化处理露天构筑物，因受严寒的气温影响，而效果不佳。经1981年以来5年冬季运行证实在大气温度－30℃的严寒下，该污水场曝气池内水温降至10～12℃，最低达8℃，池体北墙壁虽有结冰现象，但处理效果没有恶化，只是负荷降到60%而已。这同哈尔滨建筑工程学院及长春给水排水设计院所进行的低温生化试验结果是一致的。

(2) 斜板用于二次沉淀池

沉淀池一般按杂质的重力沉降进行计算，即所谓古典沉淀理论。1904年哈真发现了浅池原理，提出了多层沉淀池，后来逐渐演变成今天应用的斜板（斜管）沉淀池。近

10多年来，斜板沉淀技术应用于给水净化，污水隔油、污水澄清等方面，都取得了显著的效果。但是对用于污水生化处理的二次沉淀池，在本设计之时还没有查到完整的工程实践资料。我们曾参考北京市市政工程设计研究院在北京焦化厂的试验资料，应用于本施工图设计。近两年来，国内活性污泥法处理厂也有采用斜板二沉池的，但多数发现斜板间堵塞严重，操作困难，因而对斜板用于二次沉淀池，产生不同看法。分析堵塞原因，主要是因为二沉池水质较清，水温适宜、氮磷丰富，在阳光照射下，易繁殖藻类和水生生物，堵塞了板体间隙。但本工程由于水质色度大之特点，虽发生过堵塞现象，并没有影响运行效果。因而证实斜板应用于本工程是可行的。

斜板沉淀池具有下列优点：

1）据浅池原理，水中颗粒物质的沉降效率取决于表面负荷而与停留时间无关。斜板沉淀池在池水面相同条件下不仅处理效率高，出水水质也大为提高，因而可以大大缩小占地面积。就本工程而言，若用竖流二次沉淀池其占地面积将为斜板沉淀池的2.5倍。

2）二沉池面积缩小后，便于同曝气池毗邻布置，缩短了回流污泥的流程，减少了动力消耗，同时保持了活性污泥的活性。

至于斜板堵塞问题可采用如下办法解决：

1）在本工程具体条件下藻类繁殖不会严重，因为焦化废水的颜色比较深，二次出水仍然有相当的色度，阳光不能直照斜板上，藻类就难以繁殖，运行一年多，并没有发现藻类繁殖，将来如有藻类孳生，可采用深色塑料板予以遮盖。

2）在斜板间隙50mm条件下，正常运行多年来虽有挂泥现象，但并不严重，为了避免堵塞，不影响活性污泥系统工作，操作上采用每月清洗一次。冲洗时，将二沉池水面降到斜板之下，用压力水从上面冲洗，费时约1～2h，正常运转以来，没有对生化处理系统产生影响，二沉池出水悬浮物均在20mg/L左右。

（3）大型罗茨鼓风机启动问题

鼓风机站设置GRA-60-5000 2台和GRA-40-5000 3台罗茨鼓风机要求空载下启动，故原设计按常规设放空管，采用放空启动。笔者在某城市污水厂设计中，因鼓风机容量大，若采用放空启动，浪费风量大，影响曝气池供风。同时放空噪声甚大。为解决这一问题，据罗茨风机结构和性能，提出了循环启动方式，即由风机的一个出风口与进风口间设联络管，并设置闸门。启动时，关闭另一出风口与管网间闸门，开联络管闸门，让风流从进风口—风机—出风口—联络管—进风口之间进行循环。保持风机空载，当转速达到额定值时，开启风管闸门，关联络管闸门，投入系统运行。在风流的循环过程中，因时间仅在2～3min，温度在允许范围内，但平时不能用于风量调节，以防风机过热。1981年本工程鼓风机站安装时，放空启动改为循环启动后，试车时获得成功，经运转，证实安全可靠。工人反映比操作放空管方便。

5. 小结

焦化废水采用氰、酚废水混合处理流程，即隔油、均化、曝气和二次沉淀处理是可行的，当含酚浓度150mg/L，曝气时间5.7h，出水水质含酚量可降至0.1mg/L小于排放标准0.5mg/L，优于预期效果。同时也证实因出水色度较高采用斜板二沉池不易生长藻类，斜板堵塞现象不严重。为节省风量，罗茨鼓风机采用循环启动方式，证实安全可靠，管理方便。改进了放空启动操作程序。

7.7 大连开发区污水厂的生物除磷实践❶

大连开发区水质净化厂原采用 A^2/O 工艺，于 1990 年建成投产，在生产运行中发现脱氮除磷难以兼顾。由于磷是更为重要的造成水体富营养化的因子，故厂方决意将 A^2/O 工艺改为生物除磷工艺，并使出水磷<1.0mg/L。

1. 工程内容

该厂设计规模为 $6\times10^4m^3/d$，分两期建设。一期工程为 $3\times10^4m^3/d$，分成两个系列，取其中一个系列（$1.5\times10^4m^3/d$）进行工艺改造并做为厌氧-好氧活性污泥除磷技术的示范工程。

主要改造内容为：

（1）将曝气沉砂池改为普通平流沉砂池。

（2）沉砂池出水通过超越管，避开沉淀池直接进入生化反应池的厌氧段，以提高 BOD_5/TP 值和进水有机物的浓度。

（3）取消生化反应池内的回流系统。

（4）该系列生化反应池运行中停运两个廊道，使水力停留时间由原来的 10h 缩短至 6h，污泥负荷则维持在 0.2～0.3 kg/(kgMLSS · d)。

改造后的工艺流程如图 7-21 所示。

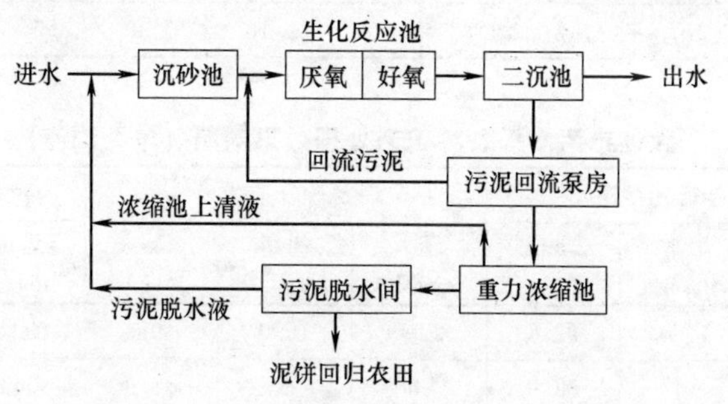

图 7-21 厌氧—好氧活性污泥除磷工程流程

生化反应池廊道总长度为 129m，宽为 6m，深为 6m。其中厌氧段长度为 24.8m，好氧段长度为 49.6m。

2. 运行效果

系统改造后，在生产运行的同时进行了运行参数和净化效果的测定。改造后 BOD 负荷为 0.2～0.3kg/(kgMLSS · d)，TP 负荷为（2.8～6.0）$\times10^{-3}$kg/(kgMLSS · d)，TP/BOD_5 为 0.011～0.038，长年运行效果一直较稳定。表 7-14 为 2000 年各月的平均进、出水水质，其出水 BOD_5 <20mg/L，夏季可达 10mg/L 以下，出水 TP 为 1.0～

❶ 本文成稿于 2004 年，作者：从广治，白羽，陈立学，张富国，张杰。

0.5mg/L，去除率为90%左右。

3. 改造后系统的技术经济效果

表7-15是生物除磷工艺与普通活性污泥法（大连市春柳污水厂数据）、A^2/O工艺（本厂A^2/O工艺运行数据）的净化效果比较。可以看出生物除磷工艺在对有机物的去除率方面略有提高，而在TP去除上有大幅度的提高，大连春柳污水厂的普通活性污泥法对TP的去除率平均为23%，本厂A^2/O工艺为54%，而生物除磷工艺为89%。

2000年各月的平均进出水水质 **表7-14**

月	进水(mg/L)				出水(mg/L)				去除率(%)			
	BOD_5	COD	SS	TP	BOD_5	COD	SS	TP	BOD_5	COD	SS	TP
1	216.7	532	240	3.7	32.7	84	25	0.23	85	84	94	94
2	315.7	747	385	4.13	32.7	72	10	0.41	90	90	97	90
3	311.0	840	413	5.56	32.7	80	10	0.81	93	90	97	85
4	333.5	935.5	359	4.66	21.9	60.1	14	0.19	93	94	97	96
5	241.6	628.0	283	5.25	21.2	54	9	0.29	91	91	97	95
6	229.8	572	273	6.25	14.7	58	13	0.20	94	90	95	95
7	205.7	481	282	4.08	10.2	47	20	0.63	95	90	93	85
8	170.8	372.1	281	5.95	5.2	45	14	0.61	97	87	93	90
9	146.4	309	101	3.23	6.2	42	10	0.42	96	86	89	87
10	154.1	312.2	124	1.72	3.7	46.5	18	0.24	97	84	88	86
11	192.2	416.4	154	3.97	6.4	50.1	16	0.43	97	85	87	85
12	254.1	361	187	4.16	12.1	51	13	0.36	95	88	90	82

大连市污水厂各种工艺处理效果对照（年平均值） **表7-15**

项　目	普通活性污泥法			A^2/O工艺			厌氧—好氧生物除磷工艺		
	进水(mg/L)	出水(mg/L)	去除率(%)	进水(mg/L)	出水(mg/L)	去除率(%)	进水(mg/L)	出水(mg/L)	去除率(%)
BOD_5	223.0	18.0	92.5	230.9	19.0	91	230.9	15.9	93
COD	522.8	84	83.9	544	60	88.9	544	57	89
TP	8.7	5.9	23	4.25	1.95	54.0	4.25	0.45	89
SS	489	32	92	251	24	90	251	16	93

生产实践证明，生物除磷工艺有如下特点：

(1) 在去除有机物的同时，可较彻底地除磷。

(2) 污泥负荷与普通活性污泥法相当。

(3) 便于新厂建设和老厂的改造。

该厂按厌氧-好氧活性污泥除磷工艺运行后，污泥负荷由原来的0.12～0.15kgBOD_5/(kgMLSS·d)提高到0.2～0.3kgBOD_5/(kgMLSS·d)。原本处理水量为$1.5\times10^4m^3/d$的系列可按$2.5\times10^4m^3/d$运行。据此开发区将$6\times10^4m^3/d$规模的污水处理厂稍加改造便可成为具有$10\times10^4m^3/d$处理能力的中型水厂，适应了开发区经济发展而导致污水量增加的要求。

4. 生化反应池运行状态与参数分析

(1) 磷的代谢平衡

图 7-22 是生产中多次测定的反应器沿程各点混合液中磷浓度曲线。

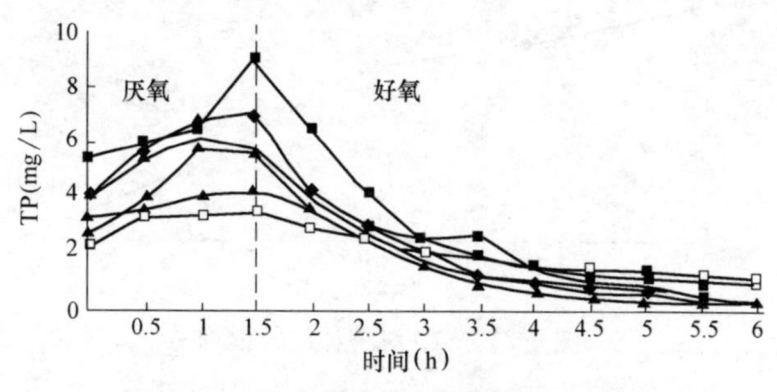

图 7-22 反应器沿程混合液中的磷浓度

从图 7-22 可以看到，磷在生化反应器中的代谢分为两个方面：厌氧区的释磷和好氧区的吸磷。在厌氧区摄磷菌为了满足自身生长繁殖的需要，利用细胞体内水解聚磷酸释放的能量与污水中低分子有机物在细胞内重新合成 PHB（聚 β 羧基丁酸）以维持其生命活动的需要，促使磷在厌氧区大量释放。在好氧区微生物从污水中过量吸收超过其生长所需的磷并以聚磷酸盐的形式贮存起来以便在厌氧区为其生命活动提供所需能量。随着系统排放剩余污泥，被细菌过量摄取的磷也随着污泥被排出系统，因而可获得较好的除磷效果。

从图 7-22 还可看出，若磷在厌氧区释放充分，则在好氧区的吸收情况也好，即处理效果好。在厌氧区释放的情况不好，同时在好氧区磷的吸收情况也差。这说明，聚磷菌只有在厌氧区大量释放磷的前提下，才会在好氧区大量地摄取磷，并以聚磷的形式贮於细胞内，从而达到良好的除磷效果。

(2) 硝酸盐氮对厌氧池释磷的影响

在进水中投加不同量的硝酸盐，考察其对释磷的影响，图 7-23 为厌氧反应器始端硝酸盐浓度与末端 TP 浓度的关系曲线。

从图 7-23 可以看出，硝酸盐氮的存在强烈影响磷的释放，但当硝酸盐浓度 <1.5mg/L时，对磷的释放影响不大。

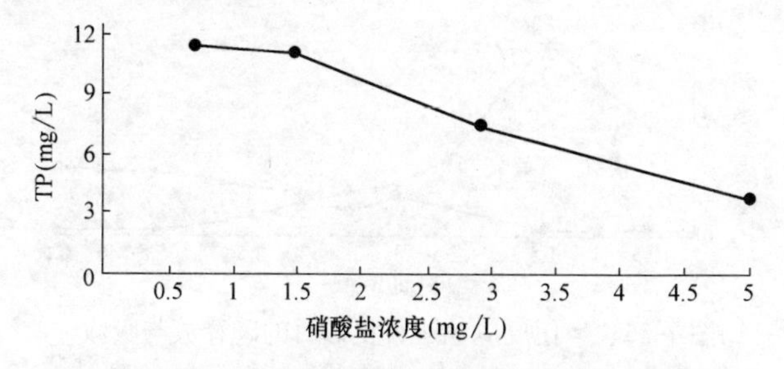

图 7-23 厌氧反应器始端硝酸盐浓度与总磷

(3) DO 对磷释放和吸收的影响

DO 的影响包括两方面：首先是在厌氧区内必须严格控制厌氧条件，以保证系统内的摄磷菌能同化有机物并释放磷，但在厌氧生化反应器中达到完全没有 DO 的状态是很困难的，因为进水与回流污泥以及在水的流动过程中，或多或少总会混入 DO。图 7-24 是 DO 对磷释放的影响的关系曲线。

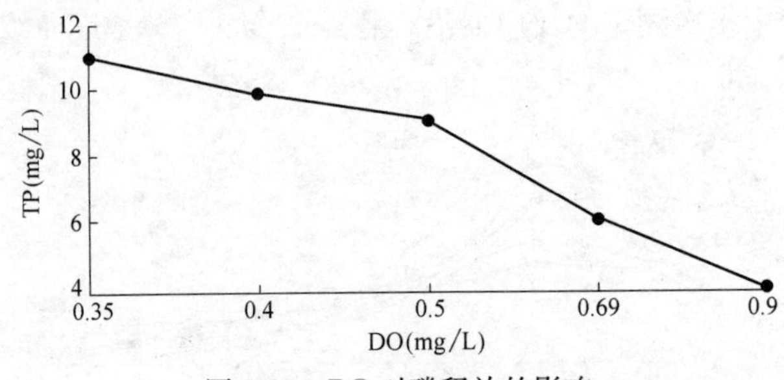

图 7-24　DO 对磷释放的影响

从图 7-24 可以看出，DO＜0.5mg/L 对磷的释放无太大影响，例如若在生产试验中 DO＜0.3mg/L 则运行效果良好。

好氧区要供给充足的氧，不仅仅是维持细菌的好氧呼吸，有效地吸收污水中的磷，同时也为了保证去除 BOD_5 等有机物，为细菌的代谢合成提供足够的氧。图 7-25 为整个生化反应器中 DO 和磷浓度的沿程变化。虽然在厌氧段 DO＜0.3mg/L，磷释放得很好，但在好氧段 DO 不足，会导致磷的吸收受阻。图 7-25 中出水段 DO 为 0.5mg/L 左右，磷丝毫没被吸收。

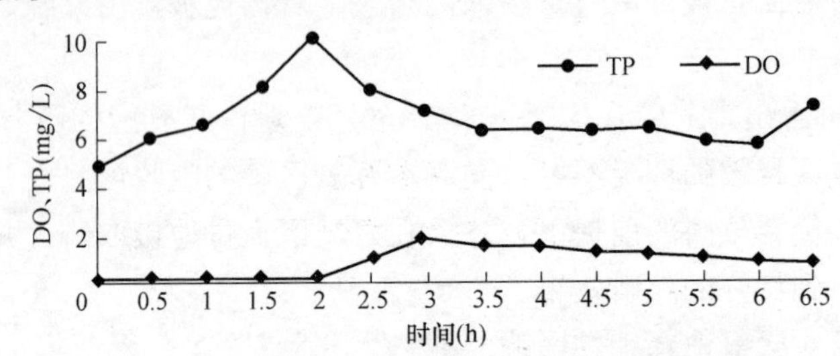

图 7-25　生化反应池好氧段低 DO 时的磷释放与吸收

图 7-26 是运行状况良好的厌氧-好氧生化反应池磷的厌氧释放与好氧吸收。厌氧段 DO＜0.3mg/L 释磷充分，在好氧段的出水段 DO 为 3～3.5mg/L 磷的吸收良好，出水磷＜0.5mg/L。

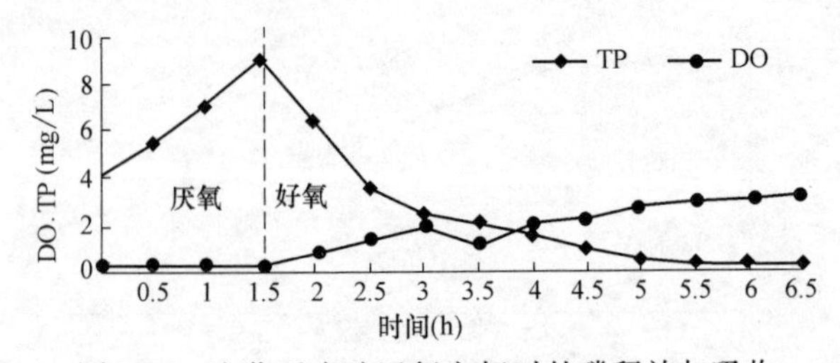

图 7-26　生化反应池运行良好时的磷释放与吸收

(4) BOD_5 负荷的影响

原水 TP 为 4.0～3.5mg/L 时，生化反应池出水磷浓度与 BOD_5 负荷的关系，如图 7-27 所示。

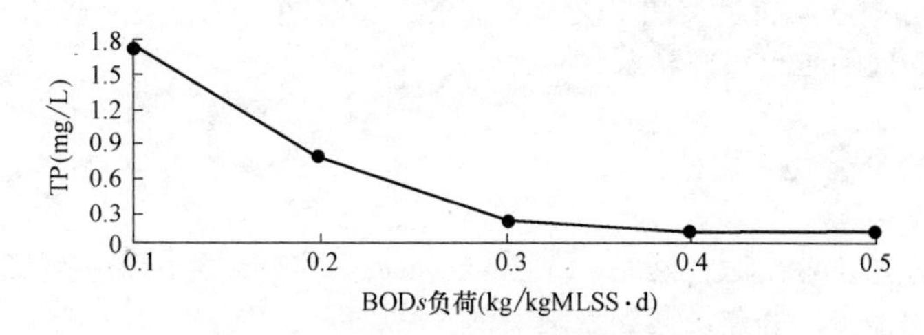

图 7-27 BOD_5 负荷与出水总磷浓度关系

BOD_5 负荷为 0.25～0.5kg/(kgMLSS·d) 的状况下，除磷效果良好，出水 TP <0.5mg/L。而 BOD 负荷<0.2kg/(kgMLSS·d) 时，除磷效果逐渐恶化。这是因为有机物尤其是低分子有机物是激发聚磷菌同化作用的必备条件。BOD_5 负荷直接与剩余污泥量有关，BOD_5 负荷高有利于磷的去除。

(5) 厌氧段与好氧段的 HRT

厌氧释磷需要一定的反应时间，从生化反应器中释磷的历程来看，厌氧反应时间 2h 已经足够。好氧反应段中停留 3h，TP 可以降到 1mg/L 以下，停留 3.5～4.5h，TP 可降至 0.5mg/L。厌氧段与好氧段容积比例以 1：2 较为适宜。

5. 结语

厌氧-好氧活性污泥除磷工艺在不增加标准活性污泥法基建投资和维护费用的条件下，可以较彻底地除磷，且运行稳定。这一工艺不但继承了传统的标准活性污泥法的优点，又增加了生物除磷功能。

参考文献：

1. 李圭白，刘超. 地下水除铁除锰 [M]. 北京：中国建筑工业出版社，1989.
2. 张杰，杨宏，徐爱军. 生物固锰除锰技术的确立 [J]. 给水排水，1996，22 (5)：5～10.
3. 张杰，杨宏，徐爱军. Mn^{2+} 氧化细菌的微生物学研究 [J]. 给水排水，1997，23 (1)：19～23.
4. 李冬，杨宏，张杰. 生物滤层同时去除地下水中铁锰离子的实验研究 [J]. 中国给水排水，2001，17 (8)：1～5.
5. 鲍志戎. 自来水厂除锰滤砂的催化活性分析 [J]. 环境科学，1997，18 (1)：38～41.
6. 张杰，杨宏，李冬. 生物滤层中 Fe^{2+} 的作用及对除锰的影响 [J]. 中国给水排水，2001，17 (9)：14～16.
7. 张杰，戴镇生. 地下水除铁除锰现代观 [J]. 给水排水，1996，22 (10)：13～20.
8. 李镜明，蒋海涛. 富营养化水源的给水除臭技术 [J]. 中国给水排水，1994，10 (1)：33～37.
9. 陈立学. 厌氧/好氧除磷工艺 [J]. 中国给水排水，1993，9 (3)：26～28.

尊敬的读者：

感谢您选购我社图书！建工版图书按图书销售分类在卖场上架，共设22个一级分类及43个二级分类，根据图书销售分类选购建筑类图书会节省您的大量时间。现将建工版图书销售分类及与我社联系方式介绍给您，欢迎随时与我们联系。

★建工版图书销售分类表（见下表）。

★欢迎登陆中国建筑工业出版社网站www.cabp.com.cn，本网站为您提供建工版图书信息查询，网上留言、购书服务，并邀请您加入网上读者俱乐部。

★中国建筑工业出版社总编室　　电　话：010—58934845　　传　真：010—68321361

★中国建筑工业出版社发行部　　电　话：010—58933865　　传　真：010—68325420
E-mail：hbw@cabp.com.cn

建工版图书销售分类表

一级分类名称（代码）	二级分类名称（代码）	一级分类名称（代码）	二级分类名称（代码）
建筑学（A）	建筑历史与理论（A10）	园林景观（G）	园林史与园林景观理论（G10）
	建筑设计（A20）		园林景观规划与设计（G20）
	建筑技术（A30）		环境艺术设计（G30）
	建筑表现·建筑制图（A40）		园林景观施工（G40）
	建筑艺术（A50）		园林植物与应用（G50）
建筑设备·建筑材料（F）	暖通空调（F10）	城乡建设·市政工程·环境工程（B）	城镇与乡（村）建设（B10）
	建筑给水排水（F20）		道路桥梁工程（B20）
	建筑电气与建筑智能化技术（F30）		市政给水排水工程（B30）
	建筑节能·建筑防火（F40）		市政供热、供燃气工程（B40）
	建筑材料（F50）		环境工程（B50）
城市规划·城市设计（P）	城市史与城市规划理论（P10）	建筑结构与岩土工程（S）	建筑结构（S10）
	城市规划与城市设计（P20）		岩土工程（S20）
室内设计·装饰装修（D）	室内设计与表现（D10）	建筑施工·设备安装技术（C）	施工技术（C10）
	家具与装饰（D20）		设备安装技术（C20）
	装修材料与施工（D30）		工程质量与安全（C30）
建筑工程经济与管理（M）	施工管理（M10）	房地产开发管理（E）	房地产开发与经营（E10）
	工程管理（M20）		物业管理（E20）
	工程监理（M30）	辞典·连续出版物（Z）	辞典（Z10）
	工程经济与造价（M40）		连续出版物（Z20）
艺术·设计（K）	艺术（K10）	旅游·其他（Q）	旅游（Q10）
	工业设计（K20）		其他（Q20）
	平面设计（K30）	土木建筑计算机应用系列（J）	
执业资格考试用书（R）		法律法规与标准规范单行本（T）	
高校教材（V）		法律法规与标准规范汇编/大全（U）	
高职高专教材（X）		培训教材（Y）	
中职中专教材（W）		电子出版物（H）	

注：建工版图书销售分类已标注于图书封底。